ERNST WITT

COLLECTED PAPERS

GESAMMELTE ABHANDLUNGEN

Springer
Berlin
Heidelberg
New York
Barcelona
Budapest
Hong Kong
London
Milan
Paris
Singapore
Tokyo

Hamburg 1953

ERNST WITT

COLLECTED PAPERS
GESAMMELTE ABHANDLUNGEN

Edited by Ina Kersten

With an Essay by Günter Harder
on
Witt Vectors

Springer

Editor

Ina Kersten
Universität Bielefeld
Fakultät für Mathematik
Postfach 100131
D-33501 Bielefeld
Germany
kersten@mathematik.uni-bielefeld.de

Author of the Essay on Witt Vectors

Günter Harder
Universität Bonn
Mathematisches Institut
Beringstraße 6
D-53115 Bonn
Germany
harder@diophant.iam.uni-bonn.de

Library of Congress Cataloging-in-Publication Data applied for

Die Deutsche Bibliothek - CIP-Einheitsaufnahme

Witt, Ernst:
Collected papers = Gesammelte Abhandlungen / Ernst Witt. With an essay by Günter Harder on Witt Vectors. Ed. by Ina Kersten. - Berlin ; Heidelberg ; New York ; Barcelona ; Budapest ; Hongkong ; London ; Milan ; Paris ; Santa Clara ; Singapore ; Tokyo : Springer, 1998
ISBN 3-540-57061-6 (Berlin ...)

Mathematics Subject Classification (1991):
11E04, 11E81, 11R37, 12F10, 13A20, 13K05, 14H05, 15A63, 17B35, 17B45, 51E10

ISBN 3-540-57061-6
Springer-Verlag Berlin Heidelberg New York

Printed in Germany

Typesetting of remarks and essay:
Camera ready copy by the editor's output file
SPIN: 10087949 44/3143-543210 - Printed on acid-free paper

Vorwort der Herausgeberin

Dieser Band enthält alle Arbeiten von Ernst Witt, darüber hinaus einige seiner bisher unveröffentlichten Manuskripte, Faksimiles und Anmerkungen in englischer Sprache von verschiedenen Autoren. Der Aufsatz von Günter Harder schildert den Einfluß der Wittvektoren auf aktuelle Entwicklungen in der algebraischen Geometrie.

Frau Witt hat mir freundlicherweise Einsicht in die Unterlagen ihres verstorbenen Mannes gewährt, die unzählige Notizen, Aufzeichnungen, Briefe und unveröffentlichte Manuskripte enthielten. Die Entscheidung, was hiervon veröffentlicht werden könnte, war nicht leicht. Bei der Arbeit zu diesem Band haben mir so zahlreich Kollegen und Kolleginnen mit Rat und Hilfe zur Seite gestanden, daß ich hier unmöglich alle namentlich aufzählen kann. Ihnen allen, wie auch denjenigen, deren Beitrag in diesem Band erscheint, möchte ich an dieser Stelle ganz herzlich danken. Mein besonderer Dank gilt B. Fischer, J. Hurrelbrink, J. Klein, M. Knebusch, M. Kneser, M. Kolster, H. Leptin, A. Pfister, U. Rehmann, J-P. Serre, B. de Smit, C. Thiemann, B. Venkov, A. R. Wadsworth, der Sekretärin S. Kelpin-Bond und dem von der DFG geförderten Sonderforschungsbereich "Diskrete Strukturen in der Mathematik" der Universität Bielefeld.

Oktober 1995 *Ina Kersten*

Ernst Witt war ein außergewöhnlich begabter, vielseitiger und ideenreicher Mathematiker. Auch als Mensch war er ungewöhnlich, ebenso wie sein Lebensweg. Daher war für diesen Band ein ausführlicher Lebenslauf in deutscher Sprache und in englischer Übersetzung vorgesehen. Aus urheberrechtlichen Gründen kann dieser Lebenslauf zu meinem Bedauern hier nicht veröffentlicht werden.

April 1998 *Ina Kersten*

(English Version, p. VII)

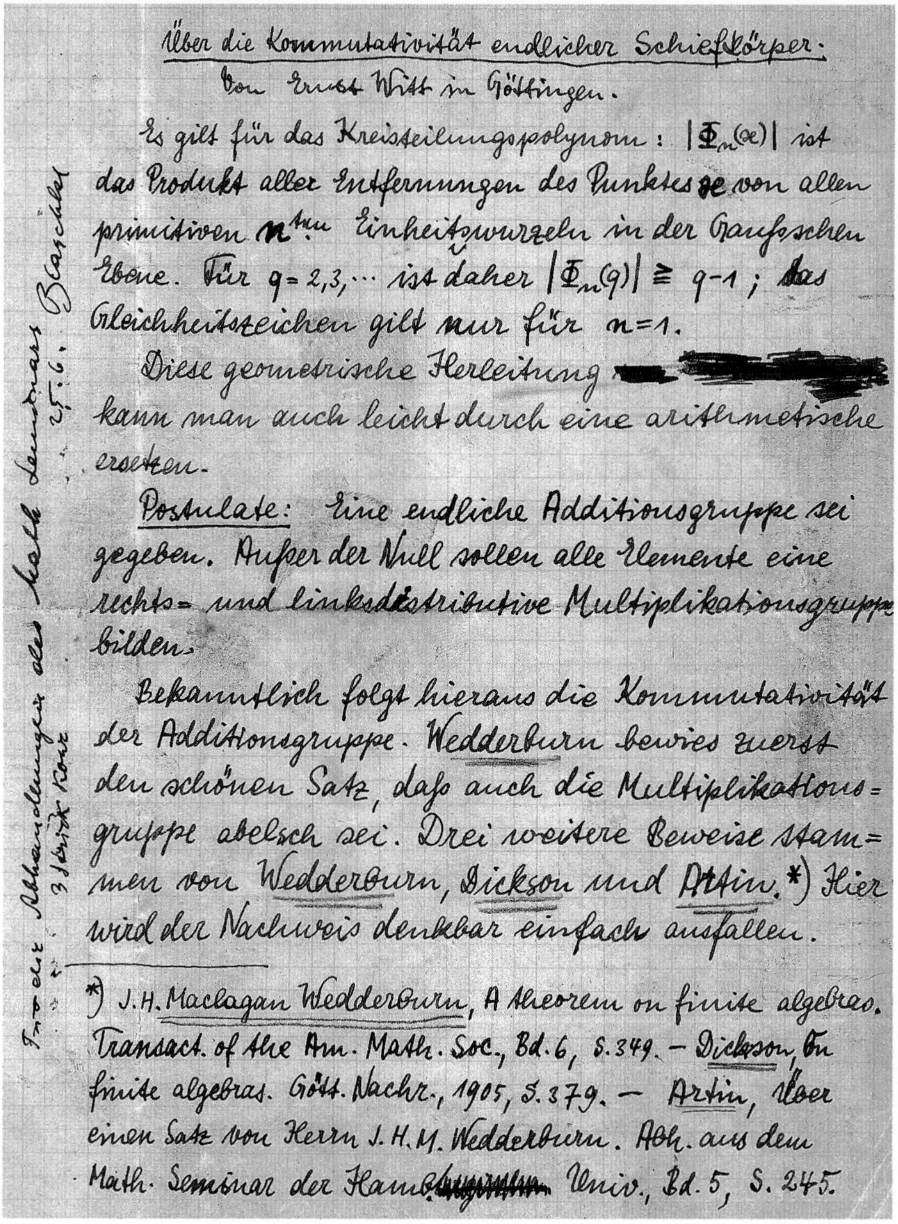

Über die Kommutativität endlicher Schiefkörper.

Von Ernst Witt in Göttingen.

Es gilt für das Kreisteilungspolynom: $|\Phi_n(x)|$ ist das Produkt aller Entfernungen des Punktes x von allen primitiven n^{ten} Einheitswurzeln in der Gaußschen Ebene. Für $q = 2, 3, \cdots$ ist daher $|\Phi_n(q)| \geqq q-1$; das Gleichheitszeichen gilt nur für $n = 1$.

Diese geometrische Herleitung [redacted] kann man auch leicht durch eine arithmetische ersetzen.

Postulate: Eine endliche Additionsgruppe sei gegeben. Außer der Null sollen alle Elemente eine rechts- und linksdistributive Multiplikationsgruppe bilden.

Bekanntlich folgt hieraus die Kommutativität der Additionsgruppe. Wedderburn bewies zuerst den schönen Satz, daß auch die Multiplikationsgruppe abelsch sei. Drei weitere Beweise stammen von Wedderburn, Dickson und Artin.*) Hier wird der Nachweis denkbar einfach ausfallen.

*) J.H. Maclagan Wedderburn, A theorem on finite algebras. Transact. of the Am. Math. Soc., Bd. 6, S. 349. – Dickson, On finite algebras. Gött. Nachr., 1905, S. 379. – Artin, Über einen Satz von Herrn J.H.M. Wedderburn. Abh. aus dem Math. Seminar der Hamb~~urgischen~~ Univ., Bd. 5, S. 245.

In die Abhandlungen des Math. Seminars 25.6. Blaschke
3 Seiten Korr.

First page of Witt's first paper submitted in this form to the *Hamburger Abhandlungen*

Editor's Preface

This volume includes all of Ernst Witt's papers, in addition some of his unpublished papers, facsimiles and remarks in English on further mathematical progress. Günter Harder's essay describes the influence of Witt vectors on recent developments in algebraic geometry.

Frau Witt graciously showed me her husband's documents: I found piles of notes, letters, manuscripts and unpublished papers. Many colleagues helped me in the preparation of this volume, and in particular they helped me to pick out some of the so far unpublished notes and manuscripts for publication here. At this point I would like to thank all these colleagues and contributors very much. My deepest gratitude goes to B. Fischer, J. Hurrelbrink, J. Klein, M. Knebusch, M. Kneser, M. Kolster, H. Leptin, A. Pfister, U. Rehmann, J-P. Serre, B. de Smit, C. Thiemann, B. Venkov, A. R. Wadsworth, the secretary S. Kelpin-Bond, and the Sonderforschungsbereich "Diskrete Strukturen in der Mathematik" at Bielefeld University sponsored by the "Deutsche Forschungsgemeinschaft".

October 1995 *Ina Kersten*

Ernst Witt was an extraordinarily talented mathematician with wide mathematical interests. He also had a rather unusual life. So a detailed curriculum vitae, both in German and in English, was assigned for this volume. I am very sorry that, for copyright reasons, this curriculum vitae cannot be published here.

April 1998 *Ina Kersten*

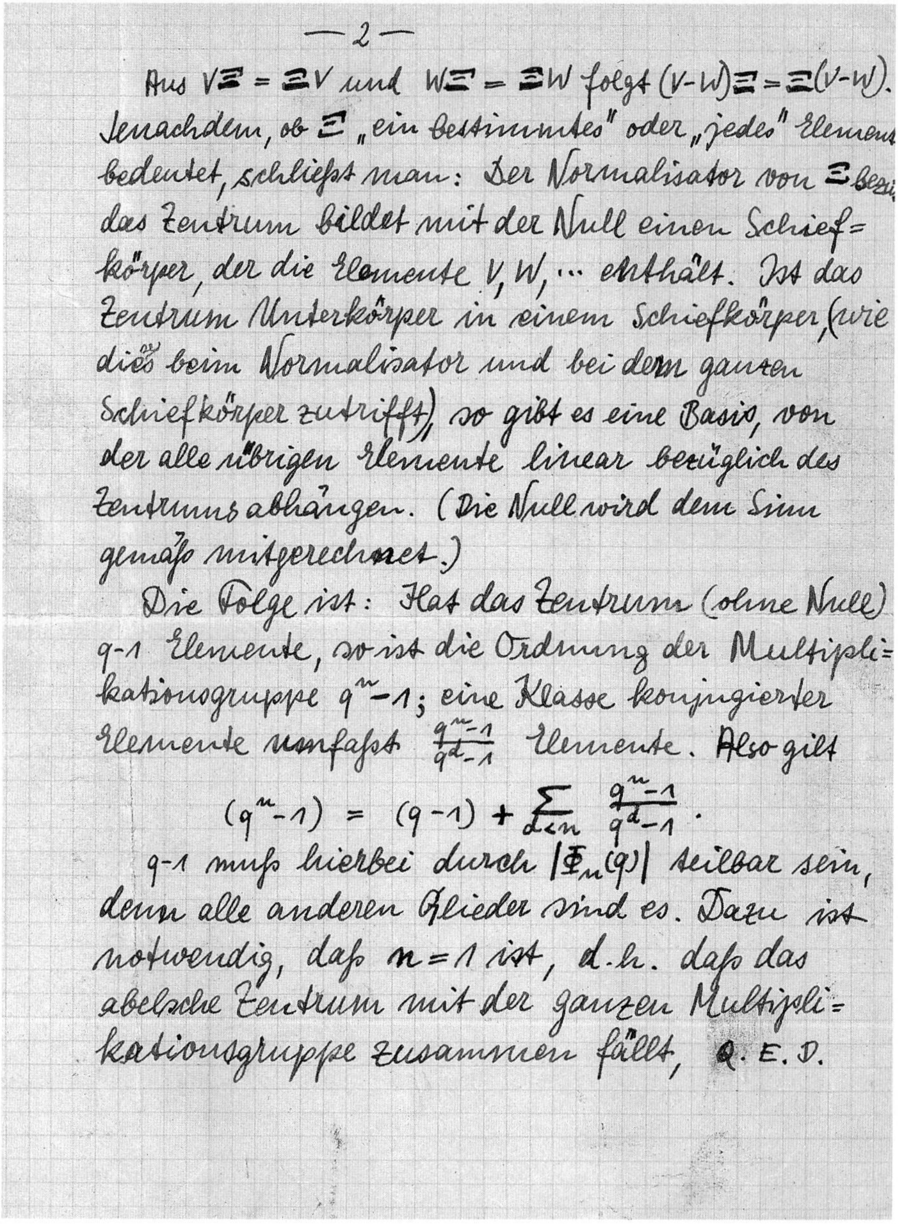

— 2 —

Aus $V\Xi = \Xi V$ und $W\Xi = \Xi W$ folgt $(V-W)\Xi = \Xi(V-W)$. Jenachdem, ob Ξ „ein bestimmtes" oder „jedes" Element bedeutet, schließt man: Der Normalisator von Ξ bezü. das Zentrum bildet mit der Null einen Schiefkörper, der die Elemente $V, W, \dots$ enthält. Ist das Zentrum Unterkörper in einem Schiefkörper, (wie dies beim Normalisator und bei dem ganzen Schiefkörper zutrifft), so gibt es eine Basis, von der alle übrigen Elemente linear bezüglich des Zentrums abhängen. (Die Null wird dem Sinn gemäß mitgerechnet.)

Die Folge ist: Hat das Zentrum (ohne Null) $q-1$ Elemente, so ist die Ordnung der Multiplikationsgruppe q^n-1; eine Klasse konjugierter Elemente umfaßt $\frac{q^n-1}{q^d-1}$ Elemente. Also gilt

$$(q^n-1) = (q-1) + \sum_{d<n} \frac{q^n-1}{q^d-1}.$$

$q-1$ muß hierbei durch $|\Phi_n(q)|$ teilbar sein, denn alle anderen Glieder sind es. Dazu ist notwendig, daß $n=1$ ist, d.h. daß das abelsche Zentrum mit der ganzen Multiplikationsgruppe zusammenfällt, Q. E. D.

Second page of Witt's first paper:
his proof that every finite skew field is commutative

Contents

Papers by Ernst Witt

Quadratic Forms

Class Field Theory and Function Fields

Theory of Fields and Algebras

Witt Vectors

Lie Theory

Group Theory and Combinatorics

Algebra and Number Theory

Analysis

New Proofs of Known Theorems

Miscellanea

Lists

Emmy Noether (1882–1935)

Gustav Herglotz (1881–1953)

Emil Artin (1898–1962)

Vorstellungsbericht

Jahrbuch der Akademie der Wissenschaften in Göttingen (1983) 100-101

22. 4. 1983 Herr *Witt: Bericht aus seinem Arbeitsgebiet*

Ich bin am 26. 6. 1911 in Augustenburg (Alsen) geboren. Den ersten Unterricht erhielt ich bei meinem Vater, Missionar in China. Bei ihm lernte ich z. B. das Siebverfahren für Primzahlen und das Ziehen von Quadratwurzeln. Ab 1920 besuchte ich Schulen in Müllheim und Freiburg i. Br. Nach dem Abitur 1929 studierte ich Mathematik und Physik: erst 2 Semester in Freiburg bei Loewy, Bolza und Mie, dann 6 Semester in Göttingen, insbesondere bei Herglotz, Weyl, E. Noether und Franck, auch Astronomie bei Meyermann.

Tief beeindruckt haben mich 1932 die berühmten 3 Vorträge von Artin über Klassenkörpertheorie (Kkt). Die anschließenden Ferien verbrachte ich in Hamburg, um dort die Kkt für Zahlkörper intensiv zu studieren. In den folgenden Jahren war es mein Ziel, diese Kkt auf Funktionenkörper (Fk) zu übertragen.

Der erste Schritt führte zu meiner Promotion 1933 unter dem Dekanat von Max Born: Beweis des nichtkommutativen Riemann-Rochschen Satzes, aus dem dann der Normensatz und der Isomorphiesatz der Kkt über Fk folgte. 1935 konnte ich den Existenzsatz übertragen und 1936 die Funktionalgleichung für L-Reihen. Letztere Arbeit habe ich auf Bitte von Artin nicht veröffentlicht, um eine Hamburger Dissertation nicht zu gefährden. – Jetzt könnte ja eine kurze Notiz über die Beweisidee in den Nachrichten erscheinen.[1]

1954 fand ich einen relativ kurzen Beweis des Hauptidealsatzes der Kkt.

1933–1938 leitete ich eine private Arbeitsgemeinschaft, um das Interesse an der höheren Algebra und Zahlentheorie wachzuhalten. Die ersten Teilnehmer waren höhere Semester, z. B. Teichmüller, später kamen H. L. Schmid, H. Hasse hinzu. 1934 war es nämlich gelungen, Hasse gegen starken politischen Widerstand für Göttingen zu gewinnen. H. L. Schmid und ich wurden seine Assistenten. Innerhalb dieser Arbeitsgemeinschaft entstanden viele Publikationen, z. B. in Crelle 176.

1938 kam ich nach Hamburg, wo ich 1939 eine Professur bekam. Hier blieb ich bis zu meiner Emeritierung 1979, nur unterbrochen durch 3 Jahre Kriegsdienst, Nachkriegswirren und 15 auswärtige Gastprofessuren in Ostdeutschland, Spanien, Türkei, Kanada und USA.

Meine Arbeitsgebiete betreffen außer der erwähnten Zahlentheorie: Liesche Ringe (Aufzählung der einfachen Gruppen mit den später sog. Dynkin-Diagrammen, assoziative Hülle, freie Unterringe), Steinersysteme und natürlich Witt-rings und Witt-vectors.

Zum Schluß möchte ich betonen, daß ich die Mathematik als Ganzes sehe, zu der auch viele Teile der Stochastik und Informatik gehören und daß die Einteilung in Teilgebiete eigentlich nur aus praktischen Erwägungen nötig ist.

---

[1] Anm. d. Hrg.: vgl. S. 78 in diesem Band

1.

Theorie der quadratischen Formen in beliebigen Körpern

J. reine angew. Math. *176* (1937) 31–44

Die Bedingungen, unter welchen zwei quadratische Formen mit rationalen Koeffizienten rational ineinander transformiert werden können, sind zuerst von *Minkowski* (**5**) aufgestellt worden [1]). Aufbauend auf seine Theorie der ganzzahligen quadratischen Formen zeigte er, daß sich aus einer Form f für jede Primzahl p in gewisser Weise eine *Einheit* $C_p(f) = \pm 1$ herstellen läßt, die bei allen Transformationen der Form ungeändert bleibt; und er sprach den Satz aus, daß zwei Formen mit gleicher Diskriminante, gleichem Sylvesterschen Trägheitsindex und gleichen Einheiten C_p immer rational ineinander transformiert werden können. Er löste auch die Frage, unter welchen Umständen eine Form die Null rational darstellen kann, und er gab an, bei welchen Zusammenstellungen der Invarianten es zugehörige quadratische Formen wirklich gibt.

In einer Reihe von Arbeiten hat dann *Hasse* (**3**) die Sätze von Minkowski mit einer übersichtlichen, von Hensel eingeführten Behandlungsweise (*Schluß vom Kleinen aufs Große*) hergeleitet; er hat diese Sätze auch für ganz beliebige Zahlkörper verallgemeinert. Die Minkowskischen Einheiten C_p konnten durch *Hilbertsche Normrestsymbole* $\left(\frac{a,b}{p}\right)$ ersetzt werden, dadurch wurden die Beweise unabhängig von der weitläufigen Theorie der ganzzahligen Formen.

Da aus der neueren Theorie der Algebren bekannt ist, daß eine Algebra (a, b) im wesentlichen dasselbe ist wie ein System von Normrestsymbolen, hat *Artin* in einer Vorlesung die quadratischen Formen von vornherein auf dieser Grundlage behandelt. Er ordnete jeder *Form*

$$f = \sum_1^n a_i x_i^2$$

die *Algebra*

$$S(f) = \prod_{i \leq k} (a_i, a_k)$$

zu. Die Invarianz dieser Algebra bei allen Transformationen war allerdings nicht ganz leicht einzusehen, und so erhob sich die Forderung, ein anderes hyperkomplexes System ausfindig zu machen, für welches die Invarianz direkt ersichtlich ist, und aus welchem sich die Algebra $S(f)$ in einfacher Weise gewinnen läßt. Dies geschieht in dieser Arbeit durch Angabe des Systems *$C(f)$ vom Rang 2^n mit den Erzeugenden $u_1, \ldots, u_n$ und den definierenden Relationen $u_i^2 = a_i$, $u_i u_k = -u_k u_i$ $(i \neq k)$.* Historisch ist zu bemerken, daß diese hyperkomplexen Zahlen für den Fall $a_i = -1$ bereits von *Clifford* (**2**) als Verallgemeinerung der Quaternionen betrachtet wurden.

---

[1]) Die eingeklammerten Zahlen in Fettdruck verweisen auf die entsprechende Arbeit im Literaturverzeichnis auf S. 44.

In ganz beliebigen Körpern (der Charakteristik $\neq 2$) liefert die Algebra $S(f)$ zusammen mit der Diskriminante für $n = 1, 2, 3$ ein volles Invariantensystem bezüglich der Äquivalenz der quadratischen Formen, und für $n = 1, 2, 3, 4$ lassen sich allgemeingültige Bedingungen dafür angeben, wann eine Form die Null darstellt (vgl. die Tabelle auf S. 39). Nach einer einfachen Bemerkung von Hensel (**4**) folgen daraus sofort Kriterien dafür, wann irgendeine Zahl $m \neq 0$ von einer Form dargestellt wird (für $n = 1, 2, 3$).

Im Anfang der Arbeit werden bei beliebigen Körpern allgemeine Theoreme über quadratische Formen hergeleitet, die zwar mit den einfachsten Mitteln beweisbar sind, dennoch bisher wohl unbekannt waren, wie z. B. der Satz, daß aus der Äquivalenz von $f + g$ mit $f + h$ die andere Äquivalenz von g mit h folgt. In dieser Theorie spielen diejenigen Formen, welche die Null nicht darstellen, eine wichtige Rolle. Bei geeigneter Komposition bilden sie die Elemente eines **Ringes** (ebenso, wie in der Algebrentheorie die Schiefkörper Elemente einer Gruppe sind).

Indem wir uns auf diese allgemeinen Sätze stützen, können wir in vielen Körpern, in denen die Algebrentheorie schon erforscht ist, alle diejenigen Fragen lösen, welche von Minkowski und Hasse für den Fall eines Zahlkörpers untersucht worden sind. Die Hauptsätze über quadratische Formen mit Koeffizienten aus einem Zahlkörper werden hier noch einmal kurz als Anwendung der allgemeinen Theorie dargestellt (vgl. die Tabelle auf S. 42). Für viele interessante Spezialfälle der Hauptsätze, die hier nicht aufgenommen sind, verweisen wir auf die Arbeiten von Hasse (**3**).

Als letztes Beispiel werden quadratische Formen in einem reellen Funktionenkörper vollständig behandelt. Hier wird z. B. die Äquivalenz durch unendlich viele Trägheitsindizes geregelt.

I. Metrische Räume.

Einführung. Es sei ein fester Koeffizientenkörper K zugrundegelegt, die Charakteristik sei $\neq 2$.

Mit Hilfe einer quadratischen Form (Metrik)

$$f = \sum_{i,k} a_{ik} x_i x_k \qquad (a_{ik} = a_{ki};\ i, k = 1, \ldots, n)$$

machen wir den n-dimensionalen Vektorraum

$$\mathfrak{R} = \langle K\mathfrak{u}_1, \ldots, K\mathfrak{u}_n \rangle$$

zu einem metrischen Raum, indem wir in ihm ein (inneres) Produkt zweier Vektoren erklären durch

$$\sum_i x_i \mathfrak{u}_i \cdot \sum_k y_k \mathfrak{u}_k = \sum_{i,k} a_{ik} x_i y_k \,.$$

Eine Basisänderung entspricht dem Übergang zu einer äquivalenten quadratischen Form. Die Diskriminante $|\mathfrak{u}_i \mathfrak{u}_k| = |a_{ik}|$ multipliziert sich dabei stets mit einer Quadratzahl $\neq 0$ aus dem Körper K. Diese bis auf Quadratzahlen festgelegte Zahl $|\mathfrak{u}_i \mathfrak{u}_k|$ bezeichnen wir mit $|\mathfrak{R}|$ oder mit $d(f)$.

Besteht zwischen zwei Räumen eine additions- und multiplikationstreue Zuordnung, so sollen sie isomorph heißen. Äquivalente Formen $f_1 \cong f_2$ bestimmen also isomorphe Räume $\mathfrak{R}_1 \cong \mathfrak{R}_2$, und umgekehrt. Eindimensionale Räume sind schon durch die Diskriminante $|\mathfrak{R}|$ bis auf Isomorphie festgelegt.

Wenn $\mathfrak{u}\mathfrak{v} = 0$ ist, sagen wir, die Vektoren $\mathfrak{u}$ und $\mathfrak{v}$ stehen senkrecht aufeinander. Mit $\mathfrak{R} = \mathfrak{R}_1 + \mathfrak{R}_2$ bezeichnen wir die Zerlegung in senkrechte Teilräume.

Untersuchung. Diejenigen Vektoren $\sum_i x_i \mathfrak{u}_i$, welche auf *allen* Vektoren von $\mathfrak{R}$ senkrecht stehen, bilden einen Teilraum $\mathfrak{R}_0$, das **Radikal** von $\mathfrak{R}$. Da sich der Wert eines

Vektorproduktes nicht ändert, wenn die Faktoren mod. $\mathfrak{R}_0$ abgeändert werden, ist es sinnvoll, von einem Raume $\mathfrak{R}/\mathfrak{R}_0$ zu reden. Wegen

$$\mathfrak{R} \cong \mathfrak{R}_0 + \mathfrak{R}/\mathfrak{R}_0$$

hängt die Beschaffenheit des Raumes $\mathfrak{R}$ nur von der Struktur des durch $\mathfrak{R}$ eindeutig bestimmten Raumes $\mathfrak{R}/\mathfrak{R}_0$ ab; dieser Raum $\mathfrak{R}/\mathfrak{R}_0$ hat kein Radikal mehr.

Es genügt daher, *von jetzt ab einen Raum $\mathfrak{R}$ ohne Radikal* zu untersuchen. Das Fehlen des Radikals ist gleichbedeutend mit der Unlösbarkeit des Gleichungssystems $\sum_i x_i \mathfrak{u}_i \mathfrak{u}_k = 0$ $(k = 1, \ldots, n)$, d. h. *die Diskriminante $|\mathfrak{R}|$ darf nicht verschwinden.*

Die Grundlage zu einer übersichtlichen Strukturuntersuchung der metrischen Räume ohne Radikal liefert

Satz 1. *$\mathfrak{r}$ sei ein Teilraum von $\mathfrak{R}$, und $\mathfrak{r}^*$ sei der zu $\mathfrak{r}$ senkrechte Teilraum. Dann gilt*

$$\dim \mathfrak{r} + \dim \mathfrak{r}^* = \dim \mathfrak{R}, \tag{1}$$

$$\mathfrak{r}^{**} = \mathfrak{r}. \tag{2}$$

Wenn $|\mathfrak{r}| \neq 0$ ist, so ist auch $|\mathfrak{r}^*| \neq 0$, und es gilt

$$\mathfrak{R} = \mathfrak{r} + \mathfrak{r}^*, \tag{3}$$

$$|\mathfrak{R}| = |\mathfrak{r}| \cdot |\mathfrak{r}^*|. \tag{4}$$

Beweis. Wir dürfen $\mathfrak{r} = \langle \mathfrak{u}_1, \ldots, \mathfrak{u}_r \rangle$ annehmen. $\mathfrak{r}^*$ besteht aus allen Vektoren $\sum_i x_i \mathfrak{u}_i$ mit $\sum_i x_i \mathfrak{u}_i \mathfrak{u}_k = 0$ $(k = 1, \ldots, r)$. Wegen $|\mathfrak{R}| \neq 0$ hat dieses Gleichungssystem den Rang r und damit $n - r$ linear unabhängige Lösungen. — Aus (1) folgt $\dim \mathfrak{r}^{**} = \dim \mathfrak{r}$, andererseits ist logisch klar, daß $\mathfrak{r}^{**} \geqq \mathfrak{r}$ gilt; damit ist (2) bewiesen. — Wenn $\mathfrak{r}$ kein Radikal hat, gilt $\mathfrak{r} \frown \mathfrak{r}^* = 0$. Wegen (1) folgt jetzt (3). Wir dürfen $\mathfrak{r}^* = \langle \mathfrak{u}_{r+1}, \ldots, \mathfrak{u}_n \rangle$ annehmen, daraus ist die Gültigkeit von (4) ersichtlich, und aus (4) folgt $|\mathfrak{r}^*| \neq 0$.

Die bekannte Tatsache, daß es zu jeder quadratischen Form eine äquivalente Diagonalform gibt, in der eine beliebige durch die Form darstellbare Zahl $a \neq 0$ als erster Koeffizient erscheint, ist eine unmittelbare Folge von Satz 1. Wir sprechen sie nur in einer anderen, aber gleichwertigen Form aus:

Satz 2. *Ist $\mathfrak{v}_1$ ein beliebiger Vektor, dessen Quadrat nicht verschwindet, so gibt es eine orthogonale Zerlegung*

$$\mathfrak{R} = \langle \mathfrak{v}_1 \rangle + \cdots + \langle \mathfrak{v}_n \rangle.$$

Beweis durch Induktion. Wegen $|\mathfrak{R}| \neq 0$ verschwinden nicht alle Vektorprodukte, und wegen $4\mathfrak{u}\mathfrak{v} = (\mathfrak{u} + \mathfrak{v})^2 - (\mathfrak{u} - \mathfrak{v})^2$ auch nicht alle Vektorquadrate (Charakteristik $\neq 2$!). Es sei $\mathfrak{v}_1^2 \neq 0$. Nach Satz 1 folgt eine Zerlegung $\mathfrak{R} = \langle \mathfrak{v}_1 \rangle + \langle \mathfrak{v}_1 \rangle^*$. Für den Teilraum $\langle \mathfrak{v}_1 \rangle^*$ dürfen wir aber schon eine Zerlegung $\langle \mathfrak{v}_1 \rangle^* = \langle \mathfrak{v}_2 \rangle + \cdots + \langle \mathfrak{v}_n \rangle$ ansetzen.

In besonderen Fällen läßt sich zu einer quadratischen Form eine zugehörige Diagonalform explizit angeben:

Satz 3. *Sind alle Teildeterminanten*

$$d_r = \begin{vmatrix} a_{11} & \cdots & a_{1r} \\ \cdots & \cdots & \cdots \\ a_{r1} & \cdots & a_{rr} \end{vmatrix} \neq 0 \quad \textit{für} \quad r = 1, \ldots, n,$$

so ist

$$\sum_{i,k} a_{ik} x_i x_k \cong \sum_i \frac{d_i}{d_{i-1}} y_i^2 \qquad (d_0 = 1).$$

Beweis durch Induktion. Für den Teilraum $\mathfrak{r} = \langle \mathfrak{u}_1, \ldots, \mathfrak{u}_{n-1} \rangle$ dürfen wir eine Zerlegung $\mathfrak{r} = \langle \mathfrak{v}_1 \rangle + \cdots + \langle \mathfrak{v}_{n-1} \rangle$ ansetzen mit $\mathfrak{v}_i^2 \cdot = \frac{d_i}{d_{i-1}}$. Nach Satz 1 ist $\mathfrak{R} = \mathfrak{r} + \langle \mathfrak{v}_n \rangle$ und $\mathfrak{v}_n^2 \cong \frac{d_n}{d_{n-1}}$. (Dabei bedeute $a \cong b$, daß $\frac{a}{b}$ eine Quadratzahl ist.)

Für die weitere Entwicklung brauchen wir einen

Hilfssatz. *Alle binären Formen* $ax^2 + 2bxy + cy^2$, *welche die Null (in nicht trivialer Weise) darstellen, sind untereinander äquivalent.*

Beweis. Die Nulldarstellung bedeutet: Es gibt in $\mathfrak{R}$ einen Vektor $\mathfrak{u} \neq 0$ mit $\mathfrak{u}^2 = 0$. Wegen $|\mathfrak{R}| \neq 0$ gibt es einen Vektor $\mathfrak{w}$ mit $\mathfrak{u}\mathfrak{w} = 1$. Es sei $\mathfrak{v} = 2\mathfrak{w} - \mathfrak{w}^2\mathfrak{u}$. Für $\mathfrak{u}, \mathfrak{v}$ lautet die Produkttafel $\begin{pmatrix} 0 & 2 \\ 2 & 0 \end{pmatrix}$. Folglich ist die gegebene Form mit der festen Form $4xy$ äquivalent. — Eine andere Normalform ist z. B. $x^2 - y^2$.

Nun sind wir in der Lage, einen wichtigen Kürzungssatz zu beweisen.

Satz 4. *Aus* $\mathfrak{R}_1 + \mathfrak{R}_3 \cong \mathfrak{R}_2 + \mathfrak{R}_3$ *darf* $\mathfrak{R}_1 \cong \mathfrak{R}_2$ *geschlossen werden.*

Beweis. Da $\mathfrak{R}_3$ entsprechend Satz 2 zerlegt werden kann, genügt es, $\mathfrak{R}_3$ als eindimensional anzunehmen. Setzen wir $\mathfrak{R} = \mathfrak{R}_1 + \mathfrak{R}_3$, so können wir die Behauptung auch folgendermaßen formulieren: Aus $\mathfrak{u}^2 = \mathfrak{v}^2 \neq 0$ folgt $\langle \mathfrak{u} \rangle^* \cong \langle \mathfrak{v} \rangle^*$.

Wenn $\langle \mathfrak{u}, \mathfrak{v} \rangle$ eindimensional ist, so ist sogar $\langle \mathfrak{u} \rangle^* = \langle \mathfrak{v} \rangle^*$. Es sei jetzt $\langle \mathfrak{u}, \mathfrak{v} \rangle$ zweidimensional.

Wenn die Diskriminante $|\mathfrak{u}, \mathfrak{v}| \neq 0$ ist, so gilt nach Satz 1

$$\mathfrak{R} = \langle \mathfrak{u}, \mathfrak{v} \rangle + \langle \mathfrak{u}, \mathfrak{v} \rangle^* \quad \text{und} \quad \langle \mathfrak{u}, \mathfrak{v} \rangle = \langle \mathfrak{u} \rangle + \mathfrak{U} = \langle \mathfrak{v} \rangle + \mathfrak{V};$$

dabei müssen $\mathfrak{U}$ und $\mathfrak{V}$ als eindimensionale Räume mit gleicher Diskriminante äquivalent sein. Also ist

$$\langle \mathfrak{u} \rangle^* = \mathfrak{U} + \langle \mathfrak{u}, \mathfrak{v} \rangle^* \cong \mathfrak{V} + \langle \mathfrak{u}, \mathfrak{v} \rangle^* = \langle \mathfrak{v} \rangle^*.$$

Ist endlich $|\mathfrak{u}, \mathfrak{v}| = 0$, so läßt sich eine neue Basis $\mathfrak{u}_0, \mathfrak{u}_1$ mit der Produkttafel $\begin{pmatrix} 0 & 0 \\ 0 & a \end{pmatrix}$ angeben ($a \neq 0$). Da $\mathfrak{R}$ kein Radikal besitzt, gibt es einen Vektor $\mathfrak{u}_2$ mit $\mathfrak{u}_0\mathfrak{u}_2 = 1$. Für $\mathfrak{u}_0, \mathfrak{u}_1, \mathfrak{u}_2$ lautet die Produkttafel $\begin{pmatrix} 0 & 0 & 1 \\ 0 & a & * \\ 1 & * & * \end{pmatrix}$, diese Vektoren spannen also einen dreidimensionalen Raum $\mathfrak{r}$ mit $|\mathfrak{r}| \neq 0$ auf. Es gilt

$$\mathfrak{R} = \mathfrak{r} + \mathfrak{r}^* \quad \text{und} \quad \mathfrak{r} = \langle \mathfrak{u} \rangle + \mathfrak{U} = \langle \mathfrak{v} \rangle + \mathfrak{V}.$$

Dabei enthalten $\mathfrak{U}$ und $\mathfrak{V}$ beide den Vektor $\mathfrak{u}_0$ mit $\mathfrak{u}_0^2 = 0$, sind also nach dem Hilfssatz isomorphe Räume. Nun folgt

$$\langle \mathfrak{u} \rangle^* = \mathfrak{U} + \mathfrak{r}^* \cong \mathfrak{V} + \mathfrak{r}^* = \langle \mathfrak{v} \rangle^*, \text{ w. z. b. w.}$$

Anmerkung. Aus Satz 4 können leicht folgende Tatsachen erschlossen werden: Jede Lösung ω_{i1} der Gleichung $\sum_i a_i x_i^2 = a_1$ läßt sich zu einer Substitution $x_i = \sum_i \omega_{ik} y_k$ ergänzen, die die Form $\sum_i a_i x_i^2$ festläßt. Ebenfalls jede Lösung ω_{i1}, ω_{i2} des Gleichungssystems

$$\sum_i a_i x_{i1}^2 = a_1, \quad \sum_i a_i x_{i2}^2 = a_2, \quad \sum_i a_i x_{i1} x_{i2} = 0. \quad \text{Usw.}$$

Sind f und g zwei quadratische Formen, und sind die Variablen der einen Form unabhängig von den Variablen der anderen, so bilden wir die Summe $f + g$. Satz 4 können wir dann auch so aussprechen:

Aus $f_1 + f_3 \cong f_2 + f_3$ darf $f_1 \cong f_2$ geschlossen werden.

Für die Klassifikation der quadratischen Formen lehrt der folgende Satz, daß es nur auf die Kenntnis derjenigen Formen ankommt, welche die Null nicht darstellen (Grundformen). Angewandt auf den Körper P der reellen Zahlen ergibt sich beispielsweise sofort, daß der Trägheitsindex einer quadratischen Form invariant bleibt bei allen Transformationen.

Satz 5. *Stellt f die Null dar, so kann f auf die Gestalt $x^2 - y^2 + f'$ transformiert werden. Die Form f' ist (nach Satz 4) durch f bis auf Äquivalenz eindeutig bestimmt.*

Beweis. Es sei $\mathfrak{u}^2 = 0$, $\mathfrak{u} \neq 0$. Da $\mathfrak{R}$ kein Radikal besitzt, gibt es einen Vektor $\mathfrak{v}$ mit $\mathfrak{u}\mathfrak{v} = 1$. Für $\mathfrak{u}, \mathfrak{v}$ lautet die Produkttafel $\begin{pmatrix} 0 & 1 \\ 1 & * \end{pmatrix}$, diese Vektoren spannen also einen zweidimensionalen Raum $\mathfrak{r}$ mit $|\mathfrak{r}| \neq 0$ auf. Es gilt $\mathfrak{R} = \mathfrak{r} + \mathfrak{r}^*$, dabei hat $\mathfrak{r}$ nach dem Hilfssatz die Metrik $x^2 - y^2$.

Möglicherweise stellt auch f' die Null dar, dann ist

$$f' \cong x'^2 - y'^2 + f'', \qquad f \cong (x^2 - y^2) + (x'^2 - y'^2) + f''.$$

Auch die Form f'' ist durch f bis auf Äquivalenz eindeutig festgelegt.

Spalten wir von f möglichst oft Formen der Gestalt $X^2 - Y^2$ ab, so gelangen wir entweder zur leeren Form 0 oder zu einer Form, die nicht mehr die Null darstellt. Diese Form nennen wir die **Grundform** von f. Sie ist bis auf Äquivalenz durch f eindeutig bestimmt.

Zur Aufstellung aller Klassen äquivalenter Formen genügt daher die Angabe aller Klassen äquivalenter Grundformen.

Wenn f und g äquivalente Grundformen haben, so sagen wir, f und g sind **ähnlich**, $f \sim g$. Haben die Diagonalformen f und g die Koeffizienten a_i bzw. b_k, so erklären wir die **Summe** $f + g$ und das **Produkt** $f \cdot g$ durch die Diagonalformen mit den Koeffizienten a_i, b_k bzw. $a_i b_k$.

Es gilt $f - f \sim 0$, denn diese Form hat die Koeffizienten $a_i, -a_i$, und nach dem Hilfssatz kann jedes Paar $a_i, -a_i$ durch $1, -1$ ersetzt werden. Wie jetzt leicht zu sehen ist, gilt

Satz 6. *Die Klassen ähnlicher Formen bilden einen Ring.*

Merkwürdig ist die Parallele zwischen quadratischen Formen und den normalen einfachen Algebren. Die Grundformen entsprechen den Schiefkörpern. In beiden Fällen führt die Einteilung in „ähnliche" Objekte zu einer Gruppe. Vermutlich besteht die Analogie noch in einem weiteren Umfange; so wäre es wünschenswert, zu beweisen, *daß eine Grundform auch in jedem Oberkörper von ungeradem Grad m die Null nicht darstellen kann.*

Ist bei festem Oberkörper $\overline{K}$ diese Vermutung für alle Formen mit $n \leqq m$ richtig, so läßt sie sich auch für jede Form f mit $n > m$ beweisen: Die Grundform f gehöre zum Raum $\mathfrak{R}$. Durch Erweiterung des Koeffizientenbereichs zu $\overline{K}$ entstehe der Raum $\overline{\mathfrak{R}}$. Ist $f = 0$ in $\overline{K}$ lösbar, so gibt es in $\overline{\mathfrak{R}}$ einen Vektor $\bar{\mathfrak{u}} \neq 0$ mit $\bar{\mathfrak{u}}^2 = 0$. Wegen $n > m$ ist $\bar{\mathfrak{u}}\mathfrak{v} = 0$ mit $\mathfrak{v} \neq 0$ aus $\mathfrak{R}$ lösbar. Da f Grundform ist, folgt $\mathfrak{v}^2 \neq 0$; $\bar{\mathfrak{u}}$ liegt im $(n-1)$-dimensionalen Raum $\overline{\langle \mathfrak{v} \rangle^*}$. Dies ist aber ein Widerspruch, wenn die Vermutung schon bis $n - 1$ bewiesen ist.

Aus den allgemeinen Kriterien der Nulldarstellbarkeit (Abschnitt II) folgt die *Richtigkeit der Vermutung für*

$$n = 1, 2, 3, 4 \text{ und jedes ungerade } m,$$

nach der soeben gemachten Bemerkung folgt die Gültigkeit außerdem für

$$m = 3 \text{ und jedes } n.$$

Zum Nachweis, daß irgendein Ausdruck, der von den Koeffizienten einer Diagonalform $f = \Sigma a_i x_i^2$ abhängt, bei jeder Transformation (in andere Diagonalformen) invariant bleibt, kann der Satz 7 dienlich sein. Wird eine binäre Teilform $a_i x_i^2 + a_k x_k^2$ in $a_i' x_i'^2 + a_k' x_k'^2$ transformiert, so ist damit auch eine Umformung von f in eine Diagonalform f' gegeben.

Satz 7. *Zwei äquivalente Diagonalformen f und g lassen sich immer derartig durch mehrmalige binäre Transformation ineinander überführen, daß jeweils die Diagonalgestalt bestehen bleibt.*

Beweis. Erstens sei f eine Grundform. Bekanntlich läßt sich jede Transformation aus Elementartransformationen zusammensetzen. D. h. jede Form läßt sich in eine äquivalente Form dadurch überführen, daß auf die Matrix der Form die folgenden Operationen wiederholt angewandt werden:

a) Vertauschung zweier benachbarter Zeilen,

b) Multiplikation einer Zeile mit einer Zahl,

c) Addition einer vervielfachten Zeile zu einer späteren,

jedesmal verbunden mit einer entsprechenden Umformung auf die Spalten. Bei einer derartigen allmählichen Transformation von f in g mögen die Matrizen $A_1, \ldots, A_s$ auftreten; dabei brauchen nur A_1 und A_s Diagonalmatrizen zu sein. Da f nicht die Null darstellt, läßt sich Satz 2 auf jede Matrix A_j anwenden, und wir gelangen dadurch zu einer äquivalenten Diagonalform f_j. A_j und A_{j+1} unterscheiden sich höchstens in einer der Teildeterminanten des Satzes 2, f_j und f_{j+1} unterscheiden sich daher höchstens in zwei Koeffizienten. Nach Satz 4 läßt sich f_j schon durch Transformation einer binären Teilform in f_{j+1} überführen. Wegen $f_1 = f$, $f_s = g$ ist die Behauptung für Grundformen bewiesen.

Zweitens stelle f die Null dar. f habe die Koeffizienten $a_1, a_2, a_3, \ldots$. Nach Satz 5 kann f in eine Form h mit den Koeffizienten $1, -1, c_3, \ldots$ transformiert werden. Wegen Satz 3 kann h binär in $a_1, -a_1, c_3, \ldots$ verwandelt werden. Die Behauptung sei schon für Formen mit weniger Variablen bewiesen. Nach Satz 4 ist $-a_1, c_3, \ldots \cong a_2, a_3, \ldots$, die Überführung kann durch mehrmalige binäre Transformation geschehen. Daher läßt sich f und ebenso g in der gewünschten Weise in h überführen. Damit ist die ganze Behauptung bewiesen.

Zu einem festen quadratischen Oberkörper K_2/K können *hermitesche Formen*

$$\sum_{i,k} a_{ik} x_i \bar{x}_k \qquad (a_{ik} = \overline{a_{ki}} \text{ aus } K_2)$$

eingeführt werden. *Alle Sätze dieses Abschnittes lassen sich* ohne Schwierigkeit auch *auf hermitesche Formen übertragen.* (Die Diskriminante $|a_{ik}|$ multipliziert sich hier bei Transformation mit der Norm einer Zahl aus K_2).

II. Die Systeminvariante $S(f)$ einer quadratischen Form.

Weitere Ergebnisse über quadratische Formen $f = \sum_{i=1}^{n} a_i x_i^2$ aus einem beliebigen Grundkörper K können wir gewinnen, wenn wir jeder solchen Form ein gewisses assoziatives hyperkomplexes System zuordnen.

Das Cliffordsche Zahlsystem $C(f)$ hat die Basis

$$u_1^{\nu_1} u_2^{\nu_2} \cdots u_n^{\nu_n} \qquad (\nu_i = 0, 1)$$

vom Rang 2^n und die Rechentafel

$$u_i^2 = a_i, \quad u_i u_k = -u_k u_i \qquad (i \neq k).$$

Die Rechenvorschrift können wir auch in eine einzige Regel zusammenfassen:

$$(\Sigma x_i u_i)^2 = \Sigma a_i x_i^2 = f.$$

Satz 8. *Zu äquivalenten Diagonalformen gehören isomorphe Cliffordsche Zahlsysteme.*

Beweis. f werde durch die Substitution $x_\alpha = \Sigma p_{\alpha\beta} \bar{x}_\beta$ in eine andere Diagonalform $\bar{f} = \Sigma \bar{a}_i \bar{x}_i^2$ übergeführt. $C(f)$ wird auch durch die Größen $\bar{u}_\beta = \Sigma u_\alpha p_{\alpha\beta}$ erzeugt. Wegen $\Sigma \bar{x}_i \bar{u}_i = \Sigma x_i u_i$ und $\Sigma a_i x_i^2 = \Sigma \bar{a}_i \bar{x}_i^2$ gilt

$$(\Sigma \bar{x}_i \bar{u}_i)^2 = \Sigma \bar{a}_i \bar{x}_i^2 = \bar{f}.$$

Da diese Gleichung genau so aussieht, wie die Rechenvorschrift für das System $C(\bar{f})$, ist $C(f) \cong C(\bar{f})$.

Das System $C(a_1 x_1^2 + a_2 x_2^2)$ wird in der Algebrentheorie gewöhnlich mit (a_1, a_2) bezeichnet; es ist einfach und hat den Grundkörper K als Zentrum. Für eine Form f mit ungerader Variablenzahl braucht das Cliffordsche System nicht mehr einfach zu sein. Aus diesem Grunde werden wir jetzt jeder Form f ein anderes invariantes System $S(f)$ zuordnen; dabei wird $S(f)$ direktes Produkt von mehreren Systemen der Gestalt (a, b) sein, also auch selbst einfach und normal sein.

Wir setzen $S(f) = C(F_n)$, wobei $F_n = f - \sum_{i=1}^{n} x_{-i}^2$ eine Form mit $2n$ Variablen ist, so daß $S(f)$ den Rang 4^n hat. Es ist nach Satz 8 klar, daß sich $S(f)$ nicht ändert bei Transformationen von f. Wir beweisen nun

Satz 9. $S(f) = \prod_{k=1}^{n} (d_k, a_k), \quad d_k = a_1 \cdots a_k.$

$C(F_n)$ wird von den Größen $u_1, u_{-1}, \ldots, u_n, u_{-n}$ erzeugt. Wegen $u_i^2 = a_i \neq 0$ sind dies keine Nullteiler. Wir setzen

$$v_1 = (u_1 u_{-1})(u_2 u_{-2}) \cdots (u_{n-1} u_{1-n})(u_n), \qquad v_2 = u_n u_{-n}.$$

Es ist $v_2^2 = a_n$. Um v_1^2 zu berechnen, beachten wir, daß die einzelnen Klammern, aus denen v_1 zusammengesetzt ist, untereinander vertauschbar sind. So folgt $v_1^2 = a_1 a_2 \cdots a_n = d_n$, ferner gilt $v_1 v_2 = - v_2 v_1$. v_1, v_2 erzeugen also ein Untersystem (d_n, a_n) vom Rang 4. Die mit v_1 und v_2 vertauschbaren Größen $u_1, u_{-1}, \ldots, u_{n-1}, u_{1-n}$ erzeugen ein anderes Untersystem $C(F_{n-1})$ vom Rang 4^{n-1}. Beide Systeme erzeugen zusammen $C(F_n)$. Mithin ist $C(F_n) = C(F_{n-1}) \times (d_n, a_n)$, aus dieser Rekursionsformel ergibt sich die behauptete Zerlegung von $S(f)$.

Bemerkung. Das Cliffordsche Zahlsystem $C(f)$ läßt sich für eine quadratische Form $\Sigma a_{ik} x_i x_k$ auch dann invariant definieren, wenn die Matrix a_{ik} nicht Diagonalgestalt hat: $u_1, \ldots, u_n$ seien assoziative, unvertauschbare Unbestimmte mit der definierenden Relation

$$(\Sigma x_i u_i)(\Sigma y_k u_k) = \Sigma a_{ik} x_i y_k,$$

d. h.

$$u_i u_k + u_k u_i = 2 a_{ik}.$$

Werden die 2^n linear unabhängigen Produkte der u_i mit U_I bezeichnet, so sind die Komponenten P_{IK}^L der Multiplikationstafel $U_I U_K = \sum_L P_{IK}^L U_L$ Polynome in den Koeffizienten a_{ik}.

Ähnlich wie in Satz 9 läßt sich auch $C(f)$ in Faktoren zerlegen, und zwar spaltet sich bei geradem n ein Faktor vom Rang 4, bei ungeradem n einer vom Rang 2 ab. Diese Faktoren sind jedoch komplizierter gebaut, überdies haben wir nachgeprüft, daß $C(f)$

schon von $S(f)$ und der Diskrimante d abhängt, so daß ein näheres Eingehen auf das System $C(f)$ unnötig ist.

Im Sinne der Algebrenähnlichkeit gelten, wie bekannt, folgende Regeln:

$$(a, c)\,(b, c) \sim (ab, c), \qquad (b, a) \sim (a, b), \qquad (a, -a) \sim 1 \quad \text{(Zerfall)}.$$

Auf Grund dieser Regeln finden wir für $S(f)$ die Zerlegungen

$$S(f) \sim \prod_{i \leqq k} (a_i, a_k) \sim \prod_k (-d_{k-1}, d_k).$$

Nach einer kleinen Rechnung folgt

Satz 10. *Es gilt*

$$S(mf) \sim (m, (-1)^{\frac{n(n+1)}{2}} d^{n+1})\, S(f),$$

$$S(f+g) \sim (d(f), d(g))\, S(f)\, S(g).$$

Aus $d(f+g) \cong d(f+h)$ *und* $S(f+g) \sim S(f+h)$ *folgt* $d(g) \cong d(h)$ *und* $S(g) \sim S(h)$.

Im allgemeinen bilden d und S kein vollständiges Invariantensystem für die Äquivalenz quadratischer Formen. Z. B. haben für $n = 4$ die beiden Formen f und $-df$ stets gleiche Invarianten d und S, und trotzdem brauchen f und $-df$ nicht äquivalent zu sein, man betrachte etwa $f = \sum_1^4 x_i^2$ im Körper der reellen Zahlen.

Satz 11. *Für $n = 1, 2, 3$ sind d und S ein vollständiges Invariantensystem für Äquivalenz quadratischer Formen.*

Beweis. Für $n = 1$ ist d die einzige Invariante.

Für $n = 2$ seien $f = ax^2 + by^2$ und $\bar{f} = \bar{a}\bar{x}^2 + \bar{b}\bar{y}^2$ zwei Formen mit gleichen Invarianten d und S. Wegen $S(f) \sim (-1, d)\,(a, b)$ und $S(\bar{f}) \sim (-1, d)\,(\bar{a}, \bar{b})$ ist $(a, b) \cong (\bar{a}, \bar{b})$, daher sind die Normenformen dieser Algebren

$$z_0^2 - az_1^2 - bz_2^2 + abz_3^2 \quad \text{und} \quad \bar{z}_0^2 - \bar{a}\bar{z}_1^2 - \bar{b}\bar{z}_2^2 + \bar{a}\bar{b}\bar{z}_3^2 \qquad (ab = \bar{a}\bar{b} = d)$$

einander äquivalent. Nach Satz 4 folgt daraus die Äquivalenz von f mit $\bar{f}$.

Für $n = 3$ seien $f = a_1 x_1^2 + a_2 x_2^2 + a_3 x_3^2$ und $\bar{f}$ zwei Formen mit gleichen Invarianten d und S. Eine leichte Rechnung ergibt

$$s(f) = (-a_1 a_2, -a_1 a_3) \sim (-1, -1)\, S(f) \qquad (\text{für } n = 3).$$

Es ist also $(-a_1a_2, -a_1a_3) \cong (-\bar{a}_1\bar{a}_2, -\bar{a}_1\bar{a}_3)$, daher sind die mit $d = a_1a_2a_3 = \bar{a}_1\bar{a}_2\bar{a}_3$ multiplizierten Normenformen dieser Algebren

$$dz_0^2 + a_3z_1^2 + a_2z_2^2 + a_1z_3^2 \quad \text{und} \quad d\bar{z}_0^2 + \bar{a}_3\bar{z}_1^2 + \bar{a}_2\bar{z}_2^2 + \bar{a}_1\bar{z}_3^2$$

einander äquivalent. Nach Satz 4 folgt daraus wieder $f \cong \bar{f}$.

Anwendung *auf solche Körper k, in denen jede Algebra (a, b) zerfällt.* **Beispiele** sind:

Ein Galoisfeld (nach dem Satz von Wedderburn);

ein algebraischer *Funktionenkörper* einer Variablen *mit algebraisch abgeschlossenem Konstantenkörper* (nach Tsen (6));

der reelle Funktionenkörper $\mathsf{P}(x, \sqrt{-1-x^2})$ und dessen endliche Erweiterungen (Witt (8)).

Satz 12. *In solchen Körpern K sind n und d die einzigen Invarianten für die Äquivalenz quadratischer Formen.*

Beweis. Die Behauptung stimmt für $n = 1$ und nach Satz 11 auch für $n = 2$. Es sei $n > 2$ und die Behauptung bis $n - 1$ bewiesen. Dann ist

$$a_1, a_2, a_3, \ldots, a_n \cong 1, a_1a_2, a_3, \ldots, a_n \cong 1, 1, 1, \ldots, d.$$

K sei wieder ein beliebiger Körper. Nach Satz 5 kann jede die Null darstellende Form f auf die Gestalt $x^2 - y^2 - dz^2$ gebracht werden, es folgt $s(f) \sim 1$. Aus Satz 11 folgt, daß umgekehrt eine Form f mit $s(f) \sim 1$ in $x^2 - y^2 - dz^2$ transformiert werden kann, mithin $f = 0$ lösbar ist:

Satz 13. *Für die Lösbarkeit von* $f = a_1 x_1^2 + a_2 x_2^2 + a_3 x_3^2 = 0$ *ist die Bedingung* $(-1, -1)\, S(f) \sim (-a_1 a_2, -a_1 a_3) \sim 1$ *notwendig und auch hinreichend.*

Für $n = 4$ beweisen wir

Satz 14. *Für die Lösbarkeit von* $f = a_1 x_1^2 + a_2 x_2^2 + a_3 x_3^2 + a_4 x_4^2 = 0$ *ist notwendig und auch hinreichend, daß die Algebra* $(-a_1 a_2, -a_1 a_4)$ *im Oberkörper* $K(\sqrt{d})$ *zerfällt.*

Wir setzen $-a_1 a_2 = a$, $-a_1 a_3 = b$, $a_1 a_2 a_3 = c$, $a_1 a_2 a_3 a_4 = d$. Im Oberkörper $K(\sqrt{d})$ wird $d \cong 1$, also wird

$$cf \cong dx_4^2 - ax_3^2 - bx_2^2 + abx_1^2$$

Normenform der Algebra (a, b). $f = 0$ in $K(\sqrt{d})$ ist daher gleichbedeutend mit $(a, b) \sim 1$ in $K(\sqrt{d})$. Aus $f = 0$ in K folgt erst recht $f = 0$ in $K(\sqrt{d})$, aber es ist auch der umgekehrte Schluß richtig: Sei $K(\sqrt{d}) > K$, d. h. $d \not\cong 1$ in K. Wenn dann $K(\sqrt{d})$ Zerfällungskörper von (a, b) ist, muß nach der allgemeinen Algebrentheorie ein zu $K(\sqrt{d})$ isomorpher Körper in (a, b) vorkommen, d muß also das Quadrat eines Elements $x_0 + x_3 u + x_2 v + x_1 uv$ aus (a, b) sein. Daraus folgt $x_0 = 0$ und $d = ax_3^2 + bx_2^2 - abx_1^2$, mithin ist $cf = 0$ auch in K lösbar. Satz 14 ist damit bewiesen.

In K braucht (a, b) keine Invariante von f zu sein, dagegen folgt nach leichter Rechnung die Invarianz im Oberkörper $K(\sqrt{d})$ wegen

$$(-a_1 a_2, -a_1 a_3) \sim (-1, -1)\, S(f) \text{ in } K(\sqrt{d}) \qquad (\text{für } n = 4),$$

indem wieder $d \cong 1$ in $K(\sqrt{d})$ beachtet wird.

Den Inhalt der Sätze 11, 13, 14 stellen wir in einer Tabelle zusammen:

n	Volles Invariantensystem für Äquivalenz	Bedingung für die Darstellbarkeit der Null
1	d	unmöglich
2	d und S	$d \cong -1$
3	d und S	$S \sim (-1, -1)$
4	?	$S \sim (-1, -1)$ in $K(\sqrt{d})$

Bemerkung (vgl. (4)). K enthalte mehr als 5 Elemente. Es seien $a, b, x \neq 0$, dann läßt sich t so wählen, daß $bt^2 \neq \pm a$, 0 wird, und es folgt

$$a \cdot x^2 + b \cdot 0^2 = a\left(x\frac{bt^2 - a}{bt^2 + a}\right)^2 + b\left(\frac{2axt}{bt^2 + a}\right)^2,$$

worin die neuen Quadrate nicht verschwinden. Durch Wiederholung dieses Verfahrens kann eine Lösung $x_1, \ldots, x_n$ von $f = 0$ (nicht alle $x_i = 0$) stets durch eine andere Lösung $y_1, \ldots, y_n$ ersetzt werden, in der sogar *alle* $y_i \neq 0$ sind.

Satz 15. *Darstellbarkeit einer Zahl* $m \neq 0$ *durch eine Form* f *ist gleichwertig mit der Lösbarkeit von* $f - mx^2 = 0$.

Denn jede Lösung von $f = m$ liefert eine Lösung von $f - mx^2 = 0$; ist umgekehrt $f - mx^2 = 0$ lösbar, so gibt es auch eine Lösung mit $x \neq 0$, sogar mit $x = 1$, also ist $f = m$ lösbar. Dasselbe gilt auch in den Körpern von 3 oder 5 Elementen, da für $n > 1$ jede Form f sämtliche Zahlen $m \neq 0$ darstellt.

Anwendung auf einen $\mathfrak{p}$-adischen Zahlkörper ($\mathfrak{p}$ endlich):

Satz 16. *In einem $\mathfrak{p}$-adischen Zahlkörper stellt jede quinäre quadratische Form die Null dar (also auch jede Form mit $n \geqq 5$).*

Zum Beweis werde angenommen, daß $f = 0$ unlösbar ist. Dies trifft dann auch zu für die Teilform a_1, a_2, a_3, a_4 von $df = a_1, a_2, a_3, a_4, a_5$. Nach Satz 14 ist $K(\sqrt{a_1 a_2 a_3 a_4})$ kein Zerfällungskörper von $(-a_1 a_2, -a_1 a_3)$. Im $\mathfrak{p}$-adischen wird bekanntlich eine Algebra (a, b) von jedem quadratischen Oberkörper zerfällt, also ist $a_1 a_2 a_3 a_4 \cong 1$ oder $a_5 \cong 1$. Entsprechend folgt $a_i \cong 1$, also $df \cong \sum_1^5 x_i^2$. Weiter ist $(-a_1 a_2, -a_1 a_3) = (-1, -1) \not\sim 1$, das ergibt $\mathfrak{p} \mid 2$. In diesem Fall liegt $\sqrt{-7}$ in K und es ist $1^2 + 1^2 + 1^2 + 2^2 + \sqrt{-7}^2 = 0$, $df = 0$ ist doch lösbar, w. z. b. w.

Anwendung *auf solche Körper K, in denen jede quinäre quadratische Form die Null darstellt.* **Beispiele** sind:

Ein $\mathfrak{p}$-adischer Zahlkörper für endliches $\mathfrak{p}$ (Satz 16);

ein algebraischer *Funktionenkörper* einer Variablen *mit endlich vielen Konstanten* (nach Chevalley (1) (7) und Tsen (6));

ein algebraischer *Funktionenkörper in zwei Variablen mit algebraisch abgeschlossenem Konstantenkörper* (Tsen (6)).

Satz 17. *In solchen Körpern K sind n, d und S ein volles Invariantensystem für die Äquivalenz von quadratischen Formen.*

Beweis. Für $n = 1, 2, 3$ war das schon gezeigt. Es sei $n > 3$ und die Behauptung bis $n - 1$ bewiesen. f und $\bar{f}$ seien zwei Formen mit gleichen Invarianten d und S. Wir setzen $f = ax^2 + h$. Nach Voraussetzung ist $\bar{f} = a$ lösbar, daher kann nach Satz 1 die Form $\bar{f}$ auf die Gestalt $a\bar{x}^2 + \bar{h}$ gebracht werden. Aus Satz 10 folgt $d(h) \cong d(\bar{h})$ und $S(h) \sim S(\bar{h})$. Wegen der Induktion ist $h \cong \bar{h}$, folglich $f \cong \bar{f}$.

Es wird jetzt noch gezeigt, welche Algebren S auftreten können als Invarianten von quadratischen Formen f mit vorgegebener Variablenanzahl $n > 1$ und vorgegebener Diskriminante d.

Satz 18. *Für $n = 2$ und vorgegebenem d treten genau diejenigen S auf, für die $S \sim (-1, -1)$ in $K(\sqrt{-d})$ ist.*

Wird über den Körper K die einschränkende Voraussetzung gemacht, daß alle Algebren (a, b) eine Gruppe bilden, so treten die Invarianten $n \geqq 3$, d und $S \sim (a, b)$ in beliebiger Zusammenstellung wirklich auf.

Beweis. Für die Form $ax^2 + by^2$ ist $(-1, -1)S \sim (-a, -d)$, also $S \sim (-1, -1)$ in $K(\sqrt{-d})$. Wird dies umgekehrt über S vorausgesetzt, so läßt sich $(-1, -1)S$ in der Gestalt $(-a, -d)$ schreiben, und die Form $ax^2 + ady^2$ hat die Invarianten d und S. $n \geqq 3$, d und (a, b) seien vorgelegt. Nach Voraussetzung dürfen wir $(-1, -1)(a, b) \sim (p, q)$ setzen. Für

$$g = dpqx_1^2 - dqx_2^2 - dpx_3^2$$

ist dann $s(g) = (p, q)$, also $S(g) \sim (a, b)$. $f = g + \sum_{i=4}^{n} x_i^2$ ist also eine Form mit den Invarianten n, d und $S \sim (a, b)$.

Beispiele *von Körpern, in denen die Algebren (a, b) eine Gruppe bilden:*

Zahlkörper,

$\mathfrak{p}$-adische Körper,

algebraische Funktionenkörper einer Variablen mit endlich vielen Konstanten.

III. Quadratische Formen in speziellen Körpern.

Für einen $\mathfrak{p}$-*adischen Körper* ($\mathfrak{p}$ endlich) oder einen
algebraischen Funktionenkörper über einem Galoisfeld
geben die Sätze 17 und 18 eine klare Übersicht über die Klassen äquivalenter Formen: n, d und S sind ein vollständiges Invariantensystem, und für $n \geqq 3$ sind d und S unabhängig. Im Falle $n \geqq 5$ stellt jede Form die Null dar, für $n = 1, 2, 3, 4$ ist die Bedingung für die Lösbarkeit von $f = 0$ auf der allgemeingültigen Tabelle auf S. 39 angegeben.

Im Falle des *Körpers der reellen Zahlen* sind der Rang n und der Trägheitsindex j (Anzahl der negativen Quadrate) ein vollständiges Invariantensystem, und zwischen ihnen besteht die einzige Relation $0 \leqq j \leqq n$. Die Bedingung für die Lösbarkeit von $f = 0$ lautet: $0 < j < n$.

Das Ziel in diesem Abschnitt ist, eine entsprechende Übersicht zu gewinnen für
1. *Zahlkörper*,
2. *reelle Funktionenkörper einer Variablen.*

1. Zahlkörper.

Aus der Zahlkörpertheorie sind für uns folgende Tatsachen grundlegend:

(1) Wenn eine Zahl an allen Primstellen $\mathfrak{p}$ (d. h. in allen $\mathfrak{p}$-adischen Oberkörpern) Quadratzahl ist, so ist sie schlechthin (d. h. im Zahlkörper K) Quadratzahl.

(2) Wenn eine Algebra (a, b) an allen Primstellen zerfällt, so zerfällt (a, b) schlechthin.

(3) Die Anzahl der Stellen, an denen (a, b) nicht zerfällt, ist gerade.

(4) Die Algebren (a, b) bilden eine Gruppe.

Für den Beweis des nachfolgenden Satzes bemerken wir:

(5) Im Falle einer ternären Form ist $f = 0$ an einer geraden Anzahl von Stellen unlösbar. Dies folgt aus (3) und Satz 13.

(6) Ist $\mathfrak{p}$ endlich und kein Teiler von 2, und sind mindestens drei Koeffizienten einer Diagonalform f prim zu $\mathfrak{p}$, so stellt f an der Stelle $\mathfrak{p}$ die Null dar. Denn die Theorie der $\mathfrak{p}$-adischen Körper lehrt, daß an solchen Stellen $\mathfrak{p}$ eine Algebra (a, b) zerfällt, sobald $\mathfrak{p}$ prim ist zu a und b; nach Satz 13 enthält die Form f also eine ternäre Teilform, welche die Null darstellt.

Satz 19. *Wenn $f = 0$ an allen Stellen lösbar ist, so auch im Zahlkörper K.*

Beweis. Für $n = 1, 2, 3, 4$ folgt die Nulldarstellbarkeit in K aus der Tabelle auf S. 39 in Verbindung mit (1) und (2).

Nun sei $n \geqq 5$. Wir setzen $f = \varphi - \psi$, wobei φ $n - 2$ und ψ zwei Variable enthält. $\mathfrak{p}_i$ durchlaufe erstens alle Primideale, die in den Koeffizienten von f vorkommen, zweitens alle Primfaktoren von 2, drittens alle unendlichen Stellen. Bei der Nulldarstellung von f in $k_{\mathfrak{p}_i}$ mögen φ und ψ den Wert μ_i annehmen. Sollte $\mu_i = 0$ sein, so stellen φ und ψ alle Zahlen dar, wir dürfen daher $\mu_i \neq 0$ annehmen. In folgender Weise approximieren wir jetzt die endlich vielen μ_i durch ein einziges μ aus dem Zahlkörper K:

In $\mathfrak{p}_i^e$ werde der Exponent e so hoch gewählt, daß der Strahl mod $\mathfrak{p}_i^e$ aus lauter $\mathfrak{p}_i$-adischen Quadratzahlen besteht. Ist $\mathfrak{p}_i^{a_i}$ der genaue Beitrag zu μ_i an der endlichen Stelle $\mathfrak{p}_i$, so wählen wir eine Hilfszahl ϱ mit

$$(\varrho) = \mathfrak{a} \prod_{\text{endl.}} \mathfrak{p}_i^{a_i}, \qquad (\mathfrak{a}, \mathfrak{p}_i) = 1.$$

Nach dem Satz von der arithmetischen Progression gibt es ein Primideal $\mathfrak{q}$ mit

$$\mathfrak{q} = \mathfrak{a}\xi, \qquad \xi \equiv \frac{\mu_i}{\varrho} \bmod \mathfrak{p}_i^e.$$

Wird jetzt $\mu = \varrho\xi$ gesetzt, so folgt

$$(\mu) = \mathfrak{q} \prod_{\text{endl.}} \mathfrak{p}_i^{a_i}, \qquad \mu \equiv \mu_i \bmod \mathfrak{p}_i^e.$$

Wir zeigen jetzt, daß die Formen φ und ψ an allen Stellen die Zahl μ darstellen. Für $\mathfrak{p} = \mathfrak{p}_i$ ist dies der Fall, da an diesen Stellen $\mu \cong \mu_i$ ist.

Wegen (6) stellt die Form $\varphi - \mu x^2$ an den Stellen $\mathfrak{p} \neq \mathfrak{p}_i$, und falls außerdem $\mathfrak{p} \neq \mathfrak{q}$ ist, auch die Form $\psi - \mu y^2$ die Null dar. Für die restliche Stelle $\mathfrak{q}$ muß $\psi - \mu y^2 = 0$ nach (5) lösbar sein.

Da die Formen $\varphi - \mu x^2$ und $\psi - \mu y^2$ weniger als n Variablen enthalten, und an allen Stellen die Null darstellen, dürfen wir für sie die Nulldarstellbarkeit in K schon annehmen. Wenn aber φ und ψ beide in K die Zahl μ darstellen, so ist $f = \varphi - \psi = 0$ in K lösbar, q. e. d.

Satz 20. *Wenn an allen Stellen $f \sim 0$ ist oder wenn überall $f \cong g$ ist, so gilt das entsprechende schlechthin im Körper K.*

Beweis durch Induktion nach n. Es sei $n > 0$, und überall $f \sim 0$. Nach Satz 19 ist $f = 0$ in K lösbar, d. h. nach Satz 5 ist $f \sim f'$ in K $(n' < n)$. Weil an allen Stellen $f' \sim 0$ ist, gilt im Körper K: $f' \sim 0$ und damit $f \sim 0$. — Wenn f und g gleichviel Variable enthalten, so ist die Aussage $f \cong g$ gleichwertig mit $f - g \sim 0$.

Die Sätze 19 und 20 ermöglichen uns, die Theorie der quadratischen Formen im Großen (d. h. im Zahlkörper K) zurückzuführen auf die schon hergeleitete Theorie im Kleinen (d. h. in den $\mathfrak{p}$-adischen Körpern, Sätze 16 und 17).

Mit j_ν bezeichnen wir den Trägheitsindex einer Form f an der reellen unendlichen Erweiterung K_ν. Werden die neuen Ergebnisse in die Tabelle auf S. 39 aufgenommen, so erhalten wir die beiden ersten Spalten der folgenden

Tabelle für einen Zahlkörper K.

n	Volles Invarianten-system für Äquivalenz	Bedingungen für die Darstellbarkeit der Null	Einzige Relationen zwischen den angegebenen Invarianten
1	d	unmöglich	keine
2	d und S	$d \cong -1$	$S \sim (-1, -1)$ in $K(\sqrt{-d})$
3	d und S	$S \sim (-1, -1)$	keine
4	d, S, j_ν	$S \cong (-1, -1)$ in $K(\sqrt{d})$	$d \cong (-1)^{j_\nu}$ und $S \sim (-1, -1)^{\frac{j_\nu(j_\nu+1)}{2}}$ in K_ν $(0 \leqq j_\nu \leqq n)$ (für $n = 4$ und $5, 6$, usw.)
5, 6, usw.	d, S, j_ν	$0 < j_\nu < n$	

Es ist noch die letzte Tabellenspalte nachzuprüfen: Für $n = 2, 3$ ist Satz 18 maßgebend. Wie ferner eine leichte Rechnung ergibt, gelten die Relationen

$$(n) \qquad d \cong (-1)^{j_\nu} \quad \text{und} \quad S \sim (-1, -1)^{\frac{j_\nu(j_\nu+1)}{2}} \quad \text{in } K_\nu \qquad (0 \leqq j_\nu \leqq n)$$

sicher für jedes n. Für $n = 3$ folgt allein aus diesen Relationen, daß j_ν nur von d und S abhängt.

Es sei $n \geqq 4$. Wir beweisen jetzt induktiv, daß außer den Relationen (n) keine weiteren bestehen zwischen den Invarianten d, S, j_ν, indem wir zeigen:

Satz 21. *Wenn zwischen gegebenen d, S, j_ν die Relationen (n) bestehen, so gibt es eine quadratische Form f mit diesen Invarianten $(n \geqq 4)$.*

Zu diesem Zweck werde

$$\iota_\nu = \begin{cases} 0 & \text{falls} \quad j_\nu \neq n \\ 1 & \text{falls} \quad j_\nu = n \end{cases}$$

eingeführt. In K werde eine Zahl δ mit dem K_ν-Vorzeichen $(-1)^{\iota_\nu}$ bestimmt. Aus den angenommenen Relationen (n) für n, d, S, j_ν folgen nach leichter Umformung die entsprechenden Relationen $(n-1)$ für die Größen

$$d' = d\delta, \quad S' = S \cdot (\delta, d), \quad j'_\nu = j_\nu - \iota_\nu.$$

Im Fall $n - 1 = 3$ sei f' eine Form mit den Invarianten d' und S'. Wie schon gesagt, hat dann f' von selbst die Trägheitsindizes j'_ν. Falls $n - 1 > 3$, gibt es nach Induktionsvoraussetzung eine Form f' zu d', S', j'_ν.

Aus Satz 9 folgt jetzt, daß die Form $f = \delta x^2 + f'$ in n Variablen gerade die Invarianten d, S, j_ν hat, w. z. b. w.

2. Reeller Funktionenkörper.

Durch die Gleichung $F(x, y) = 0$ mit reellen Koeffizienten sei der reelle algebraische Funktionenkörper K definiert. Diejenigen Punkte $\mathfrak{p}$ auf der Riemannschen Fläche des Oberkörpers $K(i)$, in welchen sämtliche Funktionen α des Körpers K reelle Werte $\alpha(\mathfrak{p})$ annehmen, bilden eine Reihe von geschlossenen Kurven, die sich nicht schneiden. Diese „reellen Kurven" spielen eine entscheidende Rolle für die Untersuchung der Algebren über K. Aus der Arbeit (8) entnehmen wir die folgenden Tatsachen:

(1) Eine Algebra (α, β) zerfällt genau dann, wenn für fast alle Kurvenpunkte $\mathfrak{p}$ die Algebra $(\alpha(\mathfrak{p}), \beta(\mathfrak{p}))$ (über dem reellen Konstantenkörper) zerfällt, d. h. wenn fast nirgends α und β zugleich negativ werden.

(2) Wird jede Kurve in eine endliche Anzahl von Intervallen eingeteilt, und werden zu diesen Intervallen willkürliche Vorzeichen gewählt, so gibt es Funktionen, die in fast allen Kurvenpunkten genau das verlangte Vorzeichen annehmen.

Hierauf fußend behaupten wir folgende Sätze.

Satz 22. *Wenn für fast alle Kurvenpunkte $\mathfrak{p}$ die reelle quadratische Form $f(\mathfrak{p}) = \sum_1^n \alpha_i(\mathfrak{p}) x_i^2$ indefinit ist, so stellt die Form $f = \sum_1^n \alpha_i x_i^2$ im Körper K die Null dar $(n \geqq 3)$.*

Beweis. Für $n = 3$ folgt die Behauptung aus Satz 13 in Verbindung mit (1). Für $n > 3$ wenden wir Induktion an. Wir setzen $f = \varphi - \psi$, wobei φ wieder $n - 2$ und ψ zwei Variable enthält. Nach (2) können wir eine Funktion μ wählen, die in fast allen Punkten positive Werte annimmt, in welchen entweder φ oder ψ positiv definit wird; dagegen soll μ in fast allen übrigen Kurvenpunkten negativ werden. Weil f in fast allen Punkten indefinit ist, sind nach dieser Wahl von μ auch die beiden Formen $\varphi - \mu x^2$ und $\psi - \mu y^2$ in fast allen Punkten indefinit, sie stellen mithin nach Induktion beide im Körper K die Null dar. Wenn aber φ und ψ beide die Zahl μ darstellen, ist $f = \varphi - \psi = 0$ in K lösbar.

Den Trägheitsindex von $f(\mathfrak{p}) = \Sigma \alpha_i(\mathfrak{p}) x_i^2$ nennen wir den Trägheitsindex von $f = \Sigma \alpha_i x_i^2$ im reellen Kurvenpunkt $\mathfrak{p}$. Der Trägheitsindex werde jedoch nicht erklärt für die Nullstellen und Pole der α_i, er ist also nur in fast allen Punkten festgelegt.

Satz 23. *Wenn die Formen f und g in n Variablen dieselbe Diskriminante und in fast allen Kurvenpunkten gleichen Trägheitsindex haben, so sind f und g äquivalente Formen.*

Beweis. Die Form $h = f - g$ in $2n$ Variablen hat die Diskriminante $(-1)^n$ und den Trägheitsindex n. Durch Induktion zeigen wir die (mit $f \cong g$ gleichwertige) Behauptung $h \sim 0$:

Für $n = 1$ ist klar, daß $h = 0$ lösbar ist, und für $n > 1$ folgt die Nulldarstellbarkeit aus Satz 22. Nach Satz 5 ist $h \cong x^2 - y^2 + h'$, wo also h' eine Form in $2n - 2$ Variablen mit der Diskriminante $(-1)^{n-1}$ ist, die an fast allen Punkten den Trägheitsindex $n - 1$ hat. Folglich ist $h' \sim 0$ und damit auch $h \sim 0$.

Für die Diskriminante einer Form gilt an fast allen Kurvenpunkten $\operatorname{sign} d = (-1)^j$, wo j den Trägheitsindex in diesem Punkt bedeutet $(0 \leqq j \leqq n)$.

Der folgende Satz lehrt, daß außer diesen angegebenen Relationen keine weiteren zwischen den Invarianten n, d, j bestehen.

Satz 24. *Man teile die reellen Kurven in endlich viele Intervalle* $[\nu]$ *ein und gebe* j_ν $(0 \leqq j_\nu \leqq n)$ *und* d *aus* K *so vor, daß* $\operatorname{sign}_\nu d = (-1)^{j_\nu}$ *in fast allen Punkten gilt. Dann gibt es eine quadratische Form* f *in* n *Variablen mit der Diskriminante* d, *die in fast allen Punkten des Intervalls* $[\nu]$ *den Trägheitsindex* j_ν *besitzt.*

Beweis. Wir bestimmen nach (2) n Funktionen α so, daß im Intervall $[\nu]$

$$\alpha_1, \ldots, \alpha_{j_\nu} < 0 \quad \text{und} \quad \alpha_{j_\nu+1}, \ldots, \alpha_n > 0$$

ist. Dann hat

$$f = d\alpha_2 \cdots \alpha_n x_1^2 + \alpha_2 x_2^2 + \cdots + \alpha_n x_n^2$$

die vorgeschriebenen Invarianten.

Göttingen, den 25. 1. 1936.

Literaturverzeichnis.

(1) C. Chevalley, Démonstration d'une hypothèse de M. Artin, Abh. Math. Sem. Hamburg **11** (1935), S. 73.

(2) W. K. Clifford, Applications of Graßmann's extensive algebra, Math. Papers, p. 271 = Am. Journ. of Math. **1** (1878), p. 350.

(3) H. Hasse, Über die Darstellbarkeit von Zahlen durch quadratische Formen im Körper der rationalen Zahlen, Crelle **152** (1923), S. 129.

—, Über die Äquivalenz quadratischer Formen im Körper der rationalen Zahlen, Crelle **152** (1923), S. 205.

—, Symmetrische Matrizen im Körper der rationalen Zahlen, Crelle **153** (1924), S. 12.

—, Darstellbarkeit von Zahlen durch quadratische Formen in einem beliebigen algebraischen Zahlkörper, Crelle **153** (1924), S. 113.

—, Äquivalenz quadratischer Formen in einem beliebigen algebraischen Zahlkörper, Crelle **153** (1924), S. 158.

(4) K. Hensel, Zahlentheorie (1913), S. 308.

(5) H. Minkowski, Über die Bedingungen, unter welchen zwei quadratische Formen mit rationalen Koeffizienten rational ineinander transformiert werden können, Ges. Abh. **1** (1914), S. 219.

(6) Ch. C. Tsen, Divisionsalgebren über Funktionenkörpern, Gött. Nachr. 1933, S. 335.

—, Algebren über Funktionenkörpern, Diss. Göttingen 1934.

(7) E. Warning, Bemerkung zur vorstehenden Arbeit von Herrn Chevalley, Abh. Math. Sem. Hamburg **11** (1935), S. 76.

(8) E. Witt, Zerlegung reeller algebraischer Funktionen in Quadrate. Schiefkörper über reellem Funktionenkörper, Crelle **171** (1934), S. 4.

Eingegangen 2. Mai 1936.

Editor's Remark: Witt's conjecture on p. 35 that an anisotropic quadratic form remains anisotropic under odd degree extensions of the ground field was first proved in 1937 by Artin (unpublished) and in 1952 independently by Springer, using the same method of Lagrange as Artin did before. This method is carefully analysed by Witt in his 1956 paper below, and it was used by Knebusch to prove a norm principle conjectured by Witt (cf. the 1973 paper below).

It was Witt's concern in the fifties to eliminate the assumption that the characteristic of the ground field is different from 2 (cf. the following two papers). Then the cancellation theorem (Satz 4 above) is not always true. In geometric language it says that an isomorphism of regular subspaces can be extended to an automorphism of the entire space. In 1951 on the occasion of Erhard Schmidt's 75th birthday, Witt presented in Berlin a quite general version of this theorem indicating conditions when an isomorphism of metric subspaces can be extended to an automorphism. In 1955 he lectured on the same version in Halle. The general theorem reached its final form in a joint paper with H. Lenz (cf. the 1957 paper below).

The cancellation theorem leads to the construction of the famous Witt ring (Satz 6 above). This construction was generalized by M. Knebusch replacing the ground field by an arbitrary scheme in his Hamburg habilitation thesis "Grothendieck- und Wittringe von nicht ausgearteten symmetrischen Bilinearformen" (cf. S.-Ber. Heidelberg. Akad. Wiss. Math. 3. Abh. 1969/70, Springer-Verlag 1970), where he also studied quadratic forms over local rings. Witt's remark on p. 39 (Bemerkung above Satz 15) was essentially used by Baeza and Knebusch, Math. Z. 140 (1974), 41–62, in the proof of their transversality theorems on quadratic forms over semilocal rings. The reader may also consult R. Baeza's Springer Lecture Notes 655 (1978).

The *Witt invariant* (or *Hasse-Witt invariant*) introduced in the above paper is a basic tool in quadratic form theory. A prominent example of a quadratic form is the trace form $q_L\colon L \to K$, $x \mapsto \mathrm{Tr}(x^2)$, where L is an étale algebra of finite rank over a field K of characteristic different from 2 (cf. E. Bayer's survey article "Galois cohomology and the trace form" in Jber. d. Dt. Math.-Verein. 96 (1994), including 104 references). A Galois theoretical interpretation of its Witt invariant is given by J-P. Serre, Comm. Math. Helv. 59 (1984), 651–676.

In the sixties, the fundamental importance of the Witt ring became obvious through Pfister's work, whose results were significantly simplified by Witt (cf. his 1967 paper below). The quadratic form theory then grew into a full branch of algebra. From 1965 until 1990 there were about 1000 research papers on quadratic forms as Pfister mentioned 1990 in a survey article (cf. Dokumente zur Geschichte der Mathematik, Band 6, Vieweg-Verlag). Here the reader is referred to the Springer books on quadratic and hermitian forms by W. Scharlau 1985, and by M.-A. Knus 1991.

2.

Über eine Invariante quadratischer Formen mod 2

J. reine angew. Math. *193* (1954) 119–120

Für eine vollreguläre quadratische Form

$$f = \sum_i a_i x_i^2 + \sum_{i<k} a_{ik} x_i x_k \qquad (|a_{ik}| \neq 0, \quad a_{ik} = a_{ki})$$

in einem Körper K der Charakteristik 2 hat Čahit Arf[1]) eine Äquivalenzinvariante Δ mod $\gamma^2 + \gamma$ definiert. Zum Nachweis der Invarianz waren aber umständliche Überlegungen mit vielen Fallunterscheidungen nötig. Daher soll hier ein kürzerer Zugang angegeben werden, noch mit dem weiteren Vorteil, daß Δ hier in einfacher Weise explizit als rationale Funktion in den a_i, a_{ik} beschrieben wird.

I sei der Integritätsbereich, der aus denjenigen rationalen Funktionen in den Unbestimmten $u_1, u_2, \ldots$ besteht, für welche der Nenner des Kroneckerschen Inhaltes *ungerade* ist.

A sei eine in I unimodulare symmetrische gerade Matrix ($a_{ii} = 2a_i$) und A^* die oberhalb der Diagonale mit A übereinstimmende schiefsymmetrische Matrix mit der Pfaffiante α, also $|A^*| = \alpha^2$.

Mit einer unimodularen Matrix T werde $B = T'AT$ gebildet und hierzu wieder B^* und β. Aus $A \equiv A^*$, $B \equiv B^*$ mod 2 folgt für die Pfaffianten wenigstens $|T|\,\alpha = \beta + 2g$. Hierbei ist g ein *ganzzahliges* Polynom in a_i, $a_{ik}\,(i < k)$, t_{jl}, wie man sieht, indem man diese Größen zunächst als Unbestimmte voraussetzt. Mit $\gamma = g\beta^{-1} \in I$ folgt dann aus $|T|\,\alpha = \beta(1 + 2\gamma)$ durch Quadrieren

$$(1) \qquad |B|\,\beta^{-2} = |A|\,\alpha^{-2} \cdot (1 + 4(\gamma^2 + \gamma)).$$

Nun läßt sich T speziell so bestimmen, daß B eine diagonale Aneinanderreihung von m binären Matrizen der Gestalt

$$\begin{pmatrix} 2c_\mu & 1 \\ 1 & 2d_\mu \end{pmatrix}$$

wird (z. B. durch Orthogonalisierungsprozesse in dem durch A bestimmten metrischen Gitter). Es ist also

$$(2) \qquad (-1)^m\,|B|\,\beta^{-2} = \prod_\mu (1 - 4c_\mu d_\mu) \equiv 1 - 4\sum_\mu c_\mu d_\mu \bmod 16$$

und nach (1)

$$(-1)^m\,|A|\,\alpha^{-2} \equiv (-1)^m\,|B|\,\beta^{-2} \equiv 1 \bmod 4.$$

[1]) *Č. Arf*, Untersuchungen über quadratische Formen in Körpern der Charakteristik 2 (Teil I), Crelles Journal **183** (1941), S. 148–167.

Jetzt werde $\Delta(A)$ explizit definiert durch

$$(3) \qquad (-1)^m \,|\, A \,|\, \alpha^{-2} = 1 + 4\Delta(A) \qquad (\alpha^2 = |\, A^* \,|).$$

Hierin ist $\Delta(A)\,\alpha^2$ ein *ganzzahliges* Polynom in a_i, a_{ik} $(i < k)$, wie man wieder sieht, indem man zunächst diese Größen als Unbestimmte voraussetzt. Das Transformationsverhalten ist nach (1)

$$(4) \qquad \Delta(B) = \Delta(A) + (\gamma^2 + \gamma) + 4(\gamma^2 + \gamma)\,\Delta(A).$$

Nach (2) stimmt $\Delta(A)$ überein mit der von Arf angegebenen Invariante mod $\gamma^2 + \gamma$ der quadratischen Form

$$f = \tfrac{1}{2}\,\mathfrak{x}' A \mathfrak{x} = \sum_i a_i x_i^2 + \sum_{i<k} a_{ik} x_i x_k \bmod 2.$$

Eingegangen 14. Juni 1953.

3.

Über die Arfsche Invariante quadratischer Formen mod 2

J. reine angew. Math. *193* (1954) 121–122 (mit Wilhelm Klingenberg)

Über einem Körper K der Charakteristik 2 mit den Elementen $\alpha, \beta, \gamma, \ldots$ betrachten wir die quadratische Form

(1) $$F(\mathfrak{x}) = \mathfrak{x}' A \mathfrak{x} = \Sigma\, \alpha_{ik} x_i x_k .$$

Durch die Form F ist die Matrix A bis auf Abänderungen $A \to A + B$ mit $\beta_{ik} = \beta_{ki}$ und $\beta_{ii} = 0$ eindeutig festgelegt. Daher ist die Matrix $I = A + A'$ der Form F eindeutig zugeordnet. Der simultane Übergang von A, B, I zu $A^* = S'AS$, $B^* = S'BS$, $I^* = S'IS$ entspricht einer Variablentransformation der Form F. Wir setzen voraus, daß F vollregulär ist, das heißt es soll $|I| \neq 0$ sein. In diesem Fall dürfen wir annehmen, daß I auf die Gestalt

(2) $$I = \begin{pmatrix} 0 & e \\ e & 0 \end{pmatrix} \qquad (e = \text{Einheitsmatrix})$$

transformiert ist. Wegen der Abänderungen $A \to A + B$ läßt sich A so normieren, daß in der linken unteren Teilmatrix nur Nullen auftreten. Wegen $I = A + A'$ hat A dann die Gestalt

(3) $$A = \begin{pmatrix} p & e \\ 0 & q \end{pmatrix} \qquad p = p'; \quad q = q'.$$

Das Ziel dieser Note ist der Beweis des Satzes:

Die Spur $\mathrm{Sp}(pq)$ *ist* mod $\gamma^2 + \gamma$ *eine Invariante der quadratischen Form* F *bezüglich Äquivalenz.*

$\mathrm{Sp}(pq)$ stimmt überein mit einer von Č. Arf[1]) in anderer Form angegebenen Invariante.

Durch die Normierung (2) von I sind nur noch Transformationen $A^* = S'AS$ mit einem S aus der symplektischen Gruppe $\mathfrak{S}$ möglich, die ja gerade definiert ist durch die Gleichung

(4) $$S'IS = I.$$

Zum Beweis müssen wir also zeigen, daß

$$\mathrm{Sp}(p^* q^*) = \mathrm{Sp}(pq) \bmod \gamma^2 + \gamma$$

ist, wenn p^*, q^* aus einem $A^* = S'AS$ mit $S \in \mathfrak{S}$ entnommen sind.

---

[1]) *Č. Arf*, Untersuchungen über quadratische Formen in Körpern der Charakteristik 2. J. reine angew. Math. **183** (1941), 148—167. — Die vorliegende Note entstand in einer Diskussion über die voranstehende Arbeit von Witt; hier wird die Arfsche Invariante in allgemeiner Form angegeben.

Wir stellen Regeln für das Rechnen mit Spuren zusammen:

(I) $\mathrm{Sp}(srs^{-1}) = \mathrm{Sp}(r)$

(II) $\mathrm{Sp}(r_1 r_2 \cdots r_n) = \mathrm{Sp}(r_2 \cdots r_n r_1)$

(III) $\mathrm{Sp}(r + s) = \mathrm{Sp}(r) + \mathrm{Sp}(s)$

(IV) $\mathrm{Sp}(r^2) = (\mathrm{Sp}(r))^2$.

Erster Beweis des Satzes. Wir benutzen, daß $\mathfrak{S}$ erzeugt wird von

(5) $$S_1 = \begin{pmatrix} 0 & e \\ e & 0 \end{pmatrix}; \quad S_2 = \begin{pmatrix} r' & 0 \\ 0 & r^{-1} \end{pmatrix}; \quad S_3 = \begin{pmatrix} e & 0 \\ s & e \end{pmatrix} \quad (\text{mit } s = s').$$

Es genügt, die Invarianz gegenüber diesen Erzeugenden nachzuweisen. Man findet

für $S = S_1$: $\mathrm{Sp}(p^* q^*) = \mathrm{Sp}(qp) = \mathrm{Sp}(pq)$ wegen (II),

für $S = S_2$: $\mathrm{Sp}(p^* q^*) = \mathrm{Sp}(rpqr^{-1}) = \mathrm{Sp}(pq)$ wegen (I);

für $S = S_3$: $\mathrm{Sp}(p^* q^*) = \mathrm{Sp}(pq + sq + sqsq) = \mathrm{Sp}(pq) + \mathrm{Sp}(sq) + (\mathrm{Sp}(sq))^2$

wegen (III) und (IV).

Zweiter Beweis des Satzes. Wir schreiben $S \in \mathfrak{S}$ in der Form

(6) $$S = \begin{pmatrix} a & b \\ c & d \end{pmatrix}.$$

(4) schreiben wir in der Form $S^{-1} = IS'I$ oder, mit (6),

(7) $$S^{-1} = \begin{pmatrix} d' & b' \\ c' & a' \end{pmatrix}.$$

$SS^{-1} = E$ liefert mit (6) und (7) die Gleichungen

(8) $$ad' + bc' = cb' + da' = e; \quad ab' = ba'; \quad cd' = dc'.$$

Mit einem S in der Form (6) finden wir

(9) $$\mathrm{Sp}(p^* q^*) = \mathrm{Sp}[(a'pa + a'c + c'qc)(b'pb + b'd + d'qd)].$$

Multiplizieren wir die rechte Seite aus, so finden wir unter anderem

(10) $$\begin{aligned} &\mathrm{Sp}(a'pab'pb + a'pab'd + a'cb'pb) \\ &= (\mathrm{Sp}(a'pb))^2 + \mathrm{Sp}(a'pba'd + a'(e + da')pb) = (\mathrm{Sp}(a'pb))^2 + \mathrm{Sp}(a'pb). \end{aligned}$$

Dabei wurden (8), (III), (IV) und (II) benutzt. Auf dieselbe Weise behandeln wir einen Ausdruck, der aus (10) durch die Ersetzung $p, a, b \to q, c, d$ entsteht.

Schließlich tritt in (9) noch auf

(11) $$\begin{aligned} &\mathrm{Sp}(a'pad'qd + c'qcb'pb + a'cb'd) \\ &= \mathrm{Sp}[p(bc' + e)q(cb' + e) + pbc'qcb' + cb'(cb' + e)] \\ &= \mathrm{Sp}(pq) + (\mathrm{Sp}(cb'))^2 + \mathrm{Sp}(cb') + \mathrm{Sp}(qcb'p + pbc'q). \end{aligned}$$

Der letzte Term verschwindet aber wegen $pbc'q = (qcb'p)'$.

Eingegangen 12. August 1953.

4.

Verschiedene Bemerkungen zur Theorie der quadratischen Formen über einem Körper

Centre Belge Rech. Math., Coll. d'Algèbre sup.
Bruxelles *1956* (1957) 245–250

1. Der von mir 1937 (¹) aufgestellte Kürzungssatz für quadratische Formen über einem Körper K der Char $\neq 2$ besagt, dass aus einer Äquivalenz $f + g \sim f + h$ diejenige von $g \sim h$ folgt, oder geometrisch für metrische Räume ausgedrückt, dass sich ein Isomorphismus (regulärer) Teilräume zu einem Automorphismus des ganzen Raumes fortsetzen lässt. Erweiterungen dieser Untersuchungen und Beweisverbesserungen stammen von ARF, SIEGEL, DIEUDONNÉ (²), PALL, KAPLANSKY, CHEVALLEY. Es blieben aber immer noch einige offene Fragen, insbesondere für Charakteristik 2 übrig. In einer von LENZ und mir gemeinsam verfassten Arbeit (³) werden diese Fragen abschliessend behandelt. Insbesondere werden notwendige und hinreichende Bedingungen dafür angegeben, dass sich ein Isomorphismus zweier endlich dimensionaler Teilräume zu einem Automorphismus des Gesamtraumes fortsetzen lässt. Diese Bedingungen ergeben sich einfach aus der Berücksichtigung, dass die Automorphismengruppe des Gesamtraumes Invarianten und invariante Teilräume haben kann.

2. In meiner Arbeit (¹) hatte ich die Vermutung ausgesprochen, dass eine quadratische Form, die im Grundkörper K nicht die Null darstellt, diese Eigenschaft auch nach Erweiterung zu einem Körper ungeraden Grades behält. Einen Beweis dieser Vermutung teilte mir E. ARTIN 1937 freundlicherweise mit. Der Beweis fusste auf Ueberlegungen, die schon LAGRANGE bei seinen Untersuchungen über die Darstellbarkeit durch Summe von vier Quadraten benutzte,

(¹) WITT, E., Theorie der quadratischen Formen in beliebigen Körpern. *Crelle* 176, 31-34, (1937).
(²) Man vergleiche die Bibliographie in DIEUDONNÉ, La Géometrie des groupes classiques, *Erg. Math.* (1955).
(³) Sie wird demnächst in den Hamburger Abhandlungen erscheinen.

und die auch in der Theorie der formalreellen Körper eine Rolle spielen. Derselbe Beweis wurde unabhängig von T. SPRINGER (4) wiedergefunden.

Diese Methode von LAGRANGE ist nun die Grundlage der weiteren allgemeineren Betrachtung.

3. $q(x) = q(x_1, \ldots, x_m)$ sei eine quadratische Form über einem Konstantenkörper K, die in K nicht die Null darstellt. G sei die von allen konstanten Darstellungen $q(a)$ ($a_i \in K$, $a \neq 0$) erzeugte multiplikative Gruppe.

$\varphi_i(t)$ seien Polynome (in Unbestimmten $t_1, t_2, \ldots$) ohne gemeinsamen Faktor. $q(\varphi(t))$ wird dann bekanntlich eine primitive Darstellung von q genannt. Hier soll nun die von allen primitiven Darstellungen $q(\varphi(t))$ erzeugte multiplikative Gruppe G_t untersucht werden.

f^* bezeichne den Koeffizienten des höchsten Gliedes (Leitgliedes) von $f(t)$ bei lexikographischer Anordnung der Monome. Bekanntlich ist $(fg)^* = f^*g^*$. Ein Polynom $f(t)$ heisse normiert, wenn $f^* \in G$. Es sei $\varphi_i(t) = a_i T + \ldots$ (nicht alle $a_i = 0$) mit lexikographisch möglichst hohem Monom T. Dann ist $q(\varphi(t)) = $ $= q(a).T^2 + \ldots$, folglich ist $q(\varphi(t))$ und damit jedes Polynom aus G_t normiert.

SATZ. *Die von allen primitiven Darstellungen von q erzeugte Gruppe* G *enthält mit jedem Polynom $g(t)$ auch jeden normierten Teiler $f(t)$.*

Beweis. Wenn f konstant ist, ist $f = f^* \in G \subseteq G_t$. Es genügt nun anzunehmen, dass $f(t)$ ein Primpolynom etwa in $t_1, \ldots, t_r$ sei und in t_1 den Grad $n_1 > 0$ habe. Für Polynome in weniger Variablen oder kleinerem Grad n_1 sei die Behauptung schon bewiesen. $f(t)$ ist sicher Teiler einer primitiven Darstellung $q(\varphi(t))$. Als Polynom in t_1 allein aufgefasst, kann man nun die $\varphi_i(t)$ mod $f(t)$ zu $\varphi'_i(t)$ reduzieren. Nach Multiplikation mit dem von t_1 unabhängigen Hauptnenner entstehe $\psi''(t)$. In der Zerlegung

$$q(\psi''(t)) = f(t)h''(t)$$

betrachte man nur die Abhängigkeit in den von $t_1, \ldots, t_r$ ver-

(4) T. SPRINGER, Sur les formes quadratiques d'indice zéro. *C. R. Acad. Sci.* (Paris) **234**, 1517-1519 (1952).

schiedenen t_j und gehe zum Leitglied über. Man erhält so eine Zerlegung

$$q(\psi'(t)) = f(t)h'(t),$$

in der diese t_j nicht mehr vorkommen. Division durch den grössten gemeinsamen Teiler der $\psi'_i(t)$, dessen t_1 — Grad $< n_1$ ist, führe zu

$$q(\psi(t)) = f(t)\, h(t). \qquad (\psi(t) \text{ primitiv})$$

Hier genügt $h(t)$ offensichtlich der Induktionsvoraussetzung, insbesondere ist

$$h^* = q(\psi)^* f^{*-1} \in \mathrm{G}, \text{ also ist } f(t) = q(\psi(t))\, h(t)^{-1} \in \mathrm{G}_t,$$

wie behauptet.

4. Etwas allgemeinere und abstraktere Formulierungen desselben Gegenstandes sehen so aus:

K sei eine geordnete Menge mit Teilmengen G, F, ... Die konvexe Hülle $\bar{\mathrm{G}}$ ist die Vereinigung aller Intervalle $g' \leq x \leq g$ $(g', g \in \mathrm{G})$. G heisse in F konvex, falls $\bar{\mathrm{G}} \cap \mathrm{F} = \mathrm{G}$, d. h.

1. $\mathrm{G} \subseteq \mathrm{F}$
2. $g' \leq f \leq g \; (g', g \in \mathrm{G}; f \in \mathrm{F}) \Rightarrow f \in \mathrm{G}$.

Wenn hier G und F geordnete Gruppen sind, kann man 2. durch

$$2'.\; 1 \leq f \leq g \quad (g \in \mathrm{G};\, f \in \mathrm{F}) \Rightarrow f \in \mathrm{G}$$

ersetzen, wie man durch Multiplikation mit g'^{-1} einsieht.

Im folgenden sei K der Quotientenkörper eines Integritätsbereichs I mit eindeutiger Faktorzerlegung, geordnet durch die Teilbarkeitsbeziehung. Die multiplikativen Gruppen G und F in K werden im Anschluss an eine feste quadratische Form

$$q(x) = q(x_1, \ldots, x_m) = \Sigma\, c_{ik} x_i x_k \quad (c_{ik} \in \mathrm{I})$$

erklärt, die in I nicht die Null darstelle (natürlich von $q(0) = 0$ abgesehen).

F enthalte alle Darstellungen $q(b)$ $(b \neq 0)$, während G von allen primitiven Darstellungen $q(a)$ erzeugt wird. Dabei heisst bekanntlich $a = (a_1, \ldots, a_m)$ primitiv, wenn alle gemeinsamen Teiler der a_i Einheiten sind.

Durch Adjunktion einer Unbestimmten t entstehe I $[t]$, K(t); und G_t werde analog von allen primitiven Darstellungen $q(a(t))$

erzeugt. F_t wird als Urbild $\varkappa^{-1}F$ von F erklärt, dabei sei $\varkappa$ eine multiplikative Abbildung von $K(x)$ in $K \cup \infty$ mit $\varkappa G_t \subseteq F$ und mit $K \cap \varkappa^{-1} F \subseteq F$ (oder sogar mit $(\varkappa - 1) K = 0$).

Z. B. kann man $\varkappa f(t)$ für eine rationale Funktion $f(t)$ erklären als Quotienten der höchste Koeffizienten in Zähler und Nenner, oder man definiere $\varkappa f(t)$ als den Wert $f(c)$ an einer Stelle $c \in K$.

Mit diesen Bezeichnungen gilt nun folgender Satz mit seinen Iterationen :

SATZ. *Ist* G *in* F *konvex, so auch* G_t *in* F_t, *mit anderen Worten*: *Die von allen primitiven Darstellungen von q erzeugte Gruppe* G_t *enthält mit jedem Polynom g(t) auch jeden durch* $\varkappa f \in F$ *normierten Teiler f(t).*

Beweis. Es genügt, $f(t)$ als Einheit, Primelement oder als Primpolynom anzunehmen, dabei ist $f(t)$ sicher Teiler einer primitiven Darstellung $q(\varphi(t))$.

Für konstantes f est $f \in K \cap \varkappa^{-1} F \subseteq F$, und es braucht nur ein Vielfaches $g \in G$ angegeben zu werden, woraus dann wegen der Konvexität von G in F $f \in G \subseteq G_t$ folgt. Für eine Einheit nehme man $g = 1$. Für ein Primelement f denke man sich in $q(\varphi(t))$ alle Glieder der $\varphi_i(t)$ gestrichen, in denen f aufgeht. f teilt dann den Koeffizienten $\varphi(a_i)$ des neuen Leitgliedes, aber nicht alle a_i. Denkt man sich die a_i von gemeinsamen Faktoren befreit, so kann man $g = \varphi(a_i) \in G$ nehmen.

Nun sei $f(t)$ ein Primpolynom vom Grad $n > 0$. Für Polynome geringeren Grades sei die Behauptung schon bewiesen. In der Zerlegung

$$q(\varphi(t)) = f(t)\, h(t) \neq 0$$

kann man die $\varphi_i(t)$ bereits mod $f(t)$ reduziert, mit ihrem konstanten Hauptnenner multipliziert und von gemeinsamen Faktoren befreit denken. $h(t)$ genügt offensichtlich der Induktionsvoraussetzung : $h(t)$ ist Teiler einer primitiven Darstellung, der Grad von $h(t)$ ist höchstens $n - 2$, und $\varkappa h = \varkappa q(\varphi).(\varkappa f)^{-1} \in F$. Daher ist $f(t) = q(\varphi(t))\, h(t)^{-1} \in G_t$, wie behauptet.

5. Weiterhin werde der Fall einer Variablen t für $I = K$ betrachtet. Ein Polynom $f(t)$ heisse jetzt wie üblich normiert, wenn sein höchster Koeffizient 1 ist.

SATZ. *Ein normiertes Primpolynom f(t) mit einer Wurzel* θ *gehört genau dann zu* G_t, *wenn* $q = 0$ *in* $K(\theta)$ *lösbar wird.*

Beweis. Nach dem bisher gezeigten ist

$$f(t) \in G_t \Longleftrightarrow f(t) \mid q(\varphi(t)) \in G_t \Longleftrightarrow q = 0 \text{ in } K(\theta).$$

SATZ. *Ist* θ *Wurzel eines Primpolynoms ungeraden Grades oder eines normierten Primpolynoms mit einem Wert* $f(c) \notin G$ $(c \in K)$, *so ist* $q = 0$ *in* $K(\theta)$ *unlösbar.*

Beweis. Der Grad von $q(\varphi(t))$ ist gerade und wegen $I = K$ ist $q(\varphi(c)) \in G$. Daher hat jedes normierte Polynom aus G_t geraden Grad und nimmt nur Werte in G an.

6. Die eben durchgeführte Ueberlegung führt zu der Frage : Enthält G_t alle normierten Primpolynome geraden Grades, deren Werte sämtlich in G liegen?

In folgendem Beispiel ist dies der Fall. K sei der Körper der $\mathfrak{p}$-adischen Zahlen ($\mathfrak{p}$ endliche Primstellen eines Zahlkörpers und (a, b) der verallgemeinerte Quaternionenschiefkörper) mit der Basis $1, i, j, ij$ und den Regeln $i^2=a, j^2 = b, ij = -ji$. Seine Normen form

$$q = x_0^2 - ax_1^2 - bx_2^2 + abx_3^2$$

stellt nach H. HASSE alle Zahlen $\neq 0$ aus K dar, und in jeder Erweiterung geraden Grades überhaupt alle Zahlen. Demnach wird G_t von allen Primpolynomen geraden Grades erzeugt.

Für einen Zahlkörper ist jedoch obige Frage im allgemeinen zu **verneinen**. $K(\theta)/K$ sei ein Zahlkörper von geradem Relativgrad, wobei θ der irreduziblen normierten Gleichung $f(\theta) = 0$ genüge. $\mathfrak{p}_1, \mathfrak{p}_2$ seien zwei vollzerlegte endlich Primstellen und $(a, b,)$ die Quaternionenalgebra mit den Verzweigungen bei $\mathfrak{p}_1, \mathfrak{p}_2$. Die Normenform q stellt nach H. HASSE alle Zahlen $\neq 0$ dar, aber da (a, b) bei Erweiterung zu $K(\theta)$ Schiefkörper bleibt, bleibt auch $q = 0$ unlösbar und daher ist $f(t) \notin G_t$.

7. In dem eben angegebenen Beispiel wurde der von H. HASSE stammende Schluss « vom Kleinen aufs Grosse », d. h. « lokal $\Rightarrow$ global » für Algebren bzw. für quadratische Formen angewendet. Für quadratische Formen habe ich in Satz 19 meiner Arbeit (1) einen Beweis gegeben, der nach einer mündlichen Mitteilung von E. ARTIN in folgender Weise verbessert werden kann. Dabei schliesse ich mich den dortigen Bezeichnungen an. f bezeichne eine quadratische Form.

Satz 19. *Wenn $f = 0$ an allen Stellen lösbar ist, so auch im Zahlkörper* K.

Beweis. Für $n \leqslant 4$ folgt die Nulldarstellung in K aus der Tabelle von S. 39 in Verbindung mit (1) und (2).

Nun sei $n \geqslant 5$. Wir setzen $f = \varphi - \psi$, wobei φ 3 und ψ $n - 3$ Variable enthält. An fast allen Stellen $\mathfrak{p}_i$ ist $\varphi(\xi_i) = 0$ nach (6) lösbar ($\xi_i \neq 0$), an den übrigen Stellen $\mathfrak{p}_j$ ist $\varphi(\xi_j) = \psi(\eta_j)$ nach Voraussetzung lösbar. Dabei kann $\xi_j \neq 0$, also $\psi(\eta_j) \neq 0$ angenommen werden. Die Lösungen η_j approximieren wir nun so gut durch ein einziges η aus dem Zahlkörper K, dass $\psi(\eta_j) = \psi(\eta)\, \xi_j^2$ gesetzt werden kann. Zusammenfassend sehen wir, dass die Form $\varphi(x) - \psi(\eta)z^2$ der 4 Variablen x, z an allen Stellen lösbar ist. Daher ist auch im Zahlkörper K für passendes ξ $\varphi(\xi) - \psi(\eta) . 1^2 = 0$, w. z. b. w.

Editor's Remark. For further reading, concerning the second part, we refer to Eva Bayer's paper "Formes quadratiques devenant isotropes sur une extension", Enseign. Math. 41 (1995), 111-122.

The joint paper with H. Lenz that Witt announces in the footnote 3 never appeared. The reader will find the announced results in the following paper.

5.

Euklidische Kongruenzsätze in metrischen Vektorräumen

Unveröffentlicht 1957

Für die Theorie der quadratischen und hermiteschen Formen [1] sowie für das Studium der klassischen Gruppen [2] hat sich eine Verallgemeinerung der euklidischen Kongruenzsätze als grundlegend erwiesen. Es handelt sich darum, genaue Bedingungen für die Transitivität von Teilräumen eines metrischen Vektorraumes E bezüglich seiner Automorphismengruppe G aufzustellen, d.h. anzugeben, wann sich ein Isomorphismus φ zweier Teilräume A, B zu einem Automorphismus $\sigma \in G$ fortsetzen läßt. In [1] bewies *E. Witt* zuerst für reguläre Räume endlicher Dimension bei Charakteristik $\neq 2$, daß die Fortsetzung von φ immer möglich ist, und gleichbedeutend damit, daß für quadratische und hermitesche Formen ein Kürzungssatz gilt. *C. Arf* gab anschließend eine entsprechende Theorie bei Charakteristik 2. Erweiterungen des *Witt*'schen Theorems gaben *Dieudonné* [2], *Kaplansky, Pall*, während *Siegel* und *Chevalley* die Beweise vereinfachten, vgl. die ausführliche Bibliographie in [2].

Bisher waren aber immer noch einzelne Fragen (insbesondere für Charakteristik 2) offen geblieben, die hier erledigt werden sollen. Ohne Einschränkungen für E zeigen wir u.a., daß sich ein Isomorphismus φ zweier endlichdimensionaler Teilräume A, B genau dann zu einem Automorphismus $\sigma \in G$ fortsetzen läßt, wenn sich φ mit der Einteilung von E in Transitivitätsgebiete bezüglich seiner Automorphismengruppe G verträgt (Spezialfall von Satz 2).

Methodisch haben wir Wert darauf gelegt, Fallunterscheidungen möglichst zu vermeiden.

1. Metrische Räume

In einem Schiefkörper K sei ein involutorischer Modulautomorphismus $\alpha \mapsto \bar{\alpha}$ erklärt mit

$$\overline{\alpha\beta\gamma} = \bar{\gamma}\bar{\beta}\bar{\alpha} .$$

Es folgt $\bar{1} = \pm 1$ und $\bar{\alpha} = \bar{1}\alpha^*$ mit einem involutorischen Antiautomorphismus $\alpha \mapsto \alpha^*$, der umgekehrt beliebig vorgeschrieben werden kann. Wir setzen

$$\alpha + \bar{\alpha} = \operatorname{sp} \alpha, \quad \alpha - \bar{\alpha} = \delta\alpha$$

und definieren $\operatorname{sp} K = \{\operatorname{sp} \alpha \mid \alpha \in K\}$, analog δK.

E sei ein Linksvektorraum über K, in dem ein inneres Produkt $xy \in K$ erklärt ist mit den Regeln

$$(\lambda x)y = \lambda(xy), \quad (x+y)z = xz + yz, \quad \overline{xy} = yx \quad (\lambda \in K;\ x, y, z \in E)\ .$$

Die Orthogonalitätsrelation $xy = 0$ ist also symmetrisch und bilinear. Es gilt $x(\mu y) = (xy)\mu^*$, und E wird *metrischer Raum* genannt.

Satz 1. *Entweder ist* $\mathrm{sp}K = 0$ *(symplektischer Fall), oder die Funktion* xy *ist bereits durch ihre Spezialisierung* xx *festgelegt.*

Beweis. Wenn $\mathrm{sp}K \neq 0$, dann ist die durch $f_\alpha(\xi) = \mathrm{sp}\xi\alpha$ definierte Abbildung $\alpha \mapsto f_\alpha$ von K auf einen Modul aus Funktionen der Variablen ξ umkehrbar. ab ist daher eindeutig festgelegt durch $f_{ab}(\xi) = (\xi a+b)(\xi a+b) - (\xi a)(\xi a) - bb$.

In dieser Arbeit verwenden wir durchgehend die Abkürzung

$$A_B = A \cap B^\perp \quad \text{(Teilräume } A, B \subseteq E)$$

für die Menge aller Vektoren $x \in A$ mit $xB = 0$. *Es gilt die Regel*

$$(1) \qquad A_{B_{C+Ka}} = A_{B_C} + Ka \quad (a \in A)\ .$$

Beweis: Es sei $aB_C \neq 0$ (sonst könnte Ka ohne Änderung der Seiten gestrichen werden). Ka verursacht dann links höchstens und rechts genau eine eindimensionale Erhöhung. Andererseits sieht man direkt, daß die rechte Seite in der linken enthalten ist.

Eine besondere Rolle spielt der Teilraum H aller Vektoren h mit $hh \in \mathrm{sp}K$. Die Vektoren und Teilräume von H werden *gerade* genannt. Für Char $K \neq 2$ ist $H = E$ wegen $xx = \mathrm{sp}\frac{1}{2}xx$. Der Raum H besteht aus allen Differenzen $x - y$ mit $xx = yy$; denn einerseits ist $(x-y)(x-y) = \mathrm{sp}x(x-y)$, andererseits ist entweder $hh = 0, h = h - 0$ oder $hh = \mathrm{sp}\ \alpha = \beta^{-1}$, und $h = \alpha\beta h - (\alpha\beta - 1)h$ ist eine passende Differenz, wie man leicht nachrechnet.

h_i sei eine total geordnete K-Basis von H, und es sei $h_ih_i = \mathrm{sp}\ \eta_i$. Durch

$$N(\sum_i \lambda_i h_i) = \sum_i \lambda_i \eta_i \lambda_i^* + \sum_{i<k} \lambda_i (h_i h_k) \lambda_k^*$$

wird dann eine Funktion N auf H erklärt mit

$$N(\lambda h) = \lambda N(h) \lambda^* \quad \text{und} \quad N(h+h') \equiv N(h) + N(h') + hh' \bmod \delta K\ .$$

Die Funktion N wird für *feinere* Untersuchungen gebraucht, z.B. für Untersuchungen von quadratischen Formen bei Charakteristik 2. Andernfalls kann man die in diesem Abschnitt noch folgenden Aussagen über N ignorieren.

Für eine metrische Abbildung $\varphi : A \to E$ eines Teilraumes A in E werde $(\varphi - 1)A$ die *Bahn* genannt; sie liegt in H. Als *Achse* werde die Menge der Invarianten von φ bezeichnet, also der Kern von $(\varphi - 1)$.

Es werde $\varphi(x) = x + h$ gesetzt und die Restklasse $xh + N(h) \bmod \delta K$ in $K/\delta K$ als *Ableitung* $\dot{\varphi}(x)$ definiert. Rechnung mod δK ergibt

$$\dot{\varphi}(\lambda x) = \lambda\dot{\varphi}(x)\lambda^*, \qquad \dot{\varphi}(x+y) = \dot{\varphi}(x) + \dot{\varphi}(y), \qquad (\varphi \circ \psi)^{\cdot} = \dot{\varphi} \circ \psi + \dot{\psi}\,.$$

Die letzte Regel ist eine Art additiver Kettenregel für zusammengesetzte Abbildungen $\varphi \circ \psi$. Falls $x \in H$ ist, gilt $\dot{\varphi}(x) = N(x+h) - N(x) \bmod \delta K$.

Für feinere Untersuchungen werden nur Abbildungen φ zugelassen mit $\dot{\varphi} = 0$.

Z sei der von den Elementen z mit $zE = 0$ und $N(z) \in \delta K$ gebildete Teilraum von E. Die Produkte xy und die Werte $N(h) \bmod \delta K$ hängen nur von den Restklassen der Vektoren mod Z ab. Für die Bahn Q einer metrischen Abbildung ist $Q_E = Q \cap Z$.

σ sei ein Automorphismus von E mit endlich-dimensionaler Bahn $Q = (\sigma - 1)E$ und mit $Q_E = 0$. Dann hat σ die Achse E_Q, wie die Identität $a(\sigma x - x) = (a - \sigma a)\sigma x$ lehrt. $\sigma - 1$ vermittelt eine modulisomorphe Abbildung von E/E_Q auf Q, dabei gehe eine Relativbasis a_i von E mod E_Q in eine Basis q_i von Q über: $\sigma a_i = a_i + q_i$. Die Matrix $(a_i q_k) = (\lambda_{ik})$ ist invertierbar, weil ihre Zeilen links-linear unabhängig sind. Dafür, daß σ ein Automorphismus von E sei, findet man die Bedingungen

$$q_i q_k = -\lambda_{ik} - \bar{\lambda}_{ki}\,, \qquad N(q_i) \equiv -\lambda_{ii} \bmod \delta K\,. \tag{2}$$

Umgekehrt sei Q ein Teilraum von E mit einer endlichen Basis q_i und (λ_{ik}) eine invertierbare Matrix, die (2) erfüllt. Ist $Q_E = 0$, so gibt es mod E_Q *genau eine Basis a_i von E* mod E_Q *mit $a_i q_k = \lambda_{ik}$, und der Ansatz*

$$\sigma a_i = a_i + q_i, \quad (\sigma - 1)E_Q = 0 \tag{3}$$

liefert einen Automorphismus σ von E mit $(\sigma - 1)E = Q$.

Beweis.[1] Seien A und B beliebige Teilräume von E und A^* der Dualraum von A. Dann induziert die Modulabbildung $B \to A^*$, $b \mapsto \hat{b}$ mit $\hat{b}(a) = ab$ und $\widehat{\lambda b} = \hat{b}\lambda^*$, eine Injektion $B/B_A \hookrightarrow (A/A_B)^*$. Ist A/A_B endlich dimensional, so folgt $\dim(B/B_A) \le \dim(A/A_B)$ und also aus Symmetriegründen

$$\dim(A/A_B) = \dim(B/B_A)\,.$$

Da $Q_E = 0$ ist, erhält man hieraus $\dim(Q) = \dim(E/E_Q)$. Für eine Relativbasis b_i von E mod E_Q setze man nun $(\alpha_{ik}) = (\lambda_{ik})(b_i q_k)^{-1}$ und $a_i = \sum_j \alpha_{ij} b_j$. Dann gilt $a_i q_k = \lambda_{ik}$, und der Ansatz (3) liefert einen Automorphismus σ von E mit Bahn Q.

Wenn $\dim Q = 1$ bzw. $= 2$ ist, werde σ eine *Spiegelung* bzw. eine *Rotation* längs Q genannt. Im klassischen Fall $\alpha = \bar{\alpha}$ für alle $\alpha \in K$ und $\mathrm{Char} K \neq 2$ ist jede Spiegelung involutorisch, sonst natürlich nicht immer.

[1] Anm. d. Hrg.: Im Original stand hier kein Beweis. Der Hinweis auf die Isomorphie $A/A_B \simeq B/B_A$ fand sich in einer handschriftlichen Notiz von Witt.

2. Die Kongruenzsätze

Im folgenden wird untersucht, unter welchen Umständen sich eine isomorphe Abbildung zweier Teilräume von E zu einem Automorphismus von E fortsetzen läßt. Satz 2 läßt sich als Verallgemeinerung des Satzes von *Euklid* auffassen, daß zwei Dreiecke kongruent sind, wenn sie in zwei Seiten und dem eingeschlossenen Winkel übereinstimmen. Im nicht symplektischen Fall wird durch Satz 1 die Verbindung zu dem anderen Kongruenzsatz hergestellt, der sich auf die Übereinstimmung in drei Dreiecksseiten bezieht.

D sei ein gerader Teilraum $(D \subseteq H)$.[2] Es sei $G = G(D)$ die Gruppe derjenigen Automorphismen σ von E, deren Bahnen in D liegen, $(\sigma - 1)E \subseteq D$. Speziell für $D = H$ ist G die Gruppe aller Automorphismen von E. Es sei π eine Projektion von E mit $E = Z \oplus \pi E$ und $D = D \cap Z \oplus \pi D$.

Reduktionssatz. *Eine isomorphe Abbildung $\varphi : A \to B$ zweier Teilräume A, B von E ist genau dann zu einem Automorphismus $\sigma \in G(D)$ fortsetzbar, wenn $(\varphi - 1)A \subseteq D$ und wenn*

1. *φ eine Abbildung $\varphi_Z : A \cap Z \to B \cap Z$ induziert, die auf ein $\sigma_Z \in G(D \cap Z)$ fortsetzbar ist,*
2. *die induzierte Abbildung $\varphi_\pi : \pi A \to \pi B$ auf ein $\sigma_\pi \in G(\pi D)$ fortsetzbar ist.*[3]

Beweis. Diese sicher notwendigen Bedingungen seien erfüllt. σ_π induziert dann auf Z und σ_Z auf E/Z die Identität. $\psi = \sigma_Z^{-1}\sigma_\pi^{-1}\varphi \;-1$ kann wegen $\psi(A \cap Z) = 0$ und $\psi(A) \subseteq D \cap Z$ *linear* so auf E fortgesetzt werden, daß $\psi(Z) = 0$ und $\psi(E) \subseteq D \cap Z$ ist. Nun ist $\sigma_\pi \sigma_Z(\psi + 1) \in G(D)$ eine Fortsetzung von φ.
$\sigma_Z(\psi + 1) \in G(D \cap Z)$ nennen wir eine *Abweichung*.

Der folgende Satz braucht nur in der einfacheren Fassung mit $Z = 0$ bewiesen zu werden, da seine allgemeine Formulierung eine bloße Kombination mit dem Reduktionssatz ist.

Satz 2. *D und $G = G(D)$ seien wie bisher erklärt. A, B seien Teilräume von E, und C sei ein Teilraum von A mit* $\dim A/C = n < \infty$.

Ein Isomorphismus φ von A auf B mit $(\varphi - 1)C \subseteq Z$, $(\varphi - 1)A \subseteq D$ läßt sich genau dann zu einem Automorphismus $\sigma \in G$ fortsetzen, wenn für passendes $\zeta \in G(D \cap Z)$

$$\text{(4)} \qquad \varphi(A_{D_C}) = B_{D_C}, \quad (\varphi - 1)A_{D_C} \subseteq Z, \quad (\varphi - \zeta)(A \cap Z) = 0\,.$$

σ kann als Produkt von höchstens n Rotationen oder Spiegelungen $\sigma_i \in G(D_C)$ mit $(\sigma_i - 1)C \subseteq Z$ und einer Abweichung $\in G(D \cap Z)$ gewählt werden.

[2] Anm. d. Hrg.: In einem Brief an Lenz schrieb Witt hierzu: "Bitte entschuldigen Sie mein Festhalten am beliebigen D. Es ist wie in der Klassenkörpertheorie, wo man auch nicht zufrieden ist mit der üblichen Idealklasseneinteilung, sondern feinere Einteilungen nehmen muß, um zu einer runden Theorie zu kommen."

[3] Wegen 1. ist φ_π auf πA durch $\varphi_\pi(\pi a) = \pi\varphi(a)$ wohldefiniert.

Beweis für $Z = 0$: Wenn sich φ zu einem Automorphismus σ mit der Bahn $Q \subseteq D$ und der Achse E_Q fortsetzen läßt, ist $C \subseteq E_Q$, $CQ = 0$, $Q \subseteq D_C$, d.h. $\sigma \in G(D_C)$. Es folgt weiter $A_{D_C} \subseteq E_{D_C} \subseteq E_Q$, $(\sigma-1)A_{D_C} = 0$, $A_{D_C} \subseteq B_{D_C}$ und aus Symmetriegründen $B_{D_C} \subseteq A_{D_C}$. Es gilt also

$$(4') \qquad A_{D_C} = B_{D_C}, \quad (\varphi - 1)A_{D_C} = 0$$

(d.h. (4) für $Z = 0$).

Umgekehrt sei jetzt (4′) erfüllt. (4′) gilt dann auch für $\tau\varphi$, falls $\tau \in G(D_C)$. Nach der Regel (1) bleibt (4′) auch dann bestehen, wenn zu C eine Invariante von φ adjungiert wird. Wegen $\dim A/C < \infty$ dürfen wir annehmen, daß C aus allen Invarianten von φ besteht. Für $C \neq A$ wird nun eine Spiegelung oder Rotation $\sigma \in G(D_C)$ angegeben, für welche $\sigma^{-1}\varphi$ noch mehr Invarianten hat als φ, etwa zusätzlich a_1. Höchstens n-malige Wiederholung dieses Verfahrens führt dann auf den trivialen Fall der identischen Abbildung.

Es sei $\varphi a_1 = a_1 + q_1 = b_1$, also $q_1 \in D_C$ und $q_1 E \neq 0$. Wegen $A_{D_C} = B_{D_C} \subseteq$ Kern $(\varphi - 1) = C$ gibt es $s, t \in D_C$ mit $a_1 s = b_1 t = 1$. Für einen der Vektoren $q_2 = s, t$ oder $s + t$ ist dann zugleich $a_1 q_2 \neq 0$ und $b_1 q_2 \neq 0$. Man rechnet nun nach, daß (2) erfüllt ist für die Matrix

$$\begin{pmatrix} \lambda_{11} & \lambda_{12} \\ \lambda_{21} & \lambda_{22} \end{pmatrix} = \begin{pmatrix} a_1 q_1 & a_1 q_2 \\ -q_2 b_1 & -N(q_2) \end{pmatrix}.$$

Für $\lambda_{11} \neq 0$ genügt die Spiegelung σ längs Kq_1 mit $\sigma a_1 = \varphi a_1$ der oben gestellten Bedingung, daß $\sigma^{-1}\varphi$ noch mehr Invarianten haben soll als φ. Im Falle $\lambda_{11} = 0$ ist die Matrix (λ_{ik}) invertierbar, und für $Q = Kq_1 + Kq_2$ gilt $Q_E = (Q_{Ka_1})_E = (Kq_1)_E = 0$. Der Ansatz (3) ergibt nun eine Rotation σ mit $\sigma a_1 = \varphi a_1$. Wenn $\dot{\varphi} = 0$ vorausgesetzt wird, ist auch $\dot{\sigma} = 0$.

Literatur

[1] E. Witt: Quadratische Formen über beliebigen Körpern. J. Reine Angew. Math. 176 (1936) 31–44.

[2] J. Dieudonné: La Géométrie des Groupes Classiques. Springer–Verlag 1955.

Zusatz: (aus einem Brief an Lenz) An Beispielen hätte ich u.a. gern folgende drei gebracht:

1. Zwei Vektoren a, b mit $aa = bb$ sind stets in $Ka + Kb$ assoziiert (mit direktem einfachem Beweis).
2. Im Raum mit der Multiplikationstafel

$$(a_i a_k) = \begin{pmatrix} \nu & 1 \\ \bar{1} & 0 \end{pmatrix} \quad (\nu \notin \mathrm{sp} K)$$

sind a_2, λa_2 für $\lambda \neq 1$ nicht assoziiert. $H = E_H = Ka_2$.

3. Im Raum mit der Multiplikationstafel

$$(a_i a_k) = \begin{pmatrix} 0 & 0 & \nu \\ 0 & \nu & 0 \\ \nu & 0 & 0 \end{pmatrix} \quad (\nu \notin \mathrm{sp}K)$$

sind a_2, $a_2 + a_3$ nicht assoziiert. $H = Ka_1 + Ka_3$, $E_H = Ka_2$.

Remarks by Sigrid Böge

In Witt's unpublished works the editor found outlines for a joint paper with Lenz on the isomorphism theorem and 18 letters written by Witt and addressed to Lenz between November 2, 1956 and May 17, 1957 (however, she found only two of the letters written by Lenz to Witt during this period). A reference to the planned publishing of the joint paper is found in Witt's paper "Verschiedene Bemerkungen zur Theorie der quadratischen Formen" published in 1957. The joint paper by Witt and Lenz was supposed to appear in Abh. Math. Sem. Univ. Hamburg, but it never did. Instead in a letter to Witt, dated August 20, 1959, Lenz asked for the permission to publish the isomorphism theorem in the form presented in their correspondence in his book "Grundlagen der Elementarmathematik". However, this general theorem only appeared in the first edition of 1961 and only for the special case $D = H$ and $(\varphi - 1)C = (\varphi^{-1} - 1)C = 0$. There the proof required the consideration of various cases. In a footnote on page 338 Lenz wrote:

> Wir wollen γ, soweit möglich, aus Quasispiegelungen zusammensetzen. Mit Verwendung von Rotationen statt Quasispiegelungen hat E. Witt einen kürzeren, meines Wissens bisher nicht veröffentlichten Beweis gefunden, der kaum Fallunterscheidungen benötigt.

The paper above is almost verbatim to the outline which contains the shorter proof by Witt that Lenz mentioned in his footnote, and which contains a more general notion of a quadratic form than in Lenz's book. Since then the theory has developed vigorously in two different directions, namely that of quadratic forms over commutative rings (under the number theoretical aspect of lattices, orders, etc.) and that of hermitian forms (under the aspect of algebras with involutions and hermitian categories). Lists of many references can be found e.g. in these three books: W. Scharlau, Quadratic and Hermitian Forms (1985), A. J. Hahn und O. T. O'Meara, The Classical Groups and K-Theory (1989), and M. A. Knus, Quadratic and Hermitian Forms over Rings (1991), all published by Springer-Verlag. A few remarks may be permitted:

1. After dealing with hermitian forms over skew fields, in his book on page 270 in Remark 9.7 Scharlau mentions: "In the char(K) = 2 case it is not known under exactly what conditions Witt's theorem holds". In their isomorphism theorem Witt and Lenz give the necessary and sufficient conditions
$A_{D_C} = B_{D_C}$ and $(\varphi - 1)A_{D_C} = 0$ (in case $Z = 0$).

2. In one of his letters to Lenz, Witt suggested that the skew field K be replaced by a simple ring with minimal condition, but did not persue this (by lack of time as he wrote in one of the outlines). He raised the question, whether in this case it still holds that the even vectors equal exactly the differences of two vectors of equal length. S. Böge recently gave a positive answer to this question as well as a transfer of the isomorphism theorem to matrix rings $\mathrm{M}_n(K)$.

3. Witt's definition of the form N already contains the idea of the form parameter. Namely, one has to consider forms with values in $K/\delta K$ rather than in K. Further motivations, also for replacement of δK by some additive group between $\Lambda_{\min} = \delta K$ and $\Lambda_{\max} = \{\alpha \in K \mid \alpha = -\bar{\alpha}\}$ (behaviour under reduction), may be found in the books of Hahn/O'Meara and Knus.

4. One of the main intentions of the paper of Witt and Lenz is, to treat all cases (orthogonal, symplectic, hermitian, characteristic 2 or not) together at the same time. For this reason they do not require $\overline{\alpha\beta} = \bar{\beta}\bar{\alpha}$ but only $\overline{\alpha\beta\gamma} = \bar{\gamma}\bar{\beta}\bar{\alpha}$. This includes the λ-hermitian forms for $\lambda = 1$ and -1 (in fact all λ-hermitian forms are included, as a slight modification shows). The quadratic case is included by adding a remark "für feinere Untersuchungen".

5. Witt himself was occasionally interested in the question, whether one could extend a subspace isometry to a product of reflections. Of course one cannot expect this if one requires that all residual spaces (called "Bahn" by Witt) stay in that of the given subspace isometry; here one thinks for instance of the so called Siegel elements with totally isotropic residual space in the orthogonal case. However, one can verify this if $\delta K \neq 0$; also for this question the conditions of Witt and Lenz are exactly the right ones (see below). Since there exist examples where two vectors may be transformed into each other by an automorphism of the space but not by a product of reflections (fourth letter to Lenz), Witt proposed in the twelfth letter to deal in the proof of the isomorphism theorem with rotations instead of a lot of reflections and to give results on reflections later as an addition. The reader may find additional results on reflections in the first edition of Lenz's book mentioned above and in a paper of Witt's student S. Becken, Spiegelungsrelationen in orthogonalen Gruppen, J. Reine Angew. Math. 210 (1962), 205-215. Now the link to reflections in case $\delta K \neq 0$:

We use the same notations and hypotheses as in Satz 2, and we assume furthermore $\delta K \neq 0$ and $\dim\,(\varphi - 1)E < \infty$. Then the following statements are equivalent:

(1) $\varphi A_{D_C} = B_{D_C}$ and $(\varphi - 1)A_{D_C} \subset Z$.

(2) There exist reflections $S_1, \ldots, S_m$ such that $(S_i - 1)C \subset Z$, $(S_i - 1)E \subset D$ and $S_1 \cdots S_m x = \varphi x$ for all $x \in A$.

(3) φ can be extended to an automorphism Φ of E such that $(\Phi - 1)C \subset Z$, $(\Phi - 1)E \subset D$ and $\dim(\Phi - 1)E < \infty$.

Proof: (1) $\Longrightarrow$ (2): Let $C_0 =$ ker $(\varphi - 1)$. Then dim $A/C_0 < \infty$, and we proceed by induction on dim A/C_0. Write (x, y) instead of xy.

a) There is an $a \in A$ such that $(a, a - \varphi a) \neq 0$. In this case set $s = a - \varphi a$, $\sigma = (a, a - \varphi a)$ and define a reflection S by $Sx = x - (x, s)\sigma^{-1}s$. Then $(S - 1)E \subset D$, $Sa = \varphi a$ and $Sx = x$ for all $x \in s^{\perp}$, in particular for all $x \in C$, and the fixed space of $S^{-1}\varphi$ contains $C_0 + Ka$.

b) $(a, a - \varphi a) = 0$ for all $a \in A$, but there is $a \in A$ such that $a - \varphi a \notin Z$. By assumption, $a \notin A_{D_C}$, hence $(a, D_C) \neq 0$. Take $q_1 \in D_C$ such that $(a, q_1) \neq 0$. Just as before we have $\varphi a \notin B_{D_C}$ but in B, and there is $q_2 \in D_C$ such that $(\varphi a, q_2) \neq 0$. We then have some $s \in D_C$ such that $(a, s)(\varphi a, s) \neq 0$ (for example $s = q_1$ or q_2 or $q_1 + q_2$). $N(s)$ is defined since $s \in H$, and due to the assumption $\delta K \neq 0$ there is an $\alpha \in K$ such that $\sigma := N(s) + \alpha - \bar{\alpha} \neq 0$. Setting $Sx = x - (x, s)\sigma^{-1}s$ we obtain a reflection S with $(S - 1)E \subset D$ and $(S-1)C = 0$, and the fixed space of $\psi := S\varphi$ still contains C_0. With ψ instead of φ we are now in case a) because $(a, a - \psi a) = (a, s)\overline{(((\varphi a, s)\sigma^{-1})} \neq 0$.

c) $(\varphi - 1)A \subset Z$. Let $a \in A$, $a \notin C_0$. There is a linear form f on E such that $f(C_0) = 0$, $f(a) = 1$ and $f(\varphi a) \neq 0$. Then $Sx = x - f(x)(a - \varphi a)$ is a reflection with $(S - 1)C_0 = 0$, $(S - 1)C \subset Z$ and $(S - 1)E \subset D$, and the fixed space of $S^{-1}\varphi$ contains $C_0 + Ka$.

(2) $\Longrightarrow$ (3) is trivial. (3) $\Longrightarrow$ (1) follows by the same argument (which works likewise if $Z \neq 0$) as in the paper above.

Evidently the automorphisms with residual space in Z form a normal subgroup in the group of all automorphisms of the space E. Therefore one can rearrange the product arising from the procedures a)-c) in order to obtain an extension $\Phi = S_1 ... S_m \Psi$ with $(\Psi - 1)E \subset Z$ and "proper" reflections S_i (i.e. $(S_i - 1)E \not\subset Z$).

It should be pointed out that Satz 2 in the above paper of Witt and Lenz is not only a cancellation theorem, but contains additional information about the residual spaces, which occurs to be needed, for instance if one wants to find a set of defining relations for the reflections.

6.

Über quadratische Formen in Körpern

Unveröffentlicht 1967

W sei der Ring quadratischer Formen φ in dem Körper K (char $K \neq 2$), in dem $x^2 - y^2 \sim 0$ gesetzt wird. Für Zahlkörper, p-adische Körper und einige weitere Körper ist die Struktur von W genau bekannt [1]. Nach Vorarbeiten von Lenz [3] und Cassels [4] hat Pfister [5], [6] wesentliche Fortschritte erzielt. Einige der Sätze und Beweise von Pfister sollen hier modifiziert wiedergegeben werden, ohne auf die tieferen Untersuchungen von Pfister über Formen φ mit Komposition $\varphi(x)\varphi(y) = \varphi(z)$ zurückzugreifen.

Bezeichnungen

Die Bezeichnungen sind hier auf die Untersuchung von W zugeschnitten, deshalb wird die Addition in K mit $a +^K b$ bzw. $\sum^K a_i$ notiert.

Die Form $\varphi = \sum^K a_i x_i^2$ (in Unbestimmten x_i) wird mit $\sum a_i$ bezeichnet ($a_i \neq 0$; $i = 1, \ldots, n = \dim \varphi$; Diskriminante $d_\varphi = (-1)^{\binom{n}{2}} \prod a_i$).

$-\varphi = \sum b_i$ mit $b_i +^K a_i = 0$, $\quad \varphi - \psi = \varphi + (-\psi)$.

φ heißt *Teilform* von $\varphi + \psi$, in Zeichen $\varphi \sqsubset \varphi + \psi$.

n bedeute auch die Form $\sum 1$, dagegen *nicht* $\sum^K 1 \in K$.

$\simeq$ bedeute Äquivalenz; $\sim$ bezeichne Gleichheit in W (Ähnlichkeit).

$T =$ Torsion in W; $\operatorname{Ann} \varphi =$ Annulator von φ.

$D_\varphi = \{a \in K \mid \varphi = a$ nichttrivial lösbar, d.h. $\varphi - a$ ist isotrop$\}$.

$G_\varphi = \{a \in K \mid a\varphi \sim \varphi$, d.h. a ist Ähnlichkeitsfaktor$\}$.

$D_\infty = \bigcup D_n$ ($n \in \mathbb{N}$), nach Artin-Schreier die Menge der totalpositiven Elemente aus K (bezüglich aller Anordnungen von K).

Es folgen einige bekannte elementare **Feststellungen**:

φ ist anisotrop, falls $D_\varphi \neq K$.

$G_\varphi \setminus 0$ ist eine Gruppe. Es ist $\varphi \not\sim 0$, falls $G_\varphi \neq K$.

$D_{a\varphi} = aD_\varphi, \quad G_{a\varphi} = G_\varphi \quad (a \neq 0)$.

$G_\varphi D_\varphi = D_\varphi$. Falls $1 \in D_\varphi$ ist, gilt $G_\varphi \subseteq D_\varphi$.

$D_\varphi +^K D_\psi = D_{\varphi+\psi}$, falls K mehr als 5 Elemente hat.[1]

Ist $\dim \varphi$ ungerade, so ist $G_\varphi \sim 1$ (betrachte die Diskriminante).

Definition. Im Falle $G_\varphi = D_\varphi$ heiße φ *rund* (wegen der vielen Symmetrien).

Satz 1. *Wenn W keine Nullteiler hat, so ist entweder $W \cong \mathbb{Z}$ (d.h. K reell quadratisch abgeschlossen) oder $W \cong \mathbb{Z}/2$ (d.h. K quadratisch abgeschlossen)* [6, Satz 12], [1a][2].

Beweis. Aus $a^2 \sim 1$ folgt $(a+1)(a-1) \sim 0$, also $a \sim \pm 1$. Folglich ist entweder $W \cong \mathbb{Z}$ oder $W \cong \mathbb{Z}/p$ mit einer Primzahl p. Wegen der Dimensionsabbildung von W auf $\mathbb{Z}/2$ ist $p = 2$.

Satz 2. *Im Ring W gilt außer $0+0=0$*

(W_{ab}) $\quad ab \sim c,$ *falls* $ab = cd^2 \quad (d \neq 0)$ *in* K,

(W_{a+b}) $\quad a+b \sim c + abc,$ *falls* $a +^K b = c$ *in* K.

Hierdurch ist W bereits charakterisiert [1a][2].

Letzteres ist eine einfache Folgerung aus Satz 7 [1] = Lemma 58:1 [2], daß für Diagonalformen Äquivalenz Konsequenz binärer Äquivalenzen ist.

Verlangt man die Relationen nur im Falle $abc \neq 0$, so erhält man einen durch $\sqsubset$ geordneten Ring $\tilde{W}$ mit den Formenklassen von K als positiven Elementen. Hiervon sowie von der Tatsache der Charakterisierung wird hier weiter kein Gebrauch gemacht.

Satz 3. $G_\varphi +^K dG_\varphi \subseteq G_{\varphi + d\varphi}$.

Beweis. Durch Interpretation von $(W_{a+db})\varphi$ für $a, b \in G_\varphi$ und $c = a +^K db$ folgt $c(\varphi + d\varphi) \sim c(\varphi + dab\varphi) \sim (a+db)\varphi \sim \varphi + d\varphi$.

Satz 4. *φ sei rund, d.h. $G_\varphi = D_\varphi$ (z.B. $\varphi = 1$). Dann gilt mit* $\dim \varphi = n$:

a) $\varphi^2 \sim n\varphi$ $\qquad$ (setze $\varphi = \sum a_i$ und benutze $a_i\varphi \sim \varphi$).

b) *φ isotrop* $\iff \varphi \sim 0$ $\qquad$ (nach Definition).

c) $\varphi \prod_{i=1}^{m} (1 + c_i)$ *ist rund (z.B. sind $2^m\varphi$ und 2^m rund $(c_i = 1)$).*

d) $\mathrm{Ord}\, \varphi = 2^{\mu+1} \implies -\varphi \sqsubset -2^\mu\varphi \simeq 2^\mu\varphi$, *aber* $-\varphi \not\sqsubset (2^\mu - 1)\varphi$.

e) $\varphi \not\sim 0 \implies \mathrm{Ann}\, \varphi$ *ist binär erzeugbar, d.h. $\omega\varphi \sim 0$ ist lineare Konsequenz von $a_i\varphi \sim b_i\varphi$.**

f) $\omega\varphi \sim 0 \implies \quad (1 - d_\omega)\varphi \sim 0, \quad (1 - d_\varphi)\omega \sim 0, \quad (1 - d_\omega)(1 - d_\varphi) \sim 0.$

g) $\dim \varphi = n$ *sei ungerade, dann ist $\varphi = n$, und im Falle* $\dim \varphi \geq 3$ *ist K pythagoräisch (bezüglich $\sqrt{1+x^2}$ abgeschlossen) und reell (-1 ist keine Quadratsumme in K). Umgekehrt sind in solchen K alle $n > 0$ rund.*

h) $a + b \sqsubset \varphi = 1 + \psi \implies ab \in D_\psi \quad (ab \neq 0)$.

---

* Im Falle $\varphi = 2^\mu \not\sim 0$ nennen Lenz und Pfister die Form $\sum (a_i - b_i)$ "2^μ–stark ausgeglichen".

Beweis. c) folgt aus: $D_{\varphi+c\varphi} \subseteq D_\varphi \cup cD_\varphi \cup (D_\varphi +^K cD_\varphi)$
$= G_\varphi \cup cG_\varphi \cup (G_\varphi +^K cG_\varphi) \subseteq G_{\varphi+c\varphi} \subseteq D_{\varphi+c\varphi}$.

d): Wäre $-\varphi \sqsubset (2^\mu - 1)\varphi$, so wäre $2^\mu\varphi = (2^\mu - 1)\varphi + \varphi$ isotrop und ~ 0.

e): $\omega = \sum_{i=1}^{m} b_i$ gesetzt, folgt $\sum^K b_i c_i = 0$ mit $c_i \in D_\varphi = G_\varphi$,[3] also $c_i \neq 0$ und $(b_i - b_i c_i)\varphi \sim 0$. Nun ist $\omega - \sum(b_i - b_i c_i) \sim \sum b_i c_i \sim \omega'$ und $\omega' \in \operatorname{Ann}\varphi$ von kleinerer Dimension, da $\sum b_i c_i$ isotrop ist. Nach Induktion ist ω Summe von $m(m+2)/4$ binärer Formen der Gestalt $b(1-c)$ mit $c \in D_\varphi$. Für $n = 2$ ist ω schon Summe von $m/2$ solcher binärer Formen: Sei $\varphi = 1 - a$, $a\omega \simeq \omega$ und $1 \in D_\omega$. Dann ist $a \in D_\omega$, und der ω-Raum hat einen Teilraum mit der Produktmatrix $\begin{pmatrix} 1 & b \\ b & a \end{pmatrix}$, die zur Form $1 - c$ gehörig ist mit $a +^K c = b^2$. Daher ist $(1-a)(1-c)$ rund und isotrop, also ~ 0, d.h. $1 - c \in \operatorname{Ann}\varphi$.

f): Eben war $\omega \sim \sum b_i(1 - c_i)$ mit $c_i \in G_\varphi$, also ist $d_\omega = \prod c_i \in G_\varphi$ und $(1 - d_\omega)\varphi \sim 0$. Aus $(1 - c_i)\varphi \sim 0$ folgt (da $1 - c_i$ rund ist): $(1 - d_\varphi)(1 - c_i) \sim 0$ und durch Kombination $(1 - d_\varphi)\omega \sim 0$. Die letzte Behauptung folgt durch Iteration oder kann mit Hilfe der Hasse–Invarianten, wenn auch etwas umständlich, nachgeprüft werden, auch wenn φ nicht rund ist.

g): Ist $\dim\varphi = n$ ungerade, so ist $G_\varphi \sim 1$, also $D_\varphi = G_\varphi = D_1$, und es folgt $\varphi = n$. Im Falle $n \geq 3$ folgt noch $D_2 \subseteq D_n = D_1$. Wäre dann -1 ein Quadrat in K, so wäre φ isotrop und rund und daher $\dim\varphi$ gerade.

h): Nach Voraussetzung folgt $1 + ab \sqsubset a\varphi \sim \varphi = 1 + \psi$. Man kürze 1.

Korollar zu 4f. *Für beliebiges φ der Diskriminante d gilt $G_\varphi \subseteq G_{1-d}$.*

Beweis. Aus $(1-a)\varphi \sim 0$ folgt $(1-a)(1-d) \sim 0$, da $1 - a$ rund ist.

Korollar zu 4h. *Ist $\varphi = n$ rund und sind $u_i, v_i \in K$ für $i = 1, \ldots, n$ vorgegeben, so gilt $\left(\sum^K u_i^2\right)\left(\sum^K v_i^2\right) = \left(\sum^K u_i v_i\right)^2 +^K c$ mit $c \in D_{n-1} \cup 0$.*[4]

Beweis. Es ist $c = 0$ oder $c \sim \det\varphi' = ab \in D_{n-1}$ für ein $\varphi' = a + b \sqsubset \varphi$.

Pfister hat gezeigt, daß die Formen $\pi = \prod_{i=1}^{m}(1 + c_i)$ –sofern sie anisotrop sind– charakterisiert sind durch die Eigenschaft, daß $D_\pi \setminus 0$ für alle Körpererweiterungen Gruppen sind [5].[5]

Es bedeute $\quad \pi_{\varepsilon a} = \prod_{i=1}^{n}(1 + \varepsilon_i a_i), \quad \varepsilon_i = \pm 1, \quad a_i \in K \setminus 0.$

φ_a sei ganzzahliges Polynom in den a_i (zum Beispiel $\varphi_a = \sum a_i$).

Aus $a_i^\nu(1 + \varepsilon_i a_i) \sim \varepsilon_i^\nu(1 + \varepsilon_i a_i)$ und $(1 + a_i) + (1 - a_i) \sim 2$ folgt durch Multiplikation und Addition

$$\text{(i)} \qquad \varphi_a\pi_{\varepsilon a} \sim \varphi_\varepsilon\pi_{\varepsilon a} \quad \text{und} \quad \sum_\varepsilon \varphi_\varepsilon\,\pi_{\varepsilon a} \sim 2^n\varphi_a\,,$$

wobei über alle $\varepsilon = (\varepsilon_1, \ldots, \varepsilon_n)$ mit $\varepsilon_i = \pm 1$ summiert wird. Weiter gilt noch $\pi_{\varepsilon a}\pi_{\varepsilon' a} \sim \delta_{\varepsilon,\varepsilon'} \cdot 2^n\pi_{\varepsilon a}$, d.h. $2^{-n}\pi_{\varepsilon a}$ wären orthogonale Idempotente, würden sie nur existieren [1a].[2]

Satz 5a. *Die Ordnung von* $\varphi \in W$ *ist Potenz von* 2 *oder* ∞ [6, Satz 10].

Beweis. Hat $\varphi = \sum a_i$ endliche Ordnung, so ist (i) zufolge $m\pi_{\varepsilon a} \sim 0$ für passendes $m > 0$, falls $\varphi_\varepsilon \not\sim 0$. Dann ist aber $2^m\pi_{\varepsilon a}$ rund (nach 4c) und isotrop, also $2^{n+m}\varphi \sim \sum \varphi_\varepsilon 2^m\pi_{\varepsilon a}$ gliedweise ~ 0.

Für $\varphi = 1$ hatte ich einen anderen Beweis [1a],[2] natürlich ohne den Begriff der runden Form: Für $n \geq 0$ und $d \in D_{n+1}$ folgt $d\,2^n \sim 2^n$ durch Induktion vermittels $2^n(W_{d+1})$. Aus $-1 \in D_n$ d.h. $0 \in D_{n+1}$ folgt insbesondere $2^n \sim 0$.

Satz 5b. *W hat keine Nullteiler ungerader Ordnung* [6, Satz 11].[6]

Beweis von Pfister [6]: Ist $\omega\varphi \sim 0$ mit möglichst kleiner ungerader Dimension m von $\omega = a + b + \omega'$, so folgt $0 \sim (a-b)\omega\varphi \sim \omega'(a-b)\varphi$, also $(a-b)\varphi \sim 0$ und $a\varphi \sim b\varphi$. Da $a + b \sqsubset \omega$ beliebig ist, folgt $0 \sim \omega\varphi \sim ma\varphi$, also $a\varphi \sim 0$ nach Satz 5a und daher $\varphi \sim 0$.

Nun gilt **5c:** *Ist* ω *mit ungerader Dimension* m *Nullteiler in einem Faktorring* V *von* W, *so ist eine der Zahlen* $1, 3, \ldots, m$ *Nullteiler in* V.

Satz 6a. *Aus* $2^\mu\varphi \sim 0$ *folgt* $\varphi^{\nu+\mu+1} \sim 0$, *falls* $\dim\varphi = 2\nu$.

Beweis. Ist $\varphi = \sum_{i=1}^{\nu} \varphi_i$ mit $\varphi_i = b_i(1+a_i)$, so folgt $\varphi_i^{m+1} \sim b_i^{m+1}\,2^m(1+a_i)$ für alle $m \geq 0$ und daraus leicht $\varphi^{\nu+\mu+1} \sim (\sum\varphi_i)^{\nu+\mu}\,\varphi \sim 2^\mu\varphi'\varphi \sim 0$.
Im Falle $2^\mu W \sim 0$ ist schon $\varphi^{\nu+\mu} \sim 0$.

Satz 6b. *Aus* $\varphi^{m+1} \sim 0$ *folgt* $2^{n+m\rho}\varphi \sim 0$, *falls* $2^{\rho+1} > n = \dim\varphi$.

Beweis. Aus (i) folgt $\varphi_\varepsilon^m\varphi_\varepsilon\pi_{\varepsilon a} \sim 0$, und daher ist $2^{n+m\rho}\varphi \sim \sum 2^{m\rho}\varphi_\varepsilon\pi_{\varepsilon a}$ gliedweise ~ 0.

Satz 7. $\varphi \in T \iff \varphi$ *überall* ~ 0, *d.h. für jeden reellen Abschluß* K_α *von* K.

Beweis. ($\Longrightarrow$) gilt, weil $W(K_\alpha) \cong \mathbb{Z}$ ist.
($\Longleftarrow$): Es wird gezeigt, daß $2^{n+\mu}\varphi \sim \sum_\varepsilon \varphi_\varepsilon\,2^\mu\pi_{\varepsilon a}$ (mit $\varphi = \sum a_i = \varphi_a$) für genügend großes μ gliedweise ~ 0 ist (vgl. (i)). Wenn der von allen Quadraten und den $\varepsilon_i a_i$ in K durch Addition und Multiplikation erzeugte Kegel A im Positivbereich ≥ 0 einer Anordnung α von K enthalten ist, so ist $\varphi_\varepsilon \sim \varphi \sim 0$ in $W(K_\alpha)$ und also $\varphi_\varepsilon \sim 0$ in W. Andernfalls ist nach der einfachen Theorie dieser Kegel $A = K$, insbesondere $-1 \in A$, und das bedeutet explizit: Für genügend großes μ ist $2^\mu\pi_{\varepsilon a}$ rund und isotrop, also ~ 0.

Probleme

Zu Satz 3: $G_\varphi +^K a\,G_\varphi = G_{\varphi + a\varphi}$ *(falls* $K \neq \mathbb{F}_3, \mathbb{F}_5$*)*?

Richtig falls φ rund, falls Dimension, Diskriminante und S (vgl. [1]) volles Invariantensystem in K
und für ZK, FK (Zahlkörper und Funktionenkörper über $\mathbb{F}_{p^n}$).[7]

Zu Satz 4e: *Ist* Ann φ *binär erzeugbar* ?

Richtig falls φ rund (nach 4e) und für ZK, FK.[8]

Zu Satz 4f: $\omega\varphi \sim 0 \Longrightarrow (1 - d_\omega)\varphi \sim 0$?

Richtig falls ω oder φ rund (nach 4f),
falls ω in Ann φ binär erzeugbar und für ZK, FK.[9]

$\varphi(K)$ bezeichne die von $D_\varphi \setminus 0$ erzeugte Gruppe.

Vermutung: *Für eine endliche Erweiterung* K/k *ist* $\mathrm{N}_{K/k}\varphi(K) \subseteq \varphi(k)$.

Richtig für dim $\varphi \leq 2$ und für ZK.[10]

Vermutung: *In* $\mathbb{R}(x_1, \ldots, x_n, \mathrm{alg})$ *ist* $D_\infty \subseteq D_{2^n}$.

Richtig für $n = 1$ (Witt mit abelschen Integralen).[11]

Literatur

[1] E. Witt: Theorie der quadratischen Formen in beliebigen Körpern. J. Reine Angew. Math. **176** (1937), 31-44.

[2] O.T. O'Meara: Introduction to quadratic forms, Springer-Verlag 1963.

[3] H. Lenz: Einige Ungleichungen aus der Algebra der quadratischen Formen. Arch. Math. **14** (1963), 373-382.

[4] J.W.S. Cassels: On the representation of rational functions as sums of squares. Acta Arithm. **9** (1964), 79-82.

[5] A. Pfister: Multiplikative quadratische Formen, Arch. Math. **16** (1965), 363-370.

[6] A. Pfister: Quadratische Formen in beliebigen Körpern. Invent. Math. **1** (1966), 116-132.

Remarks by Falko Lorenz

In the sixties Witt gave several highly recognized colloquium talks, in which he significantly simplified the algebraic theory of quadratic forms by means of his notion of *round* forms. His verbally circulating results were published by F. Lorenz, Quadratische Formen über Körpern, Springer Lecture Notes in Math. 130, 1970, (cf. also W. Scharlau, Quadratic Forms, Queen's Papers 22, 1969). Witt's paper above contains these results which he himself never published. Round forms over semilocal rings were studied by M. Knebusch (Math. Ann. 193 (1971)), who generalized Witt's Satz 4e to semilocal rings.– Some comments to the text will follow.

1. For $K = \mathbb{F}_3$ or $\mathbb{F}_5$ is indeed $D_1 +^K D_1 \neq D_{1+1}$.
2. The bibliography in Witt's manuscript was missing, however the quotation numbers in the text could be identified, except [1a]. This could be related to his lectures on the algebraic theory of quadratic forms in 1953 in Rome.
3. This is trivial for $K = \mathbb{F}_3$ or $\mathbb{F}_5$ and follows otherwise from the formula $D_\varphi +^K D_\psi = D_{\varphi+\psi}$ (which is proven e.g. in Lecture Notes 130, p.12 f).
4. The corollary to 4h, which has been found on a separate piece of paper handwritten by Witt, sharpens the following result of Pfister, which also follows directly from 4c: if $\alpha, \beta \in K$ are sums of 2^m squares, so their product $\alpha\beta$ is a sum of 2^m squares.
5. The forms $\pi = \prod_{i=1}^m (1 + c_i)$ are called *m–fold Pfister forms*, according to Knebusch, Math. Ann. 193 (1971), p. 26.
6. The determination of all zero divisors in W is given in Lorenz/Leicht, "Die Primideale des Wittschen Ringes", Invent. Math 10 (1970), 82–88.
7. The equality $G_\varphi +^K aG_\varphi = G_{\varphi+a\varphi}$ is also correct, if $\dim\varphi$ is odd. Then for $c \in G_{\varphi+a\varphi}$ we have $(1-c)(1+a) \sim 0$ by Satz 5b, hence $c \in G_{1+a} = D_{1+a} = D_1 +^K aD_1$. In general there is no equality, as A. Pfister notified me: For the field $K = \mathbb{R}((x))((y))$ with the square classes $\pm 1, \pm x, \pm y, \pm xy$ consider the form $\varphi = 1+1-x-y$ and set $a = y$. Then $G_\varphi \sim \{1\}$, $G_\varphi +^K aG_\varphi \sim \{1, y\}$, but $G_{\varphi+a\varphi} \sim \{1, -x, y, -xy\}$.
8. For K and φ as in 7, $\operatorname{Ann}\varphi$ is not binary generated because $\operatorname{Ann}\varphi$ does not have an anisotropic binary zero divisor, but $(1+x)(1+y) \not\sim 0$, and $(1+x)(1+y) \in \operatorname{Ann}\varphi$. (Note by A. Pfister.)
9. The answer is no, if $2 \sim 0$ and K has an anisotropic 3–fold Pfister form π (e.g. $K = \mathbb{C}(x, y, z)$ and $\pi = (1+x)(1+y)(1+z)$). Then for every 2^n–dimensional round form P one has $P^2 \sim 2^n P \sim 0$ by Satz 4a. Write $\pi = PD$, where P is a 2–fold and D is a 1–fold Pfister form, and let φ be the anisotropic part of $P+D$. Then $\varphi^2 \sim 0$, but $(1-d_\varphi)\varphi \sim D\varphi \sim \pi \not\sim 0$. (Note by A. R. Wadsworth and J.-P. Tignol.)
10. Witt's conjecture is always correct. This follows from "Knebusch's norm principle" (cf. Satz 2 on the following page).
11. Concerning this conjecture, one finds in Witt's manuscript the handwritten remark, which obviously has been inserted later: "Richtig nach Pfister". In fact, Pfister had already proved the conjecture for a rational function field $\mathbb{R}(x_1, \ldots, x_n)$ as well as for the case that the field $\mathbb{R}(x_1, \ldots, x_n, \text{alg})$ is non-real (see A. Pfister, Zur Darstellung definiter Funktionen als Summe von Quadraten, Invent. Math. 4 (1967), 229–236). In a letter of December 27, 1967 Witt wrote to Pfister: "Es gelang mir, unsere Vermutung, daß $\prod_{i=1}^n (1 + a_i)$ alle positiv definiten Funktionen von $\mathbb{R}(x_1, \ldots, x_n, \text{alg})$ darstellt, 33 Stunden nach unserer Trennung um 5^{h15} morgens zu beweisen". A detailed version of Witt's proof may be found in Springer Lecture Notes 130, p. 65ff.

7.

Über die Sätze von Artin–Springer und Knebusch

Unveröffentlicht 1973

Beide Sätze 1, 2 hatte ich vermutet (1935, 1968). Für Satz 1 teilte mir Artin auf der Pfingsttagung 1937 in Hamburg einen Beweis mit. Denselben Beweis fand unabhängig Springer 1952.[1] Einen Beweis von Satz 2 fand Knebusch 1971.[2] Hierfür wird hier eine kürzere Beweisidee angegeben. Beide Sätze habe ich in dieser Fassung in Barcelona 1973 auf spanisch vorgetragen.

Bezeichnungen:

q sei eine anisotrope quadratische Form über einem Körper K;
qK sei die Menge der von q dargestellten Elemente aus K;
$f, g_i, h \in K[t]$; $Q = q(g_1, g_2, ...)$; $|f| = \mathrm{Grad} f$; $\mathrm{N} = \mathrm{Norm}$;
OE = "ohne Einschränkung"; ggT = "größter gemeinsamer Teiler".

Lemma 1. *Für jeden Teiler f von Q mit* $\mathrm{ggT}(f, g_1, g_2, \ldots) = 1$ *ist* $|f|$ *gerade.*

Beweis durch Induktion über $|f|$. OE $|f| > 0$, $|g_i| < |f|$,[3] $Q = fh$. Durch Vergleich der Glieder höchsten Grades folgt: $|Q|$ ist gerade und $|h| < |f|$. Nach Induktion folgt die Behauptung.

Lemma 2. *Für jeden normierten Teiler f von $1 + tQ$ ist* $f(0) \in (qK)^{|f|}$.

Beweis durch Induktion über $|f|$. OE $|f| > 0$, $|g_i| < |f|$, $1 + tQ = cfh$, $c \in K$, h normiert. Durch Vergleich der Glieder höchsten Grades folgt $c \in qK$ und $|h| < |f|$. Für $t = 0$ folgt nach Induktion die Behauptung.

Satz 1. *q bleibt anisotrop bei jeder Erweiterung L/K ungeraden Grades.*

Beweis. Für eine primitive Erweiterung ist $L \simeq K[t]/f$. Die Behauptung folgt nach Lemma 1.

Satz 2. *Für* $m = L : K < \infty$ *ist* $\mathrm{N}(qL) \subset (qK)^m \cup 0$, *(trivial, wenn q über K isotrop ist).*[4]

Beweis. OE sei L/K primitiv. Sei $\alpha^{-1} \in qL$. Angenommen $\alpha \in K$ und $\alpha^m \notin (qK)^m$. Dann ist m ungerade, $\alpha \notin qK$ und $-\alpha + q$ in K anisotrop, nach Satz 1 auch in L, Widerspruch.

Also OE $L = K(\alpha)$. Sei $-\alpha$ Wurzel des irreduziblen normierten Polynoms f, also $\mathrm{N}\alpha = \mathrm{f}(0)$ und $f \mid 1 + tQ$ für passende g_i. Der Satz folgt jetzt nach Lemma 2.

---

[1] Anm. d. Hrg.: C. R. Acad. Sci. 234, 1517-1519.
[2] Anm. d. Hrg.: Invent. Math. 12, 300-303.
[3] Anm. d. Hrg.: Gegebenenfalls ersetze man g_i durch seinen Rest mod f.
[4] Anm. d. Hrg.: q sei hier als nicht singulär vorausgesetzt, falls $\mathrm{Char}(K) = 2$ ist.

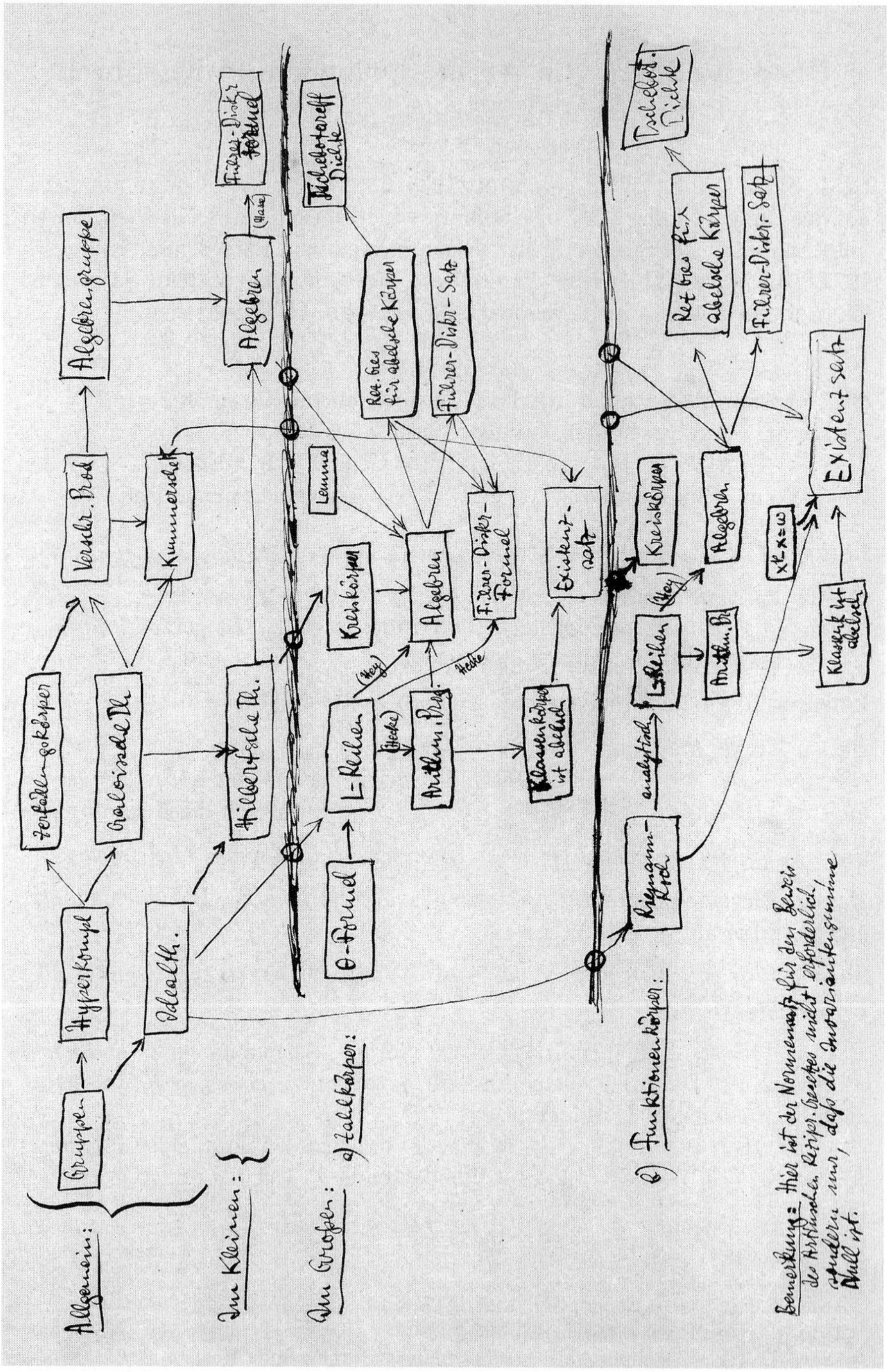
Allgemein:
Gruppen
Hyperkompl.
Idealth.
Zerfällungskörper
Galoissche Th.
Hilbertsche Th.
Verschr. Prod.
Kummersche
Algebrengruppe
Algebren
Führer-Diskr. Formel
Tschebotareff Dichte
Im Kleinen:
Im Großen:
a) Zahlkörper:
Θ-Formel
L-Reihen
Arithm. Prog.
Kreiskörper
Lemma
Rez. Ges. für abelsche Körper
Führer-Diskr.-Satz
Führer-Diskr.-Formel
Existenzsatz
Klassenkörper ist abelsch
b) Funktionenkörper:
Riemann-Roch
analytisch
L-Reihen
Arithm. Pr.
Kreiskörper
Algebren
Klassenk. ist abelsch
Rez. Ges. für abelsche Körper
Führer-Diskr.-Satz
Tschebot. Dichte
Existenzsatz
Bemerkung: Hier ist der Normensatz für den Beweis des Artinschen Reziprozitätsgesetzes nicht erforderlich, sondern nur, daß die Invariantensumme Null ist.

8.

Riemann–Rochscher Satz und Z-Funktion im Hyperkomplexen

Math. Ann. *110* (1934) 12–28

Das vergleichende Studium der Klassenkörpertheorie in verschiedenen Bereichen hat die Arithmetik bisher wesentlich vereinfacht. Besonders die $\mathfrak{p}$-adischen Bereiche haben viel zur Klärung beigetragen. In der Hoffnung, daß auch die algebraischen Funktionenkörper eine ähnliche Wirkung hervorrufen werden, wurde diese Arbeit unternommen.

Der Anlaß dazu war die mir von E. Noether gestellte Frage, ob sich die Arbeit von Hey[1]) auf Funktionenkörper übertragen ließe, um damit das Analogon des Riemann-Rochschen Satzes im Hyperkomplexen zu finden. Diese Frage wird hier bejaht, jedoch verläuft unsere Untersuchung in umgekehrter Richtung. Dadurch erhalten wir den Riemann-Rochschen Satz in großer Allgemeinheit, nämlich für einfache Systeme, deren Zentrum ein algebraischer Funktionenkörper mit vollkommenem Konstantenkörper ist. Trotz dieser Allgemeinheit wird der ursprüngliche Sinn dieses Theorems nicht verfälscht, auch seine äußere Form brauchen wir nicht zu ändern. Nur werden die Divisoren jetzt einseitig, das Geschlecht G wird definiert durch die Ordnung $2G - 2$ der Differentialklasse. Allerdings kann das Geschlecht auch negativ sein, es bedeutet also nicht mehr die Dimension der Differentialklasse.

Gestützt auf den Riemann-Rochschen Satz können wir hinterher die Heysche Arbeit übertragen. Von den festgestellten Eigenschaften der Z-Funktion machen wir zum Schluß eine Anwendung auf die Theorie der Algebren.

In § 1 führen wir die Divisoren eines Funktionenkörpers K durch seine Bewertung ein. § 2 bringt eine Aufzählung der Tatsachen, welche sich durch Übertragung der Arbeit von Hasse[2]) auf Algebren über Funktionenkörpern gewinnen lassen. Das führt bis zum Gruppoid der *Ideale*. Um aber die Theorie der algebraischen Funktionen auch im Nichtkommu-

[1]) K. Hey, Analytische Zahlentheorie in Systemen hyperkomplexer Zahlen. Dissertation Hamburg 1929.

[2]) H. Hasse, Über $\mathfrak{P}$-adische Schiefkörper und ihre Bedeutung für die Arithmetik hyperkomplexer Zahlsysteme. Math. Annalen **104** (1931).

tativen fortzusetzen, sind wir genötigt, uns ein invariantes Gruppoid von *Divisoren* zu konstruieren, dies geschieht in § 3. Nach dem Vorbild von F. K. Schmidt[3]) beweisen wir in § 4 das Analogon des Riemann-Rochschen Satzes für ein einfaches System S, als Hilfsmittel verwenden wir dabei eine Art Bewertung.

Von jetzt an wird der Konstantenkörper als Galoisfeld vorausgesetzt. Wie bei Hey[1]) und F. K. Schmidt[3]) wird in § 5 die Z-Funktion von S eingeführt und verglichen mit der ζ-Funktion des Zentrums. Dabei finden wir den wichtigen Satz 15: „Eine überall zerfallende Algebra zerfällt schlechthin", und zwar ohne daß wir erst die Note von Zorn[4]) zu übertragen brauchen, in der dasselbe im Anschluß an die Untersuchungen von Hey gemacht wurde. Hinterher wird die Funktionalgleichung von $Z(s)$ ohne viel Rechnung hergeleitet. Eine Übersicht über alle möglichen Typen von Schiefkörpern wird in § 6 gewonnen, was sich auch hier wieder bedeutend leichter durchführen läßt als im algebraischen Zahlkörper. Der Grund dazu ist der, daß wir von vornherein alle Schiefkörper mit Hilfe der Kreiskörper angeben können[5]), und daß außerdem die Kreiskörper unverzweigt sind. Wir werden im wesentlichen diejenigen Resultate finden, die der Arbeit von Hasse[6]) entsprechen.

§ 1.
Bewertungen.

Unter einer Bewertung versteht man bekanntlich eine reelle Funktion $|a|$ der Zahlen a eines Körpers K, die folgenden Bedingungen genügt:

$$(1)\qquad \begin{cases} |0| = 0, \quad \text{sonst} \quad |a| > 0, \\ |ab| = |a|\cdot|b|, \\ |a+b| \leqq |a| + |b|. \end{cases}$$

Ist K ein solcher bewerteter Körper, so führt man nach Hensel den Grenzkörper $\overline{K}$ ein, ähnlich wie zum Körper der rationalen Zahlen der reelle Körper konstruiert wird. In ihm läßt sich die Bewertung in bestimmter Weise fortsetzen.

---

[3]) F. K. Schmidt, Analytische Zahlentheorie in Körpern der Charakteristik p. Math. Zeitschr. **33** (1931).

[4]) M. Zorn, Note zur analytischen hyperkomplexen Zahlentheorie. Abh. Math. Sem. Hamburg **9** (1933).

[5]) Daß jede Algebra über einem algebraischen Funktionenkörper konstante Zerfällungskörper besitzt, folgt aus dem Satz von Ch. Tsen, Gött. Nachr. 1933. Dieser Satz stützt sich auf die Eliminationstheorie, in unserem Fall werden wir ihn aber mit der Z-Funktion beweisen.

[6]) H. Hasse, Die Struktur der R. Brauerschen Algebrenklassengruppe über einem algebraischen Zahlkörper. Math. Annalen **107** (1933).

Ω sei ein vollkommener Konstantenkörper, z eine Unbestimmte, und K eine endliche Erweiterung von $\Omega(z)$. Welche Bewertungen sind möglich für K, wenn die Konstanten außer der Null den Betrag 1 erhalten sollen?

Zunächst wählen wir nach F. K. Schmidt[3]) in K ein Element x, so daß K über $\Omega(x)$ separabel wird. Für die ganzen Größen von K bezüglich $\Omega[x]$ gilt dann der Satz von der eindeutigen Primidealzerlegung, ebenso für die ganzen Größen bezüglich $\Omega\left[\frac{1}{x}\right]$. Zur Beantwortung unserer Frage können wir ähnlich vorgehen, wie es Artin[7]) bei den algebraischen Zahlkörpern getan hat.

Fall 1: Alle Funktionen erhalten den Betrag 1.

Fall 2: Das Primpolynom π-ten Grades $p(x)$ sei vom Betrage < 1. Zunächst erkennen wir, daß die Polynome $a(x)$ von geringerem Grade gleichmäßig beschränkt sind, denn es ist

$$|a(x)| \leqq 1 + |x| + \ldots + |x^{\pi-1}|.$$

$q(x)$ sei ein anderes Primpolynom und n eine wachsende Zahl. In der p-adischen Zerlegung

$$q^n(x) = \Sigma\, a_\nu(x)\, p^\nu(x)$$

treten höchstens n^2 Summanden auf. Wir haben also sicher

$$|q| = \sqrt[n]{|q^n|} \leqq \sqrt[n]{n^3} \to 1,$$

d. h. für jedes Polynom ist der Betrag $\leqq 1$.

Nun zeigen wir, daß nicht für zwei Primpolynome p und q gleichzeitig $|p| < 1$ und $|q| < 1$ gelten kann. Denn es sei etwa $|p| \leqq |q| < 1$; setzen wir noch $ap + bq = 1$, so folgt die Unmöglichkeit

$$1 = |(ap + bq)^n| \leqq |p^n| + |p^{n-1}q| + \ldots + |q^n| \leqq (n+1)|q|^n \to 0.$$

Dies bedeutet aber, daß alle zu $p(x)$ primen Funktionen den Betrag 1 haben.

Fall 3: Für alle $p(x)$ gilt $|p(x)| > 1$. Diese Bewertung von $\Omega(x)$ wollen wir mit ∞ bezeichnen. Da wir $\left|\frac{1}{x}\right| < 1$ haben, läßt sich dieser Fall auf den zweiten zurückführen, indem wir $\Omega\left[\frac{1}{x}\right]$ statt $\Omega[x]$ betrachten.

Diese Bewertungen lassen sich auch bekanntlich alle tatsächlich realisieren. Es ist beachtlich, daß für jede dieser Bewertungen die verschärfte Regel

$$(2) \qquad |a + b| \leqq \operatorname{Max} |a|, |b|$$

gilt.

---

[7]) E. Artin, Über die Bewertungen algebraischer Zahlkörper. Crelles Journal **167** (1932).

Nun können wir den leichten Schluß von Artin[7]) anwenden, und erhalten:

Satz 1: Die einzigen Bewertungen einer endlichen Erweiterung K über $\Omega(z)$, bei der die Konstanten den Betrag 1 erhalten, sind die $\mathfrak{p}$-adischen und die unendlichen. Die $\mathfrak{p}$-adischen Bewertungen sind den Primidealen von K bezüglich $\Omega[x]$ zugeordnet, die unendlichen Bewertungen sind denjenigen Primidealen $\mathfrak{p}_\infty$ von K bezüglich $\Omega\left[\frac{1}{x}\right]$ zugeordnet, die in $\frac{1}{x}$ aufgehen. Dabei ist x ein passendes Element aus K.

Lassen wir jetzt die Auszeichnung der Zahl x aus K fallen, so besteht auch kein erkennbarer Unterschied mehr zwischen endlichen und unendlichen Bewertungen. Dies ist ein Hauptgrund für die Tatsache, daß die Zahlentheorie über $\Omega(z)$ wesentlich einfacher wird als über dem Körper der rationalen Zahlen. Dort fallen die unendlichen Bewertungen dadurch auf, daß sie nicht die Regel (2) befolgen.

Wir haben hier eine naturgemäße Einführung der sogenannten Divisoren in K gegeben. Die Primdivisoren $\mathfrak{p}$ sind einfach durch die möglichen Bewertungen von K gegeben.

§ 2.

Lokale Verhältnisse.

Zu einer Bewertung $\mathfrak{p}$ von K sei $K_\mathfrak{p}$ der Grenzkörper. Die $\mathfrak{p}$-adischen Untersuchungen von Hasse[2]) lassen sich auch in unserem Fall durchführen, da die Voraussetzungen im wesentlichen dieselben sind[8]). Wir geben hier kurz die Resultate an.

In K werden die Zahlen α mit $|\alpha| \leqq 1$ als ganze Größen bezeichnet. Durch $|\alpha| = 1$ werden die Einheiten dargestellt; und der Bereich $|\alpha| < 1$ ist das einzige Primideal, es ist ein Hauptideal (π). Wir werden es auch mit $\mathfrak{p}$ bezeichnen. Die Zahlen von Ω liegen in verschiedenen Restklassen mod $\mathfrak{p}$, wir können daher vom Restklassengrad von $\mathfrak{p}$ bezüglich Ω sprechen, und nennen ihn die in K gebildete Ordnung[9]) von $\mathfrak{p}$.

$\Sigma_\mathfrak{p}$ sei ein Schiefkörper vom Range m^2 über dem Zentrum $K_\mathfrak{p}$. Auch $\Sigma_\mathfrak{p}$ enthält nur ein einziges Primideal (Π), das wieder Hauptideal ist. $\mathfrak{p}$ wird in $\Sigma_\mathfrak{p}$ eine Potenz von (Π), und die Bewertung von $K_\mathfrak{p}$ läßt sich in $\Sigma_\mathfrak{p}$ eindeutig fortsetzen.

$S_\mathfrak{p}$ sei ein einfaches System über dem Zentrum $K_\mathfrak{p}$. $S_\mathfrak{p}$ ist bis auf Isomorphie ein r-reihiger Matrizenring über einem Schiefkörper $\Sigma_\mathfrak{p}$. Alle

[8]) Dagegen wird Satz 19 und dessen Folgerungen bei Hasse, Math. Annalen **104**, hier erst richtig, wenn Ω ein Galoisfeld ist.

[9]) Die Ordnung von $\mathfrak{p}$ ist eine Zahl und hat nichts mit den Ordnungen zu tun, die in Hasse, Math. Annalen **104**, vorkommen.

ganzzahligen Matrizen bilden in $S_\mathfrak{p}$ eine Maximalordnung $I_\mathfrak{p}$, jede andere Maximalordnung $I'_\mathfrak{p}$ ist zu dieser konjugiert: $I'_\mathfrak{p} = \sigma I_\mathfrak{p} \sigma^{-1}$. Jedes Ideal ist Linksideal für ein $I'_\mathfrak{p}$ und Rechtsideal für ein $I''_\mathfrak{p}$. Die Ideale $\mathfrak{A}_\mathfrak{p}$ bilden die Bestandteile eines Gruppoides $\mathfrak{G}_\mathfrak{p}$.

In der Maximalordnung $I_\mathfrak{p}$ von vorhin bilden die Matrizen mit Koeffizienten aus (Π) ein zweiseitiges Primideal $\mathfrak{P}$. Jedes andere zweiseitige Ideal von $I_\mathfrak{p}$ ist eine Potenz von $\mathfrak{P}$.

Die Norm $N_\mathfrak{p}(\mathfrak{A}_\mathfrak{p})$ eines Rechtsideales $\mathfrak{A}_\mathfrak{p}$ von $I_\mathfrak{p}$ ist ein Ideal des betreffenden Grundkörpers, das erzeugt wird durch die Determinante beim Übergang von einer Basis für $I_\mathfrak{p}$ zu einer für $\mathfrak{A}_\mathfrak{p}$. Bei Produktbildung im Gruppoid gilt die Regel $N_\mathfrak{p}(\mathfrak{A}_\mathfrak{p}\mathfrak{B}_\mathfrak{p}) = N_\mathfrak{p}(\mathfrak{A}_\mathfrak{p}) \cdot N_\mathfrak{p}(\mathfrak{B}_\mathfrak{p})$. In Übereinstimmung mit dem im Zentrum gebildeten Begriff der Ordnung definieren wir die in $S_\mathfrak{p}$ gebildete Ordnung von $\mathfrak{A}_\mathfrak{p}$ durch die im Grundkörper berechnete Ordnung von $N_\mathfrak{p}(\mathfrak{A}_\mathfrak{p})$.

Die Differente $\mathfrak{D}_\mathfrak{p}$ von $I_\mathfrak{p}$ ist ein zweiseitiges Ideal in $I_\mathfrak{p}$ und wird mit Hilfe der Spur einer absolut irreduziblen Darstellung von $S_\mathfrak{p}$ berechnet. Die Differente von $\sigma I_\mathfrak{p} \sigma^{-1}$ lautet daher $\sigma \mathfrak{D}_\mathfrak{p} \sigma^{-1}$. Die Norm der Differente heißt Diskriminante.

Für später brauchen wir den

Satz 2: Jedes ganze Rechtsideal $\mathfrak{A}_\mathfrak{p}$ von $I_\mathfrak{p}$ ist ein Hauptideal $\mathsf{A} I_\mathfrak{p}$, und A läßt sich eindeutig normieren[10]).

Beweis. Wir betrachten die Spalten, aus denen sich die Matrizen aus $\mathfrak{A}_\mathfrak{p}$ zusammensetzen, als Modul bezüglich der ganzen Größen von $\Sigma_\mathfrak{p}$. Weil $\Sigma_\mathfrak{p}$ ein Hauptidealring ist, können wir diejenigen Spalten, die oben $r-1$ Nullen haben, durch eine einzige Spalte $\mathfrak{x}_r$ erzeugt denken. Diejenigen Spalten, die oben $r-2$ Nullen haben, haben eine Basis $\mathfrak{x}_r, \mathfrak{x}_{r-1}$. So fortfahrend, erhalten wir für alle Spalten von $\mathfrak{A}_\mathfrak{p}$ eine Basis $\mathfrak{x}_r, \ldots, \mathfrak{x}_1$. Fügen wir $\mathfrak{x}_1, \ldots, \mathfrak{x}_r$ zu einer Matrix A zusammen, so ist $\mathfrak{A}_\mathfrak{p} = \mathsf{A} I_\mathfrak{p}$. Oberhalb der Diagonale stehen in A lauter Nullen, die Diagonalglieder mögen $\Pi^{\nu_1}, \ldots, \Pi^{\nu_r}$ lauten. Die Zahlen $\nu_1, \ldots, \nu_r$ hängen natürlich nur von $\mathfrak{A}_\mathfrak{p}$ ab. Die anderen Koeffizienten A_{ik} können wir auf ein festes Restklassensystem mod Π^{ν_i} reduziert denken. Wir behaupten, daß diese Auszeichnung einer Matrix A von $\mathfrak{A}_\mathfrak{p}$ eindeutig ist.

Ist A' nämlich eine ebensolche Matrix, so enthält $\mathsf{A} - \mathsf{A}'$ nur Elemente unterhalb der Diagonale, da auch A' die Diagonalelemente $\Pi^{\nu_1}, \ldots, \Pi^{\nu_r}$ hat. In $\mathsf{A} - \mathsf{A}'$ möge zuerst in der i-ten Zeile ein Koeffizient $\mathsf{A}_{ik} - \mathsf{A}'_{ik} \neq 0$ stehen. Die k-te Spalte von $\mathsf{A} - \mathsf{A}'$ läßt sich linear aus $\mathfrak{x}_r, \ldots, \mathfrak{x}_i$ kombinieren. Folglich ist $\mathsf{A}_{ik} - \mathsf{A}'_{ik} \equiv 0 \bmod \Pi^{\nu_i}$ und wegen der Beschränkung auf ein festes Restklassensystem ist $\mathsf{A}_{ik} = \mathsf{A}'_{ik}$, gegen die Annahme.

[10]) Vgl. Hey, S. 7.

§ 3.

Das Gruppoid $\mathfrak{G}$ der Divisoren.

S sei ein einfaches System vom Range n^2 über dem Zentrum K. S ist bis auf Isomorphie ein Matrizenring über einem Schiefkörper. Um die Eigenschaften von $S = K\Gamma_1 + \ldots + K\Gamma_{n^2}$ festzustellen, betten wir S in das einfache System $S_\mathfrak{p} = K_\mathfrak{p}\Gamma_1 + \ldots + K_\mathfrak{p}\Gamma_{n^2}$ ein. Aus der Struktur aller $\mathfrak{p}$-adischen Erweiterungssysteme $S_\mathfrak{p}$ ziehen wir dann Rückschlüsse auf das Ausgangssystem S; wir befolgen damit ein Prinzip, das die ganze Zahlentheorie sehr vereinfacht hat.

Wir führen nach Hasse[2]) das Brandtsche[11]) Gruppoid $\mathfrak{g}$ der Ideale bezüglich $\Omega[x]$ ein. Gehen wir von jedem Ideal $\mathfrak{A}$ zur $\mathfrak{p}$-adischen Grenzmenge $\mathfrak{A}_\mathfrak{p}$ über, so entsteht das Gruppoid $\mathfrak{G}_\mathfrak{p}$. Das Gruppoid $\mathfrak{g}$ hat folgende Eigenschaften:

Jedes **Ideal** $\mathfrak{A}$ ist Durchschnitt seiner Komponenten $\mathfrak{A}_\mathfrak{p}$. Zwei Ideale unterscheiden sich nur in endlich vielen Komponenten. Wenn in einem Ideal endlich viele Komponenten abgeändert werden, so entsteht wieder ein Ideal. Ist I eine Maximalordnung, so ist der Durchschnitt aller Differenten $\mathfrak{D}_\mathfrak{p}$ von $I_\mathfrak{p}$ ein zweiseitiges Ideal in I, die Differente $\mathfrak{D}$ von I.

Zu beachten ist, daß die Ideale aus $\mathfrak{g}$ keine Komponenten haben, die den unendlichen Bewertungen $\mathfrak{p}_1^\infty, \ldots, \mathfrak{p}_u^\infty$ entsprechen. Jedem Ideal aus $\mathfrak{g}$ fügen wir formal auf alle möglichen Weisen Komponenten hinzu, die $\mathfrak{p}_1^\infty, \ldots, \mathfrak{p}_u^\infty$ entsprechen. Diese neuen Bildungen nennen wir Divisoren, sie sind die Bestandteile eines neuen Gruppoides $\mathfrak{G}$ von Divisoren mit folgenden Eigenschaften:

Jeder **Divisor** $\mathfrak{A}$ ist durch seine Komponenten $\mathfrak{A}_\mathfrak{p}$ definiert. Zwei Divisoren unterscheiden sich nur in endlich vielen Komponenten. Wenn in einem Divisor endlich viele Komponenten abgeändert werden, so entsteht wieder ein Divisor. Ist I ein Einsdivisor (d. h. sind seine Komponenten Maximalordnungen), so sind alle Differenten $\mathfrak{D}_\mathfrak{p}$ von $I_\mathfrak{p}$ die Komponenten eines zweiseitigen Divisors in I, dem wir den Namen Differente $\mathfrak{D}$ von I beilegen.

$\mathfrak{D}$ ist natürlich von x abhängig. Dagegen gilt

Satz 3: *Das Gruppoid $\mathfrak{G}$ hängt nicht von x ab.*

Beweis. Ist $\mathfrak{G}'$ das Gruppoid bezüglich $\Omega[x']$, so muß gezeigt werden, daß ein Divisor $\mathfrak{A}$ aus $\mathfrak{G}$ sich nur in endlich vielen Komponenten von einem Divisor $\mathfrak{A}'$ aus $\mathfrak{G}'$ unterscheidet.

---

[11]) H. Brandt, Idealtheorie in einer Dedekindschen Algebra, Jahresber. D. Math. Ver. 37 (1928). — E. Artin, Zur Arithmetik hyperkomplexer Zahlen. Abh. Math. Sem. Hamburg 5 (1927).

Die Basis $\Gamma_1, \ldots, \Gamma_{n^2}$ von S/K möge in der Maximalordnung I bezüglich $\Omega[x]$ liegen, ebenso $\Gamma'_1, \ldots, \Gamma'_{n^2}$ in der Maximalordnung I' bezüglich $\Omega[x']$. Es sei $\Gamma'_i = \Sigma\alpha_{ik}\Gamma_k$ und $\Gamma_i = \Sigma\beta_{ik}\Gamma'_k$. Bei jedem $\mathfrak{p}$, das nicht in den folgenden Zahldivisoren,

$$x,\ x',\ |Sp(\Gamma_i\Gamma_k)|,\ |Sp(\Gamma'_i\Gamma'_k)|,\ \alpha_{ik},\ \beta_{ik},$$

vorkommt, ist $\Gamma_1, \ldots, \Gamma_{n^2}$ eine Basis für $I_\mathfrak{p}$, und Γ'_i gehört zu $I_\mathfrak{p}$. Da $\Gamma'_1, \ldots, \Gamma'_{n^2}$ eine Basis für $I'_\mathfrak{p}$ bildet, ist $I'_\mathfrak{p} \subseteq I_\mathfrak{p}$; ebenso gilt $I_\mathfrak{p} \subseteq I'_\mathfrak{p}$. Ergänzen wir die Ideale I, I' zu Divisoren, so sind nur für endlich viele $\mathfrak{p}$ die Komponenten verschieden.

Die nach $\Omega(x)$ gebildete Norm $N\mathfrak{A}$ wird durch die Komponenten $N_\mathfrak{p}(\mathfrak{A}_\mathfrak{p})$ definiert. wobei $N_\mathfrak{p}$ nach der $\mathfrak{p}$-adischen Erweiterung von $\Omega(x)$ zu nehmen ist. Die in S gebildete Ordnung des Divisors $\mathfrak{A}$ möge sich additiv zusammensetzen aus den Ordnungen der Komponenten $\mathfrak{A}_\mathfrak{p}$. Sie stimmt überein mit der in $\Omega(x)$ gebildeten Ordnung von $N(\mathfrak{A})$. Ist Λ ein reguläres Element aus dem einfachen System S, so stellt sich die Norm $N(\Lambda I)$ des Rechtsdivisors ΛI von I als Divisor einer Determinante aus $\Omega(x)$ dar. In $\Omega(x)$ hat aber jeder Zahldivisor die Ordnung 0, demnach ist ein Hauptdivisor ΛI auch von. 0-ter Ordnung. $\Lambda\mathfrak{A}$ hat dieselbe Ordnung wie $\mathfrak{A}$.

§4.

Der Riemann-Rochsche Satz.

Wir wollen nun damit anfangen, den Mengendurchschnitt von S mit den Komponenten $\mathfrak{A}^\mathfrak{p}_{12}$ eines Divisors $\mathfrak{A}_{12}$ zu untersuchen. Diesen Mengendurchschnitt werden wir ebenfalls mit $\mathfrak{A}_{12}$ bezeichnen. Der Riemann-Rochsche Satz wird sich als ein Vergleich zwischen verschiedenen Mengendurchschnitten darstellen. $\mathfrak{A}_{12}$ sei Linksdivisor für I_1 und Rechtsdivisor für I_2. Mit $\mathfrak{A}_{21}$ bezeichnen wir[12]) den inversen Divisor. Wie bei F. K. Schmidt[3]) wählen wir im Zentrum K ein Element x, so daß K über $\Omega(x)$ separabel ist, und daß der Divisor (x) prim ist zu $\mathfrak{A}_{12}$, zur Differente $\mathfrak{B}$ von I_1/K und zur Differente $\mathfrak{D}$ von $K/\Omega(x)$. Prim sein bedeutet hier: keine gemeinsamen Komponenten haben.

Durch die Wahl von x haben wir wieder die unendlichen Bewertungen ausgezeichnet. Lassen wir alle unendlichen Komponenten der *Divisoren* $\mathfrak{A}$ des Gruppoides $\mathfrak{G}$ fort, so erhalten wir wieder das gewöhnliche Brandtsche Gruppoid $\mathfrak{g}$, das aus den *Idealen* $\mathfrak{A}$ in S bezüglich der ganzen Größen von $\Omega[x]$ besteht.

Da der Nenner ∞ vom Divisor (x) prim zum Divisor $\mathfrak{A}_{12}$ gewählt wurde, unterscheidet sich der *Divisor* $\mathfrak{A}_{12}$ nicht wesentlich vom *Ideal* $\mathfrak{A}_{12}$, Entsprechendes gilt für die Differente.

12) Diese Bezeichnung stammt aus einer Vorlesung von E. Noether.

Zur weiteren Rechnung ist es vorteilhaft, eine Art Bewertung der Zahlen A des Systems S einzuführen. Ist e der höchste Exponent, für den $x^e \mathsf{A}$ noch im Mengendurchschnitt $\prod_{\mathfrak{p}/\infty} I_1^{\mathfrak{p}}$ liegt, wobei $I_1^{\mathfrak{p}}$ die unendlichen Komponenten unseres Einsdivisors I_1 seien, so soll A den Betrag $|\mathsf{A}| = \varrho^e$ erhalten $(0 < \varrho < 1)$. Diese diskrete Bewertung genügt folgenden Regeln[13]):

$$(3)\quad \begin{cases} |0| = 0, \quad \text{sonst } |\mathsf{A}| > 0, \\ |\mathsf{A}\,\mathsf{B}| \leqq |\mathsf{A}|\cdot|\mathsf{B}|, \\ |\mathsf{A}+\mathsf{B}| \leqq \operatorname{Max}|\mathsf{A}|,\ |\mathsf{B}|, \\ |Sp\mathsf{A}| \leqq |\mathsf{A}|, \\ |f\mathsf{B}| = |f|\cdot|\mathsf{B}|, \text{ wenn } f \text{ in } \Omega(x) \text{ liegt}, \\ |x^l + \varepsilon_1 x^{l-1} + \ldots + \varepsilon_l| = \varrho^{-l} \quad (\varepsilon_i \text{ sind Konstanten aus } \Omega). \end{cases}$$

Aus der dritten Regel folgt noch

$$(4)\qquad |\mathsf{A}+\mathsf{B}| = |\mathsf{B}|, \quad \text{wenn } |\mathsf{A}| < |\mathsf{B}|;$$

denn $|\mathsf{A}+\mathsf{B}| < |\mathsf{B}|$ ergäbe $|(\mathsf{A}+\mathsf{B}) - \mathsf{A}| < |\mathsf{B}|$.

Satz 4: Die Beträge der Zahlen A aus dem Ideal $\mathfrak{A}_{12}$ sind (mit Ausnahme von 0) nach unten beschränkt.

Beweis. Der Mengendurchschnitt $\prod_{\mathfrak{p}/\infty} I_1^{\mathfrak{p}}$ ist mit dem Bereich $|S| \leqq 1$ identisch. Er möge die Basis $\mathsf{B}_1, \ldots, \mathsf{B}_l$ bezüglich des Ringes $|\Omega(x)| \leqq 1$ haben. e sei der höchste Exponent, für den $x^e \mathsf{A} = \sum x^e a_i \mathsf{B}_i$ noch im Mengendurchschnitt $\prod_{\mathfrak{p}/\infty} I_1^{\mathfrak{p}}$ liegt. Dann ist $|x^e a_i| \leqq 1$, d. h. es ist $|\mathsf{A}| \geqq |a_i|$. Andererseits sind für alle Zahlen $\mathsf{A} = \sum a_i \mathsf{B}_i$ aus dem Ideal $\mathfrak{A}_{12}$ die Nenner der Koeffizienten a_i beschränkt.

Nun sind wir in der Lage, in der üblichen Form eine Normalbasis des Ideals $\mathfrak{A}_{12}$ bezüglich $\Omega[x]$ zu konstruieren: N_1 sei eine Zahl aus dem Ideal $\mathfrak{A}_{12}$ mit möglichst niedrigem positivem Betrage. N_2 sei eine weitere, von N_1 linear unabhängige Zahl aus dem Ideale $\mathfrak{A}_{12}$, und zwar wieder von möglichst niedrigem Betrage. So fortfahrend, erhalten wir Zahlen $\mathsf{N}_1, \ldots, \mathsf{N}_l$, für sie gilt

$$|\mathsf{N}_1| \leqq |\mathsf{N}_2| \leqq \cdots \leqq |\mathsf{N}_l|.$$

Satz 5: Die eben konstruierten Zahlen $\mathsf{N}_1, \ldots, \mathsf{N}_l$ bilden eine Basis für das Ideal $\mathfrak{A}_{12}$ bezüglich $\Omega[x]$.

---

[13]) Die vierte Regel z. B. ist so einzusehen: liegt $x^e \mathsf{A}$ im besagten Mengendurchschnitt, so auch $Sp\,(x^e \mathsf{A}) = x^e Sp\,\mathsf{A}$. Denn nach § 2 besteht der Mengendurchschnitt aus den für die Bewertung ∞ ganzen Größen aus S, alle Koeffizienten in der Hauptgleichung, darunter auch die Spur, sind in diesem Sinne ganze Größen.

Beweis. Angenommen, es läge $a^{-1}(a_1 N_{i_1} + \dots + a_s N_{i_s})$ in $\mathfrak{A}_{12}$, wobei wir annehmen, daß die Polynome a_ν mod a reduziert seien. Wir hätten dann

$$|a^{-1}(a_1 N_{i_1} + \dots + a_s N_{i_s})| < |N_{i_s}|,$$

entgegen der Wahl von N_{i_s}.

Satz 6: Ist $|A_1| \leqq \dots \leqq |A_l|$ eine gewöhnliche Basis des Ideals $\mathfrak{A}_{12}$, so ist $|N_i| \leqq |A_i|$.

Denn $(N_1, \dots, N_{i-1})$ enthält nicht zugleich $A_1, \dots, A_i$, also etwa nicht A_j. Dann ist nach Konstruktion von N_i

$$|N_i| \leqq |A_j| \leqq |A_i|.$$

Satz 7: $$|a_1 N_1 + \dots + a_l N_l| = \operatorname{Max} |a_i N_i|.$$

Beweis. a_i ist ein Polynom $\sum \varepsilon_{ij} x^j$ mit Koeffizienten ε_{ij} aus Ω. $\varepsilon_1 x^{j_1} N_{i_1}, \dots, \varepsilon_s x^{j_s} N_{i_s}$ seien die Glieder mit dem höchsten Betrage $M = \operatorname{Max} |a_i N_i|$. Hier ist also $j_1 \geqq j_2 \geqq \dots \geqq j_s$. Wäre

$$|\varepsilon_1 x^{j_1} N_{i_1} + \dots + \varepsilon_s x^{j_s} N_{i_s}| < M,$$

so folgte

$$|\varepsilon_1 x^{j_1 - j_s} N_{i_1} + \dots + \varepsilon_s N_{i_s}| < |N_{i_s}|,$$

entgegen der Wahl von N_{i_s}. Also ist $|\varepsilon_1 x^{j_1} N_{i_1} + \dots + \varepsilon_s x^{j_s} N_{i_s}| = M$, und bei der Abschätzung von $a_1 N_1 + \dots + a_l N_l$ haben nach Regel (4) die Glieder vom geringeren Betrage keinen Einfluß.

Eine leichte Folgerung ist der

Satz 8: Sind unter den Exponenten e_i von $|N_i| = \varrho^{e_i}$ genau $e_1, \dots, e_s$ positiv, so gibt es eine Ω-Basis vom Range $(1 + e_1) + \dots + (1 + e_s)$ für diejenigen Zahlen A aus dem *Ideale* $\mathfrak{A}_{12}$, die der Bedingung $|A| \leqq 1$ genügen.

Bemerkung. Diese Zahlen A sind gerade diejenigen, die im Mengendurchschnitt des *Divisors* $\mathfrak{A}_{12}$ liegen. Sind unter ihnen A^* die regulären Elemente, so sind gerade die Divisoren $A^* \mathfrak{A}_{21}$ die ganzen Divisoren von der Form $A \mathfrak{A}_{21}$. $(1 + e_1) + \dots + (1 + e_s) = \{\mathfrak{A}_{21}\}$ wird die Dimension von $\mathfrak{A}_{21}$ genannt.

Die Zahlen aus $\Omega(x)$ vom Betrage $\leqq 1$ bilden einen Ring $|\Omega(x)| \leqq 1$, über welchem der Ring $|S| \leqq 1$ die Basis

$$x^{e_1} N_1, \dots, x^{e_l} N_l$$

besitzt. Dies ist sofort aus Satz 7 ersichtlich. Da ∞ nicht in der Differente $\mathfrak{D}$ aufging, ist der Betrag der Diskriminante

$$|D(x^{e_1} N_1, \dots, x^{e_l} N_l)| = 1.$$

Indem wir hier die x-Potenzen ausklammern und zu einer $\Omega[x]$-Basis für S übergehen, erhalten wir

(5) $$|D(\Omega_1, \ldots, \Omega_l)\, N\,\mathfrak{A}_{12}^2| = \varrho^{2(e_1 + \cdots + e_l)}.$$

$N\,\mathfrak{A}_{12}$ ist als Norm des *Ideals* $\mathfrak{A}_{12}$ gedacht. Weil aber ∞ prim zum Divisor $\mathfrak{A}_{12}$ war, so ist die Norm des *Divisors* dasselbe. Entsprechend ist $D(\Omega_1, \ldots, \Omega_l)$ die Norm der Differente $\mathfrak{D}$. Bezeichnen wir mit a_{12} und d die Ordnungen der Divisoren $\mathfrak{A}_{12}$ und $\mathfrak{D}$, so geht (5) über in den

Satz 9: $$d + 2(a_{12} + e_1 + \ldots + e_l) = 0.$$

Aus dem Satze 6 in Verbindung mit (5) folgt noch:

Satz 10: Ist $\mathsf{A}_1, \ldots, \mathsf{A}_l$ eine Basis für das Ideal $\mathfrak{A}_{12}$, so ist

$$|D(\mathsf{A}_1, \ldots, \mathsf{A}_l)| \leqq \prod_i |\mathsf{A}_i|^2,$$

und das Gleichheitszeichen gilt genau dann, wenn $\mathsf{A}_1, \ldots, \mathsf{A}_l$ eine Normalbasis für das Ideal $\mathfrak{A}_{12}$ ist.

Mit $\mathfrak{C}_{21}$ wollen wir das (bezüglich I_1) zum Ideal $\mathfrak{B}_{12}$ komplementäre Ideal bezeichnen. Bedeutet Sp die Spur einer absolut irreduziblen Darstellung von S, so ist durch $\mathsf{B}_i = \sum Sp(\mathsf{B}_i \mathsf{B}_k)\,\Gamma_k$ die komplementäre Basis $\Gamma_1, \ldots, \Gamma_l$ gegeben. $\mathfrak{B}_{12}\mathfrak{C}_{21}$ ist das zur Differente $\mathfrak{D}$ reziproke Ideal.

Satz 11. Ist $\mathsf{B}_1, \ldots, \mathsf{B}_l$ eine Normalbasis für das Ideal $\mathfrak{B}_{12}$, so ist die Komplementärbasis $\Gamma_1, \ldots, \Gamma_l$ eine Normalbasis für das komplementäre Ideal $\mathfrak{C}_{21}$, und zwar ist $|\Gamma_k| = |\mathsf{B}_k|^{-1}$.

Beweis. Es sei $\Gamma_k = \sum \dfrac{\Delta_{ik}\,\mathsf{B}_i}{D(\mathsf{B}_1, \ldots, \mathsf{B}_l)}$ die Umkehrung des vorigen Gleichungssystems. Wir werden die bekannte Beziehung

$$D^{-1}(\mathsf{B}_1, \ldots, \mathsf{B}_l) = D(\Gamma_1, \ldots, \Gamma_l)$$

ausnützen. Zunächst gibt Satz 10 zweimal angewandt:

$$\prod_i |\mathsf{B}_i|^{-2} = |D(\mathsf{B}_1, \ldots, \mathsf{B}_l)|^{-1} = |D(\Gamma_1, \ldots, \Gamma_l)| \leqq \prod_k |\Gamma_k|^2.$$

Schätzen wir Γ_k ab, indem wir jedes einzelne Glied der Unterdeterminante Δ_{ik} nach den Regeln (3) abschätzen, so erhalten wir leicht $|\Gamma_k| \leqq |\mathsf{B}_k|^{-1}$.

Dies wird nur möglich, wenn beidemal Gleichheit besteht; nach Satz 10 ist mithin $\Gamma_1, \ldots, \Gamma_l$ eine Normalbasis von $\mathfrak{C}_{21}$.

Da die Zerlegung des bezüglich I_1 zweiseitigen Divisors

(6) $$\frac{\mathfrak{D}}{\infty^2} = \mathfrak{B} \cdot \frac{\mathfrak{d}}{\infty^2}$$

gilt, wo $\mathfrak{B}$ die Differente von I_1/K und $\frac{\mathfrak{d}}{\infty^2}$ ein Differentialdivisor des Zentrums ist, so folgt, daß $\frac{\mathfrak{D}}{\infty^2}$ bis auf einen Zahldivisor (α) des Zentrums K nur von I_1 abhängt, dagegen nicht von der besonderen Wahl von x. Die Ordnung $d - 2l$ von $\frac{\mathfrak{D}}{\infty^2}$ ist also eine Invariante des einfachen Systems S, wir bezeichnen sie mit $2G - 2$. G ist nach Satz 9 eine ganze Zahl, die wir das Geschlecht des einfachen Systems S nennen.

An einem Beispiel wollen wir zeigen, daß das Geschlecht auch negativ sein kann. Q sei ein einfaches System vom Range n^2 über dem Zentrum Ω. Setzen wir $K = \Omega(z)$ und $S = Q(z)$, so ist $\mathfrak{D} = 1$, und wir finden[14] $G = 1 - n^2$.

Doch nun zurück zu unseren Untersuchungen:

Zwei Divisoren $\mathfrak{A}^{12}$ und $\mathfrak{A}_{21}$ heißen Ergänzungsdivisoren, wenn $\mathfrak{A}^{12}\mathfrak{A}_{21} = \frac{\mathfrak{D}}{\infty^2}$ ist; der eine Divisor ist bis auf einen Zahldivisor (α) des Zentrums K eindeutig durch den anderen bestimmt.

Das Analogon des Riemann-Rochschen Satzes ist der

Satz 12: $\{\mathfrak{A}_{21}\} = \{\mathfrak{A}^{12}\} + a_{21} - G + 1.$

Er gibt eine Relation an zwischen den Dimensionen von $\mathfrak{A}_{21}$ und $\mathfrak{A}^{12}$, der Ordnung a_{21} von $\mathfrak{A}_{21}$ und dem Geschlecht G des einfachen Systems S.

Um den Beweis[15] durchzuführen, sei $\mathfrak{A}_{21}$ unter den Divisoren von der Form $\Lambda\mathfrak{A}_{21}$ so gewählt[16], daß der Divisor $\mathfrak{B}_{12} = \frac{\mathfrak{A}_{12}}{\infty}$ prim wird zum Divisor ∞I_1. Das zum *Ideal* $\mathfrak{B}_{12}$ komplementäre *Ideal* lautet hier $\mathfrak{C}_{21}' = \frac{\mathfrak{A}^{21}}{\infty}$. Da nun die Voraussetzungen erfüllt sind, daß die Divisoren $\mathfrak{B}_{12}$ und $\mathfrak{D}$ keine unendlichen Komponenten haben, können wir unsere Sätze anwenden. Die Zahlen

$x^\lambda \mathsf{B}_\mu (0 \leqq \lambda < e_\mu)$ bilden eine Ω-Basis für den Mengendurchschnitt des Divisors $\infty\mathfrak{B}_{12} = \mathfrak{A}_{12}$ in S; ebenso bilden die Zahlen

$x^\lambda \Gamma_\nu (0 \leqq \lambda < -e_\nu)$ eine Ω-Basis für den Divisor $\mathfrak{C}_{21}\infty = \mathfrak{A}^{21}$, daher ist

$$\{\mathfrak{A}_{21}\} - \{\mathfrak{A}^{12}\} = \sum_{e_\mu > 0} e_\mu - \sum_{-e_\nu > 0}(-e_\nu) = e_1 + \ldots + e_l;$$

---

[14]) Eine Basis aus Konstanten ist eine Basis für jedes $I_\mathfrak{p}$, denn die Diskriminante der Basis ist konstant, also ist $\mathfrak{D} = 1$. Aus der Vorschrift über die Normbildung nach $\Omega(z)$ folgt $Nz = z^{n^2}$, daraus $N\infty = \infty^{n^2}$. ∞ hat aber in $\Omega(z)$ die Ordnung 1, also in S die Ordnung n^2. Die Ordnung $-2n^2$ von $\frac{\mathfrak{D}}{\infty^2}$ wurde mit $2G - 2$ bezeichnet.

[15]) K. Hensel und G. Landsberg, Theorie der algebraischen Funktionen einer Variablen. Leipzig 1902. S. 301—304.

[16]) Daß dies wirklich möglich ist, sei aus der Arbeit von H. Nehrkorn, Abh. Math. Sem. Hamburg 9 (1933), S. 323, entnommen.

wird noch Satz 9 und die Festsetzung $d - 2l = 2G - 2$ verwandt, so ist weiterhin

$$e_1 + \ldots + e_l = -b_{12} - \frac{d}{2} = a_{21} + l - \frac{d}{2} = a_{21} - G + 1,$$

q. e. d.

Um die Möglichkeit auszuschließen, daß der Mengendurchschnitt von $\mathfrak{A}_{12}$ aus lauter Nullteilern besteht, wollen wir von jetzt ab annehmen, daß S ein Schiefkörper ist. Für diesen Fall ziehen wir noch für später eine Folgerung aus dem Riemann-Rochschen Satz.

Satz 13. Hat $\mathfrak{A}_{21}$ eine Ordnung $a_{21} > |2G|$, so gibt es einen ganzen Divisor von der Form $\Lambda\,\mathfrak{A}_{21}$.

Beweis: Weil dann $\mathfrak{A}^{12}$ negative Ordnung hat, ist $\{\mathfrak{A}^{12}\} = 0$, also ist nach dem Riemann-Rochschen Satz $\{\mathfrak{A}_{21}\} = a_{21} - G + 1 > 0$.

§ 5.

Die Funktion Z (s) eines Schiefkörpers S.

Wir denken uns von jetzt ab den Konstantenkörper als Galoisfeld von q Elementen. Damit erreichen wir folgendes:

Jedes ganze Ideal $\mathfrak{A}_{\mathfrak{p}}$ hat nur endlich viele Restklassen, deren Anzahl bezeichnen wir fortan mit $\mathfrak{N}\,\mathfrak{A}_{\mathfrak{p}}$. Alle Restklassenkörper sind kommutativ, es gelten daher auch alle spezielleren Resultate von Hasse [2]). Zu beachten ist, daß $\mathfrak{N}\,\mathfrak{A} = q^a$ gilt, wo a die Ordnung von $\mathfrak{A}$ bedeutet.

Bei der Einführung der Zeta-Funktionen halten wir uns an die Arbeiten von Hey [1]) und F. K. Schmidt [3]).

Für eine Maximalordnung $I_{\mathfrak{p}}$ führen wir einstweilen vollständig formal die Dirichletreihe $Z_{\mathfrak{p}}(s) = \sum \frac{1}{\mathfrak{N}\,\mathfrak{A}_{\mathfrak{p}}^s}$ ein, in der über alle ganzen Rechtsideale $\mathfrak{A}_{\mathfrak{p}}$ von $I_{\mathfrak{p}}$ summiert wird. Auf Grund von Satz 2 und dessen Beweis können wir die Ideale zusammenfassen, die zu denselben Zahlen $\nu_1, \ldots, \nu_r$ gehören:

$$(7) \qquad Z_{\mathfrak{p}}(s) = \sum_{\nu_1 \ldots \nu_r = 0}^{\infty} \frac{\mathfrak{N}\,\Pi^{0\,\nu_1 + 1\,\nu_2 + \ldots + (r-1)\,\nu_r}}{\mathfrak{N}\,\Pi^{(\nu_1 + \nu_2 + \ldots + \nu_r)\,rs}} = \prod_{i=1}^{r} \frac{1}{1 - \mathfrak{N}\,\Pi^{-(rs - i + 1)}}.$$

$Z_{\mathfrak{p}}(s)$ ist demnach im Gruppoid $\mathfrak{G}_{\mathfrak{p}}$ von $I_{\mathfrak{p}}$ unabhängig und könnte auch durch Linksideale definiert werden.

Entsprechend führen wir für die ganzen Rechtsdivisoren eines Einsdivisors I die Z-Funktion des Schiefkörpers S

$$(8) \qquad Z(s) = \prod_{\mathfrak{p}} Z_{\mathfrak{p}}(s) = \sum \frac{1}{\mathfrak{N}\,\mathfrak{A}^s}$$

ein. Stellen wir zum Vergleich die ζ-Funktion des Zentrums K auf:

(9) $$\zeta(s) = \prod_{\mathfrak{p}} \frac{1}{1 - \mathfrak{N}\mathfrak{p}^{-s}} = \sum \frac{1}{\mathfrak{N}\mathfrak{a}^s}$$

($\mathfrak{N}\mathfrak{a}$ ist im Zentrum zu bilden).

Beachten wir $\mathfrak{N}\Pi = \mathfrak{N}\mathfrak{p}^m$, wo m der Grad des Schiefkörpers $\Sigma_{\mathfrak{p}}$ über dem Zentrum $K_{\mathfrak{p}}$ ist, und die Beziehung $rm = n$, so folgt formal aus (7), (8), (9) diese Relation:

(10) $$\mathsf{Z}(s) = \prod_{i=1}^{n} \zeta(ns - i + 1) \cdot \prod_{\mathfrak{p}} \frac{\prod\limits_{i=1}^{n} \left[1 - \mathfrak{N}\mathfrak{p}^{-(ns-i+1)}\right]}{\prod\limits_{i=1}^{r} \left[1 - \mathfrak{N}\mathfrak{p}^{-m(rs-i+1)}\right]}.$$

Das Produkt $\prod\limits_{\mathfrak{p}}$ ist hier ein endliches, da genau für die V verschiedenen Teiler $\mathfrak{p}$ der Differente $\mathfrak{B}$ von I/K die Zahl $m > 1$ wird.

In $\Omega(x)$ gibt es zu gegebener Ordnung nur endlich viele Divisoren. Da jeder Divisor nur endlich viele Teiler in K besitzt, gibt es auch in K zu gegebener Ordnung nur endlich viele Divisoren, die ζ-Funktion von K kann also formal wirklich gebildet werden. Aus (10) folgt, daß dann auch die Z-Funktion von S formal gebildet werden kann, d. h. auch dort gibt es zu gegebener Ordnung nur endlich viele Divisoren. Diese Erkenntnis wollen wir gleich verwerten.

Wir wählen zu I einen zweiseitigen Divisor $\mathfrak{Z}$ aus, der die möglichst kleine positive Ordnung d hat. d hängt natürlich nur von S ab.

Satz 14: Es gibt nur endlich viele Nebengruppen $\Lambda\,\mathfrak{B}$ nach der Gruppe der Zahldivisoren (Λ), so daß für die Ordnungen $0 \leqq b < d$ gilt.

Beweis. Wir wählen einen festen zu I zweiseitigen ganzen Divisor $\mathfrak{C}$ mit der Ordnung $c > |2G|$. Da dann $\mathfrak{B}\mathfrak{C}$ die Ordnung $b + c > |2G|$ hat, gibt es nach Satz 13 einen ganzen Divisor $\mathfrak{A}$ von der Form $\mathsf{A}\,\mathfrak{B}\mathfrak{C}$. Also hat $\mathfrak{B}$ die Form $\mathsf{A}^{-1}\mathfrak{A}\mathfrak{C}^{-1}$. $\mathfrak{A}$ kann darin nur endlich viele Divisoren durchlaufen, da seine Ordnung unterhalb $c + d$ liegt. Damit ist der Satz bewiesen.

Wir fassen jetzt mit $\mathfrak{A}$ alle Divisoren der Form $\Lambda\,\mathfrak{A}\,\mathfrak{Z}^x$ in eine Rechtsklasse $\mathfrak{K}$ zusammen.

In der Klasse $\mathfrak{K}$ wählen wir einen Divisor $\mathfrak{B}$, so daß $0 \leqq b < d$ gilt. Jetzt läßt sich jeder Divisor $\mathfrak{A}$ aus $\mathfrak{K}$ auf c verschiedene Weisen in die Form

(11) $$\mathfrak{A} = \Lambda\,\mathfrak{B}\,\mathfrak{Z}^x$$

bringen. Die endliche Zahl $c + 1$ gibt an, wieviel Zahlen aus dem Schiefkörper S in I' liegen, wenn $\mathfrak{B}$ Linksdivisor für I' ist. $\frac{1}{c}$ hängt nur von der Klasse $\mathfrak{K}$ ab und spielt die Rolle der Klassendichte[1]). Zu einem

Divisor $\mathfrak{A}$ aus $\mathfrak{K}$ gibt es $\frac{1}{c}(q^{\{\mathfrak{A}\}}-1)$ Divisoren aus $\mathfrak{K}$ mit derselben Ordnung. Die Ordnungen, die in K auftreten, durchlaufen eine arithmetische Progression $a = dx + b$. Dies ist aus (11) ersichtlich.

Daß es nur endlich viele Rechtsklassen $\mathfrak{K}$ gibt, folgt aus Satz 14. Führen wir die Reihe ein

$$Z(s, \mathfrak{K}) = \sum_{\mathfrak{A}\,\text{aus}\,\mathfrak{K}} \frac{1}{\mathfrak{N}\mathfrak{A}^s} = \frac{1}{c}\sum_{a \geqq 0} \frac{q^{\{\mathfrak{A}\}}-1}{q^{as}}. \tag{12}$$

Nach dem Riemann-Rochschen Satze ist darin bis auf endlich viele Glieder $\{\mathfrak{A}\} = a - G + 1$, $Z(s, \mathfrak{K})$ besteht also im wesentlichen aus zwei geometrischen Reihen. $Z(s, \mathfrak{K})$ konvergiert absolut für $s > 1$, und damit auch

$$Z(s) = \sum_{\mathfrak{K}} Z(s, \mathfrak{K}). \tag{13}$$

$Z(s, \mathfrak{K})$ hat auf der reellen Achse nur einfache Pole bei 1 und 0. Bei 1 ist das Residuum positiv, bei 0 lautet es $\frac{-1}{d \log q} \cdot \frac{1}{c}$. Das Entsprechende gilt für $Z(s)$, das Residuum bei 0 lautet hier $\frac{-1}{d \log q} \cdot \sum_{\mathfrak{K}} \frac{1}{c}$. Da $Z(s)$ periodisch ist, sind noch Pole im Komplexen vorhanden, doch benötigen wir diese Tatsache nicht.

Für den Fall $n > 1$ wollen wir drei Teilresultate herausgreifen.

1. $Z(s)$ ist bei $\frac{n-1}{n}$ regulär,
2. $\zeta(s)$ hat bei 1 und 0 je einen Pol erster Ordnung,
3. $\zeta(s)$ ist für $s > 1$ positiv.

Nun können wir ohne weiteres aus der Formel (10) ablesen, daß $Z(s)$ bei $\frac{n-1}{n}$ eine $V-2$-fache Wurzel hat, und daraus $V \geqq 2$ schließen. Damit haben wir den folgenden für später wichtigen

Satz 15: *Ist S ein echter Schiefkörper über dem Zentrum K, so gibt es in K mindestens zwei Bewertungen $\mathfrak{p}$ und $\mathfrak{q}$, so daß $S_{\mathfrak{p}}$ und $S_{\mathfrak{q}}$ kein vollständiges Matrizensystem über $K_{\mathfrak{p}}$ bzw. $K_{\mathfrak{q}}$ bilden.* (Abgeschwächt: „*Eine überall zerfallende Algebra zerfällt schlechthin*".)

Zum Schluß wollen wir noch die Funktionalgleichung für die Z-Funktionen herleiten.

Satz 16: $\Phi(s) = q^{(G-1)s} Z(s)$ *genügt der Funktionalgleichung* $\Phi(s) = \Phi(1-s)$.

Wir werden nämlich $\Phi(s, \mathfrak{K}) = \Phi(1-s, \mathfrak{K}')$ beweisen, wo $\mathfrak{K}'$ die Ergänzungsklasse im Sinne des Riemann-Rochschen Satzes ist. Durchläuft $\mathfrak{K}$ alle Rechtsklassen von I, so durchläuft $\mathfrak{K}'$ alle Linksklassen von I, die Summation (13) liefert dann den Satz.

Es ist hier von Vorteil, eine Reihe als analytische Funktion anzusehen, und sie auch außerhalb des Konvergenzbereiches zu betrachten. So bezeichnen wir die Summe der analytischen Funktionen $\sum\limits_{a<0} \frac{1}{q^{as}}$ und $\sum\limits_{a\geqq 0} \frac{1}{q^{as}}$ kurz mit $\sum\limits_{a} \frac{1}{q^{as}}$. Diese Funktion verschwindet identisch, wenn a eine arithmetische Progression durchläuft. In diesem Sinne haben wir

$$(14)\qquad c\Phi(s,\mathfrak{K}) = \sum_{a\geqq 0} \frac{q^{\{\mathfrak{A}\}}-1}{q^{(a-G+1)s}} = \sum_{a} \frac{q^{\{\mathfrak{A}\}}-1}{q^{(a-G+1)s}} = \sum_{a} \frac{q^{\{\mathfrak{A}\}}}{q^{(a-G+1)s}}.$$

Wird hier auf jedes Glied der Riemann-Rochsche Satz $\{\mathfrak{A}\} = \{\mathfrak{A}'\} + (a - G + 1)$ und die Relation $(a - G + 1) = -(a' - G + 1)$ angewandt, und beachtet, daß mit a auch a' eine arithmetische Progression durchläuft, so geht (14) direkt über in

$$(15)\qquad \sum_{a'} \frac{q^{\{\mathfrak{A}'\}}}{q^{(a'-G+1)(1-s)}} = c\Phi(1-s,\mathfrak{K}'),$$

womit die Funktionalgleichung bewiesen ist.

§ 6.

Die Gruppe der Algebren A über dem Zentrum K.

R. Brauer hat zuerst die Algebren A mit festem Zentrum K zu einer abelschen Gruppe zusammengefügt. In ihr wird $A \sim B$ gesetzt, wenn A und B Matrizenringe über isomorphen Schiefkörpern sind. AB ist das direkte Produkt der Algebren A und B. In der Gruppe markiert K das Einselement und A^{-1} ist das zu A spiegelbildliche System.

Der Übergang von K zu $K_\mathfrak{p}$ liefert eine Gruppenabbildung, denn es ist $(AB)_\mathfrak{p} = A_\mathfrak{p} B_\mathfrak{p}$.

Ist der Konstantenkörper Ω wieder ein Galoisfeld von q Elementen, so wird wie bei Hasse[17]) die Gruppe der Algebren $A_\mathfrak{p}$ über $K_\mathfrak{p}$ isomorph auf die additive Gruppe der rationalen Zahlen mod 1 abgebildet, und zwar ist die Art der Zuordnung eindeutig beschrieben. Diese rationalen Zahlen heißen die $\mathfrak{p}$-Invarianten von A.

W_n sei der Körper über K, der durch eine primitive Wurzel Θ der Gleichung $x^{q^n} = x$ erzeugt wird. Durch die Relationen

$$u\Theta u^{-1} = \Theta^q \quad\text{und}\quad u^n = \alpha$$

wird ein einfaches System (α, W_n, σ) erzeugt. σ ist hier derjenige Automorphismus von W_n, der Θ in die q-te Potenz erhebt.

---

[17]) H. Hasse, Die Struktur der R. Brauerschen Algebrenklassengruppe über einen algebraischen Zahlkörper. Math. Annalen **107** (1933).

Satz 17: *Gilt in K die Divisorenzerlegung* $(\alpha) = \mathfrak{p}^{\varepsilon}\mathfrak{p}_1^{\varepsilon_1}\ldots$ *und ist* ν *die Ordnung von* $\mathfrak{p}$, *so hat* $(\alpha, W_n, \sigma)_{\mathfrak{p}}$ *die Invariante* $\frac{\varepsilon\nu}{n}$.

Zum Beweis rechnen wir mit den verschränkten Produkten. Die Regeln dafür sind z. B. bei Hasse[17]) angegeben. Beim Übergang zur $\mathfrak{p}$-adischen Erweiterung reduziert sich der Grad n auf $\frac{n}{(n, \nu)}$. Soll σ^j einen Automorphismus von $W_n^{\mathfrak{p}}/K_{\mathfrak{p}}$ darstellen, so muß j ein Vielfaches von (n, ν) sein. Der Automorphismus σ^{ν} wird auch mit $\left(\frac{W_n}{\mathfrak{p}}\right)$ bezeichnet. Unter diesen Umständen finden wir

$$(\alpha, W_n, \sigma)_{\mathfrak{p}} \sim (\alpha, W_n^{\mathfrak{p}}, \sigma^{(n,\nu)}) \sim \left(\alpha^{\frac{\nu}{(n,\nu)}}, W_n^{\mathfrak{p}}, \left(\frac{W_n}{\mathfrak{p}}\right)\right),$$

und diese Algebra hat nach Definition die Invariante $\frac{\varepsilon\nu}{n}$.

Satz 18: *Endlich vielen Divisoren* $\mathfrak{p}_i$ *seien die Brüche* $\frac{a_i}{b_i}$ *zugeordnet. Gilt zwischen ihnen die Beziehung* $\sum \frac{a_i}{b_i} = 0$, *so gibt es eine Algebra* (α, W_n, σ), *die an den Stellen* $\mathfrak{p}_i$ *die Invarianten* $\frac{a_i}{b_i}$ *hat, und deren übrige Invarianten verschwinden.*

Beweis. h sei die Anzahl der Divisorenklassen im Zentrum K. Hat $\mathfrak{p}_i$ die Ordnung ν_i, so setzen wir $n = h \cdot \Pi\, b_i\, \nu_i$ und $\varepsilon_i = \frac{a_i n}{b_i \nu_i}$. $\mathfrak{p}_1^{\varepsilon_1}\mathfrak{p}_2^{\varepsilon_2}\ldots$ ist dann die h-te Potenz eines Divisors der Ordnung Null, wir können also $\mathfrak{p}_1^{\varepsilon_1}\mathfrak{p}_2^{\varepsilon_2}\ldots = (\alpha)$ setzen. Die Algebra (α, W_n, σ) hat nach Satz 17 die verlangten Eigenschaften.

Satz 19: *Außer den eben konstruierten Algebren* (α, W_n, σ) *gibt es keine weiteren mit dem Zentrum* K.

Beweis. Nichtverschwindende Invarianten $\frac{a_i}{b_i}$ treten genau für die Differententeiler auf, also gibt es nur endlich viele. Da nach Satz 15 jede Algebra A außer der Eins-Algebra K mindestens zwei nichtverschwindende Invarianten besitzt, ist die Abbildung der Algebren A auf die Systeme der Invarianten $\frac{a_i}{b_i}$ isomorph. Es bleibt uns daher nur noch übrig zu zeigen, daß die Beziehung $\sum \frac{a_i}{b_i} \equiv 0 \bmod 1$ von selbst erfüllt ist.

Angenommen, für die Algebra A sei $\sum \frac{a_i}{b_i} \not\equiv 0 \bmod 1$. Ändern wir den ersten Bruch so ab, daß die Summe $= 0$ wird, so können wir hierzu nach Satz 18 eine Algebra B konstruieren. $A B^{-1}$ hätte dann entgegen Satz 15 nur eine Invariante, die $\neq 0$ ist.

Bemerkung. Während die Sätze 17 und 18 rein algebraischer Natur sind, stützt sich Satz 19 wesentlich auf den mit transzendenten Hilfmitteln bewiesenen Satz 15.

Mit der gewonnenen Übersicht über alle möglichen Typen von Algebren, oder was dasselbe ist, über alle möglichen Schiefkörper endlichen Ranges über dem festen Zentrum, das als algebraischer Funktionenkörper mit einem Galoisfeld als Konstantenkörper vorausgesetzt war, wollen wir unsere Untersuchungen beenden.

Zusatz bei der Korrektur (18. 2. 1934).

Aus den drei Voraussetzungen

1. Im Kleinen stimmen Index und Exponent überein,
2. Eine überall zerfallende Algebra zerfällt schlechthin,
3. Jede Algebra zerfällt fast überall,

die z. B. in § 6 oder bei algebraischen Zahlkörpern wirklich erfüllt sind, ergibt sich

Satz 20. *Im Großen stimmen Index und Exponent überein.*

Beweis. Der Exponent n der Algebra A ist nach 2 das kleinste gemeinschaftliche Vielfache aller Exponenten n_i von $A_{\mathfrak{p}_i}$. Nach 1 hat $A_{\mathfrak{p}_i}$ einen separablen Zerfällungskörper Z_i vom Grade n_i. Z_i möge durch eine Wurzel des normierten Primpolynoms $f_i(t)$ erzeugt werden. Nach Hensel verliert $f_i(t)$ diese Eigenschaft nicht, wenn die Koeffizienten im $\mathfrak{p}_i$-adischen Sinne ein wenig abgeändert werden. Durch kleine Abänderungen von $f_i(t)$ bilden wir uns n/n_i verschiedene Polynome, ihr Produkt sei $F_i(t) = t^n + \alpha_{i1} t^{n-1} + \ldots + \alpha_{in}$. Eine geringe Abänderung von $F_i(t)$ entspricht einer geringen Abänderung der einzelnen Faktoren (da eine gewisse Funktionaldeterminante nicht verschwindet). Nun bestimmen wir solche Zahlen α_k aus dem Zentrum K, so daß für die (wegen 3 nur endlich vielen) Ausnahmebewertungen $\mathfrak{p}_i$ die Ungleichungen $|\alpha_{ik} - \alpha_k|_i < \varepsilon$ erfüllt sind, dabei sei ε so klein, daß die Ersetzung von $F_i(t)$ durch $F(t) = t^n + \alpha_1 t^{n-1} + \ldots + \alpha_n$ nichts ausmacht. Θ sei eine Wurzel von $F(t)$. Da die Grenzkörper von $K(\Theta)$ mit den Körpern Z_i isomorph sind, zerfällt $A_{K(\Theta)}$ überall, infolge 2 zerfällt also $A_{K(\Theta)}$ schlechthin. Somit besitzt die Algebra A den Zerfällungskörper $K(\Theta)$, und $K(\Theta)$ kann nur den Grad n haben.

Göttingen, im September 1933.

(Eingegangen am 19. 9. 1933).

Remarks by Günter Tamme

In her thesis [H], which was published in Hamburg in 1929, Käte Hey developed a theory of Dedekind zeta functions for semisimple algebras over the rational numbers. This thesis, suggested by Emil Artin, made Emmy Noether wonder, whether Käte Hey's results could be transferred to algebraic function fields to find the hypercomplex analogue of the Riemann-Roch theorem. In his paper *Riemann-Rochscher Satz und Z-Funktion im Hyperkomplexen*, Witt could answer Noether's question in the affirmative by first proving, however, a Riemann-Roch theorem for central simple algebras over algebraic function fields with perfect field of constants and then using this theorem to transfer Hey's thesis.

In the following, I am going to give a formulation of Witt's Riemann-Roch theorem, based mainly on the more recent works [G1] and [B-G].

Let K be an algebraic function field in one variable over the perfect field of constants k, and let C be the irreducible smooth projective curve over k with function field K. By p we denote the closed points of C and also the maximal ideals of the corresponding discrete valuation rings $\mathcal{O}_p$ in K.

Let A be a central simple K-algebra of finite rank. For every closed point p of C we fix a maximal $\mathcal{O}_p$-order Λ_p in A. This order has a uniquely determined maximal ideal P. The set Γ of these maximal ideals P, we take as an *algebraic model of a noncommutative curve* in A.

The maximal orders Λ_p are principal ideal domains. Every two-sided ideal of Λ_p is a power of P. Thus $p\Lambda_p = P^{e_p}$. The number e_p is called the ramification index of p. The quotient Λ_p/P is called the residue class algebra of Λ_p. It has finite rank over k. The number $[\Lambda_p/P : k] = f_p$ is called the absolute residue class degree of P.

By a divisor of A, we understand an element $\mathfrak{a}$ of the free abelian group over the set Γ, i.e. $\mathfrak{a} = \sum n_P P$ with $n_P = 0$ for almost all P. The coefficient n_P is also denoted by $v_P(\mathfrak{a})$. The degree of $\mathfrak{a}$ is defined by $\deg(\mathfrak{a}) = \sum f_p\, v_P(\mathfrak{a})$. If a is a non-zero element of A, and $\Lambda_p a \Lambda_p = P^{v_P(a)}$ with an integer $v_P(a)$, then $(a) = \sum v_P(a)P$ is called the principal divisor of a. For every divisor $\mathfrak{a}$ of A, the set of all elements a of A with $v_P(a) \geq -v_P(\mathfrak{a})$ forms a k-vector space. Its dimension is finite and will be denoted by $\ell(\mathfrak{a})$.

Let $\Omega_{K/k}$ be the K-module of differentials of K. Then $\Omega_{A/k} = \Omega_{K/k} \otimes_K A$ is called the A-module of differentials of A. For every differential ω of A, one defines a divisor $(\omega) = \sum v_P(\omega)P$ as follows: if π is a generator of p in $\mathcal{O}_p$, then we have $\omega = a\,\mathrm{d}\pi$ with a uniquely determined element a of A, and one sets $v_P(\omega) = e_p - 1 + v_P(a)$.

If $\alpha \neq 0$ is a differential of K, then α is also a differential of A. The divisor

$$\mathfrak{w} = (\alpha)_A$$

in A is called a *canonical divisor* of A, the integer g_A defined by the equation

$$\deg(\mathfrak{w}) = 2g_A - 2$$

is called the *genus* of A. The number g_A depends only on A. It can also be negative. Comparing the divisor $(\alpha)_K$ formed in K, one obtains the *Riemann-Hurwitz genus formula:*

$$2g_A - 2 = n^2(2g_K - 2) + \sum f_\mathfrak{p}(e_\mathfrak{p} - 1) .$$

Here g_K is the genus of K and n^2 is the rank of A over K. If in particular A is the full matrix algebra $M_n(K)$, then the right-hand sum is zero, and if moreover K is rational, we get $g_A = 1 - n^2$.

The Riemann-Roch theorem states: For every divisor $\mathfrak{a}$ of A we have:

$$\ell(\mathfrak{a}) = \deg(\mathfrak{a}) + 1 - g_A + \ell(\mathfrak{w} - \mathfrak{a}) .$$

Thus the theorem preserves the well-known form of the commutative setting. For further information about the importance of the theorem and possible generalizations within the framework of non-commutative algebraic geometry I would like to refer to [O-V] and to [Sh]. A connection to the "ideal gruppoid" introduced by Brandt can be found in [G2].

Going back to Witt's paper, we now suppose that the field of constants k is finite. The zeta function of A is defined by

$$\zeta_A(s) = \sum \frac{1}{N(\mathfrak{a})^s}$$

where the sum runs over all integral divisors $\mathfrak{a}$ of A and the norm $N(\mathfrak{a})$ is defined as usual. Using the Riemann-Roch theorem, Witt proves the usual analytic properties for $\zeta_A(s)$, including the functional equation. He investigates the connection of $\zeta_A(s)$ with the zeta function $\zeta_K(s)$ of K, and by comparing the values of both functions, he obtains the following *Hasse principle*: If the K-algebra A splits everywhere locally, then it splits globally. Using this Hasse principle and the existence of cyclic splitting fields, Witt determines the Brauer group of the function field K.

The Hasse principle is no longer true, if the field of constants k is infinite. This is one of the results from Witt's paper *Über ein Gegenbeispiel zum Normensatz.* I will now briefly discuss this paper.

Let k be a perfect field of characteristic different from 2. For elements $a, b \neq 0$ in k, Witt defines the quaternion algebra (a, b) over k by the basis $1, u, v, uv$ and the rules $u^2 = a$, $v^2 = b$ and $vu = -uv$. He defines the function field

$k_{a,b} = k(x,y)$ over k by the equation $ax^2 + by^2 - ab = 0$ and proves that (a,b) splits over k if and only if $k_{a,b} = k(x)$ is rational.

Clearly $k_{a,b}$ is a splitting field of the algebra (a,b). It is a so-called generic splitting field of (a,b) which means that a field L containing k is a splitting field of (a,b) if and only if there exists a k-place $p : k_{a,b} \to L$. Moreover, Witt proves that the kernel of the canonical map $\mathrm{Br}(k) \to \mathrm{Br}(k_{a,b})$ equals the subgroup of the Brauer group $\mathrm{Br}(k)$, generated by the class of (a,b). Twenty years later, both results, the existence of a generic splitting field k_A and the determination of the kernel of the map $\mathrm{Br}(k) \to \mathrm{Br}(k_A)$ were generalized by Amitsur [A] to arbitrary central simple algebras A over k. A simplified approach, using non abelian Galois cohomology, was given later by Roquette [R]. In a more recent work, Kersten and Rehmann [K-R] investigate the question of generic splitting in the general context of reductive algebraic groups. For example, $k_{a,b}$ is a generic splitting field of the special linear group $\mathrm{SL}_1(a,b)$.

As a counterexample to the Hasse principle in case of infinite fields of constants, Witt proves: If A is a quaternion algebra over $\mathbb{Q}$ which is ramified at the places 2 and ∞, then A is not split by the function field $K = \mathbb{Q}(x,y)$ with $x^2 + y^2 + 21 = 0$, but by all the localizations K_p.

Finally we mention that Witt also gives an algebraic proof of F.K. Schmidt's theorem [Sch], obtained by analytic means, that an algebraic function field over a finite field of constants always has divisors of degree 1.

References

[H] K. Hey: Analytische Zahlentheorie in Systemen hyperkomplexer Zahlen, Dissertation Hamburg 1929.

[G1] J. Van Geel: Places and valuations in noncommutative ring theory, Lecture Notes **71** (Marcel Dekker, New York, 1981).

[G2] J. Van Geel: Primes in Algebras and the Arithmetic in central simple algebras, Comm. Algebra **8** (11), (1980), 1015–1051.

[B-G] M. Van den Bergh and J. Van Geel: A duality theorem for orders in central simple algebras over function fields, J. Pure Appl. Algebra **31** (1984), 227–239.

[O-V] F. Van Oystayen and A. Verschoren: Noncommutative Algebraic Geometry, Lecture Notes in Math. **887** (Springer, Heidelberg 1981).

[Sh] S. Shatz: Noncommutative algebraic geometry (preliminary report). Algebra and Topology 1990, Korea Adv. Inst. Sci. Tech., Taejon 1990.

[A] S. Amitsur: Generic splitting fields of central simple algebras, Ann. of Math. **62** (1955), 8–43.

[R] P. Roquette: On the Galois cohomology of the projective linear group and its applications to the construction of generic splitting fields of algebras, Math. Ann. **150** (1963), 411–439.

[K-R] I. Kersten and U. Rehmann: Generic splitting of reductive groups, Tohôku J. Math. **46** (1994), 35–70.

[Sch] F.K. Schmidt: Analytische Zahlentheorie in Körpern der Charakteristik p, Math. Z. **33** (1931), 1–32.

9.

Über ein Gegenbeispiel zum Normensatz

Math. Z. *39* (1935) 462–467

Hier soll eine Untersuchung der Körper vom Geschlecht 0 durchgeführt werden. Diese Körper stehen in bemerkenswertem Zusammenhang mit den Algebren vom Rang 4 über dem Konstantenkörper. Lassen wir den Körper $\Omega(x)$ und die Algebra Ω beiseite, so hat jede Algebra genau einen Zerfällungskörper, umgekehrt zerfällt jeder Körper auch nur eine Algebra. Insbesondere gibt es also ebenso viele Körper vom Geschlecht 0 wie Algebren vom Rang 4.

Im Anschluß daran gewinnen wir ein interessantes Gegenbeispiel zum Normensatz der Zahlentheorie. Bedeutet R den Körper der rationalen Zahlen, so ist zwar -1 nicht Summe von zwei Quadraten im Körper $k = R\left(x, \sqrt{-x^2-21}\right)$, wird es dagegen in jedem Grenzkörper $\bar{k}$, der durch irgendeine Bewertung von k entsteht.

Für den Satz „In einem Funktionenkörper über einem Galoisfeld gibt es Divisoren von jeder Ordnung" hat F. K. Schmidt[1]) einen sehr kurzen und eleganten analytischen Beweis gegeben. Vom algebraischen Standpunkt aus ist es wohl nicht unnütz, wenn bei dieser Gelegenheit ein gruppentheoretischer Beweis mitgeteilt wird.

Zum Schluß bringen wir einen Beweis für die bekannte Tatsache, daß die Diskriminante eines quadratischen Schiefkörpers über dem rationalen Körper von ± 1 verschieden ist, indem wir die Methode von Minkowski anwenden.

1.

k sei ein Funktionenkörper über dem vollkommenen Konstantenkörper Ω. $\bar{\Omega}$ sei ein beliebiger vollkommener Oberkörper von Ω, wir schreiben $k\bar{\Omega} = K$. Dann ist

$$\mathrm{Ord}_{k/\Omega}\,\mathfrak{d} = \mathrm{Ord}_{K/\bar{\Omega}}\,\mathfrak{d}, \qquad \{\mathfrak{d}\}_{k/\Omega} = \{\mathfrak{d}\}_{K/\bar{\Omega}},$$

das letztere folgt daraus, daß eine Normalbasis bei konstanter Erweiterung Normalbasis bleibt. Da eine konstante Erweiterung unverzweigt ist, ist $\frac{\mathfrak{z}}{\infty^2}$ ein Divisor der Differentialklasse in beiden Körpern; aus dessen Ordnung

[1]) F. K. Schmidt, Analytische Zahlentheorie in Körpern der Charakteristik p. Math. Zeitschr. **33** (1931), S. 27.

ergibt sich, daß k und K dasselbe Geschlecht haben. (Im Nichtkommutativen kann das Geschlecht jedoch erniedrigt werden.)

Wir werden mit $\mathfrak{d}$ alle Divisoren, $\mathfrak{a}$ Divisoren der Ordnung 0, (α) Zahldivisoren, ε Konstanten des Körpers k bezeichnen, im Körper K verwenden wir entsprechend große Buchstaben. $\{\mathfrak{a}\} = 0$ kennzeichnet diejenigen $\mathfrak{a}$, die nicht Zahldivisoren in k sind, sie können es daher auch nicht in K werden. D. h. die Klassen von k können in K nicht zusammenfallen.

Von jetzt ab setzen wir voraus, daß $\bar{\Omega}/\Omega$ zyklisch ist, σ sei ein erzeugender Automorphismus. $1 - \sigma$ werde mit Δ bezeichnet, N bedeute Normbildung. Die folgenden Schlüsse sind dem Umkehrsatz der Klassenkörpertheorie[2]) entnommen, wir können daher einige Erklärungen sparen. Alle Lösungen der Gleichungen

$$(1) \qquad \mathfrak{D}^{\Delta} = (1), \quad \mathsf{E}^{N} = 1, \quad \mathsf{A}^{N} = 1, \quad \mathfrak{D}^{N} = (1)$$

werden durch

$$\mathfrak{d}, \qquad \mathsf{E}^{\Delta}, \qquad \mathsf{A}^{\Delta}, \qquad \mathfrak{D}^{\Delta}$$

gegeben. Wir definieren gewisse Untergruppen durch die Gleichungen

$$(2) \qquad \mathfrak{A}_1^{N} = (\alpha_1); \quad \mathfrak{D}_2^{\Delta} = (\mathsf{A}_2) \quad \text{oder} \quad \mathsf{A}_2^{N} = \varepsilon_2.$$

Durch Anwendung von N, ( ), Δ folgen die drei Gleichungen

$$(3) \qquad \begin{array}{l} (\mathsf{A}_2 : \mathsf{A}^{\Delta}\mathsf{E}) = (\varepsilon_2 : \mathsf{E}^{N}) \\ \qquad\qquad\qquad\;\; \diagdown\!\!\diagdown \\ (\mathfrak{D}_2 : (\mathsf{A})\mathfrak{d}) = ((\mathsf{A}_2) : (\mathsf{A})^{\Delta}). \end{array}$$

Für den Rest dieses Abschnittes sei Ω ein Galoisfeld. Dann ist $\varepsilon = \mathsf{E}^{N}$, daher hat jeder Index in (3) den Wert 1. Da die Klassenanzahl $(\mathfrak{A} : (\mathsf{A}))$ endlich ist, folgt durch Anwendung von Δ und N

$$(4) \qquad (\mathfrak{A} : (\mathsf{A})) = \begin{cases} (\mathfrak{A}^{\Delta} : (\mathsf{A})^{\Delta}) \cdot (\mathfrak{a} : (\alpha)) \\ (\mathfrak{A}^{N} : (\mathsf{A})^{N}) \cdot (\mathfrak{D}^{\Delta} : \mathfrak{D}_2^{\Delta}). \end{cases}$$

Nach (3) ist $\mathfrak{D}_2 = (\mathsf{A})\mathfrak{d}$, oder

$$(\mathfrak{D} : \mathfrak{D}_2) \cdot (\mathfrak{a} : (\alpha)) = (\mathfrak{D} : \mathfrak{A}\mathfrak{d}) \cdot (\mathfrak{A}\mathfrak{d} : (\mathsf{A})\mathfrak{d}) \cdot (\mathfrak{a} : (\alpha)).$$

Hierin werden zwei Indizes mit Δ potenziert, und die sich so ergebende Gleichung nach (4) umgeformt:

$$(5) \qquad \begin{array}{l} (\mathfrak{D}^{\Delta} : \mathfrak{D}_2^{\Delta}) \cdot (\mathfrak{a} : (\alpha)) = (\mathfrak{D} : \mathfrak{A}\mathfrak{d}) \cdot (\mathfrak{A}^{\Delta} : (\mathsf{A})^{\Delta}) \cdot (\mathfrak{a} : (\alpha)), \\ (\mathfrak{D}^{\Delta} : \mathfrak{D}_2^{\Delta}) \cdot (\mathfrak{a} : (\alpha)) = (\mathfrak{D} : \mathfrak{A}\mathfrak{d}) \cdot (\mathfrak{A}^{N} : (\mathsf{A})^{N}) \cdot (\mathfrak{D}^{\Delta} : \mathfrak{D}_2^{\Delta}). \end{array}$$

Durch Umformung des zweiten und dritten Index geht ferner $(\mathfrak{a} : \mathfrak{A}^{N}(\alpha)) \cdot (\mathfrak{A}^{N}(\alpha) : (\alpha)) \cdot (\alpha_1 : \mathsf{A}^{N})$ über in $(\mathfrak{a} : \mathfrak{A}^{N}(\alpha)) \cdot (\mathfrak{A}^{N} : (\alpha_1)) \cdot ((\alpha_1) : (\mathsf{A})^{N})$, oder durch Zusammenfassung ist

$$(6) \qquad (\mathfrak{a} : (\alpha)) \cdot (\alpha_1 : \mathsf{A}^{N}) = (\mathfrak{a} : \mathfrak{A}^{N}(\alpha)) \cdot (\mathfrak{A}^{N} : (\mathsf{A})^{N}).$$

---

[2]) H. Hasse, Vorlesungsausarbeitung über Klassenkörpertheorie. Marburg 1933.

Da leicht folgt, daß sämtliche Indizes endlich sind, können wir (5) und (6) folgendermaßen schreiben:

$$(7)\qquad \frac{(\mathfrak{a} : \mathfrak{A}^N(\alpha))}{(\alpha_1 : \mathsf{A}^N)} = \frac{(\mathfrak{a} : (\alpha))}{(\mathfrak{A}^N : (\mathsf{A})^N)} = (\mathfrak{D} : \mathfrak{A}\mathfrak{d}).$$

Nach diesen Vorbereitungen können wir den Satz von F. K. Schmidt beweisen. $\mathfrak{d}_0$ sei ein Divisor von der möglichst kleinen positiven Ordnung n. In der konstanten Erweiterung n-ten Grades K wird dann jeder Primdivisor von k vollständig zerlegt, daraus folgt $\mathfrak{d} = \mathfrak{D}^N$ und $(\mathfrak{a} : \mathfrak{A}^N(\alpha)) = 1$. Ist speziell $\mathfrak{d}_0 = \mathfrak{D}_0^N$, so hat $\mathfrak{D}_0$ die Ordnung 1, daher ist $(\mathfrak{D} : \mathfrak{A}\mathfrak{d}) = n$. Beim Einsetzen der beiden Werte in (7) erkennen wir, daß $n = 1$ sein muß, q. e. d.

Ist K wieder irgendeine konstante Erweiterung, so ergibt sich noch nach dem soeben bewiesenen Satz $(\mathfrak{D} : \mathfrak{A}\mathfrak{d}) = 1$. Auf analytischem Wege läßt sich der Normensatz $(\alpha_1 : \mathsf{A}^N) = 1$ beweisen, vermutlich kann dieser Beweis aber nicht arithmetisch erbracht werden.

2.

Für irgend zwei Zahlen $a, b \neq 0$ aus dem festen vollkommenen Konstantenkörper Ω, dessen Charakteristik nicht 2 sei, definieren wir die *Algebra* (a, b) durch die Basis $1, u, v, uv$ und die Regeln $u^2 = a$, $v^2 = b$, $vu = -uv$; den *Funktionenkörper* $\Omega_{a,b}$ durch die Gleichung

$$a x^2 + b y^2 - ab = 0.$$

Satz: *Aus* $(a, b) \simeq (c, d)$ *folgt* $\Omega_{a,b} \simeq \Omega_{c,d}$.

Beweis: In der Norm

$$\mathfrak{w}^2 - a x^2 - b y^2 + a b z^2 = \mathfrak{w}^2 - c\xi^2 - d\eta^2 + c d \zeta^2$$

hängen die griechischen Variablen linear von den lateinischen ab, und umgekehrt. Ersetzen wir $\mathfrak{w}, x, y, z$ durch die Größen $0, x, y, 1$ des Körpers $\Omega_{a,b}$, so kann ζ nicht verschwinden, und es folgt

$$c\left(\frac{\xi}{\zeta}\right)^2 + d\left(\frac{\eta}{\zeta}\right)^2 - cd = 0.$$

Wegen $1 = \zeta \cdot z\left(\frac{\xi}{\zeta}, \frac{\eta}{\zeta}, 1\right)$ ist daher

$$\Omega_{c,d} \simeq \Omega\left(\frac{\xi}{\zeta}, \frac{\eta}{\zeta}\right) = \Omega(\xi, \eta, \zeta) = \Omega(x, y) = \Omega_{a,b}.$$

Speziell ist also $\Omega_{a,b} \simeq \Omega_{b, -\frac{b}{a}} = \Omega(x, \sqrt{a x^2 + b})$.

Nun sei k irgendein Funktionenkörper vom Geschlecht 0. Angenommen, k besitze einen Divisor $\mathfrak{d}_0$ der Ordnung 1. Dann ist nach dem Riemann-Rochschen Satz $\{\mathfrak{d}_0\} = 2$, es gibt daher in der Klasse von $\mathfrak{d}_0$ zwei unabhängige Primdivisoren $\mathfrak{p}$ und $\mathfrak{q}$. Da der Nenner von $(x) = \frac{\mathfrak{p}}{\mathfrak{q}}$ die Ordnung 1 hat, ist $k = \Omega(x)$. Aus $(a, b) \sim 1$ folgt $\Omega_{a,b} \simeq \Omega(x)$, denn in $\Omega_{a,b} \simeq \Omega(x, \sqrt{x^2+1})$ wird das Ideal x zerlegt, liefert also einen Divisor erster Ordnung. In der weiteren Untersuchung der Körper k vom Geschlecht 0 lassen wir jetzt den Fall $k \simeq \Omega(x)$ beiseite.

Ist $\mathfrak{w}$ ein Differentialdivisor, so ist wieder nach dem Riemann-Rochschen Satz $\left\{\frac{1}{\mathfrak{w}}\right\} = 3$, es gibt daher in der Klasse von $\frac{1}{\mathfrak{w}}$ mindestens zwei unabhängige Primdivisoren $\mathfrak{p}$ und $\mathfrak{q}$. Da der Nenner von $(x) = \frac{\mathfrak{p}}{\mathfrak{q}}$ die Ordnung 2 hat, ist $k/\Omega(x)$ vom Grade 2. k kann somit durch eine Gleichung $y^2 = f(x)$ definiert werden, wobei $f(x)$ ein quadratfreies Polynom n-ten Grades ist. Andererseits hat die Gleichung $y^2 = f(x)$ das Geschlecht $\left[\frac{n-1}{2}\right]$. Daher ist $n = 2$, denn $n = 1$ führt auf den bereits erledigten Fall zurück. Durch eine lineare Transformation in x läßt sich die erzeugende Gleichung auf die Normalform $y^2 = ax^2 + b$ bringen, sodaß immer $k \simeq \Omega_{a,b}$ wird. Hier ist $(a, b) \not\sim 1$. Umgekehrt, ist $(a, b) \not\sim 1$, so ist auch $\Omega_{a,b} \not\simeq \Omega(x)$; denn wegen $N(xu + yv + uv) = 0$ zerfällt der Schiefkörper (a, b) über $\Omega_{a,b}$, während über $\Omega(x)$ sicher kein Zerfall stattfindet.

$\mathfrak{p}$ sei ein Primdivisor des Funktionenkörpers k, und $k_{\mathfrak{p}}$, $k/\mathfrak{p}$ der zugehörige Grenzkörper bzw. Restklassenkörper. Ist dann S eine Algebra über dem Konstantenkörper Ω, so gilt der

Hilfssatz: $S_{k_{\mathfrak{p}}} \sim 1$ und $S_{k/\mathfrak{p}} \sim 1$ bedingen sich gegenseitig.

Beweis: Die Basis von S kann als Basis einer Maximalordnung von $S_{k_{\mathfrak{p}}}$ gewählt werden, diese Maximalordnung ist unverzweigt und hat den Restklassenring $S_{k/\mathfrak{p}}$. Nach der Theorie von Hasse[3]) haben dann $S_{k_{\mathfrak{p}}}$ und $S_{k/\mathfrak{p}}$ denselben Index.

Satz: *Nur zwei Algebren S zerfallen über $k \simeq \Omega_{a,b}$, nämlich* 1 *und* (a, b).

Beweis: Um die Beziehung (3) des vorigen Abschnittes verwenden zu können, wählen wir einen festen Primdivisor $\mathfrak{p}$ von zweiter Ordnung aus k, den Restklassenkörper bezeichnen wir mit $\overline{\Omega}$, und setzen wieder $K = k\overline{\Omega}$. $\mathfrak{p}$ wird also in K zerlegt und liefert dort einen Divisor erster Ordnung. In K ist nach dem Riemann-Rochschen Satz $\{\mathfrak{A}\} = 1$, daher ist jedes $\mathfrak{A} = (\mathsf{A})$ und jedes $\mathfrak{D} = \mathfrak{D}_2$. Aus $S_k \sim 1$ folgen $S_{k_{\mathfrak{p}}} \sim 1$ und $S_{k/\mathfrak{p}} \sim 1$, somit hat S die Form $(\varepsilon, \overline{\Omega}, \sigma)$. Die Anzahl solcher S ist aber $(\varepsilon_2 : \mathsf{E}^N) = (\mathfrak{D} : \mathfrak{A}\mathfrak{d}) = 2$.

[3]) H. Hasse, Über $\wp$-adische Schiefkörper und ihre Bedeutung für die Arithmetik hyperkomplexer Zahlsysteme. Math. Ann. 104 (1931).

Beide Sätze stellen zusammengenommen eine *gegenseitige Beziehung zwischen den Körpern* $\Omega_{a,b}$ einerseits *und den Algebren* (a, b) andererseits dar.

3.

Zur Konstruktion des Gegenbeispiels zum Normensatz nehmen wir Ω als rationalen Körper. (a, b) bzw. $S = (c, d)$ möge die Verzweigungsstellen p_1, p_2, p_3, p_4 bzw. p_1, p_2 haben. (In dem eingangs erwähnten Beispiel haben wir $p_1, p_2, p_3, p_4 = \infty, 2, 3, 7$ gewählt.) Nach dem im vorigen Abschnitt Bewiesenen zerfällt S nicht über $k = \Omega(x, \sqrt{a x^2 + b})$. Wir behaupten, daß S trotzdem über dem Grenzkörper $\bar{k}$ irgendeiner Bewertung von k zerfällt.

Wenn die Bewertung von k allen rationalen Zahlen (außer der 0) den Betrag 1 erteilt, so ist $\bar{k}$ ein $\mathfrak{p}$-adischer Oberkörper $k_{\mathfrak{p}}$ von k. Unter Verwendung des Hilfssatzes schließen wir folgendermaßen: Aus $(a, b)_k \sim 1$ folgt $(a, b)_{k_{\mathfrak{p}}} \sim 1$ und $(a, b)_{k/\mathfrak{p}} \sim 1$. Daher sind die p_1- und p_2-Grade von $k/\mathfrak{p}$ gerade Zahlen, folglich ist auch $S_{k/\mathfrak{p}} \sim 1$ und $S_{k_{\mathfrak{p}}} \sim 1$.

Wenn die Bewertung von k die rationalen Zahlen p-adisch bewertet, so ist $\Omega_p \leqq \Omega_p(x, \sqrt{a x^2 + b}) \leqq \bar{k}$. Für $p = p_1$ oder p_2 fallen (a, b) und S über Ω_p zusammen, und beide haben den Zerfällungskörper $\Omega_p(x, \sqrt{a x^2 + b})$. Ist dagegen $p \neq p_1, p_2$, so zerfällt S schon in Ω_p. —

Es soll noch bemerkt werden, daß sich der Satz von den zerfallenden Algebren über den Körpern vom Geschlecht 0 leicht arithmetisch beweisen läßt, wenn Ω ein Galoisfeld oder ein p-adischer Zahlkörper ist. Denn nach dem Satz von Tsen[4]) besitzt jede Algebra S über k einen konstanten Zerfällungskörper $K = k\bar{\Omega}$ von endlichem Grade. Nach einer bekannten Reduktion[5]) genügt es, K/k als zyklisch anzunehmen. Zerfällt dann $S = (\alpha, K, \sigma)$ an jeder Stelle, so ist jedenfalls $(\alpha) = \mathfrak{A}^N = (\mathsf{A})^N$, denn die Klassenzahl ist ja 1. Wird $\frac{\alpha}{\mathsf{A}^N} = \varepsilon$ gesetzt, so ist $S \simeq (\varepsilon, \bar{\Omega}, \sigma)_k = T_k$. Enthält k einen Primdivisor $\mathfrak{p}$ von erster Ordnung, so muß T über $k/\mathfrak{p} \simeq \Omega$ zerfallen. Anderenfalls enthält $k \simeq \Omega_{a,b}$ einen Primdivisor $\mathfrak{p}$ von zweiter Ordnung, und T besitzt den quadratischen Zerfällungskörper $k/\mathfrak{p}$. Da es über Ω höchstens einen quadratischen Schiefkörper gibt, stimmt T mit 1 oder (a, b) überein, und zerfällt also über k.

---

[4]) Ch. Tsen, Divisionsalgebren über Funktionenkörpern. Gött. Nachr. 1933, S. 335.

[5]) H. Hasse, Die Struktur der R. Brauerschen Algebrenklassengruppe über einem algebraischen Zahlkörper. Math. Ann. 107 (1933), S. 748.

4.

Der Beweis des Satzes von den zerfallenden Algebren zeichnete sich bei gewissen Grundkörpern vom Geschlecht 0 durch besondere Einfachheit aus. Ähnlich wird es, wenn wir als Grundkörper die rationalen Zahlen nehmen und uns auf quadratische Schiefkörper beschränken. Wir werden hier einen kurzen geometrischen Beweis geben für die gleichwertige Tatsache, daß die (reduzierte) Diskriminante eines quadratischen Schiefkörpers stets von ± 1 verschieden ist.

Der Schiefkörper S enthalte die Maximalordnung G mit der Diskriminante $-d^2$. Werden zum Grundkörper alle reellen Zahlen hinzugenommen, so entsteht das einfache System $S_\infty \simeq (\pm 1, -1)$, d.h. entweder das Matrizen- oder das Quaternionensystem. Die Basisgrößen $1, u, v, uv$ mit der Diskriminante -4^2 deuten wir als Basisvektoren des rechtwinkligen vierdimensionalen Raumes. In ihm erscheint die Maximalordnung G als ein Gitter, dessen Grundmasche das Volumen $\frac{d}{4}$ hat. Die offene Einheitskugel vom Volumen $\frac{\pi^2}{2}$ enthält nur den Gitterpunkt 0, denn in ihr ist $|N(w + xu + yv + zuv)| = |w^2 \mp x^2 + y^2 \mp z^2| \leqq w^2 + x^2 + y^2 + z^2 < 1$, andererseits ist die Norm für jeden Gitterpunkt ganzzahlig und verschwindet im Schiefkörper nur für 0. Wir können also das Theorem von Minkowski über konvexe Körper anwenden und erhalten $\frac{\pi^2}{2} \leqq 2^4 \cdot \frac{d}{4}$ oder $d \geqq \frac{\pi^2}{8} > 1$.

Leider konnte ich für höheren Index keinen konvexen Körper ausfindig machen, der das Entsprechende leistet.

Göttingen, im April 1934.

(Eingegangen am 21. April 1934.)

10.

Der Existenzsatz für abelsche Funktionenkörper

J. reine angew. Math. *173* (1935) 43–51

Die Theorie der algebraischen Zahlkörper läßt sich, wie man weiß, in ganz entsprechender Weise auch für Funktionenkörper mit endlich vielen Konstanten entwickeln. Die Übertragung ist jedoch bis heute noch in zwei wesentlichen Punkten unvollständig, es fehlen nämlich Beweise

1. für die **Existenz abelscher Körper** zu vorgelegter Divisorengruppe,
2. für die **Funktionalgleichung** der L-Reihen.

Die erste der beiden Lücken soll in dieser Arbeit ausgefüllt werden. Da die Körpercharakteristik p nicht Null ist, haben wir zwei wesentlich verschiedene Fälle zu unterscheiden.

Geht p nicht im Index der Divisorengruppe auf, so können wir den Beweis von Herbrand übertragen [1]). Zur Körperkonstruktion verwenden wir Gleichungen von der Form $x^n = a$.

Bei dieser Gelegenheit werden wir die algebraische Theorie der *Kummerschen Körper* in einfacher Weise neu begründen.

Ist dagegen der Index eine Potenz von p, so bedienen wir uns der Artin-Schreierschen Normalform $x^p - x = a$. Ein Analogon der Theorie Kummerscher Körper erhalten wir hier, indem wir einfach alle Produkte additiv schreiben. Es ist bemerkenswert, daß der Existenzbeweis im vorliegenden Falle viel einfacher geführt werden kann. Durch direktes Schließen mit Hilfe des Riemann-Rochschen Satzes werden lange Indexrechnungen vermieden.

Zu Beginn seien einige Bemerkungen über den allgemeinen Aufbau der Theorie der abelschen Körper gestattet.

Die Arbeiten von Hasse [2]) haben gezeigt, daß sich das **Artinsche Reziprozitätsgesetz** für abelsche Körper in einfacher Weise aus dem analytischen Verhalten der L-Reihen und der hyperkomplexen Theorie der Schiefkörper ergibt. Es soll noch erwähnt werden, daß sich an dieser Stelle auch gleich der **Führer-Verzweigungssatz** gewinnen läßt.

---

[1]) F. K. Schmidt hat die Möglichkeit einer Übertragung schon erörtert in seiner Arbeit: Die Theorie der Klassenkörper über einem Körper algebraischer Funktionen in einer Unbestimmten und mit endlichem Koeffizientenbereich, Sitzungsber. Erlangen **62** (1930), S. 267—284.

[2]) H. Hasse, a) Die Struktur der R. Brauerschen Algebrenklassengruppe über einem algebraischen Zahlkörper, Math. Ann. **107** (1933), S. 731—760.

b) Theorie der relativ-zyklischen algebraischen Funktionenkörper, insbesondere bei endlichem Konstantenkörper, Crelles Journal **172** (1934), S. 37—54.

c) Existenz separabler zyklischer unverzweigter Erweiterungskörper vom Primzahlgrade p über elliptischen Funktionenkörpern der Charakteristik p, Crelles Journal **172** (1934), S. 77—85.

Der bei Hasse[3]) angegebene Nachweis für den lokalen Führer $\mathfrak{f}_\mathfrak{p}$ versagt im allgemeinen bei Funktionenkörpern mit Primzahlcharakteristik p, denn die Funktionen e^x und $\log x$ lassen sich nicht einführen, die Binomialreihe auch nur dann, wenn p nicht im Nenner des Exponenten aufgeht. Wir geben daher eine Schlußweise an, die stets anwendbar ist.

k sei ein perfekter Körper, K eine separable Erweiterung. Da die nach Dedekind aus lauter Spuren bestehende Diskriminante nicht verschwindet, gibt es sicher ein A mit $\mathrm{Sp}\, A \neq 0$. Durch $1 + y = \mathrm{N}(1 + xA) = 1 + x\mathrm{Sp}A + \cdots$ wird also eine Potenzreihe $y(x)$ definiert, die sich umkehren läßt. Da die Reihe $x(y)$ für alle hinreichend kleinen Werte von y konvergiert, sehen wir, daß alle hinreichend nahe bei 1 gelegenen Zahlen $1 + y$ Normen von Zahlen aus K sind. Nun kann wie bei Hasse weitergeschlossen werden.

Die Voranstellung des Artinschen Reziprozitätsgesetzes hat eine große Wandlung mit sich gebracht. Die frühere Klassenkörpertheorie ist heute einer **Theorie der abelschen Körper** gewichen. Die früher an die Spitze gestellte Takagische Definition des **Klassenkörpers** hat heute eine andere Bedeutung. Sie dient nur noch zur Gewinnung eines handlichen **Kriteriums für abelsche Körper.** Ein solches Kriterium wird nämlich für den vollständigen Beweis des **Existenzsatzes** benötigt.

Nach dem bisherigen Aufbau ist klar, daß ein abelscher Körper die Klassenkörpereigenschaft besitzt. Daß umgekehrt diese Eigenschaft nur den abelschen Körpern zukommt, wird folgendermaßen gezeigt. Die Sätze über Kompositum, Anordnung, Eindeutigkeit, Verschiebung und über Unterkörper von Klassenkörpern liefern in bekannter Weise die Tatsache, daß jeder Klassenkörper K/k galoissch ist, und daß die galoissche Gruppe eine Hamiltonsche Gruppe ist[4]). Nach einer Idee von Iyanaga kann nun leicht geschlossen werden, daß die Gruppe abelsch ist. Bezeichnet W/k die konstante Erweiterung achten Grades, so ist auch KW/k ein Klassenkörper, und seine galoissche Gruppe enthält ein Element der Ordnung 8. Nach Dedekind[5]) ist aber eine solche Hamiltonsche Gruppe sogar abelsch. Also ist KW/k und erst recht der Klassenkörper K/k ein abelscher Körper.

Bei den algebraischen Zahlkörpern läßt sich der Satz von Dedekind vermeiden, wenn wir die Überkreuzungsmethode anwenden. σ, τ seien Automorphismen von K/k, der Grad sei n. Wir wählen eine Primzahl $p \equiv 1 \pmod n$ so, daß der Körper W der p-ten Einheitswurzeln fremd ist zu K. w erzeuge die Gruppe von W/k. Da die Gruppe von KW/k Hamiltonsch ist, gilt $\sigma(w\tau)\sigma^{-1} = (w\tau)^x$ oder $w \cdot \sigma\tau\sigma^{-1} = w^x\tau^x$. Es folgt $w^x = w$ oder $x \equiv 1 \pmod{p-1}$, daher auch $x \equiv 1 \pmod n$ oder $\tau^x = \tau$, also $\sigma\tau\sigma^{-1} = \tau$. Der Klassenkörper K/k ist somit ein abelscher Körper.

I. Faktoren- und Summandensysteme in galoisschen Körpern.

Mit $\sigma, \tau, \ldots$ seien die Automorphismen des galoisschen Körpers K/k bezeichnet. Dabei sei k ein beliebiger Körper und natürlich K/k separabel. Jedem σ sei eine Zahl A_σ aus K zugeordnet. Aus der Theorie der verschränkten Produkte ist folgender Satz bekannt:

(1) *Bestehen die Relationen* $A_\sigma A_\tau^\sigma = A_{\sigma\tau}$, *so gibt es eine solche Zahl* B, *daß* $A_\sigma = B^{1-\sigma}$ *gilt.*

B läßt sich auch explizit darstellen durch $\sum_\tau A_\tau C^\tau$, man hat nur durch passende Wahl von C dafür zu sorgen, daß dieser Ausdruck nicht verschwindet.

Der Satz bleibt richtig, wenn er additiv gewendet wird:

(2) *Bestehen die Relationen* $A_\sigma + \sigma A_\tau = A_{\sigma\tau}$, *so gibt es eine solche Zahl* B, *daß* $A_\sigma = (1 - \sigma)B$ *gilt.*

Zum Beweis sei C eine Hilfszahl, deren Spur nicht verschwindet. Wie man leicht nachrechnet, kann $B = \dfrac{1}{\mathrm{Sp}C} \sum_\tau A_\tau \tau C$ gewählt werden.

Es soll noch ein Satz über ein Summandensystem $A_{\sigma,\tau}$ vermerkt werden, obwohl er in dieser Arbeit nicht weiter gebraucht wird. Die im Satz auftretenden Rela-

[3]) A. a. O. [2]) a), S. 746.

[4]) Vgl. E. Artin, Vorträge über Klassenkörpertheorie, Göttingen 1932, und H. Hasse, Klassenkörpertheorie, Vorlesungsausarbeitung, Marburg 1933.

[5]) R. Dedekind, Über Gruppen, deren sämtliche Teiler Normalteiler sind, Math. Ann. **48** (1897), S. 548—562 = Ges. Werke II, S. 87—101.

tionen sind dem Assoziativgesetz bei Faktorensystemen nachgebildet. Behauptet wird, daß jedes Summandensystem zerfällt:

(3) *Bestehen die Relationen* $\sigma A_{\tau,\upsilon} + A_{\sigma,\tau\upsilon} = A_{\sigma,\tau} + A_{\sigma\tau,\upsilon}$, *so gibt es solche Größen* B_σ, *daß* $A_{\sigma,\tau} = B_\sigma + \sigma B_\tau - B_{\sigma\tau}$ *gilt.*

Man braucht nämlich nur $B_\sigma = \frac{1}{\operatorname{Sp} C} \sum_\tau A_{\sigma,\tau}\, \sigma\tau C$ zu setzen.

Nun denken wir uns K/k als *zyklischen* Körper vom Grade n mit dem erzeugenden Automorphismus σ. Ist dann A eine Zahl mit $\mathrm{N}A = 1$ bzw. $\operatorname{Sp} A = 0$, so können wir $A_{\sigma^\nu} = A^{\frac{1-\sigma^\nu}{1-\sigma}}$ bzw. $A_{\sigma^\nu} = \frac{1-\sigma^\nu}{1-\sigma} A$ setzen. Die beiden Sätze erscheinen dadurch in neuer Form:

(1′) *Ist* $\mathrm{N}A = 1$, *so hat* A *die Gestalt* $B^{1-\sigma}$ (Satz von Hilbert).

(2′) *Ist* $\operatorname{Sp} A = 0$, *so hat* A *die Gestalt* $(1-\sigma)\, B$.

Entsprechend einer Begründung von (1) durch verschränkte Produkte, gibt es für (2′) auch einen direkten gruppentheoretischen Beweis:

Mit $A_{1-\sigma}$ bzw. A_{Sp} bezeichnen wir den k-Modul derjenigen Zahlen aus K, die bei Multiplikation mit $1-\sigma$ bzw. bei Spurbildung Null werden. Es ist $A_{1-\sigma} = \operatorname{Sp} A = k$, diese Moduln haben also den Rang 1; daher haben die komplementären Moduln $(1-\sigma)\, A$ und A_{Sp} beide den Rang $n-1$ über k. Da außerdem $(1-\sigma)\, A \leqq A_{\mathrm{Sp}}$ gilt, müssen beide Moduln übereinstimmen.

II. Theorie der Kummerschen Körper.

Der beliebige Grundkörper k möge die n-ten Einheitswurzeln ($n \not\equiv 0 \pmod p$) enthalten.

Erstens sei eine Zahlgruppe $\omega \geqq \alpha^n$ so vorgelegt, daß ω/α^n endlich ist.

Wir betrachten die sämtlichen Wurzeln Θ aller Gleichungen $\Theta^n = \omega$. Die α bilden eine Untergruppe der Θ, durch Potenzieren mit n erhalten wir

$$\Theta/\alpha \cong \omega/\alpha^n.$$

Der Körper $k(\Theta)/k$ ist endlich, da er schon durch Repräsentanten der endlichen Faktorgruppe Θ/α erzeugt wird. Er ist ferner galoissch, denn mit jedem erzeugenden Θ liegen auch alle konjugierten Zahlen in $k(\Theta)$. $\sigma, \tau, \ldots$ seien die Automorphismen des Körpers. $\Theta^{1-\tau}$ ist stets eine n-te Einheitswurzel, liegt also im Grundkörper. Es gelten die Regeln

a) $\quad \Theta^{1-\sigma}\,\mathrm{H}^{1-\sigma} = (\Theta\mathrm{H})^{1-\sigma}, \quad \alpha^{1-\sigma} = 1.$

b) $\quad \Theta^{1-\sigma}\,\Theta^{1-\tau} = \Theta^{1-\sigma}(\Theta^{1-\tau})^\sigma = \Theta^{1-\sigma}\,\Theta^{\sigma-\sigma\tau} = \Theta^{1-\sigma\tau}.$

a) bedeutet: Bei festem σ ist $\Theta^{1-\sigma}$ ein Charakter ψ_σ der Gruppe Θ/α. Durch b) wird die Gruppe σ auf die Gruppe ψ_σ abgebildet. Die Θ sollten den Körper erzeugen, daher ist ψ_σ nur Hauptcharakter für $\sigma = 1$, es besteht also die Isomorphie $\sigma \cong \psi_\sigma$. Damit ist zunächst gezeigt, daß die Gruppe σ von $k(\Theta)/k$ abelsch vom Exponenten n ist. Nach dem Satz über die Anzahl der Charaktere einer abelschen Gruppe folgt ferner $\operatorname{Ord} \sigma \leqq \operatorname{Ord} \Theta/\alpha$.

b) bedeutet: Bei festem Θ ist $\Theta^{1-\sigma}$ ein Charakter χ_Θ der Gruppe σ. Durch a) wird die Gruppe Θ auf die Gruppe χ_Θ abgebildet. χ_Θ ist nur Hauptcharakter für $\Theta = \alpha$, daher gilt

$$\Theta/\alpha \cong \chi_\Theta.$$

Und ähnlich wie vorhin folgt hier $\operatorname{Ord} \Theta/\alpha \leqq \operatorname{Ord} \sigma$.

Beide Ungleichungen ergeben zusammen $\operatorname{Ord} \Theta/\alpha = \operatorname{Ord} \sigma$; danach durchläuft χ_Θ *alle* Charaktere der Gruppe σ. Nach dem Satz über die Isomorphie einer abelschen

Gruppe mit der zugehörigen Charakterengruppe gilt daher

$$\chi_\Theta \cong \sigma.$$

Wir fassen unsere Ergebnisse in folgendem Satz zusammen:

Die galoissche Gruppe von $k(\sqrt[n]{\omega})/k$ *ist zur Gruppe* ω/α^n *isomorph.*

Zweitens sei ein abelscher Körper K/k vom Exponenten n vorgelegt. $\sigma, \tau, \ldots$ seien seine Automorphismen.

Wir richten unser Augenmerk auf *alle* Zahlen $\overline{\Theta}$ aus K, deren n-te Potenzen $\overline{\Theta}^n = \overline{\omega}$ in k liegen. Durch $\overline{\Theta}^{1-\sigma}$ wird die Gruppe $\overline{\Theta}/\alpha$ auf gewisse Charaktere $\chi_{\overline{\Theta}}$ der Gruppe σ isomorph abgebildet. Wir können sogar behaupten, auf *alle* Charaktere. Denn ist $\chi(\sigma)$ ein Charakter, so gilt $\chi(\sigma)\,\chi(\tau)^\sigma = \chi(\sigma\tau)$, es gibt also nach dem Satz I, (1) eine Zahl B mit $\chi(\sigma) = B^{1-\sigma}$; außerdem ist leicht zu erkennen, daß hierbei B^n im Grundkörper liegt, d. h. die Zahl B ist ein $\overline{\Theta}$. Damit haben wir aber Ord $\overline{\Theta}/\alpha =$ Ord σ nachgewiesen. Nach der vorigen Untersuchung steht hier linkerhand der Grad von $k(\overline{\Theta})/k$, rechts steht natürlich der Grad von K/k. Daher ist $K = k(\overline{\Theta})$, und wir können zusammenfassend sagen:

Zu jedem abelschen Körper K/k *vom Exponenten* n *gibt es eine solche Gruppe* $\overline{\omega}/\alpha^n$, *daß* $K = k(\sqrt[n]{\overline{\omega}})$ *gilt.*

Gilt auch $K = k(\sqrt[n]{\omega})$ für eine andere Gruppe ω/α^n, so ist diese in der oben konstruierten Gruppe $\overline{\omega}/\alpha^n$ enthalten. Andererseits folgt aus dem vorigen Ergebnis $\omega/\alpha^n \cong \overline{\omega}/\alpha$ wegen $k(\sqrt[n]{\omega}) = k(\sqrt[n]{\overline{\omega}})$. Daher ist $\omega = \overline{\omega}$, und wir haben den Zusatz:

Zum Körper K/k *gibt es nur eine solche Gruppe* ω/α^n.

III. Theorie der abelschen Körper vom Exponenten p.

Der Grundkörper k möge die Charakteristik $p \neq 0$ haben.

Aus einem formalen Grunde führen wir die Bezeichnung

$$\wp x = x^p - x$$

ein; $\wp$ ist also hier nur ein Operationszeichen. Es besteht die Regel

$$\wp x + \wp y = \wp(x + y).$$

Die Wurzeln der Gleichung $\wp x = 0$ sind genau die Zahlen des Primkörpers. Die Wurzeln einer Gleichung $\wp x = \omega$ sollen mit $\frac{\omega}{\wp}$ bezeichnet werden.

Wir sind nun imstande, sämtliche Überlegungen und Sätze des Abschnittes II fast wörtlich zu übertragen. Es ist dabei nur folgendes zu beachten:

An Stelle einer multiplikativen Gruppe $\omega \geqq \alpha^n$ wird hier eine additive Gruppe $\omega \geqq \wp\alpha$ betrachtet. Statt Wurzeln aller Gleichungen $\Theta^n = \omega$ werden hier die Wurzeln aller Gleichungen $\wp\Theta = \omega$ eingeführt. Für $\Theta^{1-\tau}$ muß hier $(1 - \tau)\Theta$ geschrieben werden, dieser Ausdruck ist auch keine Einheitswurzel, sondern stets eine Zahl des Primkörpers. Hier gelten entsprechende Regeln

a) $\qquad (1-\sigma)\Theta + (1-\sigma)\mathrm{H} = (1-\sigma)(\Theta + \mathrm{H}),$

b) $\qquad (1-\sigma)\Theta + (1-\tau)\Theta = (1-\sigma\tau)\Theta.$

Vorhin wurde der multiplikative Satz I, (1) angewandt, in dieser Untersuchung muß naturgemäß dafür der additive Satz I, (2) herangezogen werden. Auf diese Weise gelangen wir zu den analogen Ergebnissen:

Die galoissche Gruppe von $k\left(\frac{\omega}{\wp}\right)/k$ *ist zur Gruppe* $\omega/\wp\alpha$ *isomorph.*

Zu jedem abelschen Körper K/k *vom Exponenten* p *gibt es genau eine solche Gruppe* $\omega/\wp\alpha$, *daß* $K = k\left(\frac{\omega}{\wp}\right)$ *gilt.*

An dieser Stelle wollen wir kurz die arithmetische Theorie der lokalen zyklischen Erweiterungen $k\left(\frac{\omega}{\wp}\right)$ streifen.

Ω sei ein vollkommener Konstantenkörper der Charakteristik p, und k der Körper aller formalen Potenzreihen in π (π-adischer Körper) mit Koeffizienten aus Ω. Wie Hasse [6]) gezeigt hat, läßt sich durch Subtraktion eines passenden $\wp\alpha$ immer erreichen, daß

ω konstant ist, falls $k\left(\frac{\omega}{\wp}\right)/k$ unverzweigt ist, und daß sonst

ω die Entwicklung $\frac{b}{\pi^\lambda} + \cdots$ besitzt ($\lambda > 0$ und $\not\equiv 0 \pmod p$, $b \neq 0$).

Wir zeigen jetzt, wie sich die Differente, und *unabhängig* davon der Führer im Falle eines verzweigten Körpers $k\left(\frac{\omega}{\wp}\right)/k$ berechnen läßt. Wir tun das aus dem Grunde, weil im Abschnitt V der Führer für diesen Spezialfall notwendig gebraucht wird, und weil wir doch nicht gerne die Führer-Diskriminanten-Formel voraussetzen möchten. (Natürlich entspringt unseren Ausführungen ein neuer Beweis für diese Formel.)

Π sei eine Primzahl des Körpers $k\left(\frac{\omega}{\wp}\right)$, Θ sei eine bestimmte Wurzel der Gleichung $\Theta^p - \Theta = \omega$. Aus der Normierung von ω folgt die Entwicklung $\Theta = \frac{c}{\Pi^\lambda} + \cdots$ ($c \neq 0$). Durch Differenzieren der drei Gleichungen erhalten wir — in Idealen geschrieben: $\frac{d\omega}{d\pi} = \frac{1}{\pi^{\lambda+1}}$, $\frac{d\omega}{d\Theta} = 1$, $\frac{d\Theta}{d\Pi} = \frac{1}{\Pi^{\lambda+1}}$, also gilt für die *Differente*

$$\frac{d\pi}{d\Pi} = \left(\frac{\pi}{\Pi}\right)^{\lambda+1} = \Pi^{(p-1)(\lambda+1)}.$$

Um endlich den Führer aufzustellen, verwenden wir das einfache System $(\alpha, \omega]$, das durch die Multiplikationstabelle $u^p = \alpha$, $\wp\Theta = \omega$, $u\Theta = (\Theta + 1)u$ bestimmt ist [7]). Außer den Regeln

$$(\alpha, \omega] \cdot (\alpha', \omega] \sim (\alpha\alpha', \omega] \text{ und } (\alpha, \omega] \cdot (\alpha, \omega'] \sim (\alpha, \omega + \omega'] \text{ und } (\omega, \omega] \sim 1$$

gilt noch die wichtige Formel

$$(\alpha, \omega] \sim \left(\pi, \operatorname{Res} \frac{d\alpha}{\alpha}\omega\right],$$

welche trotz unserer allgemeineren Voraussetzung über den Körper k einem Resultat von H. Schmid [7]) entspricht, und auch mit der dort angewandten Methode bewiesen werden kann.

Ihr kann entnommen werden, daß α genau dann die Norm einer Zahl aus $k\left(\frac{\omega}{\wp}\right)$ ist, wenn das $\operatorname{Res}\frac{d\alpha}{\alpha}\omega$ die Form $\wp a$ hat; denn sonst wäre $k\left(\frac{1}{\wp}\operatorname{Res}\frac{d\alpha}{\alpha}\omega\right)$ eine konstante Erweiterung vom Grade p, also erst π^p Norm daraus.

Wir nehmen nun an, daß Ω wirklich zyklische Oberkörper vom Grade p besitzt, dann kann nicht jede Konstante von der Form $\wp a$ sein. Wählen wir zur obigen Entwicklung von ω die Konstante b' derart, daß $\lambda b' b \neq \wp a$ wird, so ist einerseits $\alpha = 1 + b'\pi^\lambda$ sicher keine Norm, denn es ist $\operatorname{Res}\frac{d\alpha}{\alpha}\omega = \lambda b' b$. Andererseits verschwindet das Residuum, wenn $\alpha \equiv 1 \pmod{\pi^{\lambda+1}}$ gewählt wird, infolgedessen ist in diesem Falle α immer Norm. Der *Führer* ist also $\pi^{\lambda+1}$.

IV. Der Herbrandsche Beweis für $n \not\equiv 0 \pmod p$.

Zuerst beweisen wir:

Der Führer einer Divisorengruppe H *vom Exponenten* n *ist quadratfrei.*

H sei nämlich mod $\mathfrak{p}_1^{\nu_1} \ldots \mathfrak{p}_r^{\nu_r}$ erklärt. Ist dann $\beta \equiv 1 \pmod{\mathfrak{p}_1 \ldots \mathfrak{p}_r}$, so können

[6]) A. a. O. [2]) b), S. 39.

[7]) H. Schmid, erscheint demnächst in der Math. Zeitschr.

wir die Kongruenz $\beta \equiv \xi^n \pmod{\mathfrak{p}_1^{\nu_1} \ldots \mathfrak{p}_r^{\nu_r}}$ lösen, indem wir

$$\xi \equiv \sum_{\mu=0}^{\infty} \binom{\frac{1}{n}}{\mu} (\beta - 1)^{\mu} \pmod{\mathfrak{p}_i^{\nu_i}}$$

wählen. H enthält daher den Strahl mod $\mathfrak{p}_1 \ldots \mathfrak{p}_r$.

Wir geben nun den *Herbrandschen Beweis*[8]) des Existenzsatzes wieder. Zu dem Zweck verwenden wir folgende Bezeichnungen:

k sei ein Funktionenkörper mit p^f Konstanten,

$\mathfrak{m}' = \Pi\mathfrak{p}_2$ und $\mathfrak{m}'' = \Pi\mathfrak{p}_1$ seien zwei quadratfreie teilerfremde Moduln,

α_1 die zu $\mathfrak{m}'$ primen Zahlen,

$\mathfrak{a}_1$ die zu $\mathfrak{m}'$ primen Divisoren,

β_1 der Strahl mod $\mathfrak{m}'$,

$\mathfrak{b}_1 = \mathfrak{a}_1^n \Pi \mathfrak{p}_1^x$ (x durchläuft alle ganzen Zahlen),

$\mathfrak{z} = \mathfrak{d}^x$, der Hilfsdivisor $\mathfrak{d}$ sei dabei prim zu $\mathfrak{m}'\mathfrak{m}''$ und habe positiven Grad.

Der Index 1 deutet also an, daß die betreffende Gruppe zu $\mathfrak{m}'$ prime Elemente enthält. Für den Index 2 seien die analogen Gruppen definiert.

Wir machen nun die einschränkende Annahme über den Grundkörper k, daß er *die n-ten Einheitswurzeln enthält.* Für die Einheiten (Konstanten) ist dann $(\varepsilon : \varepsilon^n) = n$, das Entsprechende gilt für die primen Restklassen ϱ mod $\mathfrak{p}$: $(\varrho : \varrho^n) = n$. Folglich ist $(\alpha_1 : \alpha_1^n \beta_1) = \prod\limits_{\mathfrak{p}_2} (\varrho : \varrho^n) = n^{P_2}$, wo P_2 die Anzahl der verschiedenen Primdivisoren $\mathfrak{p}_2$ im Modul $\mathfrak{m}'$ andeutet.

Durch die Forderungen

$$\text{a)} \quad (\omega) = \mathfrak{a}^n \Pi \mathfrak{p}_2^x, \qquad \qquad \text{b)} \quad \omega = \alpha^n \beta_2$$

wird eine Zahlgruppe ω festgelegt. Nach der algebraischen und arithmetischen Theorie der Kummerschen Körper hat der Körper $K' = k(\sqrt[n]{\omega})$ den Grad $(\omega : \alpha^n)$, und er ist der größte abelsche Körper vom Exponenten n mit den beiden Eigenschaften:

a) höchstens die $\mathfrak{p}_2$ sind verzweigt,

b) alle $\mathfrak{p}_1$ werden voll zerlegt.

K' ist also Klassenkörper für eine Divisorengruppe H_1, die sich mod $\mathfrak{m}'$ erklären läßt. H_1 enthält sicher $\mathfrak{a}_1^n$, $\mathfrak{p}_1^x$, β_1, mithin die Gruppe $G_1 = \mathfrak{b}_1\beta_1$, und für die Indizes gilt $(H_1) \leqq (G_1)$.

Wir wollen zeigen, daß *K' Klassenkörper zur Divisorengruppe $G_1 = \mathfrak{b}_1\beta_1$ ist.* Dazu brauchen wir nur $(H_1) = (G_1)$ nachzuweisen.

Zur Umformung von (H_1) führen wir die Gruppe $\omega_2 = \omega_1 \frown \alpha_2$ ein, sie kann auch definiert werden durch

$$\text{a)} \quad (\omega_2) = \mathfrak{a}_2^n \Pi \mathfrak{p}_2^x, \qquad \qquad \text{b)} \quad \omega_2 = \alpha_2^n \beta_2,$$

es ist also $(\omega_2) = \mathfrak{b}_2 \frown (\alpha_2^n \beta_2)$.

Jede Zahl ω kann durch Division durch ein passendes α^n in eine Zahl ω_2 verwandelt werden, daher ist $\omega = \omega_2 \alpha^n$. Weiter gilt $\omega_2 \frown \alpha^n = \alpha_2^n$. Dies führt zur Umformung

$$(H_1) = (\omega : \alpha^n) = (\omega_2 \alpha^n : \alpha^n) = (\omega_2 : \omega_2 \frown \alpha^n) = (\omega_2 : \alpha_2^n).$$

Schließlich bleibt noch (G_1) umzurechnen.

$$(G_1) = (\mathfrak{a}_1 : \mathfrak{b}_1\beta_1) = \frac{(\mathfrak{a}_1 : \alpha_1^n \beta_1 \mathfrak{z}^n)}{(\mathfrak{b}_1\beta_1 : \alpha_1^n \beta_1 \mathfrak{z}^n)} = \frac{A}{B};$$

---

[8]) Vgl. Hasse, a. a. O.[4]).

für den Zähler und Nenner ist weiter

$$A = (\mathfrak{a}_1 : \alpha_1 \mathfrak{z}) \cdot (\alpha_1 \mathfrak{z} : \alpha_1^n \beta_1 \mathfrak{z}^n) = (\mathfrak{a}_1^n : \alpha_1^n \mathfrak{z}^n) \cdot ((\alpha_1) : (\alpha_1^n \beta_1)) \cdot (\mathfrak{z} : \mathfrak{z}^n)$$

$$B = (\mathfrak{b}_1 : \mathfrak{b}_1 \frown \alpha_1^n \beta_1 \mathfrak{z}^n) = (\mathfrak{b}_1 : \omega_1 \mathfrak{z}^n) = \frac{(\mathfrak{b}_1 : \mathfrak{a}_1^n) \cdot (\mathfrak{a}_1^n : \alpha_1^n \mathfrak{z}^n)}{(\omega_1 \mathfrak{z}^n : \alpha_1^n \mathfrak{z}^n)}.$$

Wird $(\mathfrak{b}_1 : \mathfrak{a}_1^n) = n^{P_1}$, $(\mathfrak{z} : \mathfrak{z}^n) = n$ und $(\omega_1 \mathfrak{z}^n : \alpha_1^n \mathfrak{z}^n) = ((\omega_1) : (\alpha_1^n))$ beachtet, so erhalten wir

$$(G_1) = ((\alpha_1) : (\alpha_1^n \beta_1)) \cdot ((\omega_1) : (\alpha_1^n))\, n^{1-P_1}.$$

Beim Übergang zu Zahlgruppen müssen wir dividieren durch

$$(\varepsilon : \varepsilon \frown \alpha_1^n \beta_1) \text{ und durch } (\varepsilon \frown \omega_1 : \varepsilon \frown \alpha_1^n) = (\varepsilon \frown \alpha_1^n \beta_1 : \varepsilon^n),$$

also durch $(\varepsilon : \varepsilon^n) = n$. Es ist jetzt

$$(H_1) \leqq (G_1) = n^{P_1} (H_2)\, n^{-P_1}.$$

Durch Vertauschung der Indizes entsteht eine ähnliche Relation, beide zusammengenommen liefern das gewünschte Resultat $(H_1) = (G_1)$.

Setzen mir $\mathfrak{m}'' = 1$, so wird $G_1 = \mathfrak{a}_1^n \beta_1$. G_1 ist also die kleinste Divisorengruppe vom Exponenten n, die sich mod $\mathfrak{m}'$ erklären läßt, und ihr ist ein abelscher Körper zugeordnet. Durch Zurückgehen auf die Unterkörper folgt dann: Wenn k die n-ten Einheitswurzeln enthält, gibt es zu jeder vorgelegten Gruppe vom Exponenten n einen abelschen Körper.

Ist dagegen *k ein beliebiger Grundkörper* und H eine vorgeschriebene Divisorengruppe vom Exponenten n, so wird der Körper $\bar{k}$ der n-ten Einheitswurzeln zu Hilfe genommen, er gehöre zur Gruppe H'. Zur Gruppe $\bar{H}$ in $\bar{k}$, die aus denjenigen Divisoren besteht, deren Normen nach $H \frown H'$ fallen, und die wieder den Exponenten n besitzt, gibt es nach dem Bewiesenen einen abelschen Körper $\bar{K}/\bar{k}$. Daß sogar $\bar{K}/k$ abelsch ist, und zur Divisorengruppe $H \frown H'$ gehört, wird durch den Nachweis der Klassenkörpereigenschaft gezeigt. Die Konstruktion des abelschen Körpers $\bar{K}/k$ zur Gruppe $H \frown H'$ sichert dann auch *die Existenz eines abelschen Körpers zur gegebenen Divisorengruppe H vom Exponenten n.*

V. Der Existenzbeweis für den Exponenten p.

Unsere Überlegungen stützen sich auf folgenden

Hilfssatz [9]). *In einem Funktionenkörper k mit vollkommenem Konstantenkörper Ω der Charakteristik $p \neq 0$ darf aus dem Verschwinden eines Differentials $d\alpha$ geschlossen werden, daß α eine p-te Potenz ist.*

Beweis. Für konstantes α ist der Satz offenbar richtig. α sei also nunmehr keine Konstante. $k = \Omega(\alpha, \beta)$ werde durch die irreduzible Gleichung $f(\alpha, \beta) = 0$ erzeugt. Wegen $d\alpha = 0$ ist $k/\Omega(\alpha)$ inseparabel, d. h. es ist $f(x, y) = g(x, y^p)$. Nun besteht zwischen $\alpha^{\frac{1}{p}}$ und β die irreduzible Gleichung $g^{\frac{1}{p}}\left(\alpha^{\frac{1}{p}}, \beta\right) = 0$. Werden in den Polynomen f und $g^{\frac{1}{p}}$ die Grade in β betrachtet, so ergibt sich

$$(\Omega(\alpha, \beta) : \Omega(\alpha)) = p \cdot \left(\Omega\left(\alpha^{\frac{1}{p}}, \beta\right) : \Omega\left(\alpha^{\frac{1}{p}}\right)\right) = \left(\Omega\left(\alpha^{\frac{1}{p}}, \beta\right) : \Omega(\alpha)\right).$$

Dies kann nur stattfinden, wenn $\alpha^{\frac{1}{p}}$ schon im Körper $k = \Omega(\alpha, \beta)$ liegt.

k sei fortan ein Funktionenkörper mit $q = p^f$ Konstanten und vom Geschlecht g.

[9]) Dieser Satz entstammt einer Göttinger Vorlesung (Winter 1933/34) von F. K. Schmidt.

Wir verwenden folgende Bezeichnungen:

$\mathfrak{m}$ ein genügend hoher Modul mit $N\mathfrak{m} > q^{2g-2}$,
α zu $\mathfrak{m}$ prime Zahlen,
$\mathfrak{a}$ zu $\mathfrak{m}$ prime Divisoren aller Grade,
$\mathfrak{b}$ zu $\mathfrak{m}$ prime Divisoren nullten Grades,
β_1 der Strahl mod $\mathfrak{m}$,
β_p der Strahl mod $\mathfrak{m}^p$.

Wir machen nun von unserem Hilfssatz eine Anwendung.

$\mathfrak{c}_i$ seien zu $\mathfrak{m}$ prime Repräsentanten aller Nichthauptklassen mit der Eigenschaft $\mathfrak{c}_i^p = (\gamma_i)$. Es ist $d\gamma_i \neq 0$, sonst wäre $\gamma_i = \delta_i^p$, $\mathfrak{c}_i^p = (\delta_i)^p$, $\mathfrak{c}_i = (\delta_i)$, gegen die Annahme. Indem wir $\mathfrak{m}$ gegebenenfalls noch vergrößern, erreichen wir, daß für alle endlich vielen i jedesmal $d\gamma_i \not\equiv 0 \pmod{\mathfrak{m}^p}$ wird. Daraus folgt aber $\gamma_i \not\equiv \varepsilon\delta^p \pmod{\mathfrak{m}^p}$ oder $(\alpha\mathfrak{c}_i)^p \not\equiv (1) \pmod{\mathfrak{m}^p}$.

Dies bedeutet, $\mathfrak{b}^p \equiv (1) \pmod{\mathfrak{m}^p}$ kann nur für Hauptdivisoren $\mathfrak{b}$ zutreffen, oder in der Indizessprache ausgedrückt: $(\mathfrak{b} : \mathfrak{b}^p\beta_p) = ((\alpha) : (\alpha^p\beta_p))$. Da jede Einheit ε eine p-te Potenz ist, dürfen wir den letzten Index auch durch $(\alpha : \alpha^p\beta_p)$ ersetzen. Dieser Index gibt an, wie viele Restklassen mod $\mathfrak{m}^p$ der Kongruenz $\alpha^p \equiv 1 \pmod{\mathfrak{m}^p}$ oder der damit gleichwertigen Kongruenz $\alpha \equiv 1 \pmod{\mathfrak{m}}$ genügen. Hieraus ersehen wir

$$(\alpha : \alpha^p\beta_p) = (\beta_1 : \beta_p) = \varphi(\mathfrak{m}^p) : \varphi(\mathfrak{m}) = N\mathfrak{m}^{p-1}.$$

Wird noch beachtet, daß $\mathfrak{a}/\mathfrak{b}$ eine unendliche zyklische Gruppe ist, so folgt das Ergebnis:

$$(\mathfrak{a} : \mathfrak{a}^p\beta_p) = p \cdot (\mathfrak{b} : \mathfrak{b}^p\beta_p) = p\,N\mathfrak{m}^{p-1}.$$

Wir gehen jetzt zum additiven Teil des Existenzbeweises über; dabei bezeichnen wir mit

$\mathfrak{m}$ den vorhin gewählten Modul,
α (anders als vorhin!) alle Zahlen,
ω_1 solche Zahlen, für die $\omega_1\mathfrak{m}$ ganz ist,
ω_p solche Zahlen, für die $\omega_p\mathfrak{m}^p$ ganz ist.

Nun betrachten wir den größten abelschen Körper $K = k\left(\frac{\omega}{\wp}\right)$ vom Exponenten p, dessen Führer noch in $\mathfrak{m}^p$ aufgeht. Er ist Klassenkörper zu einer Divisorengruppe H mod $\mathfrak{m}^p$ vom Index $(\omega : \wp\alpha)$. H enthält sicher die Gruppe $\mathfrak{a}^p\beta_p$ vom Index $p\,N\mathfrak{m}^{p-1}$.

Um zu zeigen, daß *K Klassenkörper zur Divisorengruppe $\mathfrak{a}^p\beta_p$* ist, brauchen wir nur $(\omega : \wp\alpha) = p\,N\mathfrak{m}^{p-1}$ nachzuweisen.

Zur Untersuchung der additiven Gruppe der ω stellen wir die folgenden Betrachtungen an.

Für jede einzelne Zahl ω_p geht nach der arithmetischen Theorie der Führer des Körpers $k\left(\frac{\omega_p}{\wp}\right)$ in $\mathfrak{m}^p$ auf. Wir zeigen jetzt umgekehrt: Jede einzelne Zahl ω, für welche der Führer des Körpers $k\left(\frac{\omega}{\wp}\right)$ in $\mathfrak{m}^p$ aufgeht, kann durch Subtraktion eines passenden $\wp\alpha$ in eine Zahl ω_p verwandelt werden.

Wegen der vorausgesetzten Eigenschaft der Zahl ω ist der Divisorennenner von $\omega\mathfrak{m}^p$ eine p-te Potenz $(\mathfrak{p}^r\mathfrak{p}_1^{r_1}\ldots)^p$, $(r_i \geqq 0)$. Um diesen Nenner fortzuschaffen, gehen wir schrittweise vor.

Ist noch etwa $r > 0$, so ist wegen $\mathrm{N}\mathfrak{m} > q^{2g-2}$ nach dem Riemann-Rochschen Satz $q^{\{\mathfrak{m}\mathfrak{p}^r\}-\{\mathfrak{m}\mathfrak{p}^{r-1}\}} = \mathrm{N}\mathfrak{p}$, daher gibt es eine solche Zahl α, daß zwar $\alpha\mathfrak{m}\mathfrak{p}^r$, aber nicht $\alpha\mathfrak{m}\mathfrak{p}^{r-1}$ ganz ist, und daß die $\mathfrak{p}$-adische Entwicklung von α einen beliebig vorgeschriebenen Anfangskoeffizienten hat. Wird bei passend gewähltem Koeffizienten $\omega' = \omega - \wp\alpha$ gesetzt, so hat $\omega'\mathfrak{m}^p$ höchstens den Nenner $(\mathfrak{p}^{r-1}\,\mathfrak{p}_1^{r_1}\ldots)^p$. Nach Fortsetzung dieser Reduktion können wir erreichen, daß $\omega'\mathfrak{m}^p$ keinen Nenner mehr hat, d. h. daß die Zahl ω' ein ω_p wird.

Für die ganze Gruppe ω ist damit $\omega = \omega_p + \wp\alpha$ nachgewiesen. Durch lokale Betrachtungen ist endlich $\omega_p \frown \wp\alpha = \wp\omega_1$ ersichtlich. Daher gilt

$$(\omega : \wp\alpha) = (\omega_p + \wp\alpha : \wp\alpha) = (\omega_p : \omega_p \frown \wp\alpha) = (\omega_p : \wp\omega_1).$$

Der Riemann-Rochsche Satz ermöglicht die Bestimmung der Gruppenordnungen

$$\begin{array}{ll} q^{1-g}\,\mathrm{N}\mathfrak{m}^p & \text{für die Gruppe } \omega_p, \\ q^{1-g}\,\mathrm{N}\mathfrak{m} & \text{für die Gruppe } \omega_1, \\ \frac{1}{p}\,q^{1-g}\,\mathrm{N}\mathfrak{m} & \text{für die Gruppe } \wp\omega_1. \end{array}$$

Letzteres folgt daraus, daß bei Anwendung von $\wp$ genau die Zahlen des Primkörpers Null werden. Es wird somit

$$(\omega : \wp\alpha) = p\,\mathrm{N}\mathfrak{m}^{p-1};$$

dies aber wollten wir gerade nachweisen.

$\mathfrak{a}^p\beta_p$ ist die kleinste Divisorengruppe vom Exponenten p, die sich nach dem beliebigen (allerdings genügend hohen) Modul $\mathfrak{m}^p$ erklären läßt, und ihr ist ein abelscher Körper zugeordnet. Durch Zurückgehen auf die Unterkörper folgt dann der Satz:

Zu jeder vorgelegten Divisorengruppe vom Exponenten p gibt es einen abelschen Körper.

Nehmen wir an, der entsprechende Satz sei schon für den Exponenten p^{r-1} bewiesen, so können wir die Gültigkeit auch für p^r zeigen. Ist nämlich H eine im Körper k vorgelegte Divisorengruppe vom Exponenten p^r, so wird durch $H'^p \leqq H$ eine Obergruppe H' von H charakterisiert, die den Exponenten p^{r-1} hat. Nach der gemachten Annahme gehört zur Gruppe H' ein abelscher Körper $\bar{k}$. Zur Gruppe $\bar{H}$ in $\bar{k}$, die aus denjenigen Divisoren besteht, deren Normen nach H fallen, und die den Exponenten p besitzt, gibt es nach dem Bewiesenen einen abelschen Körper $\bar{K}/\bar{k}$. Daß sogar $\bar{K}/k$ abelsch ist und zur Divisorengruppe H gehört, wird durch den Nachweis der Klassenkörpereigenschaft gezeigt.

Schließlich können wir behaupten:

Existenzsatz. *Zu jeder vorgelegten Divisorengruppe H gibt es einen abelschen Körper K.*

Denn hat H den Exponenten $p^r n$, wobei $n \not\equiv 0 \pmod p$ sei, so kann $H = H' \frown H''$ gesetzt werden, wobei H', H'' den Exponenten p^r bzw. n haben. Nach den bisherigen Untersuchungen gibt es zu diesen Gruppen abelsche Körper K' und K''. Ihr Kompositum $K = K'K''$ ist dann der gesuchte Körper, der zur vorgegebenen Gruppe H gehört.

Eingegangen 12. November 1934.

11.
Zur Funktionalgleichung der L–Reihen im Funktionenkörperfall

Unveröffentlicht 1936

von *R. Schulze-Pillot* aufgezeichnet nach handschriftlichen Notizen von Witt

In seinem Vorstellungsbericht vor der Göttinger Akademie der Wissenschaften am 22. April 1983 bemerkte Witt [5], er habe im Jahre 1936 die Funktionalgleichung für L-Reihen vom Zahlkörper auf Funktionenkörper übertragen, diesen Beweis aber nicht veröffentlicht, um eine Hamburger Dissertation nicht zu gefährden. Aufzeichnungen zu Witts Beweis (datiert März 1939) finden sich im Nachlaß von Helmut Hasse in der Niedersächsischen Staats- und Universitätsbibliothek Göttingen (Cod.Ns. H. Hasse 15:86). Sie haben den Titel "Funktionalgleichung der L-Funktionen eines algebraischen Funktionenkörpers mit endlichem Konstantenkörper. Nach E. Witt, April 1936". Auch in der 1947 erschienenen Arbeit [2] von H. L. Schmid und O. Teichmüller wird der Beweis von Witt erwähnt und hier auf den März 1936 datiert.

Die erwähnte Dissertation [4] ist 1938 in den Hamburger Abhandlungen erschienen und benutzt einen anderen Gedankengang als den von Witt. Im folgenden wollen wir Witts Beweis an Hand seiner eigenen (nicht datierten) handschriftlichen Notizen kurz skizzieren.

Sei $\mathfrak{p}$ ein fester Primdivisor des betrachteten Funktionenkörpers K in einer Variablen X mit endlichem Konstantenkörper k, so daß $\mathfrak{q} = k(X) \cap \mathfrak{p}$ Grad 1 hat. Für einen Divisor $\mathfrak{a}$ in K sei (in den Bezeichnungen von Witt)

$$(\mathfrak{a}) = \{x \in K \mid x\mathfrak{a}^{-1} \text{ ist ganz außerhalb von } \mathfrak{p}\} \quad \text{(endliches Ideal)},$$

$$((\mathfrak{a})) = \{x \in K \mid x\mathfrak{a}^{-1} \text{ ist ganz bei } \mathfrak{p}\} \quad \text{(unendliches Ideal)}.$$

Sei nun $\mathfrak{c}$ ein beliebiger Divisor, χ ein Charakter der Divisorengruppe vom Führer $\mathfrak{f} \neq 1$, der prim zu $\mathfrak{p}$ ist, $\mathfrak{d}$ die Differente von $K/k(X)$. Für

$$\vartheta(\chi, \mathfrak{c}) = \sum_{\gamma\mathfrak{c} \text{ ganz}} \chi(\gamma\mathfrak{c})$$

beweist Witt die Formel

$$\vartheta(\bar{\chi}, 1)\, \vartheta(\chi, \mathfrak{c}) = \mathrm{N}\Big(\frac{\mathfrak{c}\mathfrak{p}^2}{\mathfrak{f}\mathfrak{d}}\Big)\, \vartheta\Big(\chi, \frac{\mathfrak{f}\mathfrak{d}}{\mathfrak{p}^2}\Big)\, \vartheta\Big(\bar{\chi}, \frac{\mathfrak{f}\mathfrak{d}}{\mathfrak{c}\mathfrak{p}^2}\Big)\,. \tag{1}$$

Dabei wird zunächst über alle $\gamma \in K$ summiert, für die der Divisor $\gamma\mathfrak{c}$ ganz (oder effektiv) ist; das ist natürlich eine endliche Summe. Summiert man nur über die verschiedenen Divisoren (also über γ modulo Konstanten; Witt schreibt hierfür: "wenn die Divisoren modulo den Konstanten betrachtet werden"), so bleibt die Gleichung richtig, und es wird dann $\vartheta(\bar{\chi}, 1) = 1$. Wird also

$$\frac{\mathfrak{f}\mathfrak{d}}{\mathfrak{p}^2} = \mathfrak{w} \qquad \text{und} \qquad \mathfrak{c}\,\bar{\mathfrak{c}} = \mathfrak{w}$$

gesetzt, so ist $\vartheta(\chi, \mathfrak{c}) = \mathrm{N}(\bar{\mathfrak{c}})^{-1}\, \vartheta(\chi, \mathfrak{w})\, \vartheta(\bar{\chi}, \bar{\mathfrak{c}})$. Für $\mathfrak{c} = 1$ folgt $\vartheta(\chi, \mathfrak{w}) = \mathrm{N}(\mathfrak{w})^{1/2}\, W(\chi)$ mit $|W(\chi)| = 1$, also gilt

$$\vartheta(\chi, \mathfrak{c}) = W(\chi)\, \mathrm{N}(\bar{\mathfrak{c}})^{-1/2}\, \mathrm{N}(\mathfrak{c})^{1/2}\, \vartheta(\bar{\chi}, \bar{\mathfrak{c}})\,. \tag{2}$$

Hat $\mathfrak{c}$ negativen Grad, so ist $\vartheta(\chi, \mathfrak{c}) = 0$, folglich $\vartheta(\bar{\chi}, \bar{\mathfrak{c}}) = 0$, $\vartheta(\chi, \bar{\mathfrak{c}}) = 0$. Multipliziert man (2) mit $\mathrm{N}(\bar{\mathfrak{c}})^{s/2}\, \mathrm{N}(\mathfrak{c})^{-s/2}$ und summiert über Repräsentanten $\mathfrak{c}$ der Divisorenklassen, so erhält man die *Funktionalgleichung der L-Reihen*

$$\mathrm{N}(\mathfrak{w})^{s/2}\, L(s, \chi) = W(\chi)\, \mathrm{N}(\mathfrak{w})^{(1-s)/2}\, L(1 - s, \bar{\chi})\,.$$

Den Beweis von (1) führt Witt mit Hilfe einer verallgemeinerten Thetatransformationsformel und der von Hecke [1] für einen Divisor $\mathfrak{b}$ gezeigten Identität

$$G(\mathfrak{b}) := \sum_{\mathfrak{r}} \chi(\mathfrak{r})\, g^{\mathrm{Sp}(\mathfrak{r}\mathfrak{b}/\mathfrak{f}\mathfrak{d})} = \bar{\chi}(\mathfrak{b})\, G(1)\,. \tag{3}$$

Dabei ist

$$g^{\alpha} g^{\beta} = g^{\alpha+\beta}, \qquad g^{a\pi^i} \begin{cases} \neq 1 & \text{falls } i = 1 \\ = 1 & \text{sonst} \end{cases}$$

mit einem Primelement π bei $\mathfrak{q} = k(X) \cap \mathfrak{p}$ und einer Einheit a bezüglich $\mathfrak{q}$; $g^{(\cdot)}$ ist also ein nichttrivialer additiver Charakter von $k(X)_{\mathfrak{q}}$. Die Summation erfolgt über ein Repräsentantensystem modulo $\mathfrak{f}$ von außerhalb $\mathfrak{p}$ ganzen Divisoren $\mathfrak{r}$, so daß $\mathfrak{r}\mathfrak{b}/\mathfrak{f}\mathfrak{d}$ Hauptdivisor (bei Witt: Körperzahl) ist. Die Thetatransformationsformel schreibt Witt für beliebiges $\rho \in K$ in der Form

$$\sum_{\alpha} g_1^{(\alpha)}\, \overline{g_2^{(\alpha+\rho)}} = \mathrm{N}(P)_{\infty} \sum_{\beta} g_1^{(\beta)}\, g_2^{(\bar{\beta})}\, g^{\mathrm{Sp}(\beta\rho)}\,. \tag{4}$$

Die Notationen hierin sind wie folgt erklärt: Sei $\{A_i\}$ eine Basis von $(\mathfrak{f}/\mathfrak{c})$ und $\{B_i\}$ eine Basis von $((1/\mathfrak{c}\mathfrak{p}))$, ferner seien $\{\bar{A}_i\}$, $\{\bar{B}_i\}$ die dazu dualen Basen von $(\mathfrak{c}/\mathfrak{f}\mathfrak{d})$ bzw. $((\mathfrak{c}\mathfrak{p}/\mathfrak{d}))$, $\alpha = \sum_i \alpha_i A_i = \sum_i \bar{\alpha}_i B_i$, $\beta = \sum_i \bar{A}_i \beta_i = \sum_i \bar{B}_i \bar{\beta}_i$, mit (α), $(\bar{\alpha})$ etc. werde der Koordinatenvektor von α bezüglich der A_i, B_i etc. bezeichnet, es sei $(\bar{\alpha}) = P(\alpha)$, also $(\bar{\beta}) = (\beta)\, P^{-1}$. Mit einer Basis des endlichen bzw. unendlichen Ideals ist dabei eine Basis von K über $k(X)$ gemeint, die das Ideal über dem Ring der außerhalb $\mathfrak{p}$ ganzen Zahlen bzw. über dem Bewertungsring bei $\mathfrak{p}$ erzeugt. Schließlich sei

$$g_1^{(\alpha)} = \begin{cases} 1 & \text{falls alle } \alpha_i \text{ ganz sind außerhalb } \mathfrak{q} \\ 0 & \text{sonst,} \end{cases}$$

$$g_2^{(\bar{\alpha})} = \begin{cases} 1 & \text{falls alle } \bar{\alpha}_i \text{ in } \mathfrak{q} \text{ sind} \\ 0 & \text{sonst.} \end{cases}$$

Die Θ–Formel (4) werde mit $\chi(\rho\mathfrak{c})$ multipliziert und über ρ summiert, wobei ρ ein Repräsentantensystem von $(1/\mathfrak{c})/(\mathfrak{f}/\mathfrak{c})$ durchlaufe. Dann erhält man links $\vartheta(\chi,\mathfrak{c})$ und rechts den Ausdruck $R := \mathrm{N}(\mathfrak{c}\,\mathfrak{p}/\mathfrak{f}\,\mathfrak{d}^{1/2})\sum_\beta\sum_\rho \chi(\rho\mathfrak{c})\; g^{\mathrm{Sp}(\beta\rho)}$. Es werde $\rho\mathfrak{c} = \mathfrak{r}$ und $\beta\mathfrak{f}\mathfrak{d}/\mathfrak{c} = \mathfrak{b}$ gesetzt. Nach (3) folgt dann $R = \mathrm{N}(\mathfrak{c}\,\mathfrak{p}/\mathfrak{f}\,\mathfrak{d}^{1/2})\, G(1)\, \bar{\chi}(\mathfrak{p}^2) \sum_\beta \bar{\chi}(\beta\mathfrak{f}\mathfrak{d}/\mathfrak{c}\mathfrak{p}^2)$, also

$$\vartheta(\chi,\mathfrak{c}) = \mathrm{N}\Big(\frac{\mathfrak{c}\,\mathfrak{p}}{\mathfrak{f}\,\mathfrak{d}^{1/2}}\Big)\; G(1)\; \bar{\chi}(\mathfrak{p}^2)\; \vartheta\Big(\bar{\chi},\frac{\mathfrak{f}\mathfrak{d}}{\mathfrak{c}\mathfrak{p}^2}\Big)\,. \tag{5}$$

Für $\mathfrak{c} = \mathfrak{f}\mathfrak{d}/\mathfrak{p}^2$ folgt $\vartheta\big(\chi,\mathfrak{f}\mathfrak{d}/\mathfrak{p}^2\big) = \mathrm{N}\big(\mathfrak{d}^{1/2}/\mathfrak{p}\big)\; G(1)\; \bar{\chi}(\mathfrak{p}^2)\; \vartheta(\bar{\chi},1)$. Multipliziert man nun (5) mit $\vartheta(\bar{\chi},1)$, so erhält man die Formel (1).

Man bemerkt, daß die Arbeit von Schmid und Teichmüller [2] im wesentlichen eine Ausarbeitung dieser Wittschen Beweisskizze ist: Die Thetatransformationsformel (4) entspricht dem Hilfssatz 3 in [2], die Heckesche Identität (3) findet sich als Hilfssatz 4, und die Formel (1) entspricht dem Haupthilfssatz 5 in [2].

Interessant an der Wittschen Formulierung ist die Bezeichnung von (4) (was im vorliegenden Fall einfach wie in [2] als Charaktersummenidentität gezeigt werden kann) als Thetatransformationsformel, wobei Witt auch noch darauf hinweist, daß bei entsprechender Definition der vorkommenden Größen g_1, g_2, g diese Formel im Zahlkörperfall genau die gewohnte Thetatransformationsformel liefert, nämlich mit

$$g_1^{(\alpha)} = \begin{cases} 1 & \text{falls } \alpha_i \text{ ganzzahlig} \\ 0 & \text{sonst,} \end{cases}$$

$$g_2^{(\alpha)} = \mathrm{e}^{-\pi\sum\alpha_i^2} \qquad \text{und} \qquad g^{(\alpha)} = \mathrm{e}^{2\pi i\alpha}\,.$$

Dabei ist (wie oben) in (4) $(\bar{\alpha}) = P\,(\alpha)$ und $(\bar{\beta}) = (\beta)\,P^{-1}$ mit einer beliebigen Matrix P zu setzen und $\mathrm{N}(P)_\infty = |\mathrm{det}P|^{-1}$ zu schreiben. In der Tat ist das genau die Sichtweise der heute üblichen einheitlichen adelischen Behandlung von Zahl- und Funktionenkörpern [3], in der man beide Versionen von (4) durch Einsetzen der jeweils passenden Testfunktion in die Poissonsche Summenformel erhält.

Literatur

[1] E. Hecke: Eine neue Art von Zetafunktionen und ihre Beziehungen zur Verteilung der Primzahlen, II, Math. Z. 6 (1920), 11-51

[2] H. L. Schmid und O. Teichmüller: Ein neuer Beweis für die Funktionalgleichung der L-Reihen, Abh. Math. Sem. Univ. Hamburg 15 (1947), 85-96

[3] A. Weil: Basic Number Theory, Berlin-Heidelberg-New York 1974

[4] J. Weissinger: Theorie der Divisorenkongruenzen, Abh. Math. Sem. Univ. Hamburg 12 (1938), 115-126

[5] E. Witt: Bericht aus seinem Arbeitsgebiet (Vorstellungsbericht), Jahrbuch der Akademie der Wissenschaften in Göttingen 1983, 100-101, hier S. 1.

12.

Zerlegung reeller algebraischer Funktionen in Quadrate. Schiefkörper über reellem Funktionenkörper

J. reine angew. Math. *171* (1934) 4–11

Mit der Darstellung von Funktionen durch Quadrate hat sich zuerst Hilbert beschäftigt. Dann haben Landau und Artin die Untersuchungen darüber fortgeführt.

Hier sollen die Funktionen eines reellen algebraischen Funktionenkörpers k hinsichtlich ihrer Zerlegung in Quadrate untersucht werden, und zwar wird dies unter Verwendung Abelscher Integrale geschehen. Auf diesem Wege wird der letzte Satz der Artinschen Arbeit [1]) für den Fall des Körpers k von neuem bewiesen werden, sogar mit den genaueren Zusätzen:

Ist eine Funktion des Körpers k überhaupt Summe von Quadraten, so ist sie auch schon Summe zweier Quadrate.

Ist -1 überhaupt Summe von Quadraten, dann ist jede Funktion des Körpers k Summe zweier Quadrate.

Sehen wir uns die Verhältnisse genauer an:

Durch die Gleichung $f(x, y) = 0$ mit reellen Koeffizienten sei der reelle algebraische Funktionenkörper k definiert. Seine Elemente α werden wir reelle Funktionen nennen, die Elemente A des Oberkörpers $k(i)$ sollen dagegen komplex heißen. Zum Oberkörper $k(i)$ gehört eine Riemannsche Fläche vom Geschlecht p, diese sei n-blättrig über der x-Kugel. Mit jedem Punkt $\mathfrak{P} = (x, y)$ liegt auch der konjugiert komplexe Punkt $\mathfrak{P}^\sigma = (\bar{x}, \bar{y})$ auf der Fläche. Die Menge der reellen Punkte $\mathfrak{P} = \mathfrak{P}^\sigma$ bilden eine Reihe von geschlossenen Kurven, die sich nicht schneiden. Nach der topologischen Definition des Geschlechtes ist die Anzahl r dieser reellen Kurven eine der Zahlen 0 bis $p + 1$. Auf diesen reellen Kurven sind die Werte jeder Funktion des Körpers k reell oder ∞.

Eine reelle Funktion α werden wir definit nennen, wenn α auf keiner der Kurven das Vorzeichen wechselt, ebenso soll α positiv definit heißen, wenn α auf keiner Kurve negativ wird. Z. B. ist die Zahl -1 immer definit, im nullteiligen Fall ($r = 0$) sogar positiv definit.

Über das Verhalten der reellen Funktionen auf den reellen Kurven werden wir folgendes beweisen:

I. *Ist α positiv definit, so ist $\alpha = \beta^2 + \gamma^2$.*

II. *Wird zu jeder Kurve ein Vorzeichen gewählt, so gibt es definite Funktionen, die genau das verlangte Vorzeichen haben.*

III. *Wird auf jeder Kurve eine gerade Anzahl von verschiedenen Punkten willkürlich markiert, so gibt es Funktionen, die genau an diesen Stellen ihr Vorzeichen wechseln.*

---

[1]) E. Artin, Über die Zerlegung definiter Funktionen in Quadrate. Abh. Math. Sem. Hamburg 5 (1927), S. 116.

Zur Einleitung in das zweite Thema dieser Arbeit werden wir einen Satz von Tsen [2]), den dieser unter Verwendung der Eliminationstheorie gewonnen hat, im Fall eines komplexen Funktionskörpers von neuem mit Hilfe der Abelschen Integrale beweisen.

Im zweiten Teil werden wir die Übersetzung des ersten funktionentheoretischen Teiles in die algebraische Sprache vornehmen, und erhalten dadurch eine Übersicht über die sämtlichen Schiefkörper S von endlichem Rang über dem Zentrum k:

I'. *Zerfällt S in jedem $\mathfrak{p}$-adischen Oberkörper $k_{\mathfrak{p}}$, so zerfällt S schlechthin.*

II'. *Es gibt genau 2^r unverzweigte Schiefkörper.*

III'. *Wird auf jeder Kurve eine gerade Anzahl von Punkten willkürlich markiert, so gibt es gerade 2^r Schiefkörper, die genau an diesen Stellen verzweigt sind. Auf diese Art und Weise findet man alle möglichen Typen von Schiefkörpern.*

Vergleicht man diese Sätze mit der entsprechenden Theorie der Algebren vom Rang 4 über einem algebraischen Zahlkörper k^*, wie sie Hasse [3]) mit Hilfe der Klassenkörpertheorie aufgestellt hat, so fällt einem eine große Analogie auf:

I*. Zerfällt S in jedem $\mathfrak{p}$-adischen Oberkörper $k^*_{\mathfrak{p}}$, so zerfällt S schlechthin.

II*. Es gibt genau einen unverzweigten Schiefkörper (nämlich den unechten k^* selbst).

III*. Wird eine gerade Anzahl von nichtkomplexen Primstellen willkürlich gewählt, so gibt es gerade einen Schiefkörper, der genau an diesen Stellen verzweigt ist. Auf diese Art und Weise findet man alle möglichen Typen von Schiefkörpern.

Im Gegensatz zu den Schiefkörpern über k^* können also Schiefkörper S über k unverzweigt sein, ferner hat S stets träge Primstellen. Endlich kann es vorkommen, daß es über k überhaupt keine echten Schiefkörper gibt [4]), nämlich genau dann, wenn k nullteilig ($r = 0$) ist.

Was die analytischen Hilfsmittel anbelangt, so spielen offenbar die Abelschen Integrale dieselbe Rolle im Funktionenkörper k wie die ζ-Funktion im Zahlkörper k^*.

1.

Erinnern wir uns zuerst an Bekanntes aus der Theorie der algebraischen Funktionen des Oberkörpers $k(i)$. Das System der Wurzeln $\mathfrak{P}_1, \ldots, \mathfrak{P}_m$ und Pole $\mathfrak{Q}_1, \ldots, \mathfrak{Q}_m$ einer Funktion A aus $k(i)$ wird als Divisor $\dfrac{\mathfrak{P}_1 \cdots \mathfrak{P}_m}{\mathfrak{Q}_1 \cdots \mathfrak{Q}_m} = (A)$ geschrieben, allgemein nennt man einen Bruch $\dfrac{\mathfrak{P}_1 \cdots \mathfrak{P}_m}{\mathfrak{Q}_1 \cdots \mathfrak{Q}_l} = \mathfrak{D}$ aus beliebigen Punkten $\mathfrak{P}_1, \ldots, \mathfrak{Q}_l$ der Riemannschen Fläche einen Divisor der Ordnung $m - l$. Den konjugiert komplexen Divisor $\dfrac{\mathfrak{P}_1^\sigma \cdots \mathfrak{P}_m^\sigma}{\mathfrak{Q}_1^\sigma \cdots \mathfrak{Q}_l^\sigma}$ bezeichnen wir mit $\mathfrak{D}^\sigma$. Im Fall $\mathfrak{D} = \mathfrak{D}^\sigma$ sagen wir, $\mathfrak{D}$ sei reell. Für reelle Divisoren verwenden wir auch kleine deutsche Buchstaben. Es bedeutet

(1) $\quad (\alpha) = \mathfrak{A}^{1+\sigma}$ dasselbe wie α ist definit,

(2) $\quad \alpha = A^{1+\sigma}$ dasselbe wie $\alpha = \beta^2 + \gamma^2$.

---

[2]) Ch. Tsen, Divisionsalgebren über Funktionenkörpern. Gött. Nachr. 1933, S. 335.

[3]) H. Hasse, Die Struktur der R. Brauerschen Algebrenklassengruppe über einem algebraischen Zahlkörper. Math. Ann. 107 (1933), S. 731. — Siehe auch E. Witt, Riemann-Rochscher Satz und Z-Funktion im Hyperkomplexen. Math. Ann. 109 (1934).

[4]) Die Frage nach diesen universellen Zerfällungskörpern hat zuerst Ch. Tsen in seiner Dissertation (Göttingen 1933) aufgeworfen. Es sind gerade die Zerfällungskörper der Quaternionen.

Denn $(\alpha) = \mathfrak{A}^{1+\sigma}$ bedeutet: die Wurzeln und Pole von α auf den reellen Kurven sind sämtlich von gerader Ordnung, d. h. aber α wechselt nirgends das Vorzeichen. Bei (2) ist $(\beta + i\gamma)^{1+\sigma} = \beta^2 + \gamma^2$ zu beachten.

du_ν seien p linear unabhängige überall endliche Differentiale aus dem Körper k; wir fassen sie zu einem Vektor du zusammen. Nach Wahl der Integrationswege bezeichnen wir den Vektor

$$\int_{\mathfrak{Q}_1}^{\mathfrak{P}_1} du + \cdots + \int_{\mathfrak{Q}_m}^{\mathfrak{P}_m} du \quad \text{kurz mit } L\left(\frac{\mathfrak{P}_1 \cdots \mathfrak{P}_m}{\mathfrak{Q}_1 \cdots \mathfrak{Q}_m}\right).$$

In dieser Schreibweise gilt

$$(3) \qquad \begin{cases} L(\mathfrak{A}\mathfrak{B}) = L(\mathfrak{A}) + L(\mathfrak{B}) \\ L(\mathfrak{A}^{-1}) = -L(\mathfrak{A}) \\ L(\mathfrak{A}^\sigma) \;\; = \overline{L(\mathfrak{A})}, \end{cases}$$

das Zeichen L soll also an die Eigenschaften des Logarithmus erinnern.

Das *Abel*sche *Theorem* lautet:

(4) Genau dann ist $\mathfrak{A} = (A)$, wenn $L(\mathfrak{A}) \equiv 0$ (mod Per.) gilt.

Und das *Jacobi*sche *Theorem*:

(5) $L\left(\frac{\mathfrak{X}_1 \cdots \mathfrak{X}_p}{\mathfrak{O}^p}\right)$ durchläuft bei festem Punkt $\mathfrak{O}$ und variablen Punkten $\mathfrak{X}_1, \ldots, \mathfrak{X}_p$ alle Vektoren.

Hurwitz [5]) hat auf algebraischem Wege für die Perioden reeller Abelscher Integrale eine Basis von folgender Gestalt gefunden:

$$(6) \qquad \begin{array}{l} R_1, \ldots, R_q, \; R_{q+1} \qquad\qquad , \ldots, \; R_p \qquad , \\ I_1, \ldots, I_q, \tfrac{1}{2} R_{q+1} + I_{q+1}, \ldots, \tfrac{1}{2} R_p + I_p; \end{array}$$

dabei sind R_ν reelle und I_ν imaginäre Vektoren. Bezeichnen wir wieder mit r die Anzahl der reellen Kurven auf der Riemannschen Fläche, so ist nach Weichold [6])

$$(7) \qquad q = \begin{cases} r - 1 & \text{falls } r \neq 0 \\ 0 & \text{falls } r = 0, \; p \text{ gerade} \\ 1 & \text{falls } r = 0, \; p \text{ ungerade}. \end{cases}$$

2.

Nach Festlegung der Bezeichnung und Angabe der bisher bekannten Tatsachen können wir nun daran gehen, unsere funktionentheoretischen Sätze zu beweisen.

Satz 1. Ist x positiv definit, so ist $(x) = (A)^{1+\sigma}$.

Beweis. Nach Definition des Positiv-Definiten liegt keine reelle Kurve der Riemannschen Fläche über der negativen x-Achse. Die n Wege, die über der negativen x-Achse liegen, lassen sich daher in Paare konjugiert komplexer Wege einteilen: $w_1, w_1^\sigma, \ldots, w_{\frac{n}{2}}, w_{\frac{n}{2}}^\sigma$. Wir bilden jetzt einen Divisor $\mathfrak{A}$, indem wir die über $x = 0$ gelegenen Punkte von $w_1, \ldots, w_{\frac{n}{2}}$ in den Zähler, und die über $x = \infty$ gelegenen in den Nenner schreiben. Dann besteht aber der Divisor $\mathfrak{A}^{1+\sigma}$ gerade aus den Wurzeln und

---

[5]) Hurwitz, Über eindeutige $2n$-fach periodische Funktionen. Math. Werke I, S. 99.

[6]) Weichold, Über symmetrische Riemannsche Flächen usw. Ztschr. f. Math. u. Phys. 28 (1883), S. 321. — F. Klein, Realitätsverhältnisse bei den Normalkurven der φ, Ges. Abh. II, S. 170. — Auf diese Literatur machte mich Herglotz aufmerksam. Übrigens hat zuerst Herglotz bestätigt, daß im elliptischen nullteiligen Körper jede Funktion Summe von zwei Quadraten ist.

Polen der Funktion x auf der Riemannschen Fläche, d. h. $\mathfrak{A}^{1+\sigma} = (x)$. Nun ist $L(x) = 0$, wenn über die vorgelegten Wege integriert wird [7]). Dies bedeutet: $L(\mathfrak{A})$ ist imaginär. Lösen wir nach dem Jacobischen Theorem (5) die Gleichung $L(\mathfrak{X}) = -\frac{1}{2} L(\mathfrak{A})$ auf, so ist $L(\mathfrak{A}\mathfrak{X}^{1-\sigma}) = 0$, also ist nach dem Abelschen Theorem (4) $\mathfrak{A}\mathfrak{X}^{1-\sigma} = (A)$, daraus folgt aber $(x) = (A)^{1+\sigma}$.

Satz 2. Ist $r = 0$, so ist $-1 = A^{1+\sigma}$.

Wir bemerken zuerst: Ist $A^{1+\sigma} = a > 0$, so hat (A) die Form $(B)^{1-\sigma}$. Denn für konstantes A ist $(A) = (1)^{1-\sigma}$. Anderenfalls ist $(A) = (A + \sqrt{a})^{1-\sigma}$.

Es ist weiter zu beachten, daß infolge $r = 0$ jeder reelle Divisor $\mathfrak{d}$ die Form $\mathfrak{D}^{1+\sigma}$ hat, also von gerader Ordnung ist.

Nun zum Beweis des Satzes. Es sei $\mathfrak{O}$ ein fester Punkt auf der Riemannschen Fläche, wir setzen $L(\mathfrak{O}^{1-\sigma}) = U + iV$. Addieren wir diese Gleichung zu ihrer konjugiert komplexen, so erhalten wir die Tatsache, daß U eine halbe reelle Periode ist. Jetzt müssen wir zwei Fälle unterscheiden.

Erstens sei $q = 0$, dann ersehen wir aus (6), daß U (mod. Per.) einem imaginären Vektor kongruent ist. D. h. durch passende Verlegung des Integrationsweges wird $L(\mathfrak{O}^{1-\sigma})$ imaginär. Nach dem Jacobischen Theorem können wir einen Divisor $\mathfrak{X} = \mathfrak{X}_1 \cdots \mathfrak{X}_{2p+1}$ so wählen, daß

$$L\left(\frac{\mathfrak{X}}{\mathfrak{O}^{2p+1}}\right) = -\frac{2p+1}{2} L(\mathfrak{O}^{1-\sigma}),$$

also imaginär wird. Es folgt daraus

$$L(\mathfrak{X}^{1-\sigma}) = L\left(\frac{\mathfrak{X}}{\mathfrak{O}^{2p+1}}\right) + L\left(\frac{\mathfrak{O}^{(2p+1)\sigma}}{\mathfrak{X}^{\sigma}}\right) + (2p+1)\, L(\mathfrak{O}^{1-\sigma}) = 0.$$

Nach dem Abelschen Theorem bedeutet das $\mathfrak{X}^{1-\sigma} = (A)$, also ist $A^{1+\sigma}$ konstant. Wäre $\mathfrak{X}^{1-\sigma} = (B)^{1-\sigma}$, so auch $\mathfrak{X} = \mathfrak{d}(B)$, was mit den Ordnungen nicht stimmt. Aus $(A) \neq (B)^{1-\sigma}$ folgt aber nach der gemachten Bemerkung $A^{1+\sigma} < 0$.

Zweitens sei $q \neq 0$. Nach dem Jacobischen Theorem können wir einen Divisor $\mathfrak{X} = \mathfrak{X}_1 \cdots \mathfrak{X}_{2p}$ so wählen, daß

$$L\left(\frac{\mathfrak{X}}{\mathfrak{O}^{2p}}\right) = \tfrac{1}{2} I - piV$$

wird, wobei I die erste imaginäre Periode in der Basis (6) sein möge. Es folgt daraus

$$L(\mathfrak{X}^{1-\sigma}) = L\left(\frac{\mathfrak{X}}{\mathfrak{O}^{2p}}\right) + L\left(\frac{\mathfrak{O}^{2p\sigma}}{\mathfrak{X}^{\sigma}}\right) + 2pL(\mathfrak{O}^{1-\sigma}) \equiv 0,$$

nach dem Abelschen Theorem bedeutet das $\mathfrak{X}^{1-\sigma} = (A)$, also ist $A^{1+\sigma}$ konstant. Wäre $\mathfrak{X}^{1-\sigma} = (B)^{1-\sigma}$, so auch $\mathfrak{X} = \mathfrak{D}^{1+\sigma}\,(B)$, oder nach dem Abelschen Theorem

$$\tfrac{1}{2} I - piV = L\left(\frac{\mathfrak{X}}{\mathfrak{O}^{2p}}\right) \equiv L\left(\frac{\mathfrak{D}}{\mathfrak{O}^{p}}\right) + \overline{L\left(\frac{\mathfrak{D}}{\mathfrak{O}^{p}}\right)} + p\,\overline{L(\mathfrak{O}^{1-\sigma})},$$

d. h. $\frac{1}{2} I$ wäre einem reellen Vektor kongruent, was sich nicht mit der Gestalt der Basis (6) verträgt. Aus $(A) \neq (B)^{1-\sigma}$ folgt jetzt wieder $A^{1+\sigma} < 0$. Damit ist Satz 2 vollständig bewiesen.

Nun sind wir so weit, daß wir unsere erste Behauptung beweisen können.

---

[7]) H. Weyl, Die Idee der Riemannschen Fläche, S. 136.

I. *Ist α positiv definit, so ist $\alpha = \beta^2 + \gamma^2$.*

Für konstantes α ist nämlich I im wesentlichen identisch mit Satz 2.

Für variables α ist $(\alpha) = (A)^{1+\sigma}$, da das Element x aus Satz 1 im Körper k nicht ausgezeichnet ist. Für $r = 0$ sind darin nach Satz 2 die Klammern unwesentlich. Und für $r \neq 0$ muß eine der beiden Gleichungen

$$A^{1+\sigma} = \alpha, \quad A^{1+\sigma} = -\alpha$$

bis auf einen positiven Faktor richtig sein. Da nun $A^{1+\sigma}$ positiv definit ist, $-\alpha$ aber nicht, kann es nur die erste Gleichung sein; das ist gerade die Behauptung I.

3.

Im Fall $r = 0$ sind II und III leere Aussagen, so daß wir in diesem Abschnitt $r \neq 0$ annehmen dürfen.

Bezeichnen wir mit $\mathfrak{A}_1$ diejenigen Divisoren, deren Norm $\mathfrak{A}_1^{1+\sigma} = (A)$ ist, so gilt der

Satz 3. Die Gruppe der Divisoren von der Form $\mathfrak{D}^{1-\sigma}(A)$ hat in der Gruppe $\mathfrak{A}_1$ den Index 2^q.

Beweis. Nach dem Abelschen Theorem brauchen wir nur den Index der additiven Gruppe $L(\mathfrak{D}^{1-\sigma})$ in der Gruppe $L(\mathfrak{A}_1)$ (mod. Per.) festzustellen. $\mathfrak{o}$ sei ein reeller Punkt. Ist $\mathfrak{D}$ ein Divisor der Ordnung d, so ist $L(\mathfrak{D}^{1-\sigma}) = L\left(\frac{\mathfrak{D}}{\mathfrak{o}^d}\right) - L\left(\frac{\overline{\mathfrak{D}}}{\mathfrak{o}^d}\right)$ ein imaginärer Vektor. Umgekehrt, ist iU ein imaginärer Vektor, so gibt es nach dem Jacobischen Theorem einen Vektor $\mathfrak{D} = \mathfrak{X}_1 \ldots \mathfrak{X}_p$ mit $L\left(\frac{\mathfrak{D}}{\mathfrak{o}^p}\right) = \frac{i}{2}U$, woraus $L(\mathfrak{D}^{1-\sigma}) = iU$ folgt. $L(\mathfrak{D}^{1-\sigma})$ durchläuft also (mod. Per.) genau alle imaginären Vektoren. Anderseits durchläuft offenbar $L(\mathfrak{A}_1)$ genau die Vektoren von der Form $\frac{1}{2}R + iV$, wobei R die reellen Perioden und iV alle imaginären Vektoren durchläuft. Aus der Gestalt der Basis (6) folgt nun, daß der Index gerade 2^q ist.

In der Gleichung $\mathfrak{A}_1^{1+\sigma} = (A)$ ist $A^{1-\sigma}$ eine Konstante a mit $a^{1+\sigma} = 1$. Ist A noch keine reelle Funktion, d. h. $a \neq 1$, so können wir A durch die nunmehr reelle Funktion $\alpha_1 = \frac{iA}{1-a}$ ersetzen, so daß immer $\mathfrak{A}_1^{1+\sigma} = (\alpha_1)$ gilt.

In (1) haben wir schon bemerkt, daß diejenigen Funktionen α_1 mit der Eigenschaft $(\alpha_1) = \mathfrak{A}_1^{1+\sigma}$ gerade die Gruppe der definiten Funktionen ausmachen. Nach I können wir nun die Behauptung II in der gleichwertigen Form aussprechen:

II. *Der Index* $(\alpha_1 : A^{1+\sigma})$ *hat den Wert* 2^r.

Beweis. Beim Übergang zu Divisoren ergibt sich $(\alpha_1 : A^{1+\sigma}) = 2 \cdot (\mathfrak{A}_1^{1+\sigma} : (A)^{1+\sigma})$. Wird die leicht einzusehende Tatsache beachtet, daß die Divisoren $\mathfrak{A}$ mit der Eigenschaft $\mathfrak{A}^{1+\sigma} = (1)$ immer die Form $\mathfrak{D}^{1-\sigma}$ haben, so folgt beim Übergang zu den Normen $2^q = (\mathfrak{A}_1 : \mathfrak{D}^{1-\sigma}(A)) = (\mathfrak{A}_1^{1+\sigma} : (A)^{1+\sigma})$; also gilt $(\alpha_1 : A^{1+\sigma}) = 2^{q+1}$. Damit sind wir fertig, wenn wir noch das Resultat (7) von Weichold beachten.

Weisen wir jetzt die letzte Behauptung nach.

III. *Wird auf jeder Kurve eine gerade Anzahl von verschiedenen Punkten willkürlich markiert, so gibt es Funktionen, die genau an diesen Stellen ihr Vorzeichen wechseln.*

Wir bilden einen Divisor $\mathfrak{a}$, der aus den markierten Punkten besteht, und zwar sollen die Punkte jeder Kurve zur Hälfte im Zähler, zur anderen Hälfte im Nenner stehen.

Die zu $\mathfrak{a}$ gehörigen Wege mögen auf den Kurven selbst liegen, so daß $L(\mathfrak{a})$ reell ist. Nach dem Jacobischen Theorem lösen wir $L(\mathfrak{X}) = -\frac{1}{2} L(\mathfrak{a})$, dann folgt $L(\mathfrak{a}\mathfrak{X}^{1+\sigma}) = 0$, also nach dem Abelschen Theorem $\mathfrak{a}\mathfrak{X}^{1+\sigma} = (A)$. Ersetzen wir darin ebenso wie vorhin A durch eine reelle Funktion α, so hat α genau die verlangten Vorzeichenwechsel.

4.

In diesem Abschnitt soll k ein komplexer Funktionenkörper sein, K bedeute eine endliche Erweiterung von k. Wir wollen jetzt den neuen Beweis des Satzes von Tsen bringen.

Satz 4. Jedes Element x aus k ist Norm eines Elementes A aus K.

Wir können gleich annehmen, x sei variabel. Bezeichnet Ω den Körper aller komplexen Zahlen, so sei $k = \Omega(x, y)$. G sei ein Galoisscher Oberkörper von $K/\Omega(x)$. Die zu den Körpern $\Omega(x), k, K, G$ gehörigen Gruppen seien $\mathfrak{G}$, $\mathfrak{g}$, $\mathfrak{h}$, 1. Diese Buchstaben sollen gleichzeitig die Summen der Gruppenelemente bedeuten, so daß wir die Zerlegung nach Nebengruppen in der Form $\mathfrak{G} = \mathfrak{g}(G_1 + G_2 + \cdots)$ und $\mathfrak{g} = (g_1 + g_2 + \cdots)\,\mathfrak{h}$ schreiben können.

Die Riemannsche Fläche des Körpers G denken wir uns über der x-Kugel ausgebreitet. Wir gehen jetzt ebenso vor wie beim Beweis des Satzes 1. Wir greifen unter den Wegen über der negativen x-Achse einen Weg mit den Endpunkten $\mathfrak{P}$ und $\mathfrak{Q}$ heraus. Dann ist $\left(\frac{\mathfrak{P}}{\mathfrak{Q}}\right)^{\mathfrak{G}} = (x)$, infolgedessen ist $\mathfrak{G} \cdot L\left(\frac{\mathfrak{P}}{\mathfrak{Q}}\right) = 0$. Bezeichnen wir mit $\mathfrak{A}$ den Divisor $\left(\frac{\mathfrak{P}}{\mathfrak{Q}}\right)^{G_1+G_2+\cdots}$, so ist $\mathfrak{g}L(\mathfrak{A}) = 0$. $\mathfrak{g}$ bestehe aus g Elementen. Lösen wir nach dem Jacobischen Theorem die Gleichung $L(\mathfrak{X}) = \frac{1}{g} L(\mathfrak{A})$, und setzen noch $\mathfrak{B} = \mathfrak{X}^{g-\mathfrak{g}}$, so folgt aus dem Bisherigen $L(\mathfrak{B}) = (g - \mathfrak{g})\,\frac{1}{g}\,L(\mathfrak{A}) = L(\mathfrak{A})$. Nach dem Abelschen Theorem bedeutet dies $\mathfrak{A} = (A)\mathfrak{B}$. Unter Beachtung von $\mathfrak{A}^{\mathfrak{g}} = (x)$ und $\mathfrak{B}^{\mathfrak{g}} = (1)$ folgt daraus $(x) = (A)^{\mathfrak{g}} = (A^{\mathfrak{h}})^{g_1+g_2\cdots}$, somit ist x bis auf eine unwesentliche Konstante die Norm des Elementes $A^{\mathfrak{h}}$ aus dem Körper K.

Es ist leicht zu sehen, daß Satz 4 auch noch richtig bleibt, wenn für k ein reeller nullteiliger Funktionenkörper genommen wird: Wir betrachten die Körper k, $k(i)$, K, $K(i)$. Jedes Element α aus k ist nach I Norm eines Elementes α_i aus $k(i)$. Nach Satz 4 ist α_i Norm eines Elementes A_i aus $K(i)$. Ist A die Norm von A_i, von $K(i)$ nach K genommen, so ist α aus k Norm des Elementes A aus K.

Mit seinem Satz hat Tsen[2]) unter Verwendung Sylowscher Sätze bewiesen, daß es über einem komplexen Funktionenkörper keine echten Schiefkörper gibt. (Einen direkteren Beweis für diese Tatsache hat Artin[4]) angegeben.) Jedenfalls läßt sich schon jetzt sagen, daß es auch über reellen nullteiligen Funktionenkörpern keine Schiefkörper endlichen Ranges gibt.

5.

Wir müssen nun noch unsere bisherigen Resultate in das Algebraische übertragen. Der Übersicht halber werden wir hier nicht ins Einzelne gehen, da die dazu notwendigen Schlußweisen schon hinreichend bekannt sind, sondern wir wollen nur das Wichtigste

[3]) H. Hasse, Über $\wp$-adische Schiefkörper und ihre Bedeutung für die Arithmetik hyperkomplexer Zahlsysteme. Math. Ann. 104 (1931) S. 495.

hervorheben. Bezüglich der allgemeinen Theorie verweisen wir auf die Darstellung bei Hasse [3]) [8]).

Mit (α, β) bezeichnen wir das einfache System, daß aus den Basisgrößen $1, u, v, uv$ besteht und für das die Rechenregeln $u^2 = \alpha$, $v^2 = \beta$, $uv = -vu$ gelten.

Jeder Schiefkörper S über einem reellen algebraischen Funktionenkörper k läßt sich in der Gestalt $(\alpha, -1)$ schreiben, da $k(i)$ Zerfällungskörper von jedem Schiefkörper S ist.

$(\alpha, -1) \sim 1$ ist gleichwertig mit $\alpha = \beta^2 + \gamma^2$, oder nach I mit der Aussage, α ist positiv definit.

$(\alpha, -1) \sim (\beta, -1)$ ist gleichwertig mit der Aussage, α und β haben auf allen reellen Kurven dasselbe Vorzeichen.

Studieren wir jetzt das Verhalten von $(\alpha, -1)$ an der lokalen Stelle $\mathfrak{p}$. Ist $\mathfrak{p} = \mathfrak{P}^{1+\sigma}$, so ist der Restklassenkörper mod $\mathfrak{p}$ algebraisch abgeschlossen, deshalb zerfällt $(\alpha, -1)_\mathfrak{p}$. Ist dagegen $\mathfrak{p} = \mathfrak{P}$, so führen wir die Bezeichnungen $\alpha(\mathfrak{p}) > 0$, $\alpha(\mathfrak{p}) < 0$, $\alpha(\mathfrak{p}) \gtrless 0$ ein für das entsprechende Verhalten von α auf der reellen Kurve in der Umgebung des Punktes $\mathfrak{P}$. Beim Zeichen $>$ oder $<$ geht $\mathfrak{p}$ in gerader Ordnung in α auf, dagegen beim Zeichen $\gtrless$ in ungerader Ordnung. Wird dies beachtet, so folgt leicht nach der allgemeinen Theorie:

Ist $\alpha(\mathfrak{p}) > 0$, so zerfällt $(\alpha, -1)_\mathfrak{p}$.

Ist $\alpha(\mathfrak{p}) < 0$, so ist $(\alpha, -1)_\mathfrak{p} \simeq (-1, -1)_\mathfrak{p}$ und zerfällt nicht. $\mathfrak{p}$ ist träge in $(\alpha, -1)$.

Ist $\alpha(\mathfrak{p}) \gtrless 0$, so zerfällt $(\alpha, -1)_\mathfrak{p}$ nicht. Aus $\alpha = u^2$ folgt, $\mathfrak{p}$ ist verzweigt in $(\alpha, -1)$. Die $\mathfrak{p}$-Diskriminante und $\mathfrak{p}$-Differente von $(\alpha, -1)$ lautet $\mathfrak{p}^2$ bzw. $\wp^1$.

In diesen Ausführungen sind die Behauptungen I', II', III' enthalten.

Satz 5. Durch $\alpha(\mathfrak{p}) < 0$, $\beta(\mathfrak{p}) < 0$ sind fast alle (d. h. bis auf endlich viele) Primstellen gegeben, die sich in (α, β) träge verhalten.

Beweis. $1, u, v, uv$ ist für fast alle $\mathfrak{p}$ die Basis einer Maximalordnung, wir brauchen nämlich nur diejenigen endlich vielen $\mathfrak{p}$ auszuschließen, die in der Basisdiskriminante $-16\alpha^2\beta^2$ oder in der Multiplikationstafel vorkommen. Das Restklassensystem (α, β) mod $\mathfrak{p}$ ist genau dann ein Schiefkörper, wenn zugleich $\alpha(\mathfrak{p})$ und $\beta(\mathfrak{p}) < 0$ ist.

Aus der Tatsache, daß durch Angabe fast aller trägen Primstellen ein Schiefkörper vollkommen festgelegt ist, ergibt sich somit aus Satz 5 ein genaues Kriterium für die Isomorphie zwischen (α, β) und (α', β').

$k(\theta)$ sei endliche Erweiterung von k. θ sei Wurzel des irreduziblen normierten Polynoms $F(t)$. Für diejenigen $\mathfrak{p} = \mathfrak{P}$, die nicht zufällig Pole der Koeffizienten von $F(t)$ sind, führen wir das Polynom $F_\mathfrak{p}(t)$ ein, das aus $F(t)$ entsteht, indem jeder Koeffizient durch seinen reellen Wert an der Stelle $\mathfrak{p}$ ersetzt wird. Mit dieser Festsetzung gilt der

Satz 6. $k(\vartheta)$ ist genau dann Zerfällungskörper von S, wenn $F_\mathfrak{p}(t)$ für fast keine trägen $\mathfrak{p}$ reelle Wurzeln hat.

6.

Zum Schluß wollen wir einige weniger tiefschürfende Betrachtungen anstellen.

Reelle Funktionenkörper vom Geschlecht Null gibt es bis auf birationale Transformationen nur zwei, nämlich $\mathsf{P}(x)$ und $\mathsf{P}(x, \sqrt{-1-x^2})$. Dieser zweite nullteilige Körper ist abstrakt in jedem reellen nullteiligen Körper k enthalten. Denn nach Satz 2 ist $-1 = \xi^2 + \eta^2$ in k, darin müssen ξ, η variabel sein, und k enthält den Körper $\mathsf{P}(\xi, \sqrt{-1-\xi^2})$. In einem nicht-nullteiligen Körper kann natürlich $\mathsf{P}(x, \sqrt{-1-x^2})$ nicht abstrakt vorkommen, sonst wäre -1 Summe zweier Quadrate.

Wir haben gesehen, daß in einem reellen nullteiligen Körper jedes Element Summe zweier Quadrate ist, obwohl die Zahl i darin nicht vorkommt. Auch der Körper aus 3 Elementen hat diese Eigenschaft. Dagegen ist in einem algebraischen Zahlkörper k ein ähnliches Verhalten unmöglich: Wir wählen zwei Primideale, die sich in $k(i)$ träge verhalten. Wie schon in III* erwähnt wurde, ist dadurch ein Schiefkörper S festgelegt, und zwar zerfällt dieser in $k(i)$. Deshalb hat S die Gestalt $(\alpha, -1)$, und α wäre doch nicht Summe zweier Quadrate. Auch in einem $\mathfrak{p}$-adischen Zahlkörper ist ein ähnliches Verhalten unmöglich, was man sofort mit Hilfe des Schiefkörpers vom Range 4 einsieht.

Als Letztes bringen wir folgenden

Satz 7. k sei ein abstrakter Körper mit Char. $\neq 2$. Jedes Element von k sei Summe zweier Quadrate. Dann hat auch jeder quadratische Oberkörper K diese Eigenschaft. (Also auch jeder Galoissche Oberkörper vom Grade 2^r).

Beweis. Sei $\theta^2 + p\theta + q = 0$ $(q \neq 0)$. Dann soll θ durch zwei Quadrate in $k(\theta)$ dargestellt werden, oder die Gleichung

$$r\theta = (a + c\theta)^2 + (b + d\theta)^2 \qquad (r \neq 0)$$

muß eine Lösung haben. Dies umgeformt gibt

$$a^2 + b^2 = (c^2 + d^2)q, \qquad 2(ac + bd) \neq (c^2 + d^2)p.$$

Ist $q = x^2 + y^2$ $(x \neq 0)$, so ist mit passendem Vorzeichen $a, b, c, d = \pm x, y, 1, 0$ eine Lösung.

Göttingen, Sylvester 1933.

Eingegangen 1. Januar 1934.

Remarks by Claus Scheiderer

In his paper above Witt proved among other things the following: If $X/\mathbb{R}$ is a smooth projective curve, with function field $k = \mathbb{R}(X)$, and if r is the number of connected components of $X(\mathbb{R})$, the set of $\mathbb{R}$-rational points on X, then there are exactly 2^r unramified central division algebras over k. More precisely, Witt proved that the subgroup $\mathrm{Br}_{\mathrm{nr}}(k)$ of the Brauer group of k consisting of those classes which are unramified on X is a finite group canonically isomorphic to $(\mathbb{Z}/2\mathbb{Z})^r$. Note that $\mathrm{Br}_{\mathrm{nr}}(k)$ can be identified with $\mathrm{Br}(X)$, the Brauer group of X in the sense of Grothendieck.

Witt's result has recently found several generalizations. Let X be an algebraic variety over $\mathbb{R}$ and $X(\mathbb{R})$ the set of $\mathbb{R}$-rational points on X, provided with the natural Euclidean topology. Let $\mathcal{H}^n$ denote the Zariski sheaf on X which is associated to the presheaf $U \mapsto H^n_{\text{ét}}(U, \mathbb{Z}/2\mathbb{Z})$ ($U \subset X$ open). If $X/\mathbb{R}$ is a smooth curve (not necessarily projective), the Brauer group $\mathrm{Br}(X)$ is canonically identified with $H^0_{\mathrm{Zar}}(X, \mathcal{H}^2)$, the group of global sections of the sheaf $\mathcal{H}^2$. Therefore Witt's aforementioned result says that there is a canonical isomorphism

$$H^0_{\mathrm{Zar}}(X, \mathcal{H}^2) \xrightarrow{\sim} (\mathbb{Z}/2\mathbb{Z})^r,$$

if X is projective. In [CTP] it is proved: If $X/\mathbb{R}$ is any smooth variety, of dimension d, then there is a canonical isomorphism $H^0_{\mathrm{Zar}}(X, \mathcal{H}^n) \xrightarrow{\sim} (\mathbb{Z}/2\mathbb{Z})^r$ for each $n \geq d+1$, where again r denotes the number of connected components of $X(\mathbb{R})$ (which is well known to be finite). In [CTS] the smoothness assumption is removed. In fact, it is proved there for any d-dimensional variety $X/\mathbb{R}$ that there are canonical isomorphisms

$$H^i_{\mathrm{Zar}}(X, \mathcal{H}^n) \xrightarrow{\sim} H^i(X(\mathbb{R}), \mathbb{Z}/2\mathbb{Z})$$

for all $n \geq d+1$ and all $i \geq 0$, where the right hand group denotes Betti cohomology. Moreover, the just mentioned generalizations of [CTP] and [CTS] are proved there for varieties over an arbitrary real closed field, in which case one has to replace connected components (resp. Betti cohomology) by semi-algebraic connected components (resp. semi-algebraic cohomology). Generalizations, and other related material which goes even much further, can be found in [S].

References

[CTP] J.-L. Colliot-Thélène and R. Parimala: Real components of algebraic varieties and étale cohomology. Invent. math. **101** (1990), 81–99.

[CTS] J.-L. Colliot-Thélène and C. Scheiderer: Zero-cycles and cohomology on real algebraic varieties. Topology **35** (1996), 533-559 .

[S] C. Scheiderer: Real and Étale Cohomology. Lecture Notes Math. **1588**, Springer-Verlag 1994.

13.

Über die Invarianz des Geschlechts eines algebraischen Funktionenkörpers

J. reine angew. Math. *172* (1935) 75–76

In Anbetracht der großen Bedeutung, welche die arithmetische Theorie der algebraischen Funktionen in neuerer Zeit wieder gewonnen hat, soll hier ein kurzer Beweis für die Invarianz des (arithmetisch definierten) Geschlechts gegeben werden, gewissermaßen als ein Ersatz für § 5 der Arbeit von F. K. Schmidt [1]).

K sei ein algebraischer Funktionenkörper einer Veränderlichen, sein Konstantenkörper k sei bis auf weiteres algebraisch abgeschlossen. Mit $\mathfrak{d}_\alpha$ bezeichnen wir die Differente des als separabel angenommenen Körpers $K/k(\alpha)$, ebenso mit $\mathfrak{n}_\alpha$ den Nennerdivisor von α. $\mathfrak{p}$ sei irgendein Primdivisor von K, und π eine zugeordnete Funktion aus K, die genau einmal durch $\mathfrak{p}$ teilbar ist (funktionentheoretisch gesprochen, soll π eine Ortsuniformisierende im Punkt $\mathfrak{p}$ sein). Der $\mathfrak{p}$-adische Oberkörper $K_\mathfrak{p}$ besteht aus allen Potenzreihen in π mit Koeffizienten aus k, das Ableiten nach π geschieht nach den gewöhnlichen Regeln.

Hilfssatz. *In* $K_\mathfrak{p}$ *ist* $\dfrac{d\alpha}{d\pi} = \dfrac{\mathfrak{d}_\alpha}{\mathfrak{n}_\alpha^2}$.

Beweis. Da das Verhältnis beider Seiten beim Ersetzen von α durch $\dfrac{1}{\alpha}$ oder durch α — const ungeändert bleibt, können wir (ohne Nachteil für die Allgemeinheit) annehmen, daß $\mathfrak{p}$ in α aufgeht, etwa mit dem Exponenten $e > 0$. Damit ist natürlich $\mathfrak{n}_\alpha = (1)$. Bezeichnen $\mathfrak{O}_\pi, \mathfrak{O}_\alpha$ die Ringe der ganzen Potenzreihen in π bzw. α, so ist $1, \pi, \ldots, \pi^{e-1}$ eine Basis für $\mathfrak{O}_\pi/\mathfrak{O}_\alpha$. In der eindeutigen Entwicklung $\dfrac{\pi^e}{\alpha} = g_1(\pi) + g_2(\pi)\,\alpha + \cdots$ in Polynome $g_i(\pi)$ von höchstens $(e-1)$-tem Grade ist $g_1(\pi)$ prim zu $\mathfrak{p}$.

$$G(\pi, \alpha) = \pi^e - g_1(\pi)\,\alpha - g_2(\pi)\,\alpha^2 - \cdots = 0 \tag{1}$$

ist als Gleichung e-ten Grades für π bezüglich $\mathfrak{O}_\alpha$ irreduzibel. Daher läßt sich aus ihr in gewöhnlicher Weise die Differente berechnen mit dem Resultat $\mathfrak{d}_\alpha = G_\pi(\pi, \alpha)$. (Der Index bedeutet partielle Ableitung.) Ferner ist sofort ersichtlich, daß $G_\alpha(\pi, \alpha)$ prim zu $\mathfrak{p}$ ist. Wenn wir noch α nach Potenzen von π entwickeln und in (1) einsetzen, so folgt

$$\frac{d}{d\pi} G(\pi, \alpha) = G_\pi(\pi, \alpha) + G_\alpha(\pi, \alpha)\frac{d\alpha}{d\pi} = 0, \quad \text{oder also} \quad \frac{d\alpha}{d\pi} = \mathfrak{d}_\alpha.$$

[1]) F. K. Schmidt, Analytische Zahlentheorie in Körpern der Charakteristik p, Math. Zeitschr. **33** (1931). — Für Körper der Charakteristik 0 gibt es Beweise bei Dedekind u. Weber, Theorie der algebraischen Funktionen, Crelles Journ. **92** (1882); Hensel u. Landsberg, Theorie algebraischer Funktionen, Leipzig 1902.

Zusatz bei der Korrektur: Inzwischen hat H. Hasse einen Beweis veröffentlicht, der mit meinem im wesentlichen übereinstimmt: Theorie der Differentiale in algebraischen Funktionenkörpern mit vollkommenem Konstantenkörper, dieser Band, S. 58—59.

Nun sei $K/k(\alpha)$ und $K/k(\beta)$ separabel. $F(\alpha, \beta) = 0$ sei die irreduzible Gleichung zwischen α und β. Dann ist weder $F_\alpha(\alpha, \beta)$ noch $F_\beta(\alpha, \beta)$ Null; ebensowenig können nach dem Hilfssatz $\frac{d\alpha}{d\pi}$ oder $\frac{d\beta}{d\pi}$ verschwinden. Durch Ableiten folgt

$$\frac{d}{d\pi} F(\alpha, \beta) = F_\alpha(\alpha, \beta) \frac{d\alpha}{d\pi} + F_\beta(\alpha, \beta) \frac{d\beta}{d\pi} = 0,$$

und hieraus erhalten wir

$$-\frac{F_\beta(\alpha, \beta)}{F_\alpha(\alpha, \beta)} = \frac{d\alpha}{d\pi} : \frac{d\beta}{d\pi}. \tag{2}$$

Satz. *In K ist*

$$\frac{F_\beta(\alpha, \beta)}{F_\alpha(\alpha, \beta)} = \frac{\mathfrak{d}_\alpha}{\mathfrak{n}_\alpha^2} : \frac{\mathfrak{d}_\beta}{\mathfrak{n}_\beta^2}.$$

Beweis. Wird der Hilfssatz auf die Relation (2) angewandt, so folgt die Richtigkeit des Satzes zunächst bezüglich des $\mathfrak{p}$-Beitrages. Da aber $\mathfrak{p}$ beliebig war, gilt der Satz schlechthin.

Bemerkung. Dieser Satz wird nur scheinbar allgemeiner, wenn er für irgendeinen vollkommenen statt für einen algebraisch abgeschlossenen Körper ausgesprochen wird. — Da alle Differentialdivisoren $\frac{\mathfrak{d}_\alpha}{\mathfrak{n}_\alpha^2}$ derselben Divisorenklasse angehören, ist ihre Ordnung ν und somit auch das durch $\frac{\nu}{2} + 1$ definierte Geschlecht des Körpers K birationalen Transformationen gegenüber invariant.

Eingegangen 10. Mai 1934.

14.

Zyklische unverzweigte Erweiterungskörper vom Primzahlgrade p über einem algebraischen Funktionenkörper der Charakteristik p

Monatsh. Math. Phys. *43* (1936) 477–492 (mit Helmut Hasse)

Wir verallgemeinern in dieser Arbeit ein kürzlich für Geschlecht 1 von Hasse erhaltenes Ergebnis[1]) auf beliebiges Geschlecht g. Diese Verallgemeinerung hat für den Beweis der Riemannschen Vermutung für algebraische Funktionenkörper beliebigen Geschlechts über einem endlichen Konstantenkörper dieselbe Bedeutung wie im bereits durchgeführten Spezialfall des Geschlechts 1[2]).

Sei K ein algebraischer Funktionenkörper einer Unbestimmten über einem vollkommenen Körper k der Primzahlcharakteristik p als Konstantenkörper. K habe das Geschlecht g.

Wir setzen voraus, daß es ein nichtspezielles Primdivisorensystem $\mathfrak{p}_1, \ldots, \mathfrak{p}_g$ von K gibt; darunter verstehen wir ein System g verschiedener Primdivisoren ersten Grades $\mathfrak{p}_1, \ldots, \mathfrak{p}_g$ von K derart, daß die Klasse von $\mathfrak{p} = \mathfrak{p}_1 \ldots . \mathfrak{p}_g$ die Dimension 1 hat. Wie wir sehen werden, ist dies bei algebraisch-abgeschlossenem k erfüllt und kann allgemein stets durch Übergang zu einer endlichen Konstantenerweiterung $K^* = Kk^*$ erreicht werden.

Wir werden dann beweisen:

Es existiert eine g-reihig-quadratische Matrix A aus k, deren Klasse im Sinne der Transformationen SAS^{-p}[3]) mit

---

[1]) H. Hasse, Existenz separabler zyklischer unverzweigter Erweiterungskörper vom Primzahlgrade p über elliptischen Funktionenkörpern der Charakteristik p. Journ. f. Math. **172** (1934), S. 77—85.

[2]) H. Hasse, Abstrakte Begründung der komplexen Multiplikation und Riemannsche Vermutung in Funktionenkörpern. Abh. Math. Sem. Hamburg **10** (1934), S. 325—348, insbes. S. 340.

[3]) Unter S^p verstehen wir durchwegs die Matrix, die aus S durch Potenzierung aller Elemente mit p entsteht (Anwendung des Automorphismus $k \longrightarrow k^p$). S^p ist also nicht etwa die p-te Potenz im Sinne des Matrizenprodukts; diese wird gar nicht vorkommen.

beliebiger regulärer Matrix S aus k eine Invariante von K ist, derart, daß die in bezug auf Konstantenerweiterungen unabhängigen zyklischen unverzweigten Erweiterungskörper Z vom Grade p über K umkehrbar eindeutig den in bezug auf den Primkörper P von k linear-unabhängigen g-gliedrigen Lösungsvektoren c in k von

$$A c^p = c$$

entsprechen.

Hierdurch wird die Frage nach einer Übersicht über die in Rede stehenden Körper Z auf eine neuartige Frage aus der linearen Algebra in k zurückgeführt, nämlich die Lösungstheorie des Gleichungssystems

$$A x^p = x.$$

Wir entwickeln diese Theorie vollständig für den Fall, daß k algebraisch abgeschlossen ist.

Es ergibt sich, daß die Anzahl γ der linear-unabhängigen Lösungen gleich dem Rang ρ von $A A^p \ldots A^{p^{g-1}}$ ist. Insbesondere ist $\rho \leqq r$, wo r der Rang von A ist, und dann und nur dann ist $\rho = g$, wenn A regulär ist.

Für nicht algebraisch-abgeschlossenes k ist die Anzahl γ der linear-unabhängigen Lösungen jedenfalls höchstens gleich ρ. Jedoch liegen alle Lösungen in einem Oberkörper k^*, der über k höchstens den Grad $(p-1)\ldots(p^\rho-1)$ hat.

Ist speziell k endlich oder allgemeiner absolut-algebraisch, so hat die Anzahl γ nach der Klassenkörpertheorie[4]) auch folgende Bedeutung: Es gibt genau p^γ Divisorenklassen nullten Grades von K, deren p-te Potenz die Hauptklasse ist. Unser Ergebnis liefert dann also auch einen Einblick in die Struktur der Gruppe der Divisorenklassen nullten Grades von K.

§ 1. Die Invariante A.

1. Wir gehen zunächst auf die über K gemachte Voraussetzung ein.

Satz 1. Ist k algebraisch-abgeschlossen, so existiert ein nichtspezielles Primdivisorensystem $\mathfrak{p}_1, \ldots, \mathfrak{p}_g$ von K. Dabei kann sogar $\mathfrak{p}_1$ willkürlich gewählt werden und für die Wahl von $\mathfrak{p}_2, \ldots, \mathfrak{p}_g$ bestehen der Reihe nach jedesmal höchstens endlich viele Ausnahmen.

Da alle Primdivisoren von K vom Grade 1 sind, ergibt sich der Beweis auf Grund des Riemann-Rochschen Satzes genau wie im klassischen

[4]) E. Witt, Der Existenzsatz für abelsche Funktionenkörper. Journ. f. Math. **173** (1935), S. 43–51.

Fall (k der Körper aller komplexen Zahlen)[5]. Der Vollständigkeit halber sei er hier kurz ausgeführt.

Beweis. W bezeichne die Differentialklasse von K; es ist $\dim W = g$. Ist $g > 0$, so gilt $\dim (\mathfrak{p}_1) = 1$, also $\dim \frac{W}{(\mathfrak{p}_1)} = g-1$ für jedes $\mathfrak{p}_1$. Ist weiter $g > i$ und sind $\mathfrak{p}_1, \ldots, \mathfrak{p}_i$ bereits so gewählt, daß $\dim \frac{W}{(\mathfrak{p}_1 \ldots \mathfrak{p}_i)} = g-i$ ist, so ist für jedes $\mathfrak{p}_{i+1}$, das nicht gemeinsamer Teiler aller ganzen Divisoren aus $\frac{W}{\mathfrak{p}_1 \ldots \mathfrak{p}_i}$ ist, $\dim \frac{W}{\mathfrak{p}_1 \ldots \mathfrak{p}_i \mathfrak{p}_{i+1}} = g-i-1$; denn dann existiert ein ganzes, durch $\mathfrak{p}_1 \ldots \mathfrak{p}_i$, aber nicht durch $\mathfrak{p}_1 \ldots \mathfrak{p}_i \mathfrak{p}_{i+1}$ teilbares Differential du_i, und der k-Modul der ganzen durch $\mathfrak{p}_1 \ldots \mathfrak{p}_i$ teilbaren Differentiale (Rang $g-i$) wird direkte Summe des aus du_i erzeugten k-Moduls (Rang 1) und des k-Moduls der ganzen durch $\mathfrak{p}_1 \ldots \mathfrak{p}_i \mathfrak{p}_{i+1}$ teilbaren Differentiale (Rang daher $g-i-1$). So kommt man zu $\mathfrak{p}_1, \ldots, \mathfrak{p}_g$ mit $\dim \frac{W}{(\mathfrak{p}_1 \ldots \mathfrak{p}_g)} = 0$, also $\dim (\mathfrak{p}_1 \ldots \mathfrak{p}_g) = 1$.

Satz 2. Ist k nicht algebraisch-abgeschlossen, so gibt es eine endliche Konstantenerweiterung $K^* = Kk^*$ von K derart, daß ein nicht-spezielles Primdivisorensystem von K^* existiert.

Beweis. Sei $\bar{k}$ die algebraisch-abgeschlossene Hülle von k und $\bar{K} = K\bar{k}$. Dann ist $\bar{K}$ algebraischer Funktionenkörper über $\bar{k}$ als Konstantenkörper und vom selben Geschlecht g. Entsprechendes gilt auch für alle Zwischenkörper K^*[6].

Nach Satz 1 existiert ein nicht-spezielles Primdivisorensystem $\bar{\mathfrak{p}}_i$ von $\bar{K}$. Sei $\mathfrak{p}_i$ der $\bar{\mathfrak{p}}_i$ enthaltende Primdivisor von K und f_i der Grad von $\mathfrak{p}_i$ bezüglich k, also der Grad über k des Restklassenkörpers $\mathfrak{k}_i$ von $\mathfrak{p}_i$. Erweitert man k zum Kompositum k^* geeigneter isomorpher Repräsentanten k_i der $\mathfrak{k}_i$ innerhalb $\bar{k}$, so spaltet jedes $\mathfrak{p}_i$ in K^* einen Primdivisor $\mathfrak{p}_i^*$ vom Grade 1 bezüglich k^* ab und $\mathfrak{p}_i$ bleibt bei Übergang zu $\bar{K}$ unzerlegt, ist also im Sinne der Primzerlegung gleich $\bar{\mathfrak{p}}_i$. Die $\mathfrak{p}_i^*$ sind dann ersichtlich ein nicht-spezielles Primdivisorensystem von K^*.

Die Bedeutung der nicht-speziellen Primdivisorensysteme beruht auf dem folgenden Satz, den wir wiederholt anzuwenden haben werden:

---

[5]) Siehe etwa Hensel-Landsberg, Theorie der algebraischen Funktionen einer Variablen. Leipzig 1902, S. 317—319.

[6]) Siehe hierzu H. Hasse, Theorie der Differentiale in algebraischen Funktionenkörpern mit vollkommenem Konstantenkörper. Journ. f. Math. 172 (1934), S. 55—64, insbesondere § 6.

Satz 3. Ist $\mathfrak{p}=\mathfrak{p}_1\ldots\mathfrak{p}_g$ *ein nicht-spezielles Primdivisorensystem und* $\mathfrak{g}$ *irgendein ganzer Divisor von* K *vom Grade* n, *so gilt*

$$dim\ (\mathfrak{p}\,\mathfrak{g})=1+n.$$

Eine Basis der nicht-konstanten ganzen Multipla von $\frac{1}{\mathfrak{p}\,\mathfrak{g}}$ *besteht dann also aus* n *Elementen.*

Beweis. Nach dem Riemann-Rochschen Satz ist

$$\dim\ (\mathfrak{p}\,\mathfrak{g})=g+n-g+1+\dim\frac{W}{(\mathfrak{p}\,\mathfrak{g})},$$

und aus $\dim\frac{W}{\mathfrak{p}}=0$ folgt erst recht $\dim\frac{W}{(\mathfrak{p}\,\mathfrak{g})}=0$.

2. Wir geben nunmehr die Definition von A. Diese ergibt sich in dem folgenden Satz:

Satz 4. Zu jedem nicht-speziellen Primdivisorensystem $\mathfrak{p}=\mathfrak{p}_1\ldots\mathfrak{p}_g$ *und jedem System* $\boldsymbol{\pi}=(\pi_1,\ldots,\pi_g)$ *zugehöriger (lokaler) Primelemente existiert wesentlich eindeutig ein System* $\boldsymbol{v}=(v_1,\ldots,v_g)$ *ganzer Multipla von* $\frac{1}{\mathfrak{p}^p}$ *in* K, *mit*

$$v_j\equiv\frac{e_{ij}}{\pi_i^p}\ \text{mod.}\ \frac{1}{\mathfrak{p}_i},\quad kurz\ \boldsymbol{v}\equiv\frac{1}{\boldsymbol{\pi}^p}E\ \text{mod.}\ \frac{1}{\mathfrak{p}},$$

wo $E=(e_{ij})$ *die Einheitsmatrix bezeichnet. Man hat dann also*

$$v_j\equiv\frac{e_{ij}}{\pi_i^p}-\frac{a_{ij}}{\pi_i}\ \text{mod.}\ \mathfrak{p}_i^0,\quad kurz\ \boldsymbol{v}\equiv\frac{1}{\boldsymbol{\pi}^p}E-\frac{1}{\boldsymbol{\pi}}A\ \text{mod.}\ \mathfrak{p}^0$$

mit einer Matrix $A=(a_{ij})$ *aus* k.

Dabei bedeutet hier und im folgenden „wesentlich eindeutig" immer „eindeutig bis auf beliebige additive Konstante".

Beweis. Nach Satz 3 ist

$$(1.)\ \dim\ (\mathfrak{p}^p)\ =1+(p-1)g$$
$$(2.)\ \dim\ (\mathfrak{p}\mathfrak{p}_j^{\nu-1})=\nu \qquad (\nu\geqq 1).$$

Wie sich aus (2.) ohne weiteres ergibt, existiert für jedes $j=1,\ldots,g$ (wesentlich eindeutig) eine Basis $v_j^{(\nu)}$ $(\nu=2,\ldots,p)$ der nicht-konstanten ganzen Multipla von $\frac{1}{\mathfrak{p}\mathfrak{p}_j^{p-1}}$ mit

$$v_j^{(\nu)}\equiv\frac{e_{ij}}{\pi_i^\nu}\ \text{mod.}\ \frac{1}{\mathfrak{p}_i}.$$

Für die Systeme $\boldsymbol{v}^{(\nu)}=(v_1^{(\nu)},\ldots,v_g^{(\nu)})$ hat man dann also

$$v^{(\nu)} \equiv \frac{1}{\pi^{\nu}} E \bmod. \frac{1}{\mathfrak{p}}.$$

Aus (1.) folgt, daß die $v^{(\nu)}$ ($\nu = 2, \ldots, p$) zusammengenommen eine Basis der nicht-konstanten ganzen Multipla von $\frac{1}{\mathfrak{p}^p}$ bilden. Das Teilsystem $v = v^{(p)}$ dieser Basis hat die angegebenen Eigenschaften. Ist v^* ein weiteres solches System, so ist $v^* - v$ ein System ganzer Multipla von $\frac{1}{\mathfrak{p}}$, also konstant wegen dim $(\mathfrak{p}) = 1$.

3. Wir beweisen jetzt die Invarianz der Klasse von A im eingangs angegebenen Sinne:

Satz 5. Gehört im Sinne von Satz 4 zu einem weiteren nichtspeziellen Primdivisorensystem $\bar{\mathfrak{p}}$ und einem System $\bar{\pi}$ zugehöriger Primelemente die Matrix $\bar{A}$, so ist

$$\bar{A} = S A S^{-p}$$

mit einer regulären Matrix S aus k.

Beweis. Wir führen den Beweis zunächst für den Fall, daß die beiden Systeme $\mathfrak{p}, \bar{\mathfrak{p}}$ durchweg verschieden sind. Für algebraisch-abgeschlossenes k genügt das, weil dann nach Satz 1 zu irgend zwei Systemen $\mathfrak{p}, \bar{\mathfrak{p}}$ stets ein von beiden durchweg verschiedenes Hilfssystem $\mathfrak{q}$ existiert. Daß die Behauptung für ein und dasselbe System $\mathfrak{p}$ mit zwei verschiedenen Primelementsystemen $\pi, \bar{\pi}$ stimmt, sieht man natürlich auch leicht direkt (ohne Zwischenschaltung eines Hilfssystems $\mathfrak{q}$): Man hat dann ja $\bar{\pi} \equiv \pi S \bmod. \mathfrak{p}^2$ mit einer regulären Diagonalmatrix S aus k, und ersichtlich $\bar{A} = S A S^{-p}$ mit diesem S. Für nicht algebraisch-abgeschlossenes k geben wir nachher an, wie man den Beweis für den Fall nicht durchweg verschiedener Systeme $\mathfrak{p}, \bar{\mathfrak{p}}$ abzuändern hat.

a) $\mathfrak{p}, \bar{\mathfrak{p}}$ seien durchweg verschieden.

Nach Satz 3 ist

$$\dim(\mathfrak{p}\,\bar{\mathfrak{p}}) = 1 + g$$
$$\dim(\mathfrak{p}_j\,\bar{\mathfrak{p}}) = 2 \qquad (j = 1, \ldots, g).$$

Analog wie im Beweis von Satz 4 ergibt sich daraus die (wesentlich eindeutige) Existenz einer Basis w der nicht-konstanten ganzen Multipla von $\frac{1}{\mathfrak{p}\bar{\mathfrak{p}}}$ mit

$$w \equiv \frac{1}{\pi} E \bmod. \mathfrak{p}^0.$$

Man hat dann

$$w \equiv -\frac{1}{\bar{\pi}} S \bmod. \bar{\mathfrak{p}}^0$$

mit einer Matrix S aus k; diese ist regulär, weil aus $\mathfrak{c}S=0$ mit $\mathfrak{c}\neq 0$ die Existenz eines nicht-konstanten ganzen Multiplums $\mathfrak{c}\mathfrak{w}$ von $\frac{1}{\mathfrak{p}}$ folgte, entgegen dim $(\mathfrak{p})=1$.

Wir bilden nun das System

$$\overline{\mathfrak{v}}=(\mathfrak{v}-\mathfrak{w}^p+\mathfrak{w}A)S^{-p}.$$

Aus der A definierenden Kongruenz in Satz 4 ergibt sich ohne weiteres, daß $\overline{\mathfrak{v}}$ ganzes Multiplum von $\frac{1}{\overline{\mathfrak{p}}^p}$ ist, mit

$$\overline{\mathfrak{v}}\equiv\frac{1}{\overline{\pi}^p}E-\frac{1}{\overline{\pi}}SAS^{-p} \text{ mod. } \overline{\mathfrak{p}}^0.$$

Hiernach hat $\overline{\mathfrak{v}}$ für $\overline{\mathfrak{p}}$ dieselbe Bedeutung wie $\mathfrak{v}$ für $\mathfrak{p}$. Durch Vergleich der Koeffizienten von $\frac{1}{\overline{\pi}}$ folgt also die Matrizengleichung $\overline{A}=SAS^{-p}$ mit der regulären Matrix S.

b) $\mathfrak{p}, \overline{\mathfrak{p}}$ mögen genau in dem Teilsystem $\mathfrak{p}_1=\mathfrak{p}_1\ldots\mathfrak{p}_n$ übereinstimmen und es seien $\mathfrak{p}_2=\mathfrak{p}_{n+1}\ldots\mathfrak{p}_g$, $\overline{\mathfrak{p}}_2=\overline{\mathfrak{p}}_{n+1}\ldots\overline{\mathfrak{p}}_g$ die dann durchweg verschiedenen komplementären Teilsysteme $(0\leqq n\leqq g)$. Ferner seien π_1, π_2 und $\overline{\pi}_1, \overline{\pi}_2$ die entsprechenden Zerlegungen der Systeme π und $\overline{\pi}$ in Teilsysteme; zwischen π_1 und $\overline{\pi}_1$ besteht dann eine Beziehung

$$\overline{\pi}_1\equiv\pi_1 S_{11} \text{ mod. } \mathfrak{p}_1^2$$

mit einer regulären Diagonalmatrix S_{11} aus k. Schließlich seien $\mathfrak{v}_1, \mathfrak{v}_2$ und $\overline{\mathfrak{v}}_1, \overline{\mathfrak{v}}_2$ die entsprechenden Zerlegungen für die $\mathfrak{p}, \pi$ und $\overline{\mathfrak{p}}, \overline{\pi}$ gemäß Satz 4 zugeordneten Systeme $\mathfrak{v}$ und $\overline{\mathfrak{v}}$ sowie $E=\begin{pmatrix}E_1 & 0\\ 0 & E_2\end{pmatrix}$, $A=\begin{pmatrix}A_{11} & A_{12}\\ A_{21} & A_{22}\end{pmatrix}$, $\overline{A}=\begin{pmatrix}\overline{A}_{11} & \overline{A}_{12}\\ \overline{A}_{21} & \overline{A}_{22}\end{pmatrix}$ in entsprechender Zerlegung.

An Stelle von $\mathfrak{w}$ verwenden wir jetzt eine Basis $\mathfrak{w}_2$ der nichtkonstanten ganzen Multipla von $\frac{1}{\mathfrak{p}_2\overline{\mathfrak{p}}}$, mit

$$\mathfrak{w}_2\equiv\frac{1}{\pi_2}E_2 \text{ mod. } \mathfrak{p}_2^0.$$

Man hat dann

$$\mathfrak{w}_2\equiv\begin{cases}-\frac{1}{\overline{\pi}_1}S_{12} \text{ mod. } \mathfrak{p}_1^0\\ -\frac{1}{\overline{\pi}_2}S_{22} \text{ mod. } \overline{\mathfrak{p}}_2^0\end{cases}$$

mit Matrizen S_{12}, S_{22} aus k; dabei ist S_{22} regulär.

Wir bilden hier das System $\overline{\mathfrak{v}}=(\overline{\mathfrak{v}}_1, \overline{\mathfrak{v}}_2)$ aus $\mathfrak{v}=(\mathfrak{v}_1, \mathfrak{v}_2)$ und $\mathfrak{w}_2$ so:

$$\bar{v}_1 = (v_1 + w_2 A_{21}) S_{11}^{-p}, \; \bar{v}_2 = (v_2 - w_2^p + w_2 A_{22}) S_{22}^{-p} - \bar{v}_1 S_{12}^p S_{22}^{-p}$$
$$= (v_2 - w_2^p + w_2 A_{22}) S_{22}^{-p} - (v_1 + w_2 A_{21}) S_{11}^{-p} S_{12}^p S_{22}^{-p}.$$

Ganz entsprechend wie vorher ergibt sich dann die Matrizengleichung $\bar{A} = SAS^{-p}$ mit der regulären Matrix $S = \begin{pmatrix} S_{11} & S_{12} \\ 0 & S_{22} \end{pmatrix}$.

4. Die Matrix A läßt sich auch aus dem Verhalten der ganzen Differentiale an einem nicht-speziellen Primstellensystem gewinnen. Dies ist an sich für unsere Anwendung unerheblich, sei aber hier noch kurz ausgeführt; im Spezialfall $g=1$ hatte Hasse diesen Zusammenhang für die Definition von A zugrundegelegt.

Satz 6. Seien $\mathfrak{p}$, $\boldsymbol{\pi}$ *und dazu* A *wie in Satz 4 verstanden. Ferner sei* $\boldsymbol{du} = (du_1, \ldots, du_g)$ *eine Basis der ganzen Differentiale von K. Man hat dann*

$$\frac{du_i}{d\pi_j} \equiv \sum_{\nu=0}^{p-1} b_{ij}^{(\nu)} \pi^\nu \bmod. \mathfrak{p}_j^p, \quad \textit{kurz} \quad \boldsymbol{du}/\boldsymbol{d\pi} \equiv \sum_{\nu=0}^{p-1} B_\nu \boldsymbol{\pi}^\nu \bmod. \mathfrak{p}^p$$

mit Matrizen $B_\nu = (b_{ij}^{(\nu)})$ *aus k. Dann ist* $A = B_0^{-1} B_{p-1}$.

Beweis. Die Matrix B_0 ist regulär, weil aus $cB_0 = 0$ mit $\boldsymbol{c} \neq 0$ die Existenz eines nicht-verschwindenden ganzen Differentials $\boldsymbol{c}\,\boldsymbol{du} \equiv 0$ mod. $\mathfrak{p}$ folgen würde, entgegen dim $\frac{W}{(\mathfrak{p})} = 0$.

Wir wenden den Residuensatz auf die Differentiale $du_i . v_j$ an, wo die v_j gemäß Satz 4 bestimmt sind. Diese Differentiale sind ganze Multipla von $\frac{1}{\mathfrak{p}^p}$, haben also höchstens bei $\mathfrak{p}_1, \ldots, \mathfrak{p}_g$ von Null verschiedene Residuen. Diese ergeben sich aus

$$\frac{du_i}{d\pi_k} . v_j \equiv \sum_{\nu=0}^{p-1} \frac{b_{ik}^{(\nu)} e_{kj}}{\pi_k^{p-\nu}} - \frac{b_{ik}^{(0)} a_{kj}}{\pi_k} \quad \bmod. \mathfrak{p}_k^0$$

zu

$$\rho_{\mathfrak{p}_k} (du_i . v_j) = b_{ik}^{(p-1)} e_{kj} - b_{ik}^{(0)} a_{kj}.$$

Der Residuensatz $\sum_{K=1}^{g} \rho_{\mathfrak{p}_k} (du_i . v_j) = 0$ ergibt dann die Matrizengleichung

$$B_{p-1} E - B_0 A = 0,$$

also die Behauptung.

§ 2. Die Körper Z.

1. Wir geben zunächst eine Charakterisierung innerhalb K für die zu bestimmenden, in bezug auf Konstantenerweiterungen unabhängigen zyklischen unverzweigten Erweiterungskörper Z vom Grade p über k.

Dazu durchlaufe $\mathfrak{p}$ alle Primdivisoren von K und es bezeichne immer $K_{\mathfrak{p}}$ die zugehörige $\mathfrak{p}$-adische Erweiterung von K sowie $k_{\mathfrak{p}}$ den Konstantenkörper von $K_{\mathfrak{p}}$. Es ist $k_{\mathfrak{p}}$ eine zum Restklassenkörper mod. $\mathfrak{p}$ isomorphe endliche Erweiterung von k und $K_{\mathfrak{p}}$ der Körper aller Potenzreihen mit Koeffizienten aus $k_{\mathfrak{p}}$ in einem beliebigen Primelement π zu $\mathfrak{p}$.

Ferner bezeichne $\wp x$ die Bildung $x^p - x$ und $\frac{v}{\wp}$ eine Lösung x von $x^p - x = v$. Für eine Menge M von Elementen x bezeichne $\wp M$ die Menge aller $\wp x$.

Wir werden es im folgenden mit den additiven Gruppen $\wp K$, $\wp K_{\mathfrak{p}}$ und mit den aus ihnen abgeleiteten additiven Gruppen $\wp K + k$, $\underset{\mathfrak{p}}{\Delta}(\wp K_{\mathfrak{p}} + k_{\mathfrak{p}})$ zu tun haben, wo $\underset{\mathfrak{p}}{\Delta}$ den Durchschnitt über alle $\mathfrak{p}$ bezeichnet.

Satz 7. Die in bezug auf Konstantenerweiterungen unabhängigen zyklischen unverzweigten Erweiterungskörper Z vom Grade p über k entsprechen auf Grund der Erzeugung $Z = K\left(\frac{v}{\wp}\right)$ umkehrbar eindeutig den mod. $\wp K + k$ unabhängigen Elementen v aus $\underset{\mathfrak{p}}{\Delta}(\wp K_{\mathfrak{p}} + k_{\mathfrak{p}})$.

Beweis. Das ergibt sich ohne weiteres aus den folgenden drei Resultatpaaren der algebraischen und arithmetischen Theorie der Erweiterungskörper $Z = K\left(\frac{v}{\wp}\right)$, von denen jeweils nur das zweite hier in Frage kommt, während das erste als Vorstufe dazu zum besseren Verständnis mit angeführt ist[7]):

(1a.) Ist $Z = K$, so liegt v in $\wp K$; und umgekehrt.

(1b.) Ist Z eine Konstantenerweiterung von K, so liegt v in $\wp K + k$; und umgekehrt.

(2a.) Sind $Z, Z', \ldots$ abhängig, so sind $v, v', \ldots$ mod. $\wp K$ abhängig; und umgekehrt.

(2b.) Sind $Z, Z', \ldots$ in bezug auf Konstantenerweiterungen abhängig, so sind $v, v', \ldots$ mod. $\wp K + k$ abhängig; und umgekehrt.

(3a.) Ist $\mathfrak{p}$ in Z voll-zerlegt, so ist $Z^{\mathfrak{p}} = K_{\mathfrak{p}}$, also liegt v in $\wp K_{\mathfrak{p}}$; und umgekehrt.

(3b.) Ist $\mathfrak{p}$ in Z unverzweigt (voll-zerlegt oder unzerlegt), so ist $Z^{\mathfrak{p}}$ eine Konstantenerweiterung von $K_{\mathfrak{p}}$, also liegt v in $\wp K_{\mathfrak{p}} + k_{\mathfrak{p}}$; und umgekehrt.

2. Wir reduzieren jetzt die in Satz 7 gegebene Charakterisierung innerhalb K der Körper Z so, daß statt des unendlichen Durchschnitts

[7]) Siehe dazu: H. Hasse, Theorie der relativ-zyklischen algebraischen Funktionenkörper, insbesondere bei endlichem Konstantenkörper. Journ. f. Math. 172 (1934), S. 37—54; E. Witt, l. c. 4).

$\underset{\mathfrak{p}}{\Delta}$ über alle Primdivisoren $\mathfrak{p}$ von K ein endlicher Durchschnitt $\underset{\mathfrak{P}}{\Delta}$ tritt, nämlich über ein nicht-spezielles Primdivisorensystem $\mathfrak{P}$ von K.

Satz 8. Die Elemente v aus Satz 7 können in der Gruppe $V_{\mathfrak{P}}$ der ganzen Multipla von $\frac{1}{\mathfrak{P}^p}$ repräsentiert werden, wo $\mathfrak{P}$ irgendein nicht-spezielles Primdivisorensystem von K ist.

Beweis. Es genügt zu zeigen, daß zu jedem v aus $\underset{\mathfrak{p}}{\Delta}(\wp K_{\mathfrak{p}}+k_{\mathfrak{p}})$ ein $v_{\mathfrak{P}} \equiv v$ mod. $\wp K$ aus $V_{\mathfrak{P}}$ existiert.

a) Wir zeigen zunächst die Existenz eines $v^*_{\mathfrak{P}} \equiv v$ mod. $\wp K$ aus dem Integritätsbereich $J_{\mathfrak{P}}$ der höchstens für $\mathfrak{P}$ gebrochenen Elemente von K[8]).

Ist x ein Element aus K, das alle Primdivisoren von $\mathfrak{P}$ wirklich im Nenner hat — etwa das Element $x = v_1^{(2)} + \ldots + v_g^{(2)}$ (siehe den Beweis von Satz 4) vom genauen Nenner $\mathfrak{P}^2$ —, so kann der Integritätsbereich $J_{\mathfrak{P}}$ auch beschrieben werden als die Gesamtheit der in bezug auf x ganz-algebraischen Elemente aus K. Für jeden nicht in $\mathfrak{P}$ vorkommenden Primdivisor $\mathfrak{p}$ von K lassen sich daher die Restklassen mod. $\mathfrak{p}$ durch Elemente aus $J_{\mathfrak{P}}$ repräsentieren.

Sei nun $\mathfrak{p}$ ein in $\mathfrak{P}$ nicht vorkommender Primteiler des Nenners von v. Da v zu $\wp K_{\mathfrak{p}}+k_{\mathfrak{p}}$ gehört, ist der Nennerbeitrag von $\mathfrak{p}$ von der Form $\mathfrak{p}^{\nu p}$ $(\nu \geqq 1)$; man hat also, wenn π ein beliebiges Primelement zu $\mathfrak{p}$ (aus $K_{\mathfrak{p}}$) ist,

$$v \equiv \frac{r}{\pi^{\nu p}} \quad \text{mod.} \ \frac{1}{\mathfrak{p}^{\nu p - 1}}$$

mit einem Restklassenrepräsentanten r ($\neq 0$ mod. $\mathfrak{p}$) aus $J_{\mathfrak{P}}$. Nach Satz 3 existiert in K ein ganzes Multiplum w_ν von $\frac{1}{\mathfrak{P}\mathfrak{p}^\nu}$ mit

$$w_\nu \equiv \frac{1}{\pi^\nu} \quad \text{mod.} \ \frac{1}{\mathfrak{p}^{\nu-1}}.$$

Man hat dann auch

$$v \equiv r w_\nu^p \quad \text{mod.} \ \frac{1}{\mathfrak{p}^{\nu p - 1}}.$$

Da nun der Restklassenkörper mod. $\mathfrak{p}$ als endliche Erweiterung von k vollkommen ist, existiert zu r ein r_0 in $J_{\mathfrak{P}}$ mit

$$r_0^p \equiv r \quad \text{mod.} \ \mathfrak{p}.$$

Dann hat man

$$v \equiv (r_0 w_\nu)^p \equiv \wp(r_0 w_\nu) \quad \text{mod.} \ \frac{1}{\mathfrak{p}^{\nu p - 1}}.$$

[8]) Diese Reduktion ergab sich bereits bei E. Witt, l. c. 4), S. 50 unten und S. 51 oben.

Das zu v mod. $\wp K$ kongruente Element $v - \wp(r_0 w_\nu)$ hat demnach eine niedrigere Potenz von $\mathfrak{p}$ im Nenner als v, während im übrigen nur die Nennerbeiträge von $\mathfrak{P}$ verändert sind. So gelangt man in endlich vielen Schritten zu einem $v_{\mathfrak{p}}^* \equiv v$ mod. $\wp K$ aus $J_{\mathfrak{P}}$.

b) Wir zeigen jetzt weiter die Existenz eines $v_{\mathfrak{P}} \equiv v_{\mathfrak{p}}^*$ mod. $\wp K$ aus $V_{\mathfrak{P}}$. Da $v_{\mathfrak{p}}^*$ zu den $\wp K_{\mathfrak{p}_i} + k_{\mathfrak{p}_i}$ gehört, sind die Nennerbeiträge der in $\mathfrak{P}$ vorkommenden $\mathfrak{p}_i$ wieder von der Form $\mathfrak{p}_i^{\nu_i p}$. Sei nun ein $\nu_i > 1$. Dann hat man für $v_{\mathfrak{p}}^*$ eine Kongruenz

$$v_{\mathfrak{p}}^* \equiv a_i v_i^{(\nu_i)^p} \text{ mod. } \frac{1}{\mathfrak{p}_i^{\nu_i p - 1}},$$

wo $v_i^{(\nu_i)}$ die Bedeutung aus dem Beweise von Satz 4 hat, und $a_i\ (\neq 0)$ ein Element aus k ist — die $\mathfrak{p}_i$ sind vom Grade 1. Zu a_i existiert wegen der Vollkommenheit von k ein a_{i0} aus k mit

$$a_{i0}^p = a_i.$$

Dann hat man wieder

$$v_{\mathfrak{p}}^* \equiv (a_{i0} v_i^{(\nu_i)})^p \equiv \wp(a_{i0} v_i^{(\nu_i)}) \text{ mod. } \frac{1}{\mathfrak{p}_i^{\nu_i p - 1}}.$$

Das zu $v_{\mathfrak{p}}^*$ mod. $\wp K$ kongruente Element $v_{\mathfrak{p}}^* - \wp(a_{i0} v_i^{(\nu_i)})$ hat demnach eine niedrigere Potenz von $\mathfrak{p}_i$ im Nenner als $v_{\mathfrak{p}}^*$, während der Überschuß des Nennerbeitrags jedes weiteren $\mathfrak{p}_j$ über $\mathfrak{p}_j^p$ nicht verändert ist und auch für kein weiteres $\mathfrak{p}$ ein Nennerbeitrag hinzugekommen ist. So gelangt man in endlich vielen Schritten zu einem $v_{\mathfrak{P}} \equiv v_{\mathfrak{p}}^*$ mod. $\wp K$ aus $V_{\mathfrak{P}}$.

Satz 9. Der Tatbestand von Satz 7 bleibt erhalten, wenn man statt der dortigen Elemente v die mod. k unabhängigen ganzen Multipla v von $\frac{1}{\mathfrak{P}^p}$ nimmt, die für jedes in $\mathfrak{P}$ vorkommende $\mathfrak{p}_i$ zu $\wp K_{\mathfrak{p}_i} + k_{\mathfrak{p}_i}$ gehören.

Beweis. Wie in Satz 8 festgestellt, kann man sich in Satz 7 jedenfalls auf das ganze Multipla v von $\frac{1}{\mathfrak{P}^p}$ beschränken.

a) Ein ganzes Multiplum v von $\frac{1}{\mathfrak{P}^p}$ ist nun ganz für jedes nicht in $\mathfrak{P}$ vorkommende $\mathfrak{p}$. Daher ist jedes solche $\mathfrak{p}$ in $K\left(\frac{r}{\wp}\right)$ unverzweigt und somit liegt v in $\wp K_{\mathfrak{p}} + k_{\mathfrak{p}}$. Man braucht dann also nur noch die Zugehörigkeit von v zu den $\wp K_{\mathfrak{p}_i} + k_{\mathfrak{p}_i}$ zu fordern.

b) Liegt ferner ein ganzes Multiplum v von $\frac{1}{\mathfrak{P}^p}$ in $\wp K + k$, ist also $v \equiv \wp x$ mod. k mit x aus K, so ist x notwendig ganzes Multiplum von $\frac{1}{\mathfrak{p}^p}$, also konstant, und somit liegt v sogar in k. Man braucht dann also für die v die Unabhängigkeit nur mod. k zu fordern.

3. Die vorstehend gegebene Charakterisierung innerhalb K der Körper Z setzt uns jetzt in Stand, das in der Einleitung bereits ausgesprochene Ergebnis zu beweisen und zu präzisieren:

Hauptsatz. Die in bezug auf Konstantenerweiterungen unabhängigen zyklischen unverzweigten Körper Z vom Grade p über K entsprechen umkehrbar eindeutig den in bezug auf den Primkörper P von k unabhängigen Lösungsvektoren $\mathfrak{c}$ in k von

$$A\mathfrak{c}^p = \mathfrak{c},$$

wo A die einem nicht-speziellen Primdivisorensystem $\mathfrak{p}$ von K und einem System $\boldsymbol{\pi}$ zugehöriger Primelemente im Sinne von Satz 4 zugeordnete Matrix aus k ist.

Die Zuordnung zwischen den Z und v wird vermittelt durch die Erzeugung

$$Z = K\left(\frac{v}{\wp}\right)$$

mit ganzen Multipla v von $\frac{1}{\mathfrak{p}^p}$ und die Darstellung

$$v \equiv \mathfrak{v}\,\mathfrak{c}^p \text{ mod. } k$$

dieser v durch das System $\mathfrak{v}$ aus Satz 4.

Beweis. Ist v ein ganzes Multiplum von $\frac{1}{\mathfrak{p}^p}$, das zu jedem $\wp K_{\mathfrak{p}_i} + k_{\mathfrak{p}_i}$ gehört, so gilt für jedes $\mathfrak{p}_i$ eine Kongruenz

$$v \equiv \frac{c_i^p}{\pi_i^p} - \frac{c_i}{\pi_i} \text{ mod. } \mathfrak{p}_i^0,$$

also zusammengefaßt

$$v \equiv \frac{1}{\boldsymbol{\pi}^p}\mathfrak{c}^p - \frac{1}{\boldsymbol{\pi}}\mathfrak{c} \text{ mod. } \mathfrak{p}^0$$

mit $\mathfrak{c} = (c_i)$ aus k. Bildet man dann aus dem in Satz 4 eingeführten System

$$\mathfrak{v} \equiv \frac{1}{p} E - \frac{1}{\boldsymbol{\pi}} A \text{ mod. } \mathfrak{p}^0$$

das lineare Kompositum

$$\mathfrak{v}\,\mathfrak{c}^p \equiv \frac{1}{\boldsymbol{\pi}^p}\mathfrak{c}^p - \frac{1}{\boldsymbol{\pi}} A\,\mathfrak{c}^p \text{ mod. } \mathfrak{p}^0,$$

so ist zunächst $v - \mathfrak{v}\,\mathfrak{c}^p$ ein ganzes Multiplum von $\frac{1}{\mathfrak{p}}$, also konstant, d. h.

$$v \equiv \mathfrak{v}\,\mathfrak{c}^p \text{ mod. } k,$$

und daher ergibt der Vergleich der Koeffizienten von $\frac{1}{\boldsymbol{\pi}}$ weiter, daß $\mathfrak{c}$ dem Gleichungssystem

$$A\mathfrak{c}^p = \mathfrak{c}$$

genügt.

Ist umgekehrt $\mathfrak{c}$ eine Lösung dieses Gleichungssystems und $v \equiv \mathfrak{v}\,\mathfrak{c}^p$ mod. k, so ist v ein ganzes Multiplum von $\frac{1}{\mathfrak{p}^p}$, das zu jedem $\wp K_{\mathfrak{p}_i} + k_{\mathfrak{p}_i}$ gehört.

Eine Abhängigkeit mod. k zwischen

$$v \equiv \mathfrak{v}\,\mathfrak{c}^p,\; v' \equiv \mathfrak{v}\,\mathfrak{c}'^p, \dots \text{ mod. } k$$

ist eine Relation

$$v\nu + v'\nu' + \dots \equiv 0 \text{ mod. } k,$$

oder also

$$\mathfrak{v}(\mathfrak{c}\nu + \mathfrak{c}'\nu' + \dots)^p \equiv 0 \text{ mod. } k,$$

mit $\nu, \nu', \dots$ in P.

Wegen der Unabhängigkeit mod. k des Systems $\mathfrak{v}$ ist dies gleichbedeutend mit der entsprechenden Abhängigkeit

$$\mathfrak{c}\nu + \mathfrak{c}'\nu' + \dots = 0$$

zwischen $\mathfrak{c}, \mathfrak{c}', \dots$

Damit ist auf Grund des in Satz 7, 9 bereits Festgestellten der Hauptsatz bewiesen.

§ 3. Das Gleichungssystem $A\mathfrak{x}^p = \mathfrak{x}$.

Durch die vorstehend entwickelte Theorie wurden wir auf das Gleichungssystem

$$A\mathfrak{x}^p = \mathfrak{x}$$

und auf Transformationen

$$B = SAS^{-p} \qquad (|S| \neq 0)$$

geführt, wobei A, B, S g-reihige quadratische Matrizen aus einem Körper k der Charakteristik p sind.

Für den Fall eines algebraisch-abgeschlossenen Körpers k werden wir, wie schon teilweise angekündigt, die beiden folgenden Hauptsätze beweisen:

Satz 10. Ist A eine n-reihige quadratische Matrix aus dem Körper k und ist ϱ der Rang von $AA^p \dots A^{p^{n-1}}$, so hat das Gleichungssystem

$$A\mathfrak{x}^p = \mathfrak{x}$$

genau p^ϱ im Körper k gelegene Lösungen $\mathfrak{x}$.

Satz 11. Die Ränge ϱ_ν von $A^{(\nu)} = AA^p \dots A^{p^{\nu-1}}$ $(A^{(0)} = 1)$ bilden ein volles Invariantensystem für die Klasse von A bezüglich der Transformationen SAS^{-p}. Wenn A eine n-reihige Matrix ist, so gelten für die Differenzen $\delta_\nu = \varrho_{\nu-1} - \varrho_\nu$ die Beziehungen

$$\delta_1 \geqq \delta_2 \geqq \dots \geqq \delta_n \geqq \delta_{n+1} = \delta_{n+2} = \dots = 0.$$

Umgekehrt seien für irgendwelche Zahlen ρ_ν diese Relationen erfüllt. Dann treten diese Zahlen ρ_ν als Invarianten der folgenden (Normalform-)Matrix auf:

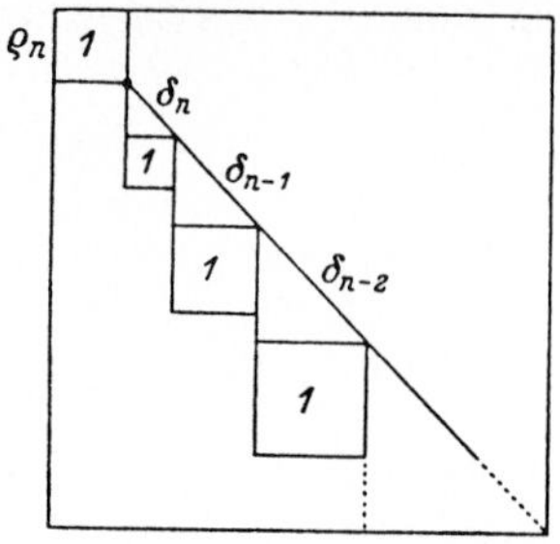

(Die Zahlen ρ_n, δ_ν deuten die Reihenanzahlen an. Außerhalb der Kästchen mit angegebenen Einheitsmatrizen stehen lauter Nullen.)

Um die Richtigkeit der beiden Sätze darzulegen, gehen wir zunächst auf eine nur scheinbar ganz andere Sache ein.

1. Der Ring $k\,[\Theta]$.

Wir führen ein Symbol Θ ein, das jedoch nicht mit allen Zahlen α des Körpers k vertauschbar sein soll, vielmehr setzen wir die Regel

$$\Theta\,\alpha = \alpha^p\,\Theta$$

fest. Die Polynome in Θ mit Koeffizienten aus k bezeichnen wir mit $F, G, X, \ldots$; sie bilden einen Ring $k\,[\Theta]$.

Wir zeigen jetzt, daß sich jedes Polynom F in Linearfaktoren zerlegen läßt:

Satz 12. Es sei $F = \alpha_0 + \alpha_1\Theta + \ldots + \alpha_n\Theta^n$ ein Polynom vom Grade $n > 0$. α_r sei der niedrigste Koeffizient, der nicht verschwindet. Dann hat die Gleichung

$$(1-\Theta)\,X = \lambda\,F$$

genau p^{n-r} verschiedene Lösungen X_i (mit zugehörigen „Eigenwerten" λ_i).

Beweis. Wir setzen für variables λ in k

$$\varphi_\nu(\lambda) = \alpha_\nu\,\lambda + \alpha_{\nu-1}^p\,\lambda^p + \alpha_{\nu-2}^{p^2}\,\lambda^{p^2} + \ldots + \alpha_0^{p^\nu}\,\lambda^{p^\nu},$$

$$\Phi(\lambda) = \varphi_0(\lambda) + \varphi_1(\lambda)\,\Theta + \ldots + \varphi_{n-1}(\lambda)\,\Theta^{n-1}.$$

Wie man leicht nachrechnet, besteht dann die Identität

$$(*) \qquad (1-\Theta)\,\Phi(\lambda) + \varphi_n(\lambda)\,\Theta^n = \lambda\,F.$$

Darin ist $\varphi_n(\lambda)$ ein Polynom in λ vom Grade p^{n-r}, und wegen $\varphi_n'(\lambda) = \alpha_n \neq 0$ hat $\varphi_n(\lambda)$ lauter verschiedene Wurzeln λ_i. Setzen wir diese Wurzeln in (*) ein, so erhalten wir p^{n-r} verschiedene Lösungen der Gleichung

$$(1-\Theta)\,X = \lambda\,F.$$

Umgekehrt mögen X und λ diese Gleichung erfüllen. Ziehen wir (*) ab, so ergibt sich

$$(1-\Theta)(X-\Phi(\lambda))=\varphi_n(\lambda)\Theta^n.$$

Durch Koeffizientenvergleich in Θ folgt $X=\Phi(\lambda)$ und $\varphi_n(\lambda)=0$.

2. $k[\Theta]$-Moduln $\mathfrak{M}$.

Wir untersuchen nun die Eigenschaften eines $k[\Theta]$-Linksmoduls

$$\mathfrak{M}=k u_1+\ldots+k u$$

vom Rang n über k.

Die Lösungen x aus $\mathfrak{M}$ von

$$\Theta^n x=0$$

bilden einen $k[\Theta]$-Untermodul $\mathfrak{M}_0$ von $\mathfrak{M}$. $\mathfrak{M}_0$ habe den Rang n_0 bezüglich k.

Die Lösungen von

$$\Theta x=x$$

bilden zwar nicht selbst, aber sie erzeugen einen k-Modul $\mathfrak{M}_1$. Es gibt natürlich eine Basis $v_1,\ldots,v_{n_1}$ von $\mathfrak{M}_1$, die aus lauter Lösungen von $\Theta x=x$ besteht. Nun ist klar, daß $\mathfrak{M}_1$ sogar ein $k[\Theta]$-Modul ist. Ebenso leicht ist zu sehen, daß $x=\sum_i \alpha_i v_i$ dann und nur dann eine Lösung von $\Theta x=x$ darstellt, wenn alle α_i im Primkörper P liegen:

Satz 13. $\mathfrak{M}$ enthält genau p^{n_1} verschiedene Lösungen der Gleichung $\Theta x=x$. Diese erzeugen einen $k[\Theta]$-Untermodul $\mathfrak{M}_1$ vom Rang n_1.

Wegen $\Theta^\nu \sum_i \alpha_i v_i=\sum_i \alpha_i^{p^\nu} v_i$ ist $\mathfrak{M}_1$ fremd zu $\mathfrak{M}_0$; also gilt jedenfalls $\mathfrak{M}\geqq\mathfrak{M}_0\dotplus\mathfrak{M}_1$. Wir beweisen jetzt

Satz 14. In bisheriger Bezeichnung gilt $\mathfrak{M}=\mathfrak{M}_0\dotplus\mathfrak{M}_1$, d. h. $n=n_0+n_1$.

m sei ein beliebiges Element von $\mathfrak{M}$. Wir setzen $\overline{\mathfrak{M}}=k[\Theta]m$ und bilden wie vorher $\overline{\mathfrak{M}}_0$ und $\overline{\mathfrak{M}}_1$. Dann gilt jedenfalls die Rangungleichung $\bar n\geqq\bar n_0+\bar n_1$. $\bar n$ ist der Grad des kleinsten Polynoms F mit $Fm=0$. Es sei $F=\Theta^r G$, so daß in G das konstante Glied wirklich auftritt. Die $p^{\bar n-r}$ verschiedenen X_i aus Satz 12 liefern dann lauter verschiedene in $\overline{\mathfrak{M}}$ gelegene Lösungen $x=X_i m$ der Gleichung $\Theta x=x$. Wird Satz 13 auf $\overline{\mathfrak{M}}$ angewandt, so folgt also $\bar n_1\geqq\bar n-r$. Ferner sind die Elemente

$$Gm,\ \Theta Gm,\ldots,\ \Theta^{r-1}Gm$$

linear-unabhängig und liegen in $\overline{\mathfrak{M}}_0$. Daher ist $\bar n_0\geqq r$.

Alle Ungleichungen zusammengenommen ergeben $\bar n=\bar n_0+\bar n_1$. Also gilt für jedes m aus $\mathfrak{M}$

$$m \subset \overline{\mathfrak{M}} = \overline{\mathfrak{M}}_0 \dotplus \overline{\mathfrak{M}}_1 \leqq \mathfrak{M}_0 \dotplus \mathfrak{M}_1.$$

Damit ist Satz 14 bewiesen.

Indem wir die bisherige Theorie der $k[\Theta]$-Moduln geeignet anwenden, erhalten wir einen

Beweis für Satz 10. Mit $\mathfrak{M}$ bezeichnen wir den k-Modul aller n-reihigen Spalten x und definieren

$$\Theta x = A x^p.$$

In der Tat gilt dann $\Theta \alpha = \alpha^p \Theta$:

$$(\Theta \alpha) x = \Theta(\alpha x) = A(\alpha x)^p = \alpha^p A x^p = \alpha^p (\Theta x) = (\alpha^p \Theta) x.$$

Wir bestimmen nun die vorhin erklärten Zahlen n_0 und n_1. Es ist

$$\Theta^\nu x = A A^p \dots A^{p^{\nu-1}} x^{p^\nu} = A^{(\nu)} x^{p^\nu}.$$

ρ_ν bezeichne den Rang von $A^{(\nu)}$ und $\mathfrak{N}_\nu$ den k-Modul der Lösungen von

$$\Theta^\nu x = 0.$$

Weil k vollkommen ist, hat $\mathfrak{N}_\nu$ den Rang $n - \rho_\nu$. Speziell ist $\mathfrak{M}_0 = \mathfrak{N}_n$; daher ist $n_0 = n - \rho_n$ und damit $n_1 = \rho_n$. Nach Satz 13 enthält also $\mathfrak{M}$ genau p^{ρ_n} verschiedene Lösungen von $\Theta x = x$, d. h. von $A x^p = x$.

Wir kehren nun zu einem beliebigen $k[\Theta]$-Modul $\mathfrak{M}$ zurück und untersuchen in ihm

3. Die Struktur von $\mathfrak{M}_0$,

und zwar behaupten wir (auch wenn k ein beliebiger vollkommener Körper der Charakteristik p ist) den

Satz 15. Für $\mathfrak{M}_0$ läßt sich eine derartige Basis

$$w_1^{(n)}, \dots, w_{\delta_n}^{(n)} \,\Big|\, w_1^{(n-1)}, \dots, w_{\delta_{n-1}}^{(n-1)} \,\Big|\, \dots \,\Big|\, w_1^{(1)}, \dots, w_{\delta_1}^{(1)}$$

angeben, daß die einzelnen Basisgrößen bei Anwendung von Θ übergehen in

$$w_1^{(n-1)}, \dots, w_{\delta_n}^{(n-1)} \,\Big|\, w_1^{(n-2)}, \dots, w_{\delta_{n-1}}^{(n-2)} \,\Big|\, \dots \,\Big|\, 0, \dots, 0.$$

Beweis. $\mathfrak{N}_\nu$ sei der durch $\Theta^\nu x = 0$ erklärte k-Modul ($\mathfrak{N}_n = \mathfrak{M}_0$, $\mathfrak{N}_0 = 0$). $w_1^{(n)}, \dots, w_{\delta_n}^{(n)}$ sei eine Basis von $\mathfrak{N}_n / \mathfrak{N}_{n-1}$. Dann liegen $\Theta w_1^{(n)}, \dots, \Theta w_{\delta_n}^{(n)}$ in $\mathfrak{N}_{n-1}$ und sind (weil der Körper k vollkommen ist) mod. $\mathfrak{N}_{n-2}$ linear-unabhängig, lassen sich daher als Anfang einer Basis $w_1^{(n-1)}, \dots, w_{\delta_{n-1}}^{(n-1)}$ von $\mathfrak{N}_{n-1} / \mathfrak{N}_{n-2}$ verwenden. So fortfahrend, gelangen wir schließlich bis zu einer Basis $w_1^{(1)}, \dots, w_{\delta_1}^{(1)}$ von $\mathfrak{N}_1 / \mathfrak{N}_0$, diese geht dann bei Anwendung von Θ in 0 über.

Nebenbei erkennen wir, daß für die Zahlen n und δ_ν die Beziehungen

$$n \geqq \Sigma \delta_\nu \text{ und } \delta_1 \geqq \delta_2 \geqq \ldots \geqq \delta_n \geqq \delta_{n+1} = \delta_{n+2} = \ldots = 0$$

gelten. Umgekehrt definieren vorgegebene Zahlen n, δ_ν dieser Beschaffenheit unter Zugrundelegung obiger Normalbasis bis auf Isomorphie eindeutig einen $k[\Theta]$-Modul vom Rang n.

Jetzt sind wir in der Lage, den

Beweis für Satz 11 kurz führen zu können. Wir erklären $\mathfrak{M}$ und Θ wie beim Beweis von Satz 10. Dort hatten wir schon festgestellt, daß $\mathfrak{N}_\nu$ den Rang $n-\rho_\nu$ hat. In Satz 11 haben wir $\delta_\nu = \rho_{\nu-1} - \rho_\nu$ gesetzt und in Satz 15 mit δ_ν den Rang von $\mathfrak{N}_\nu/\mathfrak{N}_{\nu-1}$ bezeichnet. Beide Bezeichnungen sind miteinander in Einklang, also ist die Behauptung von Satz 11 über die Zahlen δ_ν richtig.

Die für $\mathfrak{M}$ oben konstruierte Basis

$$\text{(B)} \qquad v_1, \ldots, v_{n_1}, w_1^{(n)}, \ldots, w_{\delta_1}^{(1)} \qquad (n_1 = \rho_n)$$

besteht aus n bestimmten, linear-unabhängigen Spaltenvektoren. Es gibt eine reguläre Matrix S, die diese n Vektoren gerade in die n Einheitsvektoren überführt. Setzen wir

$$\bar{A} = S A S^{-p}, \quad \bar{x} = Sx, \quad \bar{y} = Sy,$$

so geht jede Gleichung

$$\Theta x = y \text{ über in } \bar{A}\bar{x}^p = \bar{y}.$$

Setzen wir für x speziell die Vektoren der Basis (B) ein, so sehen wir, daß $\bar{A}$ die in Satz 11 angegebene Normalform hat. Damit ist Satz 11 in allen Teilen bewiesen.

Für den Fall eines beliebigen vollkommenen Körpers k der Charakteristik p weisen wir ohne Beweis darauf hin, daß eine genauere Diskussion der Beweise von Satz 12 und Satz 14 leicht zu folgendem Satz führt:

Satz 16. Ist A eine n-reihige Matrix in einem vollkommenen Körper k der Charakteristik p, so liegen alle p^ϱ Lösungen x von

$$A x^p = x$$

in einem Oberkörper $\bar{k}$, der über k höchstens den Grad

$$(p-1)(p^2-1)\ldots(p^\varrho-1)$$

hat. Auch schon in k läßt sich A auf die in Satz 11 angegebene Normalform transformieren.

(Eingegangen: 22. X. 1935.)

15.

Unverzweigte abelsche Körper vom Exponenten p^n über einem algebraischen Funktionenkörper der Charakteristik p

J. reine angew. Math. *176* (1937) 168–173

(mit Hermann Ludwig Schmid)

K sei ein algebraischer Funktionenkörper einer Unbestimmten vom Geschlecht g über einem algebraisch abgeschlossenen Konstantenkörper k der Charakteristik p. In einer kürzlich erschienenen Arbeit von H. Hasse und E. Witt [1]) wurde folgendes Ergebnis gewonnen:

Es existieren über K genau γ linear unabhängige zyklische Erweiterungskörper p-ten Grades, wobei γ als Rang einer gewissen invarianten Matrix eine der Zahlen 0 bis g ist.

Ist speziell k absolut algebraisch, so besagt dieses Resultat, wie wir zeigen werden: Es gibt genau p^γ Divisorenklassen C von K mit $C^p = 1$.

Wir verallgemeinern in der vorliegenden Arbeit diese Ergebnisse auf beliebigen Grad p^n ($n \geqq 1$). Neben dem selbständigen Interesse, welches das vergleichende Studium der unverzweigten abelschen Körper einerseits und der Struktur der Divisorenklassengruppe endlicher Ordnung andererseits besitzt, hoffen wir, damit vielleicht einen kleinen Beitrag zur Lösung der Riemannschen Vermutung in Funktionenkörpern beliebigen Geschlechtes zu geben. Die Methode unserer Untersuchung entnehmen wir einer eben erschienenen Arbeit von E. Witt [2]). Wir gelangen zu folgenden Hauptsätzen:

I. *Der größte unverzweigte abelsche Erweiterungskörper vom Exponenten p^n über K hat den Grad $p^{n\gamma}$ und seine Gruppe ist vom Typus* ($p^n, p^n, \ldots, p^n$). Dabei ist γ die oben erwähnte Zahl.

II. *Ist speziell k absolut algebraisch, so gibt es $p^{n\gamma}$ Divisorenklassen C von K mit $C^{p^n} = 1$. Die Gruppe dieser C ist vom Typus* ($p^n, p^n, \ldots, p^n$).

Schließlich bemerken wir, daß γ genau dann kleiner als g ist, wenn es ein totales Differential in K (d. h. ein Differential einer Funktion aus K) gibt, das überall endlich ist — im klassischen Fall haben bekanntlich totale Differentiale stets Pole.

1. A sei eine n-reihige Matrix, b ein n-gliedriger Vektor aus einem algebraisch abgeschlossenen Körper k der Charakteristik p. Wir behaupten folgenden Satz:

---

[1]) H. Hasse und E. Witt, Zyklische unverzweigte Erweiterungskörper vom Primzahlgrad p über einem algebraischen Funktionenkörper der Charakteristik p, Mh. Math. Phys. **43** (1936). — Diese Arbeit zitieren wir mit H.-W.

[2]) E. Witt, Zyklische Körper und Algebren der Charakteristik p vom Grad p^n. Struktur diskret bewerteter perfekter Körper mit vollkommenem Restklassenkörper der Charakteristik p, dieser Band, S. 126.

Das Gleichungssystem

$$(1) \qquad Ax^p - x = b$$

hat stets eine Lösung.

Beweis. Simultane Transformationen $\bar{A} = SAS^{-p}$, $\bar{x} = Sx$, $\bar{b} = Sb$ mit einer regulären Matrix S aus k führen (1) in

$$(1\text{a}) \qquad \bar{A}\bar{x}^p - \bar{x} = \bar{b}$$

über [3]). Nach H.-W. kann durch passende Wahl von S stets erreicht werden, daß $\bar{A}$ oberhalb der Hauptdiagonale lauter Nullen hat. Man sieht sofort, daß sich $\bar{x}_1, \ldots, \bar{x}_n$ durch Auflösung von algebraischen Gleichungen so bestimmen lassen, daß $\bar{x} = (\bar{x}_1, \ldots, \bar{x}_n)$ das Gleichungssystem (1 a) befriedigt.

2. Nun sei K ein algebraischer Funktionenkörper einer Unbestimmten über einem algebraisch abgeschlossenen Konstantenkörper k der Charakteristik p. K habe das Geschlecht g.

An jeder Primstelle $\mathfrak{p}$ sei ein Element $\gamma^{\mathfrak{p}}$ aus der $\mathfrak{p}$-adischen Erweiterung $K_{\mathfrak{p}}$ vorgegeben, und zwar sollen unter diesen Elementen nur für endlich viele Stellen $\mathfrak{p}$ Hauptteile in der Entwicklung auftreten. Unter diesen Voraussetzungen beweisen wir den Satz:

Die Gleichungen

$$(2) \qquad \xi + \wp\xi^{\mathfrak{p}} = \gamma^{\mathfrak{p}}$$

lassen sich mit Elementen $\xi^{\mathfrak{p}}$ aus $K_{\mathfrak{p}}$ und einem Element ξ aus K lösen.

Beweis. Wir dürfen jedes $\gamma^{\mathfrak{p}}$ um dasselbe Element α aus K abändern. Diese Abänderungsmöglichkeit benutzen wir, um die $\gamma^{\mathfrak{p}}$ geeignet zu normieren.

Es sei $\mathfrak{p}_1, \ldots, \mathfrak{p}_g$ wie in H.-W. ein reguläres Primdivisorensystem, d. h. $\dim(\mathfrak{p}_1 \cdots \mathfrak{p}_g) = 1$. Für eine Primstelle $\mathfrak{p} \neq \mathfrak{p}_i$, für welche $\gamma^{\mathfrak{p}}$ den Nenner $\mathfrak{p}^r$ $(r > 0)$ hat, können wir ein α aus K so bestimmen, daß $\gamma^{\mathfrak{p}} - \alpha$ höchstens den Nenner $\mathfrak{p}^{r-1}$ hat und im übrigen nur die Hauptteile von $\gamma^{\mathfrak{p}_i} - \alpha$ $(i = 1, \ldots, g)$ verändert werden. Weil nämlich

$$\dim(\mathfrak{p}_1 \cdots \mathfrak{p}_g \mathfrak{p}^r) - \dim(\mathfrak{p}_1 \cdots \mathfrak{p}_g \mathfrak{p}^{r-1}) = 1$$

ist, so gibt es ein Element α aus K, welches bei $\mathfrak{p}$ den genauen Nenner $\mathfrak{p}^r$ mit einem beliebig vorgeschriebenen Anfangskoeffizienten hat und sonst nur noch Pole an den Stellen $\mathfrak{p}_i$ besitzt. Nach dieser schrittweisen Abänderung besitzen die $\gamma^{\mathfrak{p}}$ höchstens noch an den Stellen $\mathfrak{p}_i$ $(i = 1, \ldots, g)$ Pole.

Hat $\gamma^{\mathfrak{p}_i}$ den Nenner $\mathfrak{p}_i^{r_i}$ $(r_i > 1)$, so können wir $\gamma^{\mathfrak{p}_i}$ wieder um ein Element α aus K so abändern, daß $\gamma^{\mathfrak{p}_i} - \alpha$ einen kleineren Nenner erhält, während sich an den Stellen $\mathfrak{p}_j$ $(j \neq i)$ die Hauptteile höchstens in den Gliedern erster Ordnung verändern und $\gamma^{\mathfrak{p}} - \alpha$ $(\mathfrak{p} \neq \mathfrak{p}_1, \ldots, \mathfrak{p}_g)$ nach wie vor keine Nenner hat. Wegen

$$\dim(\mathfrak{p}_1 \cdots \mathfrak{p}_g \mathfrak{p}_i^{r_i}) - \dim(\mathfrak{p}_1 \cdots \mathfrak{p}_g \mathfrak{p}_i^{r_i - 1}) = 1$$

gibt es nämlich ein Element α aus K, das an der Stelle $\mathfrak{p}_i$ den genauen Nenner $\mathfrak{p}_i^{r_i}$ mit passendem Anfangskoeffizenten besitzt und sonst höchstens noch an den Stellen $\mathfrak{p}_j$ $(j \neq i)$ Pole erster Ordnung hat.

---

[3]) Unter S^p verstehen wir die Matrix, die aus S durch Potenzierung aller Elemente mit p entsteht. S^p ist also nicht etwa die p-te Potenz im Sinne des Matrizenprodukts; diese wird gar nicht vorkommen.

Damit haben wir erreicht, daß die neuen $\gamma^{\mathfrak{p}_i}$ $(i = 1, \ldots, g)$ höchstens den Nenner $\mathfrak{p}_i$ haben, während die übrigen $\gamma^{\mathfrak{p}}$ $(\mathfrak{p} \neq \mathfrak{p}_i)$ ganz sind.

Es sei $\pi_1, \ldots, \pi_g$ ein System von Primelementen an den Stellen $\mathfrak{p}_1, \ldots, \mathfrak{p}_{\mathfrak{p}}$. Nach H.-W. existieren Elemente $v_1, \ldots, v_g$ aus K, welche die Entwicklungen

(3) $$v_j = \frac{e_{ij}}{\pi_i^p} - \frac{a_{ij}}{\pi_i} + \cdots \qquad (i, j = 1, \ldots, g)$$

haben und an den übrigen Stellen ganz sind. Weiter sei

$$\gamma^{\mathfrak{p}_i} = \frac{b_i}{\pi_i} + \cdots$$

und $x = (x_1, \ldots, x_g)$ eine Lösung der Matrizengleichung

$$Ax^p - x = b,$$

wobei $A = (a_{ij})$ und $b = (b_i)$ gesetzt ist. Bilden wir das Element

$$\xi = \sum_{j=1}^{g} v_j x_j^p$$

aus K, so wird $\gamma^{\mathfrak{p}_i} + \xi + \wp \frac{x_i}{\pi_i}$ ganz. Für die übrigen Stellen $\mathfrak{p} \neq \mathfrak{p}_i$ bleibt $\gamma^{\mathfrak{p}} + \xi$ ganz. Also ist in jedem Falle

$$\gamma^{\mathfrak{p}} + \xi = \wp \xi^{\mathfrak{p}}.$$

3. Wir betrachten im Sinne der Arbeit von E. Witt[2]) Vektoren $(\alpha_1, \ldots, \alpha_n)$ mit Elementen aus K. Es handelt sich also nicht etwa um gewöhnliche lineare Vektoren; diese werden von nun an nicht mehr vorkommen. Wir nennen einen solchen Vektor **zerfallend**, wenn

$$(\alpha_1, \ldots, \alpha_n) = \wp(\beta_1, \ldots, \beta_n)$$

mit Elementen $\beta_1, \ldots, \beta_n$ aus K ist. Wir nennen $(\alpha_1, \ldots, \alpha_n)$ **unverzweigt**, wenn an jeder Stelle

$$(\alpha_1, \ldots, \alpha_n) = \wp(\beta_1^{\mathfrak{p}}, \ldots, \beta_n^{\mathfrak{p}})$$

mit Elementen $\beta_1^{\mathfrak{p}}, \ldots, \beta_n^{\mathfrak{p}}$ aus $K_{\mathfrak{p}}$ ist. Es gilt folgender

Erweiterungssatz. *Jeder unverzweigte Vektor* $(\alpha_1, \ldots, \alpha_{n-1})$ *läßt sich zu einem unverzweigten Vektor* $(\alpha_1, \ldots, \alpha_{n-1}, \xi)$ *fortsetzen.*

Beweis. Nach Voraussetzung ist für jede Stelle $\mathfrak{p}$

$$(\alpha_1, \ldots, \alpha_{n-1}) = \wp(\beta_1^{\mathfrak{p}}, \ldots, \beta_{n-1}^{\mathfrak{p}}).$$

Man sieht sofort durch Induktion nach n: An denjenigen Stellen, an denen die α_ν ganz sind, müssen auch die $\beta_\nu^{\mathfrak{p}}$ ganz sein. Das Gleichungssystem

$$(\alpha_1, \ldots, \alpha_{n-1}, \xi) = \wp(\beta^{\mathfrak{p}}, \ldots, \beta_{n-1}^{\mathfrak{p}}, \xi^{\mathfrak{p}})$$

ist gleichwertig mit einem System

$$\xi - \wp\xi^{\mathfrak{p}} = \gamma^{\mathfrak{p}},$$

wo die $\gamma^{\mathfrak{p}}$ ganz rational von den α_ν und $\beta_\nu^{\mathfrak{p}}$ abhängen, folglich nur für endlich viele Stellen $\mathfrak{p}$ Hauptteile besitzen. In 2 haben wir die Lösbarkeit eines solchen Systems schon nachgewiesen.

4. Bezeichnen wir zerfallende bzw. unverzweigte Vektoren der Länge n mit $\mathfrak{z}_n$ bzw. $\mathfrak{u}_n$, so folgt, ähnlich wie in der Kummerschen Theorie, daß der Gruppenindex $(\mathfrak{u}_n : \mathfrak{z}_n)$ gleich dem Grad des größten abelschen unverzweigten Körpers vom Exponenten p^n ist.

Für die Matrix $A = (a_{ij})$ aus (3) sei γ der Rang von $AA^p \cdots A^{p^{g-1}}$. In H.-W. wurde festgestellt, daß der größte abelsche unverzweigte Körper vom Exponenten p den Grad p^γ hat. Wir behaupten hier folgenden Satz:

Der größte abelsche unverzweigte Körper vom Exponenten p^n hat den Grad $p^{n\gamma}$.

Beweis. Es sei A eine Gruppe und B eine Untergruppe. T sei eine homomorphe Abbildung, bei welcher genau die Untergruppen A_1 bzw. B_1 in 1 übergehen mögen. Dann gilt

$$(A : B) = (TA : TB) \cdot (A_1 : B_1).$$

Dieses gruppentheoretische Prinzip wenden wir auf $(\mathfrak{u}_n : \mathfrak{z}_n)$ an. Unter T verstehen wir Weglassung der letzten Komponente. Dabei geht nach unserem Erweiterungssatz $\mathfrak{u}_n$ in jeden beliebigen Vektor $\mathfrak{u}_{n-1}$ über; es ist klar, daß dabei $\mathfrak{z}_n$ in jeden beliebigen Vektor $\mathfrak{z}_{n-1}$ übergeht. Streichen wir bei denjenigen Vektoren, die bei unserer Abbildung in Null übergehen, die vorderen $n-1$ Nullen, so entstehen gerade die Gruppen $\mathfrak{u}_1$ bzw. $\mathfrak{z}_1$. Also gilt

$$(4) \qquad (\mathfrak{u}_n : \mathfrak{z}_n) = (\mathfrak{u}_{n-1} : \mathfrak{z}_{n-1}) \cdot (\mathfrak{u}_1 : \mathfrak{z}_1).$$

Nach H.-W. ist $(\mathfrak{u}_1 : \mathfrak{z}_1) = p^\gamma$. Durch Induktion sei schon gezeigt, daß $(\mathfrak{u}_{n-1} : \mathfrak{z}_{n-1}) = p^{(n-1)\gamma}$ ist. Aus (4) folgt dann

$$(\mathfrak{u}_n : \mathfrak{z}_n) = p^{n\gamma},$$

w. z. b. w.

5. Wir beweisen folgende **Hauptsätze:**

I. *Die Gruppe $\mathfrak{A}_n$ des größten abelschen unverzweigten Körpers vom Exponenten p^n über K ist direktes Produkt von zyklischen Gruppen der Ordnung p^n.*

II. *Ist speziell k absolut algebraisch, so hat die Gruppe der Divisorenklassen vom Exponenten p^n den Grad $p^{n\gamma}$ und ist Produkt von γ zyklischen Gruppen der Ordnung p^n.*

Wir schicken folgende allgemeine gruppentheoretische Bemerkung voraus: Jede abelsche Gruppe $\mathfrak{A}$ mit endlich vielen Erzeugenden ist als freie abelsche Gruppe mit den Erzeugenden

$$x_1, \ldots, x_r; \quad y_1, \ldots, y_s; \quad z_1, \ldots, z_t$$

und den definierenden Relationen

$$y_i^{p^{\nu_i}} = 1, \quad z_i^{e_i} = 1 \qquad (e_i \not\equiv 0 \bmod p)$$

darstellbar. Die Elemente x_i sind von unendlicher Ordnung. In diesen Bezeichnungen ist die

Ordnung der größten Faktorgruppe $\mathfrak{A}_1$ vom Exponenten p gleich

$$p^{r+s}$$

und die

Ordnung der größten Faktorgruppe $\mathfrak{A}_n$ vom Exponenten p^n gleich

$$(5) \qquad p^{nr + \sum\limits_{\nu_i \geqq n} n + \sum\limits_{\nu_i < n} \nu_i}.$$

Beweis von **I.** $\mathfrak{A} = \mathfrak{A}_n$ sei die galoissche Gruppe des größten abelschen unverzweigten Körpers vom Exponenten p^n. Es folgt $r = 0$ und $t = 0$ und alle $\nu_i \leqq n$. Da $\mathfrak{A}_1$ die Ordnung p^γ hat, ist $s = \gamma$. Da $\mathfrak{A}_n$ die Ordnung $p^{n\gamma}$ hat, folgt $\nu_i \geqq n$, also alle $\nu_i = n$, w. z. b. w.

Beweis von **II.** Es sei $K = k(x, y)$ mit der erzeugenden Gleichung $f(x, y) = 0$. Ferner sei

$$(\alpha_1^{(i)}, \ldots, \alpha_n^{(i)}) \qquad (i = 1, \ldots, p^{n\gamma})$$

ein Vertretersystem der unverzweigten Vektoren modulo den zerfallenden Vektoren. k' sei ein endlicher Körper, der

1. die Koeffizienten von f
2. die Koeffizienten von $\alpha_k^{(i)}$ in ihrer Darstellung als rationale Ausdrücke in x und y

enthält. Wir setzen $K' = k'(x, y)$. K_n' sei der größte abelsche unverzweigte Körper vom Exponenten p^n über K'. Dann ergeben sich die in nachstehender Zeichnung angeführten Körper.

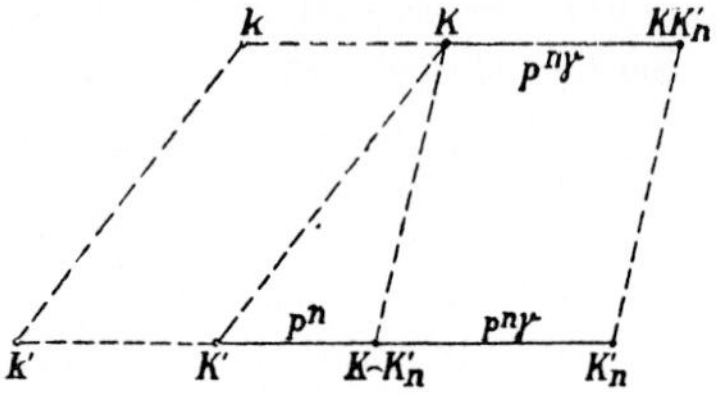

Fig. 1.

Dabei ist das Kompositum KK_n' der größte abelsche unverzweigte Körper vom Exponenten p^n über K und der Durchschnitt $K \frown K_n'$ der größte unverzweigte Körper, der aus K' durch Konstantenerweiterung entsteht; er hat über K' den Grad p^n.

Jetzt sei $\mathfrak{A}$ die Divisorenklassengruppe von K', also $r = 1$ und daher $s = \gamma$. Nach der Klassenkörpertheorie hat $\mathfrak{A}_1$ die Ordnung $p^{\gamma+1}$ und $\mathfrak{A}_n$ die Ordnung $p^{n(\gamma+1)}$ [4]). Ein Vergleich mit (5) ergibt $\nu_i \geqq n$. Daher wird die in $\mathfrak{A}$ größte Untergruppe $\mathfrak{U}_n$ vom Exponenten p^n von den Elementen $y_i^{\nu_i - n}$ erzeugt. $\mathfrak{U}_n$ hat die Ordnung $p^{n\gamma}$ und ist vom Typus $(p^n, p^n, \ldots, p^n)$.

Nun kann $\mathfrak{U}_n$ bei Erweiterung von k' zu k nicht größer werden. Einerseits läge nämlich jede etwa neu hinzukommende Divisorenklasse schon in einer endlichen Konstantenerweiterung von K'. Andererseits erfüllt auch eine endliche Erweiterung k'' von k' die an k' gestellten Forderungen und führt daher zur selben Anzahl $p^{n\gamma}$. Es kann also keine neue Divisorenklasse hinzukommen. Also ist $\mathfrak{U}_n$ gleich der gesuchten Gruppe in K.

Insbesondere ist damit für $n = 1$ die in der Einleitung erwähnte Ergänzung der Arbeit H.-W. hinsichtlich Divisorenklassen der Ordnung p bewiesen.

6. Wir beweisen den Satz:

Es gibt $g - \varrho$ linear unabhängige überall endliche totale Differentiale in K, wobei ϱ der Rang der Matrix $A = (a_{ij})$ ist.

Es sei $d\alpha$ ein totales überall endliches Differential in K. Wir dürfen α additiv um eine p-te Potenz aus K abändern. Wir zeigen dann, daß wir infolge dieser Abänderungsmöglichkeit α stets in die Form

$$(6) \qquad \alpha = \sum_{j=1}^{g} c_j v_j \qquad (c_j \text{ aus } k)$$

mit den in (3) eingeführten Elementen v_j bringen können.

---

[4]) E. Witt, Der Existenzsatz für abelsche Funktionenkörper, Journ. f. Math. **173** (1935).

Zunächst beseitigen wir analog wie oben in 2 die Hauptteile von α an den Stellen $\mathfrak{p} \neq \mathfrak{p}_i$ auf Kosten der Hauptteile an den Stellen $\mathfrak{p}_i$ $(i = 1, \ldots, g)$. Dann sorgen wir dafür, daß α höchstens den Nenner $(\mathfrak{p}_1 \cdots \mathfrak{p}_g)^p$ hat. Weil $d\alpha$ keine Hauptteile besitzt, muß an den Stellen $\mathfrak{p}_i$ des regulären Systems

$$\alpha \equiv \frac{c_i}{\pi_i^p} \bmod \mathfrak{p}_i^0$$

sein. Dann hat aber die Differenz

$$\alpha - \sum_{j=1}^{g} c_j v_j$$

höchstens den Nenner $\mathfrak{p}_1 \cdots \mathfrak{p}_g$, ist also konstant. Also können wir α tatsächlich in die Form (6) bringen.

Damit nun

$$\frac{d\alpha}{d\pi_i} = \frac{d}{d\pi_i} \sum_j c_j v_j \equiv \sum_j \frac{a_{ij} c_j}{\pi_i^2} \bmod \mathfrak{p}_i^0$$

ganz ist, muß

$$\sum_{j=1}^{g} a_{ij} c_j = 0$$

sein. Dies trifft für $g - \varrho$ unabhängige α zu.

Verschiedene α von der Form (6) liefern aber verschiedene Differentiale. Denn aus $d\alpha = 0$ folgt $\alpha = \beta^p$ mit β aus K [4]). β hat dann höchstens den Nenner $\mathfrak{p}_1 \cdots \mathfrak{p}_g$, ist also konstant; also ist auch α konstant und dann nach (6) notwendig $\alpha = 0$.

Die in der Einleitung erwähnte Tatsache ergibt sich daraus, daß für γ als Rang von $AA^p \cdots A^{p^{g-1}}$ stets $\gamma \leqq \varrho$ gilt und daß aus $\varrho = g$ auch $\gamma = g$ folgt.

Eingegangen 29. August 1936.

16.

Bemerkungen zum Beweis des Hauptidealsatzes von S. Iyanaga

Abh. Math. Sem. Univ. Hamburg *11* (1936) 221

1. An einem Beispiel soll deutlich gemacht werden, daß die Einführung des Ordnungsideals in § 3 der Arbeit von IYANAGA[1]) wirklich notwendig ist für den Beweis des Hauptidealsatzes.

Im Bereich der Quaternionen erzeugen die Größen $e^{2\pi i r}$ (r rational) zusammen mit dem Element j eine Gruppe $\mathfrak{G} = \langle e^{2\pi i r}, j\rangle$, in welcher sogar jedes Element eine endliche Ordnung hat, und für die der Hauptidealsatz trotzdem nicht mehr gilt. Als Kommutatorgruppe erweist sich die Gruppe $\mathfrak{G}' = \langle e^{2\pi i r}\rangle$, die Elemente $1, j$ bilden ein Vertretersystem für $\mathfrak{G}/\mathfrak{G}'$. Es ist

$$V_{\mathfrak{G}\to\mathfrak{G}'}(j) = -1\,.$$

Die Ursache für das Versagen des Satzes ist die Tatsache, daß $\mathfrak{G}'$ nicht von endlich vielen Elementen erzeugt werden kann, und deshalb die Einführung des Ordnungsideals unmöglich wird.

2. Zu § 2, 3 soll bemerkt werden, daß

$$(*)\qquad V_{\mathfrak{G}\to\mathfrak{U}}(\mathfrak{G}) = V_{\bar{\mathfrak{G}}\to\bar{\mathfrak{U}}}(\bar{\mathfrak{G}}) = \mathfrak{U}^{\Gamma}$$

gilt, denn es ist $V(\bar{\mathfrak{G}}) = \langle V(\mathfrak{G}), V(A_\tau^{-1})\rangle$ und aus (6) folgt $V(A_\tau^{-1}) = V(S_\tau)$.

Endlich läßt sich für den Fall, daß Γ abelsch ist, die Isomorphie

$$(**)\qquad \bar{\mathfrak{U}}/\bar{\mathfrak{G}}' \cong \mathfrak{G}/\mathfrak{G}'$$

nachweisen. Dadurch werden die Indexrechnungen am Schluß des § 3 überflüssig und trotzdem das Endergebnis $c \mid e$ zu $c = e$ verschärft:

Da Γ abelsch ist, gilt nach § 3, 3 $\bar{\mathfrak{G}}' = \bar{\mathfrak{U}}^{\sigma-1}$, diese Gruppe liegt also in $\bar{\mathfrak{U}}$. Da $\mathfrak{G}'$ Normalteiler von jeder der vier Gruppen ist, darf für den Nachweis der Isomorphie $\mathfrak{G}' = 1$ gesetzt werden. Dann ist aber $U^{\sigma-1} = 1$, also

$$\bar{\mathfrak{G}}' = \langle A_\tau^{\sigma-1}\rangle = \langle A_\sigma^{-1}\, A_{\sigma\tau}\, D_{\sigma,\tau}^{-1}\, A_\tau^{-1}\rangle.$$

Also wird $\bar{\mathfrak{U}}/\bar{\mathfrak{G}}'$ dadurch erhalten, daß zur Gruppe $\mathfrak{U}$ freie abelsche Erzeugende A_σ^{-1} mit der definierenden Relation $A_\sigma^{-1}\, A_\tau^{-1} = D_{\sigma,\tau}\, A_{\sigma\tau}^{-1}$ hinzugefügt werden.

Andererseits entsteht $\mathfrak{G}$ aus $\mathfrak{U}$ durch Hinzunahme von freien abelschen Erzeugenden S_σ mit der Rechenregel $S_\sigma\, S_\tau = D_{\sigma,\tau}\, S_{\sigma\tau}$.

Die Zuordnung $U \leftrightarrow U$, $A_\sigma^{-1} \leftrightarrow S_\sigma$ ist daher eine Isomorphie.

In § 3, 3 wird $cn = (\mathfrak{U} : \mathfrak{G}')$ nachgewiesen, andererseits ist dies gleich $(\mathfrak{G} : \mathfrak{G}') = en$, also besteht die Gleichheit $c = e$.

[1]) S. IYANAGA, Zum Beweis des Hauptidealsatzes, Hambg. Abh. **10** (1934).

17.

Verlagerung von Gruppen und Hauptidealsatz

Proc. ICM 1954, Amsterdam, Vol. II,
North-Holland Publ. Comp. *1954*, 71–73

Die Verlagerung der Gruppe G nach einer Untergruppe A wird hier durch Differenzenrechnung im ganzzahligen Gruppenring $\mathfrak{G}$ mod $(A—A)$ $(G—G)$ in eine gleichwertige additive Homomorphie (vgl. (8)) umgewandelt.

Anschliessend wird die von Artin [2] stammende gruppentheoretische Fassung des von Hilbert (1) vermuteten Hauptidealsatzes der Klassenkörpertheorie hergeleitet. Der erste kunstvolle, aber mühsame Beweis von Furtwängler wurde seither in den Arbeiten [4] bis [8] weiter vereinfacht.

1. Für die Differenzen $\delta x = 1 - x$ gelten im Ring $\mathfrak{G}$ die Regeln

(1) $$\delta(xy) = \delta x + x\delta y = \delta x + \delta y - \delta x \delta y, \quad \delta(x^{-1}) = -x^{-1}\delta x.$$

Für eine beliebige Untergruppe A bezeichne δA den von allen δa $(a, b \in A)$ aufgespannten *Modul*. Es ist $A \cdot \delta A \cdot A = \delta A$. Da zwischen den δa ausser $\delta 1 = 0$ keine linearen Relationen bestehen, bilden sie modulo den $\delta a + \delta b - \delta(ab) = \delta a\, \delta b$ eine zur Faktorkommutatorgruppe A/A' *isomorphe* additive Gruppe (bei Abbildung $\delta a \to aA'$):

(2) $$A/A' \simeq \delta A \text{ mod } \delta A\, \delta A; \text{ sogar mod } \delta A\, \delta G,$$

wie sich durch Projektion π: $aR \to a$ für ein Vertretersystem R ergibt $(G = AR,\ 1 \in R)$.

Aus (1) folgt noch durch Iteration für spätere Anwendung

(3) $$\delta(x_1^{m_1} \ldots x_n^{m_n}) = \Sigma \mu_i \delta x_i \quad \text{mit } \mu_i \equiv m_i \text{ mod } \delta G, \ (\mu_i \in \mathfrak{G}).$$

2. Weiterhin sei der Index $(G{:}A)$ endlich. Die $r_j \in R$ bilden wegen der eindeutigen Reduktion $ar_j \equiv r_j$ eine Basis von $\mathfrak{G}$ mod $\delta A \cdot G$. Bei Rechtsmultiplikation mit $x \in G$ entsteht bekanntlich vermöge

(4) $$r_j x = a_j s_j \equiv s_j \text{ mod } \delta A \cdot G \qquad (s_j \in R)$$

eine *transitive Permutationsdarstellung* von G. Daher sind *die ganzzahligen Vielfachen* $m \,.\, \Sigma r_j$ mod $\delta A \cdot G$ *gekennzeichnet durch*

(5) $$m \cdot \Sigma r_j \cdot \delta X \equiv 0 \text{ mod } \delta A \cdot G \textit{ fur eine Erzeugung } X \textit{ von } G.$$

Aus (4) folgt nach (1) weiter

$$\delta r_j + r_j \delta x = \delta a_j + \delta s_j - \delta a_j\, \delta s_j,$$

(6) $$\Sigma r_j \cdot \delta x \equiv \Sigma \delta a_j \text{ mod } \delta A \delta G.$$

Unter *Verlagerung* von G nach A versteht man üblicherweise die multiplikative Homomorphie (bzw. deren Bild Mod A')

(7) $$V_{G \to A}\colon x \text{ Mod } G' \to \Pi a_j \text{ Mod } A', \qquad (a_j \text{ aus } (4))$$

welche nun durch die Isomorphie (2), auch für $A = G$ genommen, übergeht in die additive Gestalt

(8) $$\begin{cases} \delta x \text{ mod } \delta G \delta G \to \Sigma\, \delta a_j & \text{mod } \delta A \delta A \\ \qquad \text{oder} \to \Sigma\, r_j \cdot \delta x \text{ mod } \delta A \delta G & \text{nach } (6) \end{cases}$$

Dies ist eine neue handliche additive Deutung des Verlagerungsbegriffes [1]. Hiermit folgt das Kriterium:

Die m^{te} Potenz der Verlagerung ist genau dann $\equiv 1$ Mod A', *wenn fur ein geeignetes* μ *aus* $\mathfrak{G}$, *auf das es nur* mod $\delta A \cdot G$ *ankommt,*

(9) $\quad \mu \cdot \delta X \equiv 0 \bmod \delta A \cdot G \cdot \delta G = \delta A \cdot \delta G$ *und* $\mu \equiv m \cdot (G\colon A) \bmod \delta G$

für eine Erzeugung X von G erfüllt ist. Denn für (9) kommt nach der Kennzeichnung (5) nur $\mu \equiv m \cdot \Sigma r_j$ mod $\delta A \cdot G$ in Frage.

3. Die Artinsche Fassung des *Hauptidealsatzes* lautet:

Die Verlagerung einer Gruppe G mit endlich vielen Erzeugenden x_i nach ihrer Kommutatorgruppe G' ist $= 1$. *(G/G' sei endlich und $G'' = 1$).*

Beweis: Unter den genannten Voraussetzungen gibt es Relationen

(10) $$\prod_k x_k^{m_{ik}} \cdot y_i = 1 \text{ mit } y_i \in G' \text{ und } |m_{ik}| = (G\colon G'),$$

wobei die y_i Produkte von Kommutatoren der x_i und deren Transformierten sind. Nach (3) folgt

(11) $$\sum_k \mu_{ik}\,\delta x_k = 0 \qquad \text{mit } \mu_{ik} \equiv m_{ik} + 0 \bmod \delta G.$$

Im *kommutativen* Gruppenring von G/G', der isomorph ist zu $\mathfrak{G}$ mod $\delta G' \cdot G$, sei λ_{ik} die zu μ_{ik} adjungierte Matrix, natürlich in $\mathfrak{G}$ repräsentiert. Wegen

(12) $$0 = \sum_{ik} \lambda_{hi}\mu_{ik}\,\delta x_k \equiv |\mu_{ik}| \cdot \delta x_h \qquad \bmod \delta G' \cdot G \cdot \delta G$$

ist nun die Bedingung (9) mit $\mu = |\mu_{ik}| \equiv 1. (G:G')$ mod δG für $A = G'$ erfüllt. Also ist tatsächlich die erste Potenz der Verlagerung $= 1$.

Das gleiche μ führt zur Verallgemeinerung von Iyanaga

(13) $$V_{G \to A}(G)^{(A:G')} \equiv 1 \text{ Mod } A' \qquad \text{für } A \supseteqq G'.$$

Sie folgt aber auch direkt aus $V_{G \to G'} = 1$ nach der Regel

(14) $$V_{A \to B}(a) \equiv a^{(A:B)} \text{ Mod } A'$$

und der Transitivität bezüglich $G \to A \to B$ mit $B = G'$.

---

[1] Eine etwas andere Deutung erhält man durch direkte Rechnung
$\Sigma r_j (x - 1) \equiv \Sigma r_j x = \Sigma a_j s_j \equiv \Sigma a_j \equiv \Pi a_j = V(x)$ *und* $\delta A \delta G \equiv 0 \bmod \pi^{-1}\{a + b - ab\}$.

LITERATUR

[1] D. HILBERT, Über die Theorie der relativ-Abelschen Zahlkorper. Ges. Abh. I (1932) 491 u. 505.

[2] E. ARTIN, Idealklassen in Oberkorpern und allgemeines Reziprozitätsgesets. Hbg. Abh. 7 (1930) 46—51.

[3] PH. FURTWÄNGLER, Beweis des Hauptidealsatzes fur die Klassenkörper algebraischer Zahlkörper. Hamburger Abhandlungen 7 (1930) 14—36.

[4] H. HASSE, Bericht über das Reziprozitätsgesetz, Jahresber. d. D. M. V. VI Erg. Bd. (1930).

[5] W. MAGNUS, Über den Beweis des Hauptidealsatzes. Crelles Journ. **170** (1934) 235—240.

[6] S. IYANAGA, Zum Beweis des Hauptidealsatzes. Hbg. Abh. **10** (1934) 349—357.

[7] E. WITT, Bemerkungen zum Beweis des Hauptidealsatzes von S. Iyanaga. Hbg. Abh. **11** (1936) 221.

[8] H. G. SCHUMANN (u. W. FRANZ), Zum Beweis des Hauptidealsatzes. Hbg. Abh. **12** (1938) 42—47.

MATHEMATISCHES SEMINAR DER UNIV. HAMBURG,
HARVESTEHNDERWEG 10, HAMBURG 13.

18.
Algebra (a, b, ζ)

Facsimile 1934

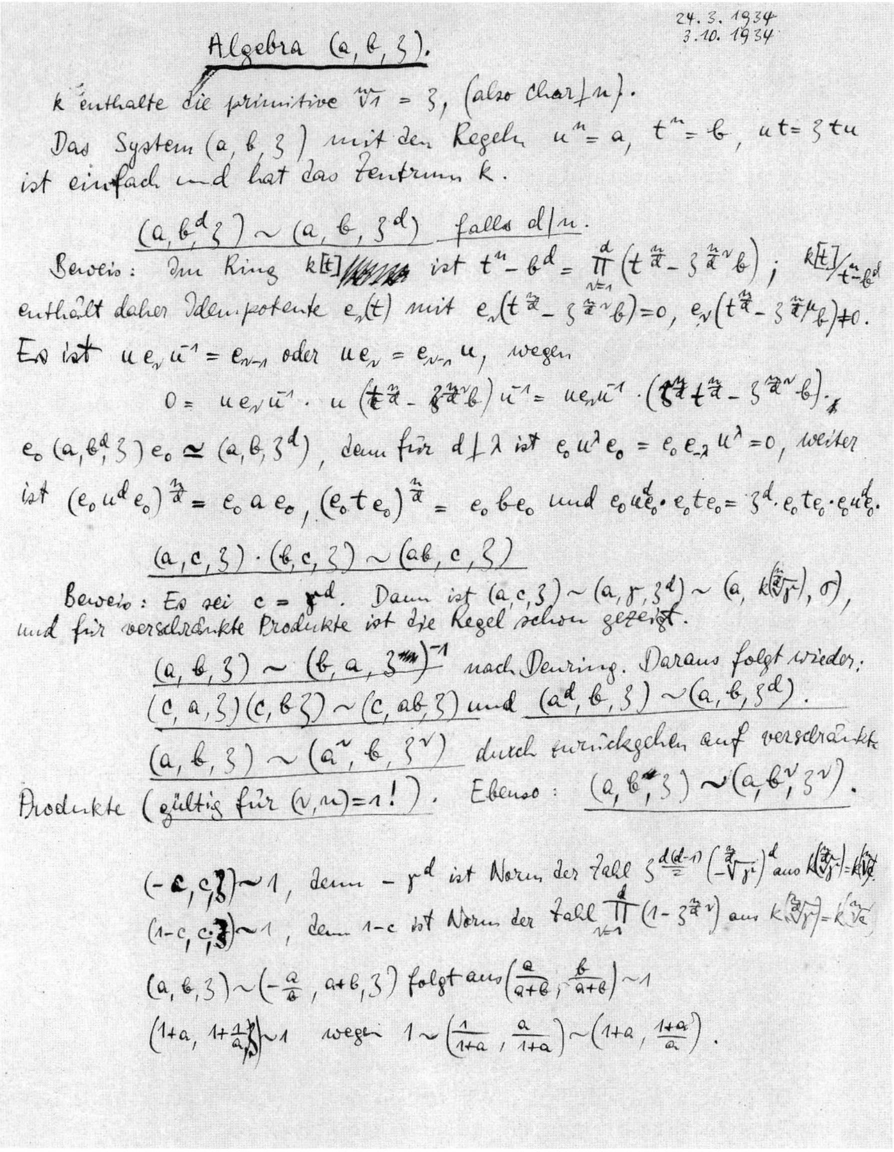

24. 3. 1934
3. 10. 1934

Algebra (a, b, ζ).

k enthalte die primitive $\sqrt[n]{1} = \zeta$, (also Char $\nmid n$).

Das System (a, b, ζ) mit den Regeln $u^n = a$, $t^n = b$, $ut = \zeta tu$ ist einfach und hat das Zentrum k.

$(a, b^d, \zeta) \sim (a, b, \zeta^d)$ falls $d \mid n$.

Beweis: Im Ring $k[t]$ ist $t^n - b^d = \prod_{\nu=1}^{d} \left(t^{\frac{n}{d}} - \zeta^{\frac{n}{d}\nu} b\right)$; $k[t]/t^n - b^d$ enthält daher Idempotente $e_\nu(t)$ mit $e_\nu\left(t^{\frac{n}{d}} - \zeta^{\frac{n}{d}\nu} b\right) = 0$, $e_\nu\left(t^{\frac{n}{d}} - \zeta^{\frac{n}{d}\mu} b\right) \neq 0$.

Es ist $u e_\nu u^{-1} = e_{\nu-1}$ oder $u e_\nu = e_{\nu-1} u$, wegen

$$0 = u e_\nu u^{-1} \cdot u \left(t^{\frac{n}{d}} - \zeta^{\frac{n}{d}\nu} b\right) u^{-1} = u e_\nu u^{-1} \cdot \left(\zeta^{\frac{n}{d}} t^{\frac{n}{d}} - \zeta^{\frac{n}{d}\nu} b\right).$$

$e_0 (a, b^d, \zeta) e_0 \simeq (a, b, \zeta^d)$, denn für $d \nmid \lambda$ ist $e_0 u^\lambda e_0 = e_0 e_{-\lambda} u^\lambda = 0$, weiter ist $(e_0 u^d e_0)^{\frac{n}{d}} = e_0 a e_0$, $(e_0 t e_0)^{\frac{n}{d}} = e_0 b e_0$ und $e_0 u^d e_0 \cdot e_0 t e_0 = \zeta^d \cdot e_0 t e_0 \cdot e_0 u^d e_0$.

$(a, c, \zeta) \cdot (b, c, \zeta) \sim (ab, c, \zeta)$

Beweis: Es sei $c = \gamma^d$. Dann ist $(a, c, \zeta) \sim (a, \gamma, \zeta^d) \sim (a, k(\sqrt[\frac{n}{d}]{\gamma}), \sigma)$, und für verschränkte Produkte ist die Regel schon gezeigt.

$(a, b, \zeta) \sim (b, a, \zeta)^{-1}$ nach Deuring. Daraus folgt wieder:
$(c, a, \zeta)(c, b, \zeta) \sim (c, ab, \zeta)$ und $(a^d, b, \zeta) \sim (a, b, \zeta^d)$.
$(a, b, \zeta) \sim (a^\nu, b, \zeta^\nu)$ durch Zurückgehen auf verschränkte Produkte (gültig für $(\nu, n) = 1$!). Ebenso: $(a, b^\nu, \zeta) \sim (a, b^\nu, \zeta^\nu)$.

$(-c, c, \zeta) \sim 1$, denn $-\gamma^d$ ist Norm der Zahl $\zeta^{\frac{d(d-1)}{2}} \left(-\sqrt[\frac{n}{d}]{\gamma}\right)^d$ aus $k(\sqrt[\frac{n}{d}]{\gamma}) = k(\sqrt[n]{c})$.
$(1-c, c, \zeta) \sim 1$, denn $1-c$ ist Norm der Zahl $\prod_{\nu=1}^{d} \left(1 - \zeta^{\frac{n}{d}\nu}\right)$ aus $k(\sqrt[\frac{n}{d}]{\gamma}) = k(\sqrt[n]{c})$.

$(a, b, \zeta) \sim \left(-\frac{a}{b}, a+b, \zeta\right)$ folgt aus $\left(\frac{a}{a+b}, \frac{b}{a+b}\right) \sim 1$

$\left(1+a, 1+\frac{1}{a}, \zeta\right) \sim 1$ wegen $1 \sim \left(\frac{1}{1+a}, \frac{a}{1+a}\right) \sim \left(1+a, \frac{1+a}{a}\right)$.

19.

Zwei Regeln über verschränkte Produkte

J. reine angew. Math. *173* (1935) 191–192

Ist $\mathfrak{g}$ eine Klassensumme, bestehend aus g Elementen der galoisschen Gruppe von K/k, so ist mit $a_{\sigma,\tau}$ auch $a^{\mathfrak{g}}_{\sigma,\tau}$ ein Faktorensystem. Das folgt unmittelbar aus der Assoziativregel

$$(1)\qquad a^{\varrho}_{\sigma,\tau}\, a_{\varrho,\sigma\tau} = a_{\varrho,\sigma}\, a_{\varrho\sigma,\tau}\,.$$

Zu untersuchen ist, wie sich das verschränkte Produkt $(a^{\mathfrak{g}}_{\sigma,\tau}, K)$ durch $(a_{\sigma,\tau}, K)$ ausdrücken läßt.

Ist $\mathfrak{g}$ ein Normalteiler der galoisschen Gruppe und $\bar{k}$ der zugehörige Zwischenkörper, so wird die Algebra $(a_{\sigma,\tau}, K)^g$ schon von $\bar{k}$ zerfällt, muß also einer Algebra $(b_{\bar{\sigma},\bar{\tau}}, \bar{k})$ ähnlich sein. Zu untersuchen ist, wie man das Faktorensystem $b_{\bar{\sigma},\bar{\tau}}$ aus den Größen $a_{\sigma,\tau}$ gewinnen kann. Im Ergebnis ist ein Satz von Chevalley [1]) enthalten, der leider im Bericht von Deuring [2]) unerwähnt blieb.

Wir verwenden die abkürzende Schreibweise $a^{\mathfrak{g}}_{\sigma,\tau} = \prod\limits_{\nu \text{ aus } \mathfrak{g}} a^{\nu}_{\sigma,\tau}$, $a_{\mathfrak{g}\sigma,\tau} = \prod\limits_{\nu \text{ aus } \mathfrak{g}} a_{\nu\sigma,\tau}$, usw. Wird in (1) ϱ, σ, τ erstens durch σ, τ, ν, zweitens durch σ, ν, τ, und drittens durch ν, σ, τ ersetzt, und hernach über alle ν aus $\mathfrak{g}$ multipliziert, so entstehen die drei Gleichungen

$$(2)\qquad \begin{cases} a^{\sigma}_{\tau,\mathfrak{g}}\, a_{\sigma,\tau\mathfrak{g}} = a^{g}_{\sigma,\tau}\, a_{\sigma\tau,\mathfrak{g}} \\ a^{\sigma}_{\mathfrak{g},\tau}\, a_{\sigma,\mathfrak{g}\tau} = a_{\sigma,\mathfrak{g}}\, a_{\sigma\mathfrak{g},\tau} \\ a^{\mathfrak{g}}_{\sigma,\tau}\, a_{\mathfrak{g},\sigma\tau} = a_{\mathfrak{g},\sigma}\, a_{\mathfrak{g}\sigma,\tau}\,. \end{cases}$$

Da $\mathfrak{g}$ Klassensumme ist, gilt $a_{\sigma,\tau\mathfrak{g}} = a_{\sigma,\mathfrak{g}\tau}$ usf. Wird dies beachtet, so können die Gleichungen (2) folgendermaßen zusammengefaßt werden:

$$(3)\qquad a^{g}_{\sigma,\tau} \cdot \left[\frac{a_{\sigma\tau,\mathfrak{g}}}{a_{\sigma,\mathfrak{g}}\, a^{\sigma}_{\tau,\mathfrak{g}}}\right] = \frac{a_{\sigma,\tau\mathfrak{g}}}{a_{\sigma,\mathfrak{g}}} = \frac{a_{\sigma\mathfrak{g},\tau}}{a^{\sigma}_{\mathfrak{g},\tau}} = a^{\mathfrak{g}}_{\sigma,\tau} \cdot \left[\frac{a_{\mathfrak{g},\sigma\tau}}{a_{\mathfrak{g},\sigma}\, a^{\sigma}_{\mathfrak{g},\tau}}\right].$$

In Klammern stehen dabei Transformationsgrößen von der Gestalt $\dfrac{d_\sigma d^{\sigma}_{\tau}}{d_{\sigma\tau}}$. Nach bekannten Regeln über verschränkte Produkte [2]) folgt nun der

Satz: *Ist* $\mathfrak{g}$ *eine Klassensumme von* g *Elementen der galoisschen Gruppe von* K/k, *so gilt*

$$(4)\qquad (a^{\mathfrak{g}}_{\sigma,\tau}, K) \sim (a_{\sigma,\tau}, K)^{g}.$$

Nun sei $\mathfrak{g}$ sogar Normalteiler. Wir wollen nach vorgenommener Vertreterwahl mod $\mathfrak{g}$ den Vertreter der Nebengruppe $\sigma\mathfrak{g}$ kurz mit $\bar{\sigma}$ bezeichnen.

[1]) C. Chevalley, La théorie du symbole de restes normiques. Crelle **169** (1933), S. 147.

[2]) M. Deuring, Algebren. Ergebnisse der Math. **4** (1935), S. 52.

Bilden wir $b_{\sigma,\tau} = a^{g}_{\sigma,\tau} \cdot \left[\frac{a_{\sigma\tau,\mathfrak{g}}}{a_{\sigma,\mathfrak{g}}\,a^{\sigma}_{\tau,\mathfrak{g}}}\right] \cdot \left[\frac{a_{\mathfrak{g},\bar{\sigma}}\,a^{\sigma}_{\mathfrak{g},\bar{\tau}}}{a_{\mathfrak{g},\overline{\sigma\tau}}}\right]$, so ist ebenfalls

$$(a_{\sigma,\tau}, K)^{g} \sim (b_{\sigma,\tau}, K)\,. \tag{5}$$

Aus (3) folgt weiter (die Striche deuten Kürzungen an)

$$b_{\sigma,\tau} = \frac{a_{\sigma,\tau\mathfrak{g}}}{a_{\sigma,\mathfrak{g}}} \cdot \frac{a_{\mathfrak{g},\bar{\sigma}}\,a^{\sigma}_{\mathfrak{g},\bar{\tau}}}{a_{\mathfrak{g},\overline{\sigma\tau}}} = b_{\sigma,\bar{\tau}}$$

$$b_{\sigma,\bar{\tau}} = \frac{a_{\sigma\mathfrak{g},\bar{\tau}}}{\cancel{a^{\sigma}_{\mathfrak{g},\bar{\tau}}}} \cdot \frac{a_{\mathfrak{g},\bar{\sigma}}\,\cancel{a^{\sigma}_{\mathfrak{g},\bar{\tau}}}}{a_{\mathfrak{g},\overline{\sigma\tau}}} = b_{\bar{\sigma},\bar{\tau}}$$

$$b_{\bar{\sigma},\bar{\tau}} = a^{\mathfrak{g}}_{\bar{\sigma},\bar{\tau}}\,\frac{a_{\mathfrak{g},\bar{\sigma}\bar{\tau}}}{\cancel{a_{\mathfrak{g},\bar{\sigma}}}\,\cancel{a^{\bar{\sigma}}_{\mathfrak{g},\bar{\tau}}}} \cdot \frac{\cancel{a_{\mathfrak{g},\bar{\sigma}}}\,\cancel{a^{\bar{\sigma}}_{\mathfrak{g},\bar{\tau}}}}{a_{\mathfrak{g},\overline{\sigma\tau}}}, \quad \text{also}$$

$$b_{\sigma,\tau} = b_{\bar{\sigma},\bar{\tau}} = a^{\mathfrak{g}}_{\bar{\sigma},\bar{\tau}}\,\frac{a_{\mathfrak{g},\bar{\sigma}\bar{\tau}}}{a_{\mathfrak{g},\overline{\sigma\tau}}}\,. \tag{6}$$

Nach einer anderen Regel über verschränkte Produkte [2]) liefern die Gleichungen (5) und (6) zusammen den

Satz: *Ist* $\mathfrak{g}$ *ein Normalteiler der Ordnung* g *in der galoisschen Gruppe* $\mathfrak{G}$ *von* K/k *und* $\bar{k}$ *der zugehörige Zwischenkörper, so gilt in unserer Bezeichnung*

$$(a_{\sigma,\tau}, K)^{g} \sim \left(a^{\mathfrak{g}}_{\bar{\sigma},\bar{\tau}}\,\frac{a_{\mathfrak{g},\bar{\sigma}\bar{\tau}}}{a_{\mathfrak{g},\overline{\sigma\tau}}}, \bar{k}\right). \tag{7}$$

„Zerfall" von $\mathfrak{G}/\mathfrak{g}$ bedeutet: Die Vertreter können so gewählt werden, daß sie eine Gruppe bilden. In diesem Fall fällt der Zusatzfaktor fort:

$$(a_{\sigma,\tau}, K)^{g} \sim (a^{\mathfrak{g}}_{\bar{\sigma},\bar{\tau}}, \bar{k})\,. \tag{8}$$

Dieser Umstand trifft jedenfalls zu, wenn $\mathfrak{g}$ ein direkter Faktor von $\mathfrak{G}$ ist; damit ist auch das Lemma von Chevalley erneut bewiesen.

Göttingen, den 16. März 1935.

Eingegangen 28. März 1935.

20.

Konstruktion von galoisschen Körpern der Charakteristik p zu vorgegebener Gruppe der Ordnung p^f

J. reine angew. Math. *174* (1936) 237–245

Es ist eine bekannte Frage aus der Körpertheorie, ob es bei festem Grundkörper R und zu vorgegebener endlicher Gruppe $\mathfrak{G}$ galoissche Körper K/R mit einer zu $\mathfrak{G}$ isomorphen Gruppe gibt. Es ist eine weitere Aufgabe, alle derartigen Körper wirklich zu konstruieren.

In dieser Arbeit soll die vollständige Lösung gegeben werden für den Fall, daß der Grundkörper R die Charakteristik p hat, und daß $\mathfrak{G}$ eine p-Gruppe ist.

a durchlaufe alle Zahlen des Grundkörpers. In dieser additiven Gruppe bilden die Zahlen $a^p - a$ eine Untergruppe vom Index

$$(a : a^p - a) = p^N \qquad (N = 0, 1, \ldots \infty).$$

n sei die kleinstmögliche Anzahl von Erzeugenden der Gruppe $\mathfrak{G}$. Ferner sei p^f die Ordnung von $\mathfrak{G}$, und Ω die Anzahl aller Automorphismen der Gruppe $\mathfrak{G}$.

Wir werden folgendes Resultat beweisen:

Satz. *Für die Existenz von galoisschen Körpern K/R zur Gruppe $\mathfrak{G}$ ist die Bedingung*

$$n \leqq N$$

notwendig und auch hinreichend. Für $N = \infty$ gibt es zu jeder p-Gruppe unendlich viele Körper. Falls N eine endliche Zahl ist, ist die Anzahl der verschiedenen Körper zur Gruppe $\mathfrak{G}$ genau

$$\frac{1}{\Omega}\, p^{N(f-n)}(p^N - 1)\,(p^N - p) \cdots (p^N - p^{n-1}) \qquad (n \leqq N).$$

Das erste Ergebnis in dieser Richtung erzielten Artin und Schreier[1]). Sie zeigten, daß R immer einen zyklischen Oberkörper vom Grade p^2 besitzt, wenn ein solcher vom Grad p vorhanden ist ($N \geqq 1$). Neuerdings hat Albert[2]) unter derselben Voraussetzung auch die Existenz eines zyklischen Oberkörpers vom Grade p^f nachgewiesen. Die Art der Körperkonstruktion hängt eng zusammen mit einem Satz von R. Brauer[3]) über verschränkte Produkte. —

Am Schluß werden wir für eine *beliebige Körpercharakteristik* alle Körper mit *Quaternionengruppe* konstruieren.

---

[1]) E. Artin und O. Schreier, Über eine Kennzeichnung der reell abgeschlossenen Körper, Abh. Math. Sem. Hamburg **5** (1927).

[2]) A. A. Albert, Cyclic fields of degree p^n over F of characteristic p, Bull. Am. Math. Soc. **40** (1934).

[3]) R. Brauer, Über die Konstruktion der Schiefkörper, die von endlichem Rang in bezug auf ein gegebenes Zentrum sind, Crelle **168** (1932), Satz 7. — Vgl. vor allem die Schlußbemerkung von H. Hasse zu seiner Lösung der Aufgabe 156, Jahresber. der D. M. V. **44** (1934), *63/64*.

I. *Bemerkungen über p-Gruppen.*

In der Gruppe $\mathfrak{G}$ bilden wir die Untergruppe $\mathfrak{G}^*$, die von allen Elementen der Form $xyx^{-1}y^{p-1}$ erzeugt wird. Diese charakteristische Untergruppe $\mathfrak{G}^*$ enthält $y^p = 1y1^{-1}y^{p-1}$ und $xyx^{-1}y^{-1} = xyx^{-1}y^{p-1} \cdot y^{-p}$; umgekehrt wird $\mathfrak{G}^*$ von allen Kommutatoren und p-ten Potenzen erzeugt wegen $xyx^{-1}y^{p-1} = xyx^{-1}y^{-1} \cdot y^p$. $\mathfrak{G}/\mathfrak{G}^*$ ist die größte abelsche Faktorgruppe vom Exponenten p.

$\mathfrak{G}$ habe die Ordnung p^f, es sei $(\mathfrak{G} : \mathfrak{G}^*) = p^n$. Burnside *hat bewiesen, daß sich* $\mathfrak{G}$ *durch n, aber nicht durch weniger Gruppenelemente erzeugen läßt.* Ferner ist die Anzahl Ω der Automorphismen von $\mathfrak{G}$ ein Teiler der Zahl

$$\bar{\Omega} = p^{n(f-n)}(p^n - 1)(p^n - p) \cdots (p^n - p^{n-1}).$$

Für diese Tatsache hat Hall [4]) einen einfachen Beweis gegeben.

Ein Normalteiler $\mathfrak{N} \neq 1$ von $\mathfrak{G}$ enthält stets Elemente $\neq 1$, die im Zentrum $\mathfrak{Z}$ von $\mathfrak{G}$ liegen. Das folgt in bekannter Weise aus der Zerlegung von $\mathfrak{N}$ in Klassen bezüglich $\mathfrak{G}$ konjugierter Elemente.

Es sei $\mathfrak{G}^* \neq 1$. Dann gibt es eine Untergruppe $\mathfrak{g} \neq 1$ vom Exponenten p, die in $\mathfrak{Z} \cap \mathfrak{G}^*$ liegt. Wenn $\mathfrak{g}$ möglichst groß gewählt wird, ist $\mathfrak{g}$ eine charakteristische Untergruppe von $\mathfrak{G}$.

Die Elemente der Untergruppe $\mathfrak{g}$ seien mit $g, g_1, \ldots$ bezeichnet, die Elemente der Faktorgruppe $\Gamma = \mathfrak{G}/\mathfrak{g}$ mit $\varrho, \sigma, \tau, \ldots$; u_σ sei ein Vertreter der Nebengruppe σ.

$\mathfrak{G}$ läßt sich als verschränktes Produkt darstellen durch die Formeln:

(1a) $$u_\sigma u_\tau = g_{\sigma,\tau} u_{\sigma\tau}$$

(1b) $$u_\sigma g = g u_\sigma$$

(1c) $$g_{\sigma,\tau} g_{\varrho,\sigma\tau} = g_{\varrho,\sigma} g_{\varrho\sigma,\tau}.$$

Hilfssatz. *Es gibt genau* $(\mathfrak{g}:1)^n$ *Automorphismen der Gruppe* $\mathfrak{G}$, *die alle Nebengruppen von* $\mathfrak{g}$ *festlassen.*

Beweis. Ein solcher Automorphismus A läßt alle Elemente von $\mathfrak{G}^*$ fest, denn aus $x_i^A = g_i x_i$ folgt $(x_1 x_2 x_1^{-1} x_2^{p-1})^A = x_1 x_2 x_1^{-1} x_2^{p-1}$. Erst recht bleiben die Elemente von $\mathfrak{g}$ fest. Es sei $u_\sigma^A = g_\sigma u_\sigma$. Wird A auf die Gleichung (1a) angewandt, so folgt $g_\sigma g_\tau = g_{\sigma\tau}$. Umgekehrt wird durch jede homomorphe Abbildung $\sigma \to g_\sigma$ ein Automorphismus A der Gruppe $\mathfrak{G}$ festgelegt, der jede Nebengruppe von $\mathfrak{g}$ festläßt. Da $\mathfrak{g}$ abelsch vom Exponenten p ist, gehen bei jeder solchen Abbildung die Elemente von Γ^* in 1 über. Es ist $\Gamma^* = \mathfrak{G}^*/\mathfrak{g}$, also $(\Gamma : \Gamma^*) = p^n$. Nun gibt es genau $(\mathfrak{g}:1)^n$ Abbildungen von Γ/Γ^* auf $\mathfrak{g}$ und damit auch von Γ auf $\mathfrak{g}$, w. z. b. w.

II. *Analyse.*

Um einen passenden Ansatz für die Konstruktion aller Körper mit der Gruppe $\mathfrak{G}$ zu finden, beginnen wir mit der Analyse.

In einer früheren Arbeit [5]) findet sich im Abschnitt III die vollständige Behandlung der *abelschen Körper vom Exponenten p.* Deshalb *genügt es hier,* $\Gamma^* \neq 1$ *vorauszusetzen.* Dieser Arbeit entnehmen wir auch die Bezeichnung $\wp x = x^p - x$, ferner werden wir im nächsten Abschnitt von den Sätzen W. I, 2 und W. I, 3 über Summandensysteme wesentlich Gebrauch machen.

---

[4]) P. Hall, A contribution to the theory of groups of prime-power order, Proc. Lond. Math. Soc. (2) **36** (1934), 35/36.

[5]) E. Witt, Der Existenzsatz für abelsche Funktionenkörper, dieses Journal **173** (1935). — Die Resultate dieser Arbeit werden hier mit W. I, 3 usw. zitiert.

Es liege ein galoischer Körper K/R vor, dessen Automorphismengruppe die vorhin beschriebene Gruppe $\mathfrak{G}$ ist. Der Untergruppe $\mathfrak{g}$ entspreche der galoissche Zwischenkörper k.

Da K/k abelsch vom Exponenten p ist, kann $K = k(\theta^1, \ldots, \theta^r)$ gesetzt werden, wobei $p^r = (\mathfrak{g} : 1)$ ist, und jedes θ^ν einer Gleichung

$$\wp\theta^\nu = \gamma^\nu \tag{2}$$

genügt ($\nu = 1, \ldots, r$ ist ein Index). Wenden wir auf (2) die Operation $g - 1$ an, so sehen wir, daß

$$(g-1)\,\theta^\nu = \chi^\nu(g) \tag{3}$$

im Primkörper liegt. Die Funktion χ^ν ist ein additiver Charakter der Gruppe $\mathfrak{g}$, und zwar bilden diese χ^ν eine Basis für alle Charaktere χ von $\mathfrak{g}$ (W. III). Aus (2) folgt

$$(g-1)\,(u_\sigma - 1)\,\theta^\nu = (u_\sigma - 1)\,(g-1)\,\theta^\nu = (u_\sigma - 1)\,\chi^\nu(g) = 0\,,$$

daher liegt

$$(u_\sigma - 1)\,\theta^\nu = \delta^\nu_\sigma \tag{4}$$

in k. Auf diese Gleichung werde die Operation $\wp$ angewandt, wir erhalten dann

$$(\sigma - 1)\,\gamma^\nu = \wp\delta^\nu_\sigma\,. \tag{5}$$

Endlich berechnen wir

$$\begin{aligned}\delta^\nu_\sigma + \sigma\delta^\nu_\tau - \delta^\nu_{\sigma\tau} &= [(u_\sigma - 1) + u_\sigma(u_\tau - 1) - (u_{\sigma\tau} - 1)]\,\theta^\nu \\ &= u_{\sigma\tau}(g_{\sigma,\tau} - 1)\,\theta^\nu = u_{\sigma\tau}\chi^\nu(g_{\sigma,\tau}) = \chi^\nu(g_{\sigma,\tau})\,,\end{aligned}$$

also

$$\delta^\nu_\sigma + \sigma\delta^\nu_\tau - \delta^\nu_{\sigma\tau} = \chi^\nu(g_{\sigma,\tau})\,. \tag{6}$$

III. *Konstruktion.*

Indem wir gewissermaßen die Betrachtungen des vorigen Abschnitts umkehren, gelangen wir tatsächlich zu einer Konstruktionsmethode, die uns alle Körper K/R mit der vorgeschriebenen Gruppe $\mathfrak{G}$ liefert. Es sei wieder $\mathfrak{G}^* \neq 1$.

$\chi(g)$ sei eine homomorphe Abbildung der Gruppe $\mathfrak{g}$ auf die additive Gruppe der Primkörperzahlen. Es gibt $(\mathfrak{g} : 1) = p^r$ verschiedene derartige Charaktere χ der Gruppe $\mathfrak{g}$. Mit $\chi^1, \ldots, \chi^r$ bezeichnen wir eine Basis für alle Charaktere χ. Aus (1c) folgt

$$\chi^\nu(g_{\sigma,\tau}) + \chi^\nu(g_{\varrho,\sigma\tau}) = \chi^\nu(g_{\varrho,\sigma}) + \chi^\nu(g_{\varrho\sigma,\tau})\,. \tag{7}$$

Die Körperkonstruktion führen wir schrittweise aus. Wir nehmen an, wir hätten schon einen Körper k/R, dessen galoissche Gruppe mit der gegebenen Gruppe Γ isomorph ist. Wir denken uns eine bestimmte Isomorphie zu Grunde gelegt: Dem Gruppenelement σ entspreche der Körperautomorphismus s.

Infolge der Gleichung (7) können wir den Satz W. I, 3 über Summandensysteme anwenden:

$$\chi^\nu(g_{\sigma,\tau}) = \delta^\nu_s + s\delta^\nu_t - \delta^\nu_{st} \tag{8}$$

ist mit Zahlen δ^ν_s aus dem Körper k lösbar. Es folgt

$$\wp\delta^\nu_s + s\wp\delta^\nu_t - \wp\delta^\nu_{st} = 0\,,$$

und nach W. I, 2 ist deshalb

$$\wp\delta^\nu_s = (s-1)\,\gamma^\nu \tag{9}$$

mit Zahlen γ^ν aus dem Körper k lösbar.

Ohne die Richtigkeit der Formeln (7), (8), (9) zu verletzen, dürfen wir jedenfalls [(a) kommt später]

(b) χ^ν, δ_s^ν, γ^ν simultan einer linearen Transformation unterwerfen, deren Koeffizienten ganze Zahlen mod p sind,

(c) simultan δ_s^ν durch $\delta_s^\nu + (s-1)\alpha^\nu$, γ^ν durch $\gamma^\nu + \wp\alpha^\nu$ ersetzen (α^ν aus k).

Nun wollen wir die Möglichkeit einer Gleichung $\Sigma x_\nu \gamma^\nu = \wp\beta$ widerlegen, in der nicht alle Zahlen $x_\nu \equiv 0 \bmod p$ sind. Wegen (b) genügt es, $\gamma^1 = \wp\beta$ zu widerlegen, und wegen (c) brauchen wir nur zu zeigen, daß $\gamma^1 = 0$ unmöglich ist.

Es sei $\gamma^1 = 0$, dann liegt wegen (9) δ_s^1 im Primkörper, und wir können $\delta_s^1 = \chi^1(g_\sigma)$ setzen. Die Gleichung (8) lautet jetzt

(9′) $$\chi^1(g_{\sigma,\tau}) = \chi^1(g_\sigma) + \chi^1(g_\tau) - \chi^1(g_{\sigma\tau}).$$

$\mathfrak{g}_1$ sei die Untergruppe von $\mathfrak{g}$, die durch $\chi^1(g) = 0$ bestimmt wird. Wir betrachten die Gruppe $\mathfrak{G}$ jetzt nur noch mod $\mathfrak{g}_1$. Die Beziehung $\mathfrak{G}^* \geqq \mathfrak{g} > 1$ bleibt dann bestehen. Andererseits folgt aus (9′), daß die Elemente $g_\sigma^{-1} u_\sigma$ untereinander eine Gruppe $\mathfrak{U}$ bilden, und zwar wird $\mathfrak{G} = \mathfrak{g} \times \mathfrak{U}$, folglich $\mathfrak{G}^* = \mathfrak{U}^*$. $\mathfrak{G}^*$ ist also doch fremd zu $\mathfrak{g}$, und das ist ein Widerspruch.

Wir haben also gezeigt, daß die Zahlen γ^ν linear unabhängig sind bezüglich der Zahlen $\wp\beta$. θ^ν sei eine Wurzel der Gleichung

(10) $$\wp x = \gamma^\nu.$$

Wir bilden nun den Körper $K = k(\theta_1, \ldots, \theta_r)$. Nach W. III ist $(K:k) = p^r$, also $(K:R) = p^f$. Durch

(11) $$\bar{g}\theta^\nu = \theta^\nu + \chi^\nu(g), \qquad \bar{g}\alpha = \alpha$$

wird ein Automorphismus $\bar{g}$ von K/k erklärt. Da $\theta^\nu + \delta_s^\nu$ wegen (9) der Gleichung $\wp x = s\gamma^\nu$ genügt, wird durch

(12) $$v_s\theta^\nu = \theta^\nu + \delta_s^\nu, \qquad v_s\alpha = s\alpha$$

ein Automorphismus v_s von K/R festgelegt. Jetzt behaupten wir

(13a) $$v_s v_t = \overline{g_{\sigma,\tau}}\, v_{st},$$

(13b) $$v_s\bar{g} = \bar{g}v_s.$$

Für die Zahlen von k stimmen diese Regeln natürlich, daher müssen wir nur noch ihre Gültigkeit bei Anwendung auf die Zahlen θ^ν prüfen: Es ist

$$v_s v_t \theta^\nu = v_s(\theta^\nu + \delta_t^\nu) = \theta^\nu + \delta_s^\nu + s\delta_t^\nu,$$

$$\overline{g_{\sigma,\tau}}\, v_{st}\theta^\nu = \overline{g_{\sigma,\tau}}(\theta^\nu + \delta_{st}^\nu) = \theta^\nu + \chi^\nu(g_{\sigma,\tau}) + \delta_{st}^\nu,$$

und wegen (8) stimmen beide Zeilen überein; entsprechend wird (13b) bewiesen.

Damit haben wir offensichtlich gezeigt, daß K/R galoisch mit einer zu $\mathfrak{G}$ isomorphen Gruppe ist.

Ergebnis. *k/R sei galoisch mit einer zu Γ isomorphen Gruppe. Dann erhalten wir auf folgende Weise jeden Oberkörper K/R mit einer zu $\mathfrak{G}$ isomorphen Gruppe: Wir wählen beliebig*

(A) *eine isomorphe Abbildung von Γ auf die Automorphismengruppe von k/R: $\sigma \to s$,*

(B) *eine Basis χ^ν für die additiven Charaktere χ von $\mathfrak{g}$,*

(C) *eine Lösung δ_s^ν von $\chi^\nu(g_{\sigma,\tau}) = \delta_s^\nu + s\delta_t^\nu - \delta_{st}^\nu$* (W. I, 3),

(D) *eine Lösung γ^ν von $\wp\delta_s^\nu = (s-1)\gamma^\nu$* (W. I, 2)

und adjungieren sämtliche Wurzeln der Gleichungen $\wp x = \gamma^\nu$ zu k. Die Abbildung von $\mathfrak{G}$ auf die galoissche Gruppe von K/R läßt sich ferner so einrichten, daß sie die schon gewählte Abbildung (A) *fortsetzt.*

Bemerkung. Für eine Grundkörper R, dessen Charakteristik $\neq p$ ist, der aber die p-ten Einheitswurzeln enthält, lassen sich beinahe alle Überlegungen zur Konstruktion von Körpern K/R zu einer gegebenen p-Gruppe im multiplikativer Fassung durchführen. (Für die Elemente des Primkörpers sind die Einheitswurzeln zu nehmen, statt $\wp x$ ist x^p zu setzen, W. I, 2 läßt sich durch W. I, 1 ersetzen.) Nur das analoge Gleichungssystem

$$(c') \qquad \chi^\nu(g_{\sigma,\tau}) = \frac{\delta_s^\nu(\delta_t^\nu)^s}{\delta_{st}^\nu}$$

braucht nicht immer lösbar zu sein, sondern das Zerfallen der Algebren $(\chi^\nu(g_{\sigma,\tau}), k)$ wird hier zum Kriterium für die Existenz eines Körpers K. Auch wenn es über dem Grundkörper R keine Algebren vom Exponenten p gibt, ist (c') im Gegensatz zu (c) im allgemeinen nur theoretisch lösbar, aber sonst bleibt dann die ganze Theorie richtig.

IV. *Abzählung.*

Statt der Abbildung $\sigma \to s$ in (A) werde eine andere Abbildung $\bar{\sigma} \to s$ zugrunde gelegt. Unter welchen Umständen ist es möglich, daß durch passende Wahl in (B), (C), (D) trotzdem derselbe Körper K erscheint? Die letzten Zeilen im oben formulierten Ergebnis führen zur Antwort:

(a) Genau dann, wenn der Automorphismus $\sigma \to \bar{\sigma}$ von Γ durch einen Automorphismus von $\mathfrak{G}$ induziert wird.

In (B) werde eine andere Basis für die Charaktere zugrunde gelegt. Aus (b) folgt, daß stets durch eine passende Wahl der Lösungen in (C) und (D) derselbe Körper K erreichbar ist.

In (C) werde eine andere Lösung gewählt. Nach W. I, 2 hat die Differenz beider Lösungen die Form $(\sigma - 1)\alpha^\nu$. Aus (c) folgt, daß durch eine passende Änderung in (D) derselbe Körper K entsteht.

Jede neue Lösung von (D) hat die Form $\gamma^\nu + b^\nu$, wobei b^ν in R liegt. Wann führt sie zum selben Körper K? Die Antwort lautet:

(d) Genau dann, wenn $b^\nu = \wp\beta^\nu$ ist, wobei β^ν in k liegt. (Nach W. III erzeugen die zulässigen β^ν gerade den zur Untergruppe Γ^* gehörigen größten abelschen Unterkörper k^* vom Exponenten p.)

N sei endlich. Wir können nun feststellen, wieviel Körper K es über k gibt. Dazu genügt es, noch anzunehmen, daß $\mathfrak{g}$ eine charakteristische Untergruppe von $\mathfrak{G}$ ist. ω sei die Anzahl der Automorphismen der Gruppe Γ, ω_1 sei die Anzahl derjenigen Automorphismen von Γ, die von Automorphismen von $\mathfrak{G}$ induziert werden. Nach dem in I bewiesenen Hilfssatz ist $\omega_1 = \Omega/p^{rn}$. In (A) gibt es ω/ω_1 wesentlich verschiedene Möglichkeiten der Wahl, in (D) gibt es $p^{r(N-n)}$ wesentlich verschiedene Möglichkeiten. Also gibt es genau

$$\frac{\omega}{\omega_1} p^{r(N-n)} = \frac{\omega}{\Omega} p^{rN}$$

verschiedene Körper K über demselben Körper k.

Jedem Körper K ist eindeutig ein Unterkörper k zugeordnet, d. h. unabhängig davon, wie die Automorphismen von K/R bezeichnet werden. Da es nach Induktionsannahme im ganzen

$$\frac{1}{\omega} p^{N(f-r-n)}(p^N - 1)(p^N - p) \cdots (p^N - p^{n-1})$$

verschiedene Körper k mit der Gruppe Γ gibt, ist die Anzahl der verschiedenen Körper K mit der Gruppe $\mathfrak{G}$ genau

$$\frac{1}{\Omega}\, p^{N(f-n)}(p^N-1)\,(p^N-p)\cdots(p^N-p^{n-1}), \qquad \text{q. e. d.}$$

Bemerkung. $\mathfrak{G}$ sei eine p-Gruppe mit möglichst vielen Automorphismen, d. h. es sei $\Omega = \overline{\Omega}$. Dies ist z. B. der Fall für eine zyklische Gruppe, allgemein für eine abelsche Gruppe vom Typus $(p^e, p^e, \ldots, p^e)$ oder für die Quaternionengruppe oder für eine Gruppe der Ordnung p^3, in der jedes Element die Ordnung p hat. Dann erreicht die Zahl ω_1 die für die Faktorgruppe Γ gültige obere Schranke, also ist $\omega_1 = \omega = \overline{\omega}$. (Alle echten charakteristischen Untergruppen von $\mathfrak{G}$ liegen in $\mathfrak{G}^*$. Durch Induktion kann leicht gezeigt werden, daß alle Automorphismen einer charakteristischen Faktorgruppe durch Automorphismen von $\mathfrak{G}$ induziert werden, und daß die Faktorgruppe wieder möglichst viele Automorphismen besitzt.)

Bei der Konstruktion von Körpern K zu einer Gruppe $\mathfrak{G}$ mit möglichst vielen Automorphismen kommt es also nicht wesentlich darauf an, welche Abbildung in (A) zugrunde gelegt wird. Da es sowieso auch nicht auf die Wahl in (B) und (C) ankommt, genügt es, die Lösungen von (D) zu variieren, um zu allen Körpern K zu gelangen.

V. *Konstruktion zyklischer Körper.*

Wenn es sich um eine zyklische Gruppe $\mathfrak{G}$ der Ordnung p^f handelt, lassen sich die bisherigen Überlegungen etwas einfacher gestalten. Das möge hier kurz geschehen.

k/R sei ein zyklischer Körper vom Grade $p^{f-1}(f>1)$, die Charakteristik sei p. Mit s bezeichnen wir irgendeinen erzeugenden Automorphismus von k/R, mit Sp die Spurbildung. χ sei eine Zahl $\neq 0$ aus dem Primkörper.

Analyse. $K = k(\theta)$ sei ein gegebener Körper, der über R zyklisch vom Grade p^f ist. S sei ein Automorphismus von K/R, der die Fortsetzung von s ist. S erzeugt die Gruppe von K/R, und $S^{p^{f-1}} = g$ die Gruppe von K/k. Es darf angenommen werden, daß θ einer Artin-Schreierschen Gleichung $\wp\theta = \gamma$ genügt, und daß $(g-1)\theta = \chi$ gilt. Wegen $(g-1)\,(S-1)\,\theta = (S-1)\,(g-1)\,\theta = (S-1)\,\chi = 0$ liegt $(S-1)\,\theta = \delta$ schon im Körper k. Es folgt jetzt $(s-1)\gamma = \wp\delta$ und

$$\operatorname{Sp}\delta = \frac{S^{p^{f-1}}-1}{S-1}\,(S-1)\theta = (g-1)\theta = \chi.$$

Konstruktion. Nach W. I gibt es eine Zahl δ mit $\operatorname{Sp}\delta = \chi$. Ferner hat wegen $\operatorname{Sp}\wp\delta = 0$ auch die Gleichung $(s-1)\gamma = \wp\delta$ eine Lösung γ.

Ohne Änderung der Formeln darf gleichzeitig δ durch $\delta + (s-1)\alpha$ und γ durch $\gamma + \wp\alpha$ ersetzt werden.

Um $\gamma \neq \wp\beta$ zu beweisen, genügt es daher, $\gamma = 0$ zu widerlegen. Aus $\gamma = 0$ würde $\wp\delta = 0$, also $\operatorname{Sp}\delta = 0$ folgen, und das ist ein Verstoß gegen $\operatorname{Sp}\delta = \chi$.

θ sei eine Wurzel der Gleichung $\wp x = \gamma$. $K = k(\theta)$ hat über R den Grad p^f. Weil $\theta + \delta$ der Gleichung $\wp x = s\gamma$ genügt, wird durch

$$S\theta = \theta + \delta, \qquad S\alpha = s\alpha$$

ein Automorphismus von K/R festgelegt. Wegen $S^{p^{f-1}}\theta = \theta + \operatorname{Sp}\delta \neq \theta$ hat S die Ordnung p^f. Daher ist K/R zyklisch, und S ist ein erzeugender Automorphismus. Es ist noch $K = R(\theta)$ zu bemerken.

Ergebnis. *k/R sei zyklisch vom Grad p^{f-1} $(f>1)$. Dann erhalten wir auf folgende Weise jeden zyklischen Oberkörper K/R vom Grad p^f: Wir wählen beliebig*

(A) *einen erzeugenden Automorphismus s von k/R,*
(B) *eine Zahl $\chi \neq 0$ aus dem Primkörper,*
(C) *eine Lösung δ von $\mathrm{Sp}\,\delta = \chi$,*
(D) *eine Lösung γ von $(s-1)\gamma = \wp\delta$*
und adjungieren eine Wurzel θ der Gleichung $\wp x = \gamma$ zu R. Alle anderen Körper dieser Art gewinnen wir dadurch, daß wir γ durch $\gamma + r$ ersetzen (r aus R).

Versehen wir die Zahlen χ, δ, γ, θ mit einem Index f, um den Schritt $(f-1)/f$ anzudeuten, so können wir etwa $\chi_f = (-1)^{f-1}$ und $\delta_f = (\theta_1 \cdots \theta_{f-1})^{p-1}$ wählen — dadurch erhalten wir genau die Formeln von Albert [2]) wieder.

Bemerkung. Wenn die Charakteristik $\neq p$ ist, aber k eine p-te Einheitswurzel $\chi \neq 1$ enthält, so lautet das zu lösende Gleichungssystem:

$$\text{(14)} \qquad \mathrm{Norm}\,\delta = \chi, \qquad \gamma^{s-1} = \delta^p.$$

Die erste Gleichung ist genau dann lösbar, wenn die zyklische Algebra (χ, k, s) zerfällt; dagegen hat die zweite immer eine Lösung.

Beispiel. Konstruktion der zyklischen Körper vierten Grades, die einen festen Körper $R(\sqrt{a})$ enthalten (Charakteristik $\neq 2$).

Damit es solche Körper K überhaupt gibt, muß $\chi = -1$ Norm einer Zahl aus $R(\sqrt{a})$ sein, d. h. $a = b^2 + c^2$ muß in R lösbar sein. Ist umgekehrt $a = b^2 + c^2$, so ist sicher $c \neq 0$, und durch

$$\delta = \frac{b - \sqrt{a}}{c}, \qquad \gamma = a + b\sqrt{a}$$

werden in der Tat beide Gleichungen (14) gelöst. Folglich werden dann durch

$$K = R(\sqrt{r(a + b\sqrt{a})})$$

alle derartigen Körper gegeben, indem r alle Zahlen $\neq 0$ aus R durchläuft.

VI. *Konstruktion von Quaternionenkörpern.*

Erster Fall. Der Grundkörper habe die Charakteristik 2. k sei ein Körper mit der Vierergruppe $\Gamma = (e, \sigma_1, \sigma_2, \sigma_3)$, $R(\xi_\nu)$ sei der zur Untergruppe (e, σ_ν) gehörige quadratische Unterkörper von k. Wir dürfen

$$\wp\xi_\nu = a_\nu, \qquad \Sigma\xi_\nu = 0$$

annehmen. Der Index ν werde mod 3 genommen. Die Charakterwerte des Faktorensystems sind folgende:

$$\chi(g_{\sigma_{\nu-1},\sigma_\nu}) = 0, \quad \chi(g_{\sigma_\nu,\sigma_\nu}) = 1, \quad \chi(g_{\sigma_{\nu+1},\sigma_\nu}) = 1\,.$$

Um die Formeln von W. I, 3 und W. I, 2 anwenden zu können, brauchen wir noch eine Hilfszahl C, deren Spur nicht verschwindet. Die Spur von $C = \Sigma\xi_{\nu+1}\xi_\nu$ ist 1. Nach leichter Rechnung folgt.

$$\delta_{\sigma_\nu} = \xi_{\nu+1} + 1 \quad (\delta_e = 0); \quad \wp\delta_{\sigma_\nu} = a_{\nu+1}; \quad \gamma = \Sigma a_{\nu+1}\xi_\nu\,.$$

Satz. *Durch*

$$K = R\left(\frac{a_2\xi_1 + a_3\xi_2 + a_1\xi_3 + r}{\wp}\right)$$

werden alle Körper mit Quaternionengruppe gegeben, die den biquadratischen Körper k enthalten. Dabei durchläuft r alle Zahlen des Grundkörpers R.

Zweiter Fall. Die Charakteristik des Grundkörpers sei $\neq 2$. $k = R(\xi_1, \xi_2, \xi_3)$ sei wieder ein Körper mit der Vierergruppe Γ, wobei

$$\xi_\nu^2 = a_\nu, \qquad \Pi \xi_\nu = 1$$

gelte. Wir behaupten den folgenden Satz.

Satz. *Damit es überhaupt Körper mit Quaternionengruppe gibt, die k enthalten, müssen die quadratischen Formen*

$$\Sigma a_\nu x_\mu^2 \quad und \quad \Sigma y_\nu^2 \qquad (\mu, \nu = 1, 2, 3)$$

einander äquivalent sein. Umgekehrt, sind diese äquivalent, so sei

$$x_\mu = \sum_\nu p_{\mu\nu} y_\nu \qquad (|p_{\mu\nu}| = 1).$$

Dann werden durch

$$K = R(\sqrt{r(1 + p_{11}\xi_1 + p_{22}\xi_2 + p_{33}\xi_3)})$$

alle solchen Körper geliefert. Dabei durchläuft r alle Zahlen $\neq 0$ des Grundkörpers R.

Beweis. Die Quaternionengruppe sei in Gestalt eines verschränkten Produktes gegeben:

$$i_\sigma i_\tau = \zeta_{\sigma,\tau} i_{\sigma\tau} \qquad (\zeta_{\sigma,\tau} = \pm 1;\ i_e = 1)$$

Ob k Unterkörper eines Quaternionenkörpers ist oder nicht, hängt ab vom Zerfall der Algebra $\mathfrak{A} = (\zeta_{\sigma,\tau}, k)$.

Wir formen jetzt die Algebra $\mathfrak{A}$ um. Dazu bezeichnen wir die Zahlen $1, \xi_1, \xi_2, \xi_3$ kurz mit ξ_σ, in der Weise, daß ξ_σ bei Anwendung des Automorphismus σ ungeändert bleiben soll. Ebenso schreiben wir $\xi_\sigma^2 = a_\sigma$. $\mathfrak{A}$ wird erzeugt von den Größen i_σ und $\xi_\tau i_\tau$. Es ist i_σ mit $\xi_\tau i_\tau$ vertauschbar. Die i_σ erzeugen das gewöhnliche Quaternionensystem $\mathfrak{Q}$, und die $\xi_\tau i_\tau$ erzeugen ein Untersystem $(-a_1, -a_2)$ in $\mathfrak{A}$. Daher ist

$$\mathfrak{A} \cong (-a_1, -a_2) \times \mathfrak{Q}.$$

Wenn $\mathfrak{A}$ zerfällt, so gibt es in $\mathfrak{Q}$ Größen $v_\mu = \sum_\nu p_{\mu\nu} i_\nu$ mit $v_\mu^2 = -\dfrac{1}{a_\mu}$, $v_1 v_2 v_3 = -1$. Es ist leicht zu sehen, daß die Substitution $x_\mu = \sum_\nu p_{\mu\nu} y_\nu$ die Determinante 1 hat und die Form $\Sigma a_\mu x_\mu^2$ in Σy_ν^2 überführt. Umgekehrt gibt eine solche Matrix $p_{\mu\nu}$ Anlaß zur Bildung der erwähnten Größen v_μ, und $\mathfrak{A}$ zerfällt dann.

Wir erweitern das System $\mathfrak{Q}$ mit dem Körper k und bilden im erweiterten System $\mathfrak{Q}_k$ die Größen $j_\sigma = \xi_\sigma v_\sigma$. Die j_σ haben dasselbe Faktorensystem wie die i_σ. Endlich setzen wir

$$C = \tfrac{1}{2} \sum_\sigma i_\sigma^{-1} j_\sigma$$
$$= \tfrac{1}{2}(1 + p_{11}\xi_1 + p_{22}\xi_2 + p_{33}\xi_3) + \tfrac{1}{2}(p_{32}\xi_3 - p_{23}\xi_2) i_1 + \tfrac{1}{2}(p_{13}\xi_1 - p_{31}\xi_3) i_2 + \tfrac{1}{2}(p_{21}\xi_2 - p_{12}\xi_1) i_3.$$

Es folgt $i_\tau^{-1} C j_\tau = C$. Mit NC, Sp C sei hier die (reduzierte) Quaternionennorm bzw. Spur bezeichnet; $\bar{C}$ sei das zu C konjugierte Quaternion. Wegen

$$\mathrm{N}C = \tfrac{1}{2}\,\mathrm{Sp}\, C\bar{C} = \tfrac{1}{4}\,\mathrm{Sp}\, C \sum_\sigma j_\sigma^{-1} i_\sigma = \tfrac{1}{4}\,\mathrm{Sp} \sum_\sigma i_\sigma^{-1} C i_\sigma = \mathrm{Sp}\, C$$

ist

$$\mathrm{N}C = 1 + p_{11}\xi_1 + p_{22}\xi_2 + p_{33}\xi_3 = \gamma$$

von Null verschieden, denn die Zahlen $1, \xi_1, \xi_2, \xi_3$ bilden eine Basis des Körpers k. Da C kein Nullteiler ist, gilt

$$C j_\tau C^{-1} = i_\tau.$$

Diese Gleichung bleibt richtig, wenn C durch $i_\sigma C^\sigma$ ersetzt wird; daraus folgt

$$i_\sigma C^\sigma = \delta_\sigma C$$

mit einer Zahl δ_σ aus dem Körper k; aus dieser Beziehung lassen sich die Zahlen δ_σ übrigens auch ohne Mühe berechnen. Setzen wir in der Identität

$$(CC^{-\sigma}) \cdot (CC^{-\tau})^\sigma \cdot (CC^{-\sigma\tau})^{-1} = 1$$

$CC^{-\sigma} = \delta_\sigma^{-1} i_\sigma$ usw. ein, so erscheint die Gleichung

$$\frac{\delta_\sigma \delta_\tau^\sigma}{\delta_{\sigma\tau}} = \zeta_{\sigma,\tau}.$$

Wir hatten vorhin $\mathrm{N}\, C = \gamma$ gesetzt; wird von der Gleichung $C^\sigma C^{-1} = i_\sigma^{-1} \delta_\sigma$ die Norm genommen, so folgt

$$\gamma^{\sigma-1} = \delta_\sigma^2.$$

Aus der allgemeinen Theorie übernehmen wir jetzt den Schluß, daß der Körper $K = k(\sqrt{\gamma}) = R(\sqrt{\gamma})$ ein Quaternionenkörper ist mit k als Unterkörper, und daß alle solchen Körper durch $R(\sqrt{r\gamma})$ gegeben werden. Dies wollten wir gerade beweisen. —

Für den Fall, daß R (und damit auch k) ein reeller algebraischer Zahlkörper ist, hat $\sqrt{\gamma}$ ein geometrische Bedeutung: Die Transformation der i_1, i_2, i_3 in die normierten v_1, v_2, v_3 (d. h. in die j_1, j_2, j_3) geschieht durch eine Drehung um eine gewisse Achse und um einen gewissen Winkel φ. Es ist dabei $\sqrt{\gamma} = 2 \cos \frac{\varphi}{2}$.

Zm Schluß werde der historisch erste, von Dedekind [6]) angegebene Quaternionenkörper als Beispiel konstruiert: Die Form $2x_1^2 + 3x_2^2 + \frac{1}{6} x_3^2$ wird durch

$$(p_{\mu\nu}) = \begin{pmatrix} \frac{1}{2} & \frac{1}{2} & 0 \\ -\frac{1}{3} & \frac{1}{3} & \frac{1}{3} \\ 1 & -1 & 2 \end{pmatrix}$$

in Σy_ν^2 übergeführt. Mit $r = 6$ erhalten wir den Körper

$$K = R\left(\sqrt{6 + 3\sqrt{2} + 2\sqrt{3} + 2\sqrt{2}\sqrt{3}}\right).$$

K ist über dem Grundkörper R der rationalen Zahlen galoissch mit der Quaternionengruppe und enthält $k = R(\sqrt{2}, \sqrt{3})$ als Unterkörper [7]).

Göttingen, den 20. September 1935.

[6]) R. Dedekind, Konstruktion von Quaternionkörpern, Ges. Werke 2, Braunschweig 1931.

[7]) Die Bedingungen für die Erweiterbarkeit eines biquadratischen Zahlkörpers mit Vierergruppe über dem rationalen Zahlkörper zu einem Quaternionenkörper wurden neuerdings auch von E. Rosenblüth in seiner Dissertation behandelt, allerdings mit unvollständigem Ergebnis. Siehe: Die arithmetische Theorie und die Konstruktion der Quaternionenkörper auf klassenkörpertheoretischer Grundlage, Monatshefte f. Math. u. Phys. 41 (1934).

Eingegangen 20. September 1935.

21.

Schiefkörper über diskret bewerteten Körpern

J. reine angew. Math. *176* (1937) 153–156

Der diskret bewertete perfekte Körper k habe den vollkommenen Restklassenkörper $\mathfrak{k}$ mit beliebiger Charakteristik.

Die endlichen Körper $\mathfrak{K}/\mathfrak{k}$ *einerseits und die endlichen unverzweigten Körper* K/k *mit Restklassenkörper* $\mathfrak{K}/\mathfrak{k}$ *andererseits entsprechen sich gegenseitig. Mit dem einem ist auch der andere Körper galoissch, und zwar induziert die galoissche Gruppe von* K/k *diejenige von* $\mathfrak{K}/\mathfrak{k}$. Dies sind bekannte Tatsachen aus der Theorie der diskret bewerteten perfekten Körper.

Wir wollen hier zeigen, daß entsprechende Tatsachen auch für Schiefkörper mit Zentrum $\mathfrak{k}$ bzw. k gelten: *Die endlichen Schiefkörper* $\mathfrak{S}/\mathfrak{k}$ *einerseits und die endlichen unverzweigten Schiefkörper* S/k *mit Restklassenschiefkörper* $\mathfrak{S}/\mathfrak{k}$ *andererseits entsprechen sich gegenseitig. Im Sinne der Multiplikation der Algebrenklassen entsprechen sich dabei Produkte und Produkte.*

π sei ein festgewähltes Primelement von k. Dem zyklischen Körper $\mathfrak{Z}/\mathfrak{k}$ und einem seiner erzeugenden Automorphismen σ entspreche der unverzweigte zyklische Körper Z/k mit dem Automorphismus σ. Das *zyklische verschränkte Produkt* (π, Z, σ) ist dann ein verzweigter Schiefkörper über k. Es wird sich herausstellen, daß *alle verschränkten Produkte von dieser Gestalt im Sinne der Multiplikation der Algebrenklassen eine Gruppe ausmachen.*

Wir werden ferner feststellen, daß *jede Algebrenklasse* über k bei fester Wahl des Primelements π *eindeutig* durch *ein Produkt* $S \cdot (\pi, Z, \sigma)$ dargestellt werden kann. *Die Kenntnis aller Schiefkörper* $\mathfrak{S}/\mathfrak{k}$ *und aller zyklischen Körper* $\mathfrak{Z}/\mathfrak{k}$ *ermöglicht also eine Übersicht über alle Schiefkörper mit dem Zentrum* k. —

Für den Fall, daß $\mathfrak{k}$ die Charakteristik p hat, ist das Studium der Schiefkörper vom Exponenten p^n über k von besonderem Interesse. Da es wegen der Vollkommenheit von $\mathfrak{k}$ keine p-Schiefkörper $\mathfrak{S}/\mathfrak{k}$ gibt, kann dann jeder Schiefkörper vom Exponenten p^n über k in der Gestalt (π, Z, σ) dargestellt werden. Weil jeder zyklische Körper $\mathfrak{Z}/\mathfrak{k}$ vom Grad p^n durch eine Restklasse $a_0 + a_1 p + \cdots + a_{n-1} p^{n-1} \bmod p^n$ aus dem zu $\mathfrak{k}$ gehörigen p-adischen Körper charakterisiert werden kann, und zwar mit automatischer Festlegung eines erzeugenden Automorphismus σ, können wir diese Restklasse mod p^n als Invariante des Schiefkörpers (π, Z, σ) ansehen. Die Aufgabe, zu irgendeinem zyklischen verschränkten Produkt vom Grad p^n über k, auch mit verzweigtem zyklischen Körper, die so definierte zugehörige Invariante wirklich zu berechnen, ist schon gelöst worden für den Fall, daß k ebenfalls die Charakteristik p hat [1]). Wenn aber k die Charakteristik 0 hat, muß diese Aufgabe gleichfalls gelöst werden. Unter der Annahme, daß k eine primitive p^n-te Einheitswurzel ζ enthält, lautet also die *Aufgabe:*

---

[1]) E. Witt, Zyklische Körper und Algebren der Charakteristik p vom Grad p^n. Struktur diskret bewerteter perfekter Körper mit vollkommenem Restklassenkörper der Charakteristik p. Dieser Band, S. 126.

Explizite Bestimmung der Invariante der Algebra (a, b) mit den Rechenregeln $u^{p^n} = a$, $v^{p^n} = b$, $uvu^{-1}v^{-1} = \zeta$.

Die Lösung dieser Aufgabe enthält die explizite Formulierung des allgemeinen Reziprozitätsgesetzes für Zahlkörper.

1. $\bar{\mathfrak{k}}$ sei der algebraisch abgeschlossene Oberkörper von $\mathfrak{k}$, und $\bar{k}$ der unverzweigte Oberkörper von k mit $\bar{\mathfrak{k}}$ als Restklassenkörper.

Wir zeigen jetzt, daß es über $\bar{k}$ keine echten Schiefkörper gibt. Angenommen, $\bar{S}$ sei ein Schiefkörper über k. Da $\bar{S}/\bar{k}$ den Restklassengrad 1 hat, ist nach Hasse [2]) $\bar{S} = \bar{k}(\Pi)$ mit einem Primelement Π von $\bar{S}$. Also ist $\bar{S}$ kommutativ und kein echter Schiefkörper.

Aus dieser Tatsache ziehen wir jetzt den Schluß, daß eine normale Algebra A/k mindestens einen *unverzweigten* Zerfällungskörper K' hat. Da wir k als vollkommen angenommen haben, gibt es sogar einen unverzweigten *galoisschen* Zerfällungskörper K von A. Es sei $A \sim (a_{\sigma,\tau}, K)$.

Jedes Element a aus K läßt sich zerlegen in $\pi^e r\varepsilon$, wobei r dem multiplikativen Repräsentantensystem R von K entnommen ist, und wo $\varepsilon \equiv 1 \bmod \pi$ gilt. Entsprechend sei $a_{\sigma,\tau} = \pi^{e_{\sigma,\tau}} r_{\sigma,\tau}\varepsilon_{\sigma,\tau}$. Werden im Assoziativgesetz für $a_{\sigma,\tau}$ nur die Ordnungen $e_{\sigma,\tau}$ betrachtet, so folgt, daß auch $\pi^{e_{\sigma,\tau}}$ ein Faktorensystem ist, und daher auch $r_{\sigma,\tau}\varepsilon_{\sigma,\tau}$. Wird das Assoziativgesetz für $r_{\sigma,\tau}\varepsilon_{\sigma,\tau}$ nur mod π betrachtet, so folgt, weil die $r_{\sigma,\tau}$ dem multiplikativen Repräsentantensystem R angehören, daß $r_{\sigma,\tau}$ und damit auch $\varepsilon_{\sigma,\tau}$ ein Faktorensystem ist.

Für die willkürlich angenommene Algebra A/k gilt daher *eine Zerlegung*

$$A \sim (\pi^{e_{\sigma,\tau}}, K)\,(r_{\sigma,\tau}, K)\,(\varepsilon_{\sigma,\tau}, K) \qquad (r_{\sigma,\tau} \text{ aus } R,\ \varepsilon \equiv 1 \bmod \pi).$$

2. Zunächst behaupten wir, daß $(\varepsilon_{\sigma,\tau}, K)$ *zerfällt.*

Von $\varepsilon^{(1)}_{\sigma,\tau} = \varepsilon_{\sigma,\tau}$ ausgehend bilden wir auf folgende rekursive Weise die Faktorensysteme $\varepsilon^{(i)}_{\sigma,\tau} = 1 + \alpha^{(i)}_{\sigma,\tau}\pi^i$ mit ganzen $\alpha_{\sigma,\tau}$: Es sei $\varepsilon^{(i)}_{\sigma,\tau}$ schon konstruiert. Die $\alpha^{(i)}_{\sigma,\tau}$ mod π bilden dann ein Summandensystem im Restklassenkörper $\mathfrak{K}/\mathfrak{k}$. Wie ich in einer früheren Arbeit [3]) gezeigt habe, zerfällt ein solches Summandensystem stets, $\alpha^{(i)}_{\sigma,\tau} \equiv \beta^{(i)}_\sigma + \sigma\beta^{(i)}_\tau - \beta^{(i)}_{\sigma\tau} \bmod \pi$. Mit $\delta^{(i)}_\sigma = 1 - \beta^{(i)}_\sigma\pi^i$ bilden wir jetzt $\varepsilon^{(i+1)}_{\sigma,\tau} = \varepsilon^{(i)}_{\sigma,\tau}\delta^{(i)}_\sigma\delta^{(i)\sigma}_\tau\delta^{(i)-1}_{\sigma\tau}$. Es ist $\varepsilon^{(i+1)}_{\sigma,\tau} \equiv 1 \bmod \pi^{i+1}$. — Nach Bildung der Größen $\varepsilon^{(i)}_{\sigma,\tau}$ und $\delta^{(i)}_\sigma$ setzen wir $\prod\limits_{i=1}^{\infty}\delta^{(i)}_\sigma = \delta_\sigma$. Es folgt $\varepsilon_{\sigma,\tau}\delta_\tau\delta^\sigma_\tau\delta^{-1}_{\sigma\tau} = 1$, also $(\varepsilon_{\sigma,\tau}, K) \sim 1$.

3. Nunmehr untersuchen wir die Algebra $U = (r_{\sigma,\tau}, K) = \sum\limits_\sigma Ku_\sigma$ mit den Regeln $u_\sigma u_\tau = r_{\sigma,\tau}u_{\sigma\tau}$ und $u_\sigma a u_\sigma^{-1} = a^\sigma$. Es sei K_0 die Maximalordnung von K. $U_0 = \sum\limits_\sigma K_0 u_\sigma$ stellt dann eine Ordnung in U dar, und es ist

$$U_0/\pi U_0 \cong (\mathfrak{r}_{\sigma,\tau}, \mathfrak{K}) = \mathfrak{U},$$

wo $\mathfrak{r}_{\sigma,\tau}$ die Restklasse des Vertreters $r_{\sigma,\tau}$ darstellt. Die Diskriminante von $\mathfrak{U}$ verschwindet nicht, daher ist die Diskriminante der Ordnung $\mathfrak{U}_0U_0$ nicht durch π teilbar, also Einheit. Also ist U_0 Maximalordnung, (π) ist darin Primideal, und U/k ist unverzweigt. Es sei $U = SM$ das Produkt eines Schiefkörpers S mit einem Matrizenring M. Nach Hasse [2]) gilt dann für die entsprechenden Maximalordnungen $U_0 \cong S_0M_0$. Für die Restklassenringe folgt $\mathfrak{U} \sim \mathfrak{S}\mathfrak{M}$. Daraus ergibt sich:

[2]) H. Hasse, Über $\mathfrak{p}$-adische Schiefkörper und ihre Bedeutung für die Arithmetik hyperkomplexer Zahlsysteme, Math. Annalen **104** (1931).

[3]) E. Witt, Der Existenzsatz für abelsche Funktionenkörper, Crelle **173** (1935), S. 45 oben.

Der Restklassenring $\mathfrak{S}$ des in der Algebra $(r_{\sigma,\tau}, K)$ steckenden Schiefkörpers S ist ein Schiefkörper mit dem Zentrum $\mathfrak{k}$. S ist unverzweigt. S/k und $\mathfrak{S}/\mathfrak{k}$ haben denselben Rang.

Umgekehrt sei ein Schiefkörper $\mathfrak{S}/\mathfrak{k}$ vorgelegt. Es sei $\mathfrak{S} \cong (\mathfrak{r}_{\sigma,\tau}, \mathfrak{K})$ und $\mathfrak{K}/\mathfrak{k}$ trete als Restklassenkörper von K/k auf. Die zu K gehörigen multiplikativen Repräsentanten $r_{\sigma,\tau}$ der Restklassen $\mathfrak{r}_{\sigma,\tau}$ bilden wieder ein Faktorensystem. $\mathfrak{S}$ ist Restklassenring des in $(r_{\sigma,\tau}, K)$ steckenden Schiefkörpers S:

Jeder Schiefkörper $\mathfrak{S}/\mathfrak{k}$ tritt als Restklassenring eines Schiefkörpers S/k auf.

Wir beweisen weiter:

Der Schiefkörper S/k ist durch seinen Restklassenring $\mathfrak{S}/\mathfrak{k}$ bis auf Isomorphie eindeutig bestimmt.

Aus $S'S'' \sim S'''$ folgt $S'S'' = S'''M$. Für die Maximalordnungen folgt $S_0'S_0'' \cong S_0'''M_0$, und für die Restklassenringe $\mathfrak{S}'\mathfrak{S}'' \cong \mathfrak{S}'''\mathfrak{M}$ und damit $\mathfrak{S}'\mathfrak{S}'' \sim \mathfrak{S}'''$. Die Restklassenringzuordnung ist daher eine Homomorphie und wegen der Ranggleichheit sogar eine Isomorphie.

4. *Bei festem Primelement π bilden die Algebrenklassen $(\pi^{e_{\sigma,\tau}}, K)$ mit unverzweigten Körpern K eine Gruppe*:

Um das Produkt $(\pi^{e'_{\sigma,\tau}}, K')(\pi^{e''_{s,t}}, K'')$ zu bilden, werde $(\pi^{e'_{\sigma,\tau}}, K') \sim (\pi^{a_{S,T}}, K'K'')$ und $(\pi^{e''_{s,t}}, K'') \sim (\pi^{b_{S,T}}, K'K'')$ gesetzt. Das Produkt $(\pi^{a_{S,T}+b_{S,T}}, K'K'')$ hat dann die verlangte Gestalt.

Wir untersuchen jetzt eine feste Algebra $V = (\pi^{e_{\sigma,\tau}}, K)$ vom Grade g. Das Assoziativgesetz findet seinen Ausdruck in der Beziehung

$$e_{\sigma,\tau} + e_{\varrho,\sigma\tau} = e_{\varrho,\sigma} + e_{\varrho\sigma,\tau}$$

zwischen den ganzen Zahlen $e_{\sigma,\tau}$. Mit den rationalen Zahlen

$$\chi(\sigma) = \frac{1}{g} \sum_{\tau} e_{\sigma,\tau}$$

gilt, wie eine leichte Rechnung zeigt,

$$\text{(a)} \qquad e_{\sigma,\tau} = \chi(\sigma) + \chi(\tau) - \chi(\sigma\tau).$$

Der erlaubten Änderung der Zahlen $e_{\sigma,\tau}$ um Ausdrücke $d_\sigma + d_\tau - d_{\sigma\tau}$ mit ganzzahligen d_σ entspricht eine beliebige Abänderung der $\chi(\sigma)$ mod 1. Wir dürfen daher

$$\text{(b)} \qquad 0 \leqq \chi(\sigma) < 1$$

annehmen.

Aus (a) folgt

$$\chi(\sigma) + \chi(\tau) \equiv \chi(\sigma\tau) \bmod 1,$$

d. h. $\chi(\sigma)$ ist mod 1 ein Charakter der Gruppe $\mathfrak{G}$ von K/k. Es sei dabei $\mathfrak{N}$ der durch $\chi(\nu) \equiv 0 \bmod 1$ bestimmte Normalteiler von $\mathfrak{G}$. $\mathfrak{G}/\mathfrak{N}$ ist der zyklischen Wertegruppe von $\chi(\sigma)$ mod 1 isomorph. Aus $\sigma \equiv s$, $\tau \equiv t \bmod \mathfrak{N}$ folgt wegen der Normierung (b) $\chi(\sigma) = \chi(s)$ und somit nach (a) $e_{\sigma,\tau} = e_{s,t}$. Es ist daher $V \sim (\pi^{e_{\sigma,\tau}}, Z)$, wobei Z/k den nach der Galoisschen Theorie zu $\mathfrak{G}/\mathfrak{N}$ gehörigen zyklischen Körper vom Grad n bedeutet. Wird jetzt speziell mit s derjenige Automorphismus von Z/k mit $\chi(s) = \frac{1}{n}$ bezeichnet, so erzeugt s die Gruppe von Z/k, und es ist

$$(\pi^{e_{\sigma,\tau}}, K) \sim (\pi, Z, s).$$

Da π^n die niedrigste Potenz von π ist, die Norm einer Zahl aus dem unverzweigten zyklischen Körper Z/k n-ten Grades sein kann, hat (π, Z, s) den Exponenten n und ist folglich ein Schiefkörper. Nach Hasse [2]) hat der Schiefkörper $(\pi, Z, s) = \sum_0^{n-1} Z u^i$ mit den Regeln $u^n = \pi$ und $u a u^{-1} = a^s$ die Maximalordnung $\sum_0^{n-1} Z_0 u^i$. In dieser Maximalordnung ist (u) Primideal, also ist der Schiefkörper verzweigt von der Ordnung n. $\mathfrak{Z}$ ist der Restklassenring mod u.

5. Damit haben wir nachgewiesen:

Für jede Algebra A/k besteht eine Zerlegung

$$A \sim S \cdot (\pi, Z, \sigma);$$

dabei ist S als unverzweigter Schiefkörper durch seinen Restklassenschiefkörper $\mathfrak{S}$ festgelegt, und der unverzweigte zyklische Körper Z mit dem Automorphismus σ durch den Restklassenkörper $\mathfrak{Z}$ mit dem Automorphismus σ.

Es folgt nun leicht:

Nach angenommener Wahl des Primelements π ist die Zerlegung von A eindeutig.

Denn der erste Faktor gehört der Gruppe der unverzweigten Schiefkörper an, und der zweite Faktor gehört zu einer Gruppe aus lauter verzweigten Schiefkörpern, die beiden Gruppen sind also fremd.

Eingegangen 29. August 1936.

22.

p–Algebren und Pfaffsche Formen

Abh. Math. Sem. Univ. Hamburg *22* (1958) 308–315

Emil Artin zum 60. Geburtstag

Die R. Brauersche Algebrenklassengruppe über einem Grundkörper k läßt sich bekanntlich mit Hilfe der verschränkten Produkte als eine zweite Cohomologiegruppe $H^2 = H^2(\mathfrak{g}(S/k), S^{\cdot})$ beschreiben, wobei S/k die maximale separable Erweiterung von k mit der multiplikativen Gruppe $S^{\cdot}$ und der Galoisgruppe $\mathfrak{g}(S/k)$ bedeutet, letztere mit der Krullschen Topologie versehen.

Hier soll nun für Körper k von Primzahlcharakteristik p der p-primäre Bestandteil H^2_Ω von H^2, der den p-Algebren entspricht, d. h. denjenigen Algebren, die von der vollkommenen Hülle $\Omega = \bigcup k^{p^{-n}}$ zerfällt werden, auf völlig neue Weise beschrieben werden, nämlich mit Hilfe des Moduls der Pfaffschen Formen über dem Unterring

$$\mathfrak{W} = \bigcup \mathfrak{w}_n \quad \text{für} \quad \mathfrak{w}_n = \mathfrak{w}(k^{p^{-n}}),$$

unter $\mathfrak{w}(\mathfrak{r})$ allgemein den Ring der sogenannten Vektoren

$$(a_0, a_1, \ldots) \qquad (a_i \in \text{Ring } \mathfrak{r})$$

verstanden. Es werde $\mathfrak{w}_0 = \mathfrak{w}(k) = \mathfrak{k}$ gesetzt.

In den Beweisen werden bekannte Sätze über zyklische p-Algebren verwendet, vor allem aber wird der Vektorkalkül [6] als bekannt vorausgesetzt, insbesondere die in $\mathfrak{w}(\Omega)$ geltende Entwicklung

$$(1) \qquad (\alpha_0, \alpha_1, \alpha_2, \ldots) = \sum_{i=0}^{\infty} (\alpha_i^{p^{-i}})\, p^i \qquad (\alpha_i \in \Omega),$$

aus der die Vektorregel

$$(2) \qquad p(\alpha_0, \alpha_1, \ldots) = (0, \alpha_0^p, \alpha_1^p, \ldots)$$

und die wichtige Feststellung

$$(3) \qquad \mathfrak{W} \cap p^m \mathfrak{w}(\Omega) = p^m \mathfrak{W}$$

folgt. Die Vektoren $(\gamma) = (\gamma, 0, 0, \ldots)$ bilden das von Teichmüller *Mure* genannte multiplikative Repräsentantensystem mod p. Der Einfachheit halber wird im folgenden die Identifizierung $\gamma = (\gamma)$ vorgenommen. So betrachtet hat dann Ω und auch k die Körpereigenschaft nur mod p.

$D(\mathfrak{W})$ sei der Ring der formalen alternierenden Differentialformen über $\mathfrak{W}$ mit der äußeren Ableitung d, [2, S. 75].

$D_r(\mathfrak{W}) = \mathfrak{W} d_r \mathfrak{W} = \mathfrak{W} d\mathfrak{W} \ldots d\mathfrak{W}$ (r mal d) bestehe hierbei aus den

Formen r^{ten} Grades, insbesondere $\mathfrak{W}d\mathfrak{W}$ aus den Pfaffschen Formen. Das Potenzieren mit p in Ω bewirkt einen Automorphismus P des Differentialringes $D(\mathfrak{W})$. Ein für uns wichtiger, mit d vertauschbarer Modulendomorphismus ist

$$\pi = P - p: \quad \pi\Phi = P\Phi - p\Phi \quad \text{für} \quad \Phi \in D(\mathfrak{W}).$$

Mit Hilfe der Translation $T = P^{-1}p$ (vgl. (2)

$$T(\alpha_0, \alpha_1, \ldots) = (0, \alpha_1, \alpha_2, \ldots))$$

sieht man: π ist auf $\mathfrak{W}$ ein *Modulautomorphismus* mit

$$\pi^{-1} = p^{-1} \sum_0^\infty T^i.$$

Hauptziel dieser Arbeit ist nun, die in

Satz 3: $H_\Omega^2 = \mathfrak{W}d\mathfrak{W} \bmod \pi(\mathfrak{W}d\mathfrak{W}) + \mathfrak{k}d\mathfrak{W}$

und in einigen abgewandelten Sätzen behauptete Isomorphie explizit anzugeben und zu beweisen. Da das Rechnen in dem rechtsstehenden Modul bei Zugrundelegung einer p-Basis von k besonders durchsichtig wird, gibt Satz 3 die Möglichkeit einer näheren Strukturuntersuchung der Gruppe H_Ω^2 aller p-Algebren über k.

Als Nebenresultat ergibt sich die Bestätigung einer Vermutung von Teichmüller [3, S. 386]:

Diejenigen p-Algebren, die von einer festen rein inseparablen Erweiterung k_n/k vom Grad p^n zerfällt werden, lassen sich durch n Parameter aus k beschreiben (vgl. Satz 1).

1. Einführung des Symbols $\alpha d\beta$ als p-Algebra

Eine zyklische p-Algebra über dem Grundkörper k

(4) $$(a|b]_n = (a|b_0, \ldots, b_{n-1}]_n \qquad (a, b_i \in k; \qquad a \neq 0)$$

wird bekanntlich [6] durch Erzeugende u, $\Theta_0, \ldots, \Theta_{n-1}$ eingeführt mit definierenden Relationen

(5) $$u^{p^n} = a, \quad P\Theta - \Theta = b, \quad u\Theta u^{-1} = \Theta + 1$$

und $k(\Theta)$ als zyklischer Zerfällung. Hier sind Θ, b, 1 als Vektoren der Länge n aufzufassen, und P sowie die Transformation mit u komponentenweise auszuführen. Für zyklische p-Algebren gelten nach [6] die Regeln

(6) $(aa'|b]_n = (a|b]_n \dotplus (a'|b]_n$ (H_Ω^2 additiv aufgefaßt)

(7) $(a|b + b']_n = (a|b]_n + (a|b']_n$

(8) $p^n(a|b]_n = 0$ (dies folgt aus (6), (7))

(9) $(a|Pb]_n = (a|b]_n = (a|0, b]_{n+1}$

(10) $(a|f]_n = 0$ falls alle $f_i \in Ca + \ldots + Ca^m$ ($C = C^p$ Körper).

Diese letzte Regel wurde von TEICHMÜLLER [5] durch eine kunstvolle Induktion bewiesen.

Durch die Festsetzung $(a \mid b]_n = (a \mid Pb]_n$ läßt sich $(a \mid b]_n$ ohne weiteres auch für den Fall $b_j \in \Omega = \bigcup k^{p^{-m}}$ definieren. Die Regeln (6) bis (10) bleiben dabei unverändert gültig. Im folgenden bleiben wir bei den in der Einleitung verabredeten Bezeichnungen. Es bedeute $\mathfrak{w}'_n$, $\mathfrak{W}'$ die Teilmenge derjenigen Vektoren aus $\mathfrak{w}_n$, $\mathfrak{W}$ mit nur endlich vielen Komponenten $\neq 0$.

Wir führen jetzt auf dem Produktraum $\mathfrak{w}'_n \times \mathfrak{W}$ ein *neues Symbol* $\alpha d\beta$ ein durch

(11) $$\alpha d\beta = \sum_{\alpha_i \neq 0} (P^{i+n} \alpha_i \mid \alpha_i \beta]_n \in H^2_\Omega$$

mit $\alpha = \Sigma \alpha_i p^i \in \mathfrak{w}'_n$, $\beta \in \mathfrak{W}$. Wegen $\alpha \in \mathfrak{w}'_n$ ist hier $P^{i+n} \alpha_i \in k$ und die Summe endlich. *Speziell ist* $\mathfrak{w}'_0 d\mathfrak{W} = 0$.

(12) *Beim Übergang* $n \to n+1$ *bleibt* $\alpha d\beta$ *invariant*,
denn $P^{i+n} \alpha_i = a$ gesetzt, ist nach (6), (7), (8), (9)

$$(a^p \mid \alpha_i \beta]_{n+1} = (a \mid p\, \alpha_i \beta]_{n+1} = (a \mid 0, P(\alpha_i \beta)]_{n+1} = (a \mid \alpha_i \beta]_n .$$

(13) $\alpha d\beta$ *ist in* β *additiv und von* β *nur* mod p^n *abhängig* ($\alpha \in \mathfrak{w}'_n$).

Aus (6) und (9) ergibt sich sofort die

(14) *Regel* (π): $P(\alpha d\beta) = p(\alpha d\beta)$.

Für $\alpha, \beta, \gamma, \in \mathfrak{w}'_n$ folgt

(15) $\alpha d(\beta\gamma) + \beta d(\gamma\alpha) + \gamma d(\alpha\beta) = 0$,

denn mit den kanonischen Zerlegungen $\alpha = \Sigma \alpha_i p^i$ usw. von α, β, γ erhält man

$$\alpha d(\beta\gamma) = \sum (P^{i+n} \alpha_i \mid \alpha_i \beta_j \gamma_l p^{j+l}]_n = \sum (P^{i+j+l+n} \alpha_i \mid P^{i+j+l+n} (\alpha_i \beta_j \gamma_l)]_n ;$$

(15) folgt jetzt aus (9): $(a \mid a]_n = 0$. Für $\gamma = 1$ folgt speziell

(16) $$\alpha d\beta + \beta d\alpha = 0 \qquad (\alpha, \beta \in \mathfrak{w}'_n)$$

Auf $\mathfrak{w}'_n \times \mathfrak{w}'_n$ ist hiernach $\alpha d\beta$ schiefsymmetrisch bilinear und in α und β nur mod p^n abhängig. Daher kann $\alpha d\beta$ auf genau eine Weise als partiell stetige Bilinearform auf $\mathfrak{W} \times \mathfrak{W}$ fortgesetzt werden.

Das so auf $\mathfrak{W} \times \mathfrak{W}$ erklärte bilineare Symbol $\alpha d\beta$ erfüllt damit außer den *weiterhin als selbstverständlich anzusehenden Differentiationsregeln* (d) noch die Regel (π) und $\mathfrak{k} d\mathfrak{W} = 0$. Folgerungen hieraus sind

(17) $$\alpha d\beta + \beta d\alpha = 1\, d(\alpha\beta) = 0 , \qquad \mathfrak{W} d\mathfrak{k} = 0 ,$$

(18) $$\alpha d(T\beta) = \alpha d(P^{-1} p\beta) = p(\alpha d(P^{-1}\beta)) = (P\alpha)\, d\beta$$

(19) $$\beta \frac{d\gamma^p}{\gamma^p} = p\beta \frac{d\gamma}{\gamma} = P\left(\beta \frac{d\gamma}{\gamma}\right) = (P\beta) \frac{d\gamma^p}{\gamma^p} \qquad (\gamma \neq 0 \text{ aus } \Omega = \Omega^p).$$

Bemerkungen. Aus (18) folgt wieder (π):

$$p(\alpha d\beta) = \alpha d(TP\beta) = (P\alpha)d(P\beta) = P(\alpha d\beta).$$

Allein aus (π) folgt

$$\alpha d\beta + \beta d\alpha \in d\mathfrak{W} = d(\pi\mathfrak{W}) = \pi(d\mathfrak{W}) = 0.$$

2. Darstellung der p-Algebren als $\sum \alpha d\beta$

Es sei $k \subset k_1 \subset \ldots \subset k_n$ eine Folge rein inseparabler Körpererweiterungen mit $k_i = k(\alpha_1, \ldots, \alpha_i)$ vom Grad p^i über k.

Satz 1. *Wenn eine Algebra* $\mathfrak{a} \in H^2$ *von* k_n *zerfällt wird, ist*

$$\mathfrak{a} = \sum_1^n b_i \frac{d\alpha_i}{\alpha_i} \quad \text{mit} \quad b_i \in k.$$

Beweis durch Induktion nach n. Es sei $\alpha_1^p = a \in k$. Ein von k_1 zerfällter Schiefkörper hat bekanntlich [3] die Gestalt $(a \mid -b]_1 = \alpha_1 d\left(\frac{-b}{\alpha_1}\right) = b\frac{d\alpha_1}{\alpha_1}$ mit $b \in k$. Das ist die Behauptung für $n = 1$. Für $n > 1$ denke man sich zunächst den Grundkörper auf k_1 erweitert. Über k_1 ist dann $\mathfrak{a} = \sum_2^n \beta_i \frac{d\alpha_i}{\alpha_i} = \sum_2^n \beta_i^p \frac{d\alpha_i}{\alpha_i}$ (siehe (19)) mit $\beta_i \in k_1$, $\beta_i^p \in k$. Daher hat $\mathfrak{a} - \sum_2^n \beta_i^p \frac{d\alpha_i}{\alpha_i}$ als von k_1 zerfällte Algebra die Gestalt $b\frac{d\alpha_1}{\alpha_1}$.

3. Beschreibung von H_K^2 und H_Ω^2 durch Erzeugende und definierende Relationen

H_K^2 sei die Gruppe der von K/k zerfällten Algebren über k, dabei sei $K \subseteq k^{p^{-n}}$. Es werde $\mathfrak{R} = \mathfrak{w}(K)$ gesetzt.

Satz 2. $H_K^2 \cong \mathfrak{R} d\, \mathfrak{R}$ mod *den Regeln* (20):

$$\text{(20)} \qquad \mathfrak{k} d\mathfrak{R} = 0, \quad \alpha d(T\beta) = (P\alpha)\, d\beta, \quad \beta\frac{d\gamma}{\gamma} = (P\beta)\frac{d\gamma}{\gamma} \qquad (\gamma \neq 0 \text{ aus } K)$$

Beweis. Aus (20) ergeben sich die folgenden Relationen

$$\text{(21)} \qquad P(\alpha d\beta) = p(\alpha d\beta), \quad \alpha d\beta + \beta d\alpha = 0, \quad \mathfrak{R} d\mathfrak{k} = 0,$$

$$\text{(22)} \qquad \mathfrak{R} d(T^n \mathfrak{R}) = (P^n \mathfrak{R})\, d\mathfrak{R} \subseteq \mathfrak{k} d\mathfrak{R} = 0,$$

die Vektoren können also nach n Komponenten abgebrochen werden. Aus (20) folgt weiter

$$\text{(23)} \qquad (\alpha_0, \ldots, \alpha_{n-1})\, d(\beta_0, \ldots, \beta_{n-1}) = \sum_{i,j=0}^{n-1} \alpha_i^{p^j} d\beta_j^{p^i}.$$

Wegen Satz 1 muß nur gezeigt werden, daß jede Relation R für das auf $\mathfrak{R} \times \mathfrak{R}$ erklärte Symbol $\alpha d\beta$ eine Folgerelation von (20) ist. Nach (23) wird $R \in LdL$ mit einer rein inseparablen endlichen Erweiterung

L/k, über deren Grad jetzt die Induktion geführt werde. Für $L = k$ ist trivialerweise $R = 0$ Folgerung von (20). Es sei daher

$$l = k(\xi) \quad \text{mit} \quad \xi^p = a \in k$$

ein Zwischenkörper vom Grade p. Nach Erweiterung von k zu l wird nach Induktionsvoraussetzung $R = 0$ eine Folge von (20) und $\mathfrak{w}(l)\, d\,\mathfrak{K} = 0$. Über dem ursprünglichen Körper k kann daher angenommen werden, daß

$$R \in \mathfrak{w}(l)\, d\mathfrak{K} = l\, dK = K\, dl \qquad \text{(vgl. (23))}$$

also mit Elementen $\lambda \in l$ nach (20)

$$R \in \sum K \frac{d\lambda}{\lambda} = \sum (P^n K) \frac{d\lambda}{\lambda} \subseteq \sum k \frac{d\lambda}{\lambda} \subseteq l\, d\, l\,.$$

Aus $l \subseteq \Sigma\, k\, \xi^\nu + T\,\mathfrak{K}$ und $ld\,(T\,\mathfrak{K}) = (Pl)\, d\,\mathfrak{K} \subseteq \mathfrak{k} d\,\mathfrak{K} = 0$ folgt

$$R \in l dl = \sum l d\,(k\,\xi^\nu) = l d\xi = l \frac{d\xi}{\xi} = l^p \frac{d\xi}{\xi} = k \frac{d\xi}{\xi}\,.$$

Die zu untersuchende Relation hat nach diesen erlaubten Umformungen jetzt die Gestalt $b \dfrac{d\xi}{\xi} = 0$ angenommen. Das bedeutet, die zugehörige Algebra $(a \mid b]_1$ zerfällt. Der nicht ganz einfach bewiesene algebrentheoretische Satz 8 in [3] lautet, daß in diesem Falle

$$b \equiv (c_0^p - c_0) + \sum_1^{p-1} c_\nu^p\, a^\nu \mod T\,\mathfrak{K} \text{ mit } c_\nu \in k\,.$$

Nach (20) und wegen $\nu^{-1} \in \mathfrak{K}$ folgt nun tatsächlich

$$b \frac{d\xi}{\xi} = \sum_1^{p-1} c_\nu\, \xi^\nu \frac{d\xi}{\xi} = \sum_1^{p-1} c_\nu\, d\left(\frac{\xi^\nu}{\nu}\right) = 0\,. \qquad Q.E.D.$$

Satz 3. $H_\Omega^2 \cong \mathfrak{W} d \mathfrak{W} \bmod \pi\, (\mathfrak{W} d \mathfrak{W}) + \mathfrak{k} d \mathfrak{W}$.

Beweis. Wegen Satz 1 genügt folgende Feststellung: Jede Relation R auf $\mathfrak{W} \times \mathfrak{W}$ ist mit passendem K des Satzes 2 auch Relation auf $\mathfrak{K} \times \mathfrak{K}$, also Folgerelation von (20), das seinerseits bereits früher als Folge von (π) und $\mathfrak{k} d \mathfrak{W} = 0$ nachgewiesen war.

4. Einführung des diskret bewerteten vollständigen Körpers $\mathfrak{h}$

$\tilde{\mathfrak{k}}$ entstehe aus $\mathfrak{k}$ durch Ringadjunktion von p^{-1}, analog $\tilde{\mathfrak{W}}$ aus $\mathfrak{W}$, usw

Aus (z) folgt $\mathfrak{W} \subseteq \tilde{\mathfrak{k}}$, also $\tilde{\mathfrak{W}} = \tilde{\mathfrak{k}}$. Mit Hilfe der geometrischen Reihe sieht man, daß $\tilde{\mathfrak{W}}$ ein Körper ist.

U sei eine p-Basis von k, d. h. eine minimale Menge mit $k^p(U) = k$. Es ist dann auch $k^{p^n}(U) = k$. Nach Teichmüller [4] gelten in leichter Abänderung folgende Tatsachen:

Es gibt innerhalb $\mathfrak{k}$ *genau einen vollständigen, U enthaltenden Ring* $\mathfrak{h}$ *mit k als Restklassenkörper* mod p, *für den* $\tilde{\mathfrak{h}}$ *Körper ist.* $\mathfrak{h}_{n,N}$ sei der durch U, k^{p^N} in $\mathfrak{W}/p^n\mathfrak{W}$ erzeugte Ring ($N \geqq n-1$). Er ist von N unabhängig und werde daher mit $\mathfrak{h}_n$ bezeichnet. $\mathfrak{h}$ ist der projektive Limes der Ringe $\mathfrak{h}_n$, d. h. $\mathfrak{h}_n \simeq \mathfrak{h}/p^n\,\mathfrak{h}$. Es folgt

$$(24) \qquad P\mathfrak{h} \subseteq \mathfrak{h}, \qquad P^n\mathfrak{h} \equiv \Sigma\,\mathfrak{h}^{p^n} \bmod p^n.$$

Es sei noch erwähnt: $\mathfrak{h}$, $\tilde{\mathfrak{h}}$, $\mathfrak{k}$, sind vollständige Ringe, während $\mathfrak{W}$, $\tilde{\mathfrak{W}}$ die vollständigen Hüllen $\mathfrak{w}(\Omega)$, $\mathfrak{w}(\Omega)^{\sim}$ haben.

5. Umformungen von Satz 3

Für Satz 3 erhält man mehrere Umformungen, indem man Satz 4 mit $r = 1$ anwendet. In den hier erwähnten Moduln G_i werden *die üblichen alternierenden Differentialregeln* (*d*) *und die Regel* (π): $P\,\Phi = p\,\Phi$ als selbstverständlich vorausgesetzt und nicht ausdrücklich erwähnt.

Satz 4. *Für festes* $r > 0$ *sind folgende Moduln* G_i *isomorph:*

$$\begin{aligned}
G_1 &= \tilde{\mathfrak{W}}\, d_r \tilde{\mathfrak{W}} / \mathfrak{k}\, d_r \mathfrak{W} + (d_r \tilde{\mathfrak{W}})\\
G_2 &= \mathfrak{W}\, d_r \mathfrak{W} / \mathfrak{k}\, d_r \mathfrak{W}\\
G_3 &= \tilde{\mathfrak{W}}\, d_r \tilde{\mathfrak{W}} / \mathfrak{k}\, d_r \mathfrak{k} + d_r \tilde{\mathfrak{W}}\\
G_4 &= \tilde{\mathfrak{k}}\, d_r \tilde{\mathfrak{k}} / \mathfrak{k} d_r \mathfrak{k} + d_r \tilde{\mathfrak{k}}\\
G_5 &= \tilde{\mathfrak{h}}\, d_r \tilde{\mathfrak{h}} / \mathfrak{h} d_r \mathfrak{h} + d_r \tilde{\mathfrak{h}}\,.
\end{aligned}$$

Der Beweis besteht darin, von G_1 ausgehend schrittweise überflüssige Erzeugende (der Gestalt $\alpha_0\, d\alpha_1 \ldots d\alpha_r$) bzw. überflüssige Relationen zu eliminieren. Diesem Verfahren ist der folgende elementare und hier nicht weiter bewiesene Hilfssatz angepaßt:

$R(X)$ sei eine Teilmenge der freien Gruppe $F(X)$, ferner $Y \subseteq X$, $S(Y) \subseteq R(X)$. *Genau dann ist*

$$F(X)/R(X) = F(Y)/S(Y),$$

wenn die drei Bedingungen erfüllt sind:

(a) $x \equiv \varphi_{x,\nu}(Y) \bmod R(X)$ für alle $x \in X$

(b) $\varphi_{x,\nu} \equiv \varphi_{x,\mu} \bmod S(Y)$

(c) $R(\varphi_{x,\nu(x)})$ ist Folge von $S(Y)$. —

Die Regel (π) liefert in $\tilde{\mathfrak{W}}\, d_r \tilde{\mathfrak{W}}$ den Ansatz

$$(a_\varepsilon) \qquad \alpha_0 \prod_1^r d\alpha_i = P^{-n}\left((p^{n_0}\alpha_0) \prod_1^r d(p^{n_i}\alpha_i)\right) \qquad (n = n_0 + \ldots + n_r)$$

mit $p^{n_i}\alpha_i \in \mathfrak{W}$. Für $\alpha_0 = 1$ folgt $d_r \tilde{\mathfrak{W}} \subseteq d_r \mathfrak{W}$, daher ist in G_1 die Relation $d_r \tilde{\mathfrak{W}}$ überflüssig. Derselbe Ansatz (a) dient nun zum Beweis von

$G_1 = G_2$. In G_2 betrachtet ist die rechte Seite bei Vergrößerung von n_i invariant, also (b) erfüllt. Zum Nachweis von (c) sind die rechten Seiten von (a_1) mit geeigneten n_i in die Regeln (d), (π), $\mathfrak{k}\, d_r \mathfrak{W} = 0$ von G_1 einzutragen und dann ihre Gültigkeit in G_2 bzw. G_3 nachzuprüfen, was auf keine Schwierigkeiten stößt.

Jetzt werde $G_1 = G_3$ hergeleitet. Aus der Additionsregel folgt

$$(25) \qquad \alpha_0 d \frac{\alpha_1}{q} d\alpha_2 \ldots = q\left(\frac{\alpha_0}{q} d \frac{\alpha_i}{q} d\alpha_2 \ldots\right) = \frac{\alpha_0}{q} d\alpha_1 d\alpha_2 \ldots \qquad (q = p^r).$$

Durch Ausrechnung von $d(\alpha_0 \alpha_1)\, d\alpha_2 \ldots d\alpha_r = 0$ folgt, daß $\alpha_0\, d\alpha_1 \ldots d\alpha_r$ in $\alpha_0, \alpha_1, \ldots, \alpha_r$ alternierend ist. Es genügt daher, $\mathfrak{W} d \mathfrak{k} d_{r-1} \mathfrak{W} = 0$ in G_3 nachzuweisen. Nun ist nach (π), (1), (25), (d) in der Tat für $n \geqq 0$

$$\mathfrak{w}_n\, d\, \mathfrak{k}\, d_{r-1}\, \mathfrak{w}_n = \mathfrak{k}\, d\left(\left(\frac{P}{p}\right)^n \mathfrak{k}\right) d_{r-1}\, \mathfrak{k}$$

$$= \mathfrak{k}\, d\left(\mathfrak{k} + \sum_1^n \mathfrak{k}^{p^\nu} p^{-\nu}\right) d_{r-1}\, \mathfrak{k} = \sum_1^n \frac{\mathfrak{k}}{p^\nu} d\left(\mathfrak{k}^{p^\nu}\right) d_{r-1}\, \mathfrak{k} \subseteq \mathfrak{k}\, d_r\, \mathfrak{k} = 0 .$$

Wegen $\tilde{\mathfrak{W}} = \tilde{\mathfrak{k}}$ ist $G_3 = G_4$.

Es bleibt jetzt nur noch $G_4 = G_5$ nachzuweisen. In beiden Gruppen ist $\alpha_0\, d\alpha_1 \ldots d\alpha_r$ in $\alpha_0, \ldots, \alpha_r$ alternierend und multilinear. Ähnlich wie eben gilt in G_5 nach (24)

$$(26) \qquad (p^{-n}\mathfrak{h})\, d\,(P^n \mathfrak{h})\, d_{r-1}\, \mathfrak{h} = (p^{-n}\mathfrak{h})\, d\left(\sum \mathfrak{h}^{p^n} + p^n \mathfrak{h}\right) d_{r-1}\, \mathfrak{h} = 0 .$$

Für die Elimination von $(p^{-n}\alpha_0)\, d\alpha_1 \ldots d\alpha_r$ mit $\alpha_i \in \mathfrak{k}$ tragen wir entsprechend $\mathfrak{k} = \sum\limits_0^\infty T^i \mathfrak{h}$ Entwicklungen der Gestalt

$$(27) \qquad \alpha_i \equiv \sum_0^{N-1} T^\nu a_{i\nu} \bmod p^N \qquad (T = P^{-1} p\,,\ N \geqq n\,,\ a_{i\nu} \in \mathfrak{h})$$

ein und kommen zu dem in G_4 gültigen Ansatz

$$(\mathrm{a}) \qquad (p^{-n}\alpha_0)\, d\alpha_1 \ldots d\alpha_r = \sum_{\nu_0, \ldots \nu_r = 0}^{N-1} (p^{-n} P^{\mu_0} a_{0\nu_0})\, d\,(P^{\mu_1} a_{1\nu_1}) \ldots d\,(P^{\mu_r} a_{r\nu_r})$$

mit $\mu_i = (\nu_0 + \ldots + \nu_r) - \nu_i \geqq 0$. Zum Nachweis der Bedingung (b) ist hier die Summe Σ in G_5 zu betrachten. Σ hängt von den Entwicklungen (27) der α_i multilinear und alternierend ab. Nach (26) verschwinden in Σ diejenigen Glieder mit mindestens einem $\mu_i \geqq n$, erst recht jene mit mindestens einem $\nu_i \geqq n$ (wegen $r > 0$). Da also Σ von N $(N \geqq n)$ unabhängig ist, macht auch eine Änderung der Schreibweise $p^{-n}\alpha_0$ in

$p^{-(n+1)}(p\alpha_0)$ nichts aus. Das Wichtigste ist nun der Nachweis, daß Σ von der Mehrdeutigkeit in (27) nicht berührt wird. Das geschieht dadurch, daß wir $\Sigma = 0$ etwa aus der Annahme

$$0 = \alpha_0 \equiv \sum_{\nu=m}^{n-1} T^\nu a_\nu \bmod p^N \qquad (a_\nu = a_{0\nu}) \tag{28}$$

durch Induktion über $N - m$ beweisen. Es sei $m < N$, sonst wäre nichts zu zeigen. Aus (28) folgt $a_m = pb = TPb$ mit $b \in \mathfrak{h}$, also ist

$$T^m a_m + T^{m+1} a_{m+1} = T^{m+1}(Pb + a_{m+1}). \tag{29}$$

Man rechnet leicht nach, daß nach der Regel (π) die entsprechende Abänderung von (28) den Wert von Σ in G_5 invariant läßt. Nun ist nach Induktionsannahme $\Sigma = 0$ ersichtlich, da die neue Entwicklung von α_0 mit dem Index $m + 1$ beginnt.

Nachdem nun die Invarianz von Σ gegenüber Mehrdeutigkeiten von (27) feststeht, ist die Nachprüfung des Punktes (c) so einfach geworden, daß hier auf die Wiedergabe verzichtet werden kann. —

Für $r = 0$ gilt

$$\mathfrak{W} = \pi \mathfrak{W}, \quad \tilde{\mathfrak{W}} = \pi \mathfrak{W}, \quad \tilde{\mathfrak{k}} = \pi \mathfrak{k}, \quad \text{dagegen } \tilde{\mathfrak{h}} \neq \mathfrak{h} = \pi \tilde{\mathfrak{h}}. \tag{30}$$

Die Umformung des Satzes 3 durch $G_2 = G_5$ $(r = 1)$ sei hier abschließend besonders hervorgehoben:

$\tilde{\mathfrak{h}}$ sei der diskret bewertete unverzweigte vollständige Körper der Char 0 mit dem Körper k als Restklassenkörper mod p. *Die Gruppe H_Ω^2 der p-Algebren über k ist isomorph dem Modul der Pfaffschen Formen über $\tilde{\mathfrak{h}}$,* modulo *den totalen und den ganzen Differentialen und der Regel*

$$(\pi)\colon (P\alpha)\, d\,(P\beta) = p\,(\alpha d\beta).$$

Es ist anzunehmen, daß die höheren Gruppen H_Ω^{r+1} mit G_2^r in Verbindung stehen, wie dies z. B. nach (30) für $r = 0$ zutrifft.

Literatur

[1] A. A. Albert, Structure of Algebras. Am. Math. Soc. Coll. Publ. XXIV (1939).

[2] E. Kähler, Über rein algebraische Körper. Math. Nachr. **5** (1951) 69–92.

[3] O. Teichmüller, p-Algebren. Deutsche Mathematik **1**, 362–388.

[4] —, Diskret bewertete Körper mit unvollkommenem Restklassenkörper. Crelle **176** (1936) 141–152.

[5] —, Zerfallende zyklische p-Algebren. Crelle **176** (1936) 157–160.

[6] E. Witt, Zyklische Körper und Algebren der Charakteristik p vom Grad p^n. Struktur diskret bewerteter perfekter Körper mit vollkommenem Restklassenkörper der Charakteristik p. Crelle **176** (1936) 126–140.

Eingegangen am 28. 1. 1958

Editor's Remarks. Witt's papers above are often quoted. For example, his paper 19 was essentually used by W. Jehne (Hamb. Abh. 18, 1952) to give an elegant solution of Hasse's *Widerspiegelungsproblem* (cf. I. Shafarevich: "On Galois groups of $\mathfrak{p}$-adic fields", 1946, and A. Weil: "Sur la théorie du corps de classes", 1951). Witt's paper 20 was used by W. Gaschütz (Math. Z. 1951) to solve *Noether's problem* on the purely transcendency of certain field extensions for the case that the ground field has prime characteristic p.

Witt's theory of Galois p-extensions of fields developed in his paper 20 has been generalized to the case of commutative rings by D. J. Saltman, cf. Noncrossed product p-algebras and Galois p-extensions, J. of Algebra 52 (1978) 304-314, Section 1.

Let K be a discretely valued complete field with perfect residue class field k. In terms of Brauer groups $\mathrm{Br}(K)$, $\mathrm{Br}(k)$ Witt's result in his paper 21 may be formulated as follows (see also Serre's book on local fields, chap. XII, §3, Th. 2): If $X(\mathfrak{g}) := \mathrm{Hom}_{\mathrm{cont}}(\mathfrak{g}, \mathbb{Q}/\mathbb{Z})$ denotes the character group of the absolute Galois group $\mathfrak{g}$ of k then there is a split exact sequence

$$0 \to \mathrm{Br}(k) \to \mathrm{Br}(K) \to X(\mathfrak{g}) \to 0 \,. \tag{1}$$

It is well-known that this also holds for an a arbitrary Henselian valued ground field K (cf. for example B. Jacob and A. R. Wadsworth, J. Algebra 128, 1990, p. 153ff).

If the residue class field k is not necessarily perfect and $\mathrm{char}(k) = \mathrm{char}(K)$ one has a split exact sequence $0 \to \mathrm{Br}(k[t]) \to \mathrm{Br}(K) \to X(\mathfrak{g}) \to 0$ where $\mathrm{Br}(k[t])$ denotes the Brauer group of the polynomial ring $k[t]$. This is due to S. Yuan (Ann. of Math. 82, 1965, 434–444).

Considering q–primary parts in (1) with q being a prime different from the characteristic of k one obtains a split exact sequence without any restriction on k (cf. T. Nakayama, J. Reine Angew. Math. 178, 1938, 11–13). The p–primary part of $\mathrm{Br}(k)$ for an arbitrary field k of prime characteristic p is explicitely described by Witt in his 1958 paper on p-algebras.

Let ${}_{p^n}\mathrm{Br}(k)$ be the subgroup of elements of $\mathrm{Br}(k)$ whose p^nth power is trivial, and let $\mathrm{W}_n(k)$ be the ring of Witt vectors of length n. Satz 2 in the above paper 22 implies that ${}_{p^n}\mathrm{Br}(k) \cong \mathrm{W}_n(k)\mathrm{d}\mathrm{W}_n(k)$ modulo the following two rules: $\alpha\mathrm{d}(T\beta) = (P\alpha)\mathrm{d}\beta$ and $\beta\frac{\mathrm{d}\gamma}{\gamma} = (P\beta)\frac{\mathrm{d}\gamma}{\gamma}$ with $\gamma \neq 0$ in k (cf. (20)).

In 1980 Kato (J. Fac. Sci. Univ. Tokyo 27, Lemma 16, p. 674) showed that ${}_{p^n}\mathrm{Br}(k) \cong \mathrm{W}_n(k) \otimes_{\mathbb{Z}} k^*$ modulo the rules $(P\alpha) \otimes b = \alpha \otimes b$ and $(0, \ldots, 0, a, 0, \ldots, 0) \otimes a = 0$. One passes from Witt's description of ${}_{p^n}\mathrm{Br}(k)$ to Kato's by $\alpha\frac{db}{b} \mapsto \alpha \otimes b$.

Witt's conjecture at the end, that the higher dimensional groups H_Ω^{r+1} are related to the modules G_2^r, was proved by the editor in 1975 (Abh. Math. Sem. Univ. Hamburg 43, 179–180) by showing that that the modules G_2^r for $r > 1$ are trivial. In 1975 it was known that the groups H_Ω^{r+1} for $r > 0$ are trivial.

23.

Zyklische Körper und Algebren der Charakteristik p vom Grad p^n

Struktur diskret bewerteter Körper mit vollkommenem Restklassenkörper der Charakteristik p

J. reine angew. Math. *176* (1937) 126–140

Merkwürdig ist der historische Weg bis zu dieser Arbeit: Er nimmt seinen Anfang bei Artins Untersuchungen über die reellen Körper, führt sodann durch ein Gebiet mit Primzahlcharakteristik, nämlich zuerst über die zyklischen Körper der Grade p und p^2 (Artin und Schreier), dann weiter über die zyklischen Körper vom Grad p^n (Albert, Witt), er geht dann durch das nichtkommutative Gebiet der zyklischen Algebren vom Grad p und p^n (H. L. Schmid), und endet schließlich wieder kommutativ mit Charakteristik 0, nämlich bei den Henselschen p-adischen Körpern (Hasse, F. K. Schmidt, Teichmüller, Witt) [1]).

Artin untersuchte die Körper der Charakteristik 0, die durch Adjunktion einer einzigen Zahl algebraisch abgeschlossen werden, und fand u. a., daß dies durch Adjunktion von $\sqrt{-1}$ geschehen kann. Um nun zu beweisen, daß ein algebraisch abgeschlossener Körper der Charakteristik p in bezug auf keinen Unterkörper von endlichem Grad ist, mußte gezeigt werden, daß bei Charakteristik p ein zyklischer Körper p-ten Grades immer enthalten ist in einem zyklischen Körper vom Grad p^2. Nebenresultate waren dabei die Artin-Schreiersche Normalform $x^p - x = a$ für die zyklischen Körper vom Grad p^2. Durch die Fortsetzung der hierfür entwickelten Methoden konnte Albert die zyklischen Körper vom Grad p^n schrittweise aufbauen. Es gelang mir, eine von speziellen Formeln freie Konstruktion anzugeben.

Inzwischen hatte H. L. Schmid die zyklischen Algebren p-ten Grades der Charakteristik p untersucht. Für diese Algebren $(\alpha, \beta]$ mit den Erzeugenden u, θ und den definierenden Relationen

$$u^p = \alpha, \quad \theta^p - \theta = \beta, \quad u\theta u^{-1} = \theta + 1$$

gelten die Regeln

$$(\alpha, \beta] \cdot (\alpha', \beta] \sim (\alpha\alpha', \beta] \quad \text{und} \quad (\alpha, \beta] \cdot (\alpha, \beta'] \sim (\alpha, \beta + \beta'].$$

Für den Fall, daß der Grundkörper k aus Potenzreihen der Variablen t bestand, bewies Schmid die Residuenformel

$$(\alpha, \beta] \sim \left(t, \operatorname{Res} \frac{d\alpha}{\alpha} \beta\right].$$

Um entsprechende Resultate für Algebren vom Grad p^n zu erhalten, mußte zuerst meine sehr willkürliche Konstruktion für zyklische Körper vom Grad p^n wieder zweck-

---

[1]) Literaturangaben befinden sich auf S. 127.

mäßig normiert werden. Für p^2 fand Teichmüller eine Normierung. Eine andere wurde von Schmid gefunden und nach mühsamer Untersuchung auch für p^n. Für die entsprechend gebildeten zyklischen Algebren $(\alpha \mid \beta_0, \ldots, \beta_{n-1}]$ fand Schmid Regeln von der Form

$$(\alpha \mid \beta_i] \cdot (\alpha' \mid \beta_i] \sim (\alpha\alpha' \mid \beta_i] \quad \text{und} \quad (\alpha \mid \beta_i] \cdot (\alpha \mid \beta_i'] \sim (\alpha \mid s_i(\beta_j, \beta_j')]$$

mit gewissen Polynomen $s_i(x_j, y_j)$. Diese Polynome wurden zunächst für Charakteristik 0 definiert, und erst nach einem Beweis ihrer Ganzzahligkeit mod p genommen. Leider waren die Schmidschen Beweise durch Verwendung von Funktionen von vielen komplizierten Argumenten recht unübersichtlich.

Im Anschluß an die Schmidschen Untersuchungen machte ich die Entdeckung, daß die Verknüpfung $(x_i) + (y_i) = (s_i)$ mit Hilfe der Polynome $s_i(x_j, y_j)$ eine kommutative Gruppe der Vektoren $(x_i) = (x_0, x_1, \ldots)$ lieferte, die eng zusammenhing mit der Addition der p-adischen Zahlen $\Sigma\, x_i p^i$. Ausgehend von dieser Gruppe ließen sich jetzt die Schmidschen Resultate in vereinfachter Form herleiten. Ferner fand sich ein Analogon zur Residuenformel für den Grad p^n, wonach ich schon über ein Jahr lang gesucht hatte.

Die Gruppe der Vektoren mit Komponenten $\mathfrak{x}_i$ aus dem Körper von p Elementen erwies sich wirklich als identisch mit der Additionsgruppe der ganzen p-adischen Zahlen $\Sigma\, x_i p^i$ mit passendem Vertreter x_i der Restklasse $\mathfrak{x}_i$ mod p, und zwar waren nach einer Bemerkung von Hasse Vertreter x_i mit $x_i^p = x_i$ zu nehmen.

Da Teichmüller inzwischen auch eine neue Multiplikation der Vektoren fand, konnte er damit p-adische Körper mit beliebigem vollkommenen Restklassenkörper der Charakteristik p herstellen. Umgekehrt bewies Teichmüller den Satz, daß es in jedem diskret bewerteten perfekten Körper mit vollkommenem Restklassenkörper der Charakteristik p ein einziges Repräsentantensystem R mit der Eigenschaft $R^p = R$ gibt. Gestützt auf diesen Satz konnte er nun die Sätze von Hasse und F. K. Schmidt über die Struktur der diskret bewerteten perfekten Körper in neuer und viel einfacherer Form beweisen. Den verzweigten Fall konnte anschließend Hasse erledigen.

Auch diese Untersuchungen sind in dieser Arbeit aufgenommen worden, da sich unterdessen herausgestellt hat, daß alle Vektoroperationen gleichzeitig eingeführt werden können, und zwar in einer Weise, die jeden Nachweis von Rechengesetzen überflüssig macht. Außerdem werden dadurch die Beweise über die Struktur der diskret bewerteten perfekten Körper noch weiter vereinfacht.

Überraschend ist der enge Zusammenhang der Theorie der zyklischen Körper und Algebren der Charakteristik p vom Grad p^n mit der p-adischen Addition. Und noch mehr überrascht *die Erkenntnis, daß die Addition und Multiplikation der p-adischen Zahlen sich in einem Körper der Charakteristik p rational begründen läßt.*

Literaturverzeichnis.

1. A. A. Albert, Cyclic fields of degree p^n over F of characteristic p, Bull. Am. Math. Soc. **40** (1934).
2. E. Artin, Kennzeichnung des Körpers der reellen algebraischen Zahlen, Abh. Math. Sem. Hamburg **3** (1924).
3. E. Artin und O. Schreier, Über eine Kennzeichnung der reell abgeschlossenen Körper, Abh. Math. Sem. Hamburg **5** (1927).
4. H. Hasse und F. K. Schmidt, Die Struktur diskret bewerteter Körper, Crelle **170** (1934).
5. H. L. Schmid, Zyklische algebraische Funktionenkörper vom Grad p^n über endlichem Konstantenkörper der Charakteristik p, Crelle **175** (1936).
6. O. Teichmüller, Über die Struktur diskret bewerteter perfekter Körper, Gött. Nachr. 1936.
7. E. Witt, Der Existenzsatz für abelsche Funktionenkörper, Crelle **173** (1935). — Die Resultate dieser Arbeit werden mit W. I, 2; W. II; W. III usw. zitiert.
8. E. Witt, Konstruktion von galoisschen Körpern der Charakteristik p zu vorgegebener Gruppe der Ordnung p^f, Crelle **174** (1936).

1. Begründung einer Vektorrechnung.

p sei eine feste Primzahl. Für einen *Vektor*

$$x = (x_0, x_1, x_2, \ldots)$$

mit abzählbar vielen *Komponenten* x_n führen wir *Nebenkomponenten*

$$\text{(a)} \qquad x^{(n)} = x_0^{p^n} + p x_1^{p^{n-1}} + \cdots + p^n x_n$$

ein und bringen das auch gelegentlich in der Schreibweise

$$x = (x_0, x_1, x_2, \ldots \mid x^{(0)}, x^{(1)}, x^{(2)}, \ldots)$$

zum Ausdruck. Da sich umgekehrt x_n rekursiv als rationalzahliges Polynom in $x^{(0)}, \ldots, x^{(n)}$ aus den Gleichungen (a) berechnen läßt, ist ein Vektor x auch schon durch Angabe seiner Nebenkomponenten völlig bestimmt.

Summe, Differenz und Produkt zweier Vektoren erklären wir *nebenkomponentenweise*:

$$\text{(b)} \qquad x \pm y = (?, ?, \ldots \mid x^{(0)} \pm y^{(0)}, x^{(1)} \pm y^{(1)}, \ldots).$$

Wir wollen nun einige besondere Regeln für das Rechnen mit Vektoren herleiten. Dazu führen wir das *Verschiebungszeichen* V ein durch

$$\text{(1)} \qquad Vx = (0, x_0, x_1, \ldots).$$

Zur Abkürzung setzen wir noch

$$\text{(2)} \qquad \{u\} = (u, 0, 0, \ldots),$$

es ist also $V^i\{u\}$ ein Vektor, dessen i-te Komponente gleich u und dessen übrige Komponenten 0 sind. Aus (a) folgt

$$\text{(c)} \qquad (Vx)^{(n)} = p x^{(n-1)} \qquad (x^{(-1)} = 0)$$

oder ausführlich geschrieben

$$\text{(d)} \qquad Vx = (0, x_0, x_1, \ldots \mid 0, p x^{(0)}, p x^{(1)}, \ldots).$$

Es bestehen die Regeln

$$\text{(3)} \qquad V(x + y) = Vx + Vy$$

$$\text{(4)} \qquad (x_0, x_1, x_2, \ldots) = \sum_0^{r-1} V^i\{x_i\} + V^r(x_r, x_{r+1}, \ldots),$$

$$\text{(5)} \qquad \{u\}(x_0, x_1, x_2, \ldots) = (u x_0, u^p x_1, u^{p^2} x_2, \ldots),$$

wie man sofort durch Hinschreiben der n-ten Nebenkomponenten bestätigt. Es liegt nahe, die folgenden Bezeichnungen einzuführen:

$$\text{(6)} \qquad \begin{aligned} \mathbf{0} &= (0, 0, 0, \ldots) \\ \mathbf{1} &= (1, 0, 0, \ldots) \\ \boldsymbol{m} &= \mathbf{1} + \mathbf{1} + \cdots + \mathbf{1}. \end{aligned}$$

Weiter wollen wir die fraglichen Komponenten $(x \pm y)_n$ des Vektors $x \pm y$ näher untersuchen. Dazu setzen wir

$$\text{(7)} \qquad x^p = (x_0^p, x_1^p, x_2^p, \ldots).$$

x^p ist also nicht etwa die p-te Potenz im Sinn der Vektormultiplikation; diese wird gar nicht vorkommen. Aus (a) folgt die *Rekursionsgleichung*

$$\text{(e)} \qquad x^{(n)} = x^{p(n-1)} + p^n x_n,$$

wobei natürlich $x^{p(n-1)}$ die $(n-1)$-te Nebenkomponente des Vektors x^p bedeutet und nicht etwa eine $p(n-1)$-te Potenz.

Wir bezeichnen allgemein mit

$$R[u, v, \ldots] \text{ und } G[u, v, \ldots]$$

den Ring aller rationalzahligen bzw. ganzzahligen Polynome in $u, v, \ldots$.

Aus (e) und (b) folgt die additive Kongruenz

$$p^n(x+y)^n \equiv (x+y)^{(n)} = x^{(n)} + y^{(n)} \equiv p^n x_n + p^n y_n \mod R[x_0, y_0, \ldots, x_{n-1}, y_{n-1}],$$

also mit einem passenden Polynom f

$$(8) \qquad (x+y)_n = x_n + y_n + f(x_0, y_0, \ldots, x_{n-1}, y_{n-1}).$$

Bisher haben wir die Vektoroperationen nur *algebraisch* untersucht, und an keiner Stelle wurde benutzt, daß p eine Primzahl ist. Wir kommen jetzt auf die *arithmetischen* Eigenschaften zu sprechen, die aus der besonderen Gestalt der Gleichungen (a) fließen. Wir zeigen dazu das

Lemma. *Für zwei Vektoren x und y mögen die Hauptkomponenten in einem Integritätsbereich $\mathfrak{J}$ der Charakteristik 0 liegen. Dann sind für $r > 0$ die Kongruenzen*

$$x_\nu \equiv y_\nu \mod p^r \mathfrak{J}$$

gleichwertig mit den Kongruenzen

$$x^{(\nu)} \equiv y^{(\nu)} \mod p^{r+\nu} \mathfrak{J}.$$

Beweis. Für $\nu < n$ sei die Gleichwertigkeit schon erkannt, also dürfen wir annehmen, es sei $x_\nu \equiv y_\nu \mod p^r \mathfrak{J}$. Wegen $x_\nu^p \equiv y_\nu^p \mod p^{r+1}\mathfrak{J}$ folgt nach Induktionsnahme

$$x^{p\,(n-1)} \equiv y^{p\,(n-1)} \mod p^{r+n}\mathfrak{J}.$$

Nun ist wegen (e)

$$(x^n - y^n) - (p^n x_n - p^n y_n) = x^{p\,(n-1)} - y^{p\,(n-1)} \equiv 0 \mod p^{r+n}\mathfrak{J},$$

und daraus folgt die Gleichwertigkeit auch für $\nu = n$.

Satz 1. $(x \pm y)_n$ *ist ein ganzzahliges Polynom in* $x_0, y_0, \ldots, x_n, y_n$.

In den beiden ersten Komponenten ist beispielsweise

$$x + y = \left(x_0 + y_0,\ x_1 + y_1 - \sum_1^{p-1} \frac{1}{p}\binom{p}{\nu} x_0^\nu y_0^{p-\nu}, \text{ usw.}\right)$$

$$x \cdot y = (x_0 y_0,\ x_1 y_0^p + x_0^p y_1 + p x_1 y_1, \text{ usw.})$$

Beweis. $x^{(n)}$ und $y^{(n)}$ liegen im Ring $\mathfrak{J} = G[x_0, y_0 \ldots, x_n, y_n]$. Nach (e) ist

$$x^{(n)} \equiv x^{p\,(n-1)} \text{ und } y^{(n)} \equiv y^{p\,(n-1)} \mod p^n \mathfrak{J}.$$

Daher ist wegen (b)

$$(x \pm y)^{(n)} = x^{(n)} \pm y^{(n)} \equiv x^{p\,(n-1)} \pm y^{p\,(n-1)} = (x^p \pm y^p)^{(n-1)} \mod p^n \mathfrak{J}.$$

Für $\nu < n$ sei der Satz schon bewiesen, also gilt $(x \pm y)_\nu^p \equiv (x^p \pm y^p)_\nu \mod p\,\mathfrak{J}$. Das Lemma ergibt

$$(x \pm y)^{p\,(n-1)} \equiv (x^p \pm y^p)^{(n-1)} \mod p^n \mathfrak{J}.$$

Wegen (e) ist

$$p^n (x \pm y)_n = (x \pm y)^{(n)} - (x \pm y)^{p\,(n-1)} \equiv 0 \mod p^n \mathfrak{J},$$

und daraus folgt der Satz auch für $\nu = n$.

Satz 2. *Es gilt komponentenweise* $\boldsymbol{p}x \equiv Vx^p \mod pG[x_i]$.

Beweis. Nach (e), (c), (b), ist für die Nebenkomponenten

$$(\boldsymbol{p}x)^{(n)} = p x^{(n)} \equiv p x^{p\,(n-1)} = (Vx^p)^{(n)} \mod p^{n+1} G[x_i],$$

aus dem Lemma folgt jetzt die Behauptung $(\boldsymbol{p}x)_n \equiv (Vx^p)_n \mod pG[x_i]$.

2. Der Residuenvektor (α, β).

Zur Vorbereitung für die letzten Abschnitte müssen wir die folgenden Betrachtungen einschalten.

Wir betrachten formale Potenzreihen

$$\alpha = a_m t^m + a_{m+1} t^{m+1} + \cdots \qquad (a_m \neq 0)$$

in t mit Koeffizienten a_i aus einem Integritätsbereich $\mathfrak{J}$ der Charakteristik 0. β sei ein Vektor, dessen einzelne Komponenten β_ν wieder Potenzreihen [2]) sind:

$$\beta = (\beta_0, \beta_1, \ldots), \qquad \beta_\nu = \sum_{i > -\infty} b_{\nu i} t^i.$$

Für den von α und β abhängigen Vektor

$$\text{(f)} \qquad (\alpha, \beta) = \left(?, ?, \ldots \,\middle|\, \operatorname{Res} \frac{d\alpha}{\alpha} \beta^{(0)}, \operatorname{Res} \frac{d\alpha}{\alpha} \beta^{(1)}, \ldots\right)$$

gelten nach (e) und (d) die Rechenregeln

$$\text{(9)} \qquad (\alpha\alpha', \beta) = (\alpha, \beta) + (\alpha', \beta),$$

$$\text{(10)} \qquad (\alpha, \beta + \beta') = (\alpha, \beta) + (\alpha, \beta'),$$

$$\text{(11)} \qquad (\alpha, V\beta) = V(\alpha, \beta).$$

Für später sprechen wir die unmittelbar aus (f) folgenden Tatsachen aus:

Satz 3. *Ist c ein Vektor mit lauter konstanten Komponenten, so gilt $(\alpha, \beta) \cdot c = (\alpha, \beta c)$. Es ist $(t, c) = c$. Enthalten alle Entwicklungen der β_ν nur Potenzen von t mit lauter positiven bzw. lauter negativen Exponenten, so ist $(t, \beta) = 0$.*

Wir zeigen nun den folgenden arithmetischen

Satz 4. *Für*

$$\alpha = a_m t^m + a_{m+1} t^{m+1} + \cdots \qquad (a_m \neq 0),$$

$$\beta = (\beta_0, \beta_1, \ldots) \quad \textit{mit} \quad \beta_\nu = \sum_{i > -\infty} b_{\nu i} t^i$$

sind die Komponenten $(\alpha, \beta)_n$ des Vektors (α, β) ganzzahlige Polynome in a_m^{-1}, a_i, $b_{\nu i}$.

Beweis. Es sei $\mathfrak{J} = G[a_m^{-1}, a_i, b_{\nu i}]$.

Wir führen zunächst den Beweis durch für den Fall $\alpha = t$. Zum Vektor β bilden wir die Vektoren β' und β'' mit den Komponenten

$$\beta_\nu' = \sum_{i>0} b_{\nu i} t^i \quad \text{bzw.} \quad \beta_\nu'' = \sum_{i<0} b_{\nu i} t^i,$$

und führen damit die Vektoroperation Ω ein durch

$$\Omega\beta = \beta - \beta' - \beta''.$$

Mit den Koeffizienten von β liegen nach Satz 1 auch die Koeffizienten von $\Omega\beta$ in $\mathfrak{J}$. Sind die Komponenten $\beta_0, \ldots, \beta_{\nu-1}$ konstant, so auch die Komponenten $(\Omega\beta)_0, \ldots, (\Omega\beta)_\nu$. Nach (10) und Satz 3 ist

$$(t, \Omega\beta) = (t, \beta) - (t, \beta') - (t, \beta'') = (t, \beta),$$

und deshalb allgemein $(t, \beta) = (t, \Omega^n\beta)$. Für $\nu < n$ ist nun $(\Omega^n\beta)_\nu$ konstant; wie in Satz 3 gilt daher $(t, \Omega^n\beta)_\nu = (\Omega^n\beta)_\nu$. Somit liegt

$$(t, \beta)_\nu = (\Omega^n\beta)_\nu \qquad (\nu < n)$$

im Integritätsbereich $\mathfrak{J}$.

Nun sei α eine beliebige Potenzreihe. Wir können β_ν nach der neuen Variablen

---

[2]) Die Summationsbezeichnung $\sum_{i>-\infty}$ soll andeuten, daß in der Reihe nur endlich viele Glieder mit negativem Index i auftreten.

$t' = t^{1-m}\alpha$ entwickeln, und zwar liegen die neuen Koeffizienten $b'_{\nu i}$ wieder in $\mathfrak{J}$. Nach dem vorhin Bewiesenen ist $(t', \beta)_n$ ganzzahliges Polynom in $b'_{\nu i}$, liegt also in $\mathfrak{J}$. Nach (9) und (10) gilt die Zerlegung

$$(\alpha, \beta) = (\boldsymbol{m} - \mathbf{1}) \cdot (t, \beta) + (t', \beta),$$

nach Satz 1 liegen daher die Komponenten des Vektors (α, β) ebenfalls in $\mathfrak{J}$, w. z. b. w.

3. Vektoren bei Charakteristik p. Konstruktion von p-adischen Körpern.

Theoretisch brauchen wir nur die ganzzahligen Polynome $(x \dotplus y)_n$ einfach anzugeben und können dann mit ihnen Summe, Differenz und Produkt von Vektoren erklären, ohne überhaupt von Nebenkomponenten zu reden. In diesem Sinn muß das bestehende Distributivgesetz $x(y+z) = xy + xz$ als Zusammenfassung von ganzzahligen Polynomidentitäten in x_i, y_i, z_i angesehen werden. Ähnlich ist es mit den anderen Gesetzen. Ebenso würde es genügen, wenn wir die ganzzahligen Polynome $(\alpha, \beta)_n$ einfach angeben. Die Formeln (1) bis (11) und die Sätze 1 bis 4 behalten dann ihre Gültigkeit.

Diesen Standpunkt nehmen wir nun ein und betrachten alles mod p:

Erklärung. $x \dotplus y$ *ist ein Vektor, dessen Komponenten feststehende Polynome in* x_i, y_i *sind mit Koeffizienten aus dem Galoisfeld* $GF(p)$ *von* p *Elementen. Es gelten die Kommutativ-, Assoziativ- und Distributivgesetze.*

(α, β) *ist ein Vektor, dessen Komponenten feststehende Polynome in* $a_m^{-1}, a_i, b_{\nu i}$ *sind mit Koeffizienten aus* $GF(p)$.

Die Formeln (1) *bis* (11) *und Satz* 3 *bleiben bestehen. Ferner gilt jetzt*

(12) $$(x \dotplus y)^p = x^p \dotplus y^p,$$

(13) $$px = Vx^p \qquad \text{(Satz 2)},$$

(14) $$(V^i x) \cdot (V^j y) = V^{i+j}(x^{p^j} y^{p^i}).$$

Um (14) zu beweisen, dürfen wir erst x und y durch x^{p^i}, y^{p^j} ersetzen. Dann geht die Behauptung wegen (13) über in $(\boldsymbol{p}^i x) \cdot (\boldsymbol{p}^j y) = \boldsymbol{p}^{i+j}(xy)$.

Nun sei $\mathfrak{k}$ ein **beliebiger Körper der Charakteristik p.** Wir betrachten Vektoren x mit Komponenten aus $\mathfrak{k}$. Diese bilden hinsichtlich der erklärten Vektorrechnung einen Ring $I(\mathfrak{k})$. Diesen Ring wollen wir nunmehr untersuchen.

Wir definieren folgendermaßen eine Bewertung der Vektoren:

Es werde $|x| = p^{-r}$ gesetzt, wenn x_r die erste von Null verschiedene Komponente des Vektors x ist; ferner $|0| = 0$. Aus (3) und (14) folgen dann sofort die beiden Regeln

(15) $$|x + y| \leqq \text{Max}(|x|, |y|),$$

(16) $$|xy| = |x| \cdot |y|.$$

Auf Grund dieser Bewertung dürfen wir von Konvergenz reden. Nach (4) gilt jetzt

(17) $$(x_0, x_1, x_2, \ldots) = \sum_0^\infty V^i\{x_i\}.$$

Es ist ohne weiteres klar, daß jede konvergente Folge von Vektoren gegen einen Vektor konvergiert, d. h. daß der Ring $I(\mathfrak{k})$ perfekt ist.

Satz 5. *Im Ring* $I(\mathfrak{k})$ *ist ein Vektor* $a = (a_0, a_1, \ldots)$ *mit* $a_0 \neq 0$ *eine Einheit.*

Beweis. Setzen wir nämlich $\mathbf{1} - a\{a_0^{-1}\} = Vb$, so ist

$$a \cdot \{a_0^{-1}\} \sum_0^\infty (Vb)^i = (\mathbf{1} - Vb) \sum_0^\infty (Vb)^i = \mathbf{1}.$$

Jetzt sei $\mathfrak{k}$ ein **vollkommener Körper der Charakteristik p.** Wir haben dann für jeden Vektor aus dem Ring $I(\mathfrak{k})$ die Reihenentwicklung

$$(x_0, x_1, x_2, \ldots) = \sum_0^\infty p^i \{x^{p^{-i}}\}.$$

Wir wollen nun den Quotientenkörper $Q(\mathfrak{k})$ des Rings $I(\mathfrak{k})$ bilden. Da die in $Q(\mathfrak{k})$ gebildeten Reihen.

$$(18) \qquad \sum_{i > -\infty} p^i \{x^{p^{-i}}\}$$

offensichtlich einen Körper bilden, besteht $Q(\mathfrak{k})$ gerade aus allen Reihen (18). Wie immer, so läßt sich auch hier die Bewertung auf den Quotientenkörper fortsetzen.

Satz 6. *Für einen vollkommenen Körper $\mathfrak{k}$ ist der Quotientenkörper $Q(\mathfrak{k})$ des Ringes $I(\mathfrak{k})$ aller Vektoren aus $\mathfrak{k}$ ein diskret bewerteter perfekter Körper der Charakteristik* 0. *$Q(\mathfrak{k})$ ist unverzweigt, d. h. (p) ist ein Primideal in $I(\mathfrak{k})$. Der Restklassenkörper $I(\mathfrak{k})/(p)$ ist mit $\mathfrak{k}$ isomorph.*

Diskrete Bewertung bedeutet dabei: die vorkommenden Beträge haben *nur* den Häufungspunkt 0.

4. Struktur diskret bewerteter perfekter Körper.

Diesen Abschnitt schalten wir ein, um eine Übersicht über alle diskret bewerteten perfekten Körper $\mathfrak{k}$ mit vollkommenem Restklassenkörper $\mathfrak{k}$ der Charakteristik p zu gewinnen.

Es sei k ein bewerteter perfekter Körper. Für den Betrag mögen die Regeln (15) und (16) gelten. Die vorkommenden Beträge sollen nur den Häufungspunkt 0 haben. Die Elemente a mit $|a| \leqq 1$ (ganze Elemente) bilden einen Integritätsbereich $\mathfrak{J}$. Die Elemente b mit $|b| < 1$ bilden in $\mathfrak{J}$ ein Primideal, wegen der Diskretheit der Bewertung ist es ein Hauptideal (π). Der Restklassenkörper $\mathfrak{k} = \mathfrak{J}/(\pi)$ sei ein vollkommener Körper der Charakteristik p. Da für eine Primzahl $q \neq p$ sicher $q \not\equiv 0 \bmod \pi$, also erst recht $q \not\equiv 0$ in k ist, hat k entweder die Charakteristik p oder die Charakteristik 0.

Für die Beweise der nachfolgenden Sätze 7 und 9 machen wir zwei Feststellungen:

(g) Für ganze Elemente a und b folgt aus $a \equiv b \bmod \pi^r$ $(r > 0)$ die Kongruenz $a^{p^n} \equiv b^{p^n} \bmod \pi^{r+n}$ $(n \geqq 0)$.

(h) Sind die Komponenten der Vektoren x und y ganz, so folgt aus den Kongruenzen $x_\nu \equiv y_\nu \bmod \pi^r$ $(r > 0)$ die Kongruenz $x^{(n)} \equiv y^{(n)} \bmod \pi^{r+n}$ $(n \geqq 0)$.

Weil nämlich $\binom{p}{i} \equiv 1$ oder $0 \bmod \pi$ ist, folgt zunächst $a^p \equiv b^p \bmod \pi^{r+1}$ und dann durch n-malige Iteration die Behauptung (g). Hiermit läßt sich aus der Gleichung (a) unmittelbar die andere Behauptung (h) ablesen. —

Mit einem Repräsentantensystem R aus $\mathfrak{J} \bmod \pi$ läßt sich jedes Element aus k auf genau eine Weise in eine Reihe

$$(19) \qquad \sum_{i > -\infty} r_i \pi^i \qquad (r_i \text{ aus } R)$$

entwickeln.

Wir zeigen nun nach Teichmüller:

Satz 7. *Es gibt in $\mathfrak{J}$ ein einziges Repräsentantensystem R mit der Eigenschaft $R^p = R$. Es ist multiplikativ abgeschlossen. Wenn k die Charakteristik p hat, so ist R ein mit $\mathfrak{k}$ isomorpher Körper.*

Beweis. $\mathfrak{a}$ sei eine feste Restklasse mod π. Wir wählen aus jeder Restklasse $\mathfrak{a}^{p^{-\nu}}$ $(\nu \geqq 0)$ ein beliebiges Element a_ν und behaupten: $a_\nu^{p^\nu}$ konvergiert für $\nu \to \infty$, und zwar gegen eine Zahl a aus $\mathfrak{a}$, und weiter, a hängt nicht ab von der besonderen Auswahl der a_ν.

Es folgt nämlich $a_{\nu+1}^p \equiv a_\nu \bmod \pi$, also $a_{\nu+1}^{p^{\nu+1}} \equiv a_\nu^{p^\nu} \bmod \pi^{\nu+1}$, und hieraus folgt die Konvergenz. Weil jedes $a_\nu^{p^\nu}$ in $\mathfrak{a}$ liegt, muß auch der Grenzwert a darin liegen. a'_ν seien die Elemente einer zweiten Auswahl. Wegen $a'_\nu \equiv a_\nu \bmod \pi$ ist $a_\nu'^{p^\nu} \equiv a_\nu^{p^\nu} \bmod \pi^{\nu+1}$, und für die Grenzwerte folgt $a' = a$.

Konstruieren wir für jede Restklasse $\mathfrak{a}$ die zugehörige Zahl a, so bilden diese Zahlen ein Repräsentantensystem R. Es sei $\mathfrak{a}\mathfrak{b} = \mathfrak{c}$. Dann liegt $a_\nu b_\nu = c_\nu$ in $\mathfrak{a}^{p^{-\nu}} \mathfrak{b}^{p^{-\nu}} = \mathfrak{c}^{p^{-\nu}}$, und wegen $a^{p^\nu} b^{p^\nu} = c^{p^\nu}$ folgt für die Grenzwerte $ab = c$. Daher ist R multiplikativ abgeschlossen, und wegen $\mathfrak{k}^p = \mathfrak{k}$ ist $R^p = R$. Wenn k die Charakteristik p hat, so folgt analog aus $\mathfrak{a} + \mathfrak{b} = \mathfrak{c}$ die Gleichung $a + b = c$, also ist R ein mit $\mathfrak{k}$ isomorpher Körper.

Umgekehrt sei R' ein Repräsentantensystem mit $R'^p = R$. Es sei a'_ν der Repräsentant aus $\mathfrak{a}^{p^{-\nu}}$, dann ist $a_\nu'^{p^\nu} = a'_0$, also der Grenzwert $a = a'_0$, d. h. es ist $R = R'$.

Aus diesem Satz in Verbindung mit (19) folgt

Satz 8. *Ein diskret bewerteter perfekter Körper k der Charakteristik p mit einem vollkommenen Restklassenkörper $\mathfrak{k}$ der Charakteristik p ist mit einem Potenzreihenkörper einer Variablen über $\mathfrak{k}$ isomorph.*

Nunmehr habe k die Charakteristik 0. Es sei $(p) = (\pi^e)$, wegen $p \equiv 0 \bmod \pi$ ist $e > 0$.

Satz 9. *Jedem Vektor*

$$\mathfrak{x} = (\mathfrak{x}_0, \mathfrak{x}_1, \ldots)$$

aus $I(\mathfrak{k})$ werde die ganze Zahl

$$\xi = \sum_0^\infty x_i^{p^{-i}} p^i$$

aus k zugeordnet, wobei $x_i^{p^{-i}}$ der Repräsentant von $\mathfrak{x}_i^{p^{-i}}$ in dem Repräsentantensystem R mit $R^p = R$ ist.

Aus $\mathfrak{x} \pm \mathfrak{y} = \mathfrak{z}$ folgt dann $\xi \pm \eta = \zeta$.

Beweis. Es werde $\mathfrak{x}^{p^{-n}} = (\mathfrak{x}_0^{p^{-n}}, \mathfrak{x}_1^{p^{-n}}, \ldots)$ und $x^{p^{-n}} = (x_0^{p^{-n}}, x_1^{p^{-n}}, \ldots)$ gebildet, wobei $x_i^{p^{-n}}$ wieder in R liegen und $\mathfrak{x}_i^{p^{-n}}$ repräsentieren soll. — Nach (a) ist

$$x^{p^{-n}(n)} = \sum_0^n x^{p^{-i}} p^i,$$

also

$$\lim x^{p^{-n}(n)} = \xi.$$

Aus $\mathfrak{x} \pm \mathfrak{y} = \mathfrak{z}$ folgt $\mathfrak{x}^{p^{-n}} \pm \mathfrak{y}^{p^{-n}} = \mathfrak{z}^{p^{-n}}$, und hieraus $(x^{p^{-n}} \pm y^{p^{-n}})_\nu \equiv z_\nu^{p^{-n}} \bmod \pi$. Nach (b) und (h) ergibt sich für die Nebenkomponenten

$$x^{p^{-n}(n)} \pm y^{p^{-n}(n)} = (x^{p^{-n}} \pm y^{p^{-n}})^{(n)} \equiv z^{p^{-n}(n)} \bmod \pi^{n+1}.$$

Für die Grenzwerte ist daher $\xi \pm \eta = \zeta$, w. z. b. w.

Damit ist gezeigt, daß die Reihen $\sum_0^\infty Rp^i$ $(R^p = R)$ einen zu $I(\mathfrak{k})$ isomorphen Ring $\mathfrak{J}'$ bilden. Folglich bilden die Reihen $\sum_{i > -\infty} Rp^i$ einen zu $Q(\mathfrak{k})$ isomorphen Körper k'.

Wie jedes Element aus $\mathfrak{J}$ läßt sich auch π^e/p in eine Reihe

$$\frac{\pi^e}{p} = \sum_{i=0}^{r-1} \sum_{j=0}^{\infty} r_{ij} p^j \pi^i = \sum_{i=0}^{r-1} g_i \pi^i$$

entwickeln mit r_{ij} aus $R^p = R$, bzw. g_i aus $\mathfrak{J}'$. Mit π^e/p muß auch g_0 prim zu p sein. Es ist also $k = k'(\pi)$, wobei π einer Eisensteinschen Gleichung e-ten Grades genügt.

Satz 10. *Ein diskret bewerteter perfekter Körper der Charakteristik 0 mit einem vollkommenen Restklassenkörper $\mathfrak{k}$ der Charakteristik p enthält einen invariant bestimmten Unterkörper k', der zum Körper $Q(\mathfrak{k})$ von Satz 6 isomorph ist. Ist $(p) = (\pi^e)$ mit einem Primelement π aus k, so ist $k = k'(\pi)$, wo π einer Eisensteinschen Gleichung e-ten Grades genügt.*

Während die Sätze 8 und 10 die Struktur der diskret bewerteten perfekten Körper mit vollkommenem Restklassenkörper $\mathfrak{k}$ aufdecken, kann uns Satz 9 dazu dienen, gegebenenfalls das Rechnen mit Vektoren zurückzuführen auf das Rechnen mit ganzen p-adischen Zahlen.

5. Zyklische und abelsche Körper der Charakteristik p vom Exponenten p^n.

Es sei k ein beliebiger Körper der Charakteristik p. Wir wollen seine zyklischen Oberkörper vom Grad p^n, allgemeiner seine abelschen Oberkörper vom Exponenten p^n untersuchen.

Dazu rechnen wir mit Vektoren x mit Komponenten aus k, und zwar nur mod V^n, d. h. wir rechnen nur mit Vektoren

$$x = (x_0, x_1, \ldots, x_{n-1})$$

der Länge n.

Wir gehen jetzt genau nach derselben Methode vor wie in der Arbeit W. I, nur daß wir alle dort bewiesenen Sätze über Körperzahlen hier entsprechend für Vektoren aussprechen.

Mit $\sigma, \tau, \ldots$ seien die Automorphismen des galoisschen (separablen) Körpers K/k bezeichnet. Für einen Vektor $C = (C_0, C_1, \ldots)$ mit C_i aus K erklären wir

$$C^\sigma = \sigma C = (\sigma C_0, \sigma C_1, \ldots)$$

$$\operatorname{Sp} C = \sum_\sigma \sigma C = (\operatorname{Sp} C_0, *, \ldots).$$

Ist also C_0 eine Zahl, deren Spur nicht verschwindet, so gibt es nach Satz 5 einen zu $\operatorname{Sp} C$ reziproken Vektor. Es bestehen die Regeln

$$\sigma(A + B) = \sigma A + \sigma B, \qquad (AB)^\sigma = A^\sigma B^\sigma.$$

Jedem σ sei ein Vektor A_σ zugeordnet. Der Satz W. I, 2 kann mitsamt seinem Beweis fast ungeändert übernommen werden:

Satz 11. *Bestehen die Relationen $A_\sigma + \sigma A_\tau = A_{\sigma\tau}$, so gibt es einen solchen Vektor B, daß $A_\sigma = (1 - \sigma)\, B$ gilt.*

Zum Beweis nehmen wir den oben konstruierten Vektor C. Wie man leicht nachrechnet, kann $B = \frac{1}{\operatorname{Sp} C} \sum_\tau A_\tau \, \tau C$ gewählt werden.

Übrigens gelten auch hier die Sätze W. I, 1 und W. I, 3.

Ebenso wie für Zahlen a vorteilhaft die Bezeichnung $\wp a = a^p - a$ eingeführt wurde, setzen wir für Vektoren

$$\wp x = x^p - x = (x_0^p, x_1^p, \ldots, x_{n-1}^p) - (x_0, x_1, \ldots, x_{n-1}).$$

Es besteht die Regel

$$\wp(x + y) = \wp x + \wp y.$$

Die Lösungen von $\wp x = 0$ sind genau die Vektoren mit Komponenten aus dem Primkörper.

Wir nennen nun die Vektoren α von der Form $\wp\beta$ zerfallend, und schreiben dafür auch $\alpha \sim 0$.

1. Der Zerfall von $(0, \alpha_1, \ldots, \alpha_{n-1})$ ist gleichwertig mit dem Zerfall von $(\alpha_1, \ldots, \alpha_{n-1})$.

Denn ist $(0, \alpha_1, \ldots, \alpha_{n-1}) = \wp(\beta_0, \beta_1, \ldots, \beta_{n-1})$, so liegt β_0 im Primkörper. Wird die Gleichung $0 = \wp(\beta_0, 0 \ldots, 0)$ abgezogen, so bleibt

$$(0, \alpha_1, \ldots, \alpha_{n-1}) = \wp(0, \beta_1, \ldots, \beta_{n-1}),$$

und diese Gleichung ist nach (4) gleichwertig mit $(\alpha_1, \ldots, \alpha_{n-1}) = \wp(\beta_1, \ldots, \beta_{n-1})$.

2. Im algebraisch abgeschlossenen Körper $\bar{k}$ zerfällt jeder Vektor.

Denn in $\bar{k}$ darf man $\alpha_0 = \wp a$ setzen, und wegen

$$(20) \qquad (\wp a, \alpha_1, \ldots, \alpha_{n-1}) \sim (\wp a, \alpha_1, \ldots, \alpha_{n-1}) - \wp(a, 0, \ldots, 0) = (0, \alpha_1', \ldots, \alpha_{n-1}')$$

braucht jetzt nur noch der Zerfall des kürzeren Vektors $(\alpha_1', \ldots, \alpha_{n-1}')$ nachgewiesen zu werden.

Im Körper k können wir jedenfalls sagen, daß die Komponenten θ_i einer Lösung $\theta = (\theta_0, \ldots, \theta_{n-1})$ der Gleichung $\wp\theta = \alpha$ algebraische Zahlen sind. $K = K(\theta_0, \ldots, \theta_{n-1})$ ist also ein Zerfällungskörper des Vektors α. Jede weitere Lösung unterscheidet sich von θ nur um einen Vektor aus dem Primkörper, daher liegen in K sämtliche Lösungen. K ist also charakterisiert als kleinster Zerfällungskörper des Vektors α und muß daher galoissch sein. Die sämtlichen Lösungen θ der Gleichung $\wp\theta = \alpha$ sollen mit $\frac{1}{\wp}\alpha$ bezeichnet werden.

Wir sind nun im Stande, sämtliche Überlegungen und Sätze aus W. III (und W. II) fast wörtlich zu übertragen. Es ist dabei zu beachten, daß an Stelle von Zahlen immer Vektoren der Länge n zu nehmen sind, und statt einer Anwendung von W. I muß hier der vorhin bewiesene Satz 11 herangezogen werden. Auf diese Weise gelangen wir zu den Ergebnissen:

Satz 12. *Es sei ω eine additive Gruppe von Vektoren der Länge n, die alle zerfallenden Vektoren $\wp\alpha$ enthält, so daß $\omega/\wp\alpha$ endlich ist. Dann ist die galoissche Gruppe von $k\left(\frac{1}{\wp}\omega\right)/k$ zur Gruppe $\omega/\wp\alpha$ isomorph.*

Zu jedem abelschen Körper K/k vom Exponenten p^n gibt es genau eine solche Gruppe $\omega/\wp\alpha$, daß $K = k\left(\frac{1}{\wp}\omega\right)$ gilt.

Wir wollen nun zusehen, wie sich insbesondere die zyklischen Körper Z vom Grade p^n darstellen. Es ist $Z = k\left(\frac{1}{\wp}\beta\right)$ mit einem einzigen Vektor β der Länge n, und dabei darf $\mathbf{p}^{n-1}\beta$ nicht zerfallen. Nun ist

$$(21) \qquad \mathbf{p}\beta = V\beta^p = V\beta + \wp V\beta \sim V\beta,$$

also darf $V^{n-1}\beta$, d. h. β_0 nicht zerfallen. Ist θ eine Lösung von $\wp\theta = \beta$, so erhalten wir durch Anwendung der Automorphismen von Z/k auf θ genau p^n verschiedene, d. h. alle Lösungen dieser Gleichung. Daher gibt es einen Automorphismus σ mit $\sigma\theta = \theta + \mathbf{1}$. Wegen $\sigma^{p^{n-1}}\theta = \theta + \mathbf{p}^{n-1} \neq \theta$ hat σ die Ordnung p^n.

Satz 13. *Ist $\beta = (\beta_0, \ldots, \beta_{n-1})$ ein Vektor mit $\beta_0 \neq \wp a$, so entsteht aus k durch Adjunktion einer Lösung $\theta = (\theta_0, \ldots, \theta_{n-1})$ der Gleichung $\wp\theta = \beta$ ein zyklischer Körper $Z = k\left(\frac{1}{\wp}\beta\right)$ vom Grad p^n.*

Umgekehrt läßt sich jeder zyklische Körper vom Grad p^n in dieser Weise darstellen. Durch $\sigma\theta = \theta + \mathbf{1}$ wird ein erzeugender Automorphismus von Z definiert.

6. Zyklische Algebren der Charakteristik p vom Grad p^n.

Wir werden jetzt die zyklischen Algebren vom Grad p^n über einem beliebigen Körper k der Charakteristik p behandeln.

Es sei $\alpha \neq 0$ eine Zahl und $\beta = (\beta_0, \ldots, \beta_{n-1})$ ein Vektor der Länge n aus k. Mit

$$(\alpha, \beta] = (\alpha \mid \beta_0, \ldots, \beta_{n-1}]$$

bezeichnen wir den **hyperkomplexen Ring**

mit der Erzeugenden u, den untereinander vertauschbaren Erzeugenden $\theta_0, \ldots, \theta_{n-1}$ und den definierenden Relationen $u^{p^n} = \alpha$, $\wp\theta = \beta$, $u\theta u^{-1} = \theta + 1$.

Dabei ist $\theta = (\theta_0, \ldots, \theta_{n-1})$ und $u\theta u^{-1} = (u\theta_0 u^{-1}, \ldots, u\theta_{n-1}u^{-1})$ gesetzt.

Die Transformation mit u liefert also einen Automorphismus des kommutativen Teilringes $k(\theta_0, \ldots, \theta_{n-1})$, und wegen

$$u^{p^{n-1}}\theta u^{-p^{n-1}} = \theta + p^{n-1} \neq \theta, \quad u^{p^n}\theta u^{-p^n} = \theta + p^n = \theta$$

hat dieser Automorphismus die Ordnung p^n.

Machen wir mit einer Zahl $\gamma \neq 0$ und einem Vektor δ aus k die simultanen Substitutionen

$$u' = \gamma u, \quad \alpha' = \alpha\gamma^{p^n}$$
$$\theta' = \theta + \delta, \quad \beta' = \beta + \wp\delta,$$

so gehen alle bisherigen Gleichungen in die entsprechenden Gleichungen für die gestrichenen Größen über. Daher gilt die Isomorphie

(22) $$(\alpha, \beta] \cong (\alpha\gamma^{p^n}, \beta + \wp\delta].$$

Satz 14. *Das eben erklärte System $(\alpha, \beta]$ ist einfach und normal und hat den Grad p^n.*

Beweis. Wir berufen uns auf einen allgemeinen Satz aus der Theorie hyperkomplexer Systeme: Ein System S über einem Körper k ist einfach und normal, wenn das mit dem algebraisch abgeschlossenen Körper $\bar{k}$ erweiterte System $\bar{S}$ einfach ist (und umgekehrt). Im Körper $\bar{k}$ haben wir aber wegen (22) mit $\gamma = \alpha^{p^{-n}}$ und $\delta = -\frac{1}{\wp}\beta$ die Isomorphie $(\alpha, \beta] \cong (1, 0]$. Wir müssen also zeigen, daß das System $(1, 0]$ einfach ist und den Rang p^{2n} hat.

Der kommutative Teilring $k(\theta_0, \ldots, \theta_{n-1})$ wird durch die Gleichungen $\theta^p - \theta = 0$, d. h. durch $\theta_i^p = \theta_i$ bestimmt, daher ist $k(\theta_0, \ldots, \theta_{n-1}) = \sum_1^{p^n} k\, e_i$ mit Idempotenten e_i. Die Transformation mit u liefert eine Permutation der e_i von der Ordnung p^n, also eine zyklische. Wir können somit den Ring $(1, 0]$ auch darstellen durch die Basis

$$e_\sigma u^\tau \ (\sigma, \tau \bmod p^n) \text{ vom Rang } p^{2n}$$

und die Rechenregeln

$$u^{p^n} = 1; \quad e_\sigma^2 = e_\sigma, \quad e_\sigma e_\tau = 0 \quad (\sigma \neq \tau), \quad (\Sigma e_\sigma = 1), \quad ue_\sigma u^{-1} = e.$$

Im Ring $(1, 0]$ sei nun $\mathfrak{A}$ ein Ideal, das ein Element $A = \sum_{\sigma,\tau} a_{\sigma,\tau} e_\sigma u^\tau \neq 0$ enthält, es sei etwa $a_{s,t} \neq 0$. Eine leichte Rechnung ergibt

$$\sum_\varrho u^\varrho e_s a_{s,t}^{-1} A u^{-t} e_s u^{-\varrho} = 1,$$

also ist $\mathfrak{A} = (1)$, d. h. der Ring $(1, 0]$ ist einfach, w. z. b. w.

Nunmehr zeigen wir einige grundlegende Algebrenregeln:

Satz 15. *Es gilt* $(\alpha | 0, \beta_1, \ldots, \beta_{n-1}] \sim (\alpha | \beta_1, \ldots, \beta_{n-1}]$.

Beweis. Für den kommutativen Teilring $k(\theta_0, \ldots, \theta_{n-1})$ der linksstehenden Algebra L gilt

$$\wp(\theta_0, \theta_1, \ldots, \theta_{n-1}) = (0, \beta_1, \ldots, \beta_{n-1}),$$

also ist $\theta_0^p = \theta_0$. Wird die Gleichung $\wp(\theta_0, 0, \ldots, 0) = 0$ abgezogen, so bleibt

$$\wp(0, \theta_1, \ldots, \theta_{n-1}) = (0, \beta_1, \ldots, \beta_{n-1}),$$

also ist

$$(\alpha) \qquad \wp(\theta_1, \ldots, \theta_{n-1}) = (\beta_1, \ldots, \beta_{n-1}).$$

Aus

$$u^p(\theta_0, \theta_1, \ldots, \theta_{n-1})\, u^{-p} = (\theta_0, \theta_1, \ldots, \theta_{n-1}) + \mathbf{p}$$

folgt

$$(\beta) \qquad u^p(\theta_1, \ldots, \theta_{n-1})\, u^{-p} = (\theta_1, \ldots, \theta_{n-1}) + \mathbf{1}.$$

e_i ($i \bmod p$) seien die p Idempotente des Ringes $k(\theta_0)$, sie werden bei Transformation mit u zyklisch vertauscht, $u e_i u^{-1} = e_{i+1}$. Es gilt die Zerlegung

$$k(\theta_0, \ldots, \theta_{n-1}) = \sum_{i \bmod p} e_i k(\theta_1, \ldots, \theta_{n-1}),$$

also

$$L = \sum_i \sum_\nu e_i k(\theta_1, \ldots, \theta_{n-1})\, u^\nu,$$

folglich

$$e_0 L e_0 = \sum_{\nu \equiv 0(p)} e_0 k(\theta_1, \ldots, \theta_{n-1})\, u^\nu.$$

Nach der hyperkomplexen Theorie ist $L \sim e_0 L e_0$. Der Ring $e_0 L e_0$ enthält e_0 als Einselement, er wird erzeugt von

$$e_0 u^p;\; e_0\theta_1, \ldots, e_0\theta_{n-1},$$

und nach (α), (β) bestehen die Relationen

$$(e_0 u^p)^{p^{n-1}} = e_0\alpha, \quad \wp(e_0\theta_1, \ldots, e_0\theta_{n-1}) = (e_0\beta_1, \ldots, e_0\beta_{n-1}),$$

$$e_0 u^p \cdot (e_0\theta_1, \ldots, e_0\theta_{n-1}) \cdot e_0 u^{-p} = (e_0\theta_1, \ldots, e_0\theta_{n-1}) + (e_0, \ldots, 0).$$

Da die rechtsstehende Algebra $R = (\alpha \,|\, \beta_1, \ldots, \beta_{n-1}]$ durch genau entsprechende Relationen definiert ist, ist die Isomorphie $e_0 L e_0 \cong R$ und damit die Ähnlichkeit $L \sim R$ nachgewiesen.

Wir können jetzt zeigen, daß jede Algebra $(\alpha, \beta]$ einer *zyklischen Algebra* ähnlich ist. Wenn nämlich $\beta_0 \neq \wp a$ ist, so ist nach Satz 13 $k\left(\frac{1}{\wp}\beta\right)$ ein zyklischer Körper vom Grad p^n, und mit dem dort angegebenen Automorphismus σ ist in der üblichen Schreibweise für zyklische Algebren offenbar

$$(\alpha, \beta] \sim \left(\alpha, k\left(\frac{1}{\wp}\beta\right), \sigma\right).$$

Ist dagegen $\beta_0 = \wp a$, so ist nach (20) $\beta \sim (0, \beta_1', \ldots, \beta_{n-1}')$, wegen (22) und Satz 15 ist also

$$(\alpha \,|\, \beta_0, \beta_1, \ldots, \beta_{n-1}] \sim (\alpha \,|\, 0, \beta_1', \ldots, \beta_{n-1}'] \sim (\alpha | \beta_1', \ldots, \beta_{n-1}'].$$

Wird diese Reduktionsmethode mehrfach angewandt, so kommen wir schließlich auf den vorhin behandelten Fall zurück, bzw. auf eine Algebra vom Rang 1.

Satz 16. *Es gelten die Regeln*

$$(\alpha, \beta] \cdot (\alpha', \beta] \sim (\alpha\alpha', \beta],$$

$$(\alpha, \beta] \cdot (\alpha, \beta'] \sim (\alpha, \beta + \beta'].$$

Beweis. Die Algebra $(\alpha, \beta] \cdot (\alpha', \beta']$ wird erzeugt von den Größen

$$\begin{cases} u, \theta \text{ mit } u^{p^n} = a, & \wp\theta = \beta, \quad u\theta u^{-1} = \theta + \mathbf{1}, \\ u', \theta' \text{ mit } u'^{p^n} = \alpha', & \wp\theta' = \beta', \quad u'\theta' u'^{-1} = \theta' + \mathbf{1}. \end{cases}$$

Dabei sind die Größen der ersten Zeile vertauschbar mit denen der zweiten.

Die Algebra wird aber auch erzeugt von den Größen

$$\begin{cases} v = uu', & \mathsf{H} = \theta \text{ mit } v^{p^n} = \alpha\alpha', \quad \wp\mathsf{H} = \beta, \quad v\mathsf{H}v^{-1} = \mathsf{H} + 1, \\ v' = u', & \mathsf{H}' = \theta' - \theta \text{ mit } v'^{p^n} = \alpha', \quad \mathsf{H}' = \beta' - \beta, \; v'\mathsf{H}'v'^{-1} = \mathsf{H}' + 1. \end{cases}$$

Dabei werden wieder die Größen der ersten Zeile vertauschbar mit denen der zweiten.

Infolgedessen gilt die Regel

$$(\alpha, \beta] \cdot (\alpha', \beta'] \sim (\alpha\alpha', \beta] \cdot (\alpha', \beta' - \beta].$$

Nun ist nach Satz 15 $(\alpha, 0] \sim 1$. Für $\beta = \beta'$ folgt daher die erste zu beweisende Regel $(\alpha, \beta] \cdot (\alpha', \beta] \sim (\alpha\alpha', \beta]$. Für $\alpha = 1$ ergibt sich hieraus $(1, \beta] \sim 1$. Setzen wir $\alpha' = \alpha^{-1}$ und $\beta' = 0$, so folgt $(\alpha, \beta] \sim (\alpha^{-1}, -\beta]$. Ersetzen wir die Größen α', β' durch α^{-1} und β', so erhalten wir die zweite zu beweisende Regel

$$(\alpha, \beta] \cdot (\alpha, \beta'] \sim (\alpha, \beta + \beta'].$$

7. Residuenformel für Algebren über einem Potenzreihenkörper.

In diesem Abschnitt sollen die Algebren $(\alpha, \beta]$ über einem speziellen Körper k untersucht werden.

C sei ein vollkommener Körper der Charakteristik p. Wir betrachten den Körper k aller Potenzreihen

$$\sum_{i > -\infty} c_i t^i, \qquad c_i \text{ aus } C.$$

Der im Abschnitt 2 eingeführte konstante Vektor (α, β) werde entsprechend auch für Vektoren β der Länge n eingeführt, so daß (α, β) ebenso lang wie β ist.

Satz 17. *Es besteht die* **Residuenformel**[3])

$$(\alpha \mid \beta] \sim (t \mid (\alpha, \beta)].$$

Beweis. Wir setzen den Quotienten $(\alpha \mid \beta] \cdot (t \mid (\alpha, \beta)]^{-1} = q(\alpha, \beta)$. Es gelten nach (9), (10) und Satz 16 die Regeln

$$(\alpha) \qquad q(\alpha\alpha', \beta) \sim q(\alpha, \beta) \cdot q(\alpha', \beta),$$

$$(\beta) \qquad q(\alpha, \beta + \beta') \sim q(\alpha, \beta) \cdot q(\alpha, \beta').$$

Enthalten alle Entwicklungen der β_ν nur Potenzen von t mit lauter positiven Exponenten, so konvergiert $\sum_0^\infty \beta^{p^h}$ komponentenweise gegen einen Vektor B. Wegen $\beta = \wp(-B)$ ist in diesem Fall $(t \mid \beta] \sim 1$.

Wenn alle Entwicklungen der β_ν nur Potenzen von t mit lauter negativen Exponenten enthalten, so ist ebenfalls $(t, \beta] \sim 1$, wie in einer nachfolgenden Arbeit von Teichmüller (dieser Bd. S. 141) bewiesen wird. (Dort wird benützt, daß C vollkommen ist.)

Zum Vektor β bilden wir wie im Beweis von Satz 4 die Vektoren β', β'' und $\Omega\beta = \beta - \beta' - \beta''$. Es folgt aus Satz 16 und den eben ausgeführten Tatsachen

$$(t \mid \Omega\beta] \sim (t \mid \beta] \cdot (t \mid \beta']^{-1} \cdot (t \mid \beta'']^{-1} \sim (t \mid \beta],$$

allgemeiner $(t \mid \beta] \sim (t \mid \Omega^n \beta]$. Es ist aber nach dem Beweis von Satz 4, weil wir es hier mit Vektoren der Länge n zu tun haben, $\Omega^n \beta = (t, \beta)$. Damit haben wir zunächst $q(t, \beta) \sim 1$ nachgewiesen.

---

[3]) Das sich für $p = 2$ ergebende Resultat

$$(t \mid \sum_i b_{0i} t^i, \sum_i b_{1i} t^i] \sim (t \mid b_{00}, b_{10} + \sum_{i>0} b_{0i} b_{0,-i}]$$

fand ich bereits im Januar 1935 durch sehr komplizierte nichtkommutative Rechnungen, bei denen nur das Ergebnis zufällig einfach erschien.

Nun sei $\alpha = a_m t^m + a_{m+1} t^{m+1} + \cdots \ (a_m \neq 0)$. Für die neue Variable $t' = t^{1-m}\alpha$ ist wieder $q(t', \beta) \sim 1$, folglich ist nach (α) und (β)

$$q(\alpha, \beta) \sim q(t, \beta)^{m-1} \cdot q(t', \beta) \sim 1, \text{ w. z. b. w.}$$

8. Berechnung der Invariante einer Algebra.

K_f sei der unverzweigte p-adische Körper mit dem Restklassenkörper C_f von p^f Elementen. k_f sei der Potenzreihenkörper mit C_f als Konstantenkörper. Derjenige Automorphismus von K_f, k_f bzw. C_f, der die Restklassen mod p, die Konstanten bzw. die Elemente in die p-te Potenz erhebt, werde einheitlich mit P bezeichnet. Ebenso soll die Spur über K_f/K_1, k_f/k_1, C_f/C_1 einheitlich mit Sp bezeichnet werden.

Über dem Körper k_f gibt es p^n verschiedene Algebren vom Grade p^n, die alle auf die zyklische Gestalt

$$(t^m, k_{nf}/k_f, P^f)$$

gebracht werden können, und welche durch die **Invariante** $\frac{m}{p^n}$ mod 1 charakterisiert werden. Wir wollen zeigen, wie die Invariante einer Algebra $(\alpha, \beta]$ berechnet werden kann.

Satz 18. *Es werde der Potenzreihe* $\alpha = \mathfrak{a}^m t_m + \mathfrak{a}_{m+1} t^{m+1} + \cdots$ *des Körpers* k_f *mit Koeffizienten* $\mathfrak{a}_\nu$ *aus dem Galoisfeld* C_f *eine Potenzreihe* $\mathsf{A} = A_m t^m + A_{m+1} t^{m+1} + \cdots$ *mit Koeffizienten* A_ν *aus dem p-adischen Körper* K_f *derart zugeordnet, daß* A_ν *in der Restklasse* $\mathfrak{a}_\nu$ mod p *liegt. Entsprechend werde komponentenweise auch dem Vektor* $(\beta_0, \ldots, \beta_{n-1})$ *ein Vektor* $(\mathsf{B}_0, \ldots, \mathsf{B}_{n-1})$ *zugeordnet.*

Die Invariante der Algebra

$$(\alpha \mid \beta_0, \ldots, \beta_{n-1}]$$

lautet dann

$$\text{Sp Res} \frac{d\mathsf{A}}{\mathsf{A}} \left(\frac{\mathsf{B}_0^{p^{n-1}}}{p^n} + \frac{\mathsf{B}_1^{p^{n-1}}}{p^{n-1}} + \cdots + \frac{\mathsf{B}_{n-1}}{p} \right) \textit{mod } 1.$$

Beweis. Wie in Satz 9 ordnen wir jedem Vektor $\mathfrak{x} = (\mathfrak{x}_0, \ldots, \mathfrak{x}_{n-1})$ mit Komponenten $\mathfrak{x}_\nu$ aus dem Galoisfeld C_f die Restklasse $\xi = \sum_0^{n-1} \mathfrak{x}_i^{p^{-i}} p^i$ mod p^n zu. Dabei soll $\mathfrak{x}_i^{p^{-i}}$ im multiplikativen Repräsentantensystem des Körpers K_f liegen und die Restklasse $\mathfrak{x}_i^{p^{-i}}$ mod p darstellen. Bei dieser additiven Zuordnung geht $P\mathfrak{x}$ über in $P\xi$, ebenso geht Sp $\mathfrak{x}$ über in Sp ξ.

Wir betrachten zunächst Algebren $(t, \mathfrak{x}]$ mit konstantem Vektor $\mathfrak{x}$. Wenn $(t, \mathfrak{x}]$ zerfällt, so ist t Norm einer Zahl des zyklischen unverzweigten Körpers $k_f\left(\frac{1}{\wp}\mathfrak{x}\right)/k_f$, daher ist der betreffende Körpergrad 1, und es ist $\mathfrak{x} = (P-1)\mathfrak{y}$, also Sp $\mathfrak{x} = 0$. Deshalb werden die Algebren $(t, \mathfrak{x}]$ homomorph abgebildet auf Sp $\mathfrak{x}$. Ist umgekehrt Sp $\mathfrak{x} = 0$, so ist nach Satz 13 $\mathfrak{x} = (P-1)\mathfrak{y}$, und die Algebra $(t, \mathfrak{x}]$ zerfällt. Die Abbildung der Algebren $(t, \mathfrak{x}]$ auf Sp $\mathfrak{x}$ bzw. auf Sp ξ mod p^n ist infolgedessen eine Isomorphie.

Damit ist gezeigt, daß die Invariante der Algebra $(t, \mathfrak{x}]$ gleich $\frac{c}{p^n}$ Sp ξ mod 1 ist, wobei die Restklasse c mod p^n nicht von $\mathfrak{x}$ abhängt:

$$(t, \mathfrak{x}] \sim (t^{c\,\mathrm{Sp}\,\xi}, k_{nf}/k_f, P^f).$$

Zur Berechnung von c wählen wir speziell einen Vektor $\mathfrak{x}$ mit $\mathrm{Sp}\,\mathfrak{x} = 1$, d. h. mit $\mathrm{Sp}\,\xi \equiv 1 \bmod p^n$. Die Algebra $(t, \mathfrak{x}]$ mit den Relationen

$$u^{p^n} = t, \quad (P-1)\theta = \mathfrak{x}, \quad u\theta u^{-1} = \theta + 1$$

hat dann den Exponenten p^n. Daher ist $k_f(\theta)/k_f$ ein unverzweigter Körper vom Grad p^n, also $k_f(\theta) = k_{nf}$. Wegen

$$(P^f - 1)\theta = \frac{P^f-1}{P-1}(P-1)\theta = \frac{P^f-1}{P-1}\mathfrak{x} = \mathrm{Sp}\,\mathfrak{x} = 1 \quad \text{oder} \quad P^f\theta = \theta + 1$$

können die Relationen für $(t, \mathfrak{x}]$ auch in der Form

$$u^{p^n} = t^1, \quad k_f(\theta) = k_{nf}, \quad u\theta u^{-1} = P^f\theta$$

geschrieben werden, dies sind aber gerade die Relationen für die Algebra $(t^1, k_{nf}/k_f, P^f)$. Damit ist $c \equiv 1 \bmod p^n$ nachgewiesen, und es ist allgemein gezeigt, daß die Algebra $(t, \mathfrak{x}]$ die Invariante $\frac{1}{p^n}\mathrm{Sp}\,\xi \bmod 1$ hat.

Aus der Restklasse $\mathfrak{x}_i \bmod p$ des Körpers K_f werde ein beliebiges Element X_i gewählt und der Vektor

$$X = (X_0, \ldots, X_{n-1} \mid X^{(0)}, \ldots, X^{(n-1)})$$

gebildet. Wird beachtet, daß für einen multiplikativen Repräsentanten r die Gleichung $\mathrm{Sp}\,r^p = \mathrm{Sp}\,r$ besteht, so folgt

$$\xi = \mathrm{Sp}\sum_0^{n-1} x_i^{p^{-i}} p^i = \mathrm{Sp}\sum_0^{n-1} x_i^{p^{n-i-1}} p^i \equiv \mathrm{Sp}\sum_0^{n-1} X_i^{p^{n-i-1}} p^i = \mathrm{Sp}\,X^{(n-1)} \bmod p^n.$$

Nun betrachten wir eine beliebige Algebra $(\alpha, \beta]$ und bilden gemäß Satz 18 A und B. Wird $\mathrm{Res}\,\frac{d\mathsf{A}}{\mathsf{A}}\mathsf{B}^{(i)} = X^{(i)}$ gesetzt und mit $\mathfrak{x}_i$ die Restklasse $X_i \bmod p$ bezeichnet, so ist nach Satz 17 $(\alpha, \beta] \cong (t, \mathfrak{x}]$. Die Invariante von $(\alpha, \beta]$ ist daher

$$\frac{1}{p^n}\mathrm{Sp}\,X^{(n-1)} = \frac{1}{p^n}\mathrm{Sp}\,\mathrm{Res}\,\frac{d\mathsf{A}}{\mathsf{A}}\mathsf{B}^{(n-1)} \bmod 1,$$

und dies war gerade zu beweisen.

9. Analogon zum Residuensatz.

Für einen algebraischen Funktionenkörper k der Charakteristik p mit vollkommenem Konstantenkörper teilen wir ohne Beweis noch folgendes mit:

Ist $\alpha \neq 0$ eine Zahl und β ein Vektor aus k, so werde an jeder Stelle $\mathfrak{p}$ der im Abschnitt 2 eingeführte Vektor (α, β) gebildet. Die Abhängigkeit von $\mathfrak{p}$ deuten wir durch einen Index an. Es gilt dann das Analogon zum Residuensatz

$$\sum_{\mathfrak{p}} (\alpha, \beta)_{\mathfrak{p}} = 0.$$

Der Beweis dieser Relation verläuft im Prinzip genau wie der übliche Beweis des Residuensatzes: Reduktion auf Geschlecht Null durch Spurbildung im Kleinen, und bei Geschlecht Null durch Zerlegung in Partialbrüche.

Die Relation $\sum_{\mathfrak{p}} = 0$ kann auch als Verallgemeinerung der Tatsache angesehen werden, daß die Summe der $\mathfrak{p}$-Invarianten einer Algebra $\equiv 0 \bmod 1$ ist.

Göttingen, 22. 6. 1936.

Eingegangen 29. August 1936.

24.
Vektorkalkül und Endomorphismen der Einspotenzreihengruppe

Unveröffentlicht 1969

Zu einer festen Primzahl p führte ich 1936 einen formalen Ring ein von "Vektoren"[1]

$$(x_n | x^{(n)})_{n=0,1,2,\dots}$$

mit Komponenten x_n und Nebenkomponenten oder "Geisterkomponenten" $x^{(n)} = \sum p^\nu x^{p^{n-\nu}}$, in dem Addition und Multiplikation nebenkomponentenweise erklärt wurden [5]. Grundlegend ist ein Ganzzahligkeitssatz:

Addition und Multiplikation sind durch ganzzahlige Polynome in den Komponenten erklärbar.

In vielen Vorlesungen darüber habe ich seither im Index p^n statt n geschrieben und die Indexmenge von $N = \{1, 2, \dots\}$ erweitert, also mit $x^{(n)} = \sum_{d|n} d x_d^{n/d}$ als Nebenkomponenten. Auch hier gilt ein Ganzzahligkeitssatz. Das Fehlen einer Primzahl p in den Nennern wurde ganz ähnlich wie früher bewiesen, unter wesentlicher Verwendung von $p \,|\, \binom{p}{\nu}$ für $0 < \nu < p$.

In einem Kolloquiumsvortrag (Hamburg, Juni 1964) teilte ich eine neue durchsichtigere Begründung mit, bei der die $\binom{p}{\nu}$ nicht mehr vorkommen. Addition und Multiplikation ließen sich dabei direkt ganzzahlig definieren, ohne die bisherige Beschwörung der Geisterkomponenten und ohne den Ausgangsring zu erweitern. Die Geisterkomponenten dienen nur zur Bestätigung der Rechenregeln. Es stellte sich dabei heraus, daß die additive Gruppe des Vektorringes isomorph ist zur Einspotenzreihengruppe über dem Ausgangsring.

Nach mündlicher Mitteilung der ersten Seite des hier veröffentlichten Vortragsmanuskriptes fand diese Idee mit meiner Zustimmung Eingang in einem Lehrbuch [4], auch reproduziert in [2]. Aus dem großen Vektorring erhält man den alten zur Primzahl p zurück, indem man alle Komponenten $n \neq p^\nu$ *ignoriert* (aber sie nicht einfach Null setzt, wie irrtümlicherweise in beiden Büchern angegeben wird, die Vektoren mit $x_n = 0$ für $n \neq p^\nu$ bilden gar keinen Modul).

Nach Adjunktion der Wurzeln algebraischer Potenzreihen erhält man einen anderen Zugang zum Vektorring. Durch Umkehrung des Zusammenhanges kommt man zu einem neuen Beweis des Hauptsatzes über symmetrische Funktionen.

---

[1] Anm. d. Hrg: Dieses Manuskript verdanke ich P. Gabriel, der es von Ernst Witt am 23. September 1969 zur DMV-Tagung nach Darmstadt geschickt bekam. Gabriel hielt dort einen Vortrag über universelle Eigenschaften der Wittvektoren, vgl. Jber. DMV 72 (1970) 116-121.

Die von Hirzebruch angegebenen multiplikativen Polynomfolgen lassen sich durch Multiplikation mit Vektoren herstellen. Das von Artin und Hasse angegebene Produkt $\prod_{(m,p)=1} (1 - x^m)^{\mu(m)/m}$ ist im Vektorring einfach ein Idempotent, falls alle Primzahlen $\neq p$ im Grundring invertierbar sind.

Es werden weiter die Ringe formaler Endomorphismen der formalen Einspotenzreihengruppe bestimmt und der formale Vektorring als Normalisator des Endomorphismus $t \mapsto \alpha t$ der formalen Einspotenzreihengruppe charakterisiert (α ist eine Unbestimmte). Die Einspotenzreihengruppe läßt sich auf eine andere Weise zu einem Ring machen, der in der Theorie der Vektorraumbündel von Bedeutung ist. Auf diese Konstruktion wird zum Schluß kurz eingegangen.

1. In dem formalen Produkt in kommutativen Unbestimmten x_d und t

$$f_x = f_x(t) = \prod_{d=1}^{\infty}(1 - x_d t^d) = 1 + \sum_{n=1}^{\infty} a_n t^n \tag{1.1}$$

ist a_n ein $\mathbb{Z}$–Polynom in den x_d $(d \leq n)$, und umgekehrt ist x_n ein $\mathbb{Z}$–Polynom in den a_d $(d \leq n)$. Es ist

$$-\frac{t\,\partial f_x}{f_x \partial t} = \sum_{d=1}^{\infty} \frac{d\,x_d\,t^d}{1 - x_d\,t^d} = \sum_{d,e=1}^{\infty} d\,x_d^e\,t^{de} = \sum_{n=1}^{\infty} x^{(n)} t^n \tag{1.2}$$

$$f_x = \exp(-\sum_{n=1}^{\infty} \frac{x^{(n)} t^n}{n}) \tag{1.3}$$

mit sogenannten *Nebenkomponenten* (oder auch Geisterkomponenten)

$$x^{(n)} = \sum_{d|n} d\,x_d^{n/d} \quad \text{des \textit{„Vektors"}} \quad x = (x_1, x_2, \ldots)\,, \tag{1.4}$$

wobei sich umgekehrt die *Komponenten* x_n als $\mathbb{Q}$–Polynom in den $x^{(d)}$ mit $d|n$ rekursiv berechnen lassen.

Definition der Addition, Subtraktion und Multiplikation solcher Vektoren geschehe nebenkomponentenweise, $x^{(n)} \overset{\cdot}{\pm} y^{(y)} = z^{(n)}$, es gelten mithin die üblichen Ringregeln.

Satz. *In $x \overset{\cdot}{\pm} y = z$ ist z_n ein $\mathbb{Z}$–Polynom in den x_d, y_d mit $d|n$.*

Beweis. Die gegebene Definition ist gleichwertig mit der direkten *ganzzahligen Definition*

$$f_{x \pm y} = f_x f_y^{\pm 1} \quad \text{und} \quad f_{xy} = \prod_{d,e=1}^{\infty} (1 - x_d^{m/d} y_e^{m/e} t^m)^{de/m}\,, \tag{1.5}$$

unter $m = d \vee e$ das kleinste gemeinsame Vielfache verstanden, wie eine kleine Rechnung mit den Nebenkomponenten ergibt.

2. In der multiplikativen Halbgruppe N der natürlichen Zahlen $\neq 0$ nennen wir die "Ideale" $J \subset N$ mit $NJ = J$ abgeschlossen. Das bedeutet, $U \subset N$ ist offen, wenn mit u auch alle Teiler zu U gehören. Für einen kommutativen Ring Λ mit 1 sei Λ_N der etwa mit Hilfe der ganzzahligen Definition eingeführte Vektorring mit Komponenten $x_n \in \Lambda$. Man erhält eine Ringprojektion $\Lambda_N \to \Lambda_U$ durch Restriktion $n \in U$, (besser gesagt, durch Ignorieren der $n \notin U$) und funktoriell eine Prägarbe Λ_U mit schlaffer Garbe. Λ_N ist projektiver Limes der Λ_U mit endlichem U.

3. Nimmt man für U die Menge aller Potenzen einer Primzahl p, so ist Λ_U genau der 1936 von mir [5] eingeführte Vektorring, allerdings mit der Bezeichnung x_i statt x_{p^i}. Wenn Λ die Charakteristik p hat, erhält man px direkt mittels $(f_x(t))^p$. Für einen vollkommenen Körper Λ der Charakteristik p wurde in [5] gezeigt, daß Λ_U isomorph ist zum unverzweigten Ring ganzer p–adischer Zahlen mit Λ als Restklassenkörper. Beispielsweise gründet sich die 2–adische Addition auf die Identität

$$(3.1) \qquad (1+t)^m \equiv \prod (1 + a_\nu t^{2^\nu}) \bmod 2, \text{ falls } m = \sum a_\nu 2^\nu$$

mit bits $a_\nu = 0, 1$. Hier hat man wohl den allernatürlichsten Zugang zu den natürlichen Zahlen und ihrer Addition, da ja alles auf das Rechnen im Körper aus 2 Elementen zurückgeführt wird. Die Einführung der ganzen Zahlen in die Mathematik geschieht jedoch nach Siegel am einfachsten dadurch, daß man sie als Perioden von $e^{2\pi i z}$ definiert (Göttinger Gastvorlesung, Sommer 1930).

Nimmt man $U = \{\text{Teiler von } p^{n-1}\}$ und einen Körper Λ der Charakteristik p, so lassen sich mit Hilfe von Λ_U alle zyklischen Erweiterungskörper über Λ vom Grade p^ν $(\nu \leq n)$ konstruieren [5].

4. Im Falle $\mathbb{Q} \subset \Lambda$ definiert $\exp(-\frac{t^n}{n})$ eine *orthogonale Familie von Idempotenten,* entsprechend den Vektoren mit einer Nebenkomponente 1 und sonst lauter Nullen. Das folgt aus (1.3) und der nebenkomponentenweisen Definition der Multiplikation. π sei eine Menge von Primzahlen, π' ihre Komplementärmenge, U, V die Menge der Potenzprodukte aus π bzw. π'. Nach Artin und Hasse [1] ist dann mit der Möbiusschen μ–Funktion

$$(4.1) \qquad \exp\Big(-\sum_{u \in U} \frac{t^u}{u}\Big) = \prod_{v \in V} (1 - t^v)^{\mu(v)/v} .$$

Wird statt $\mathbb{Q} \subset \Lambda$ nur verlangt, daß die Primzahlen aus π' in Λ invertierbar sind, so ist immer noch die rechte Seite von (4.1) in $\Lambda[[t]]$ definiert und ist ein Idempotent im Vektorring. Beispiel: Λ = Ring der ganzen p–adischen Zahlen, $\pi = \{p\}$.

5. Die Reihen $f_x = 1 + \sum a_i t^i$ bilden nach dem Gesagten formal einen assoziativen und kommutativen Ring hinsichtlich $f_x f_y$ als Addition und $f_x * f_y = f_{xy}$ als Multiplikation mit $1 - t$ als Einselement.

Für formale Polynome läßt sich $f * g$ auch unabhängig mit Hilfe symmetrischer Funktionen definieren. Es sei

$$(5.1) \qquad f = \prod_1^n (1 - \alpha_i t) = 1 + \sum a_i t^i \text{ und } g = \prod_1^m (1 - \beta_j t) = 1 + \sum b_j t^j$$

mit adjungierten Wurzeln α_i^{-1}, β_j^{-1}. Als neue Definition kann

$$(5.2) \qquad f * g = \prod_i g(\alpha_i t) = \prod_{i,j} (1 - \alpha_i \beta_j t)$$

genommen werden (es genügt natürlich schon der Fall $n = m = 1$), woraus sich alle Rechenregeln ablesen lassen, ebenso, daß die $g \equiv 1 \bmod t^k$ ein Ideal bilden. Zur Berechnung von $f * g$ eignet sich auch die resultierende Formel

$$(5.3) \qquad f * g = 1 + \sum S(\alpha_1^{j_1} \cdots \alpha_r^{j_r}) b_{j_1} \cdots b_{j_r} t^j$$

für $r \geq 1, j_1 \geq \ldots \geq j_r \geq 1$, $j = \sum j_\nu$; und die bewiesene Ganzzahligkeit von $f * g$ ist gleichwertig mit dem klassischen Satz, daß die primitiven symmetrischen Funktionen $S(\alpha_1^{j_1} \cdots \alpha_r^{j_r})$ $\mathbb{Z}$–Polynome in den a_i sind. Es ist

$$fg = 1 - a_1 b_1 t + (-2a_2 b_2 + a_2 b_1^2 + a_1^2 b_2) t^2 + \ldots .$$

6. Mit Hilfe des Vektorkalküls soll der Ring formaler Endomorphismen der multiplikativen Gruppe formaler Einspotenzreihen $\prod(1 - x_n t^n)$ bestimmt werden. Dazu bezeichne T_r die Substitution $t \mapsto t^r$, $r \in \mathbb{Q}$.

Wie vorhin sieht man mit Hilfe der formalen Polynome $f = \prod(1 - \alpha_i t)$ nach Adjunktion der α_i und anschließender formaler Limesbildung: Ein Endomorphismus σ ist durch die *Wirkung* auf $1 - \alpha t$ (für eine Unbestimmte α) bereits *festgelegt.* Es soll jetzt gezeigt werden, daß sich diese Wirkung *beliebig vorschreiben* läßt,

$$(6.1) \qquad \sigma(1 - \alpha t) = \prod_{n=1}^{\infty} (1 - h_n(\alpha) t^n) = f_h(\alpha)$$

mit Polynomen $h_n(\alpha)$ und $h_n(0) = 0$. Das Produkt läßt sich umformen in $\prod_{i,k=1}(1 - t^i u_{ik} \alpha^k)$. Umgekehrt kann die Koeffizientenmatrix (u_{ik}) zeilenfinit, ansonsten unbestimmt vorgegeben werden. Es ist vorteilhaft, weiterhin im Vektorring zu operieren. Allgemein bedeute $\dot{c}$ Multiplikation mit dem Vektor c, und $\dot{u}$ Multiplikation mit dem Vektor $(u, 0, 0, \ldots) = \tilde{u}$. Nach (5.2) ist die Vektormultiplikation formal charakterisiert durch die Regel $\widetilde{uv} = \tilde{u}\tilde{v}$. Ferner werde $S_n = T_n^{-1} \dot{e}_n$ mit $e_n = T_n 1$ gesetzt. Man verifiziert leicht, daß

$$(6.2) \qquad \sigma = \prod_{ik} T_i \dot{u}_{i,k} S_k$$

ein Endomorphismus des Vektorringes mit der gewünschten Wirkung auf $1-\alpha t$ ist. Die Summe konvergiert wegen der Zeilenfinitheit. Man kann diese Summe als Normalform des allgemeinsten Endomorphismus σ bezeichnen. Z.B. gilt $\dot{c} = \sum T_n \dot{c}_n S_n$ für einen Vektor c.

x läßt sich leicht aus $h(\alpha)$ berechnen, wenn man alle $x_n^{1/n}$ und alle n-ten Einheitswurzeln ζ_n adjungiert. Indem man oben über alle Einsetzungen $\alpha = \zeta_n x_n^{1/n}$ multipliziert, folgt:

$$\sigma x = \sum_{n=1}^{\infty} \Big(\sum_{\zeta_n} h(\zeta_n x_n^{1/n})\Big) . \tag{6.3}$$

Hierbei erkennt man allerdings nicht unmittelbar die Endomorphismeneigenschaft.

Wenn z.B. $h_i(\alpha) = a_i\alpha + b_i\alpha^2$ für $i = 1, 2$ quadratisch ist, findet man durch Berechnung von $h(x_1) + h(\sqrt{x_2}) + h(-\sqrt{x_2})$ die beiden ersten Komponenten von σx:

$$\sigma x = (a_1 x_1 + b_1 x_1^2 + 2b_1 x_2 ,$$
$$a_2 x_1 + b_2 x_1^2 + (a_1 + 2b_2)x_2 - 2a_1 b_1 x_1 x_2 - 2b_1^2 x_1^2 x_2 - b_1^2 x_2^2, \ldots) .$$

Für die Erzeugenden $T_i, \dot{u}, S_k$ des Endomorphismenringes bestätigt folgende Relationen etwa mit dem Test $x = \alpha$ (z.B. ist $S_k\alpha = \alpha^k$):

$$\begin{cases} T_i T_k = T_{(ik)} , \quad \dot{u}\dot{v} = (uv)^{\cdot} , \quad S_i S_k = S_{(ik)} , \\ \dot{u} T_i = T_i \dot{u}^i , \quad S_k \dot{u} = \dot{u}^k S_k , \quad T_1 = S_1 = 1 \\ S_k T_i = d T_{i/d} S_{k/d} \text{ mit } d = i \wedge k \text{ (größter gemeinsamer Teiler)} \\ S_n T_n = \dot{n} , \quad T_n S_n = \dot{e}_n , \quad (\dot{n} - \dot{e}_n) T_n = S_n (\dot{n} - \dot{e}_n) = 0 . \end{cases} \tag{6.4}$$

Diese Relationen (die übrigens bei dem Antiautomorphismus $T_i \leftrightarrow S_i$ in sich übergehen) genügen bis auf Zahlfaktoren zur Erklärung der Multiplikation von Ausdrücken $T_i \dot{u} S_k$.

7. Die bei Hirzebruch [3] eingeführten "multiplikativen Polynomfolgen" $K_n = K_n(p_1, \ldots, p_n)$, (eingeschränkt durch $K_n(\alpha p_1, \ldots, \alpha^n p_n) = \alpha^n K_n(p_1, \ldots, p_n)$ für unbestimmtes α) sind im Grunde bestimmt durch

$$1 + \sum K_n t^n = (1 + \sum q_n t^n) * (1 + \sum p_n t^n) . \tag{7.1}$$

Beispiel: $1 + \sum q_n t^n = t(e^t - 1)^{-1}$, $q_n = B_n/n!$ mit Bernoullischen Zahlen, also $q_n = 0$ für ungerades $n > 1$. Die Nebenkomponenten lauten $(-1)^n q_n$. K_n sind die von Todd eingeführten Polynome.

Im Endomorphismenring des Vektormoduls gilt nämlich: *$\dot{c}$ durchläuft alle mit $\dot{\alpha}$ vertauschbaren Endomorphismen (für unbestimmtes α).* Aus $\sigma(\dot{\alpha}x) = \dot{\alpha}(\sigma x)$ folgt für $x = \tilde{1}$, daß σ bereits durch $\sigma\tilde{1} = c$ festgelegt ist, also ist $\sigma x = \dot{c}x$.

Es sind $\sigma \mapsto c \mapsto f_c(t)$ Ringendomorphismen. Daraus folgt die Charakterisierung:

Der formale Vektorring ist isomorph zum formalen Normalisator des durch $t \mapsto \alpha t$ mit unbestimmten α definierten Endomorphismus $\dot{\alpha}$ der formalen Gruppe $F(t)$ der Einspotenzreihen in t.

8. Auch die formale Gruppe der Einheitspotenzreihen in $t_1, \ldots, t_r$ läßt sich mit Hilfe einer Operation $*$ zu einem assoziativen und kommutativen Ring mit Einselement machen. $\tau = t_1^{n_1} \ldots t_r^{n_r}$ durchlaufe alle primitiven Monome, d.h. mit GGT $(n_1, \ldots, n_r) = 1$. Ausgehend von der eindeutigen Darstellung

$$(8.1) \qquad f_x(t_1, \ldots, t_r) = \prod_\tau \prod_{d=1}^{\infty} (1 - x_{\tau,d}\tau^d)$$

definiere man "ganzzahlig"

$$(8.2) \qquad f_x * f_y = \prod_\tau \prod_{d,e=1}^{\infty} (1 - x_{\tau,d}^{m/d} y_{\tau,e}^{m/e} \tau^m)^{de/m}$$

für $m = d \vee e$. Einselement ist hier $\prod(1-\tau)$. – Wenn sich jeder Modul einer Familie zu einem Ring ausbauen läßt, kann natürlich auch die direkte Summe, oder wie hier das direkte Produkt der Moduln zu einem Ring gemacht werden.

9. Für die Theorie der Vektorbündel über einem topologischen Raum ist ein zweiter kommutativer Ring ohne Einselement von Bedeutung. Man erhält ihn, indem man unter Beibehaltung der bisherigen Addition ein neues Produkt $x \circ y$ von "Vektoren" einführt durch Multiplikation der zugeordneten Reihen $\sum_1^\infty x^{(n)} \frac{t^n}{n!}$, unter $x^{(n)}$ wieder die eingangs definierten Nebenkomponenten des Vektors x verstanden. Insbesondere ist $\tilde{u} = (u, 0, \ldots)$ die Reihe $(\exp ut) - 1$ zugeordnet.

Satz: *In $x \circ y = z$ ist z_n ein $\mathbb{Z}$–Polynom in x_d, y_d $(d \leq n)$.*

Beweis: Die gegebene Definition ist gleichwertig mit der direkten ganzzahligen Definition

$$(9.1) \qquad f_{x\circ y} = \prod_{d,e=1} (1 - x_d t^d)^{-e} (1 - y_e t^e)^{-d} \prod_{\xi,\eta} (1 - \xi x_d d^{1/d} t - \eta y_e^{1/e} t) ,$$

multipliziert über alle d–ten Einheitswurzeln ξ bzw. e–ten Einheitswurzeln η. Man vergleiche dazu einfach die Nebenkomponenten. Das rechte Produkt ist $\mathbb{Z}$–Polynom in $x_d t^d$ bzw. $y_e t^e$.

Die Reihen $f_x = 1 + \sum a_i t^i$ bilden nach dem Gesagten formal einen assoziativen und kommutativen Ring hinsichtlich $f_x f_y$ als Addition und $f_x \circ f_y = f_{x\circ y}$ als Multiplikation, ohne Einselement. Für formale Polynome läßt sich $f \circ g$ auch unabhängig mit Hilfe symmetrischer Funktionen definieren. Es sei

(9.2) $$f = \prod_{1}^{n}(1 - \alpha_i t) = 1 + \sum a_i t^i \text{ und } g = \prod_{1}^{m}(1 - \beta_j t) = 1 + \sum b_j t^j$$

mit adjungierten unbestimmten Wurzeln $\alpha_i^{-1}, \beta_j^{-1}$. Als neue Definition kann

(9.3) $$f \circ g = f^{-m} g^{-n} \prod_{i,j}(1 - \alpha_i t - \beta_j t)$$

genommen werden (es genügt natürlich schon der Fall $n = m = 1$), woraus sich alle Rechengesetze ableiten lassen. Insbesondere ist die Vektormultiplikation formal durch die Regel

(9.4) $$\widetilde{u + v} = \tilde{u} \circ \tilde{v} + \tilde{u} + \tilde{v}$$

gekennzeichnet, d.h. nach Adjunktion eines Einselementes E durch

(9.5) $$(E + \widetilde{u + v}) = (E + \tilde{u}) \circ (E + \tilde{v})\,.$$

Aus $f \circ g = g^{-n}(t) \cdot \prod_i g\left(\frac{t}{1-\alpha_i t}\right)$ folgt, daß die $g \equiv 1 \bmod t^r$ ein Ideal bilden.

Literatur

[1] Emil *Artin* – Helmut *Hasse*. Die beiden Ergänzungssätze zum Reziprozitätsgesetz der l^n-ten Potenzreste im Körper der l^n-ten Einheitswurzeln. Hamburger Abh. **6** (1928) S. 152.

[2] M.J. *Greenberg:* Lectures on Forms in Many Variables. New York 1969 p. 84.

[3] Friedrich *Hirzebruch:* Neue Methoden in der algebraischen Geometrie. Springer-Verlag 1956.

[4] Serge *Lang:* Algebra, Addison-Wesley 1965.

[5] Ernst *Witt:* Zyklische Körper und Algebren der Charakteristik p vom Grad p^n. Struktur diskret bewerteter perfekter Körper mit vollkommenem Restklassenkörper der Charakteristik p. Crelle **176** (1936).

Remark by Thomas Zink

The ring, that in paragraph 6 of Witt's 1969 paper is described by generators and relations, is the Cartier ring of Λ. Today's notations are

$$V_n = T_n, \quad \dot{u} = [u], \quad F_n = S_m\,.$$

Witt defines it as an endomorphism ring of a unipotent group scheme, while Cartier considers formal groups. A discovery fundamental for the computation of the ring is Witt's finding that the action of an endomorphism can be prescribed arbitrarily on $1 - \alpha t$, and that conversely the endomorphism is uniquely determined by this (cf. Witt 1964, p. 164). The following papers contain more general variants of these facts:

Cartier, P.: Groupes formels associés aux anneaux de Witt généralisés, C.R.A.S. Paris 265 (1967), 50-52.

Berthelot, P.: Généralites sur les λ-anneaux, SGA 6, exp. V, Lecture Notes in Math., vol. 225, Springer-Verlag, (1971).

Zink, Th.: Cartiertheorie kommutativer formaler Gruppen, Teubner Texte zur Mathematik Bd. 68, Leipzig 1984.

<u>Vektorkalkül und Endomorphismen von 1-Potenzreihen.</u>

Dienstag, 23. Juni 1964 — Ernst Witt (Hamburg)

Für $f_x(t) = \prod_1^\infty (1 - x_n t^n)$ ist $-\frac{f^{-1}\partial f}{t^{-1}\partial t} = \sum_1^\infty x^{(n)} t^n$, wobei die $x^{(n)} = \sum_{d|n} d\, x_d^{\frac{n}{d}}$ „Nebenkomponenten" des „<u>Vektors</u>" $x = (x_1, x_2, \cdots)$ genannt werden. Indem die Ringoperationen nebenkomponentenweise erklärt werden, entsteht ein <u>formaler</u> Ring W_N. Durch Prüfung der Nebenkomponenten ergibt sich eine <u>neue</u> Definition mit <u>ganzzahligen</u> Koeffizienten: $f_{x \pm y} = f_x f_y^{\pm 1}$, $f_x * f_y \underset{\text{Def}}{=} f_{xy} = \prod_{d,\delta=1}^{\infty} \left(1 - x_d^{\frac{m}{d}} y_\delta^{\frac{m}{\delta}} t^m\right)^{\frac{d\delta}{m}}$ (m = kleinstes Multiplum von d, δ). Hieraus folgt sofort der bisher nur kompliziert mittels $\binom{p}{\nu}$ bewiesene <u>Satz</u>: In $x \dotplus y = z$ ist z_n <u>ganzzahliges</u> Polynom in den x_d, y_d $(d|n)$. W_N ist Verallgemeinerung des in Crelle <u>176</u> (1936) angegebenen Vektorringes $W_{\tilde p}$, der auf die Indexmenge $\tilde p$ der Potenzen einer Primzahl p eingeschränkt war. $W_{\tilde p}$ ist homomorphes Bild von W_N. Anwendungen siehe dort. $f * g$ läßt sich auch so definieren: Erst für Polynome mit Wurzeln α_i, β_j durch $f * g = \prod_{ij} (1 - \alpha_i^{-1} \beta_j^{-1} t)$, dann formaler Grenzübergang.

Es werden die formalen Endomorphismen σ von W_N bestimmt. $f_u = 1 - ut$ und $T_n = (t \to t^n)$ gesetzt, ist $\sigma x = \sum T_i u_{ik} T_k^{-1} (x \cdot T_k 1)$ der einzige Endomorphismus mit $f_{\sigma\alpha} = \prod_{ik=1}^{\infty} (1 - t^i u_{ik} \alpha^k)$ für unbestimmtes α und zeilendefiniter Matrix (u_{ik}).

Verallg. $f * g$ für Potenzreihen in $t_1, \cdots t_n$.

Ernst Witt

An Essay on Witt Vectors

Günter Harder

English Translation by *Bärbel* and *Christopher Deninger*

In his paper: *Zyklische Körper und Algebren der Charakteristik p vom Grad* p^n, which appeared in the famous Crelle Journal volume 176 (1937), Witt constructs the Witt vectors, named after him. This construction is of fundamental importance for modern algebra and some of the most recent developments in arithmetical algebraic geometry.

The editor of this book and the Springer-Verlag asked me to write an essay on the consequences of this paper, a request I have met with great pleasure. Let me begin with the personal remark that in the course of my mathematical career, I have never really examined these Witt vectors. Of course I knew this has been a serious omission and I am grateful that I am now forced to deal with this beautiful and extraordinarily important topic. Even more so, in these days during my own efforts to understand certain facts from the theory of Shimura varieties, I have sadly felt the omission lamented above.

The essay is structured as follows: There are three main paragraphs. In the first one I will talk about Witt's paper mentioned above and about some of his others on that topic.

The second paragraph will comment on the importance of Witt's construction for the theory of commutative affine algebraic groups.

In the last and longest paragraph I will explain the fundamental significance of Witt vectors for the most recent developments of (arithmetical) algebraic geometry.

I am afraid of having failed to mention many other subjects, for which Witt vectors are of certain importance, but even without them, this essay has grown much too long anyway.

In many respects also the bibliography may appear quite arbitrary. I basically only refer to those papers I used especially for this essay. Sometimes I also included titles explicitly mentioning Witt, though I will not deal with them here.

Construction and Basic Properties

First I would like to briefly outline the content of Witt's paper. In view of the clarity of the original, this may be superfluous, but I feel incapable of describing consequences of this paper if I may not present its content in my own words.

The very introduction is really interesting and, as we call it today, motivating. The reader feels invited to read the article. In the papers [Ar] and

[Ar-Sc], Artin and Artin-Schreier examine the problem to characterize the fields K, which have an algebraically closed quadratic extension. The field $\mathbb{R}$ of real numbers, for example, is such a field. In general such fields are called *real closed.* These fields are characterized in the paper [Ar-Sc] and it is shown that one can obtain their algebraic closure by adjunction of the square root of -1.

Artin and Schreier then investigate whether also for other primes $p > 2$ there are fields K such that the Galois group $\mathrm{Gal}(\bar{K}/K)$ of its algebraic closure $\bar{K}$ is cyclic of order p. One can see quite easily that in this case the characteristic of the field K is equal to the given prime number p. Therefore the following question arises: If K_1/K is a cyclic extension of degree p, is it possible that K_1 is algebraically closed?

Artin and Schreier answer this question in the negative and immediately phrase the next one, i.e. whether under the above assumption there always exists a tower of fields $K_1 \subset K_2 \subset \ldots \subset K_n \subset \ldots$ such that K_n/K is cyclic of degree p^n.

Artin and Schreier show that the first step of a sequence is obtained by adjoining, for suitable $a \in K$, the roots of the so-called Artin-Schreier polynomials

$$X^p - X - a$$

to the field K.

Thus the further steps to construct the tower of extensions seem to be clear. Choose an $a_1 \in K_1$ and consider the extension of K_1, obtained by adjoining the zeros of $X^p - X - a_1$. Now write down the condition for this extension over K being normal. Once this has been achieved, the second step is done, the field K_2 has been constructed. This is already said in Artin and Schreier.

In [Al], Albert showed that it is possible to get on this way, but he continuously had to struggle with a confusing jungle of formulas.

In his article, Witt then shows that these formulas are absolutely irrelevant, and that one can construct an object, whose qualities make it possible to give a crystal-clear solution to the above problem. He constructs a ring $W(K)$, the elements of which he calls vectors

$$x = (x_0, x_1, \ldots, x_n, \ldots), \qquad x_i \in K ,$$

and whose addition and multiplication are given by universal formulas

$$\begin{aligned} x + y &= (x_0 + y_0, S_1(x_0, x_1, y_0, y_1), S_2(x_0, x_1, x_2, y_0, y_1, y_2), \ldots) \\ x \cdot y &= (x_0 y_0, M_1(x_0, x_1, y_0, y_1), \ldots) , \end{aligned}$$

where $S_1(x_0, x_1, y_0, y_1), S_2(x_0, x_1, x_2, y_0, y_1, y_2), \ldots, M_1(x_0, x_1, y_0, y_1), \ldots$ are polynomials in the indicated variables with coefficients in the prime field $\mathbb{F}_p$.

Naturally this ring should have some additional properties, thus addition and multiplication, for example, should certainly not be defined just componentwise.

I would like to indicate briefly the principles which lead Witt to the construction and to establishing the properties of this ring. First of all, the concept suggests that the ring $W(K)$ should depend functorially on K: if one has a morphism $K \to L$, then one obtains an embedding $W(K) \to W(L)$.

In particular, one can take a finite field $K = \mathbb{F}_{p^N}$. Let $\mathbb{Q}_p$ be the field of p-adic numbers. We consider the ring $\mathcal{O}_{p,N}$ of integers in the unramified extension $\mathbb{Q}_{p,N}/\mathbb{Q}_p$ of degree N. This ring is a complete, discrete valuation ring, whose maximal ideal is generated by p and whose residue class field is the given finite field $\mathbb{F}_{p^N}$. Thus it is determined up to isomorphism. Witt intends to construct the ring $W(\mathbb{F}_{p^N})$ of Witt vectors in such a way that it becomes isomorphic to the ring $\mathcal{O}_{p,N}$. One may also put it like that: he wants to construct the ring $\mathcal{O}_{p,N}$ starting from its residue class field. Now the construction can be formulated as follows: for the map

$$\mathcal{O}_{p,N} \to \mathbb{F}_{p^N}$$

a distinguished section exists

$$[\ \ ] : \mathbb{F}_{p^N} \to \mathcal{O}_{p,N}$$

which can be obtained as follows:

$$[x] = \lim \tilde{x}^{p^n} ,$$

where $\tilde{x} \in \mathcal{O}_{p,N}$ is some representative in the class x and where $n = Nr$ and $r \to \infty$. This system of representatives was introduced by Teichmüller and has the advantage that it is multiplicative, i.e. that $[x][y] = [xy]$. An element $x \in \mathbb{F}^*_{p^N}$ is frequently spelt $[x] = \omega(x)$ and the character $\omega : \mathbb{F}^*_{p^N} \to \mathcal{O}^*_{p,N}$ is called the Teichmüller character. The Teichmüller representatives $[x]$ can also be characterized by the fact that they satisfy the relation $[x]^{p^N} = [x]$. We will make use of this below.

It seems to be reasonable to expand every element $a \in \mathcal{O}_{p,N}$ according to this section

$$a = [a_0] + [a_1]p + [a_2]p^2 + \ldots$$

with $a_i \in \mathbb{F}_{p^N}$. It is clear that $a_0 = \bar{a} = a \mod p$. The next coefficient in the expansion is

$$a_1 = \overline{(a - [a_0])/p} = \overline{(a - a^{p^N})/p} \, .$$

The coefficient a_2 is obtained by calculating modulo p^3 and taking into account that $a_1^{p^N} \equiv [a_1] \mod p^2$. Thus we get it from the formula

$$a \equiv a^{p^{2N}} + \left(\frac{a - a^{p^N}}{p}\right)^{p^N} p + a_2 p^2 \mod p^3 ,$$

and so on.

We wonder what will happen to this expansion if one adds and multiplies elements in $\mathcal{O}_{p,N}$. I want to mention this calculation only briefly, especially because it will turn out that our approach is *not the right one.*

Therefore we consider two elements $a = [a_0] + [a_1]p + \dots, b = [b_0] + [b_1]p + \dots \in \mathcal{O}_{p,N}$. We want to determine the coefficients of the expansion of $c = a + b$. We calculate mod p^2, i.e. we only want to calculate the first two terms. Of course, we have $[a] + [b] \equiv [a+b] \bmod p$, thus we have $c_0 = a_0 + b_0$. To obtain the second term, we use the formula

$$(a+b)^{p^N} = a^{p^N} + b^{p^N} + \sum_{\nu=1}^{p^N-1} \binom{p^N}{\nu} a^{p^N-\nu} b^{\nu} .$$

Most of the binomial coefficients are divisible by p^2, with the exception of the coefficients of the form $\binom{p^N}{\mu p^{N-1}}$, which are divisible only by p. This gives

$$a + b - (a+b)^{p^N} \equiv p\Big([a_1] + [b_1] - \sum_{\mu=1}^{p-1}\Big(\binom{p^N}{\mu p^{N-1}}/p\Big)[a_0]^{p^N-\mu p^{N-1}}[b_0]^{\mu p^{N-1}}\Big)$$

mod p^2. This is not very promising, if only because the N appears in the formula. We can, however, reduce it very easily, using the elementary fact

$$\binom{p^N}{\mu p^{N-1}}/p \equiv \binom{p}{\mu}/p \bmod p$$

and the relation $[a_0^{1/p}]^{p^N} = [a_0^{1/p}]$, $[b_0^{1/p}]^{p^N} = [b_0^{1/p}]$ to obtain

$$c_1 = a_1 + b_1 - \sum_{\mu=1}^{p-1}\Big(\binom{p}{\mu}/p\Big)(a_0^{1/p})^{p-\mu} \cdot (b_0^{1/p})^{\mu} .$$

This is a formula for c_1, however with a little flaw. We see that we have to take p-th roots to obtain the coefficient c_1. That is not so bad, as our field $\mathbb{F}_{p^N}$ is perfect, but it shows that our formula is not consistent, because we cannot write c_1 as a polynomial in the variables a_0, a_1, b_0, b_1. We have to modify it. We write an element $a \in \mathcal{O}_{p,N}$ as a series

$$a = [a_0] + [a_1^{1/p}]p + [a_2^{1/p^2}]p^2 + \dots .$$

In other words, to the vectors $a = (a_0, a_1, a_2, \dots)$ and $b = (b_0, b_1, b_2, \dots)$ we assign the elements

$$a = [a_0] + [a_1^{1/p}]p + [a_2^{1/p^2}]p^2 + \dots$$
$$b = [b_0] + [b_1^{1/p}]p + [b_2^{1/p^2}]p^2 + \dots$$

in the ring $\mathcal{O}_{p,N}$. Then in the above formula for the second coefficient, we replace the elements c_1, a_1, b_1 by their p-th roots and then raise the formula to the p-th power. The numbers $(\binom{p}{\mu}/p)$ lie in $\mathbb{F}_p$ and are not sensitive to exponentiating with p. This gives the correct formula

$$c_1 = a_1 + b_1 - \sum_{\mu=1}^{p-1}(\binom{p}{\mu}/p)a_0^{p-\mu} \cdot b_0^{\mu} \,.$$

Now one of the first main results of Witt's paper is that for $a+b$, ab in the ring $\mathcal{O}_{p,N}$ we obtain the expansions

$$a + b = [a_0 + b_0] + [(S_1(a_0, a_1, b_0, b_1))^{1/p}]p + \ldots$$

and

$$a \cdot b = [a_0 \cdot b_0] + [(M_1(a_0, a_1, b_0, b_1))^{1/p}]p + \ldots$$

where $S_1, \ldots, M_1, \ldots$ are universal polynomials with coefficients in $\mathbb{Z}$ or $\mathbb{F}_p$ (it depends only on the polynomials $\bmod p$). The polynomial $S_1(a_0, a_1, b_0, b_1)$ we calculated above. It is clear that these universal polynomials are uniquely determined, as the construction is supposed to work for all N. It is much more difficult to prove that these polynomials do exist.

Properties of Witt Vectors

Witt then describes all fundamental properties of his construction, which are of topical relevance. For every field K of characteristic $p > 0$ we can write down the Witt ring $W(K)$. In it the multiplication by p is given by

$$p(a_0, a_1, \ldots) = (0, a_0^p, a_1^p, \ldots) \,.$$

(This follows from the statement that $W(\mathbb{F}_{p^N}) = \mathcal{O}_{p,N}$, from the fact that in this ring this is the correct formula for the multiplication by p and from the universality of the polynomials.) If K is perfect, we can say that

$$p^m W(K) = \{(0, \ldots 0, a_m, a_{m+1}, \ldots)\}$$

and $W(K)$ then is a complete discrete valuation ring with maximal ideal (p) and residue class field K. Even if K is not perfect, we have that

$$I_m = \{(0, \ldots, 0, a_m, a_{m+1}, \ldots)\}$$

is an ideal and $W(K)/I_m = \{(a_0, \ldots, a_{m-1})\} = W_m(K)$ is the truncated Witt ring of the Witt vectors of length m. On the Witt ring, the map (Frobenius)

$$\mathbf{F} : (a_0, a_1, \ldots) \mapsto (a_0^p, a_1^p, \ldots)$$

is an endomorphism (an automorphism if K is perfect). We do not have to check this, as it follows from the description of $W(\bar{\mathbb{F}}_p)$. We also have the additive Verschiebung[1] map.

$$\mathbf{V} : (a_0, a_1, \ldots) \mapsto (0, a_0, a_1, \ldots) .$$

And we have

$$\mathbf{F} \circ \mathbf{V} = \mathbf{V} \circ \mathbf{F} = p \cdot \mathrm{Id} .$$

Now the Witt ring $W(\mathbb{F}_p) = \mathbb{Z}_p$ can be characterized as the set of elements $x \in W(K)$, such that $\mathbf{F}(x) = x$.

Correspondingly, we find $\mathbb{Z}/p^n\mathbb{Z}$ in the truncated Witt ring $W_n(K)$ (in the following formula I will take the occasion to introduce a practical notation)

$$\mathbb{Z}/p^n\mathbb{Z} = \{x \in W_n(K) \mid \mathbf{F}(x) = x\} = W_n(K)(\mathbf{F} = 1) .$$

We will use this fact often, as it facilitates the most elegant solution of the above problem to construct cyclic extensions of degree p^n. On the truncated Witt ring $W_n(K)$ we study the Artin-Schreier equation

$$\mathbf{F}(x) - x = a$$

with $a \in W_n(K)$. The coordinates of a solution lie in a finite extension L/K, and if for $\alpha \in W_n(L)$ we have $\mathbf{F}(\alpha) - \alpha = a$, then we obtain the other solutions by replacing α by $\alpha + b$ with $b \in W_n(\mathbb{F}_p) = \mathbb{Z}/p^n\mathbb{Z}$. Thus the Galois group is $\mathbb{Z}/p^n\mathbb{Z}$, if the equation

$$x_0^p - x_0 = a_0$$

for the zero component is irreducible. All cyclic extensions of K of degree p^n are obtained in this way.

We will see that in the applications of Witt's construction described in this essay, nearly always the Frobenius and the Verschiebung also appear on the stage. They always play the part which has been tailor-made for them by Witt.

Witt applies his construction to some other problems. For example, he constructs cyclic algebras of degree p^n. He starts with a vector $\beta = (\beta_0, \ldots, \beta_{n-1})$ and an element $\alpha \in K^*$ and forms as above the commutative K-algebra

$$K[\Theta] \bmod (\mathbf{F}(\Theta) = \beta) .$$

(This has just to be read in the right way.)

He adjoins a further variable u with $u^{p^n} = \alpha$ and requests that conjugation with u is given by

$$u\Theta u^{-1} = \Theta + (1, 0, 0 \ldots) .$$

[1] This German terminology is used in other languages as well.

Thus he obtains a central simple algebra of degree p^n which he denotes by $(\alpha, \beta]$. The construction is quite analogous to the construction of such algebras by Hilbert symbols, except that in our case the second variable has to be interpreted additively. He uses this to produce elements of order p^n in the Brauer group of a field of power series $\mathbb{F}_p((t))$. If I understand him correctly (which I don't always do) $(t, (1, 0, \dots, 0)]$ is such an element.

The First Applications

One of the first applications of Witt vectors we find in a joint paper by H.L. Schmid and Witt, which appeared in the same volume of the Crelle Journal and even bears the same date of receipt. In this paper, the authors begin with a function field K in one variable over a perfect field of constants k of characteristic p. They study the abelian unramified extensions of exponent p^n of the field K. I would like to outline briefly the content of the paper, because it is of great relevance and I will need some of the results later on.

In modern language we are given a smooth, irreducible curve X/k and look at its unramified abelian coverings of p-th power degree. For the sake of simplicity, we assume that k is algebraically closed.

In the older paper of Hasse and Witt, the authors look at the case of exponent p. We have already seen that we obtain cyclic extensions of degree p by solving equations of the form

$$f^p - f = h\,,$$

where h is in the function field $K = k(X)$. When is such an extension unramified? Obviously if and only if the equation

$$f_{\mathfrak{p}}^p - f_{\mathfrak{p}} = h$$

is solvable in the completion $K_{\mathfrak{p}}$ for every place $\mathfrak{p}$. This is possible for all places at which h is integral, i.e. $\mathrm{ord}_{\mathfrak{p}}(h) \geq 0$. If on the other hand h has a pole at a place $\mathfrak{p}$, and we expand h according to the powers of a uniformising element

$$h = a_{-n_0}\pi_{\mathfrak{p}}^{-n_0} + \dots + a_{-1}\pi_{\mathfrak{p}}^{-1} + \dots, \quad a_{-n_0} \neq 0\,,$$

then n_0 has to be divisible by p - we write $n_0 = pm_0$ - and the equation

$$(b_{-m_0}\pi_{\mathfrak{p}}^{-m_0} + \dots)^p - (b_{-m_0}\pi_{\mathfrak{p}}^{-m_0} + \dots) = h$$

must be solvable. This obviously restricts the form of the expansion of h. (If for example we have $m_0 = 1$, the expansion of h must look like $h = a_{-1}^p\pi_{\mathfrak{p}}^{-p} - a_{-1}\pi_{\mathfrak{p}}^{-1} + \dots$.)

To understand the situation, we look at those h which only have a pole at a given place $\mathfrak{p}$. One can easily see that this is enough. On X we have the structure sheaf $\mathcal{O}_X$, which is contained in the sheaf $\mathcal{O}_X(-\infty\mathfrak{p})$ of those functions which may have a pole of arbitrary order at $\mathfrak{p}$. We obtain an exact sequence

$$0 \to H^0(X, \mathcal{O}_X) \to H^0(X, \mathcal{O}_X(-\infty\mathfrak{p})) \to \mathcal{L}_\mathfrak{p} \xrightarrow{\delta} H^1(X, \mathcal{O}_X) \to 0\,,$$

where $\mathcal{L}_\mathfrak{p}$ consists of Laurent polynomials of negative degree.

The map $\mathbf{F} : f \mapsto f^p$ induces a map on the first three k-vector spaces. This map is σ-linear, i.e. we have $\mathbf{F}(af) = a^p\mathbf{F}(f)$ for $a \in k$, where σ also stands for the Frobenius map $\sigma : a \mapsto a^p$ on the field k. This gives us a map

$$\mathbf{F} : H^1(X, \mathcal{O}_X) \to H^1(X, \mathcal{O}_X)\,,$$

which is σ-linear. Some σ-linear algebra shows that the kernel of the map

$$1 - \mathbf{F} : H^1(X, \mathcal{O}_X) \to H^1(X, \mathcal{O}_X)$$

is an $\mathbb{F}_p$-vector space of dimension $\gamma \leq g$, where γ is the rank of $\mathbf{F}$ and g is the genus of our curve. (Note that the image of a σ-linear map also is a k-vector space.)

If $\xi \in \mathcal{L}_\mathfrak{p}$ is a Laurent series with $\delta(\xi) \in \ker(1 - \mathbf{F})$, it is clear that the Laurent expansion $\xi^p - \xi$ comes from a meromorphic function $h \in H^0(X, \mathcal{O}_X(-\infty\mathfrak{p}))$. We see that solving

$$f^p - f = h$$

yields an unramified cyclic extension of degree p. We also see that the Galois group of the maximal abelian unramified extension of exponent p is isomorphic to $(\mathbb{Z}/p\mathbb{Z})^\gamma$.

By duality (Serre duality), we obtain a non-degenerate pairing

$$H^0(X, \Omega_X) \times H^1(X, \mathcal{O}_X) \to k$$

(Ω_X is the sheaf of the differentials of X over k and $\langle \omega, \xi \rangle = \mathrm{Res}(\tilde{\xi}\omega)$ with $\tilde{\xi} \in \mathcal{L}_\mathfrak{p}$ and $\tilde{\xi} \overset{\delta}{\mapsto} \xi$). Thus we have a pairing

$$H^0(X, \Omega_X) \times \ker(1 - \mathbf{F}) \to k\,.$$

This is the main content of the paper of Hasse-Witt. The above map

$$\mathbf{F} : H^1(X, \mathcal{O}_X) \to H^1(X, \mathcal{O}_X)$$

is the Hasse-Witt matrix.

I will now return to the joint paper with H. L. Schmid. Here the results are generalized to the case of exponent p^n, using the fundamental approach of the paper on Witt vectors. The role of the function h is then assumed by a Witt vector

$$h = (h_0, h_1, \ldots, h_n) \in W_n(K)\,.$$

The Witt vector h is called *unramified* if the equation

$$\mathbf{F}(f_\mathfrak{p}) - f_\mathfrak{p} = h$$

is locally solvable at all places. The authors show that every unramified "beginning of a Witt vector" may be extended to an unramified Witt vector of any length.

This makes it fairly clear that the Galois group of the maximal unramified abelian extension of K of exponent p^n is isomorphic to $(\mathbb{Z}/p^n\mathbb{Z})^\gamma$.

Of course, we can also view this Galois group in the Jacobian $J(X) = A$ of our curve. If we look at the multiplication by p^n, the k-valued points of the kernel form the group $J(X)[p^n](k) = (\mathbb{Z}/p^n\mathbb{Z})^\gamma$ and there is a canonical isomorphism

$$J(X)[p^n](k) \xrightarrow{\sim} \mathrm{Gal}(K_n/K)\ .$$

This will be important later in the following situation. If our curve X/k is the reduction of a projective smooth curve $\mathcal{X}/W(k)$, we get a pairing

$$\langle , \rangle : H^0(\mathcal{X}_n/W_n(k), \Omega_{\mathcal{X}_n/W_n}) \times J(X)[p^n](k) \to W_n(k)$$

in the following way: according to the construction of Schmid-Witt, we assign a Witt vector $(\xi_0, \xi_1, \dots, \xi_{n-1}) = \xi$ of Laurent expansions to an element $\eta \in J(X)[p^n](k)$. If now $\omega \in H^0(\mathcal{X}_n/W_n(k))$, we simply form

$$\langle \omega, \eta \rangle = \mathrm{Res}(\xi\omega) \in W_n(k)$$

and we obtain the pairing. The residue vector was already dealt with in Witt's paper [Wi1]. Note that Satz 18 of that paper yields a simple approach to a newer result of Bloch-Kato [Bl-Ka2, Th. 2.1] as Fontaine recently pointed out [Fo2].

Further Papers by Witt

Witt came back to this topic once more in his paper with the title *p-Algebren und Pfaffsche Formen* [Wi2] in which he describes the p-component of the Brauer group of a field of characteristic p, using differential forms on the ring $W = \cup W(k^{1/p^n})$. The ideas from [Wi2] play a certain role in the paper by K. Kato [Ka], in which higher dimensional local class field theory is developed. This means class field theory for complete discretely valued fields, for which the residue class field k has positive characteristic and is of higher dimension. For that it is necessary to understand the Galois cohomology of the residue class field, and the first step is to study the Brauer group.

In 1964, Witt once again dealt with Witt vectors, finding a much easier construction. That access had apparently been found independently by other mathematicians. I refer to the introduction and chapter V of [De-Ga]. Witt himself did not publish his results but, on June 23, 1964, he gave a colloquium talk at the mathematics department in Hamburg. His handwritten entry in the colloquium book can be found on page 164 in this volume. It shows that it is possible to construct a "universal" Witt ring, independent of the characteristic p, by assigning to every vector $x = (x_1, x_2, \dots)$ the power series

$$f_x(t) = \prod_{n=1}^{\infty} (1 - x_n t^n)$$

and then defining addition and multiplication by multiplication and convolution in the power series ring.

In the following chapters, I will describe the significance of Witt vectors for more recent developments.

Witt Vectors and Unipotent Commutative Algebraic Groups

A detailed description of the connections between the theory of unipotent, commutative algebraic groups and Witt vectors can be found in [De-Ga], Chap. V or in the book by Hazewinkel [Ha].

I will start with the theory of unipotent commutative linear algebraic groups over a field k. The most simple example is the additive group

$$G_a/k = \mathrm{Spec}(k[x])/k \ ,$$

with comultiplication given by

$$\Delta : x \mapsto 1 \otimes x + x \otimes 1 \ .$$

In general, an affine algebraic group G/k is called unipotent if for every non trivial normal subgroup H/k, there is a non trivial homomorphism of H/k to G_a/k.

If the characteristic of the ground field k is zero, the category of unipotent commutative affine groups is easy to understand. Then every such group is of the form G_a^d, in other words: the category of commutative unipotent algebraic groups is equivalent to the category of vector spaces over k; in particular, it is semisimple.

The situation changes dramatically if the characteristic of the ground field k is a prime number $p > 0$. Then the above category is no longer semisimple. The truncated Witt ring W_2 is a commutative unipotent group and fits in an exact sequence

$$\begin{array}{ccccccccc} 0 & \to & G_a & \to & W_2 & \xrightarrow{\pi_1} & G_a & \to & 0 \\ & & y & \mapsto & (0,y) & & & & \\ & & & & (x,y) & \mapsto & x \ . & & \end{array}$$

In [Se] (or in [De-Ga]) it is shown that W_2 is a generator of the group $\mathrm{Ext}^1(G_a, G_a)$. This may also be interpreted in a slightly different way. If we try to split the sequence, we have to find a homomorphism $s : G_a \to W_2$, which is a section, i.e. such that $s \circ \pi_1 = \mathrm{Id}$. One possible section is given by $s_1 : x \mapsto (x, 0)$. This, however, is not a homomorphism, because, for elements $w_1 = (x_1, 0)$ and $w_2 = (x_2, 0)$ in the Witt ring, we have

$$s(w_1 + w_2) - w_1 - w_2 = (0, -\sum_{\mu=1}^{p-1}(\binom{p}{\mu}/p)x_1^{p-\mu} \cdot x_2^{\mu}) .$$

We interpret it as follows: The nonlinear part in the universal polynomial S_1 defines a 2-cocycle, which is not a coboundary and generates the extension group in question.

Now the commutative unipotent groups may, with the aid of Witt vectors, be understood as follows. We consider the direct limit

$$W_1 \to W_2 \to W_3 \to \dots ,$$

with the inclusion given by the Verschiebung, i.e.

$$x \mapsto (0, x), \quad (x, y) \mapsto (0, x, y) .$$

This is a directed system of unipotent algebraic groups over k; its limit is denoted by $\mathcal{W}/k$. Then one can consider for every unipotent algebraic group U/k (with k perfect), the group

$$D(U) = \lim_{\to} \operatorname{Hom}(U, W_n) = \operatorname{Hom}(U, \mathcal{W}) .$$

We have Frobenius and Verschiebung operations on the second variables. We now introduce the Dieudonné ring $\mathbb{D}_k = W(k)[\mathbf{F}, \mathbf{V}]$. This ring is not commutative. It originates from $W(k)$ by adjoining two new variables, which, however, do not commute with scalars. To explain this in more detail, we slightly alter our notation: let the Frobenius operation on $W(k)$ now be denoted by

$$\sigma(a) = a^{(p)} = (a_0^p, a_1^p, \dots) .$$

Then for $\mathbf{F}, \mathbf{V}$ and $a \in W(k)$ we should have

$$\mathbf{F}a = \sigma(a)\mathbf{F}, \quad \mathbf{V}\sigma(a) = a\mathbf{V}, \quad \mathbf{VF} = \mathbf{FV} = p .$$

Hence the ring $\mathbb{D}_k$ is constructed in such a way that $D(U)$ is a module over this ring. We therefore obtain a contravariant functor from the category of commutative unipotent algebraic groups into the category of Dieudonné modules.

One can easily check that the Dieudonné modules so obtained are finitely generated and that they are effaceable, i.e. for every $m \in D(U)$ there is an n such that $\mathbf{V}^n m = 0$. Thus the functor takes values in the category of finitely generated Dieudonné modules which are effaceable. Now the structure theorem for unipotent commutative algebraic groups says:

The functor

$$U/k \mapsto D(U)$$

is an anti-equivalence of categories.

If, for example, we set $U = W_n/k$, we obtain

$$D(U) = \mathrm{Hom}(W_n, W_n) = \mathrm{End}(W_n) \ .$$

It is clear that $\mathbf{V}^n$ is zero in $\mathrm{End}(W_n)$; hence we obtain a map

$$\mathbb{D}_k/\mathbf{V}^n\mathbb{D}_k \to \mathrm{End}(W_n) \ ,$$

and this is an isomorphism ($\mathbf{V}^n\mathbb{D}_k$ is a two-sided ideal). If we choose $n = 1$, we can easily see that we have

$$\mathbb{D}_k/\mathbf{V}\mathbb{D}_k = k[\mathbf{F}]$$

and then the above assertion implies that

$$k[\mathbf{F}] \to \mathrm{End}(G_a/k) \ , \quad \Sigma a_i\mathbf{F}^i \mapsto (x \mapsto \Sigma a_i x^{p^i}) \ ,$$

is an isomorphism.

I will now take the liberty of developing some conclusions from the structure theorem, which may have been used already for its proof.

We want to know which are the simple objects in the category of unipotent groups, i.e., those non-zero objects, which have no non trivial subobject. (If k is a field of characteristic 0, these are the one-dimensional groups G_a/k.)

For this purpose, we have to consider simple $\mathbb{D}_k$-modules M which are effaceable. They have to be $\mathbb{D}_k/\mathbf{V}\mathbb{D}_k$-modules, i.e $k[\mathbf{F}]$-modules. Naturally, $\mathbf{F}(M) \subset M$ is such a module, thus we have $\mathbf{F}(M) = 0$ or $\mathbf{F}(M) = M$. In the first case, it is clear that M has to be a one-dimensional k-vector space. Then we find as the associated simple object in the category of groups

$$\alpha_{k,p} = \ker[G_a \stackrel{x \mapsto x^p}{\longrightarrow} G_a]$$

i.e.

$$\alpha_{k,p} = \mathrm{Spec}(k[x]/(x^p)) \ .$$

This is an example of an infinitesimal group, i.e. its affine algebra is a local ring and its maximal ideal is nilpotent.

In the second case, we find that the simple objects over k are finite dimensional k-vector spaces M, together with a semilinear automorphism

$$\mathbf{F} : M \to M, \ \ \mathbf{F}(av) = a^p\mathbf{F}(v) \ .$$

This is a simple object if it is non-zero and has no non-trivial invariant subspace.

If in addition k is algebraically closed, one can see that every simple object is of the form

$$(M, \mathbf{F}) = (k, \sigma) \ .$$

From the point of view of unipotent groups this corresponds to the disconnected étale group

$$(\frac{1}{p}\mathbb{Z}/\mathbb{Z})_k\ ,$$

i.e., its affine algebra is

$$A(G) = \bigoplus_{x\in\frac{1}{p}\mathbb{Z}/\mathbb{Z}} k = \bigoplus_{x\in\frac{1}{p}\mathbb{Z}/\mathbb{Z}} ke_x\ ,$$

with componentwise multiplication and the comultiplication

$$\Delta : e_x \mapsto \sum_{r+t=x} e_t \otimes e_r\ .$$

The group is called *étale* because its affine algebra is a product of fields.

If we drop the assumption that k is algebraically closed, the classification can be given more simply from the point of view of groups. Then the simple objects of the category are

$$G = (\frac{1}{p}\mathbb{Z}/\mathbb{Z})^d$$

together with an irreducible representation

$$\mathrm{Gal}(\bar{k}/k) \to \mathrm{Aut}(G) = \mathrm{GL}_d(\mathbb{F}_p)\ .$$

More generally, we may consider finite abelian p-groups G together with a homomorphism

$$\mathrm{Gal}(\bar{k}/k) \to \mathrm{Aut}(G)\ ;$$

these form the category of commutative, finite, étale, unipotent group schemes. They can be characterized by the fact that the Frobenius

$$\mathbf{F} : \mathbb{D}(G) \to \mathbb{D}(G)$$

is an isomorphism (if k is perfect). In a certain sense, this is the most simple part of the category.

Witt vectors also provide the key to an understanding of finite group schemes over the perfect field k of characteristic $p > 0$. First I want to present some other group schemes. We consider the group scheme of the multiplicative group

$$G_m/k = \mathrm{Spec}\,(k[T, T^{-1}])$$

with comultiplication

$$\Delta : T \mapsto T \otimes T\ .$$

It contains the subscheme given by the kernel of the map $x \mapsto x^{p^n}$.

Its affine algebra is $k[X]/(X^{p^n}-1)$. This group scheme is called μ_{p^n}/k. It is infinitesimal and multiplicative. More generally, Cartier duality interchanges the infinitesimal multiplicative groups with the étale unipotent ones, therefore the first ones also have to be regarded as a simple part of the category.

To an arbitrary finite group scheme G/k with affine algebra $A(G)/k$, one may associate its Cartier dual group $G^\vee$, whose affine algebra is as a k-vector space $A(G^\vee) = \mathrm{Hom}(A(G), k)$, and multiplication and comultiplication are exchanged. The Cartier dual group of μ_{p^n} is the étale unipotent group scheme $\frac{1}{p^n}\mathbb{Z}/\mathbb{Z}$ described above.

We now want to consider the category of finite commutative group schemes which are annihilated by a sufficiently high p-power. In [De-Ga] it is shown that every such group scheme has a canonical splitting

$$G = G^{\mathrm{mult}} \times G^{\mathrm{unipt}} = G^{\mathrm{mult}} \times G^{\mathrm{étal,unipt}} \times G^{\mathrm{inf,unipt}} .$$

After passing to the algebraic closure of k, the group scheme G^{mult} becomes a product of μ_{p^n}, and $G^{\mathrm{étal,unipt}}$ a product of $\frac{1}{p^n}\mathbb{Z}/\mathbb{Z}$. These parts of the category can be easily understood and are interchanged by Cartier duality. The third factor, however, is more difficult. To such a group scheme we assign

$$\mathrm{Hom}(G \times_k \bar{k}, G_m) \times \mathrm{Hom}(G, \mathcal{W}) = X(G) \times D_u(G) ,$$

where the first factor is a $\mathrm{Gal}(\bar{k}/k)$-module and the second factor is the Dieudonné module mentioned above. This Dieudonné module now of course has finite length.

The module $X(G)$ is a finite $\mathbb{Z}_p$-module, with an action of the Galois group. We can turn it into a Dieudonné module. For that purpose we form $X(G) \otimes W(k)$. Now we still have to define $\mathbf{F}, \mathbf{V}$. We pass to the dual group $G^\vee$. This group is étale and unipotent; its Dieudonné-module is $X^\vee = \mathrm{Hom}(X(G), W(k)[\frac{1}{p}]/W(k))$, and on it we have the operation of Frobenius and Verschiebung. The corresponding endomorphisms on $X(G) \otimes W(k)$ are the Verschiebung and the Frobenius. By this construction, we have assigned a Dieudonné module $D_m(G)$ to a multiplicative group G, and more generally, we have defined $D(G) = D_m(G) \times D_u(G)$. Now we have another structure theorem:

The functor

$$G \mapsto D(G) = D_m(G) \times D_u(G)$$

defines an anti-equivalence between the category of commutative finite group schemes, which are annihilated by a sufficiently high power of p, and the category of $\mathbb{D}_k$-modules, which have finite length as $W(k)$-modules.

The Role of Witt Vectors in Arithmetical Algebraic Geometry

Witt rings form the foundation of many constructions in modern algebraic geometry.

In the early sixties, A. Grothendieck, M. Artin and others developed the étale cohomology of algebraic varieties (cf., e.g., [Mil]). For example, for every algebraic variety X over a field k and for every prime number ℓ different from the characteristic of k, one obtains étale cohomology groups

$$H^i_{\mathrm{ét}}(X \times_k \bar{k}, \mathbb{Z}/\ell^n\mathbb{Z}) ,$$

their completions

$$\lim_{\leftarrow} H^i_{\text{ét}}(X \times_k \bar{k}, \mathbb{Z}/\ell^n\mathbb{Z}) = H^i_{\text{ét}}(X \times_k \bar{k}, \mathbb{Z}_\ell)$$

and finally

$$H^i_{\text{ét}}(X \times_k \bar{k}, \mathbb{Q}_\ell) = H^i_{\text{ét}}(X \times_k \bar{k}, \mathbb{Z}_\ell) \otimes \mathbb{Q}_\ell \ .$$

These cohomology groups have a number of formal properties, in particular, they are modules under the action of the Galois group $\mathrm{Gal}(\bar{k}/k)$, and as such they are of great arithmetical interest.

The most simple example of such a Galois module can be constructed from the multiplicative group G_m/k. The kernel of the map $x \mapsto x^{\ell^n}$ is the scheme of ℓ^n-th roots of unity, i.e.

$$G_m[\ell^n] = \{x \in G_m(\bar{k}) \mid x^{\ell^n} = 1\} \xrightarrow{\sim} \mathbb{Z}/\ell^n\mathbb{Z} \,.$$

One obtains a projective system

$$\ell^r : G_m[\ell^{n+r}] \to G_m[\ell^n]$$

and forms the Tate module

$$T_\ell(G_m) = \lim_{\leftarrow} G_m[\ell^n] \xrightarrow{\sim} \mathbb{Z}_\ell \,.$$

The Galois group $\mathrm{Gal}(\bar{k}/k)$ acts on $T_\ell(G_m)$ by the so-called Tate character

$$\alpha : \mathrm{Gal}(\bar{k}/k) \to \mathbb{Z}_\ell^* \ ,$$

defined by

$$\sigma(\zeta) = \zeta^{\alpha(\sigma)}$$

for all ℓ^n-th roots of unity ζ. This Galois module is called $T_\ell(G_m) = \mathbb{Z}_\ell(1)$, and it is easy to see that

$$H^1_{\text{ét}}(G_m \times_k \bar{k}, \mathbb{Z}_\ell) = \mathbb{Z}_\ell(-1) = \mathrm{Hom}(\mathbb{Z}_\ell(1), \mathbb{Z}_\ell) \ .$$

We get a more complicated example starting with an abelian variety A/k. Then we can consider

$$A[\ell^n] = \{x \in A(\bar{k}) \mid \ell^n x = 0\}$$

and take the projective limit

$$\lim_{\leftarrow} A[\ell^n] = T_\ell(A) \ ,$$

which is a free $\mathbb{Z}_\ell$-module of rank $2g$ with $g = \dim A$. Corresponding to the case G_m/k, one then finds

$$H^1_{\text{ét}}(A \times_k \bar{k}, \mathbb{Z}_\ell) = \mathrm{Hom}(T_\ell(A), \mathbb{Z}_\ell) \ ;$$

note that the Tate module has to be interpreted as homology.

As mentioned above, these cohomology groups have very nice formal properties. In particular, under suitable conditions, we can use base change, which allows us to understand the behaviour of the action of the Galois group after reduction mod p.

I want to explain this briefly. We start with an algebraic variety $X/\mathbb{Q}$ and assume that it has good reduction at a place p, i.e. we have a smooth scheme $\mathcal{X}/\mathbb{Z}_{(p)}$, the general fibre of which is $X/\mathbb{Q}$. Then under certain further assumptions (for example: if $\mathcal{X}/\mathbb{Z}_{(p)}$ is proper), we have

$$H^i_{\text{ét}}(X \times_{\mathbb{Q}} \bar{\mathbb{Q}}, \mathbb{Z}_\ell) \xrightarrow{\sim} H^i_{\text{ét}}(\mathcal{X} \times_{\mathbb{F}_p} \bar{\mathbb{F}}_p, \mathbb{Z}_\ell)$$

if $p \neq \ell$. As a consequence, the action of the Galois group $\mathrm{Gal}(\bar{\mathbb{Q}}/\mathbb{Q})$ is unramified at the place p, i.e. the inertia group $I_p \subset \mathrm{Gal}(\bar{\mathbb{Q}}_p/\mathbb{Q}_p)$ acts trivially on $H^i_{\text{ét}}(X \times_{\mathbb{Q}} \bar{\mathbb{Q}}, \mathbb{Z}_\ell)$, because the group acts via the quotient

$$\mathrm{Gal}(\bar{\mathbb{Q}}_p/\mathbb{Q}_p)/I_p = \mathrm{Gal}(\bar{\mathbb{F}}_p/\mathbb{F}_p) .$$

Thus we can ask for information about the action of the Frobenius

$$\Phi_p \in \mathrm{Gal}(\bar{\mathbb{F}}_p/\mathbb{F}_p)$$

on $H^i(\mathcal{X} \times_{\mathbb{F}_p} \bar{\mathbb{F}}_p, \mathbb{Z}_\ell)$. This can be done for all $p \neq \ell$ for which there is good reduction, and shows, for example, that the action of the Galois group is unramified at almost all places. This information is important if one wants to assign an L-function to the variety.

For every prime number p, we can, however, study the cohomology $H^i_{\text{ét}}(X \times_{\mathbb{Q}} \bar{\mathbb{Q}}, \mathbb{Z}_p)$, because $\mathbb{Q}$ has characteristic 0. If, as above, we look at the action of the inertia group $I_p \subset \mathrm{Gal}(\bar{\mathbb{Q}}_p/\mathbb{Q}_p)$ on this cohomology, we have to tackle the problem that after reduction modulo p, the cohomology $H^i_{\text{ét}}(X \times_{\mathbb{F}_p} \bar{\mathbb{F}}_p, \mathbb{Z}_p)$ is not defined. One thus gets no information on the action of the groups $\mathrm{Gal}(\bar{\mathbb{Q}}_p/\mathbb{Q}_p)$ on $H^1(X \times_{\mathbb{Q}} \bar{\mathbb{Q}}, \mathbb{Z}_p)$. It turns out that these actions may be complicated, but there are methods to understand them.

By construction, the ℓ-adic cohomology groups are obtained by first working with torsion coefficients $\bmod \ell, \bmod \ell^2, \ldots$ and then passing to the limit in order to finally get torsionfree coefficients $\mathbb{Z}_\ell$. For this, the prime number ℓ must be different from the characteristic of the ground field. Thus we see that it is necessary to develop a cohomology theory which is defined for varieties over a field k of characteristic $p > 0$, and whose coefficient ring is a limit of rings of p^n torsion. Here the rings of Witt vectors $W(k)$ are just the right rings of coefficients. Thus by contrast with ℓ-adic cohomology, the ground field enters in the coefficient system.

Let us have another look at the examples. If we work over a field of characteristic p, there are no pth roots of unity $\neq 1$, the Tate module

$$T_p(G_m) = \lim_{\leftarrow} G_m[p^n]$$

seems to be trivial. One may, however, interpret the kernel of the map

$$x \mapsto x^{p^n}$$

as the group scheme $\mu_{p^n} = G_m[p^n]$ of p^nth roots of unity over k. This is a finite group scheme over k for every n, and the direct limit

$$G_m[p^\infty] = \varinjlim G_m[p^n]$$

is the first example of a "p-divisible group". The group is called p-divisible, because the multiplication by p induces a surjective map

$$p : G_m[p^{n+1}] \to G_m[p^n] .$$

Another example of such a p-divisible group is given by the schemes $A[p^n]$ of p^n-torsion points of an abelian variety A/k. The associated k-algebras then have degree p^{2ng} where $g = \dim A$. We obtain the p-divisible group by passing to the direct limit over all n.

Now the structure of these p-divisible groups is getting very complicated. They contain much more information on the abelian variety than the Tate modules with coefficients prime to the characteristic.

The key to an understanding of p-divisible groups is again provided by the Dieudonné modules (e.g. cf. also [Od]). The individual finite group schemes have been associated with Dieudonné modules in the last paragraph, and now we simply pass to the limits. Let k still be perfect. Consider the Dieudonné module

$$D_p(A) = \varprojlim \operatorname{Hom}(A[p^n], G_m \times \mathcal{W}) .$$

As before we write

$$\begin{aligned} A[p^n] &= A[p^n]^{(\text{mult})} \times A[p^n]^{(\text{unipt})} = \\ &= A[p^n]^{(\text{mult})} \times A[p^n]^{(\text{étal})} \times A[p^n]^{(\text{inf,unipt})} . \end{aligned}$$

Because of duality, this group looks like

$$\mu_{p^n}^\gamma \times (\frac{1}{p^n}\mathbb{Z}/\mathbb{Z})^\gamma \times A[p^n]^{(\text{inf,unipt})} ,$$

and we obtain as a Dieudonné module

$$D_p(A) = W(k)^\gamma \oplus W(k)^\gamma \oplus D_p^{(\text{inf,unipt})}(A) ,$$

where,

(1) on the first summand $\mathbf{F}$ is of the form $p \cdot \varphi$ with a σ-linear automorphism φ, and on the second summand $\mathbf{F}$ is a σ-linear isomorphism. The same is true for $\mathbf{V}$ if the summands are exchanged (observe that $\mathbf{FV} = \mathbf{VF} = p$),

(2) on the summand $D_p^{(\text{inf,unipt})}(A)$ the Frobenius $\mathbf{F}$ is topologically nilpotent.

Observe, that $D_p^{(\text{inf,unipt})}(A)/p(D_p^{(\text{inf,unipt})}(A))$ is a k-vector space of dimension $2(g-\gamma)$; hence if we work mod p, the Frobenius becomes nilpotent.

If the ground field k is algebraically closed, one can assume that on both summands $W(k)^\gamma$ the Frobenius $\mathbf{F}$ is the σ-linear extension of the identity (resp. of $p\times$ identity on $W(\mathbb{F}_p)^\gamma$). Actually, the second summand may be viewed as remainder of étale cohomology.

Even with an algebraically closed ground field, on the part $D_p^{(\mathrm{inf,unipt})}(A)$ the information contained in the Dieudonné module is much more precise than the one in the Tate module $T_\ell(A)$, which just knows the dimension of A. If, for example, $\gamma = 0$ (in which case the abelian variety is called totally singular) the Frobenius $\mathbf{F}$ on $D_p(A)/p(D_p(A))$ becomes 2-step nilpotent. For every k-subspace $Y \subset D_p(A)/\mathbf{F}(D_p(A))$ one obtains an abelian variety B_Y with an isogeny $A \to B_Y$, which maps $D_p(B_Y)$ onto Y. Thus it is possible to construct families of totally singular abelian varieties, and it is easy to see that the map

$$Y \mapsto \text{isomorphism class of the Dieudonné module } (Y, \mathbf{F})$$

has finite fibres, hence these families are non-trivial.

Abelian Varieties over Finite Fields

The construction of Dieudonné modules is fundamental for the study of abelian varieties over finite fields. John Tate proved (cf. [Ta1]) that, for an abelian variety $A/\mathbb{F}_{p^N}$ and $\ell \neq p$, the Tate module $T_\ell(A)$ together with the action of the Frobenius $\Phi_{p^N} : T_\ell(A) \to T_\ell(A)$ (of course this is also the action of the Galois group), determines the abelian variety A up to isogeny. We have

$$\mathrm{Hom}(A,B) \otimes \mathbb{Q}_\ell \xrightarrow{\sim} \mathrm{Hom}_{\mathrm{Gal}(\bar{\mathbb{F}}_p/\mathbb{F}_{p^N})}(T_\ell(A), T_\ell(B)) \otimes \mathbb{Q}_\ell \ .$$

The analogous assertion then also holds for the Dieudonné modules

$$\mathrm{Hom}(A,B) \otimes \mathbb{Z}_p \xrightarrow{\sim} \mathrm{Hom}_{\mathbb{D}_k}(D_p(B), D_p(A)) \ .$$

One should consider, of course, that $\mathrm{Hom}_{\mathbb{D}_k}(D_p(B), D_p(A))$ is a $\mathbb{Z}_p$-module, because if $\varphi : D_p(B) \to D_p(A)$ and $\varphi \circ \mathbf{F} = \mathbf{F} \circ \varphi$, one may only change φ by scalar factors $\lambda \in \mathbb{Z}_p$; otherwise it no longer commutes with $\mathbf{F}$.

These results and their extension by the theorems of Honda (cf. [Ta-B], [Wa-Mi]) play an important role in the description of the moduli space of polarized abelian varieties over a finite field $\mathbb{F}_p$. In that context, for example, a problem which arises is the description of the set $\mathcal{A}_g(\bar{\mathbb{F}}_p)$ of polarized abelian varieties over $\bar{\mathbb{F}}_p$ of dimension g with level structure. Roughly, to such an abelian variety $A \in \mathcal{A}_g(\bar{\mathbb{F}}_p)$, one associates the collection of cohomological data

$$A \to \{\{T_\ell(A), \Phi_\ell^N\}_{\ell \neq p}, D_p(A), \mathbf{F}\} \ ,$$

where Φ_ℓ^N is a high power of the ℓ-adic Frobenius. This set is divided by the action of the isogeny group $I(\mathbb{Q})$, which from the cohomological data can be determined locally at all places. If one now takes the union over the possible isogeny groups and "admissable" actions of these isogeny groups, the quotient is exactly $\mathcal{A}_g(\bar{\mathbb{F}}_p)$. This moduli scheme is defined over $\mathbb{F}_p$, and hence the Frobenius Φ_p acts on the set of points $\mathcal{A}_g(\bar{\mathbb{F}}_p)$. Here I just want to emphasize that it is crucial that for *all* prime numbers q, we have defined a q-adic cohomology theory, and that important information is given particularly by the p-adic component. For this I refer to the papers of Langlands and Rapoport [La-Ra] and of Milne [Mi2].

Crystalline Cohomology

Thus we have got a rough idea how to define a first p-adic (co-)homology group for abelian varieties over a field of characteristic $p > 0$. Now we should try to generalize this to as many varieties as possible. The result is the so-called crystalline cohomology, the construction of which goes back to Berthelot. I am going to report about it briefly, closely sticking to the report of Illusie [Il1].

On a smooth variety X over k, we have the de Rham cohomology $H^{\cdot}_{\mathrm{DR}}(X, \Omega^{\cdot}_X)$. It is the hypercohomology of the complex of differential forms. This theory allows in characteristic 0 a comparison isomorphism with étale cohomology.

If, however, k is of characteristic $p > 0$ then $H^{\cdot}_{\mathrm{DR}}(X)$ is a vector space over k, i.e. it has exponent p, but the cohomology groups we want should have torsionfree rings of coefficients. The most naive idea would then be to "extend" X to a scheme over W_n and then to study the de Rham cohomology there, in this way the ring of coefficients would be $W_n(k)$. This, however, does not always work. Instead, one might proceed as follows. Define a new Grothendieck topology: the crystalline site. Start out from the remark that the maximal ideal $pW(k)$ allows divided powers, because $p^n/n! \in W(k)$. Now consider Zariski open sets $U \subset X$ together with an infinitesimal thickening

$$\begin{array}{ccc} U & \hookrightarrow & U_n \\ \downarrow & & \downarrow \\ \mathrm{Spec}(k) & \to & \mathrm{Spec}(W_n) \, , \end{array}$$

where the ideal I_n, which defines U in U_n, is also equipped with divided powers, i.e. for $x \in I_n$ one may always write $\gamma_k(x) = x^k/k! \in I_n$. These divided powers should be compatible with the divided powers on W_n. Now one can easily see that I_n has to be a nilpotent ideal. The category of these objects, together with a suitable notion of coverings, is the crystalline site we were looking for.

Next one considers sheaves on this site. They are described by Zariski sheaves $(U \hookrightarrow U_n) \to F(U_n)$. In particular $\mathcal{O}_{X/W_n} : (U \to U_n) \to \mathcal{O}(U_n)$ is such a sheaf, and one may define the cohomology corresponding to this topology:

$$H^i_{\mathrm{cris}}(X/W_n, \mathcal{O}_{X/W_n}) \, .$$

(One should realize that even for $n = 0$, this is not the Zariski cohomology, because even then the underlying topology (the crystalline site) is not the Zariski topology.) If, for example,

$$X/k = X/W_0 = X_n \otimes_{W_n} k$$

and X_n/W_n is smooth, one has a comparison isomorphism

$$H^i_{\text{cris}}(X_n/W_n, \mathcal{O}_{X/W_n}) = H^i_{\text{Zar}}(X_n/W_n, \Omega^{\cdot}_{X_n}) .$$

The limit

$$H^i_{\text{cris}}(X/W) = \lim_{\leftarrow} H^i_{\text{cris}}(X/W_n)$$

is the crystalline cohomology of X/k.

It is important for us that these cohomology groups are W-modules. On the field k, we further have the Frobenius $\sigma : x \mapsto x^p$. This allows us to construct a base change: we have $\text{Spec}(k) \xrightarrow{\sigma} \text{Spec}(k)$ and set $X^{(p)} = X \otimes_{\text{Spec}(k),\sigma} \text{Spec}(k)$. This yields a diagram

$$\begin{array}{ccc} \mathbf{F} : X & \longrightarrow & X^{(p)} \\ & \searrow \quad \swarrow & \\ & \text{Spec}(k) & \end{array}$$

and defines a map $\mathbf{F} : H^i_{\text{cris}}(X^{(p)}/W) \to H^i_{\text{cris}}(X/W)$, which is W-linear. However we can show now that

$$H^i_{\text{cris}}(X^{(p)}/W) = H^i_{\text{cris}}(X/W) \otimes_{W,\sigma} W ,$$

where we consider W to be a W-algebra via σ.

Thus an element in $H^i_{\text{cris}}(X/W) \otimes_{W,\sigma} W$ is of the form $h \otimes w$, and for $w_1 \in W$ we have

$$w_1 h \otimes w = h \otimes \sigma(w_1) w .$$

Thus the linear map $\mathbf{F}$ above is the same as the σ-linear map

$$\mathbf{F} : H^i_{\text{cris}}(X/W) \to H^i_{\text{cris}}(X/W) ,$$

which is defined by $\mathbf{F}(h) = \mathbf{F}(h \otimes 1)$. If A/k is an abelian variety, then

$$(D_p(A), \mathbf{F}) \xrightarrow{\sim} (H^1_{\text{cris}}(A/W), \mathbf{F}) .$$

p-adic Galois Representations

I will now come back to the problem mentioned above. We start out from a situation which is slightly more general. Let K be a field of characteristic zero. Let $A \subset K$ be a complete discrete valuation ring in K (with K as quotient field) and let the residue field $k = A/\mathfrak{p}$ have characteristic $p > 0$.

Assume k is perfect. Then the Witt ring $W(k)$ and its quotient field K_0 are contained in K.

If we now consider an algebraic variety X/K, we would like to understand the action of the Galois group $\mathrm{Gal}(\bar{K}/K)$ on the p-adic cohomology groups $H^i(X \times_k \bar{K}, \mathbb{Z}_p)$ or $H^i(X \times_k \bar{K}, \mathbb{Q}_p)$. I mentioned before that we have to reckon on complications even if we are in the optimal situation in which the variety X/k is the general fibre of a projective smooth scheme $\mathcal{X}/A$.

Now we have the opportunity to study the crystalline cohomology of the special fibre $\mathcal{X}_0/k$. We obtain $W(k)$-modules

$$H^i_{\text{cris}}(\mathcal{X}_0/k)\ ,$$

which are of a finite type and equipped with a σ-linear endomorphism

$$\mathbf{F} : H^i_{\text{cris}}(\mathcal{X}_0/k) \to H^i_{\text{cris}}(\mathcal{X}_0/k)$$

which depends only on the special fibre. But in contrast to the ℓ-adic case we can not expect to be able to read from it the action of the Galois group.

An Example

I would like to discuss an example which illustrates many phenomena. For the sake of simplicity we assume that $A = W(k)$ and that k is algebraically closed. We start with an elliptic curve $\mathcal{E}/A$ with general fibre E/K and special fibre $\mathcal{E}_0/K$. Let this be an ordinary curve; then we have Dieudonné modules

$$(D_p(\mathcal{E}_0), \mathbf{F}) = W(k) \oplus W(k)$$

as above, i.e. $\mathbf{F}$ is an isomorphism on the second summand, and on the first summand $\mathbf{F}$ equals p-times an isomorphism. Thus the object splits into a direct sum.

Considering the $\mathrm{Gal}(\bar{K}/K)$-module $T_p(\mathcal{E})$, we notice that it sits in an exact sequence

$$0 \to \mathbb{Z}_p(1) \to T_p(\mathcal{E}) \to \mathbb{Z}_p(0) \to 0\ .$$

Thus we see that the extreme terms are well-understood Galois modules. But we have no information about the extension class of the sequence of Galois modules. The extension class is given by an element in

$$H^1(\mathrm{Gal}(\bar{K}/K), \mathbb{Z}_p(1))/\mathbb{Z}_p^* = \lim_{\leftarrow} K^*/(K^*)^{p^n}/\mathbb{Z}_p^*\ .$$

The extension depends in fact on the general fibre E/K and not just on $\mathcal{E}_0/k$. In other words, the Galois module is not going to split in the way suggested by the crystalline cohomology of the special fibre.

Grothendieck then pointed out that the "extension" of $\mathcal{E}_0/k$ to a curve $\mathcal{E}/A$ leads to another kind of structure on $H^1_{\text{cris}}(\mathcal{E}_0/k)$, namely the Hodge filtration $\mathcal{F}$. The general theory provides a comparison isomorphism

$$H^1_{\mathrm{cris}}(\mathcal{E}_0/k) \simeq H^1_{\mathrm{DR}}(\mathcal{E}/A) .$$

It gives us a homomorphism

$$H^0(\mathcal{E}, \Omega_{\mathcal{E}}) \to H^1_{\mathrm{cris}}(\mathcal{E}_0/k) ,$$

and in this special situation we obtain the following Hodge filtration

$$\begin{aligned} H^1_{\mathrm{DR}}(\mathcal{E}/A) = \mathcal{F}^0 H^1_{\mathrm{DR}}(\mathcal{E}/A) &\supset \mathcal{F}^1 H^1_{\mathrm{DR}}(\mathcal{E}/A) \\ &= H^0(\mathcal{E}, \Omega_{\mathcal{E}}) \supset \mathcal{F}^2 H^1_{\mathrm{DR}}(\mathcal{E}/A) = 0 . \end{aligned}$$

One obtains this Hodge filtration from the very abstract comparison isomorphism. I would like to explain briefly how in this situation one might also obtain it in a more direct way. We have seen above that

$$H^1_{\mathrm{cris}}(\mathcal{E}_0/k) = D_p(\mathcal{E}_0)$$

with $D_p(\mathcal{E}_0) = \varprojlim \mathrm{Hom}(\mathcal{E}_0[p^n], G_m \times \mathcal{W})$. Because $\mathcal{E}_0$ is ordinary, we then have

$$\mathcal{E}_0[p^n] = \mathcal{E}_0^{(\text{étal})}[p^n] \times \mathcal{E}_0^{(\mathrm{mult})}[p^n]$$

and we thus have to assign to every 1-form $\omega \in H^0(\mathcal{E}_n/W_n, \Omega_{\mathcal{E}_n/W_n})$ two homomorphisms

$$\begin{aligned} \omega^{\text{ét}} &: \mathcal{E}_0^{(\text{étal})}[p^n] \to W_n \\ \omega^{\mathrm{mult}} &: \mathcal{E}_0^{(\mathrm{mult})}[p^n] \to G_m . \end{aligned}$$

I was delighted to see that $\omega^{\text{ét}}$ is obtained very naturally from the paper of Schmid and Witt. This linear map is obtained by the one with the residues of differential forms and Witt vectors of Laurent expansions, as described above. To construct ω^{mult} one uses the ideas of Tate on p-divisible groups (cf. [Ta2]): Write "elements" of $\mathcal{E}_0^{(\mathrm{mult})}[p^n]$ as $\mathrm{Exp}(tX)$ with X in the tangent space of $\mathcal{E}$ and set

$$\omega^{\mathrm{mult}}(\mathrm{Exp}(tX)) = \mathrm{Exp}(t\omega(X)) .$$

In [Gr], Grothendieck discovers that the p-divisible group $\mathcal{E}[p^n]/A$ is determined up to isogeny by the Galois module $T_p(E)$ as well as by

$$(H^1_{\mathrm{cris}}(\mathcal{E}_0), \mathbf{F}, \mathcal{F}) .$$

Thus it should be possible to compute these two objects from each other and Grothendieck poses this as a problem.

In the present situation there seems to be a very simple and consistent solution to it. By assumption $W(k) = A$, and we have the filtration step

$$\mathcal{F}^1 H^1_{\mathrm{DR}}(\mathcal{E}/A) = H^0(\mathcal{E}, \Omega_{\mathcal{E}}) \subset W(k) \oplus W(k) .$$

Since by assumption the field k is algebraically closed, we can choose a distinguished basis of the Dieudonné module in such a way that

$$D_p(\mathcal{E}_0) = W(k)e_1 \oplus W(k)e_2$$

and $\mathbf{F}(e_1) = e_1, \mathbf{F}(e_2) = pe_2$. The vectors of this basis are uniquely determined up to multiplication by elements of $\mathbb{Z}_p^*$. (This is one of the fundamental properties of Witt vectors.) Thus we also obtain a basis of

$$H^1_{\text{cris}}(\mathcal{E}_0/k) = Ae_1 \oplus Ae_2 \ .$$

The filtration step then is spanned by the vector $f = (\alpha e_1, \beta e_2)$. Now it is clear, however, that in the special fibre the Frobenius annihilates the differentials $H^0(\mathcal{E}_0/k, \Omega_{\mathcal{E}_0})$, therefore the vector f has to be such that β is a unit and $\alpha \equiv 0 \bmod p$. Thus we can set $f = (\alpha, 1)$, with $\alpha = \alpha(E) \in pA$ being determined up to multiplication by a unit in $\mathbb{Z}_p$. Starting from this element we have to produce an element $u(E) \in (K^* \otimes \mathbb{Z}_p)/\mathbb{Z}_p^*$. Here one immediately thinks of the possibility of

$$u(E) = \text{Exp}(\alpha(E)) \ ,$$

which indeed is the solution sought after (cf. [Me]).

The General Case (Rings of Periods)

The general problem was successfully dealt with by Fontaine, Messing, Faltings, Kato, and Hyodo. In this connection Witt vectors once again played a major role. The approach consists of finding a comparison isomorphism between étale cohomology in characteristic 0 and crystalline de Rham cohomology.

There are models for such comparison isomorphisms. If, for example, we start from an algebraic variety $X/\mathbb{Q}$, then instead of the finite place p we might also consider the infinite place ∞.

We then have the Betti cohomology $H^i_{\text{B}}(X(\mathbb{C}), \mathbb{Q})$ and the de Rham cohomology $H^i_{\text{DR}}(X)$.

Both cohomology groups are vector spaces over $\mathbb{Q}$ and Grothendieck has shown that under certain assumptions there is a comparison isomorphism after tensoring with $\mathbb{C}$, i.e. we have

$$\Phi : H^i_{\text{B}}(X(\mathbb{C}), \mathbb{Q}) \otimes \mathbb{C} \to H^i_{\text{DR}}(X) \otimes \mathbb{C} \ .$$

Thus we have to extend the ring of coefficients, and if on both sides we choose a basis of the $\mathbb{Q}$-vector spaces, then the matrix attached to Φ is the so-called period matrix in $\mathbb{C}$.

If one does this, for example, for the projective line, the Betti cohomology $H^2_{\text{B}}(\mathbb{P}^1(\mathbb{C}))$ – via a coboundary map – is spanned by the class $\frac{1}{2\pi i}\frac{dx}{x}$, whereas the de Rham cohomology is generated by the differential form of the third kind $\frac{dx}{x}$. The entry in the period matrix then is $2\pi i$.

We now return to the p-adics, the complex numbers being replaced by rings of periods.

Again I consider a general situation, a scheme $\mathcal{X}/\mathrm{Spec}(A)$ with general fibre X/K and special fibre $\mathcal{X}_0/k$.

As we have seen above, $H^i_{\mathrm{cris}}(\mathcal{X}_0/k)$ is a $W(k)$-module with a Frobenius

$$\mathbf{F} : H^i_{\mathrm{cris}}(\mathcal{X}_0/k) \to H^i_{\mathrm{cris}}(\mathcal{X}_0/k)$$

and on

$$H^i_{\mathrm{cris}}(\mathcal{X}_0/k) \otimes_{W(k)} K \xrightarrow{\sim} H^i_{\mathrm{DR}}(X/K)$$

we have the de Rham filtration $\mathcal{F}$.

The cohomology $H^i_{\text{ét}}(X \times_K \bar{K}, \mathbb{Q}_p)$ is a $\mathbb{Q}_p$-vector space. If we want to compare them, we have to extend coefficients on both sides, which we do by tensoring with the ring of coefficients B. This ring is to contain $W(k)$ (and hence also $\mathbb{Q}_p$). We would like to have an isomorphism

$$H^i_{\mathrm{cris}}(X_0/k) \otimes_{W(k)} B \xrightarrow{\sim} H^i_{\text{ét}}(X \times_K \bar{K}, \mathbb{Q}_p) \otimes_{\mathbb{Q}_p} B\,.$$

The ring B should have the following features:

(1) It has a filtration $\mathcal{F}$ which is indexed by integers, thus
$\ldots \subset \mathcal{F}^1(B) \subset \mathcal{F}^0(B) \subset \mathcal{F}^{-1}(B) \subset \ldots,$
and this filtration is, of course, compatible with the ring structure.

(2) The ring is a $W(k)$-module and it has a σ-linear endomorphism $\mathbf{F} : B \to B$.

(3) We have an action of the Galois group $\mathrm{Gal}(\bar{K}/K)$ on the ring.

Now on each of the tensor products

$$H^i_{\mathrm{cris}}(X_0/k) \otimes_{W(k)} B \text{ and } H^i_{\text{ét}}(X \times_K \bar{K}, \mathbb{Q}_p) \otimes_{\mathbb{Q}_p} B$$

we can introduce the missing features and require that the above isomorphisms respect them. We ask further that after having formed the tensor product and having introduced the additional structure, we can see by what we have tensored, i.e. we can reconstruct the cohomology in question from these data. This may be applied, for example, to $\mathcal{X} = \mathrm{Spec}(A)$. Then the étale cohomology is just $\mathbb{Q}_p$ with trivial action, and the crystalline cohomology is $W(k)$ with the standard Frobenius and only one filtration step in degree zero. The above comparison isomorphism then is

$$B = B \otimes \mathbb{Q}_p = W(k) \otimes B\,.$$

The ring is to be such that we can read from its items of structure the subrings $\mathbb{Q}_p$ and $W(k)[1/p]$. This is obtained by constructing the ring B in such a way that

$$\mathbb{Q}_p = \mathcal{F}^0(B)(\mathbf{F} = 1) \text{ and } W(k)[1/p] = B^{\mathrm{Gal}(\bar{K}/K)}\,,$$

where on the left side of each equation we keep the remaining structures.

I now would like to finish this essay by briefly explaining the construction of some of these rings of periods and stating the results in special cases. I do not feel particularly at ease here, because I have no other choice than to reproduce the presentation of Fontaine and Illusie in [Fo-Il], and to hope that I will not commit too bad a mistake.

We first form the algebraic closure $\bar{K}$ of K, and complete it to a field C. Tate [Ta2] showed that C is algebraically closed. The Galois group $\mathrm{Gal}(\bar{K}/K)$ acts on C. We know already $\mathbb{Z}_p(i)$ as another Galois module, and we set $C(i) = \mathbb{Z}_p(i) \otimes_{\mathbb{Z}_p} C$. Then according to Tate we have

$$H^0(\mathrm{Gal}(\bar{K}/K), C) = C^{\mathrm{Gal}(\bar{K}/K)} = K, \quad H^1(\mathrm{Gal}(\bar{K}/K), C) = 0\,,$$

and for $i \neq 0$

$$H^0(\mathrm{Gal}(\bar{K}/K), C(i)) = H^1(\mathrm{Gal}(\bar{K}/K), C(i)) = 0\,.$$

In C we find the ring $\mathcal{O}_C$ of integers and the residue class ring

$$\mathcal{O}_C/(p)\,,$$

which, of course, contains many nilpotent elements. One has surjective homomorphisms $\sigma : \mathcal{O}_C/(p) \to \mathcal{O}_C/(p)$, given by $\sigma(x) = x^p$. We form the ring R, which is the projective limit of the system

$$\mathcal{O}_C/(p) \leftarrow \mathcal{O}_C/(p) \leftarrow \mathcal{O}_C/(p) \leftarrow \dots\,.$$

This ring has no more zero divisors, and it is a subring of $(\mathcal{O}_C/(p))^{\mathbb{N}}$. We thus get a diagram

$$\begin{array}{ccc} \mathcal{O}_C^{\mathbb{N}} & \xrightarrow{\pi} & (\mathcal{O}_C/p)^{\mathbb{N}} \\ \cup & & \cup \\ \mathcal{R} & \to & R\,, \end{array}$$

where $\mathcal{R}$ consists of the sequences $(c_0, c_1, \dots)$ with $c_n = c_{n+1}^p$. Then it is easy to see that the restriction of π to $\mathcal{R}$ is an isomorphism, its inverse being given by a Teichmüller type construction. We lift $r \in R$ to an element $\tilde{r}$ and form $\hat{r} = \lim \tilde{r}^{p^n}$.

More explicitly, it looks like this: we write an element of R as a vector

$$r = (\xi_0, \xi_1, \dots, \xi_n, \dots)\,,$$

and have

$$\hat{r} = (r^{(0)}, r^{(1)}, \dots, r^{(n)}, \dots) \in \mathcal{O}_C^{\mathbb{N}}\,,$$

with

$$r^{(n)} = \lim (\hat{r}_{n+m})^{p^m}$$

and $\hat{r}_{n+m}$ is a lifting of ξ_{n+m} to C. As we said above, we may regard $\hat{r}$ as a Teichmüller representative of $r \in R$.

Our integral domain R still has characteristic p and is perfect. We have $r = (\xi_0, \xi_1, \dots, \xi_n, \dots) = (\xi_1, \xi_2, \dots, \xi_{n+1}, \dots)^p$. We form the ring of Witt vectors $W(R)$. This ring is in a certain sense two-dimensional, since R itself is a valuation ring. We define a homomorphism

$$\theta : W(R) \to C ,$$

as follows: for an element $x \in W(R)$ we write $x = (r_0, \ldots, r_n, \ldots)$ and set

$$\theta(x) = \sum r_n^{(n)} p^n .$$

This is indeed a homomorphism, because we can regard $W(R)$ as a subring of $W((\mathcal{O}_C/p)^{\mathbb{N}})$, in which the elements $\hat{r}$ are the Teichmüller representatives, and our homomorphism is the projection to the zero component. Set

$$x = [r_0] + [r_1^{1/p}]p + [r_2^{1/p^2}]p^2 + \ldots ;$$

and then the expansions of $x + y, xy$ are given by the same universal polynomials as in the first paragraph. This homomorphism extends to a map θ defined on

$$W_K(R) = K \otimes_{W(k)} W(R)$$

and the kernel of θ is a principal ideal. One sets B_{DR}^+ equal to the completion of $W_K(R)$ with respect to the $\ker(\theta)$-adic topology, and B_{DR} is defined to be the quotient field of B_{DR}^+.

In the ring R one chooses an element $\varepsilon = (\varepsilon_0, \varepsilon_1, \ldots, \varepsilon_n, \ldots)$ with $\varepsilon_0 = 1$ and $\varepsilon_1 \neq 1$, i.e. in a certain sense a p^∞th root of unity. The element

$$[\varepsilon] = (\varepsilon, 0, \ldots, 0, \ldots) \in W(R)$$

then is also such a root of unity. Under taking powers with elements of $\mathbb{Z}_p$, it generates a free $\mathbb{Z}_p$-module and the Galois group acts via $\tau([\varepsilon]) = \varepsilon^{\alpha(\tau)}$, where α is the Tate character. If we take the logarithm of this element,

$$t = \log([\varepsilon]) = \sum_{n \geq 1}^{\infty} (-1)^{n-1}([\varepsilon] - 1)^n/n ,$$

we obtain a copy of $\mathbb{Z}_p(1)$ in B_{DR}^+. We filter B_{DR} by

$$\mathcal{F}^i B_{\mathrm{DR}} = t^i B_{\mathrm{DR}}^+ .$$

Since t is a generator of $\ker(\theta)$, we find $\mathcal{F}^i B_{\mathrm{DR}}/\mathcal{F}^{i+1} B_{\mathrm{DR}} = C(i)$, and we define the Hodge-Tate ring to be

$$B_{\mathrm{HT}} = \mathrm{grad}(B_{\mathrm{DR}}) = \bigoplus_{i \in \mathbb{Z}} C(i) .$$

It is important to note that the rings B_{DR} and B_{DR}^+ contain certain smaller subrings.

Let $\ker(\theta) = (t)$. Then we define the subring $A_{\mathrm{cris}}^f \subset W(R)[\frac{1}{p}]$ to be the ring generated by $W(R)$ and the divided powers, i.e.

$$A^f_{\text{cris}} = W(R)[\frac{t}{1!}, \ldots, \frac{t^m}{m!}, \ldots] \,.$$

The rings $W(R)$ and $W[R][\frac{1}{p}]$ are complete with respect to the p-adic topology; set

$$A_{\text{cris}} = \overline{A}^f_{\text{cris}} \subset W(R)[\frac{1}{p}] \,.$$

The ring A_{cris} contains the element t; we set $B^+_{\text{cris}} = A_{\text{cris}}[\frac{1}{p}]$ and $B_{\text{cris}} = B^+_{\text{cris}}[\frac{1}{t}]$. Thus we obtain the following inclusions

$$\begin{array}{ccccccccc}
 & & A^f_{\text{cris}} & & & & & & \\
 & & \cap & & & & & & \\
 & & A_{\text{cris}} & \subset & B^+_{\text{cris}} = A_{\text{cris}}[\frac{1}{p}] & \subset & B_{\text{cris}} = B^+_{\text{cris}}[\frac{1}{t}] & & \\
 & & \cap & & \cap & & \cap & & \\
W(R) & \subset & W_{K_0}(R) & = & W(R)[\frac{1}{p}] & \subset & B^+_{\text{DR}} & \subset & B_{\text{DR}} \\
 & & & & & & & & \downarrow \theta \\
 & & & & & & & & C \,.
\end{array}$$

The group $\text{Gal}(\bar{K}/K)$ acts on all these rings, and the ring B_{DR} has a filtration indexed by $\mathbb{Z}$, which induces a filtration on all other rings and in particular on B_{cris}.

The Frobenius $x \mapsto x^p$ induces a Frobenius $\mathbf{F}$ on $W(R)$, and this in turn induces a Frobenius on all rings in the diagram, with the exception of the rings $B^+_{\text{DR}} \subset B_{\text{DR}}$, because these contain by construction the larger field K. For the element t we have the formula $\mathbf{F}(t) = pt$.

The ring B_{cris} has the properties we expect of a ring of periods. We have

$$B^{\text{Gal}(\bar{K}/K)}_{\text{cris}} = W(k)[\frac{1}{p}]$$

$$\mathbb{Q}_p = \mathcal{F}^0 B_{\text{cris}}(\mathbf{F} = 1) \,.$$

Faltings proved a very far-reaching theorem, the content of which I would like to outline briefly:

For a smooth proper scheme $\mathcal{X}/\text{Spec}(A)$ there is a functorial isomorphism

$$H^i_{\text{ét}}(X \times_K \bar{K}, \mathbb{Q}_p) \otimes B_{\text{cris}} \xrightarrow{\sim} H^i_{\text{cris}}(\mathcal{X}_0/k) \otimes_{W(k)} B_{\text{cris}} \,,$$

which is compatible with the action of the Galois group and with Frobenius, i.e.

$$\begin{array}{ccc}
g \otimes g & \longleftrightarrow & 1 \otimes g \\
1 \otimes \mathbf{F} & \longleftrightarrow & \mathbf{F} \otimes \mathbf{F} \,.
\end{array}$$

If one tensors both sides over B_{cris} with B_{DR}, it becomes compatible also with the filtration. One gets back the Galois module as

$$H^i_{\text{ét}}(X \times_K \bar{K}, \mathbb{Q}_p) \simeq \{x \in B_{\text{cris}} \otimes H^i_{\text{cris}}(\mathcal{X}_0/k) \mid \mathbf{F}(x) = x, \\ 1 \otimes x \in \mathcal{F}^0(B_{\text{DR}} \otimes_{B_{\text{cris}}} H^i_{\text{cris}}(X/K))\}$$

and

$$H^i_{\text{cris}}(X_0/k) = (B_{\text{cris}} \otimes H^i_{\text{ét}}(X \times_K \bar{K}, \mathbb{Q}_p))^{\text{Gal}(\bar{K}/K)}$$
$$H^i_{\text{DR}}(X/K) = (B_{\text{DR}} \otimes H^i_{\text{ét}}(X \times_K \bar{K}, \mathbb{Q}_p))^{\text{Gal}(\bar{K}/K)} .$$

I have stated this theorem by Faltings as a paradigm for a series of theorems. There are other rings of periods, for which analogous theorems hold true or at least are conjectured. In this context, however, I would like to come back to the ring B_{HT} introduced above. If for a cohomology group $H^m_{\text{ét}}(X \times_K \bar{K}, \mathbb{Q}_p)$ the analogue of the above theorem by Faltings holds true, this representation is called of *Hodge-Tate type.* This may also be said in a simpler way: if the Galois module is of Hodge-Tate type, one gets a decomposition which is compatible with the action of the Galois group

$$H^m_{\text{ét}}(X \times_K \bar{K}, \mathbb{Q}_p) \otimes C = \bigoplus_{0 \le i \le m} C(i) \otimes_K H^{m-i}(X, \Omega^i) .$$

With regard to the properties of C stated above, this implies among other things that the Hodge numbers are determined by the Galois action. In [Ta1] Tate showed that in the case of good reduction for $m = 1$ the cohomology is of Hodge-Tate type. This theorem was crucial for further developments. For more results in this direction I refer to the paper by Fontaine and Illusie.

If we apply the above theorem of Faltings to the case of the projective line $\mathbb{P}^1$ and to the second cohomology, we have

$$H^2_{\text{ét}}(\mathbb{P}^1 \times \bar{\mathbb{Q}}_p, \mathbb{Z}_p) = \mathbb{Z}_p(-1) .$$

For crystalline cohomology we have

$$H^2_{\text{cris}}(\mathbb{P}^1/\mathbb{Z}_p) = \mathcal{F}^1 H^2_{\text{cris}}(\mathbb{P}^1/\mathbb{Z}_p) = W(\mathbb{F}_p) ,$$

and the Frobenius $\mathbf{F}$ acts on it by multiplication with p. We now fix a generator $\frac{dx}{x} \in \mathcal{F}^1 H^2_{\text{cris}}(\mathbb{P}^1/\mathbb{Z}_p)$. In their paper cited above, Fontaine and Illusie show that in B_{cris} we have $\mathbf{F}(t^{-1}) = p^{-1}t^{-1}$. Thus $\frac{dx}{x} \otimes t^{-1}$ is a basis element of

$$H^2_{\text{ét}}(\mathbb{P}^1 \times \bar{\mathbb{Q}}_p, \mathbb{Z}_p) = (\mathcal{F}^0(\mathcal{F}^1 H^2_{\text{cris}}(\mathbb{P}^1/\mathbb{Z}_p) \otimes \mathcal{F}^{-1} B_{\text{cris}}))(\mathbf{F} = 1) .$$

Hence the meaning of the element $t \in B_{\text{cris}}$, introduced above, is clear. It is the p-adic analogue of $2\pi i$; let us write it down

$$t = (2\pi i)_p .$$

I want to stop here. I am sure that Ernst Witt would have been very pleased to see the above formula and to realize that it is possible to obtain from his construction a p-adic analogue of the number π.

References

[Al] A. A. Albert: Cyclic fields of degree p^n over F of characteristic p, Bull. Amer. Math. Soc. **40** (1934), 625-631.

[Ar] E. Artin: Kennzeichnung des Körpers der reellen algebraischen Zahlen, Abh. Math. Sem. Univ. Hamburg **3** (1924), 319-323 (Collected Papers, eds. S. Lang and J. Tate, Springer-Verlag 1965, 253-257).

[Ar-Sc] E. Artin und O. Schreier: Eine Kennzeichnung der reell abgeschlossenen Körper, Abh. Math. Sem. Univ. Hamburg **5** (1927), 225-231 (Collected Papers, eds. S. Lang and J. Tate, Springer-Verlag 1965, 289-295).

[Be] P. Berthelot: Cohomologie cristalline, Lecture Notes in Math., vol. 407, Springer-Verlag, 1974.

[Bl-Ka1] S. Bloch and K. Kato: p-adic étale cohomology, Publ. Math. IHES **63**, 107-152 (1986).

[Bl-Ka2] Bloch and K. Kato: L-functions and Tamagawa numbers of motives, in: The Grothendieck Festschrift, vol. 1 (Progress in Mathematics, vol. 86, pp. 333-400), Birkhäuser 1990.

[De-Ga] M. Demazure and P. Gabriel: Groupes Algébriques, Tome I, Masson & Cie, North-Holland Amsterdam, 1970.

[Fa] G. Faltings: Crystalline cohomology and p-adic étale cohomology, Algebraic Analysis, Geometry and Number Theory. The Johns Hopkins Univ. Press, 1989, p. 25-80. Math. Ann. **278** (1987), 133-149.

[Fo1] J.-M. Fontaine: Sur certains types de représentations p-adiques du groupe de Galois d'un corps local; construction d'un anneau de Barsotti-Tate, Ann. of Math. **115** (1982), 529-577.

[Fo2] J.-M. Fontaine: Appendice: Sur un théorème de Bloch et Kato (lettre à B. Perrin-Riou), Invent. Math. **115** (1994), 151–161.

[Fo-Il] J.-M. Fontaine and L. Illusie: p-adic periods: A survey, Prépublications, Université de PARIS-SUD, Mathématiques.

[Fo-Me] J.-M. Fontaine and W. Messing: p-adic periods and p-adic étale cohomology, in Current Trends in Arithmetical Algebraic Geometry, Contemporary Math. vol. 67, S. 179-207, AMS 1987.

[Gr] A. Grothendieck: Groupes de Barsotti-Tate et Cristaux, Actes, Congrès Int. Math. 1970, Tome I, p. 431-436.

[Ha] M. Hazewinkel: Formal Groups and Applications, Academic Press, 1978.

[Ha-Wi] H. Hasse and E. Witt: Zyklische unverzweigte Erweiterungskörper vom Primzahlgrad über einem algebraischen Funktionenkörper der Charakteristik p, Monatshefte Math. Phys. **43** (1936), 477-492.

[Il1] L. Illusie: Report on Crystalline Cohomology, Proc. of Symp. in Pure Math., vol. 29, (1975), 459-478.

[Il2] L. Illusie: Finiteness, duality, and Künneth theorems in the cohomology of the de Rham Witt complex, Algebraic Geometry, Proc. of the Japan-France Conference, Lecture Notes in Math., vol. 1016, Springer-Verlag, 1983, 20-72.

[Il3] L. Illusie: Complexe de de Rham-Witt et cohomologie cristalline, Ann. Sci. Ecole Norm. Sup. (4) **12** (1979), 501-661.

[Ka] K. Kato: A generalization of local class field theory using K-groups I,II, J. Fac. Sci. Tokyo. Ser. IA **26** (1979), 303-376. II: J. Fac. Sci. Tokyo. Ser. IA **27**, (1980) 603-683.

[Ke] I. Kersten: Ernst Witt 1911-1991, Jber. d. Dt. Math.-Verein. **95** (1993), 166-180. B.G. Teubner Stuttgart.

[La-Ra] R. Langlands and M. Rapoport. Shimuravarietäten und Gerben, J. reine angew. Mathematik, **378** (1987), 113-220.

[Me] W. Messing: The Crystals Associated to Barsotti-Tate Groups, Lecture Notes in Math., vol. 264, Springer-Verlag, 1972.

[Mi1] J. S. Milne: Étale Cohomology, Princeton University Press, 1980.

[Mi2] J. S. Milne: The Conjecture of Langlands and Rapoport for Siegel Modular Varieties , Bull. Amer. Math. Soc., **24**, No 2, 1991, 335-341.

[Od] T. Oda: The first de Rham cohomology group and Dieudonné-Modules, Ann. Sci. Ecole Norm, Sup. (4) **2** (1969), 63-135.

[Sc-Wi] H.L. Schmid and E. Witt: Unverzweigte abelsche Körper vom Exponenten p^n über einem algebraischen Funktionenkörper der Charakteristik p, J. reine angew. Mathematik, **176** (1937), 168-173.

[Se] J-P. Serre: Groupes algébriques et corps de classes, Hermann, Paris 1959.

[Ta1] J. Tate: p-Divisible Groups, in Proc. Conf. Local Fields, Driebergen 1966, 158-183, Springer-Verlag 1967.

[Ta2] J. Tate: Endomorphisms of Abelian Varieties over finite fields I, Invent. Math. **2** (1966), 134-144.

[Ta-B] J. Tate: Classes d'isogénie des variétés abéliennes sur un corps fini (d'après T. Honda) Séminaire Bourbaki, vol. 1968/69, Exposé 352, Lecture Notes in Math., vol. 179, Springer-Verlag.

[Wa-Mi] W. C. Waterhouse and J. S. Milne: Abelian Varieties over finite fields, Proc. of Symp. in Pure Math., 1969 Number Theory Institute, vol. 20, (1971) 53-64.

[Wi1] E. Witt: Zyklische Körper und Algebren der Charakteristik p vom Grad p^n, J. reine angew. Mathematik, **176** (1937), 126-140.

[Wi2] E. Witt: p-Algebren und Pfaffsche Formen, Abh. Math. Sem. Univ. Hamburg **22** (1958), 308-315.

[Wi3] E. Witt: Vektorkalkül und Endomorphismen der Einspotenzreihengruppe, unpublished 1969, included in this volume, 157-163.

25.

Treue Darstellung Liescher Ringe

J. reine angew. Math. *177* (1937) 152–160

Ein *Liescher Ring* $\mathfrak{L}$ mit den Elementen $a, b, \ldots$ ist hinsichtlich der distributiven Multiplikation durch die Regeln

$$aa = 0, \quad (ab)\,c + (bc)\,a + (ca)\,b = 0$$

gekennzeichnet. Es folgt

$$ab + ba = (a + b)\,(a + b) - aa - bb = 0.$$

In einem *assoziativen Ring* $\mathfrak{A}$ mit den Elementen $A, B, \ldots$ werde die Kommutatorbildung $A \circ B = AB - BA$ eingeführt. Mit dem neuen Verknüpfungszeichen $\circ$ bilden die Elemente aus $\mathfrak{A}$ einen Lieschen Ring.

Bei einer *Darstellung* des Lieschen Ringes $\mathfrak{L}$ im assoziativen Ring $\mathfrak{A}$ werden den Elementen a aus $\mathfrak{L}$ gewisse Elemente A aus $\mathfrak{A}$ zugeordnet, derart, daß $a + b$ und ab übergeht in $A + B$ bzw. $AB - BA$. Diese Darstellung heißt *treu*, wenn bei dieser Zuordnung nur die Null in Null übergeht.

Wir werden hier folgende Sätze beweisen:

Satz 1. *Es sei $\mathfrak{L}$ ein Liescher Ring mit dem Körper K als Operatorenbereich. Es gibt genau einen zugehörigen assoziativen Ring $\mathfrak{A}$, der folgende Eigenschaften aufweist:*

Der assoziative Ring $\mathfrak{A}$ enthält eine treue Darstellung (a) des Lieschen Ringes $\mathfrak{L}$ und wird von ihr erzeugt;

wenn irgendein assoziativer Ring $\mathfrak{a}$ eine Darstellung $\bar{a}$ des Lieschen Ringes $\mathfrak{L}$ enthält und von ihr erzeugt wird, so läßt sich der Ring in solcher Weise homomorph auf den Ring $\mathfrak{a}$ abbilden, daß dabei (a) in $\bar{a}$ übergeht.

Angeregt wurde diese Arbeit durch einen Vortrag von Magnus auf der Mathematikertagung in Bad Salzbrunn (September 1936). Magnus vermutete damals den

Satz 2. *Die durch Zuordnung s_i auf S_i entstehende Darstellung des freien Lieschen Ringes $\mathfrak{L}_q$ mit den q Erzeugenden s_i im freien assoziativen Ring $\mathfrak{A}_q$ mit den q Erzeugenden S_i ist treu.*

Satz 3. *Im freien Lieschen Ring bilden die homogenen Ausdrücke vom Grad n in den q Erzeugenden einen Modul Ψ_n vom Rang*

$$\psi_n = \frac{1}{n} \sum_{d|n} \mu(d)\, q^{\frac{n}{d}}.$$

Die homogenen Ausdrücke vom Grad $n_1, \ldots, n_q$ in den Erzeugenden $s_1, \ldots, s_q$ bilden einen Modul $\Psi(n_1, \ldots, n_q)$ vom Rang

$$\psi(n_1, \ldots, n_q) = \frac{1}{n} \sum_{d|n_i} \frac{\mu(d)\, \frac{n}{d}\,!}{\frac{n_1}{d}\,! \ldots \frac{n_q}{d}\,!} \qquad (n = n_1 + \cdots + n_q).$$

Es ist merkwürdig, daß die erste Rangformel übereinstimmt mit der bekannten Gaußschen Formel für die Anzahl der Primpolynome $x^n + a_1 x^{n-1} + \cdots + a_n$ im Galoisfeld von q Elementen. —

Wir werden zum Schluß noch einige Anwendungen auf die Gruppentheorie bringen. Für eine Gruppe $\mathfrak{G}$ erklären wir rekursiv die Normalteiler $\mathfrak{G}^n$ ($\mathfrak{G}^1 = \mathfrak{G}$): Es sei $\mathfrak{G}^n$ die von allen Kommutatoren $a a_{n-1} a^{-1} a_{n-1}^{-1}$ (a aus $\mathfrak{G}$ und a_{n-1} aus $\mathfrak{G}^{n-1}$) erzeugte Untergruppe.

Satz 4. *Für die freie Gruppe $\mathfrak{G}_q$ mit q Erzeugenden ist die Faktorgruppe $\mathfrak{G}_q^n/\mathfrak{G}_q^{n+1}$ isomorph mit der freien abelschen Gruppe von ψ_n Erzeugenden.*

1.

Beweis von Satz 1. Der Körper K sei Operatorenbereich des Lieschen Ringes $\mathfrak{L}$. Die Elemente von K und $\mathfrak{L}$ seien mit $\alpha, \beta, \ldots$ bzw. mit $a, b, \ldots$ bezeichnet. $\mathfrak{L}$ hat als K-Modul eine (wohl-)geordnete Basis $u_1, u_2, \ldots$ derart, daß sich jedes Element a auf genau eine Weise als endliche Summe $a = \Sigma \alpha_i u_i$ darstellen läßt.

(Wer das Auswahlpostulat vermeiden will, möge sich auf Liesche Ringe $\mathfrak{L}$ mit abzählbarer Basis beschränken. Zum Beweis von Satz 2 ist das auch vollständig genügend. Im nicht abzählbaren Fall müssen zur Numerierung der Basiselemente auch transfinite Ordnungszahlen verwendet werden.)

Wir führen den K-Modul $\mathfrak{A}$ ein, dessen Basiselemente die Klammersymbole

$$(u_{i_1}, \ldots, u_{i_r}) \qquad (i_1 \leqq \cdots \leqq i_r)$$

sind.

Hilfssatz. Innerhalb $\mathfrak{A}$ lassen sich allgemeinere Klammersymbole $(a_1, \ldots, a_r)$ erklären mit den Eigenschaften

I. $(\ldots, a, b, \ldots) - (\ldots, b, a, \ldots) = (\ldots, ab, \ldots)$,

II. $(a_1, \ldots, a_r)$ *ist linear in jeder Komponente.*

Für eingliedrige Klammersymbole (a) ist dies selbstverständlich.

Wir nehmen an, für $r < n$ seien schon allgemeine Klammersymbole $(a_1, \ldots, a_r)$ eingeführt. Es ist zu beweisen, daß innerhalb $\mathfrak{A}$ auch die Klammern $(a_1, \ldots, a_n)$ eindeutig so eingeführt werden können, daß I und II erfüllt ist.

Klammern $(a_1, \ldots, a_n)$ mit n Komponenten aus dem Lieschen Ring behandeln wir zunächst als Unbestimmte. Ferner seien $t_1, \ldots, t_{n-1}$ assoziative Unbestimmte. Wir führen Operatoren P_{t_i} und Q_{t_i} ein durch

$$(1) \qquad P_{t_i}(a_1, \ldots, a_i, a_{i+1}, \ldots, a_n) = (a_1, \ldots, a_{i+1}, a_i, \ldots, a_n),$$

$$(2) \qquad Q_{t_i}(a_1, \ldots, a_i, a_{i+1}, \ldots, a_n) = (a_1, \ldots, a_i a_{i+1}, \ldots, a_n),$$

und setzen für irgendein Produkt $A = t_\alpha t_\beta \cdots t_\delta$

$$(3a) \qquad P_{t_\alpha t_\beta \cdots t_\delta} = P_{t_\alpha} P_{t_\beta} \cdots P_{t_\delta}$$

und

$$(3b) \qquad Q_{t_\alpha t_\beta t_\gamma \cdots t_\delta} = Q_{t_\alpha} P_{t_\beta t_\gamma \cdots t_\delta} + Q_{t_\beta} P_{t_\gamma \cdots t_\delta} + \cdots + Q_{t_\delta}.$$

Es folgen die Regeln

$$(4) \qquad P_{AB} = P_A P_B \quad \text{und} \quad Q_{AB} = Q_A P_B + Q_B.$$

Es ist klar, daß für die Größen

$$(5) \qquad E = t_i^2, \quad (t_i t_{i-1})^3, \quad (t_i t_{i-\nu})^2 \qquad (\nu \geqq 2)$$

$P_E = 1$ ist. Wir zeigen jetzt, daß $Q_E = 0$ ist, und zwar berechnen wir der einfacheren Schreibweise halber für jeden Typus von E jeweils ein Beispiel.

Für $E = t_1^2$ ist $Q_E(a, b, *) = (ab, *) + (ba, *) = 0$.

Für $E = (t_2 t_1)^3$ ist $Q_E(a, b, c, *)$

$$= (ab, \underbrace{c, *) + (c}, ba, *) + (bc, \underbrace{a, *) + (a}, cb, *) + (ca, \underbrace{b, *) + (b}, ac, *)$$
$$= \quad (ab \cdot c, *) \quad + \quad (bc \cdot a, *) \quad + \quad (ca \cdot b, *) \quad = 0.$$

Für $E = (t_3 t_1)^2$ ist $Q_E(a, b, c, d, *)$

$$= (ab, c, \underbrace{d, *) + (ba}, d, c, *) + (a, b, \underbrace{dc, *) + (b}, a, cd, *)$$
$$= \quad (ab, cd, *) \quad + \quad (ab, dc, *) \quad = 0.$$

Aus $P_E = 1$ und $Q_E = 0$ folgt nach (4)

$$(6) \qquad P_{AEB} = P_{AB} \quad \text{und} \quad Q_{AEB} = Q_{AB},$$

in den Indizes von P und Q dürfen also solche E immer durch 1 ersetzt werden.

Nach E. H. Moore wird die symmetrische Gruppe $\mathfrak{S}_n$ der Ordnung $n!$ abstrakt durch die Relationen

$$(7) \qquad (t_i t_k)^{m_{ik}} = 1, \qquad m_{ik} = \begin{cases} 3 & \text{für } i - k = \pm 1 \\ 2 & \text{sonst} \end{cases} \qquad (i, k = 1, \ldots, n-1)$$

geliefert[1]). Wir sind demnach berechtigt, die Indizes von P und Q als Elemente der symmetrischen Gruppe anzusehen. Überdies können wir die Permutationen P_π mit π identifizieren.

Wir gehen nun aus von einem Basiselement des Moduls $\mathfrak{A}$

$$(8) \qquad U = (u_{i_1}, \ldots, u_{i_n}) \qquad (i_1 \leqq \cdots \leqq i_n).$$

Wenn $\pi\varepsilon U = \pi U$ ist $(\varepsilon \neq 1)$, so ist $\varepsilon U = U$, d. h. einige i_ν sind einander gleich. Eine Permutation ε, welche die Klammer U nicht ändert, kann als Produkt von solchen Transpositionen t_i mit $t_i U = U$ dargestellt werden. Für diese t_i ist $Q_{t_i} U = 0$, daher ist auch $Q_\varepsilon U = 0$. So folgt schließlich $Q_{\pi\varepsilon} U = Q_\pi U$.

Demnach tritt auch im Fall einiger gleicher i_ν keine Mehrdeutigkeit auf, wenn wir das permutierte Symbol πU durch das Element $U - Q_\pi U$ des Moduls $\mathfrak{A}$ erklären:

$$(9) \qquad \pi U = U - Q_\pi U.$$

Für diese Elemente πU folgt nach (4) die Regel I:

$$\pi U - t_i \pi U = Q_{t_i} \pi U.$$

Klammern mit allgemeinen Komponenten $a_\nu = \sum_j \alpha_{\nu j} u_j$ erklären wir jetzt innerhalb $\mathfrak{A}$ durch

$$(10) \qquad (a_1, \ldots, a_n) = \sum_{j_1, \ldots, j_n} \alpha_{1 j_1} \cdots \alpha_{n j_n} (u_{j_1}, \ldots, u_{j_n}).$$

Da für die in dieser Weise eingeführten Klammern $(a_1, \ldots, a_n)$ die Regeln II und I bestehen, ist der Induktionsbeweis für den Hilfssatz beendet.

2.

Im Modul $\mathfrak{A}$ führen wir nunmehr eine beiderseitig distributive Multiplikation ein, indem wir die Produkte der Basiselemente definieren:

$$(u_{i_1}, \ldots, u_{i_n}) \cdot (u_{k_1}, \ldots, u_{k_m}) = (u_{i_1}, \ldots, u_{i_n}, u_{k_1}, \ldots, u_{k_m}), \quad (i_1 \leqq \cdots \leqq i_n;\, k_1 \leqq \cdots \leqq k_m).$$

Durch Induktion nach $n + m$ folgt aus I und II, daß auch die Multiplikation beliebiger Klammern nach derselben Vorschrift erfolgt:

$$\text{III.} \qquad (a_1, \ldots, a_n) \cdot (b_1, \ldots, b_m) = (a_1, \ldots, a_n, b_1, \ldots, b_m).$$

[1]) L. E. Dickson, Linear groups (Lpz. 1901), p. 287.

Aus dieser Regel ist ersichtlich, daß $\mathfrak{A}$ bei dieser Multiplikation ein assoziativer Ring ist. Wegen der aus I und III folgenden Regel

$$(ab) = (a, b) - (b, a) = (a)(b) - (b)(a)$$

erfährt der Liesche Ring $\mathfrak{L}$ durch die Zuordnung a auf (a) eine treue Darstellung in unserem konstruierten assoziativen Ring $\mathfrak{A}$. —

Es sei $\mathfrak{a}$ irgendein assoziativer Ring, der eine Darstellung $\bar{a}$ des Lieschen Ringes $\mathfrak{L}$ enthält und von ihr erzeugt wird. Durch die Basiszuordnung

$$(u_{i_1}, \ldots, u_{i_n}) \text{ auf } \bar{u}_{i_1}, \ldots, \bar{u}_{i_n} \qquad (i_1 \leqq \cdots \leqq i_n)$$

wird zunächst $\mathfrak{A}$ als Modul homomorph auf einen Teil von $\mathfrak{a}$ abgebildet. Durch Induktion nach n folgt aus I und II, daß dabei auch beliebige Klammern nach derselben Vorschrift abgebildet werden, nämlich

$$(a_1, \ldots, a_n) \text{ auf } \bar{a}_1 \cdots \bar{a}_n .$$

Hieraus ist ersichtlich, daß Produkte in Produkte übergehen, daß jedes Element von $\mathfrak{a}$ Bild ist, und daß bei dieser Ringabbildung von $\mathfrak{A}$ auf $\mathfrak{a}$ die Darstellung (a) in die Darstellung $\bar{a}$ des Lieschen Ringes $\mathfrak{L}$ übergeht.

Damit ist gezeigt, daß unser assoziativer Ring $\mathfrak{A}$ alle Eigenschaften aufweist, wie sie in Satz 1 gefordert werden.

Es sei $\mathfrak{B}$ ein assoziativer Ring, der eine treue Darstellung $[a]$ des Lieschen Ringes $\mathfrak{L}$ enthält und von ihr erzeugt wird. Ferner habe $\mathfrak{B}$ die in Satz 1 geforderten Eigenschaften. $\mathfrak{A}$ und $\mathfrak{B}$ lassen sich dann so aufeinander abbilden, daß sich dabei die Darstellungen (a) und $[a]$ entsprechen. Da diese Darstellungen schon die ganzen Ringe erzeugen, ist $\mathfrak{A} \cong \mathfrak{B}$.

Damit ist Satz 1 in allen Teilen bewiesen.

3.

Beweis von Satz 2. Es werde $\mathfrak{L} = \mathfrak{L}_q$ und $\mathfrak{a} = \mathfrak{A}_q$ gesetzt. Nach Satz 1 läßt sich dann der Ring $\mathfrak{A}$ in solcher Weise auf $\mathfrak{A}_q$ abbilden, daß dabei die erzeugenden Elemente (s_i) von $\mathfrak{A}$ in die freien Erzeugenden S_i von $\mathfrak{A}_q$ übergehen. Dies ist aber nur möglich, falls $\mathfrak{A} \cong \mathfrak{A}_q$, und hieraus folgt der Satz 2.

Beweis von Satz 3. Im freien Lieschen Ring $\mathfrak{L}_q$ sei $u_{n1}, \ldots, u_{n\psi_n}$ eine Basis des Moduls Ψ_n aller homogenen Ausdrücke vom Grad n in den q Erzeugenden s_i. Dann ist

$$u_{11}, \ldots, u_{1\psi_1}, \quad u_{21}, \ldots, u_{2\psi_2}, \text{ usw.}$$

eine geordnete Basis für $\mathfrak{L}_q$. Da $\mathfrak{A} \cong \mathfrak{A}_q$ ist, gibt es genau q^n Basisklammern

$$(u_{\alpha *}, \ldots, u_{\beta *}) \qquad \text{(mit geordneten Komponenten)}$$

vom Grade $n = \alpha + \cdots + \beta$ in den Erzeugenden (s_i) des Ringes $\mathfrak{A}$. Diese Tatsache bedeutet das koeffizientenweise Übereinstimmen der formalen Potenzreihen

$$(11) \qquad (1 - qx)^{-1} = \prod_{d=1}^{\infty} (1 - x^d)^{-\psi_d} .$$

Der Logarithmus hiervon ergibt

$$(12) \qquad \sum_{n=1}^{\infty} \frac{(qx)^n}{n} = \sum_{d,\nu=1}^{\infty} \psi_d . \frac{x^{d\nu}}{\nu} .$$

Die Koeffizienten von x^n/n in (12) lauten

$$(13) \qquad q^n = \sum_{d|n} d\psi_d .$$

Nach der Möbiusschen Umkehrung folgt somit die erste Formel von Satz 3

(14) $$n\psi_n = \sum_{d|n} \mu(d) q^{\frac{n}{d}}.$$

Für $\psi(n_1, \ldots, n_q)$ gilt entsprechend die Identität

$$(1 - x_1 - \cdots - x_q)^{-1} = \prod_{d_1, \ldots, d_q} (1 - x_1^{d_1} \cdots x_q^{d_q})^{-\psi(d_1, \ldots, d_q)},$$

in den vertauschbaren Unbestimmten $x_1, \ldots, x_q$. Nach Vornahme derselben Umformungen wie oben ergibt sich hieraus die zweite Formel von Satz 3. —

Für einen Lieschen Ring führen wir rekursiv die Ideale $\mathfrak{L}^n = \mathfrak{L}\mathfrak{L}^{n-1}$ ($\mathfrak{L}^1 = \mathfrak{L}$) ein. Aus den allgemeinen Rechenregeln folgt leicht durch Induktion nach k die Tatsache $\mathfrak{L}^i\mathfrak{L}^k \leqq \mathfrak{L}^{i+k}$. Im freien Lieschen Ring $\mathfrak{L}_q$ setzt sich daher $\mathfrak{L}_q^n$ aus allen Ausdrücken vom n-ten und höheren Grad zusammen.

Ferner werde das Zentrum eines Lieschen Ringes $\mathfrak{L}$ eingeführt. Es besteht aus allen Elementen z mit $z\mathfrak{L} = 0$.

Wir behaupten den

Satz 5. *Der freie Liesche Ring $\mathfrak{L}_q$ $(q > 1)$ hat kein Zentrum. Der Faktorring $\mathfrak{L}_q/\mathfrak{L}_q^{n+1}$ hat das Zentrum $\mathfrak{L}_q^n/\mathfrak{L}_q^{n+1}$ vom Rang ψ_n.*

Beweis. Es ist leicht einzusehen, daß im freien assoziativen Ring $\mathfrak{A}_q$ die Elemente αS_1^f die einzigen homogenen Ausdrücke sind, welche mit der Erzeugenden S_1 vertauschbar sind. Wenn alle Erzeugenden S_i einander gleichgesetzt werden, gehen alle Kommutatorbildungen in 0 über. Daher kann S_1^f für $f > 1$ nicht in der Darstellung von $\mathfrak{L}_q$ liegen. Es folgt:

Die Gleichung $xs_1 = 0$ hat in $\mathfrak{L}_q$ nur die Lösung $x = \alpha s_1$.

Daraus ergibt sich, daß $\mathfrak{L}_q$ $(q > 1)$ kein Zentrum hat. Eine leichte Folgerung ist, daß $\mathfrak{L}_q/\mathfrak{L}_q^{n+1}$ das Zentrum $\mathfrak{L}_q^n/\mathfrak{L}_q^{n+1}$ besitzt.

4.

Wir kommen nun zum gruppentheoretischen Teil der Arbeit.

Es sei $\mathfrak{G}$ eine beliebige Gruppe mit den Elementen $a, b, \ldots$. Wir setzen

(15) $$a \circ b = aba^{-1}b^{-1} \text{ und } b^a = aba^{-1}.$$

Satz 6. *Folgende Identitäten gelten identisch in a, b, c:*

(16) $$a \circ a = 1, \quad (a \circ b) \cdot (b \circ a) = 1, \quad a \circ 1 = 1;$$

(17) $$a \circ (bc) = (a \circ b) \cdot (a \circ c)^b;$$

(18) $$(a \circ (b \circ c)) \cdot (b \circ (c \circ a)) \cdot (c \circ (a \circ b)) = (b \circ c)^a (c \circ b) (c \circ a)^b (c \circ b)^a (a \circ b) (a \circ c)^b (b \circ c) (b \circ a).$$

Eine Probe kann in wenigen Minuten durch direktes Ausrechnen gemacht werden.

Die folgenden Sätze 7, 8, 9 stammen von P. Hall [2]). Wir werden sie mit Satz 6 beweisen.

Es seien $\mathfrak{U}$ und $\mathfrak{V}$ zwei Untergruppen von $\mathfrak{G}$ mit den Elementen u bzw. v. Die von allen Kommutatoren $u \circ v$ erzeugte Untergruppe von $\mathfrak{G}$ werde mit $\mathfrak{U} \circ \mathfrak{V}$ bezeichnet. Mit $\mathfrak{U}$ und $\mathfrak{V}$ ist auch $\mathfrak{U} \circ \mathfrak{V}$ Normalteiler von $\mathfrak{G}$ und liegt im Durchschnitt $\mathfrak{U} \frown \mathfrak{V}$.

Satz 7. *$\mathfrak{A}, \mathfrak{B}, \mathfrak{C}$ seien drei Normalteiler der Gruppe $\mathfrak{G}$.*
Aus $\mathfrak{A} \circ (\mathfrak{B} \circ \mathfrak{C}) = \mathfrak{B} \circ (\mathfrak{C} \circ \mathfrak{A}) = 1$ folgt $\mathfrak{C} \circ (\mathfrak{A} \circ \mathfrak{B}) = 1$.

---

[2]) P. Hall, A contribution to the theory of groups of prime-power order, Proc. Lond. Math. Soc. (2) **36** (1934).

Beweis. Es seien a, b, c beliebige Elemente aus $\mathfrak{A}, \mathfrak{B}, \mathfrak{C}$. Nach Voraussetzung ist a mit $b \circ c$ und b mit $a \circ c$ vertauschbar, daher dürfen in der rechten Seite von (18) alle Exponenten gestrichen werden. Ferner sind $a \circ b$ und $a \circ c$ als Elemente aus $\mathfrak{A}$ mit $b \circ c$ vertauschbar, und $a \circ b$ ist als Element aus $\mathfrak{B}$ mit $a \circ c$ vertauschbar. Die rechte Seite von (18) wird also gleich 1, weil sich alle vertauschbaren Klammern kürzen lassen. Auf der linken Seite sind die beiden ersten Faktoren gleich 1, daher folgt

$$c \circ (a \circ b) = 1, \quad c \circ (\mathfrak{A} \circ \mathfrak{B}) = 1, \quad \mathfrak{C} \circ (\mathfrak{A} \circ \mathfrak{B}) = 1, \quad \text{w. z. b. w.}$$

Wir führen jetzt rekursiv die charakteristischen Normalteiler $\mathfrak{G}^n$ der Gruppe $\mathfrak{G}$ ein durch $\mathfrak{G}^n = \mathfrak{G} \circ \mathfrak{G}^{n-1}$ $(\mathfrak{G}^1 = \mathfrak{G})$.

Satz 8. *Für die Normalteiler $\mathfrak{G}^n$ der Gruppe $\mathfrak{G}$ gilt die Regel*

$$\mathfrak{G}^i \circ \mathfrak{G}^k \leqq \mathfrak{G}^{i+k}.$$

Beweis. Für $k = 1$ ist $\mathfrak{G}^i \circ \mathfrak{G}^1 = \mathfrak{G}^{i+1}$. Es sei jetzt $k > 1$ und der Satz schon bis $k - 1$ und für beliebiges i bewiesen. Es werde $\mathfrak{G}^{i+k} = 1$ gesetzt. Dann ist

$$\mathfrak{G}^1 \circ (\mathfrak{G}^{k-1} \circ \mathfrak{G}^i) \leqq \mathfrak{G}^1 \circ \mathfrak{G}^{i+k-1} = 1 \quad \text{und} \quad \mathfrak{G}^{k-1} \circ (\mathfrak{G}^i \circ \mathfrak{G}^1) \leqq \mathfrak{G}^{k-1} \circ \mathfrak{G}^{i+1} = 1,$$

also nach Satz 7 auch $\mathfrak{G}^i \circ \mathfrak{G}^k = \mathfrak{G}^i \circ (\mathfrak{G}^1 \circ \mathfrak{G}^{k-1}) = 1$.

Mit Satz 8 folgt leicht aus (17) und (16)

Satz 9. *Mit einem Element a aus $\mathfrak{G}^\alpha$ und mit Elementen b, b' aus $\mathfrak{G}^\beta$ gelten die Regeln*

$$a \circ (b \cdot b) \equiv (a \circ b) \cdot (a \circ b') \quad \text{und} \quad (b \cdot b') \circ a \equiv (b \circ a) \cdot (b' \circ a) \mod \mathfrak{G}^{\alpha+\beta+1}.$$

Satz 10. *Mit Elementen a, b, c aus $\mathfrak{G}^\alpha, \mathfrak{G}^\beta, \mathfrak{G}^\gamma$ gilt die Regel*

$$(a \circ (b \circ c)) \cdot (b \circ (c \circ a)) \cdot (c \circ (a \circ b)) \equiv 1 \mod \mathfrak{G}^{\alpha+\beta+\gamma+1}.$$

Beweis. Es werde $\mathfrak{G}^{\alpha+\beta+\gamma+1} = 1$ gesetzt. Auf der rechten Seite von (18) kann $(a \circ b)$ gegen $(b \circ a)$, und $(a \circ c)^b$ gegen $(c \circ a)^b$ gekürzt werden. Übrig bleibt

$$(b \circ c)^a \, (c \circ b) \cdot (c \circ b)^a \, (b \circ c) = (a \circ (b \circ c)) \cdot (a \circ (c \circ b)),$$

und nach Satz 9 ist dies gleich 1.

Hilfssatz. *Die Gruppe $\mathfrak{G}$ werde von den Elementen σ_i erzeugt. Die Faktorgruppe $\mathfrak{G}^n/\mathfrak{G}^{n+1}$ wird dann erzeugt von allen Ausdrücken*

$$\sigma_{i_1 \ldots i_n} = \sigma_{i_1} \circ (\sigma_{i_2} \circ (\cdots \circ \sigma_{i_n}) \cdots).$$

Beweis. Es sei $n > 1$ und der Hilfssatz bis $n - 1$ bewiesen. $\mathfrak{G}^{n-1}/\mathfrak{G}^n$ wird erzeugt von allen Ausdrücken $\sigma_{i_2 \ldots i_n}$, daher wird $\mathfrak{G}^n = \mathfrak{G} \circ \mathfrak{G}^{n-1}$ von Elementen der Gestalt

$$x_n = \Bigl(\prod_{i_1} \sigma_{i_1}^{\pm 1}\Bigr) \circ \Bigl(a_n \cdot \prod_{i_2, \ldots, i_n} \sigma_{i_2 \ldots i_n}^{\pm 1}\Bigr)$$

mit a_n aus $\mathfrak{G}^n$ erzeugt. Nach Satz 9 folgt

$$x_n \equiv \prod_{i_1} (\sigma_{i_1}^{\pm 1} \circ a_n) \cdot \prod_{i_1, \ldots, i_n} (\sigma_{i_1} \circ \sigma_{i_2 \ldots i_n})^{\pm 1} \equiv \prod_{i_1, \ldots, i_n} \sigma_{i_1 \ldots i_n}^{\pm 1} \mod \mathfrak{G}^{n+1}.$$

5.

Wir führen von nun an folgende Bezeichnungen ein:

$\mathfrak{L}_q$ sei der ganzzahlige freie Liesche Ring mit q Erzeugenden s_i,

$\mathfrak{A}_q$ der ganzzahlige freie assoziative Ring mit q Erzeugenden S_i;

auch für diese Ringe gelten die Sätze 2 und 3.

$\mathfrak{G}_q$ sei die freie Gruppe mit q Erzeugenden σ_i.

$\mathfrak{D}_q$ sei der ganzzahlige freie distributive Ring mit q Erzeugenden s_i, d. h. in $\mathfrak{D}_q$ bestehen für die Multiplikation nur die beiden Distributivgesetze.

Λ sei die homomorphe Abbildung von $\mathfrak{D}_q$ auf $\mathfrak{L}_q$, das dabei entstehende

Ideal $\mathfrak{J}$ wird erzeugt von den Größen xx, $x(yz) + y(zx) + z(xy)$ in $\mathfrak{D}_q$.

Δ sei die Abbildung von $\mathfrak{L}_q$ in $\mathfrak{A}_q$ gemäß Satz 2.

Γ bilde die Monome u aus $\mathfrak{D}_q$ auf die entsprechenden Kommutatoren Γu von $\mathfrak{G}_q$ ab, z. B. gehe dabei $u = (s_1(s_2 s_3))\,(s_4 s_4)$ über in $\Gamma u = (\sigma_1 \circ (\sigma_2 \circ \sigma_3)) \circ (\sigma_4 \circ \sigma_4)$.

$\mathfrak{U}$ sei die in $\mathfrak{D}_q$ folgendermaßen erklärte Menge von Elementen U:

(a) $\mathfrak{U}$ enthält alle Ausdrücke uu, $uv + vu$, $u(vw) + v(wu) + w(uv)$ mit Monomen u, v, w;

(b) mit Σu_ν enthält $\mathfrak{U}$ auch noch $\Sigma v u_\nu$ und $\Sigma u_\nu v$.

Die Elemente U der Menge $\mathfrak{U}$ sind durchweg Summen von höchstens drei Monomen gleichen Grades in den Erzeugenden. Wir erklären jetzt die Abbildung Γ auch für diese Elemente $U = \Sigma u_\nu$ durch $\Gamma U = \Pi(\Gamma u_\nu)$, wobei die Reihenfolge der Faktoren willkürlich festgesetzt werde.

Die Menge $\mathfrak{U}$ hat zwei wichtige Eigenschaften:

(19) Jedes Element des Ideals $\mathfrak{J}$ ist nach dem Distributivgesetz als $\Sigma \pm U_\mu$ darstellbar.

Auf Grund der Entstehungsweise der Menge $\mathfrak{U}$ folgt nach (16) und nach den Sätzen 8, 9, 10:

(20) $$\Gamma U \equiv 1 \bmod \mathfrak{G}^{n+1} \qquad (U \text{ vom Grade } n).$$

Nunmehr schreiten wir zum

Beweis von Satz 4. Die unendlichen Reihen

$$X = 1 + A_1 + A_2 + \cdots \qquad (A_n \text{ homogen vom Grad } n \text{ aus } \mathfrak{A}_q)$$

bilden bei formaler Multiplikation eine Gruppe $\mathfrak{X}$. Diese Gruppe wurde von Magnus eingeführt. Für die Reihen

$$X = 1 + A_i + \cdots, \qquad X' = 1 + A_i' + \cdots, \qquad Y = 1 + B_k + \cdots$$

ergibt sich

(21) $$X \cdot X' = 1 + (A_i + A_i') + \cdots \quad \text{und} \quad XYX^{-1}Y^{-1} = 1 + (A_iB_k - B_kA_i) + \cdots,$$

wobei jeweils Glieder höheren Grades fortgelassen sind.

Durch $\Phi(\sigma_i) = 1 + S_i$ entsteht eine homomorphe Abbildung Φ der freien Gruppe $\mathfrak{G}_q$ auf einen Teil der Gruppe $\mathfrak{X}$. Für ein Element g aus $\mathfrak{G}_q$ sei dabei in der Reihenentwicklung

$$\Phi(g) = 1 + \varphi_1(g) + \varphi_2(g) + \cdots$$

$\varphi_n(g)$ das homogene Glied vom Grad n aus $\mathfrak{A}_q$. Für ein Element g_n aus $\mathfrak{G}_q^n$ beginnt nach der rekursiven Definition $\mathfrak{G}_q^n = \mathfrak{G}_q \circ \mathfrak{G}_q^{n-1}$ und nach (21) die Reihenentwicklung frühestens mit dem Glied $\varphi_n(g_n)$, während alle vorangehenden Glieder verschwinden:

$$\Phi(g_n) = 1 + \varphi_n(g_n) + \varphi_{n+1}(g_n) + \cdots.$$

Da ebenso $\varphi_n(g_{n+1}) = 0$ ist, wird durch φ_n eine homomorphe Abbildung der abelschen Faktorgruppe $\mathfrak{G}_q^n/\mathfrak{G}_q^{n+1}$ auf gewisse Ausdrücke n-ten Grades von $\mathfrak{A}_q$ geliefert, wobei Produkte in Summen übergehen. Diese Abbildung φ_n wollen wir näher untersuchen.

Nach dem Hilfssatz des vorigen Abschnitts dürfen wir

(22) $$g_n \equiv \prod_\nu (\Gamma u_\nu)^{\pm 1} \bmod G_q^{n+1} \qquad (\text{in } \mathfrak{G}_q)$$

mit Monomen u_ν aus $\mathfrak{D}_q$ vom Grad n ansetzen. Aus der Rechenregel (21) folgt

$$\varphi_n(g_n) = \Delta \Lambda \sum_\nu \pm u_\nu \qquad (\text{in } \mathfrak{A}_q).$$

$\varphi_n(g_n)$ liegt also in der Darstellung des Lieschen Ringes $\mathfrak{L}_q$ in $\mathfrak{A}_q$. Da diese Darstellung treu ist, folgt

(23) $$\Delta^{-1}\varphi_n(g_n) = \Lambda \sum_\nu \pm u_\nu \qquad (\text{in } \mathfrak{L}_q).$$

Hieraus folgt, daß $\mathfrak{G}_q^n/\mathfrak{G}_q^{n+1}$ durch die Abbildung $\Delta^{-1}\varphi_n$ auf den ganzen Modul Ψ_n aller homogenen Elemente n-ten Grades des Lieschen Ringes $\mathfrak{L}_q$ abgebildet wird. Da Ψ_n nach Satz 3 den Rang ψ_n hat, brauchen wir zum Beweis von Satz 4 nur noch zu zeigen, daß $\Delta^{-1}\varphi_n$ eine Isomorphie

(24) $$\mathfrak{G}_q^n/\mathfrak{G}_q^{n+1} \cong \Psi_n$$

vermittelt.

Es sei dazu g_n ein Element aus $\mathfrak{G}_q^n$ mit $\Delta^{-1}\varphi_n(g_n) = 0$. Wegen (23) liegt dann $\sum_\nu \pm u_\nu$ im Ideal $\mathfrak{J}$ von $\mathfrak{D}_q$, und nach (19) gilt

$$\sum_\nu \pm u_\nu = \sum_\mu \pm U_\mu \qquad (U_\mu \text{ aus } \mathfrak{U} \text{ vom Grad } n).$$

Diese Gleichung ist eine rein additive Umformung. Da $\mathfrak{G}_q^n/\mathfrak{G}_q^{n+1}$ abelsch ist und wegen (20) folgt jetzt

$$\prod_\nu (Lu_\nu)^{\pm 1} \equiv \prod_\mu (LU_\mu)^{\pm 1} \equiv 1 \bmod \mathfrak{G}_q^{n+1},$$

und wegen (22) ist bewiesen, daß g_n sogar in $\mathfrak{G}_q^{n+1}$ liegt. Damit ist die Isomorphie (24) und der Satz 4 bewiesen.

6.

In Bad Salzbrunn vermutete Magnus den folgenden Satz, den wir eben zugleich mitbewiesen haben:

Satz 11. *Es sei g ein Element aus $\mathfrak{G}_q^n$, das nicht in $\mathfrak{G}_q^{n+1}$ liegt. In der oben erklärten Reihenentwicklung*

$$\Phi(g) = 1 + \varphi_1(g) + \varphi_2(g) + \cdots$$

ist dann $\varphi_n(g) \neq 0$, während alle vorangehenden Glieder verschwinden. Dies Anfangsglied $\varphi_n(g)$ liegt in der Darstellung des Lieschen Ringes $\mathfrak{L}_q$ in den assoziativen Ring $\mathfrak{A}_q$.

Es sei dazu folgende Ergänzung erwähnt:

Satz 12. *Durch die oben erklärte Reihenentwicklung*

$$\Phi(g) = 1 + \varphi_1(g) + \varphi_2(g) + \cdots$$

entsteht eine isomorphe Abbildung Φ der freien Gruppe $\mathfrak{G}_q$ auf einen Teil der Gruppe $\mathfrak{X}$ aller Reihen

$$X = 1 + A_1 + A_2 + \cdots \qquad (A_i \text{ aus } \mathfrak{A}_q).$$

(Die Isomorphie bleibt bestehen, wenn die Reihen nur mod p betrachtet werden.)

Die unendliche Kette $\mathfrak{G}_q^1, \mathfrak{G}_q^2, \mathfrak{G}_q^3, \ldots$ hat den Durchschnitt 1.

Beweis. Für

$$g = \sigma_{i_1}^{\alpha_1}\sigma_{i_2}^{\alpha_2}\cdots\sigma_{i_l}^{\alpha_l} \neq 1 \qquad (\sigma_{i_1} \neq \sigma_{i_2} \neq \cdots \neq \sigma_{i_l};\ \alpha_i \neq 0)$$

treten in der Reihe

$$\Phi(g) = \sum_{\nu_1, \ldots, \nu_l} \binom{\alpha_1}{\nu_1} \cdots \binom{\alpha_l}{\nu_l} S_{i_1} \cdots S_{i_l}$$

sicher Glieder mit lauter positiven Exponenten ν_i wirklich auf (sogar mod p), und zwar sind diese Glieder wegen $S_{i_1} \neq S_{i_2} \neq \cdots \neq S_{i_l}$ alle untereinander verschieden. Also folgt $\Phi(g) \neq 1$.

Speziell kommt $\alpha_1 \cdots \alpha_l S_{i_1} \cdots S_{i_l} \neq 0$ vor, daher liegt nach dem vorigen Satz das Element g nicht in $\mathfrak{G}_q^{l+1}$. —

Zum Schluß teilen wir noch folgendes Gegenstück zu Satz 5 mit:

Satz 13. *Die freie Gruppe $\mathfrak{G}_q$ ($q > 1$) hat kein Zentrum. $\mathfrak{G}_q/\mathfrak{G}_q^{n+1}$ hat das Zentrum $\mathfrak{G}_q^n/\mathfrak{G}_q^{n+1}$.*

Beweis. Die erste Behauptung folgt z. B. aus der elementaren Tatsache, daß eine Erzeugende nur mit ihren Potenzen vertauschbar ist. Die zweite Behauptung ergibt sich folgendermaßen: Es sei z ein Zentrumselement von $\mathfrak{G}_q/\mathfrak{G}_q^{n+1}$. Die Reihenentwicklung $\Phi(z)$ beginne mit dem ν-ten Glied, z liege also in $\mathfrak{G}_q^\nu$. Es sei etwa $\varphi_\nu(z) \neq \alpha S_1$. Da nach Satz 11 $\varphi_\nu(z)$ in der Darstellung von $\mathfrak{L}_q$ in $\mathfrak{A}_q$ liegt, ist, wie schon früher bemerkt, $\varphi_{\nu+1}(z \circ \sigma_1) = \varphi_\nu(z) \cdot S_1 - S_1 \cdot \varphi_\nu(z) \neq 0$. Weil $z \circ \sigma_1$ in $\mathfrak{G}_q^{n+1}$ liegt, folgt $\nu \geqq n$, und z liegt in $\mathfrak{G}_q^n$. Umgekehrt liegen alle Elemente von $\mathfrak{G}_q^n$ im Zentrum von $\mathfrak{G}_q/\mathfrak{G}_q^{n+1}$, w. z. b. w.

Müllheim (Baden), 10. Oktober 1936.

Eingegangen 13. Oktober 1936.

Editor's Remark. Satz 1 is the so-called *Poincaré-Birkhoff-Witt-Theorem*, cf. eg. N. Bourbaki, Groupes et Algèbres de Lie, Chap. 2 et 3, Hermann Paris 1972, Note Historique, p. 300.

26.

Treue Darstellungen beliebiger Liescher Ringe

Collectanea Math. *6* (1953) 107–115

In der vorliegenden Note beweisen wir den Satz, dass jeder Liesche Ring treue Darstellungen in assoziativen Ringen besitzt, unter ausschliesslicher Verwendung finiter Verfahren. Dabei ist folgendes zu bedenken: Ist ein Liescher Ring etwa durch Erzeugende und definierende Relationen gegeben, so existiert im allgemeinen kein finites Verfahren, um festzustellen, ob zwei gegebene Ausdrücke das gleiche Element bezeichnen. Umso weniger wird es möglich sein, sämtliche linearen Beziehungen zwischen vorgelegten Elementen wirklich aufzustellen. Diese Tatsache erschwert natürlich die Beweisführung.

1. Ein *Liescher Ring* ist ein Modul, in dem eine mit der Addition distributive Multiplikation $a\,b$ erklärt ist, die den Bedingungen

$$a\,a = 0, \qquad a\,(b\,c) + b\,(c\,a) + c\,(a\,b) = 0$$

genügt.

Ist jedem Element a eines Lieschen Ringes L ein Element d_a eines assoziativen Ringes A zugeordnet derart, dass dabei die Regeln

$$d_{a+b} = d_a + d_b, \qquad d_{ab} = d_a\,d_b - d_b\,d_a$$

gelten, so heisst die Abbildung $a \to d_a$ eine *Darstellung* von L im assoziativen Ring A. Der Teilring von A, den die Elemente d_a erzeugen, wird die zugehörige *Darstellungshülle* genannt.

Eine Darstellung $a \to d_a$ heisst *treu*, wenn $d_c = 0$ nur für $c = 0$ zutrifft, wenn also die Modulisomorphie $a \longleftrightarrow d_a$ besteht. In diesem Falle kann man, unter Verwendung der Schreibweise $a \circ b$ für das Liesche Produkt ohne Schaden d_a mit a identifizieren. Hierdurch erscheint der Liesche Ring eingebettet in den assoziativen Ring.

2. Zunächst führen wir nun durch eine naheliegende abstrakte Konstruktion die universelle Darstellungshülle eines Lieschen Ringes ein, deren feineren Eigenschaften dann anschliessend untersucht werden, ähnlich wie man es etwa in der Topologie mit dem auf RIEMANN zurückgehenden Begriff der universellen Überlagerung macht. Solche Universalkonstruktionen vertiefen und vereinfachen zugleich die mathematische Anschauung.

Zu einem beliebig gegebenen Lieschen Ring L definieren wir einen assoziativen Ring H durch die erzeugenden Elemente z_a, die den a aus L eineindeutig zugeordnet sind, und durch die Relationen

1. Grades $z_a + z_b - z_{a+b} = 0$,
2. Grades $z_a z_b - z_b z_a - z_{ab} = 0$.

Die Abbildung $a \to z_a$ ist offenbar eine Darstellung von L in H, und H ist die zugehörige Darstellungshülle. H nennen wir die *universelle Darstellungshülle* des Lieschen Ringes L, denn jede andere Darstellungshülle zu einer Darstellung $a \to d_a$ von L ist homomorphes Bild von H vermöge $z_a \to d_a$.

Ein wichtiges Beispiel: Ist L der freie Liesche Ring mit den Erzeugenden x_k, so erhält man eine Darstellung von L in dem freien assoziativen Ring A mit entsprechenden Erzeugenden X_k durch die Zuordnung $x_k \to X_k$. H lässt sich demnach homomorph auf A abbilden durch $z_k \to X_k$, und mit A ist auch H ein freier Ring. Mit anderen Worten:

Die universelle Darstellungshülle des freien Lieschen Ringes mit den Erzeugenden x_k ist isomorph zu dem freien assoziativen Ring mit entsprechenden Erzeugenden X_k.

3. In der universellen Darstellungshülle H eines beliebig vorgelegten Lieschen Ringes L ist zufolge der ersten definierenden Regel z_a eine lineare Funktion von a. Die zweite Regel kann nun *approximativ* als *Kommutativgesetz* $z_a z_b = z_b z_a$ aufgefasst werden — bis auf einen Fehler ersten Grades z_{ab}. Diese Deutung kommt dann zu ihrem Recht, wenn man, bildlich gesprochen, zeigen kann, dass auch eine Anhäufung solcher Fehler keine nennenswerte Störung verursacht.

Zur Durchführung dieser Überlegungen betrachten wir im Lieschen Ring L einen *Untermodul* U, der eine *angeordnete Basis* $\mathfrak{u}$ habe. Jedes Element aus U lasse sich also eindeutig als eine endliche Summe

$$\Sigma \lambda_u u \qquad (u \text{ aus } \mathfrak{u})$$

4

schreiben, noch mit der Einschränkung, dass λ_u nur mod ε_u bestimmt ist ($\varepsilon_u u = 0$). Die Einführung eines mit einer Basis u versehenen Untermoduls U ist deshalb erforderlich, weil uns die Natur des vorgelegten Lieschen Ringes völlig unbekannt ist, insbesondere braucht ja L selbst keine Basis zu haben.

Im freien assoziativen Ring Z der Erzeugenden z_a, in dem wir uns zunächst bewegen, legen wir nun einige Bezeichnungen fest. In ihm sei

Z^n der Modul aller assoziativen Polynome höchstens n^{ten} Grades. Für eine gegebene Teilmenge M des Lieschen Ringes L bedeute

Z_M^n den Bereich derjenigen Polynome von Grade $< n$, bei denen der homogene Bestandteil n^{ten} Grades nur Indizes aus M aufweist. Die Indizes der Bestandteile minderen Grades werden hierdurch nicht eingeengt.

R sei im Ringe Z das von allen Ausdrücken

$$z_a + z_b - z_{a+b}, \qquad z_a z_b - z_b z_a - z_{ab}$$

erzeugte Ideal der «Relationen». Es ist also $Z/R = H$.

R^n, R_M^n bedeute das lineare Erzeugnis aller in Z^n bzw. Z_M^n vorhandenen «Grundrelationen»

$$\left.\begin{array}{l} 1.\ \text{Art}\ P(z_a + z_b - z_{a+b})\,Q \\ 2.\ \text{Art}\ P(z_a z_b - z_b z_a - z_{ab})\,Q \end{array}\right\} (P,\ Q \text{ sind Monome } z_a z_b \ldots z_c \text{ oder } 1).$$

Die oben ausgesprochenen Gedanken liefern nun *Reduktionsprozesse* mit folgenden Ergebnis:

Hilfssatz 1. *Jedes Element aus* Z_U^n lässt sich mod R_U^n auf die Gestalt

$$\sum_i \lambda_i z_{u_{i1}} z_{u_{i2}} \ldots z_{u_{in}} + y^{n-1}$$

reduzieren mit geordneten Faktoren

$$u_{i1} < u_{i2} < \ldots < u_{in}. \quad \textit{(in der Anordnung von u)}$$

Dabei ist λ_i mod dem grössten gemeinsamen Teiler $\varepsilon_i = (\varepsilon_{i1}, \varepsilon_{i2}, \ldots, \varepsilon_{in})$ und y^{n-1} aus Z^{n-1} mod R^{n-1} eindeutig bestimmt.

Beweis. Wir gehen in Z_U^n zu einem Faktormodul über, indem wir darin zunächst alle Grundrelationen 1. Art Null setzen:

$$P z_{a+b} Q = P z_a Q + P z_b Q.$$

5

Mit dieser Regel kann jedes homogene Polynom n^{ten} Grades aus Z_U^n eindeutig auf die Form gebracht werden

$$\Sigma\, \lambda_i z_{u_{i1}} z_{u_{i2}} \ldots z_{u_{in}} \qquad (\lambda_i \bmod \varepsilon_i).$$

Hiermit ist Z_U^n auf $Z_\mathfrak{u}^n$ reduziert. Mit derselben Regel können auch die verbleibenden Grundrelationen von Z_U^n, wie sich unmittelbar aus ihrer Gestalt ergibt, linear durch diejenigen von $Z_\mathfrak{u}^n$ ausgedrückt werden, d. h. es lässt sich R_U^n auf $R_\mathfrak{u}^n$ reduzieren.

Erneut gehen wir nun zu einem Faktormodul über, indem wir auch noch alle Grundrelationen 2. Art in $Z_\mathfrak{u}^n$ zu Null machen:

$$P z_b z_a Q = P z_a z_b Q + P z_{ba} Q.$$

Mit dieser Regel (die übrigens mod R^{n-1} in a und b symmetrisch ist und für $a = b$ identisch gilt) können wir dann in einem Monom

$$z_{u_1} z_{u_2} \ldots z_{u_n}$$

die Anzahl j der *Inversionen* $u_\nu > u_\mu$ (für $\nu < \mu$) Schritt für Schritt erniedrigen, solange, bis das Monom schliesslich geordnet ist ($u_1' \leqslant u_2' \leqslant \ldots \leqslant u_n'$), wobei allerdings bei jedem Schritt ein *Korrekturglied* niedrigeren Grades als n anzubringen ist.

Die *Gesamtkorrektur* hängt nun, wenn nur modulo R^{n-1} gerechnet wird, *nicht von der Reihenfolge* der einzelnen Reduktionsschritte ab, wie jetzt durch Induktion nach der Inversionszahl j bewiesen wird.

Es sei $P z_c z_b z_a Q$ ein Monom vom Grade n und der Inversionszahl j. In der Anordnung sei $c > b > a$ gedacht. Bei der Reduktion kann entweder zuerst z_c mit z_b vertauscht werden, oder aber zuerst z_b mit z_a. In jedem Fall entsteht ein Monom der Inversionszahl $j - 1$. Nach Induktionsvoraussetzung ist also der weitere Verlauf der Reduktion jedesmal ohne Einfluss auf die Gesamtkorrektur. Beide Reduktionen können nun in geeigneter Weise bis zu der gemeinsamen Zwischenstation $P z_a z_b z_c Q$ fortgesetzt werden. Diese Reduktionen lauten ausführlich unter Angabe der Korrekturglieder K_1 bzw. K_1'

Im ersten Fall		Im zweiten Fall	
$P z_c z_b z_a Q$		$P z_c z_b z_a Q$	
	$K_1 = P z_{cb} z_a Q$		$K_1' = P z_c z_{ba} Q$
$P z_b z_c z_a Q$		$P z_c z_a z_b Q$	
	$K_2 = P z_b z_{ca} Q$		$K_2' = P z_{ca} z_b Q$
$P z_b z_a z_c Q$		$P z_a z_c z_b Q$	
	$K_3 = P z_{ba} z_c Q$		$K_3' = P z_a z_{cb} Q$
$P z_a z_b z_c Q$	....	$P z_a z_b z_c Q$	....
....		....	

Die Differenz (oder die Bilanz) der beiden Gesamtkorrekturen ist

$$(K_1 - K_3') + (K_2 - K_2') + (K_3 - K_1')$$
$$\equiv P\ (z_{(cb)a} + z_{b(ca)} + z_{(ba)c})\, Q \equiv 0 \text{ mod } R^{n-1},$$

was zu zeigen war. Hier wurden wesentlich die Rechengesetze des Lieschen Ringes benützt.

Analog kann in einem Monom $P z_b z_a Q z_d z_c S$ entweder zuerst z_b mit z_a vertauscht werden, oder aber zuerst z_d mit z_c. In der Anordnung sei $b > a$ und $d > c$ gedacht. Die weitere Rechnung verläuft ähnlich wie eben :

Erster Fall		Zweiter Fall	
$P z_b z_a Q z_d z_c S$	$K_1 = P z_{ba} Q z_d z_c S$	$P z_b z_a Q z_d z_c S$	$K_1' = P z_b z_a Q z_{dc} S$
$P z_a z_b Q z_d z_c S$	$K_2 = P z_a z_b Q z_{dc} S$	$P z_b z_a Q z_c z_d S$	$K_2' = P z_{ba} Q z_c z_d S$
$P z_a z_b Q z_c z_d S$	....	$P z_a z_b Q z_c z_d S$	....
....		....	

$$(K_1 - K_2') + (K_2 - K_1') \equiv P\,(z_{ba}\, Q\, z_{dc} + z_{ab}\, Q\, z_{dc})\, S \equiv 0 \text{ mod } R^{n-1}.$$

Mit dieser Unabhängigkeit der Reduktionen «vom Wege» (1) ist zugleich der Hilfssatz bewiesen.

4. Die folgende Tatsache vermittelt uns nun einen Einblick in die Struktur des Ideals R der Relationen:

Hilfssatz 2. Eine Relation h^{ten} Grades lässt sich linear durch Grundrelationen von Grade $\leqslant h$ zusammensetzen :

$$R \cap Z^h = R^h.$$

Eine Relation h^{ten} Grades R sei aus Grundrelationen höchstens n^{ten} Grades linear zusammengesetzt, symbolisch $R = S^n$. Für den Fall $n > h$ werden wir nun eine analoge Zerlegung $R = S^{n-1}$ herleiten. In derselben Weise können wir dann schrittweise bis zu einer Zerlegung $R = S^h$ gelangen, wie behauptet.

---

1) Der hier gegebene Nachweis für die Unabhängigkeit vom Wegestammt von G. Birkhoff. In meiner früheren Arbeit hatte ich statt dessen gezeigt, dass die Gesamtkorrektur «für geschlossene Wege» verschwindet, was im Prinzip auf dasselbe hinausläuft. Dabei stützte ich mich auf eine von E. H. Moore stammende Darstellung der symmetrischen Gruppe durch Transpositionen mit definierenden Relationen.

7

In der Zerlegung $R = S^n$ kommen als Indizes nur endlich viele Elemente c_j des Lieschen Ringes L vor. Wenn man nun den Ausdruck S^n distributiv ausklammert und nach Monomen ordnet, so heben sich alle Monome n^{ten} Grades weg, weil ja der Grad von R kleiner als n vorausgesetzt war. Dies Wegheben kann nur dadurch zustande kommen, dass einige der Indizes c_j im Lieschen Ring entweder zusammenfallen oder als Summe von zwei anderen Indizes darstellbar sind, wie man sofort aus der Gestalt der Grundrelationen ersieht. Das sind endlich viele lineare Beziehungen $\Sigma\, \alpha_{ij} c_j = 0$.

Nun sei U der Faktormodul der ganzzahligen Linearformen $\Sigma\, \xi_j c_j$ mod $\Sigma\, \alpha_{ij} c_j$. Nach der sogenannten Elementarteilertheorie lässt sich die Matrix α_{ij} durch endlich viele Elementartransformationen auf Diagonalgestalt bringen, d. h. U lässt sich durch eine endliche Basis $\mathfrak{u}$ (die wir uns irgendwie geordnet denken) mit definierenden Gleichungen $\varepsilon_i u_i = 0$ beschreiben. Wir nennen diesen Modul U den durch die Elemente c_j und die Relationen $\Sigma\, \alpha_{ij} c_j = 0$ bestimmten *idealen* Modul. Als Elemente von L können die c_j natürlich noch weitere Relationen erfüllen, auf die es hier aber nicht ankommt. Wichtig ist nun, dass für $R = S^n$ Hilfssatz 1 mit gleichem Beweis auch bezüglich des idealen Moduls U richtig ist.

[Unter Verzicht auf finite Beweisführung hätte man kürzer wie folgt schliessen können: Die endlich vielen in der Zerlegung $R = S^n$ vorkommenden Indizes c_j aus L erzeugen linear einen Modul in L. Dieser hat nach dem Hauptsatz für abelsche Gruppen eine endliche Basis usw.]

Wendet man nun die Reduktionen des Hilfssatzes 1 an auf R bzw. S^n, so erhält man als Korrekturglieder aus y^{n-1} R bzw. 0. Wegen $R = S^n$ ergibt dann Hilfssatz 1 $R \equiv 0\ (R^{n-1})$. Der finite Beweis des hier verwendeten Hilfssatzes 1 bietet zugleich eine Handhabe, eine Zerlegung $R = S^{n-1}$ wirklich in endlich vielen Schritten aufzustellen. Damit ist der Beweis von Hilfssatz 2 beendet.

5. Für $h = 1$ erhalten wir jetzt folgenden grundlegenden Satz:

Satz. *Die universelle Darstellung ist treu.*

Beweis. Aus $z_c \equiv z_d$ mod R kann nämlich nach Hilfssatz 2 eine Identität:

$$z_c - z_d = \Sigma \pm (z_a + z_b - z_{a+b})$$

hergeleitet werden. Wird hier überall $z_c = c$, $z_d = d$, usw. eingesetzt, so werden rechts alle Klammern Null. Es folgt $c = d$ und damit die nachzuweisende Eineindeutigkeit bei der universellen Darstellung $c \to z_c$ mod R.

8

Indem wir jetzt die Schreibweise $a \circ b$ für das Liesche Produkt verwenden, dürfen wir diesem Satz zufolge in der universellen Darstellungshülle H ohne Schaden z_a mit a identifizieren. Hierdurch erscheint der Liesche Ring L in der universellen Hülle H eingebettet. Die H definierenden Regeln

$$z_a + z_b = z_{a+b}, \qquad z_a z_b - z_b z_a = z_{a \circ b}$$

schrumpfen bei der Identifizierung zusammen auf $ab - ba = a \circ b$. H erscheint dann als der Ring aller formalen assoziativen Polynome $\Sigma \lambda a b \ldots c$ in den Elementen $a, b, \ldots, c$ des Lieschen Ringes. Das hier Bewiesene lässt sich nun auch wie folgt ausdrücken:

Gesetzt, man habe $c = d$ als Ergebnis einer in H verlaufenden assoziativen Rechnung festgestellt. Diese Berechnung kann man dann, nach einem finitem Verfahren so abändern, dass sie schliesslich völlig im Lieschen Ring L verläuft. c und d sind also bereits im Lieschen Ring L gleiche Elemente.

Obige Beweise liefern auch noch folgenden allgemeineren Satz:

Satz. *Ein Liescher Ring L mit einem kommutativen Operatorenring Ω hat eine treue assoziative Darstellung, falls sich zu jedem idealen Modul von L mit endlich vielen Erzeugenden und endlich vielen Relationen ein kanonischer Homomorphismus in eine direkte Summe idealer eingliedriger Moduln konstruieren lässt.*

Dabei heisse ein Homomorphismus zwischen idealen Moduln kanonisch, wenn er in L betrachtet, die identische Abbildung induziert.

Man braucht nämlich nur als Z den freien assoziativen Ring mit Ω als Operatorenbereich und den Elementen z_a als Erzeugenden zu nehmen und die Ausdrücke $z_a + z_b - z_{a+b}$ durch $\lambda z_a - \mu z_b - z_{\lambda a + \mu b}$, λ und μ aus Ω, zu ersetzen. Alle oben durchgeführten Schlüsse lassen sich dann in derselben Weise ziehen wie bisher. Dabei sind die oben vorkommenden ε_i Ideale aus Ω. Operatorenringe Ω, die den in diesem Satze genannten Bedingungen genügen, sind z. B. die Ringe, in denen jedes Ideal mit zwei Erzeugenden Hauptideal ist, speziell Ringe mit Euklidischem Algorithmus.

6. Abschliessend geben wir einige Tatsachen an, die fast unmittelbare Folgen der bisherigen Ergebnisse sind.

Es sei a ein *Ideal* im Lieschen Ring L. In der universellen Hülle H von L sei $A = H a H$ das von a assoziativ erzeugte Ideal. *Die universelle Hülle von L/a ist dann isomorph H/A. Es gilt $L \cap A = a$.*

Es sei L_1 ein *Unterring* des Lieschen Ringes L. In der universellen Hülle H von L sei H_1 der von L_1 assoziativ erzeugte Unterring. Man wird nun erwarten, dass die universelle Hülle von L_1 isomorph mit H_1 ist. In vielen Fällen stimmt das tatsächlich, z. B. dann, wenn L_1 eine Basis hat, die sich zu einer Basis von L ergänzen lässt - aber im Allgemeinen ist die Erwartung leider falsch: Es gibt für L bereits ein *Gegenbeispiel* von 4 Elementen (aus $2y = 0$ kann nicht $yy = 0$ geschlossen werden, aber aus $y = 2x$, $4x = 0$ folgt $yy = 4x \cdot x = 0$).

Anknüpfend an 2. heben wir schliesslich noch folgende Formulierung hervor:

Die Erzeugenden eines freien assoziativen Ringes erzeugen hinsichtlich der Kommutatorbildung $A \circ B = AB - BA$ einen freien Lieschen Ring.

Zusatz bei der Korrektur: Wie mir freundlicherweise Herr Lazard mitteilt, hat inzwischen A. I. Schirschov (Usp. Mat. N. VII, 5 (57), S. 173-176) einen Lieschen Ring mit passendem Operatorenbereich Ω angegeben, der keine treuen assoziativen Darstellungen besitzt.

LITERATUR

BIRKHOFF, G., Representability of Lie algebras and Lie groups by matrices. Ann. Math. II, s. 38, 526 - 532 (1937).

KOUROTCHKINE, V. M., Die Darstellung Liescher Ringe in assoziativen Ringen. Mat. Sbornik, 28 (70), 2, 467 - 472 (1951).

LAZARD, M., Sur les algèbres envelloppantes universelles de certaines algèbres de Lie. C. r. Acad. Sci., Paris 234, 788 - 791 (1952).

MAGNUS, W., Über Beziehungen zwischen höheren Kommutatoren, Crelles J. 177, 105 - 115 (1937).

WITT, E., Treue Darstellung Liescher Ringe, Crelles J. 177, 152 - 160 (1937).

Memoria publicada en «COLLECTANEA MATHEMATICA» (Vol. VI - Fasc. 1 - Año 1953) por el Seminario Matemático de Barcelona.

11

27.

Spiegelungsgruppen und Aufzählung halbeinfacher Liescher Ringe

Abh. Math. Sem. Univ. Hamburg *14* (1941) 289–322

Die Aufzählung aller halbeinfachen Lieschen Ringe und damit aller halbeinfachen kontinuierlichen Gruppen beruht auf der Bestimmung aller Spiegelungsgruppen $\mathfrak{G}$, d. h. aller derjenigen Gruppen, deren Erzeugende Spiegelungen an den Wänden gewisser Bereiche $\mathfrak{B}$ im n-dimensionalen euklidischen Raum sind. Diese Spiegelungsgruppen wurden zuerst systematisch von COXETER untersucht und aufgezählt. Der Vollständigkeit halber werden seine Ergebnisse hier noch einmal in einer etwas anderen Form dargestellt und abgeleitet.

In § 1 wird der Ausgangsbereich $\mathfrak{B}$ durch eine definite quadratische Form

$$f = -\sum \xi_i \xi_k \cos \frac{\pi}{m_{ik}}$$

gekennzeichnet, wobei π/m_{ik} die Winkel zwischen je zwei Wänden von $\mathfrak{B}$ bezeichnen ($m_{ii} = 1$, sonst $m_{ik} = 2, 3, \cdots, \infty$). In § 2 wird die zum Bereich $\mathfrak{B}$ gehörige Spiegelungsgruppe $\mathfrak{G}$ näher untersucht, und es wird gezeigt, daß $\mathfrak{G}$ isomorph ist zu der abstrakten Gruppe Γ mit den Erzeugenden $\sigma_1, \cdots, \sigma_n$ und den definierenden Relationen

$$(*) \qquad (\sigma_i \sigma_k)^{m_{ik}} = 1 .$$

Zugleich wird $\mathfrak{B}$ als Fundamentalbereich der Gruppe $\mathfrak{G}$ erkannt. Die Gruppe $\mathfrak{G}$ ist endlich oder unendlich, je nachdem die quadratische Form f positiv- oder null-definit ist. Vom Bisherigen unabhängig, definieren wir in § 3 abstrakte Gruppen Γ mit den Relationen (*) für beliebige m_{ik} (jedoch $m_{ii} = 1$); die zugehörige Form f kann also auch indefinit sein. Wir beweisen, daß eine solche Gruppe Γ dann und nur dann endlich ist, wenn die quadratische Form f positiv-definit ausfällt. Die quadratischen Formen f lassen sich nach COXETER in sehr anschaulicher Weise durch Figuren beschreiben, mit deren Hilfe sich leicht alle überhaupt möglichen definiten Formen f aufstellen lassen. Diese Aufstellung und damit die Bestimmung aller Spiegelungsgruppen wird in § 4 durchgeführt.

Unter einem Vektordiagramm verstehen wir ein System von endlich vielen Vektoren, das bei gewissen Spiegelungen in sich übergeht. Solche Diagramme treten bei der Untersuchung halbeinfacher Liescher Ringe auf. In § 5 wird eine Reihe von Vektordiagrammen explizit angegeben,

289

und es wird dann nachgewiesen, daß es außer diesen keine weiteren Diagramme geben kann. Nebenbei verwenden wir die Vektordiagramme zur Bestimmung der Ordnungen aller endlichen Spiegelungsgruppen. In den beiden letzten Paragraphen bringen wir die Klassifikation aller halbeinfachen Lieschen Ringe mit den komplexen Zahlen als Koeffizientenbereich. Jedem halbeinfachen Lieschen Ring läßt sich ein Vektordiagramm zuordnen. Dabei erfüllen die Vektordiagramme noch gewisse Ganzzahligkeitsbedingungen. Auf Grund der vorigen Untersuchung lassen sich nun auch alle diejenigen Diagramme angeben, welche diesen zusätzlichen Bedingungen genügen. Es entsteht nun die Frage, wieviel verschiedene Liesche Ringe zu einem solchen Diagramm gehören. V. D. WAERDEN hat bemerkt, daß die Methode, die WEYL zur Normierung der in der Multiplikationstabelle eines halbeinfachen Lieschen Ringes auftretenden Faktoren angewandt hat, ausreicht, um zu zeigen, daß zu jedem Diagramm höchstens 1 Liescher Ring existiert. Durch Weiterführung dieser Methode zeige ich, daß es tatsächlich zu jedem Diagramm einen Lieschen Ring gibt, unter der Voraussetzung, daß die Existenz der Lieschen Ringe für alle Vektordiagramme von der Dimension $n \leqq 4$ bereits gesichert ist. Das Letztere sieht man aber in der Mehrzahl der Fälle leicht ein, nur für zwei Diagramme ist eine eingehendere Untersuchung nötig. Auf diesem Wege bestätigen wir die Existenz und die Vollzähligkeit der von CARTAN aufgestellten Typen halbeinfacher Liescher Ringe.

Die Beweise zur Aufzählung dieser Lieschen Ringe sind so gehalten, daß für sie § 2, § 3 und der Schluß von § 5 entbehrlich sind.

Literaturverzeichnis.

[1] E. ARTIN, Die Aufzählung aller einfachen kontinuierlichen Gruppen. (Göttinger Vorträge 13./15. Juli 1933.)

[2] E. CARTAN, Thèse. (Paris 1894.)

[3] H. S. M. COXETER, The polytopes with regular-prismatic vertex figures. Proc. Lond. Math. Soc. (2) **34** (1932), p. 126.

[4] — Discrete groups generated by reflections. Ann. of Math. **35** (1934), p. 588.

[5] — The complete enumeration of finite groups of the form $R_i^2 = (R_i R_j)^{k_{ij}} = 1$. Journ. Lond. Math. Soc. **10** (1935), p. 21.

[6] — Regular and semi-regular polytopes. I. Math. Ztschr. **46** (1940), S. 380.

[7] B. L. v. d. WAERDEN, Die Klassifikation der einfachen Lieschen Gruppen. Math. Ztschr. **37** (1933), S. 446.

[8] H. WEYL, Theorie der Darstellung kontinuierlicher halb-einfacher Gruppen durch lineare Transformationen. I. Math. Ztschr. **23** (1925), S. 271—309. — II. Math. Ztschr. **24** (1925), S. 328—376, und III., S. 377—395.

---

§ 1.

Im q-dimensionalen reellen euklidischen Raum $\mathfrak{E}_q$ sei $\mathfrak{B}$ ein q-dimensionaler konvexer Bereich, der von endlich vielen $q-1$-dimensionalen ebenen Wänden $\mathfrak{W}_1, \cdots, \mathfrak{W}_n$ begrenzt wird. (Die Wände sollen mit zu $\mathfrak{B}$ gehören. $\mathfrak{B}$ braucht nicht beschränkt zu sein.) Der Innenwinkel je zweier Wände $\mathfrak{W}_i$ und $\mathfrak{W}_k$ soll entweder 0 oder ein ganzzahliger Teiler von π sein. Dieser Winkel werde mit $\frac{\pi}{m_{ik}}$ bezeichnet ($m_{ik} = 2, 3, \cdots, \infty$; $i \neq k$). Ferner werde $m_{ii} = 1$ gesetzt.

Auf jeder Wand $\mathfrak{W}_i$ errichten wir einen nach außen gerichteten Normalenvektor $\mathfrak{n}_i$. Die Vektoren $\mathfrak{n}_1, \cdots, \mathfrak{n}_n$ mögen den Teilraum $\mathfrak{E}_r$ erzeugen ($r \leqq q$). Die *quadratische Form*

$$(1)\qquad f = (\sum \xi_i \mathfrak{n}_i)^2 = \sum \xi_i \xi_k a_{ik} = -\sum \xi_i \xi_k \cos \frac{\pi}{m_{ik}}$$

$$(\mathfrak{n}_i \mathfrak{n}_k = a_{ik}; \quad a_{ii} = 1, \quad \text{sonst } a_{ik} \leqq 0; \quad i, k = 1, \cdots, n)$$

ist dann *definit* und hat den Rang r.

s_i bezeichne die Spiegelung des Raumes $\mathfrak{E}_q$ an der „verlängerten" Wand $\mathfrak{W}_i$. $\mathfrak{G}$ bedeute die von $s_1, \cdots, s_n$ erzeugte Spiegelungsgruppe. *Wir wollen die verschiedenen Spiegelungsgruppen untersuchen und klassifizieren.*

Dabei dürfen wir $q = r$ annehmen; denn im Fall $q > r$ kann die Spiegelungsgruppe durch ihre Wirkung im Teilraum $\mathfrak{E}_r$ beschrieben werden.

Ferner wird es genügen, den „*unzerlegbaren*" Fall zu betrachten, in welchem eine Einteilung der Wände in Systeme aufeinander senkrecht stehender Wände nicht möglich ist. Denn auf diesen unzerlegbaren Fall läßt sich der allgemeine Fall leicht zurückführen. Stehen nämlich die Wände $\mathfrak{W}_1 \cdots, \mathfrak{W}_\nu$ auf den Wänden $\mathfrak{W}_{\nu+1}, \cdots, \mathfrak{W}_n$ senkrecht ($0 < \nu < n$), so wird die Gruppe $\mathfrak{G}$ direktes Produkt der Spiegelungsgruppen $\{s_1, \cdots, s_\nu\}$ und $\{s_{\nu+1}, \cdots, s_n\}$, der Bereich $\mathfrak{B}$ wird ein Durchschnitt entsprechender Bereiche und die quadratische Form f zerlegt sich in eine Summe entsprechender Formen $g + h$ mit getrennten Variablen. Im unzerlegbaren Fall tritt eine solche Zerlegung der quadratischen Form f nicht ein.

Wir zeigen nun, daß umgekehrt der Bereich $\mathfrak{B}$ durch die quadratische Form f bis auf Ähnlichkeitstransformationen eindeutig bestimmt ist.

Satz 1. *Es sei*

$$(2)\qquad f = \sum \xi_i \xi_k a_{ik} \text{ mit } a_{ii} = 1, \quad a_{ik} = a_{ki} \leqq 0 \text{ für } i \neq k \qquad (i, k = 1, \cdots, n)$$

eine unzerlegbare definite quadratische Form vom Rang r. Zu f gibt es im r-dimensionalen euklidischen Raum $\mathfrak{E}_r$ *bis auf Ähnlichkeitstransformationen genau einen r-dimensionalen Bereich* $\mathfrak{B}$.

Wenn f positiv-definit ist ($r = n$), *so ist* $\mathfrak{B}$ *eine räumliche Ecke.*

Wenn f null-definit ist (*d. h.* $r < n$), *so ist* $r = n-1$, *und* $\mathfrak{B}$ *ist ein Simplex.*

Beweis. Es sei $\mathfrak{a}_1, \cdots, \mathfrak{a}_n$ eine Basis des reellen Vektorraumes $\mathfrak{R}_n$. Wir führen in ihm formal ein inneres Vektorprodukt $\mathfrak{x}\mathfrak{y}$ ein durch

$$\mathfrak{x}\mathfrak{y} = \left(\sum x_i \mathfrak{a}_i\right)\left(\sum y_k \mathfrak{a}_k\right) = \sum x_i y_k a_{ik}.$$

Wenn f positv-definit ist, so wird durch $\mathfrak{x}\mathfrak{a}_i \leqq 0 \quad (i = 1, \cdots, n)$ eine räumliche Ecke im euklidischen Raum $\mathfrak{R}_n$ definiert, die zu der vorgelegten quadratischen Form f gehört. Man sieht leicht ein, daß dies bis auf Ähnlichkeitstransformationen der einzige zu f gehörige Bereich ist.

Nun sei f null-definit. Aus $\mathfrak{x}^2 = 0$ folgt dann $\mathfrak{x}\mathfrak{y} = 0$ für alle Vektoren $\mathfrak{y}$, sonst wäre $(\mathfrak{x} + \lambda\mathfrak{y})^2 = 2\lambda\mathfrak{x}\mathfrak{y} + \lambda^2\mathfrak{y}^2 < 0$ für ein kleines positives oder negatives λ. Alle Vektoren $\mathfrak{x}$ mit $\mathfrak{x}^2 = 0$ bilden also einen Teilraum $\mathfrak{T}_{n-r}$ mit $\mathfrak{T}_{n-r} \cdot \mathfrak{R}_n = 0$ (Radikalraum). Der Differenzraum $\mathfrak{E}_r = \mathfrak{R}_n/\mathfrak{T}_{n-r}$ hat dann eine positiv-definite Metrik.

Es sei $\mathfrak{x} = \sum x_i \mathfrak{a}_i \neq 0$ ein Vektor aus $\mathfrak{R}_n$ mit $\mathfrak{x}^2 = 0$. Hierin sei etwa $x_1 \cdots x_\nu \neq 0$, während $x_{\nu+1}, x_{\nu+2}, \cdots = 0$ seien $(\nu \leqq n)$. Wegen $a_{ik} \leqq 0$ für $i \neq k$ gilt für den Vektor $\mathfrak{x}_1 = \sum |x_i| \mathfrak{a}_i$ die Ungleichung $\mathfrak{x}_1^2 \leqq \mathfrak{x}^2$, also ist $\mathfrak{x}_1^2 = 0$ und $\mathfrak{x}_1\mathfrak{y} = 0$ für jeden Vektor $\mathfrak{y}$. Wäre nun $\nu < n$, so würde in

$$0 = \mathfrak{x}_1 \cdot \sum_{k>\nu} \mathfrak{a}_k = \sum_{i\leqq\nu} \sum_{k>\nu} |x_i| a_{ik}$$

rechts kein positiver Summand auftreten, es wären also alle $a_{ik} = 0$ für $i \leqq \nu$, $k > \nu$. In diesem Fall wäre aber f gegen die Annahme in $g + h$ zerlegbar. Also ist $\nu = n$, d. h. es sind alle Koeffizienten $x_i \neq 0$.

Der Teilraum $\mathfrak{T}_{n-r}$ aller $\mathfrak{z}$ mit $\mathfrak{z}^2 = 0$ ist eindimensional, denn sonst ließe sich in ihm sofort ein Vektor $\neq 0$ finden, für welchen mindestens ein Koeffizient verschwindet. Es ist also $r = n-1$. Die Koeffizienten eines Vektors $\mathfrak{z} \neq 0$ haben alle dasselbe Vorzeichen, denn es ist $\mathfrak{z} = \lambda\mathfrak{x}_1$.

Zwischen den Vektoren $\mathfrak{a}_1, \cdots, \mathfrak{a}_n$ besteht also im Differenzraum $\mathfrak{E}_r = \mathfrak{R}_n/\mathfrak{T}_1$ im wesentlichen nur eine lineare Relation mit lauter positiven Koeffizienten. Hieraus kann man schließen, daß durch $\mathfrak{x}\mathfrak{a}_i \leqq 1$ $(i = 1, \cdots, n)$ ein r-dimensionales Simplex $\mathfrak{B}$ in $\mathfrak{E}_r$ definiert wird, welches zur vorgelegten quadratischen Form f gehört, und man sieht weiter, daß $\mathfrak{B}$ der einzige zu f gehörige Bereich ist. — Damit ist Satz 1 bewiesen.

Wir ersehen aus dem Beweis, daß Satz 1 auch noch für eine zerlegbare positiv-definite quadratische Form richtig bleibt.

Falls $\mathfrak{B}$ eine räumliche Ecke mit dem Eckpunkt 0 ist, legen wir um 0 als Mittelpunkt eine $n-1$-dimensionale Sphäre $\mathfrak{S}_{n-1}$. Der Durchschnittsbereich $\mathfrak{B} \cap \mathfrak{S}_{n-1}$ ist dann ein $n-1$-dimensionales Simplex im sphärischen Raum $\mathfrak{S}_{n-1}$.

Wir können nun für den Fall einer positiv-definiten Form oder einer unzerlegbaren null-definiten Form von vornherein einheitlich $\mathfrak{B}$ als $n-1$-dimensionales Simplex im $n-1$-dimensionalen sphärischen Raum $\mathfrak{S}_{n-1}$ bzw. euklidischen Raum $\mathfrak{E}_{n-1}$ ansehen.

§ 2.

Es bezeichne $\mathfrak{B}$ im sphärischen oder euklidischen $n-1$-dimensionalen Raum $\mathfrak{T}$ ein Simplex mit den Wänden $\mathfrak{W}_1, \cdots, \mathfrak{W}_n$ und den gegenüberliegenden Ecken $e_1, \cdots, e_n$. $\mathfrak{G}$ bedeute die von den Spiegelungen s_i an den Wänden $\mathfrak{W}_i$ $(i = 1, \cdots, n)$ erzeugte Spiegelungsgruppe. Es sei $m_{ii} = 1$ und für $i \neq k$ sei $\frac{\pi}{m_{ik}}$ $(m_{ik} = 2, 3, \cdots, \infty)$ der von den Wänden $\mathfrak{W}_i$ und $\mathfrak{W}_k$ eingeschlossene Innenwinkel. Es ist leicht zu sehen, daß

(3) $$(s_i s_k)^{m_{ik}} = 1$$

gilt. (Für $m_{ik} = \infty$ wird nichts behauptet.)

Γ sei die von $\sigma_1, \cdots, \sigma_n$ erzeugte abstrakte Gruppe mit den definierenden Relationen

(4) $$(\sigma_i \sigma_k)^{m_{ik}} = 1 \qquad (i, k = 1, \cdots, n).$$

$\Gamma_{1\ldots\nu}$ sei die von $\sigma_{\nu+1}, \cdots, \sigma_n$ erzeugte Untergruppe von Γ,

$\mathfrak{G}_{1\ldots\nu}$ sei die von $s_{\nu+1}, \cdots, s_n$ erzeugte Untergruppe von $\mathfrak{G}$,

für andere Indexkombinationen seien entsprechende Bezeichnungen festgelegt. Durch die Zuordnung $\sigma_i \to s_i$ entstehen die homomorphen Abbildungen $\Gamma \to \mathfrak{G}$ und $\Gamma_{1\ldots\nu} \to \mathfrak{G}_{1\ldots\nu}$.

$\mathfrak{H}\mathfrak{B}$ bedeute für irgendeine Untergruppe $\mathfrak{H}$ von $\mathfrak{G}$ die Menge aller Simplexe, die aus $\mathfrak{B}$ durch Anwendung aller Transformationen h aus $\mathfrak{H}$ entstehen.

Nach Festlegung dieser Bezeichnungen wenden wir uns folgendem Satz zu:

Satz 2.

(a) *Die Spiegelungsgruppe* $\mathfrak{G}$ *ist mit der abstrakten Gruppe* Γ *isomorph.*

(b) *Der Raum* $\mathfrak{T}$ *wird durch die Simplexe* $\mathfrak{G}\mathfrak{B}$ *simplizial zerlegt.*

(c) *Verschiedene Eckpunkte von* $\mathfrak{B}$ *sind bezüglich* $\mathfrak{G}$ *inäquivalent.*

(d) *Die Punkte* $e_1, \cdots, e_\nu$ *werden zugleich nur von den Transformationen der Untergruppe* $\mathfrak{G}_{1\ldots\nu} = \{s_{\nu+1}, \cdots, s_n\}$ *festgelassen. Entsprechendes gilt für andere Indexverteilungen.*

Aus diesem Satz ergeben sich unmittelbar noch folgende *Zusätze:*

(e) $\mathfrak{B}$ *ist ein Fundamentalbereich der Spiegelungsgruppe* $\mathfrak{G}$.

(f) *Wenn* $\mathfrak{T}$ *ein sphärischer Raum ist, so ist die Gruppe* $\mathfrak{G}$ *endlich, anderenfalls unendlich.*

(g) *Es ist* $\mathfrak{G}_1 \cap \cdots \cap \mathfrak{G}_\nu = \mathfrak{G}_{1\ldots\nu}$.

Beweis von Satz 2. Für $n = 1$ ist $\mathfrak{B}$ ein Punkt des Punktepaares $\mathfrak{T}$. Für $n = 2$, $m_{12} \neq \infty$ ist $\mathfrak{B}$ eine $2m_{12}$-te Teilstrecke der Kreislinie $\mathfrak{T}$. Für $n = 2$, $m_{12} = \infty$ ist $\mathfrak{B}$ eine Strecke der euklidischen Geraden $\mathfrak{T}$. Man überzeugt sich leicht, daß der Satz jedenfalls in diesen Fällen richtig ist. Wir setzen deshalb $n > 2$ voraus und nehmen an, der Satz sei schon bis $n-1$ bewiesen. Entsprechend den vier Behauptungen des Satzes haben wir vier Induktionsvoraussetzungen (a′), (b′), (c′), (d′).

Es sei nun $\mathfrak{S}$ eine kleine $n-2$-dimensionale Sphäre um den Punkt e_1. Die Strecke (e_1, e_ν) treffe die Sphäre $\mathfrak{S}$ im Punkt e'_ν $(\nu \neq 1)$. Wir können dann $\mathfrak{G}_1$ als Spiegelungsgruppe auf der Sphäre auffassen, wobei $\mathfrak{G}_1$ von den Spiegelungen $s_2, \cdots, s_n$ an den Wänden des Simplexes $\mathfrak{B}' = (e'_2, \cdots, e'_n)$ erzeugt wird. Für diese Spiegelungsgruppe $\mathfrak{G}_1$ sind die vier Induktionsvoraussetzungen erfüllt:

Aus (a′) folgt die Isomorphie $\Gamma_1 \cong \mathfrak{G}_1$, also auch

(5) $$\Gamma_{1\ldots\nu} \cong \mathfrak{G}_{1\ldots\nu}.$$

(d′) besagt, daß von den Transformationen der Gruppe $\mathfrak{G}_1$ nur diejenigen der Untergruppe $\mathfrak{G}_{1\ldots\nu}$ die Punkte $e'_2, \cdots, e'_n$ bzw. die Punkte $e_2, \cdots, e_n$ einzeln festlassen. Die Untergruppe $\mathfrak{G}_1 \cap \cdots \cap \mathfrak{G}_\nu$ von $\mathfrak{G}_1$ enthält nun $\mathfrak{G}_{1\ldots\nu}$ und läßt ebenfalls die Punkte $e_2, \cdots, e_\nu$ fest. Daher gilt

(g) $$\mathfrak{G}_1 \cap \cdots \cap \mathfrak{G}_\nu = \mathfrak{G}_{1\ldots\nu}.$$

Bei der Abbildung $\Gamma \to \mathfrak{G}$ werde $\Delta = \Gamma_1 \cap \cdots \cap \Gamma_\nu$ auf die Untergruppe $\mathfrak{D}$ von $\mathfrak{G}_1 \cap \cdots \cap \mathfrak{G}_\nu$ abgebildet. Aus $\Delta \geqq \Gamma_{1\ldots\nu}$ folgt $\mathfrak{D} \geqq \mathfrak{G}_{1\ldots\nu}$. Wegen (g) ist daher $\mathfrak{D} = \mathfrak{G}_{1\ldots\nu}$. Aus $\Gamma_1 \cong \mathfrak{G}_1$ folgt ferner $\Delta \cong \mathfrak{D}$. Somit haben wir

(6) $$\Gamma_1 \cap \cdots \cap \Gamma_\nu \cong \mathfrak{G}_{1\ldots\nu}.$$

Die Punkte $g e_\nu$ und $g e'_\nu$ (g aus $\mathfrak{G}_1$, $\nu \neq 1$) liegen auf demselben Radius der Sphäre $\mathfrak{S}$. Diese Lagebeziehung vermittelt auf Grund der Induktionsvoraussetzung (c') eine eineindeutige Korrespondenz zwischen den Punkten $\mathfrak{G}_1 e_\nu$ und $\mathfrak{G}_1 e'_\nu$ ($\nu \neq 1$). Indem wir außerdem noch die Induktionsvoraussetzung (b') berücksichtigen, können wir schließen, daß die Simplexe

$$\mathfrak{G}_1 \mathfrak{B}$$

einen der $n-1$-dimensionalen Vollkugel homöomorphen Simplexstern um den Punkt e_1 bilden.

Alles bisher Gezeigte gilt natürlich auch für jede andere Indexkombination.

Ein Punkt von $\mathfrak{B}$ ist stets innerer Punkt eines passenden Simplexes $(e_i, e_j, \cdots, e_k)$, folglich im Innern etwa des Simplexsterns $\mathfrak{G}_i \mathfrak{B}$ gelegen. Erst recht ist jeder Punkt von $\mathfrak{B}$ ein innerer Punkt der Punktmenge $\mathfrak{G}\mathfrak{B}$. Durch Anwendung des Satzes von HEINE-BOREL auf die abgeschlossene Punktmenge $\mathfrak{B}$ läßt sich in bekannter Weise eine solche Zahl r finden, daß mit jedem Punkt von $\mathfrak{B}$ auch eine ganze Umgebung mit dem festen Radius r zu $\mathfrak{G}\mathfrak{B}$ gehört. Durch Transformation mit beliebigen Elementen der Spiegelungsgruppe $\mathfrak{G}$ geht hieraus hervor, daß sogar mit jedem Punkt aus $\mathfrak{G}\mathfrak{B}$ eine ganze r-Umgebung wieder zu $\mathfrak{G}\mathfrak{B}$ gehört. Es sei p ein beliebiger Punkt von $\mathfrak{T}$. Wir verbinden e_1 mit p durch einen Streckenzug $e_1 p_2 p_3 \cdots p$, dessen Teilstrecken alle kleiner als r sind. Nun erkennen wir schrittweise, daß $e_1, p_2, p_3, \cdots$ und schließlich auch p zu $\mathfrak{G}\mathfrak{B}$ gehören. Die Punktmenge $\mathfrak{G}\mathfrak{B}$ erfüllt also den ganzen Raum $\mathfrak{T}$.

Es seien $\varepsilon_1, \cdots, \varepsilon_n$ Unbestimmte, und γ, δ Elemente aus der Gruppe Γ. Wir führen nun formal

$$\gamma\, \varepsilon_i \qquad (1\, \varepsilon_i = \varepsilon_i)$$

als abstrakte Punkte ein, wobei wir aber für $\gamma \Gamma_i = \delta \Gamma_i$ noch $\gamma \varepsilon_i$ mit $\delta \varepsilon_i$ identifizieren. Bei der Abbildung $\Gamma \to \mathfrak{G}$ gehe γ in g über; wir können uns dann etwa den Punkt $\gamma \varepsilon_i$ „über" dem Punkt $g e_i$ gelegen denken.

T bedeute den abstrakten simplizialen Komplex aus allen Simplexen

$$(\gamma\, \varepsilon_{i_1}, \cdots, \gamma\, \varepsilon_{i_\nu}) \qquad (\gamma \text{ aus } \Gamma).$$

(Abstrakte simpliziale Komplexe hat ALEXANDROFF in die Topologie eingeführt.) Durch die Festsetzung

$$\gamma(\delta \varepsilon_i) = (\gamma \delta) \varepsilon_i = \gamma \delta \varepsilon_i,$$
$$\gamma(\delta \varepsilon_{i_1}, \cdots, \delta \varepsilon_{i_\nu}) = (\gamma \delta \varepsilon_{i_1}, \cdots, \gamma \delta \varepsilon_{i_\nu})$$

wird Γ als Operatorenbereich für den Komplex T erklärt. Zur Abkürzung setzen wir noch $B = (\varepsilon_1, \cdots, \varepsilon_n)$.

Nach (6) ist $\Gamma_1 \cap \cdots \cap \Gamma_n = 1$. Daher trifft $\gamma B = B$ nur für $\gamma = 1$ zu. Mithin ist B ein Fundamentalbereich der Gruppe Γ in bezug auf den Komplex T.

Ist $\sigma_i \cdots \sigma_j \sigma_k$ irgendein Produkt in den Erzeugenden der Gruppe Γ und ist $h \neq k$, so haben die Simplexe $\sigma_i \cdots \sigma_j B$ und $\sigma_i \cdots \sigma_j \sigma_k B$ den Punkt $\sigma_i \cdots \sigma_j \varepsilon_h$ gemeinsam. Auf Grund dieser Bemerkung ist T ein topologisch zusammenhängender Komplex.

Die Abbildung $\gamma \varepsilon_k \rightarrow g e_k$ bewirkt eine simpliziale Abbildung $T \rightarrow \mathfrak{T}$. Aus $\Gamma_i \cong \mathfrak{G}_i$ und $\Gamma_i \cap \Gamma_k \cong \mathfrak{G}_{ik}$ kann man schließen, daß verschiedene Eckpunkte des zum Punkt ε_i gehörenden Simplexsterns $\Gamma_i B$ wieder auf verschiedene Punkte abgebildet werden. Daher wird $\Gamma_i B$ bei der Abbildung $T \rightarrow \mathfrak{T}$ kongruent auf den Simplexstern $\mathfrak{G}_i \mathfrak{B}$ abgebildet. Nun ist jeder Punkt von B für einen geeigneten Index i ein innerer Punkt von $\Gamma_i B$. Daher wird mit jedem Punkt von B auch eine kleine Umgebung kongruent auf eine kleine Umgebung des entsprechenden Punktes von $\mathfrak{B}$ abgebildet. Eine analoge Aussage gilt natürlich für jeden Punkt von T, da Γ Operatorenbereich ist. Folglich ist T eine unverzweigte zusammenhängende Überlagerung des ganzen sphärischen oder euklidischen Raumes $\mathfrak{T}$. Die Dimension von $\mathfrak{T}$ ist nach Annahme mindestens gleich 2, also ist $\mathfrak{T}$ einfach zusammenhängend. Deshalb ist T eine einblättrige Überlagerung von $\mathfrak{T}$.

Weil nun γB nur für $\gamma = 1$ über $\mathfrak{B}$ liegt, besteht die Isomorphie

(a) $$\Gamma \cong \mathfrak{G}.$$

Jetzt dürfen wir unbedenklich Γ mit $\mathfrak{G}$ und T mit $\mathfrak{T}$ identifizieren. Die übrigen drei Aussagen von Satz 2 ergeben sich nun unmittelbar aus der Definition von T und aus (6).

Satz 3. *Alle Relationen zwischen den Erzeugenden $s_1, \cdots, s_\nu$ der Untergruppe $\{s_1, \cdots, s_\nu\}$ von $\mathfrak{G}$ lassen sich aus den Relationen*

(7) $$(s_i s_k)^{m_{ik}} = 1 \qquad (i, k = 1, \cdots, \nu)$$

herleiten. Für andere Indexverteilungen gilt Entsprechendes.

Für die Gruppenordnungen gilt die Formel

(8) $$\frac{1}{\operatorname{Ord} \mathfrak{G}} = 1 + \sum_{\nu=1}^{n} (-1)^\nu \sum_{i_1 < \cdots < i_\nu} \frac{1}{\operatorname{Ord} \{s_{i_1}, \cdots, s_{i_\nu}\}}.$$

Beweis. Wegen Satz 2 brauchen wir die erste Behauptung nur für $0 < \nu < n$ zu beweisen. Um einen inneren Punkt des Teilsimplexes

$(e_{\nu+1}, \cdots, e_n)$ von $\mathfrak{B}$ legen wir eine genügend kleine $\nu-1$-dimensionale Sphäre $\mathfrak{S}$ mit diesem Teilsimplex als Achse. Der Durchschnittsbereich $\mathfrak{B} \cap \mathfrak{S}$ ist dann ein $\nu-1$-dimensionales Simplex auf $\mathfrak{S}$. Wir können nun die Untergruppe $\{s_1, \cdots, s_\nu\}$ von $\mathfrak{G}$ als Spiegelungsgruppe auf der Sphäre $\mathfrak{S}$ auffassen, wobei diese Untergruppe von den Spiegelungen $s_1, \cdots, s_\nu$ an den Wänden des Simplexes $\mathfrak{B} \cap \mathfrak{S}$ erzeugt wird. Die erste Behauptung von Satz 3 ergibt sich nun durch Anwendung von Satz 2 (a) auf diese Teilspiegelungsgruppe. Als Folge von Satz 2 (b) ergibt sich ferner:

$$\text{Volumenverhältnis von } \mathfrak{B} \cap \mathfrak{S} : \mathfrak{S} = 1 : \operatorname{Ord}\{s_1, \cdots, s_\nu\}.$$

Wir können dies Volumenverhältnis als Maß für den bei $(e_{\nu+1}, \cdots, e_n)$ auftretenden ν-dimensionalen Winkel ansehen. Die Formel (8) ist nun nichts weiter als eine Relation zwischen den Winkeln jeder Dimension von $\mathfrak{B}$. Zum Beweis von (8) zeigen wir darüber hinaus, daß eine entsprechende Relation sogar für die Winkel eines ganz beliebigen Simplexes erfüllt ist. Das geschieht auf folgende Weise:

Zunächst betrachten wir ein $n-1$-dimensionales Simplex $\mathfrak{B}$ des $n-1$-dimensionalen *sphärischen* Raumes $\mathfrak{T}$. Wir können $\mathfrak{B}$ als Durchschnitt $\mathfrak{H}_1 \cap \cdots \cap \mathfrak{H}_n$ von Halbsphären $\mathfrak{H}_i$ darstellen. Die linke Seite der Formel

$$(9)\quad (\mathfrak{T}-\mathfrak{H}_1) \cap \cdots \cap (\mathfrak{T}-\mathfrak{H}_n) = \mathfrak{T} + \sum_{\nu=1}^{n} (-1)^\nu \sum_{i_1 < \cdots < i_\nu} \mathfrak{H}_{i_1} \cap \cdots \cap \mathfrak{H}_{i_\nu}$$

ist, von Randpunkten abgesehen, gleich dem zu $\mathfrak{B}$ diametralen Simplex. Ersetzen wir nun jeden Summanden in (9) durch sein Volumenverhältnis zu $\mathfrak{T}$, so erhalten wir die gewünschte Winkelrelation für beliebige sphärische Simplexe.

Die analoge Winkelrelation für ein beliebiges *euklidisches* Simplex bekommt man hieraus durch Grenzübergang, indem man dies Simplex mit sphärischen Simplexen von immer kleinerer Krümmung approximiert. Q. e. d.

§ 3.

Γ sei die von $\sigma_1, \cdots, \sigma_n$ erzeugte abstrakte Gruppe mit den definierenden Relationen

$$(10)\quad \begin{gathered} (\sigma_i \sigma_k)^{m_{ik}} = 1 \\ (m_{ii} = 1;\; m_{ik} = m_{ki} = 2, 3, \cdots, \infty \text{ für } i \neq k;\; i, k = 1, \cdots, n). \end{gathered}$$

Wenn die quadratische Form

$$(11)\qquad f = -\sum \xi_i \xi_k \cos \frac{\pi}{m_{ik}} = \sum \xi_i \xi_k a_{ik}$$

positiv-definit ist, so folgt aus den Sätzen 1 und 2, daß dann die Gruppe Γ endlich ist. Hierzu wollen wir im folgenden die Umkehrung beweisen (Satz 6).

Für jede Erzeugende ist nach (10) $\sigma_i^{-1} = \sigma_i$. Die übrigen Relationen in (10) für $i \neq k$ lassen sich nach COXETER sehr zweckmäßig durch eine Figur beschreiben:

Jeder Erzeugenden σ_i werde ein Punkt p_i zugeordnet, und es werde p_i mit p_k durch $m_{ik} - 2$ Striche verbunden.

Bemerkungen über die Figur zur Gruppe Γ:

1. Sind p_i und p_k nicht verbunden, so ist σ_i mit σ_k vertauschbar. Denn es ist $m_{ik} = 2$, also $\sigma_i \sigma_k = (\sigma_i \sigma_k)^{-1} = \sigma_k \sigma_i$.

Läßt sich also die Figur in mehrere Teilfiguren zerlegen, die untereinander nicht verbunden sind, oder, was offenbar dasselbe bedeutet, ist die quadratische Form f zerlegbar, so ist Γ ein direktes Produkt ähnlich gebauter Gruppen.

2. Sind p_i und p_k ungerade verbunden, d. h. ist $m_{ik} = 2\mu + 1 \neq \infty$, so sind σ_i und σ_k in Γ konjugiert: $(\sigma_i \sigma_k)^\mu \sigma_i (\sigma_i \sigma_k)^{-\mu} = \sigma_k$.

Gibt es allgemeiner einen ungeraden Streckenzug $p_\alpha p_\beta p_\gamma \cdots p_\delta p_\varepsilon$, d. h. sind $m_{\alpha\beta}, m_{\beta\gamma}, \cdots, m_{\delta\varepsilon}$ ungerade, so ist σ_α mit σ_ε konjugiert.

3. Wir wollen umgekehrt zeigen: Wenn es zwischen p_α und p_ε keinen ungeraden Streckenzug gibt, so sind auch σ_α und σ_ε nicht konjugiert. Dazu ersetzen wir in (10) jedes ungerade m_{ik} durch 1 und jedes gerade oder unendliche m_{ik} durch 2. Dabei entsteht aus Γ eine abelsche Faktorgruppe, in welcher infolge der gemachten Voraussetzung $\sigma_\alpha \neq \sigma_\varepsilon$ bleibt. σ_α und σ_ε sind also nicht einmal in der Faktorgruppe konjugiert.

Zur weiteren Untersuchung der Gruppe Γ führen wir eine bestimmte reelle Darstellung $\mathfrak{D}$ ein.

$\mathfrak{a}_1, \cdots, \mathfrak{a}_n$ sei eine Basis des reellen n-dimensionalen Vektorraumes $\mathfrak{R}$. Wir führen in ihm formal ein inneres Vektorprodukt $\mathfrak{x}\mathfrak{y}$ ein durch

$$(\sum x_i \mathfrak{a}_i)(\sum y_k \mathfrak{a}_k) = \sum x_i y_k a_{ik}, \quad \text{wo } a_{ik} = -\cos\frac{\pi}{m_{ik}}.$$

Satz 4. *Für die Operatoren S_i mit*

$$S_i \mathfrak{x} = \mathfrak{x} - 2(\mathfrak{a}_i \mathfrak{x})\mathfrak{a}_i \tag{12}$$

gilt

$$(S_i S_k)^{m_{ik}} \mathfrak{x} = \mathfrak{x} \quad \textit{und} \quad (S_i \mathfrak{x})(S_i \mathfrak{y}) = \mathfrak{x}\mathfrak{y}. \tag{13}$$

Die Zuordnung $\sigma_i \to S_i$ liefert also eine Darstellung $\mathfrak{D}$, welche die Metrik (a_{ik}) invariant läßt.

Beweis. $S_i(S_i \mathfrak{x}) = \mathfrak{x}$ und $(S_i \mathfrak{x})(S_i \mathfrak{y}) = \mathfrak{x}\mathfrak{y}$ kann man z. B. durch direkte Ausrechnung bestätigen. Wir müssen jetzt nur noch

$$(S_i S_k)^{m_{ik}} \mathfrak{x} = \mathfrak{x} \quad \text{für } i \neq k \quad \text{und } m_{ik} \neq \infty$$

nachweisen. Nun ist die quadratische Teilform $\varphi = (\xi \mathfrak{a}_i + \eta \mathfrak{a}_k)^2$ positiv-definit, also ist der von $\mathfrak{a}_i$ und $\mathfrak{a}_k$ erzeugte 2-dimensionale Teilraum $\mathfrak{U}$ euklidisch. S_i führt $\mathfrak{U}$ als Ganzes in sich über und bewirkt darin eine Spiegelung an der zum Vektor $\mathfrak{a}_i$ senkrechten Geraden g_i durch den Nullpunkt. Der Winkel zwischen $\mathfrak{a}_i$ und $-\mathfrak{a}_k$ und damit auch der Winkel zwischen g_i und g_k ist absolut gleich π/m_{ik}. Infolgedessen bewirkt $S_i S_k$ in $\mathfrak{U}$ eine Drehung um den Nullpunkt mit dem Winkel $2\pi/m_{ik}$.

$\mathfrak{V}$ sei der Teilraum aller Vektoren $\mathfrak{v}$ mit $\mathfrak{U}\mathfrak{v} = 0$. Es ist $S_i \mathfrak{v} = S_k \mathfrak{v} = \mathfrak{v}$. Da die Diskriminante der Teilform φ nicht Null ist, hat $\mathfrak{V}$ die Dimension $n-2$, und es besteht eine Zerlegung $\mathfrak{R} = \mathfrak{U} + \mathfrak{V}$ in zueinander orthogonale Teilräume. $(S_i S_k)^{m_{ik}}$ läßt nun jeden Vektor aus $\mathfrak{U}$, jeden Vektor aus $\mathfrak{V}$, und somit auch jeden Vektor aus $\mathfrak{R}$ fest, w. z. b. w.

Satz 5. *Wenn die Figur zur Gruppe Γ unzerlegbar (d. h. topologisch zusammenhängend) ist, so ist (a_{ik}) bis auf einen Zahlfaktor die einzige bei der Darstellung $\mathfrak{D}$ invariante Metrik.*

Beweis. Es liege eine zweite Metrik vor, gegeben durch

$$\left(\sum x_i \mathfrak{a}_i\right) \circ \left(\sum y_k \mathfrak{a}_k\right) = \sum x_i y_k b_{ik}$$
$$(S_i \mathfrak{x}) \circ (S_i \mathfrak{y}) = \mathfrak{x} \circ \mathfrak{y}.$$

Für den Vektor $\mathfrak{c}_{ik} = \mathfrak{a}_k - a_{ik} \mathfrak{a}_i$ gilt $\mathfrak{a}_i \mathfrak{c}_{ik} = 0$, also $S_i \mathfrak{c}_{ik} = \mathfrak{c}_{ik}$. Daher folgt

$$\mathfrak{a}_i \circ \mathfrak{c}_{ik} = (S_i \mathfrak{a}_i) \circ (S_i \mathfrak{c}_{ik}) = -\mathfrak{a}_i \circ \mathfrak{c}_{ik},$$

also $\mathfrak{a}_i \circ \mathfrak{c}_{ik} = 0$, oder ausgerechnet:

$$b_{ik} = a_{ik} b_{ii}.$$

Ist $a_{ik} \neq 0$, so folgt durch Vertauschung von i mit k, daß $b_{ii} = b_{kk}$ ist. Da nun die Figur nach Voraussetzung zusammenhängend ist, läßt sich jeder Punkt p_h durch einen Streckenzug mit p_1 verbinden. Für jede Teilstrecke $p_i p_k$ ist dabei $m_{ik} > 2$, also $a_{ik} \neq 0$ und $b_{ii} = b_{kk}$. So folgt $b_{hh} = b_{11}$ für jedes h, und hieraus

$$b_{ik} = a_{ik} b_{11}, \qquad \text{w. z. b. w.}$$

Satz 6. *Die abstrakte Gruppe Γ ist dann und nur dann endlich, wenn die quadratische Form*

$$f = -\sum \xi_i \xi_k \cos \frac{\pi}{m_{ik}}$$

positiv-definit ist.

Zum Beweis genügt es, anzunehmen, daß die Figur zur Gruppe Γ zusammenhängend ist. Aus den Sätzen 1 und 2 ergab sich bereits, daß Γ endlich ist für eine positiv-definite Form f. Wir müssen nun umgekehrt zeigen, daß f positiv-definit ist für eine endliche Gruppe Γ. Die endlich vielen Elemente der Gruppe Γ mögen bei der Darstellung $\mathfrak{D}$ in die Matrizen $D_1, \cdots, D_N$ übergehen. Dann ist $B = \sum D'_\nu D_\nu$ eine positiv-definite symmetrische Matrix mit $D'_\nu B D_\nu = B$, d. h. bei der Darstellung $\mathfrak{D}$ bleibt die Metrik B invariant. Nach Satz 5 ist folglich $a_{ik} = b_{ik} : b_{11}$, und damit ist f als positiv-definit erkannt.

Nebenbei folgt aus Satz 5 mit Hilfe der Darstellungstheorie endlicher Gruppen:

Wenn die Figur im Falle einer endlichen Gruppe Γ zusammenhängend ist, so ist die Darstellung $\mathfrak{D}$ irreduzibel.

Wird $\tau_i = \sigma_i \sigma_n$ gesetzt, so sind die definierenden Relationen (10) der Gruppe Γ, wie man leicht umrechnet, gleichwertig mit folgenden Relationen zwischen den Elementen $\tau_1, \cdots, \tau_n$ und σ_n:

$$(14) \qquad (\tau_i \tau_k^{-1})^{m_{ik}} = 1, \quad \tau_n = 1,$$

$$(15) \qquad \sigma_n^2 = 1, \quad \sigma_n \tau_i \sigma_n^{-1} = \tau_i^{-1}.$$

Hieraus erkennt man die Richtigkeit von

Satz 7. *Die Elemente $\tau_i = \sigma_i \sigma_n$ erzeugen einen Normalteiler Γ^+ in Γ vom Index 2. Γ^+ läßt sich abstrakt durch die Relationen*

$$(14) \qquad (\tau_i \tau_k^{-1})^{m_{ik}} = 1, \quad \tau_n = 1 \qquad (i, k = 1, \cdots, n)$$

definieren.

Übrigens besteht Γ^+ genau aus den Elementen, die bei der Darstellung $\mathfrak{D}$ die Determinante $+1$ haben.

§ 4.

Der Kürze halber wollen wir eine Figur, bei der jeweils die Punkte p_i und p_k durch $m_{ik} - 2$ Striche miteinander verbunden sind, positiv-definit, null-definit oder indefinit nennen, je nachdem die quadratische Form

$$f = -\sum \xi_i \xi_k \cos \frac{\pi}{m_{ik}} = \sum \xi_i \xi_k a_{ik}$$

selber positiv-definit, null-definit oder indefinit ist.

Der folgende Satz 8 ist gleichwertig mit der Klassifikation aller unzerlegbaren Spiegelungsgruppen im sphärischen oder euklidischen Raum nach Maßgabe der Sätze 1 und 2. Durch die positiv-definiten Figuren in Satz 8 werden ferner alle endlichen unzerlegbaren Gruppen Γ aufgezählt gemäß Satz 6.

Satz 8. *In Abbildung 1 sind*

die Figuren $A, \cdots, G$ positiv-definit,
die Figuren $P, \cdots, W$ null-definit.

Weitere unzerlegbare definite Figuren gibt es nicht.

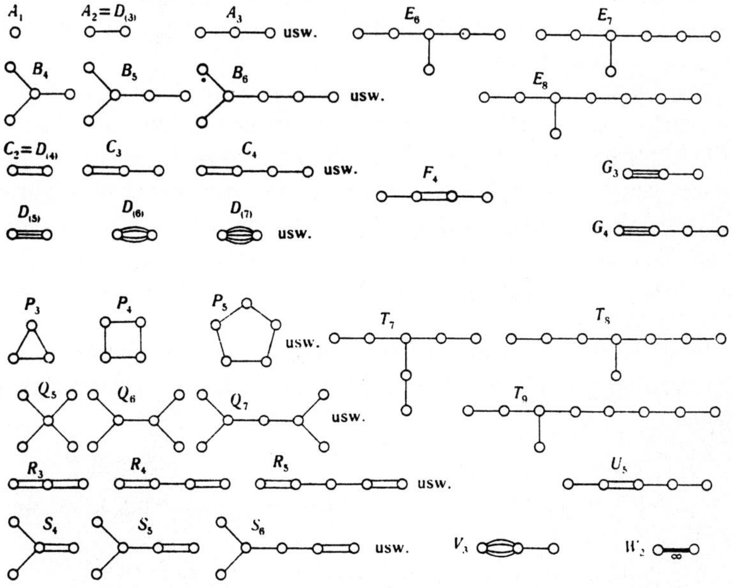

Abb. 1.

Beweis. Zunächst berechnen wir schrittweise folgende Werte der Determinanten $|2\,a_{ik}|$

(16)

Figur	A_n	B_n	C_n	$D_{(m)}$	E_n	F_4	G_3	G_4	$P, \cdots, W$
$\|2\,a_{ik}\|$	$n+1$	4	2	$4\sin^2\dfrac{\pi}{m}$	$9-n$	1	$3-\sqrt{5}$	$\dfrac{7-3\sqrt{5}}{2}$	0

unter Beachtung von

$$\text{(17)}\qquad \begin{array}{llllllll} \cos\dfrac{\pi}{m} = & -1, & 0, & \tfrac{1}{2}, & \tfrac{1}{2}\sqrt{2}, & \dfrac{\sqrt{5}+1}{4}, & \tfrac{1}{2}\sqrt{3}, & 1 \\ \text{für } m = & 1, & 2, & 3, & 4, & 5, & 6, & \infty. \end{array}$$

In den Fällen $n = 1, 2$ sind die angegebenen Werte offenbar richtig. Weiter ist für P_n $|2\,a_{ik}| = 0$, da in dieser Determinante die Summe aller Zeilen verschwindet. Für die Berechnung von $|2\,a_{ik}|$ für eine sonstige Figur können wir uns ihre Punkte so numeriert denken, daß p_n nur mit p_{n-1} verbunden ist, und zwar höchstens doppelt. Für die Teilfiguren aus den Punkten $p_1, \cdots, p_{n-1}$ bzw. $p_1, \cdots, p_{n-2}$ seien die entsprechenden Determinantenwerte d_{n-1} und d_{n-2} schon ermittelt. Durch Entwicklung der Determinante $|2a_{ik}|$ nach der letzten Zeile findet man nun die Rekursionsformel

$$(18) \qquad |2a_{ik}| = 2d_{n-1} - \lambda d_{n-2},$$

worin λ die Anzahl der Verbindungsstriche zwischen p_n und p_{n-1} bedeutet ($\lambda \leqq 2$). Nach dieser Formel lassen sich leicht alle angegebenen Werte von $|2a_{ik}|$ nachprüfen.

Zum Nachweis, daß alle Figuren von Satz 8 positiv- bzw. null-definit sind, machen wir die Induktionsvoraussetzung, daß dies schon für alle Figuren mit weniger als n Punkten gezeigt sei ($n > 1$). Nun überzeugt man sich mühelos, daß jede der angegebenen Figuren aus n Punkten eine positiv-definite Teilfigur aus $n-1$ Punkten enthält. Hieraus darf man schließen, daß die betreffende Figur aus n Punkten positiv- bzw. null-definit ist, je nachdem $|2a_{ik}| > 0$ oder $= 0$ ist.

Jetzt haben wir nur noch zu zeigen, daß in Abbildung 1 keine zusammenhängende Figur vergessen wurde. Dazu überlegen wir uns folgendes:

Es sei

$$f = \sum_{i,k=1}^{n} \xi_i \xi_k a_{ik} \qquad (a_{ii} = 1;\ a_{ik} = a_{ki} \leqq 0 \text{ für } i \neq k)$$

eine unzerlegbare definite quadratische Form, ferner

$$g = \sum_{i,k=1}^{\nu} x_i x_k b_{ik} \qquad (b_{ii} = 1;\ b_{ik} = b_{ki} \leqq 0 \text{ für } i \neq k)$$

eine nicht positiv-definite quadratische Form mit $\nu \leqq n$, und es sei

$$a_{ik} \leqq b_{ik} \quad \text{für } i, k = 1, \cdots, \nu.$$

Es gibt dann eine Lösung von $g \leqq 0$, für welche nicht alle $x_1, \cdots, x_\nu$ verschwinden. In der bestehenden Abschätzung

$$(19) \qquad 0 \leqq \sum_1^{\nu} |x_i|\,|x_k|\, a_{ik} \leqq \sum_1^{\nu} |x_i|\,|x_k|\, b_{ik} \leqq \sum_1^{\nu} x_i x_k b_{ik} \leqq 0$$

muß überall das Gleichheitszeichen gelten. Im Beweis von Satz 1 haben wir gesehen, daß die erste Gleichheit in (19) nur dann erfüllt sein kann, wenn $\nu = n$ ist und alle $x_i \neq 0$ sind. Aus dem zweiten Gleichheitszeichen in (19) ergibt sich jetzt die Identität der beiden Formen f und g.

Wir wollen sagen, eine Figur M *enthalte* die Figur N (in Zeichen $M \supset N$), wenn M durch wirkliche Hinzunahme neuer Striche oder Punkte aus N entsteht. Das eben erhaltene Resultat können wir dann nach logischer Umformung auch folgendermaßen aussprechen:

Hilfssatz. *Eine unzerlegbare definite Figur kann nur positiv-definite Figuren enthalten.*

Für das Weitere bemerken wir noch, daß die beiden Figuren

indefinit sind, denn ihre nach (18) berechneten Werte $3 - 2\sqrt{5}$ bzw. $4 - 2\sqrt{5}$ von $|2\,a_{ik}|$ fallen negativ aus.

Angenommen nun, es gäbe eine unzerlegbare definite Figur X aus n Punkten, die *nicht* in Abbildung 1 vorkommt. μ sei die größte Vielfachheit der Verbindungen in X.

Aus		folgt (der Reihe nach) über X:
$X \neq A_1, D_{(m)}, W_2$		$n \geqq 3$
$X \not\supset P_\nu$		X ist topologisch ein Baum
$X \neq A_\nu$	für den Fall $\mu = 1$	X ist verzweigt
$X \not\supset Q_\nu$ $(\nu \neq 5)$		X hat genau einen Verzweigungspunkt
$X \not\supset Q_5$		X hat genau drei Äste (Astlängen $a \leqq b \leqq c$)
$X \not\supset T_7$		$a = 1$
$X \not\supset T_8$		$b \leqq 2$
$X \neq B_\nu$		$b \neq 1$, also $b = 2$
$X \not\supset T_9$		$c \leqq 4$
$X \neq E_\nu$		$\mu = 1$ ist unmöglich
$X \not\supset R_\nu$		X enthält genau eine mehrfache Verbindung
$X \not\supset S_\nu$		X ist unverzweigt
$X \neq C_\nu$	falls $\mu = 2$	Die Enden von X sind einfach verbunden
$X \not\supset U_5$		$n = 4$
$X \neq F_4$		$\mu = 2$ ist unmöglich
$X \not\supset V_3$		$\mu = 3$
$X \not\supset Z_4$		Ein Ende von X ist dreifach verbunden
$X \not\supset Z_5$		$n \leqq 4$
$X \neq G_\nu$		X ist unmöglich, q. e. d.

§ 5.

Unter einem **Vektordiagramm** $\mathfrak{V}$ verstehen wir *ein System von endlich vielen Vektoren* in einem euklidischen Vektorraum mit folgenden Eigenschaften:

1. *Mit* $\mathfrak{a}$ *kommt auch* $-\mathfrak{a}$ *vor, dagegen keine anderen Vielfachen.*
2. *Eine Spiegelung an der zu* $\mathfrak{a}$ *senkrechten Ebene durch* 0 *führt das Vektorsystem in sich über.*

Wir nennen $\mathfrak{V}$ zerlegbar, wenn $\mathfrak{V}$ aus den Vektoren zweier zueinander senkrechten Diagramme $\mathfrak{V}'$ und $\mathfrak{V}''$ besteht.

Es ist unser Ziel, alle überhaupt möglichen Diagramme aufzustellen. Dabei können wir uns auf unzerlegbare Diagramme beschränken. Ferner werden wir Diagramme als gleichwertig ansehen, wenn sie durch eine Ähnlichkeitstransformation auseinander hervorgehen. Als Vorbereitung zu Satz 9 dienen uns die folgenden Überlegungen.

Es sei ein unzerlegbares Vektordiagramm $\mathfrak{V}$ vorgelegt, bestehend aus den Vektoren

$$\pm\lambda_1\mathfrak{a}_1, \cdots, \pm\lambda_N\mathfrak{a}_N \qquad (\lambda_\nu > 0,\ \mathfrak{a}_\nu^2 = 1).$$

$\mathfrak{R}$ sei der von diesen Vektoren linear erzeugte Raum, er habe die Dimension r. In $\mathfrak{R}$ sei $\mathfrak{A}_\nu$ die zum Vektor $\mathfrak{a}_\nu$ senkrechte $r-1$-dimensionale Ebene durch 0. Die Ebenen $\mathfrak{A}_1, \cdots, \mathfrak{A}_N$ zerschneiden den ganzen Raum $\mathfrak{R}$ in höchstens 2^N konvexe Bereiche. $\mathfrak{B}$ sei einer dieser Bereiche. Er habe die $r-1$-dimensionalen Wände $\mathfrak{W}_1, \cdots, \mathfrak{W}_n$ $(n \leqq N)$. Wir können etwa annehmen, daß $\mathfrak{W}_i$ der Ebene $\mathfrak{A}_i$ angehört, und daß der zur Wand $\mathfrak{W}_i$ von $\mathfrak{B}$ senkrechte Vektor $\mathfrak{a}_i$ nach außen weist.

s_ν sei die Spiegelung an der Ebene $\mathfrak{A}_\nu$: $s_\nu\mathfrak{x} = \mathfrak{x} - 2(\mathfrak{a}_\nu\mathfrak{x})\mathfrak{a}_\nu$.

$\mathfrak{G}$ sei die von den Spiegelungen $s_1, \cdots, s_n$ erzeugte Gruppe. Auf Grund der zweiten Diagrammeigenschaft läßt $\mathfrak{G}$ die erwähnte Zerschneidung des Raumes $\mathfrak{R}$ invariant. g sei ein beliebiges Element der Gruppe $\mathfrak{G}$. $gs_1\mathfrak{B}, \cdots, gs_n\mathfrak{B}$ sind alle Bereiche, welche mit dem Bereich $g\mathfrak{B}$ eine $n-1$-dimensionale Wand gemeinsam haben; wir nennen sie zu $g\mathfrak{B}$ benachbart. Ausgehend von $\mathfrak{B}$ kann man offenbar durch Bildung fortgesetzter Nachbarbereiche

$$\mathfrak{B},\quad s_i\mathfrak{B},\quad s_i s_j\mathfrak{B},\quad s_i s_j s_k\mathfrak{B},\quad \cdots \qquad (i, j, k, \cdots \leqq n)$$

zu jedem beliebigen anderen Bereich gelangen. *Die orthogonale Gruppe* $\mathfrak{G}$ *bewirkt also eine* transitive *Permutation aller Bereiche.* Hieraus ergeben sich die Schlußfolgerungen:

$\mathfrak{G}$ führt die Ebenen $\mathfrak{A}_1, \cdots, \mathfrak{A}_n$ in alle Ebenen $\mathfrak{A}_1, \cdots, \mathfrak{A}_N$ über, und ebenso führt die Gruppe $\mathfrak{G}$ die Vektoren $\lambda_1\mathfrak{a}_1, \cdots, \lambda_n\mathfrak{a}_n$ in alle

Vektoren des Diagramms $\mathfrak{B}$ über. Die Vektoren $\mathfrak{a}_1, \cdots, \mathfrak{a}_n$ erzeugen bereits den r-dimensionalen Raum $\mathfrak{R}$. Eine Einteilung der Wände von $\mathfrak{B}$ in Systeme aufeinander senkrecht stehender Wände ist unmöglich, sonst wäre nämlich auch das Diagramm $\mathfrak{B}$ zerlegbar. Nebenbei folgt noch, daß $\mathfrak{G}$ alle Spiegelungen $s_1, \cdots, s_N$ enthält.

Durch den $r-2$-dimensionalen Schnitt zweier Begrenzungsebenen A_i und A_k des Bereichs $\mathfrak{B}$ mögen m_{ik} der Ebenen $\mathfrak{A}_\nu$ gehen. Sie bilden $2\,m_{ik}$ Winkel, welche durch die Gruppe $\{s_i, s_k\}$ transitiv vertauscht werden, und welche daher alle gleich groß sind. Speziell hat der von den Wänden $\mathfrak{W}_i$ und $\mathfrak{W}_k$ des Bereichs $\mathfrak{B}$ gebildete Innenwinkel den Wert π/m_{ik}. Nun folgt aus Satz 1, da ja $\mathfrak{B}$ sicher kein Simplex ist, daß die unzerlegbare definite quadratische Form

$$f = (\sum \xi_i\, \mathfrak{a}_i)^2 = -\sum \xi_i\, \xi_k \cos \frac{\pi}{m_{ik}} \qquad (m_{ii} = 1;\ i, k = 1, \cdots, n)$$

sogar positiv-definit ist, und daß $r = n$ ist. Nach Satz 8 ist die zu f gehörige Figur vom Typus $A_n, \cdots, G_n$. Der betreffende Typus ist allein durch die Winkelverhältnisse des Diagramms $\mathfrak{B}$ bestimmt.

Gegeben seien irgendwelche Vektoren $\mathfrak{a}_1', \cdots, \mathfrak{a}_n'$ eines euklidischen Vektorraumes, für welche identisch

$$(\sum \xi_i\, \mathfrak{a}_i')^2 = -\sum \xi_i\, \xi_k \cos \frac{\pi}{m_{ik}}$$

erfüllt ist. Da es auf eine Ähnlichkeitstransformation des Diagramms $\mathfrak{B}$ nicht ankommt, dürfen wir von vornherein $\mathfrak{a}_i = \mathfrak{a}_i'$ annehmen. Aus demselben Grunde können wir etwa das positive λ_n ganz nach Belieben numerisch vorschreiben.

Für ungerades $m_{ik} = 2\,\mu + 1$ ist $(s_i\, s_k)^\mu\, (\lambda_i\, \mathfrak{a}_i) = \lambda_k\, \mathfrak{a}_k$, denn beiderseits stehen Diagrammvektoren gleicher Richtung. Durch Längenvergleich folgt in diesem Fall $\lambda_i = \lambda_k$.

Wenn also die Figur vom Typus A_n, B_n, $D_{(m)}$ (m ungerade), E_n oder G_n ist, so folgt $\lambda_1 = \cdots = \lambda_n$. Dann haben alle Vektoren des Diagramms $\mathfrak{B}$ dieselbe feste Länge.

Die Figurenpunkte von C_n, $D_{(m)}$, F_4 denken wir uns von links nach rechts numeriert. Für den Fall C_n $(n \geqq 3)$ folgt $\lambda_2 = \cdots = \lambda_n$. In den Fällen $D_{(m)}$ und F_4 ist die Figur symmetrisch, daher dürfen wir $\lambda_1 \leqq \lambda_n$ annehmen. Im Fall F_4 haben wir außerdem $\lambda_1 = \lambda_2$ und $\lambda_3 = \lambda_4$.

Aus den bisherigen Ausführungen geht hervor: Ist eine der Figuren $A_n, \cdots, G_n$ vorgelegt und sind positive Zahlen $\lambda_1, \cdots, \lambda_n$ gegeben, welche den eben genannten Einschränkungen unterliegen, so gibt es hierzu bis auf Ähnlichkeitstransformationen *höchstens ein* Diagramm. Daß es in jedem Falle wirklich ein Diagramm gibt, ließe sich mit Hilfe von Satz 2 und der dritten Bemerkung auf Seite 298 leicht zeigen. Wir ziehen es jedoch vor, die Existenz der Diagramme durch explizite Angabe ihrer Vektoren in Evidenz zu setzen.

In einem genügend hoch-dimensionalen euklidischen Vektorraum seien $\mathfrak{e}_0, \mathfrak{e}_1, \cdots$ ein System von orthogonalen Einheitsvektoren. Irgendwelche Vektoren schreiben wir in der Form

$$\xi_0 \mathfrak{e}_0 + \xi_1 \mathfrak{e}_1 + \cdots = (\xi_0, \xi_1, \cdots).$$

Satz 9. *Abgesehen von Ähnlichkeitstransformationen gibt es nur folgende unzerlegbare Vektordiagramme* (links ist die Anzahl der Vektoren angegeben; überall sei $\lambda > 0$ und $i \neq k$):

$n(n+1)$	A_n^*	$\mathfrak{e}_i - \mathfrak{e}_k$	$(i, k = 0, \cdots, n)$,
$2n(n-1)$	$B_n^*\ (n \geqq 4)$	$\pm \mathfrak{e}_i \pm \mathfrak{e}_k$	$(i, k = 1, \cdots, n)$,
$2n^2$	$C_n^*\ (n \geqq 3)$	$\pm \mathfrak{e}_i \pm \mathfrak{e}_k,\ \pm \lambda \mathfrak{e}_i$	$(i, k = 1, \cdots, n)$,
$2m$	$D_{(m)}^*\ (m \geqq 4)$	$\left(\cos \frac{2h}{m}\pi,\ \sin \frac{2h}{m}\pi\right)$, $\left(\lambda \cos \frac{2h+1}{m}\pi,\ \lambda \sin \frac{2h+1}{m}\pi\right)$	$(\lambda \leqq 1;\ \lambda = 1$ für ungerades $m)$,
240	E_8^*	$\pm \mathfrak{e}_i \pm \mathfrak{e}_k,\ \frac{1}{2} \sum \varepsilon_i \mathfrak{e}_i$	$(\varepsilon_i = \pm 1,\ \prod \varepsilon_i = 1;\ i, k = 1, \cdots, 8)$,
48	F_4^*	$\pm \mathfrak{e}_i \pm \mathfrak{e}_k,\ \pm \lambda \mathfrak{e}_i,\ \frac{\lambda}{2} \sum \pm \mathfrak{e}_i$	$(\lambda \leqq \sqrt{2};\ i, k = 1, 2, 3, 4)$,
120	G_4^*	$(0, 1, 0, 0)$, $\left(\cos \frac{\pi}{5},\ \cos \frac{\pi}{3},\ \cos \frac{3\pi}{5},\ 0\right)$, $\left(\frac{1}{2}, \frac{1}{2}, \frac{1}{2}, \frac{1}{2}\right)$ + *Vorzeichenwechsel und gerade Permutationen der Koordinaten*,	
126	E_7^*	*Die in* E_8^* *zu* $\mathfrak{e}_7 - \mathfrak{e}_8$	*senkrechten Vektoren*,
72	E_6^*	„ „ E_8^* „ $\mathfrak{e}_6 - \mathfrak{e}_7$ *und* $\mathfrak{e}_7 - \mathfrak{e}_8$	„ „ ,
30	G_3^*	„ „ G_4^* „ $(0, 0, 0, 1)$	„ „ .

Beweis. Zu den Figuren A_1, A_2, $D_{(m)}$ gibt es genau die zugehörigen Diagramme A_1^*, A_2^*, $D_{(m)}^*$, wie leicht zu sehen. Weiterhin sei

$n > 2$. Man überzeugt sich in allen weiteren Fällen leicht, daß es sich um unzerlegbare Vektorsysteme handelt und daß der Index in der Typenbezeichnung gleich der Dimension des von den betreffenden Vektoren aufgespannten Raumes ist.

Die Spiegelung an der Normalebene zu $\mathfrak{e}_i - \mathfrak{e}_k$ bewirkt in jedem Vektor bloß die Vertauschung der Koordinaten ξ_i und ξ_k. Bei der Spiegelung an der Normalebene zu $\mathfrak{e}_i + \mathfrak{e}_k$ wird nur ξ_i, ξ_k in $-\xi_k, -\xi_i$ umgeändert. Ferner geht bei der Spiegelung an der Normalebene zu $\mathfrak{e}_i$ einfach ξ_i in $-\xi_i$ über. Jetzt sieht man sofort, daß A_n^*, B_n^*, C_n^* wirklich Vektordiagramme darstellen. Die an Symmetrien reichen Systeme E_8^* und F_4^* geben sich fast ebenso schnell als Diagramme zu erkennen. Selbstverständlich übertragen sich die Diagrammeigenschaften auch auf die Untersysteme E_7^* und E_6^*. Die schwierigere Frage, ob G_n^* als Diagramm anzusprechen ist, werden wir erst später mit ja beantworten.

Denken wir uns für einen Augenblick in den einzelnen Vektorsystemen alle Vektoren auf die Länge 1 normiert. Dann sind in A_n^*, B_n^*, E_n^* alle inneren Vektorprodukte rationale Zahlen; und die Vektorprodukte in C_n^*, F_n^*, $[G_n^*]$ erzeugen den durch $\sqrt{2}$, $[\sqrt{5}]$ bestimmten Zahlkörper. Andererseits gehören zu den Figuren A_n, B_n, E_n quadratische Formen mit rationalen Koeffizienten; die Koeffizienten der quadratischen Formen zu C_n, F_n, $[G_n]$ erzeugen wieder den durch $\sqrt{2}$, $[\sqrt{5}]$ bestimmten Zahlkörper.

Die Diagramme A_n^*, B_n^*, E_n^*, die sich für festes n bereits durch die Anzahl ihrer Vektoren unterscheiden, bestimmen daher im Sinne der oben durchgeführten Untersuchung die Figuren A_n, B_n, E_n, aber wir wissen noch nicht, ob in dieser Reihenfolge. Die Diagramme C_n^*, F_n^*, die sich wieder durch ihre Vektorenanzahlen unterscheiden, bestimmen, abgesehen von der Reihenfolge, die Figuren C_n, F_n. Daß beidemal die Reihenfolge richtig angegeben wurde, zeigt die folgende Überlegung:

Es sei $\mathfrak{b}_1$ ein Vektor der Länge $\sqrt{2}$, ferner sei $\mathfrak{b}_i = \mathfrak{e}_{i-1} - \mathfrak{e}_i$ für $i = 2, \cdots, n$. Die Spiegelung an der Normalebene zu $\mathfrak{b}_i$ werde mit s_i bezeichnet. $\mathfrak{G}$ sei die von $s_1, \cdots, s_n$ erzeugte Gruppe. In den Fällen $\mathfrak{b}_1 = \mathfrak{e}_0 - \mathfrak{e}_1$, $\mathfrak{b}_1 = -\mathfrak{e}_1 - \mathfrak{e}_2$, $\mathfrak{b}_1 = -\sqrt{2}\,\mathfrak{e}_1$ gehört die quadratische Form $\frac{1}{2}(\sum \xi_i \mathfrak{b}_i)^2$ zur Figur A_n, B_n bzw. C_n. Andererseits führt die Gruppe $\mathfrak{G}$ die Vektoren $\mathfrak{b}_1, \cdots, \mathfrak{b}_n$ über in alle Diagrammvektoren von A_n^*, B_n^* bzw. C_n^* mit $\lambda = \sqrt{2}$. Damit ist bewiesen:

Die Diagramme $A_n^*, \cdots, F_n^*$ bestimmen im Sinne der früher durchgeführten Untersuchung die Figuren $A_n, \cdots, F_n$, und zwar genau in dieser Reihenfolge. Wenn schließlich G_4^* ein Diagramm ist, so ist natürlich auch G_3^* ein Diagramm, und G_n^* bestimmt die Figur G_n.

Jetzt gilt es nur noch zu zeigen, daß die Vektoren von G_4^* ein Diagramm bilden. Zu diesem Zweck bedienen wir uns des Schiefkörpers der Quaternionen mit der üblichen Basis 1, i_1, i_2, i_3 und den Regeln $i_\nu^2 = i_1 i_2 i_3 = -i_3 i_2 i_1 = -1$. Die Quaternionen fassen wir gleichzeitig als Vektoren auf:

$$x = \xi_0 + \xi_1 i_1 + \xi_2 i_2 + \xi_3 i_3 = (\xi_0, \xi_1, \xi_2, \xi_3).$$

$\frac{1}{2}(x\bar{y} + y\bar{x})$ ist dann das gewöhnliche innere Vektorprodukt von x und y. Es sei $a\bar{a} = 1$. Durch Spiegelung an der 3-dimensionalen Normalebene zu a geht x über in $x - (x\bar{a} + a\bar{x})a = -a\bar{x}a$. Nun enthält eine endliche Gruppe gerader Ordnung aus Quaternionen sicher das einzige Quaternion der Ordnung 2, nämlich -1. Für jedes Gruppenelement x gilt ferner $x\bar{x} = 1$. Daher sehen wir:

Eine endliche Quaternionengruppe gerader Ordnung ist zugleich ein Vektordiagramm. Eine solche Gruppe werden wir jetzt explizit angeben.

Die Spiegelungsgruppen A_3, G_3 haben die Ordnungen 24, 120, wie sich durch Anwendung von Satz 3 auf P_4, G_4 ergibt. Durch Anwendung von Satz 7 auf G_3 folgt weiter, daß die von τ_1, τ_2 erzeugte abstrakte Gruppe mit den definierenden Relationen

$$\tau_1^2 = (\tau_1 \tau_2)^3 = \tau_2^5 = 1$$

die Ordnung 60 hat. Die von den ersten drei in G_4^* angegebenen Quaternionen

$$i_1, \quad q = \left(\frac{1+\sqrt{5}}{4}, -\frac{1}{2}, \frac{1-\sqrt{5}}{4}, 0\right), \quad r = \left(\frac{1}{2}, \frac{1}{2}, \frac{1}{2}, \frac{1}{2}\right)$$

erzeugte Gruppe $\mathfrak{Q}$ hat höchstens die Ordnung 120 wegen

$$i_1^2 = (i_1 q)^3 = q^5 = -1, \qquad r = q^2 i_1 q^{-1}.$$

Wenn $x = (\xi_0, \xi_1, \xi_2, \xi_3)$ zu $\mathfrak{Q}$ gehört, so sind

$$r x r^{-1} = (\xi_0, \xi_3, \xi_1, \xi_2) \quad \text{und} \quad i_1 x = (-\xi_1, \xi_0, -\xi_3, \xi_2)$$

ebenfalls Elemente von $\mathfrak{Q}$. Speziell liegt mit i_1 auch i_2 und i_3 in $\mathfrak{Q}$. Durch Spiegelungen an den Normalebenen zu 1, i_ν folgt weiter, daß mit x auch

$$(\pm\xi_0, \pm\xi_1, \pm\xi_2, \pm\xi_3)$$

zu $\mathfrak{Q}$ gehören. Diese Überlegungen führen nun zu der Tatsache, daß die Gruppe bzw. das Vektordiagramm $\mathfrak{Q}$ aus den angegebenen 120 Vektoren von G_4^* besteht.

Hiermit ist Satz 9 vollständig bewiesen.

Anschließend soll jetzt noch die Ordnung für jede endliche unzerlegbare Spiegelungsgruppe bestimmt werden sowie die Ordnung ihres Zentrums. Zur Bezeichnung der einzelnen Spiegelungsgruppen verwenden wir dieselbe Typenbezeichnung wie für die zugehörigen Figuren.

Wendet man Satz 3 an auf P_{n+1}, Q_{n+1}, R_{n+1}, T_{n+1}, U_5, G_4, so kann man damit die Ordnungen von A_n, B_n, C_n, E_n, F_4 und G_3 der Reihe nach berechnen ($n > 2$). Aber diese Rechnung ist für großes n praktisch undurchführbar, ferner ist es auf diese Weise nicht möglich, die Ordnung von G_4 zu bestimmen. Mit Hilfe der Vektordiagramme jedoch lassen sich diese Ordnungen leichter ermitteln.

Eine endliche unzerlegbare Spiegelungsgruppe ist, als ihre eigene Darstellung betrachtet, nach Seite 300 irreduzibel. Das Zentrum der Gruppe besteht daher, einem bekannten algebraischen Satz zufolge, aus den in der Darstellung vorkommenden Skalarmatrizen ϱE. Da die Gruppe endlich ist, folgt $\varrho = \pm 1$. Das Zentrum enthält also außer der Identität höchstens noch die Zentralspiegelung.

Satz 10. *Die endlichen unzerlegbaren Spiegelungsgruppen haben nachstehende Ordnungen:*

Typ	A_n	B_n	C_n	$D_{(m)}$	E_6	E_7	E_8	F_4	G_3	G_4
Ordnung	$(n+1)!$	$2^{n-1}n!$	$2^n n!$	$2m$	$72.6!$	$8.9!$	$192.10!$	$2^7 3^2$	$5!$	$5!^2$

Die Gruppen A_n ($n \neq 1$), $B_{2\nu+1}$, $D_{(2\mu+1)}$ und E_6 haben kein Zentrum. Bei den übrigen Gruppen hat das Zentrum die Ordnung 2.

Beweis. Wir können jede endliche unzerlegbare Spiegelungsgruppe $\mathfrak{G}$ durch die Spiegelungen an den Normalebenen der Vektoren des zugehörigen Diagramms $\mathfrak{G}^*$ in Satz 9 erzeugt denken. Hiernach ist die Gruppe A_n gleich der symmetrischen Gruppe der $(n+1)!$ Koordinatenpermutationen. Die Gruppe C_n, $[B_n]$ wird von allen Koordinatenvertauschungen und von allen Vorzeichenänderungen [in gerader Anzahl] erzeugt; die Gruppenordnung ist also $2^n n!$, $[2^{n-1} n!]$. $D_{(m)}$ ist die Diedergruppe von der Ordnung $2m$. Für diese Gruppen kann über das Vorkommen der Zentralsymmetrie leicht direkt entschieden werden. Es sind jetzt nur noch die Typen E_n, F_n, G_n zu behandeln.

Die Untergruppe $\mathfrak{H}$ von $\mathfrak{G}$ bestehe aus allen Transformationen, welche einen bestimmten Vektor $\mathfrak{a}$ des Diagramms $\mathfrak{G}^*$ in Ruhe lassen. Der Index $(\mathfrak{G} : \mathfrak{H})$ ist gleich der aus Satz 9 bestimmbaren Anzahl aller mit $\mathfrak{a}$ bezüglich $\mathfrak{G}$ äquivalenten Diagrammvektoren von $\mathfrak{G}^*$. Aus dem

Inhalt von Satz 2 und 3 ergibt sich, daß $\mathfrak{H}$ eine Teilspiegelungsgruppe von $\mathfrak{G}$ ist. Das zu $\mathfrak{H}$ gehörige Vektordiagramm $\mathfrak{H}^*$ besteht aus allen auf $\mathfrak{a}$ senkrecht stehenden Vektoren von $\mathfrak{G}^*$. $\mathfrak{H}$ läßt sich ebenfalls in jedem einzelnen Fall an Hand von Satz 9 ermitteln:

$\mathfrak{G}$	E_6	E_7	E_8	F_4	G_3	G_4
$\mathfrak{H}$	B_5	B_6	E_7	C_3	$A_1 \times A_1$	G_3
$(\mathfrak{G}:\mathfrak{H})$	72	126	240	24	30	120

Aus dieser Tabelle läßt sich die Ordnung von $\mathfrak{G}$ sofort bestimmen. Wenn ferner $\mathfrak{H}$, $[\mathfrak{G}]$ die Zentralsymmetrie enthält, so ist ihr Produkt mit der Spiegelung an der Normalebene zu $\mathfrak{a}$ gleich der Zentralspiegelung von $\mathfrak{G}$, $[\mathfrak{H}]$. Die Tabelle gibt also auch eine schnelle Auskunft darüber, ob $\mathfrak{G}$ die Zentralsymmetrie enthält oder nicht.

Auf diese Art und Weise findet Satz 10 seine Bestätigung.

Wenn wir in Satz 9 alle Diagrammvektoren auf dieselbe Länge reduzieren und dann nach allen Transformationen fragen, welche das Diagramm in sich überführen, so erhalten wir eine Gruppe $\bar{\mathfrak{G}}$, welche jedenfalls die Gruppe $\mathfrak{G}$ enthält, aber welche nicht immer mit ihr zusammenfällt. Es ist nämlich der Index $(\bar{\mathfrak{G}}:\mathfrak{G})$ gleich der Anzahl der Symmetrien in der zugehörigen Figur, also

$$(20)\quad (\bar{\mathfrak{G}}:\mathfrak{G}) = \begin{cases} 1 \text{ für } A_1,\ C_n\,(n \neq 2),\ E_7,\ E_8,\ G_n; \\ 2 \ \text{„}\ A_n\,(n \neq 1),\ B_n\,(n \neq 4),\ C_2,\ D_{(m)},\ E_6,\ F_4; \\ 6 \ \text{„}\ B_4. \end{cases}$$

§ 6.

Nach Cartan *und* Weyl *besitzt jedes halbeinfache Liesche System über dem Koeffizientenbereich der komplexen Zahlen eine Basis $\mathfrak{H}$, $e_\mathfrak{a}$, für welche die Regeln*

$$(21)\qquad \mathfrak{H}\circ\mathfrak{H} = 0, \qquad \mathfrak{h}\circ e_\mathfrak{a} = \mathfrak{h}\mathfrak{a}\cdot e_\mathfrak{a}, \qquad e_{-\mathfrak{a}}\circ e_\mathfrak{a} = \mathfrak{a}$$

erfüllt sind. Hierin durchläuft $\mathfrak{a}$ die Vektoren eines reellen Vektordiagramms $\mathfrak{B}$. Diese $\mathfrak{a}$, die auch *Wurzeln* genannt werden, erzeugen, mit komplexen Zahlen linear kombiniert, den n-dimensionalen Vektorraum $\mathfrak{H}$. Es bedeutet $\mathfrak{h}\mathfrak{a}$ das gewöhnliche innere Vektorprodukt des Vektors $\mathfrak{h}$ aus $\mathfrak{H}$ mit der Wurzel $\mathfrak{a}$.

Wir leiten nun im einzelnen die Bedingungen her, welche erfüllt sein müssen, damit ein distributives System mit den Regeln (21) ein halbeinfaches Liesches System wird.

Über dem Körper der komplexen Zahlen als Koeffizientenbereich sei $\mathfrak{S}$ ein *distributives System*, in welchem das Produkt zweier Elemente mit $x \circ y$ bezeichnet sei, und in welchem stets die Regel $y \circ x = -x \circ y$ gilt. Es werde

$$[x, y, z] = x \circ (y \circ z) + y \circ (z \circ x) + z \circ (x \circ y)$$

gesetzt. Dieser Ausdruck ist alternierend in den drei Argumenten und linear in jedem Argument.

$\mathfrak{V}$ sei ein reelles Diagramm mit den Wurzeln $\mathfrak{a}, \mathfrak{b}, \cdots$, und $\mathfrak{H}$ der von allen Wurzeln mit komplexen Zahlen linear kombinierte Vektorraum. Wir machen die Annahme, daß $\mathfrak{S}$ eine Basis $\mathfrak{H}$, $e_\mathfrak{a}$ besitzt, für welche wieder die Regeln

$$(21) \qquad \mathfrak{H} \circ \mathfrak{H} = 0, \qquad \mathfrak{h} \circ e_\mathfrak{a} = \mathfrak{h}\mathfrak{a} \cdot e_\mathfrak{a}, \qquad e_{-\mathfrak{a}} \circ e_\mathfrak{a} = \mathfrak{a}$$

erfüllt sind. Es sei ferner stets $[\mathfrak{h}, e_\mathfrak{a}, e_\mathfrak{b}] = 0$. Aus dieser Voraussetzung folgt

$$(22) \qquad e_\mathfrak{a} \circ e_\mathfrak{b} = N_{\mathfrak{a},\mathfrak{b}} \cdot e_{\mathfrak{a}+\mathfrak{b}} \qquad (\mathfrak{a} + \mathfrak{b} \neq 0),$$

worin der Zahlfaktor $N_{\mathfrak{a},\mathfrak{b}}$ gleich Null zu setzen ist, wenn $\mathfrak{a} + \mathfrak{b}$ keine Wurzel ist. Es ist $N_{\mathfrak{b},\mathfrak{a}} = -N_{\mathfrak{a},\mathfrak{b}}$.

Satz 11 (Cartan). *Wenn das Vektordiagramm $\mathfrak{V}$ unzerlegbar ist, so ist das System $\mathfrak{S}$ einfach, d. h. $\mathfrak{S}$ enthält kein echtes Ideal.*

Beweis. Es sei $\mathfrak{T} \neq (0)$ ein Ideal in $\mathfrak{S}$. $t = \mathfrak{h} + \sum \tau_\mathfrak{a} e_\mathfrak{a} \neq 0$ sei ein solches Element von $\mathfrak{T}$, für welches die Anzahl der von Null verschiedenen $\tau_\mathfrak{a}$ möglichst klein ist. Wäre wirklich ein $\tau_\mathfrak{b} \neq 0$, so wäre $e_{-\mathfrak{b}} \circ (\mathfrak{b} \circ t) \neq 0$ ein Element aus $\mathfrak{T}$, für welches jene Anzahl noch niedriger als für t ausfallen würde. Daher ist $t = \mathfrak{h}$ und $\mathfrak{H}_1 = \mathfrak{T} \cap \mathfrak{H} \neq (0)$. Angenommen, es wäre $\mathfrak{H}_1 < \mathfrak{H}$. $\mathfrak{H}_2$ sei der zu $\mathfrak{H}_1$ senkrechte Teilraum in $\mathfrak{H}$. Es ist ebenfalls $(0) < \mathfrak{H}_2 < \mathfrak{H}$. Wegen der Unzerlegbarkeit des Diagramms $\mathfrak{V}$ gibt es eine Wurzel $\mathfrak{c}$, die weder in $\mathfrak{H}_1$ noch in $\mathfrak{H}_2$ liegt. Für einen passenden Vektor $\mathfrak{h}_1$ aus $\mathfrak{H}_1$ ist das innere Produkt $\mathfrak{c}\mathfrak{h}_1 = 1$. Nun würde $e_{-\mathfrak{c}} \circ (\mathfrak{h}_1 \circ e_\mathfrak{c}) = \mathfrak{c}$ zum Ideal $\mathfrak{T}$ gehören, aber nicht zu $\mathfrak{H}_1$, und das wäre ein Widerspruch. $\mathfrak{T}$ enthält also ganz $\mathfrak{H}$. Ferner enthält $\mathfrak{T}$ wegen $\mathfrak{a} \circ e_\mathfrak{a} = \mathfrak{a}^2 \cdot e_\mathfrak{a}$ sämtliche $e_\mathfrak{a}$. Infolgedessen ist $\mathfrak{T} = \mathfrak{S}$, w. z. b. w.

Man überzeugt sich jetzt leicht, daß auch folgender Satz gilt:

Satz 12. (Cartan). *Wenn das Vektordiagramm $\mathfrak{V}$ zerlegbar ist, so läßt sich, der Zerlegung des Diagramms $\mathfrak{V}$ entsprechend, das System $\mathfrak{S}$ in eine direkte Summe von einfachen Systemen zerlegen. Es gibt nur diese eine Zerlegung von $\mathfrak{S}$ in einfache Summanden.*

Man rechnet leicht nach, daß für das System $\mathfrak{S}$

$$[\mathfrak{H}, \mathfrak{S}, \mathfrak{S}] = 0 \quad \text{und} \quad [e_\mathfrak{a}, e_{-\mathfrak{a}}, e_\mathfrak{a}] = 0$$

von selbst erfüllt ist. Wir stellen jetzt noch weitere Forderungen an $\mathfrak{S}$:

Für $\mathfrak{a}+\mathfrak{b}+\mathfrak{c}=0$ sei $[e_\mathfrak{a}, e_\mathfrak{b}, e_\mathfrak{c}]=0$. Dies besagt:

$$N_{\mathfrak{a},\mathfrak{b}} = N_{\mathfrak{b},\mathfrak{c}} = N_{\mathfrak{c},\mathfrak{a}}.$$

Wenn wir also nach dem Vorschlag von WEYL für $N_{\mathfrak{a},\mathfrak{b}}$ auch $N_{\mathfrak{a},\mathfrak{b},\mathfrak{c}}$ $(\mathfrak{c}=-\mathfrak{a}-\mathfrak{b})$ schreiben, so ist

(23) $$N_{\mathfrak{a},\mathfrak{b},\mathfrak{c}} \text{ alternierend}$$

in den drei Indizes. Wir setzen ferner zur Abkürzung

(24) $$N_{\mathfrak{a},\mathfrak{b},\mathfrak{c}}\, N_{-\mathfrak{a},-\mathfrak{b},-\mathfrak{c}} = M_{\mathfrak{a},\mathfrak{b},\mathfrak{c}}.$$

Dies Produkt ist in $\mathfrak{a}, \mathfrak{b}, \mathfrak{c}$ symmetrisch und ändert sich nicht, wenn alle Indizes durch ihr Negatives ersetzt werden. Nach Bedarf schreiben wir auch einfach $M_{\mathfrak{a},\mathfrak{b}}$.

Für $\mathfrak{b} \neq \pm\mathfrak{a}$ fordern wir $[e_\mathfrak{a}, e_{-\mathfrak{a}}, e_\mathfrak{b}]=0$. Dies gibt

(25) $$M_{\mathfrak{a},\mathfrak{b}-\mathfrak{a}} - M_{\mathfrak{a},\mathfrak{b}} = \mathfrak{a}\mathfrak{b}.$$

Es sei

(26) $$\mathfrak{c}, \mathfrak{c}+\mathfrak{a}, \dots, \mathfrak{c}+r\mathfrak{a} \qquad (\mathfrak{c} \neq \pm\mathfrak{a})$$

eine Serie von Wurzeln, d. h. $\mathfrak{c}-\mathfrak{a}$ und $\mathfrak{c}+(r+1)\mathfrak{a}$ seien keine Wurzeln mehr. Die Summe der Gleichungen (25) für $\mathfrak{b}=\mathfrak{c}+\nu\mathfrak{a}$ über $0 \leqq \nu \leqq i$ gibt unter Beachtung von $M_{\mathfrak{a},\mathfrak{c}-\mathfrak{a}}=0$:

$$-M_{\mathfrak{a},\mathfrak{c}+i\mathfrak{a}} = (i+1)\mathfrak{a}\mathfrak{c} + \tfrac{1}{2} i(i+1)\mathfrak{a}^2 \qquad (0 \leqq i \leqq r).$$

$M_{\mathfrak{a},\mathfrak{c}+r\mathfrak{a}}$ ist Null, da der dritte Index keine Wurzel ist. Daher folgt für die Wurzelserie (26)

(27) $$2\mathfrak{a}\mathfrak{c} + r\mathfrak{a}^2 = 0,$$

(28) $$M_{\mathfrak{a},\mathfrak{c}+i\mathfrak{a}} = \tfrac{1}{2}(r-i)(i+1)\mathfrak{a}^2 > 0 \qquad (0 \leqq i < r).$$

Da jede von $\pm\mathfrak{a}$ verschiedene Wurzel $\mathfrak{b}$ einer der Wurzelserien (26) angehört, sind die Gleichungen (27) und (28) gleichwertig mit (25).

Fordern wir schließlich allgemein $[e_\mathfrak{a}, e_\mathfrak{b}, e_\mathfrak{c}]=0$, so besagt dies in den noch ausstehenden Fällen

(29) $$\begin{gathered} N_{\mathfrak{a},\mathfrak{b}}\, N_{\mathfrak{c},\mathfrak{d}} + N_{\mathfrak{b},\mathfrak{c}}\, N_{\mathfrak{a},\mathfrak{d}} + N_{\mathfrak{c},\mathfrak{a}}\, N_{\mathfrak{b},\mathfrak{d}} = 0, \\ (\mathfrak{a}+\mathfrak{b}+\mathfrak{c}+\mathfrak{d}=0,\quad \mathfrak{a}+\mathfrak{d}\neq 0,\quad \mathfrak{b}+\mathfrak{d}\neq 0,\quad \mathfrak{c}+\mathfrak{d}\neq 0). \end{gathered}$$

Zusammenfassend können wir sagen: *Das durch* (21) *und* (22) *definierte System* $\mathfrak{S}$ *ist dann und nur dann ein Liesches System, wenn* (23), (27), (28), (29) *stets erfüllt sind. In diesem Fall ist* $\mathfrak{S}$ *nach Satz 12 halbeinfach.*

Bei unserer Aufgabe, alle halbeinfachen Lieschen Systeme zu klassifizieren, dürfen wir uns wegen Satz 12 mit der *Aufzählung aller einfachen Lieschen Systeme* $\mathfrak{S}$ begnügen.

Zunächst behaupten wir, daß nur die in Satz 9 aufgezählten Diagramme in Betracht zu ziehen sind. Es sei nämlich Ω eine reelle orthogonale Transformation des Raumes $\mathfrak{H}$, und μ eine positive oder negative Zahl. Die Vektoren $\bar{\mathfrak{a}} = \mu^{-1}\,\Omega\,\mathfrak{a}$ bilden dann irgendein zu $\mathfrak{B}$ ähnliches Diagramm $\bar{\mathfrak{B}}$. Durch den Isomorphismus $\mathfrak{h} \to \mu\,\Omega\,\mathfrak{h}$, $e_{\mathfrak{a}} \to \mu\,E_{\bar{\mathfrak{a}}}$ geht das System $\mathfrak{S}$ über in ein System $\bar{\mathfrak{S}}$ mit den (21) entsprechenden Relationen

$$\mathfrak{H} \circ \mathfrak{H} = 0, \qquad \mathfrak{h} \circ E_{\bar{\mathfrak{a}}} = \mathfrak{h}\bar{\mathfrak{a}} \cdot E_{\bar{\mathfrak{a}}}, \qquad E_{-\bar{\mathfrak{a}}} \circ E_{\bar{\mathfrak{a}}} = \bar{\mathfrak{a}}.$$

Ähnliche Diagramme führen also zu isomorphen Systemen. —

Wir werden gleich sehen, daß nicht alle Diagramme von Satz 9 bei einfachen Lieschen Systemen auftreten können.

Die Gleichung (27) ist gleichwertig mit der Formulierung:

(27′) *Jede Serie* (26) *geht bei der Spiegelung an der Normalebene zur Wurzel* $\mathfrak{a}$ *als Ganzes in sich über.*

Hieraus folgt, daß für zwei Wurzeln $\mathfrak{a}$ und $\mathfrak{b}$

$$\text{(30)} \qquad \text{immer } \frac{2\,\mathfrak{a}\mathfrak{b}}{\mathfrak{a}^2} \text{ ganzrational}$$

ist. Es sei φ der von $\mathfrak{a}$ und $\mathfrak{b}$ eingeschlossene Winkel. Da

$$4\cos^2\varphi = \frac{2\,\mathfrak{a}\mathfrak{b}}{\mathfrak{a}^2} \cdot \frac{2\,\mathfrak{b}\mathfrak{a}}{\mathfrak{b}^2}$$

ganzrational ist, folgt

$$\pm\cos\varphi = 0,\ \frac{1}{2},\ \frac{1}{2}\sqrt{2},\ \frac{1}{2}\sqrt{3} \text{ oder } 1.$$

Ist $\mathfrak{a} = \pm\,\mathfrak{b}$, $\mathfrak{a}\mathfrak{b} > 0$ und $\mathfrak{a}^2 \geqq \mathfrak{b}^2$, so wird $\pm\,2\,\mathfrak{a}\mathfrak{b} = \mathfrak{a}^2$ und $\mathfrak{a}^2 : \mathfrak{b}^2 = 1, 2, 3$, entsprechend den Möglichkeiten von $\varphi = \frac{\pi}{3}, \frac{\pi}{4}, \frac{\pi}{6}$. Auf Grund dieser Überlegung ergibt sich, daß von den Diagrammen in Satz 9 *die Bedingung* (30) *genau bei folgenden Diagrammen erfüllt ist:*

(31)

Diagramm	A_n^*	B_n^*	C_n^*	C_n^*	$D_{(6)}^*$	F_4^*	E_6^*	E_7^*	E_8^*
mit		$n \geqq 4$	$\lambda = 1$, $n \geqq 3$	$\lambda = 2$, $n \geqq 2$	$\lambda = 3^{-\frac{1}{2}}$	$\lambda = 1$			
Liesche Ringe	$\mathfrak{L}_n$	$\mathfrak{O}_n$	$\mathfrak{O}_n'$	$\mathfrak{K}_n$	$\mathfrak{E}_2$	$\mathfrak{E}_4$	$\mathfrak{E}_6$	$\mathfrak{E}_7$	$\mathfrak{E}_8$
Rang	$n(n+2)$	$n(2n-1)$	$n(2n+1)$		14	52	78	133	248

Die für diese Diagramme *vielleicht* möglichen Typen einfacher Liescher Ringe bezeichnen wir in der angegebenen Weise. *Es ist unser Ziel, nachzuweisen, daß zu jedem Diagramm in* (31) *bis auf Isomorphie genau 1 einfacher Liescher Ring existiert.* Zu diesem Zweck beweisen wir gleichzeitig die folgenden drei Sätze.

Satz 13 (WEYL). *In einem einfachen Lieschen System können die $e_\mathfrak{a}$ so gewählt werden, daß stets $N_{-\mathfrak{a},-\mathfrak{b}} = N_{\mathfrak{a},\mathfrak{b}}$ gilt.*

Satz 14 (V. D. WAERDEN). *Zu jedem Diagramm gehört bis auf Isomorphie höchstens 1 Liesches System.*

Satz 15. *Zu jedem in* (31) *aufgeführten Diagramm existiert wirklich ein Liesches System, vorausgesetzt, daß die Existenz in den Fällen mit $n \leqq 4$ bereits gesichert ist.*

Beweise. Die von den Wurzeln eines vorgelegten Diagramms $\mathfrak{V}$ reell erzeugten Vektoren denken wir uns in irgendeinem festgewählten reellen Koordinatensystem geschrieben. $\mathfrak{x} > \mathfrak{y}$ bedeute, daß die erste von Null verschiedene Koordinate von $\mathfrak{x} - \mathfrak{y}$ positiv ist (lexikographische Anordnung). Durch $|\mathfrak{x}| = \pm \mathfrak{x} \geqq 0$ werde der „Betrag" für jeden Vektor $\mathfrak{x}$ definiert. Es sei $\mathfrak{S}$ ein zum Diagramm $\mathfrak{V}$ gehörendes distributives System mit

$$(21)\quad \mathfrak{H} \circ \mathfrak{H} = 0, \qquad \mathfrak{h} \circ e_\mathfrak{a} = -e_\mathfrak{a} \circ \mathfrak{h} = \mathfrak{h}\mathfrak{a} \cdot e_\mathfrak{a}, \qquad e_{-\mathfrak{a}} \circ e_\mathfrak{a} = \mathfrak{a},$$

$$(22)\quad e_\mathfrak{a} \circ e_\mathfrak{b} = N_{\mathfrak{a}\mathfrak{b}}\, e_{\mathfrak{a}+\mathfrak{b}},$$

$$(23)\quad N_{\mathfrak{a}\mathfrak{b}\mathfrak{c}} \text{ alternierend} \qquad (N_{\mathfrak{a}\mathfrak{b}\mathfrak{c}} = N_{\mathfrak{a}\mathfrak{b}},\ \mathfrak{c} = -\mathfrak{a} - \mathfrak{b}).$$

Die positive Wurzel $\mathfrak{r}$ werde auf alle möglichen Weisen als Summe zweier Wurzeln kleineren Betrages dargestellt:

$$\mathfrak{r} = \mathfrak{a}_i + \mathfrak{b}_i \qquad (0 < \mathfrak{a}_1 < \mathfrak{a}_2 < \cdots < \mathfrak{b}_2 < \mathfrak{b}_1 < \mathfrak{r}).$$

Es sei

$$\mathfrak{b}_i - \nu_i \mathfrak{a}_i,\ \cdots,\ \mathfrak{b}_i - \mathfrak{a}_i,\ \mathfrak{b}_i,\ \mathfrak{r},\ \cdots,\ \mathfrak{b}_i + \mu_i \mathfrak{a}_i,$$

die durch $\mathfrak{a}_i$, $\mathfrak{b}_i$ bestimmte Wurzelserie. Es ist $\mu_i > 0$.

Zur Abkürzung setzen wir, unter $\mathfrak{x}'$ immer $-\mathfrak{x}$ verstanden:

$$N_i = N_{\mathfrak{a}_i \mathfrak{b}_i \mathfrak{r}'} \quad \text{und} \quad N_{-i} = N_{\mathfrak{a}_i' \mathfrak{b}_i' \mathfrak{r}},$$

$$a_{ik} = \begin{cases} \frac{1}{2} \mu_i (\nu_i + 1)\, \mathfrak{a}_i^2 > 0 & \text{für } i = k, \\ N_{\mathfrak{a}_i \mathfrak{a}_k'} N_{\mathfrak{b}_i \mathfrak{b}_k'} - N_{\mathfrak{a}_i \mathfrak{b}_k'} N_{\mathfrak{b}_i \mathfrak{a}_k'} & \text{„ } i \neq k, \end{cases}$$

oder auch $N_i^\mathfrak{r}$, $N_{-i}^\mathfrak{r}$, $a_{ik}^\mathfrak{r}$, um die Abhängigkeit von $\mathfrak{r}$ anzudeuten.

Wir machen nun die Voraussetzung, daß für jede positive Wurzel $\mathfrak{r}$

$$(32)\quad N_i^\mathfrak{r} N_{-k}^\mathfrak{r} = a_{ik}^\mathfrak{r}$$

besteht. Aus (32) folgt offenbar

(33) $$a_{i1}^{\mathfrak{r}}\, a_{1k}^{\mathfrak{r}} = a_{11}^{\mathfrak{r}}\, a_{ik}^{\mathfrak{r}}.$$

Wenn $\mathfrak{S}$ ein Liescher Ring ist, so sind die Relationen (23) *und* (32) *von selbst erfüllt;* für $i = k$ folgt (32) aus (28), während sich (32) im Falle $i \neq k$ aus (29) ergibt mit $\mathfrak{a}_i\, \mathfrak{b}_i\, \mathfrak{a}_k'\, \mathfrak{b}_k'$ an Stelle $\mathfrak{a}\mathfrak{b}\mathfrak{c}\mathfrak{d}$.

Jeder positiven Wurzel $\mathfrak{r}$ werde willkürlich ein Vorzeichen $\delta_{\mathfrak{r}}$ zugeordnet. *Wir zeigen jetzt durch Induktion, daß bei geeigneter Basiswahl von $\mathfrak{S}$*

(34) $$N_i^{\mathfrak{r}} = N_{-i}^{\mathfrak{r}}, \qquad \delta_{\mathfrak{r}} N_1^{\mathfrak{r}} > 0$$

gilt, und daß hierdurch alle $N_i^{\mathfrak{r}}$ numerisch festgelegt sind ($\mathfrak{r}$, i beliebig). Dies treffe bereits zu für alle positiven Wurzeln $\mathfrak{p}, \mathfrak{q}, \cdots$ unterhalb der festen Wurzel $\mathfrak{r}$. Da auch $|\mathfrak{q} - \mathfrak{p}| < \mathfrak{r}$, ist $N_{\mathfrak{p}\mathfrak{q}'} = N_{\mathfrak{p}, \mathfrak{q}', \mathfrak{q}-\mathfrak{p}}$ numerisch festgelegt. $a_{ik}^{\mathfrak{r}}$ darf also als bekannte Größe angesehen werden.. Aus der Induktionsvoraussetzung $N_{\mathfrak{p}\mathfrak{q}'} = N_{\mathfrak{p}'\mathfrak{q}}$ ergibt sich weiter $a_{ik}^{\mathfrak{r}} = a_{ki}^{\mathfrak{r}}$.

Nun werde $e_{\varepsilon\mathfrak{r}}$ durch $\mu^{\varepsilon}\, e_{\varepsilon\mathfrak{r}}$ ersetzt ($\varepsilon = \pm 1$, $\mu \neq 0$), während die übrigen $e_{\mathfrak{a}}$ beibehalten werden. Damit die Regeln (21), (22) gültig bleiben, müssen nur die N abgeändert werden, z. B. ist $N_{\varepsilon i}^{\mathfrak{r}}$ durch die mit $\mu^{-\varepsilon}$ multiplizierte Zahl zu ersetzen. Jedoch bleibt $N_{\varepsilon i}^{\mathfrak{p}}$ ungeändert, infolgedessen auch $a_{ik}^{\mathfrak{r}}$. Die Gleichungen (23), (32) gelten nach wie vor. Wegen $N_1^{\mathfrak{r}}\, N_{-1}^{\mathfrak{r}} = a_{11}^{\mathfrak{r}} > 0$ kann μ so bestimmt werden, daß

$$N_1^{\mathfrak{r}} = N_{-1}^{\mathfrak{r}} = \delta_{\mathfrak{r}} \sqrt{a_{11}^{\mathfrak{r}}}$$

wird. Es folgt

$$N_i^{\mathfrak{r}}\, N_{-1}^{\mathfrak{r}} = a_{i1}^{\mathfrak{r}} = a_{1i}^{\mathfrak{r}} = N_1^{\mathfrak{r}}\, N_{-i}^{\mathfrak{r}},$$

(35) $$N_i^{\mathfrak{r}} = N_{-i}^{\mathfrak{r}} = \delta_{\mathfrak{r}}\, a_{i1}^{\mathfrak{r}} : \sqrt{a_{11}^{\mathfrak{r}}}.$$

Hiermit ist der Induktionsbeweis beendet, und es ergeben sich die Sätze 13 und 14.

Zum Beweis von Satz 15 gehen wir aus von einem Diagramm $\mathfrak{B}$ von solcher Beschaffenheit, daß für zwei Wurzeln $\mathfrak{a}$ und $\mathfrak{b}$

(30) $$\text{immer } \frac{2\,\mathfrak{a}\mathfrak{b}}{\mathfrak{a}^2} \text{ ganzrational}$$

ist, und versuchen zunächst, durch Auflösung der Gleichungen

(36) $$\begin{cases} N_i^{\mathfrak{r}}\, N_k^{\mathfrak{r}} = a_{ik}^{\mathfrak{r}}, \\ N_i^{\mathfrak{r}} = N_{-i}^{\mathfrak{r}} \end{cases} \qquad (N_{\mathfrak{a}\mathfrak{b}\mathfrak{c}} \text{ alternierend})$$

ein distributives System $\mathfrak{S}$ mit den Regeln (21) und (22) zu konstruieren. *Die Lösbarkeit von* (36) *beweisen wir unter der in Satz 15 ausgesprochenen*

Voraussetzung durch Induktion. Es sei $N_i^{\mathfrak{p}}$ für alle positiven Wurzeln $\mathfrak{p}$ unterhalb der Wurzel $\mathfrak{r}$ irgendeine Lösung des betreffenden Teiles der Gleichungen (36). Wie vorhin folgt, daß damit $a_{ik}^{\mathfrak{r}} = a_{ki}^{\mathfrak{r}}$ festgelegt ist.

Es sei nun vorläufig i, k fest. Diejenigen Wurzeln, welche linear von $\mathfrak{r}, \mathfrak{a}_1, \mathfrak{a}_i, \mathfrak{a}_k$ abhängen, bilden ein höchstens vierdimensionales Diagramm $\mathfrak{B}_4$ mit der Eigenschaft (30). Nach der Voraussetzung von Satz 15 gibt es zu $\mathfrak{B}_4$ einen Lieschen Ring $\mathfrak{S}_4$, auch dann, wenn $\mathfrak{B}_4$ ein zerlegbares Diagramm ist. Nach den Überlegungen, die zu den Sätzen 13 und 14 führten, angewandt auf $\mathfrak{S}_4$, dürfen wir die bereits bestimmten $N_{\mathfrak{a}\mathfrak{b}\mathfrak{c}}$, soweit $\mathfrak{a}, \mathfrak{b}, \mathfrak{c}$ zu $\mathfrak{B}_4$ gehören, als Multiplikationskonstanten von $\mathfrak{S}_4$ ansehen. Aus den innerhalb $\mathfrak{B}_4$ bestehenden Zerlegungen

$$\mathfrak{r} = \mathfrak{a}_1 + \mathfrak{b}_1 = \mathfrak{a}_i + \mathfrak{b}_i = \mathfrak{a}_k + \mathfrak{b}_k$$

folgt daher

$$a_{i1}^{\mathfrak{r}}\, a_{1k}^{\mathfrak{r}} = a_{11}^{\mathfrak{r}}\, a_{ik}^{\mathfrak{r}}. \tag{33}$$

Diese Gleichung gilt für beliebige i, k. Setzen wir

$$N_i^{\mathfrak{r}} = a_{i1}^{\mathfrak{r}} : \sqrt{a_{11}^{\mathfrak{r}}},$$

so ist infolge (33)

$$N_i^{\mathfrak{r}}\, N_k^{\mathfrak{r}} = a_{ik}^{\mathfrak{r}},$$

und das ist die Induktionsbehauptung. Zum vorgelegten Diagramm $\mathfrak{B}$ gibt es also tatsächlich ein distributives System $\mathfrak{S}$, für welches (36) erfüllt ist.

Wir zeigen jetzt, daß $\mathfrak{S}$ ein Liesches System ist. Es seien $\mathfrak{a}, \mathfrak{b}, \mathfrak{c}$ irgendwelche Wurzeln. Diejenigen Wurzeln, welche linear von $\mathfrak{a}, \mathfrak{b}, \mathfrak{c}$ abhängen, bilden ein höchstens dreidimensionales Diagramm $\mathfrak{B}_3$ mit der Eigenschaft (30). Das durch $\mathfrak{B}_3$ bestimmte System $\mathfrak{S}_3$ ist bis auf Isomorphie allein durch $\mathfrak{B}_3$ und (36) eindeutig bestimmt, ist also nach der Voraussetzung in Satz 15 ein Liesches System. Daher gilt

$$[e_{\mathfrak{a}}, e_{\mathfrak{b}}, e_{\mathfrak{c}}] = 0, \qquad [\mathfrak{a}, e_{\mathfrak{b}}, e_{\mathfrak{c}}] = 0, \qquad [\mathfrak{a}, \mathfrak{b}, e_{\mathfrak{c}}] = 0,$$

und zwar für beliebige Wurzeln $\mathfrak{a}, \mathfrak{b}, \mathfrak{c}$.

Damit ist endlich auch Satz 15 bewiesen.

§ 7.

Wir beweisen im folgenden der Reihe nach die Existenz der einfachen Lieschen Ringe[1])

$$\mathbf{L}_n,\ \mathbf{K}_n,\ \mathbf{O}_n',\ \mathbf{O}_n,\ \mathbf{E}_2,\ \mathbf{E}_4 \qquad \text{(Vgl. (31))}.$$

Die Existenz von $\mathbf{E}_6$, $\mathbf{E}_7$, $\mathbf{E}_8$ ist dann eine Folge von Satz 15.

[1]) Die Beweise für die Typen $\mathbf{L}_n$, $\mathbf{K}_n$, $\mathbf{O}_n'$, $\mathbf{O}_n$, $\mathbf{E}_2$ sind längst bekannt und werden hier nur der Vollständigkeit halber angegeben.

Typ L_n. Die Gesamtheit der Matrizen

$$X = (a_{ik}) \quad \text{mit} \quad \mathrm{Sp}\, X = 0 \qquad (i, k = 0, 1, \cdots, n)$$

bilden bei Kommutatorbildung $X \circ Y = XY - YX$ einen Lieschen Ring $\mathfrak{S}$. Um auf die Normalform (21) zu kommen, fassen wir die Diagonalmatrizen mit den Koeffizienten η_i als Vektoren

$$\mathfrak{h} = (\eta_0, \eta_1, \cdots, \eta_n) \qquad (\sum \eta_i = 0)$$

auf. Es ist

$$\mathfrak{h} \circ X = ((\eta_i - \eta_k)\, a_{ik}).$$

$e_\mathfrak{a}$ sei für $\mathfrak{a} = \mathfrak{e}_i - \mathfrak{e}_k$ diejenige Matrix, welche im Schnittpunkt der i-ten Zeile und k-ten Spalte den Koefffzienten 1 hat, sonst aber lauter Nullen enthält ($i \neq k$). Man bestätigt leicht

$$\mathfrak{H} \circ \mathfrak{H} = 0, \qquad \mathfrak{h} \circ e_\mathfrak{a} = \mathfrak{h}\mathfrak{a} \cdot e_\mathfrak{a}, \qquad e_{-\mathfrak{a}} \circ e_\mathfrak{a} = \mu_\mathfrak{a} \cdot \mathfrak{a} \qquad (\mu_\mathfrak{a} = \mu_{-\mathfrak{a}} \neq 0).$$

Wird hier jedes $e_\mathfrak{a}$ durch $\sqrt{\mu_\mathfrak{a}} \cdot e_\mathfrak{a}$ ersetzt, so verwandeln sich alle $\mu_\mathfrak{a}$ in 1. Damit ist $\mathfrak{S}$ in die zum Diagramm A_n^* gehörige Normalform (21) gebracht. Nach Satz 11 ist $\mathfrak{S}$ einfach. Wegen Satz 14 ist $\mathfrak{S}$ der einzige zu A_n^* gehörige Liesche Ring. $\mathfrak{S}$ werde als Infinitesimalring zur Gruppe aller *linearen* Transformationen (mit Determinante 1) mit L_n bezeichnet.

In jedem der Fälle K_n, O'_n, O_n ist J eine feste Matrix. Die Gesamtheit der Matrizen

$$X \quad \text{mit} \quad JXJ^{-1} = -X' \qquad (|J| \neq 0)$$

bilden bei Kommutatorbildung einen Lieschen Ring $\mathfrak{S}$. (Wird übrigens J durch $P'JP$ ersetzt, so entsteht ein isomorpher Liescher Ring aus den Matrizen $P^{-1}XP$.) Im folgenden fassen wir die Diagonalmatrizen mit den Koeffizienten (0), η_i, $-\eta_i$ als Vektoren

$$\mathfrak{h} = (\eta_1, \cdots, \eta_n)$$

auf. E bezeichne die n-reihige Einheitsmatrix. Aus der Gestalt der unten angegebenen Matrix $\mathfrak{h} \circ X$ ergibt sich sofort, welches Diagramm auftritt, und für welche Matrizen $e_\mathfrak{a}$ die Regeln $\mathfrak{h} \circ e_\mathfrak{a} = \mathfrak{h}\mathfrak{a} \cdot e_\mathfrak{a}$ erfüllt sind. Eine leichte Rechnung ergibt in jedem Fall $e_{-\mathfrak{a}} \circ e_\mathfrak{a} = \mu_\mathfrak{a} \cdot \mathfrak{a}$ mit $\mu_\mathfrak{a} = \mu_{-\mathfrak{a}} \neq 0$. Wie im Falle L_n kann $\mu_\mathfrak{a} = 1$ normiert werden. Wenn das Diagramm unzerlegbar ist, so ist der Ring $\mathfrak{S}$ nach Satz 11 einfach.

Typ K_n. (Infinitesimalring der *Komplexgruppe*.)

$$J = \left[\begin{array}{c|c} 0 & E \\ \hline -E & 0 \end{array}\right], \quad X = \left[\begin{array}{c|c} a_{ik} & b_{ik} \\ \hline c_{ik} & d_{ik} \end{array}\right], \quad \mathfrak{h} \circ X = \left[\begin{array}{c|c} (\eta_i - \eta_k)\, a_{ik} & (\eta_i + \eta_k)\, b_{ik} \\ \hline (-\eta_i - \eta_k)\, c_{ik} & (-\eta_i + \eta_k)\, d_{ik} \end{array}\right],$$

wobei $a_{ik} + d_{ki} = 0$; b_{ik} und c_{ik} symmetrisch $(i, k = 1, \cdots, n)$.

Typ O_n'. (Infinitesimalring der *Orthogonalgruppe*.)

$$J = \left[\begin{array}{c|c|c} 1 & 0 & 0 \\ \hline 0 & 0 & E \\ \hline 0 & E & 0 \end{array}\right], \qquad X = \left[\begin{array}{c|c|c} 0 & p_i & q_i \\ \hline -q_i & a_{ik} & b_{ik} \\ \hline -p_i & c_{ik} & d_{ik} \end{array}\right],$$

$$\mathfrak{h} \circ X = \left[\begin{array}{c|c|c} 0 & -\eta_i p_i & \eta_i q_i \\ \hline -\eta_i q_i & (\eta_i - \eta_k)\, a_{ik} & (\eta_i + \eta_k)\, b_{ik} \\ \hline \eta_i p_i & (-\eta_i - \eta_k)\, c_{ik} & (-\eta_i + \eta_k)\, d_{ik} \end{array}\right],$$

wobei $a_{ik} + d_{ki} = 0$; b_{ik} und c_{ik} schiefsymmetrisch $(i, k = 1, \cdots, n)$.

Typ O_n entsteht aus O_n' durch Fortlassen des Matrizenrandes von der Breite 1 $(n \geqq 2)$.

Anmerkung: Aus den Diagrammen ergeben sich die folgenden Isomorphien:

$$\mathsf{O}_1' \cong \mathsf{K}_1 \cong \mathsf{L}_1, \qquad \mathsf{O}_2 \cong \mathsf{L}_1 + \mathsf{L}_1, \qquad \mathsf{O}_2' \cong \mathsf{K}_2, \qquad \mathsf{O}_3 \cong \mathsf{L}_3.$$

Typ E_2. Wurzeln des Diagramms in ganzrationalen Koordinaten:

$$(\xi_1, \xi_2, \xi_3) \quad \text{mit} \quad \sum \xi_i = 0 \quad \text{und} \quad \sum \xi_i^2 = 2 \text{ oder } 6.$$

Die positiven Wurzel sind lexikographisch der Größe nach:

$$\mathfrak{a} = (0, 1, -1), \quad \mathfrak{b} = (1, -2, 1), \quad \mathfrak{c} = (1, -1, 0), \quad \mathfrak{d} = (1, 0, -1),$$
$$\mathfrak{e} = (1, 1, -2), \quad \mathfrak{f} = (2, -1, -1).$$

Es kommen nur folgende Zerlegungen positiver Wurzeln in 2 oder 3 positive Wurzeln vor:

$\mathfrak{c} = \mathfrak{a} + \mathfrak{b}$; $\mathfrak{d} = \mathfrak{a} + \mathfrak{c}$; $\mathfrak{e} = \mathfrak{a} + \mathfrak{d}$; $\mathfrak{f} = \mathfrak{b} + \mathfrak{e} = \mathfrak{c} + \mathfrak{d} = \mathfrak{a} + \mathfrak{b} + \mathfrak{d}$.

Wir setzen

$$N_{\mathfrak{a}\mathfrak{b}} = N_{\mathfrak{a}\mathfrak{d}} = N_{\mathfrak{b}\mathfrak{e}} = N_{\mathfrak{b}\mathfrak{c}} = \sqrt{3}, \; N_{\mathfrak{a}\mathfrak{c}} = 2; \qquad N_{-\mathfrak{x}, -\mathfrak{y}} = N_{\mathfrak{x}, \mathfrak{y}}.$$

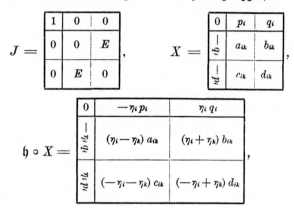

Durch (21), (22), (23) wird dann ein distributives System $\mathfrak{S}$ erklärt. An Hand einer Zeichnung des zweidimensionalen Diagramms stellt man eicht alle Wurzelserien fest und bestätigt sofort (27′) und (28). Die Gleichung (29) ist invariant bei sämtlichen Indexpermutationen und bei Multiplikation aller Wurzeln mit —1. Daher braucht (29) nur für die Quadrupeln

$$\mathfrak{b}, \mathfrak{e}, -\mathfrak{c}, -\mathfrak{d} \quad \text{und} \quad \mathfrak{a}, \mathfrak{b}, \mathfrak{d}, -\mathfrak{f}$$

nachgeprüft zu werden. Auf diesem Wege ergibt sich, daß $\mathfrak{S}$ ein Liesches System ist.

Typ $\mathbf{E}_4$ könnte man im Prinzip auf dieselbe Weise wie Typ $\mathbf{E}_2$ behandeln, dazu hätte man jedoch in äußerst langwieriger Rechnung 240 Gleichungen (29) für 68 Größen $N_{\mathfrak{abc}}$ aufzustellen und zu lösen. Wir schlagen daher zum Nachweis der Existenz von $\mathbf{E}_4$ einen anderen Weg ein. Allerdings machen wir dabei von einigen (elementar beweisbaren) algebraischen Hilfsmitteln Gebrauch. Zuerst gewinnen wir, mit Hilfe des *Cliffordschen Zahlsystems*, zum einfachen Lieschen Ring $\mathbf{O}_n'$ aller schiefsymmetrischen $2n+1$-reihigen Matrizen eine reelle absolut irreduzible Darstellung vom Grad 2^n ($n \equiv 0, 3 \bmod 4$). Anschließend verwenden wir diese Darstellung zur Konstruktion eines einfachen Lieschen Ringes vom Typ $\mathbf{E}_4$. Ein entsprechendes Verfahren führt übrigens unabhängig von Satz 15 von neuem zur Existenz von $\mathbf{E}_8$ (mit den Unterringen $\mathbf{E}_7$ und $\mathbf{E}_6$).

1. Über einem gegebenen Grundkörper (Charakteristik $\neq 2$) bezeichnet man mit (a, b) die verallgemeinerte Quaternionenalgebra mit der Basis $1, v, w, vw$ und den Regeln $v^2 = a$, $w^2 = b$, $wv = -vw$ ($a, b \neq 0$). Im Sinne der Algebrenähnlichkeit (d. h. abgesehen von direkten Faktoren, welche einem vollständigen Matrizenring isomorph sind) gelten die Regeln:

$$(a, b)(a, c) \sim (a, bc); \qquad (a, b) \sim (b, a); \qquad (a, -a) \sim 1.$$

$\mathfrak{C}_n$ sei das von Clifford eingeführte assoziative hyperkomplexe Zahlsystem vom Rang 4^n mit der Basis

$$u_1^{k_1} u_2^{k_2} \cdots u_{2n}^{k_{2n}} \qquad (k_\nu = 0, 1)$$

und den Regeln

$$(37) \quad u_\mu^2 = \varepsilon, \quad u_\nu u_\mu = -u_\mu u_\nu \quad (\varepsilon = \pm 1;\ \mu \neq \nu;\ \mu, \nu = 1, \cdots, 2n).$$

In $\mathfrak{C}_n$ läßt sich leicht von jedem Element die reguläre Spur bestimmen. Es ist $\mathrm{Sp}\, 1 = 4^n$, für alle übrigen Basiselemente von $\mathfrak{C}_n$ ist die Spur $= 0$.

Hilfssatz. *Es ist* $\mathfrak{C}_n \sim \left(-1, \varepsilon^n (-1)^{\frac{n(n-1)}{2}}\right)$.

Beweis. $\mathfrak{C}_n$ wird von den Größen $u_1, \cdots, u_{2n}$ erzeugt. Wir setzen

$$v = u_{2n-1} u_{2n}, \qquad w = (u_1 u_2)(u_3 u_4) \cdots (u_{2n-3} u_{2n-2})(u_{2n-1}).$$

Es ist $v^2 = -1$. Um w^2 zu berechnen, beachten wir, daß die einzelnen Klammern, aus denen w zusammengesetzt ist, untereinander vertauschbar sind. So folgt $w^2 = \varepsilon(-1)^{n-1}$, ferner gilt $wv = -vw$. v und w erzeugen also ein System $(-1, \varepsilon(-1)^{n-1})$ vom Rang 4. Die mit v und w vertauschbaren Größen $u_1, \cdots, u_{2n-2}$ erzeugen ein anderes Untersystem $\mathfrak{C}_{n-1}$ vom Rang 4^{n-1}. Beide Systeme erzeugen zusammen $\mathfrak{C}_n$. Mithin ist $\mathfrak{C}_n \cong \mathfrak{C}_{n-1} \times (-1, \varepsilon(-1)^{n-1})$. Aus dieser Rekursionsformel folgt der Hilfssatz auf Grund der Algebrenregeln.

Es sei

$$\varepsilon = (-1)^n, \qquad u_0 = u_1 u_2 \cdots u_{2n}.$$

Dann gelten die Regeln (37) auch noch für $\mu = 0$. Eine kleine Rechnung zeigt, daß bezüglich der Kommutatorbildung $x \circ y = xy - yx$ folgender Isomorphismus besteht:

$$\text{(38)} \qquad \frac{\iota}{2}\sum_{\mu} \sigma_\mu u_\mu + \frac{\varepsilon}{4}\sum_{\mu\nu} \sigma_{\mu\nu} u_\mu u_\nu \longleftrightarrow \left(\begin{array}{c|c} 0 & \sigma_\mu \\ \hline -\sigma_\mu & \sigma_{\mu\nu} \end{array}\right),$$

wobei $\iota^2 = -\varepsilon, \quad \sigma_{\mu\nu} = -\sigma_{\nu\mu}, \qquad (\mu, \nu = 0, 1, \cdots, 2n)$.

Weiterhin sei $n \equiv 0,\ 3 \bmod 4$. Dann ist dem Hilfssatz zufolge $\mathfrak{C}_n$ isomorph zum Ring aller 2^n-reihigen Matrizen mit Koeffizienten aus dem Grundkörper. Der Grundkörper bestehe jetzt aus den reellen Zahlen. Da die u_μ eine endliche Gruppe erzeugen, können wir durch Transformation erreichen, daß die den u_μ entsprechenden Matrizen Ω_μ orthogonal sind. (Eine feinere Untersuchung zeigt sogar, daß die Ω_μ auf monomiale Gestalt gebracht werden können). Die Matrizen $\Omega_\mu \Omega_\nu$ $(\mu < \nu;\ \mu, \nu = 0, 1, \cdots, 2n)$ seien in irgendeiner Reihenfolge mit D_i bezeichnet. Gemäß (38) mit $\sigma_\mu = 0$ wird durch die Matrizen D_i eine reelle Darstellung $\mathfrak{D}$ des einfachen Lieschen Ringes $\mathfrak{A}$ aller $2n+1$-reihigen schiefsymmetrischen Matrizen (Typ $\mathbf{O}_n'$ mit $J = E$) gegeben. Aus $D_i D_i' = E$, $D_i^2 = -E$ folgt $D_i' = -D_i$, d. h. die Darstellung $\mathfrak{D}$ ist selbst wieder schiefsymmetrisch. Da sich die Erzeugenden Ω_μ des Matrizenringes als Produkte der D_i ausdrücken lassen, ist die Darstellung $\mathfrak{D}$ irreduzibel (auch beim Übergang zum komplexen Grundkörper).

Der Rang des Lieschen Ringes $\mathfrak{A}$ ist $r = \binom{2n+1}{2}$,

der Grad der Darstellung $\mathfrak{D}$ ist $\qquad f = 2^n$.

Um später Satz 17 auswerten zu können, berechnen wir jetzt noch einige Spuren. Wird das Element x aus $\mathfrak{C}_n$ durch die Matrix X dargestellt, so ist $\operatorname{Sp} x = f \cdot \operatorname{Sp} X$. Es folgt

$$\text{(39)} \qquad \operatorname{Sp} D_i D_k = -f\,\delta_{ik} \qquad (\delta_{ii} = 1, \text{ sonst } \delta_{ik} = 0).$$

Es gibt genau $4n-2$ Transpositionen $(\mu\nu)$, welche mit einer festen Transposition genau eine Ziffer gemeinsam haben $(\mu, \nu = 0, 1, \cdots, 2n)$. Ebenso groß ist bei festem D_k die Anzahl der D_i mit $D_k D_i = -D_i D_k$. Hiernach folgt leicht

$$\text{Sp} \sum_{ik} (D_i D_k)^2 = fr(r-8n+4). \tag{40}$$

Für $n \equiv 3 \mod 4$ geben die Matrizen $\Omega_\mu, \Omega_\mu \Omega_\nu$ $(\mu < \nu)$, welche wieder mit D_i bezeichnet werden sollen, gemäß (38) eine Darstellung $\mathfrak{D}$ des einfachen Lieschen Ringes $\mathfrak{A}$ aller $2n+2$-reihigen schiefsymmetrischen Matrizen (Typ $\mathbf{O}_{n+1}$). Der Rang von $\mathfrak{A}$ ist $r = \binom{2n+2}{2}$, der Grad der reellen schiefsymmetrischen irreduziblen Darstellung $\mathfrak{D}$ ist wieder $f = 2^n$. Auch hier gilt (39), dagegen wird

$$\text{Sp} \sum_{ik} (D_i D_k)^2 = fr(r-8n). \tag{41}$$

2. Über dem Grundkörper der komplexen Zahlen werde durch die Regeln

$$\begin{cases} a_i \circ a_k = \sum_l \overset{l}{c}_{ik} a_l, \\ b_\alpha \circ a_i = -a_i \circ b_\alpha = \sum_\beta \overset{i}{d}_{\alpha\beta} b_\beta, \\ b_\alpha \circ b_\beta = \sum_i \overset{i}{d}_{\alpha\beta} a_i \end{cases} \tag{42}$$

ein distributives System $\mathfrak{S}$ vom Rang $r+f$ mit der Basis

$$a_1, \cdots, a_r, \qquad b_1, \cdots, b_f$$

erklärt. Hierbei machen wir folgende Voraussetzungen:

$(a_1, \cdots, a_r) = \mathfrak{A}$ sei ein einfacher Liescher Ring mit der irreduziblen Darstellung $a_i \to D_i = (\overset{i}{d}_{\alpha\beta})$. Es ist also $(b_1, \cdots, b_f) = \mathfrak{B}$ ein irreduzibler $\mathfrak{A}$-Darstellungsmodul. Die Darstellung $\mathfrak{D}$ sei weder die Nulldarstellung, noch äquivalent der regulären Darstellung von $\mathfrak{A}$. Die Matrizen D_i seien reell und schiefsymmetrisch, und es gelte $\text{Sp}\, D_i D_k = -f \cdot \delta_{ik}$.

Satz 16. *$\mathfrak{S}$ ist ein einfaches System.*

Beweis. $\mathfrak{A}$ und $\mathfrak{B}$ sind sicher keine Ideale. $\mathfrak{T}$ sei ein Ideal von $\mathfrak{S}$. Eine direkte Summe von nicht isomorphen irreduziblen $\mathfrak{A}$-Moduln enthält ganz allgemein als $\mathfrak{A}$-Untermoduln nur die Teilsummen. Auf $\mathfrak{S} = \mathfrak{A} + \mathfrak{B}$ angewandt, folgt $\mathfrak{T} = (0)$ oder $\mathfrak{T} = \mathfrak{S}$, w. z. b. w.

Es ist $\overset{l}{c}_{ik} = \overset{l}{c}_{ki}$, weil $\mathfrak{A}$ ein Liescher Ring ist. Aus

$$\begin{aligned} 0 &= \text{Sp}\,[D_i \circ (D_k D_l)] = \text{Sp}\,(D_i \circ D_k) D_l + \text{Sp}\, D_k (D_i \circ D_l) \\ &= \text{Sp} \sum_m c^m_{ik} D_m D_l + \text{Sp} \sum_m c^m_{il} D_k D_m = -f c^l_{ik} - f c^k_{il} \end{aligned}$$

folgt weiter $c^l_{ik} = c^k_{il}$. Daher ist c^l_{ik} *alternierend in i, k, l.*

Unter welchen Umständen ist $\mathfrak{S}$ ein Liescher Ring? Es ist immer $x \circ y = -y \circ x$, ferner ist

$$[a_i, a_k, a_l] = 0, \text{ weil } \mathfrak{A} \text{ ein Liescher Ring ist;}$$
$$[a_i, a_k, b_\alpha] = 0, \text{ weil } \mathfrak{B} \text{ ein Darstellungsmodul ist;}$$
$$[a_i, b_\alpha, b_\beta] = 0, \text{ wie leicht nachzurechnen;}$$
$$[b_\alpha, b_\beta, b_\gamma] = \sum_\delta p_{\alpha\beta\gamma\delta}\, b_\delta, \text{ wobei}$$
$$p_{\alpha\beta\gamma\delta} = \sum_i (d^i_{\alpha\beta}\, d^i_{\gamma\delta} + d^i_{\beta\gamma}\, d^i_{\alpha\delta} + d^i_{\gamma\alpha}\, d^i_{\beta\delta})$$

in den Indizes alternierend ist. Es ist nun

$$\tfrac{1}{3} \sum_{\alpha\beta\gamma\delta} p^2_{\alpha\beta\gamma\delta} = \sum_{\alpha\beta\gamma\delta} p_{\alpha\beta\gamma\delta} \sum_k d^k_{\alpha\beta}\, d^k_{\gamma\delta} = \sum_{ik} (\mathrm{Sp}\, D_i D_k)^2 - 2 \sum_{ik} \mathrm{Sp}\, (D_i D_k)^2,$$

und hieraus folgt

Satz 17. *$\mathfrak{S}$ ist dann und nur dann ein Liesches System, wenn*

$$\mathrm{Sp} \sum_{ik} (D_i D_k)^2 = \tfrac{1}{2} f^2 r.$$

Nehmen wir für $\mathfrak{A}$ den 36-gliedrigen Lieschen Ring $\mathbf{O}'_4$ und für $\mathfrak{D}$ die vorhin angegebene 2^4-reihige Darstellung mit (40), so wird $\mathfrak{S}$ ein 52-gliedriger einfacher Liescher Ring. Als solcher ist $\mathfrak{S}$ notwendigerweise vom Typ $\mathbf{E}_4$.

Nehmen wir für $\mathfrak{A}$ den 120-gliedrigen Lieschen Ring $\mathbf{O}_8$ und für $\mathfrak{D}$ die vorhin angegebene 2^7-reihige Darstellung mit (41), so wird $\mathfrak{S}$ ein 248-gliedriger einfacher Liescher Ring. Als solcher ist $\mathfrak{S}$ notwendigerweise vom Typ $\mathbf{E}_8$.

Hamburg, im Januar 1941.

Remarks by Ulf Rehmann

The classification of locally isomorphic semi-simple Lie groups or, equivalently, of semi-simple complex Lie algebras was obtained by the ingenious work of Killing [9] and of Cartan [2]. One of their main tools was the notion of the *root system* Φ of a semi-simple complex Lie algebra $\mathfrak{g}$, as they called the collection of roots of the characteristic equation

$$(*) \qquad \det(\mathrm{ad}_{\mathfrak{g}}(x) - T) = 0\,,$$

where x is a generic element of a *Cartan sub-algebra* $\mathfrak{h}$ of $\mathfrak{g}$. The roots $\alpha \in \Phi$ occur as linear forms on $\mathfrak{h}$ and, as such, generate a $\mathbb{Z}$-lattice of full rank in the dual space $\mathfrak{h}^*$ of $\mathfrak{h}$.

While the original proofs by Killing and Cartan were quite complicated, a considerable simplification of the classification was achieved by a discovery of Weyl [8, II, p. 368, §4]. He observed the following. After $\mathfrak{h}$ is equipped with some natural Euclidean metric (*Killing form*) and identified with its dual, some normal subgroup W of small index (= 1 in most cases) of the Galois group of (∗) is generated by all reflections s_α of $\mathfrak{h}$ at the hyperplane defined by α, were α runs over Φ. Then W stabilizes Φ. Clearly W is what we nowadays call the *Weyl group* of the root system Φ or of the semi-simple Lie algebra.

A little later, v. d. Waerden, based on ideas of Schouten [10], simplified Weyl's results and showed that the classification of semi-simple complex Lie algebras is equivalent to the determination of reduced root systems [7, §2, p. 448], which are now given by an a priori description as subsets of a Euclidean vector space in terms of their metric properties (cf. [21, ch. 6]). Of course, in v. d. Waerden's proof the symmetries of the root system given by its Weyl group play an essential role.

On the other hand, groups generated by reflections (like W) had been studied and widely classified almost at the same time by Coxeter ([3] – [6], cf. also [24]).

Witt now, in his article [W], brings all the above notions together. He first gives an easy geometrical proof of Coxeter's enumeration of all – finite and infinite – groups generated by Euclidean reflections and describes them in terms of nowadays so called *Coxeter diagrams* [W, §3], [21, ch. 4, §1.9]. Witt calls a Coxeter diagram a "Figur". The result is given in Satz 8, §4. The geometrical idea of the proof is very intuitive and is described best by Satz 2. One of the remarkable features of the proof is the fact that finite and infinite reflection groups can be handled by the same method, and that both cases can be distinguished by the easy criterion given in Satz 6. The reflection group is finite if and only if a quadratic form, defined in terms of the angles between the reflecting hyperplanes, is positive definite (as opposed to "positive semidefinite" in the case of an infinite reflection group).

Next, in §5, he defines a "Vektordiagramm" which is an axiomatic description of a slight generalization of the notion of a reduced root system. The main result here (Satz 9) is the enumeration of all possible Vektordiagramme. Then he describes necessary and sufficient axiomatic conditions for a Vektordiagramm to define a unique semi-simple complex Lie algebra. This result is summarized in table (31), which lists all those Vektordiagramme corresponding to a complex semi-simple Lie algebra. Their Weyl groups correspond precisely to the positive definite "Figuren" $A, ..., G$ of Satz 8 except $D_{(n)}$ for $n = 5$ or $n \geq 7$.

In table (31) as well as elsewhere, Witt does not use the Killing-Cartan notation, therefore we give a translation table:

Killing:	A_n	B_n	C_n	D_n	$E_{n=6,7,8}$	F_4	G_2
Witt:	A_n^*	$C_n^*, \lambda = 1$	$C_n^*, \lambda = 2$	B_n^*	$E_{n=6,7,8}^*$	F_4^*	$D_{(6)}^*$

Satz 15 proves the existence of a semi-simple Lie algebra of any Killing type under the assumption that the existence is known for small (≤ 4) rank. In §7 a case by case construction of all possible reduced root systems is given.

In 1947, E. B. Dynkin [12] published a proof of the enumeration of complex semi-simple Lie algebras which is based, similarly as in [W], on the previous work of Weyl and v. d. Waerden, but which, in contrast to [W], does not use Coxeter's results on reflection groups. Dynkin's method was developed in a seminar of I. M. Gelfand in Moscow in 1944. In a footnote [12, p. 59] the author refers to [W], saying that this article came to his knowledge only after his own article [12] was submitted for publication. Coxeter diagrams and Dynkin diagrams resemble each other in a striking way. For example, in [15], Tits uses the terminology "Witt-Dynkin diagram". However, despite the graphical similarity of the Coxeter diagrams used by Witt and the Dynkin diagrams, they have slightly distinct semantics. The Coxeter diagram describes the presentation of a reflection group (in our case: the Weyl group of a semi-simple Lie algebra) in terms of generating reflections (cf. [W, §3, p. 298]). The Dynkin diagram [12, §7, Nr. 47] describes the metric properties (mutual angles *as well as the lengths*) of a set of *simple roots* [12, §6, Nr. 35] of the root system of some semi-simple Lie algebra. The notion of *simple roots* seems to be due to Dynkin [*l.c.*]. The Lie algebras of Killing type B_n and C_n are an example of two algebras having the same Coxeter diagram, but different Dynkin diagrams. Witt uses a non-canonical parameter λ to distinguish these two cases (see the translation table above). In the context of Kac-Moody Lie algebras, the distinction between the two types of diagrams is even more striking: for example, to each of the Figuren R_n in [W, Satz 8] there correspond three distinct types of Kac-Moody Lie algebras, which are distinguished by Dynkin diagrams (see below for references). Nevertheless,

Witt was the first who used diagrams in order to enumerate semi-simple Lie algebras.

Witt's article [W] has been quite influential. For example, the standard reference N. Bourbaki, Groupes et algèbres de Lie, ch. 4,5,6, [21], follows essentially the ideas and lines of Witt's proof, starting with the discussion of *Coxeter groups* (= groups generated by reflections), then discussing Weyl groups and finally giving the classification of root systems. In particular, for the construction of the exceptional root systems Witt's arguments are used. This part of [W] has explicitly been recognized in the literature to be very elegant (cf. [13, p. 1136]).

The simplicial complex $\mathfrak{T}$ constructed in [W, Satz 2] occurs as the geometric realization of the complex describing an *apartment* of a *building* with Weyl group Γ. In the spherical case, that is, for finite reflection groups [W, Satz 2(f)], we obtain the complex $\mathfrak{T}$ as an apartment of the *Tits building* [26] of a split semi-simple Lie group with Weyl group Γ. Similarly, in the case of a contractible complex corresponding to an infinite reflection group, $\mathfrak{T}$ appears as an apartment of the *Bruhat-Tits building* [25] of a split semi-simple Lie group with *affine* Weyl group Γ over a totally disconnected local field (see below). So, in this sense, the complex $\mathfrak{T}$ can be considered as the first *building* appearing in the mathematical literature. Of course it is only a *thin* one.

The complex $\mathfrak{T}$ is often called "Coxeter complex". However, when Tits discusses the notion of a Coxeter complex as a constituent of buildings in [26, 2.11, p. 18], he refers to [21, ch. 5, n° 4.3], saying: "... the construction is essentially due to E. Witt" (then referring to [W]). To me, it seems that this complex rather should be called "Witt complex" or "Witt-Coxeter complex", since it obviously has been introduced by Witt (cf. Satz 2). The important role of Witt's arguments in this context is explicitly acknowledged by Coxeter in [6, §1.2, p. 382f.].

It was already mentioned that Witt did not only give an enumeration of finite, but also of infinite Coxeter groups. As we know today, most of the latter can appear as the so-called *affine* Weyl group associated to a reduced root system (cf. [21, ch. 6, §2]). This notion later became meaningful in various contexts, as I will briefly describe now.

For example, there is an interesting article of Stiefel [11], written slightly after Witt's. It also gives an enumeration of semi-simple Lie groups in terms of reflection groups. Stiefel, however, considers compact forms of Lie groups, and the reflection group he associates to each of them is its affine Weyl group, operating by affine transformations on some $\mathbb{R}^\ell$ as the simply connected covering of a maximal torus (as we would say today – Stiefel uses the term "toroid") of the compact Lie group. Stiefel classifies semi-simple compact Lie groups not only up to local isomorphy. He uses the operation of the affine Weyl group in order to distinguish groups of same isogeny type as well [11, §4]. At the end of his article (§5) he refers to the results of Coxeter and also to [W], and he expresses his hope that also his critical group Γ (the affine

Weyl group) should be describable by means of "modern crystallography". If he had looked into Satz 8 of [W] more carefully he probably would have found what he wanted!

Later, Iwahori and Matsumoto [18] discovered that the affine Weyl group occurs naturally for semi-simple p-adic Lie groups and that it even shows up there in the context of so-called BN-pairs or Tits systems [21]; and this has been used, for example, to describe the conjugacy classes of maximal compact subgroups of semi-simple p-adic Lie groups. On the basis of the results of Iwahori and Matsumoto the already mentioned contractible Bruhat-Tits buildings for reductive p-adic Lie groups were constructed (cf. [25]), which appeared in many applications in the theory of linear algebraic groups.

The "affine counterpart" of Witt's enumeration of semi-simple Lie algebras is the construction of the Kac-Moody Lie algebras [22, 23]. These are infinite dimensional Lie algebras, and an important class of them corresponds to Figuren $P, \ldots, W$ of Satz 8, that is, they have affine Weyl groups. The tables corresponding to Witt's table (31) are given by [22, table 1,2,3, p.1291f] as well as by [23, p. 229]. The discovery of these algebras has opened a wide new field of research. In particular, corresponding *Kac-Moody groups* have been constructed and investigated [27].

Refined versions of the enumeration of semi-simple Lie algebras have been given after Witt by many mathematicians. I mention the proof of Chevalley, who was able to normalize the structural constants $N_{\alpha,\beta}$ (cf. §6 of [W]) to have values in $\mathbb{Z}$ [14, Th. 1, p. 24], thereby constructing semi-simple Lie algebras over $\mathbb{Z}$ for any reduced root system [14, §III, p. 32]. This made it possible to define the later so-called *Chevalley groups* as group schemes over $\mathbb{Z}$ and hence over any commutative ring [16, 17]. A further normalization was obtained by Tits in [19], who was able to resolve an ambiguity for the signs of the constants $N_{\alpha,\beta}$ which was left over in the construction of Chevalley.

The following chronological table shows the article [W] of Witt in the middle of a centenary approach of prominent mathematicians to understand and develop an exciting and influential area of mathematics.

Enumeration of enumerators of semi-simple Lie algebras and related structures

1888/9	W. Killing	Classification of semi-simple Lie groups, root systems, invention of the notion *halbeinfach (semi-simple)*
1894	E. Cartan	Internal structure of semi-simple Lie groups and algebras
1925	H. Weyl	Representations of Lie groups, "Weyl group" generated by reflections
1933	B. L. v. d. Waerden	Classification of semi-simple Lie algebras reduced to classification of root systems
1934	H. S. M. Coxeter	Enumeration of reflection groups

1941	E. Witt	Enumeration of semi-simple Lie algebras by using Coxeter's classification of reflection groups, invention of the "Witt(-Coxeter) complex"
1941/2	E. Stiefel	Enumeration of compact Lie groups by means of affine Weyl groups
1947	E. B. Dynkin	Enumeration of semi-simple Lie algebras by means of "Dynkin diagrams"
1955	C. Chevalley	"Integralization" of semi-simple Lie algebras, normalization of the structural constants of semi-simple Lie algebras
1961	C. Chevalley	"Chevalley groups" as group schemes over $\mathbb{Z}$
1966	J. Tits	Normalization of the structural constants revisited
1968	V. G. Kac, R. V. Moody	Independent description and enumeration of infinite dimensional "Kac-Moody" Lie algebras
1972	F. Bruhat, J. Tits	Enumeration of affine buildings
1974	J. Tits	Enumeration of spherical buildings
1987	J. Tits	Enumeration of Kac-Moody groups over arbitrary fields

References

[W] E. Witt, Spiegelungsgruppen und Aufzählung halbeinfacher Liescher Ringe, *Abhandlungen aus dem mathematischen Seminar der Hansischen Universität* **14** (1941), 289-322.

The first eight articles mentioned below are the content of the Literaturverzeichnis in [W, p. 290], *where they appear under the same numbers.*

[1] E. Artin, Die Aufzählung aller einfachen kontinuierlichen Gruppen (Göttinger Vorträge 13./15. Juli 1933).

[2] E. Cartan, Sur la structure des groupes de transformations finis et continus (Thèse, Paris 1894), in: *Œvres complètes I,* Gauthier-Villars, Paris (1952), 137-287.

[3] H. S. M. Coxeter, The polytopes with regular-prismatic vertex figures, *Proc. Lond. Math. Soc. (2)* **34** (1932), 126-189.

[4] H. S. M. Coxeter, Discrete groups generated by reflections, *Ann. of Math.* **35** (1934), 588-621.

[5] H. S. M. Coxeter, The complete enumeration of finite groups of the form $R_i^2 = (R_iR_j)^{k_{ij}} = 1$, *J. Lond. Math. Soc.* **10** (1935), 21-25.

[6] H. S. M. Coxeter, Regular and semi-regular polytopes, *Math. Z.* **46** (1940) 380-407.

[7] B. L. v. d. Waerden, Die Klassifikation der einfachen Lieschen Gruppen, *Math. Z.* **37** (1933), 446-462.

[8] H. Weyl, Theorie der Darstellung kontinuierlicher halb-einfacher Gruppen durch lineare Transformationen, I *Math. Z.* **23** (1925), 271-309, II *ibid.* **24** (1925), 328-376, III *ibid.* **24** (1925), 377-395.

[9] W. Killing, Die Zusammensetzung der stetigen endlichen Transformationsgruppen: I *Math. Ann.* **31**, (1888), 252-290 II *ibid.* **33**, (1889), 1-48 III *ibid.* **34**, (1889), 57-122 IV *ibid.* **36**, (1890), 161-189.

[10] J. A. Schouten, Vorlesung über die Theorie der halbeinfachen kontinuierlichen Gruppen, *mimeographed notes,* Leiden 1926-27

[11] E. Stiefel, Über eine Beziehung zwischen geschlossenen Lie'schen Gruppen und diskontinuierlichen Bewegungsgruppen euklidischer Räume und ihre Anwendung auf die Aufzählung der einfachen Lie'schen Gruppen, *Comm. Math. Helv.* **14** (1941-42), 350-380.

[12] E. B. Dynkin, The structure of semi-simple Lie algebras, *Uspehi Mat. Nauk 2* **4(20)** (1947), 59-127, (Transl. Amer. Math. Soc. **17**).

[13] C. Chevalley, Sur la classification des algèbres de Lie simples et de leurs représentations, *C. R. Acad. Sci.* **227** (1948), 1136-1138.

[14] C. Chevalley, Sur certains groupes simples, *Tôhoku Math. J.* **7** (1955), 14-66.

[15] J. Tits, Les groupes de Lie exceptionnels et leur interprétation géométrique, *Bull. Soc. Math. Belg.* **8** (1956), translated into German and reprinted in: H. Freudenthal, Raumtheorie, Wiss. Buchges., Darmstadt (1978) 250-282.

[16] T. Ono, Sur les groupes de Chevalley, *J. Math. Soc. Japan* **10** (1958), 307-313.

[17] C. Chevalley, Certains schémas de groupes semi-simples, *Sém. Bourbaki* **219** (1960/1).

[18] N. Iwahori, H. Matsumoto, On some Bruhat decomposition and the structure of the Hecke rings of $\mathfrak{p}$-adic Chevalley groups, *Publ. math. IHES* **25** (1965), 5-48.

[19] J. Tits, Sur les constantes de structure et le théorème d'existence des algèbres de Lie semi-simples, *Publ. math. IHES* **31** (1966), 21-58.

[20] J. Tits, Tabellen zu den einfachen Lie Gruppen und ihren Darstellungen, *Lecture Notes in Math.* **40**, Springer, Berlin (1967).

[21] N. Bourbaki, Groupes et algèbres de Lie, ch. 4,5,6, *Éléments de Mathématique* **XXXIV**, Hermann, Paris (1968).

[22] V. G. Kac, Simple irreducible graded Lie algebras of finite growth, *Math. USSR-IZV.* **2**, n° 6 (1968), 1271-1311.

[23] R. V. Moody, A new class of Lie algebras, *J. Algebra* **10** (1968), 211-230.

[24] H. S. M. Coxeter, W. O. J. Moser, Generators and relations for discrete groups, *Erg. Math.* **14**, 3rd ed., Springer, Berlin (1972).

[25] F. Bruhat, J. Tits, Groupes reductifs sur une corps local I, *Publ. math. IHES* **41** (1972), 5-252.

[26] J. Tits, Buildings of spherical type and finite BN-pairs, *Lecture Notes in Math.* **386**, Springer, Berlin (1974).

[27] J. Tits, Uniqueness and presentation of Kac-Moody groups over fields, *J. Algebra* **105** (1987), 542-573.

28.

Die Automorphismengruppen der Cayleyzahlen[1]

J. reine angew. Math. *182* (1940) 205

k bezeichne irgendeinen Körper der Charakteristik 0, K sei der Körper der komplexen Zahlen. — Cartans Strukturuntersuchungen der halbeinfachen Lieschen Ringe über K sind von Landherr und Jacobson auf k übertragen worden, wenigstens für den Fall, daß der Liesche Ring über K einer linearen, orthogonalen oder einer Komplex-Gruppe entspricht. Es gibt nach Cartan noch fünf weitere kontinuierliche einfache Gruppen. Zu diesen gehört die 14-gliedrige Automorphismengruppe $\mathfrak{G}_{14}$ der Cayleyzahlen $\mathfrak{C}$. Der $\mathfrak{G}_{14}$ entsprechende Liesche Ring $\mathfrak{L}_{14}$ läßt sich als Menge aller Differentialoperationen von $\mathfrak{C}$ erklären. Umgekehrt zeigt eine längere Rechnung, daß $\mathfrak{C}$ als einziges alternierendes einfaches hyperkomplexes System diese Differentialoperationen gestattet. Diese wechselseitige Beziehung zwischen $\mathfrak{L}_{14}$ und $\mathfrak{C}$ läßt sich von K auf k übertragen. Das Typenproblem der Systeme $\mathfrak{L}_{14}$ über k ist damit auf das bereits von Zorn erledigte Problem der Systeme $\mathfrak{C}$ zurückgeführt.

Zur Durchführung der Beweise ist folgender neuer Satz wesentlich: $\mathfrak{L}/k$ sei ein halbeinfacher Liescher Ring. Jede Darstellung $\mathfrak{D}$ in K von $\mathfrak{L}$, deren höchstes Gewicht sich ganzzahlig aus den Wurzeln der regulären Darstellung kombinieren läßt, ist Erweiterung einer eindeutig bestimmten Darstellung $\mathfrak{d}$ in k.

---

[1] Bericht über eine Dissertation von Fräulein E. Bannow, Abh. Math. Seminar Hamburg **13** (1940), 240–256.

Eingegangen 2. September 1939.

29.

Die Unterringe der freien Lieschen Ringe

Math. Z. *64* (1956) 195–216

In Analogie zu dem von O. SCHREIER stammenden Satz, daß *jede Untergruppe einer freien Gruppe wieder frei ist*, soll hier der bereits von mir angekündigte Satz[1]) bewiesen werden, daß *jeder Unterring eines freien* LIE*schen Ringes wieder frei ist*, wobei ein Körper als Koeffizientenbereich vorausgesetzt wird. Diesen Satz habe ich 1938 im Anschluß an meine Untersuchungen über die assoziative Hülle LIEscher Ringe vermutet, aber erst 1940 beweisen können. Der Grundgedanke dieses Beweises ergibt sich durch Analogieübertragung bei geeigneter Auffassung des SCHREIERschen Beweises: Das von SCHREIER eingeführte Repräsentantensystem liefert bei Multiplikation mit Gruppenelementen eine monomiale Darstellung der Gruppe mit der besonderen Eigenschaft, daß die von 1 verschiedenen Koeffizienten der Darstellungsmatrizen der Erzeugenden der ganzen Gruppe ein freies Erzeugendensystem der Untergruppe bilden.

Für die von MAGNUS[2]) stammenden wichtigen gruppentheoretischen Anwendungen müssen ganze Zahlen als Koeffizienten genommen werden. In diesem Fall gilt nun der obige Satz nicht mehr uneingeschränkt, wie schon ganz einfache Beispiele zeigen, jedoch läßt er sich für viele gruppentheoretisch wichtige Unterringe beweisen.

Es sei gestattet, hier die Theorie von MAGNUS in kurzen Zügen darzulegen. $\mathfrak{G}$ sei eine beliebige (auch nichtkommutative) additiv geschriebene Gruppe. Mit den Bezeichnungen

$$ab = a + b - a - b \tag{1}$$

$$a^b = b + a - b \tag{2}$$

lassen sich die von PH. HALL stammenden Regeln

$$ab + ba = 0, \qquad aa = 0 \tag{3}$$

$$a(b + b') = ab + ab' + (b'a)b \tag{4}$$

$$(ab)c^b + (bc)a^c + (ca)b^a = 0 \tag{5}$$

approximativ als Regeln eines LIEschen Ringes deuten[3]).

[1]) WITT, E.: Über freie Ringe und ihre Unterringe. Math. Z. **58**, 113—114 (1953). — Nach Fertigstellung der vorliegenden Arbeit erfuhr ich durch Herrn LAZARD, daß ŠIRŠOV diesen Satz inzwischen unabhängig bewiesen hat. ŠIRŠOV, A. I.: Unteralgebren freier LIEscher Algebren. [Russisch.] Mat. Sbornik (2) **33**, 441—452 (1953). Diese Arbeit war mir bisher nicht zugänglich.

[2]) MAGNUS, W.: Über Beziehungen zwischen höheren Kommutatoren. J. reine u. angew. Math. **177**, 105—115 (1937). Ein ausgedehntes Literaturverzeichnis findet sich bei M. LAZARD: Sur les groupes nilpotents et les anneaux de LIE. Ann. sci. Ecole norm. sup. (III. S r.) **71**, 101—190 (1954).

[3]) Durch Ausdrücken von $a(b+c) + b(c+a) + c(a+b) = 0$ nach (4) bekommt man eine neungliedrige Identität, welche genau dieselben Dienste wie (5) leistet. Es gilt übrigens allgemein bei zyklischer Vertauschung $a_1(a_2 + \cdots + a_n) + \cdots = 0$.

$\mathfrak{A}+\mathfrak{B}$ und $\mathfrak{A}\mathfrak{B}$ bezeichne nun die von allen Elementen a, b bzw. allen Kommutatoren $a\,b$ erzeugte Untergruppe ($a\in\mathfrak{A}$, $b\in\mathfrak{B}$). Mit $\mathfrak{A}$ und $\mathfrak{B}$ sind auch $\mathfrak{A}+\mathfrak{B}$ und $\mathfrak{A}\mathfrak{B}$ Normalteiler von $\mathfrak{G}$. Nach (5) gilt für Normalteiler

(8) $$(\mathfrak{A}\mathfrak{B})\mathfrak{C} \leqq (\mathfrak{B}\mathfrak{C})\mathfrak{A} + (\mathfrak{C}\mathfrak{A})\mathfrak{B} \qquad (\text{PH. HALL}).$$

Für die charakteristischen Normalteiler $\mathfrak{G}^n$ der absteigenden Zentralreihe, die induktiv durch $\mathfrak{G}^n = \mathfrak{G}^{n-1}\mathfrak{G}$, $\mathfrak{G}^1 = \mathfrak{G}$ erklärt sind, gilt dann

(9) $$\mathfrak{G}^i\mathfrak{G}^k \leqq \mathfrak{G}^{i+k} \qquad (\text{PH. HALL}),$$

wie sich nach (8) bei beliebigem k durch Induktion nach i ergibt:

$$\begin{aligned}\mathfrak{G}^i\mathfrak{G}^k &= (\mathfrak{G}^{i-1}\mathfrak{G})\mathfrak{G}^k \leqq (\mathfrak{G}\mathfrak{G}^k)\mathfrak{G}^{i-1} + (\mathfrak{G}^k\mathfrak{G}^{i-1})\mathfrak{G}\\ &\leqq \mathfrak{G}^{k+1}\mathfrak{G}^{i-1} + \mathfrak{G}^{k+i-1}\mathfrak{G} \leqq \mathfrak{G}^{i+k}.\end{aligned}$$

Für $a\in\mathfrak{G}^\alpha$, $b, b'\in\mathfrak{G}^\beta$, $c\in\mathfrak{G}^\gamma$ gelten dann nach (9)

(1′) $$a+b \leqq b+a+\mathfrak{G}^{\alpha+\beta}$$

(3) $$a\,b+b\,a=0, \qquad a\,a=0,$$

(4′) $$a(b+b') \leqq a\,b+a\,b'+\mathfrak{G}^{\alpha+\beta+1},$$

(4″) $$a(b+\mathfrak{G}^{\beta+1}) \leqq a\,b+\mathfrak{G}^{\alpha+\beta+1},$$

(5′) $$a(b\,c)+b(c\,a)+c(a\,b) \leqq \mathfrak{G}^{\alpha+\beta+\gamma+1},$$

wobei die Glieder $\mathfrak{G}^n$ die Abweichungen von den genauen Regeln eines LIEschen Ringes angeben.

Für eine Menge X von Unbestimmten sei nun

$\mathfrak{L}$ der von X erzeugte freie LIEsche Ring,

$\mathfrak{G}$ die von X erzeugte freie Gruppe,

$\mathfrak{A}$ der von X erzeugte freie assoziative Ring mit Einselement.

$\mathfrak{L}_{(n)}$, $\mathfrak{A}_{(n)}$ mögen die entsprechenden homogenen Moduln n-ten Grades bezeichnen. Nach den erwähnten approximativen Regeln haben Elemente von $\mathfrak{L}_{(n)}$ in gleicher Schreibweise auch in $\mathfrak{G}^n/\mathfrak{G}^{n+1}$ einen Sinn, und dabei entsteht eine homomorphe Abbildung φ_n von $\mathfrak{L}_{(n)}$ auf $\mathfrak{G}^n/\mathfrak{G}^{n+1}$. *Es gilt nun die wichtige Tatsache, daß φ_n ein Isomorphismus ist, wodurch jeder Satz über freie* LIE*sche Ringe unmittelbar eine Bedeutung für freie Gruppen hat.* Zum Nachweis dessen wird eine Abbildung ψ_n von $\mathfrak{G}^n/\mathfrak{G}^{n+1}$ in $\mathfrak{A}_{(n)}$ angegeben, für welche die zusammengesetzte Abbildung $\psi_n\varphi_n$ gerade Bestandteil der kanonischen Abbildung von $\mathfrak{L}_{(n)}$ in $\mathfrak{A}_{(n)}$ bedeutet, die Produkte von $\mathfrak{L}$ in Kommutatoren von $\mathfrak{A}$ überführt und die nach BIRKHOFF-MAGNUS-WITT[4]) eine

[4]) BIRKHOFF, G.: Representability of Lie algebras and Lie groups by matrices. Ann. of Math. (2) **38**, 526—532 (1937). — MAGNUS, W.[2]), u. E. WITT: Treue Darstellung LIEscher Ringe. J. reine u. angew. Math. **177**, 152—160 (1937).

isomorphe Abbildung ist. Hierzu werden unendliche Reihen

$$a = 1 + a_1 + a_2 + \cdots \qquad (a_n \in \mathfrak{A}_{(n)})$$

betrachtet, die bei formaler Multiplikation eine von MAGNUS eingeführte Gruppe $\mathfrak{M}$ bilden. Für die Reihen

$$a = 1 + a_i + \cdots, \qquad a' = 1 + a'_i + \cdots, \qquad b = 1 + b_k + \cdots$$

ergibt sich

$$a a' = 1 + (a_i + a'_i) + \cdots \qquad \text{und} \qquad a b a^{-1} b^{-1} = 1 + (a_i b_k - b_k a_i) + \cdots,$$

wobei jeweils Glieder höheren Grades fortgelassen sind. Vermöge

$$\psi(x) = 1 + x \qquad (x \in X)$$

wird nun eine homomorphe Abbildung ψ von $\mathfrak{G}$ in $\mathfrak{M}$ erzeugt, für welche sich mit $g \in \mathfrak{G}^n$

$$\psi(g) = 1 + \psi_n(g) + \cdots \qquad (\psi_n(g) \in \mathfrak{A}_{(n)})$$

die gewünschte Abbildung ψ_n von $\mathfrak{G}^n/\mathfrak{G}^{n+1}$ in $\mathfrak{A}_{(n)}$ ergibt.

Diese Theorie von MAGNUS bleibt auch dann noch gültig, wenn der darin eingehende Begriff des graduierten Ringes in folgender Weise verallgemeinert wird:

Zugrunde gelegt sei (wie in § 2, 2) eine feste Abbildung $x \to |x| > 1$ $(x \in X)$ in den **wohlgeordneten**[5]) kommutativen Kegel $\mathfrak{S}$ einer geordneten Gruppe. $\mathfrak{L}_{(s)}$ bzw. $\mathfrak{A}_{(s)}$ seien die homogenen Bestandteile vom „Grade" s, dabei sei $\mathfrak{L}$ und $\mathfrak{A}$ direkte Summe der $\mathfrak{L}_{(s)}$ bzw. $\mathfrak{A}_{(s)}$.

Die im Sinne von § 1 formalen Reihen $\sum a_s s$ mit $a_1 = 1$, $a_s \in \mathfrak{A}_{(s)}$ bilden dann wieder eine multiplikative Gruppe $\mathfrak{M}$. Indem man wieder die Elemente von $\mathfrak{L}$ unter Beibehaltung der Schreibweise als Elemente von $\mathfrak{G}$ auffaßt, seien $\mathfrak{G}_s$ und $\mathfrak{H}_s$ die von $\bigcup_{t \geq s} \mathfrak{L}_{(t)}$ bzw. $\bigcup_{t > s} \mathfrak{L}_{(t)}$ in $\mathfrak{G}$ erzeugten Untergruppen. Die Zuordnung

$$\mathfrak{L}_{(n)} \to \mathfrak{G}^n/\mathfrak{G}^{n+1} \to \mathfrak{A}_{(n)} \qquad \text{mit} \qquad \psi(x) = 1 + x$$

der ursprünglichen Theorie braucht man jetzt nur noch zu ersetzen durch

$$\mathfrak{L}_{(s)} \to \mathfrak{G}_s/\mathfrak{H}_s \to \mathfrak{A}_{(s)} \qquad \text{mit} \qquad \psi(x) = 1 + x \cdot |x|.$$

Dieser allgemeinere Begriff des graduierten Ringes bietet auch sonst wesentliche Vorteile. Zum Beispiel überträgt sich die in § 3 hiermit formulierte Voraussetzung IV über freie LIEsche Ringe $\mathfrak{L}$ auf alle homogenen Unterringe $\mathfrak{U}$ mit torsionslosem Faktormodul $\mathfrak{L}/\mathfrak{U}$ (Satz 5), während bei dem üblichen Grundbegriff diese Voraussetzung einfach bedeutet, daß $\mathfrak{L}$ nur endlich viele Erzeugende hat, eine Eigenschaft, die sich gewiß nicht immer auf $\mathfrak{U}$ überträgt.

Das in § 1 eingeführte Hilfsmittel der formalen Konvergenz erlaubt die Aufstellung einer einfachen Beziehung zwischen den Rangzahlen von $\mathfrak{L}_{(s)}$ und $\mathfrak{A}_{(s)}$ (Satz 6), die ihrerseits wieder Grundlage für weitere Schlüsse darstellt und zu einem Kriterium für freie Unterringe führt.

[5]) Unter **Wohlordnung** wird hier stets eine Ordnung mit Minimalbedingung verstanden.

Die Theorien von MAGNUS und BIRKHOFF-WITT gelten sinngemäß auch bei sog. p-LIEschem Ring $\mathfrak{L}$ (auch eingeschränkter LIEscher Ring genannt) für Primzahlcharakteristik p, bei dem außer den LIEschen Verknüpfungen noch eine Operation $x \to x^p$ erklärt ist mit den Bedingungen

$$\left.\begin{aligned} x^p \circ y &= x \circ (x \circ (\ldots (x \circ y))) \\ (x+y)^p &= x^p + y^p + \Lambda(x, y) \end{aligned}\right\} \quad (p \text{ Faktoren } x)$$

mit einem in naheliegender Weise bestimmten LIEschen Polynom $\Lambda(x, y)$. Wie im gewöhnlichen Fall hat auch $\mathfrak{L}$ wieder eine assoziative Hülle $\tilde{\mathfrak{L}}$, in der dann $x^p = x x \ldots x$ (p Faktoren) gilt. Mit Hilfe der oben erwähnten Isomorphismen ψ_n lassen sich nach MAGNUS mühelos zwei weitere Regeln von HALL herleiten:

$$\left.\begin{aligned} &(6p) \qquad (pa)\, b \in a(a(\ldots b)) + p\,\mathfrak{G}^2 \\ &(7p) \qquad p(a+a') \in pa + pa' + \mathfrak{G}^p + p\,\mathfrak{G}^2 \end{aligned}\right\} \quad (p \text{ Faktoren } a),$$

worin $\mathfrak{G}^2$, $\mathfrak{G}^p$ der oben erklärten absteigenden Zentralreihe von $\mathfrak{G}$ angehören und allgemein $p\,\mathfrak{C}$ die von allen pc erzeugte Untergruppe bedeute ($c \in \mathfrak{C}$). Zusammen mit (3), (4), (5) dienen diese Regeln zur Herleitung des Analogons der Theorie von MAGNUS für den p-Fall. Dabei ist natürlich die bisherige absteigende Zentralreihe durch die „absteigende p-Zentralreihe" zu ersetzen, nämlich durch die schwächste Folge $\mathfrak{G}_i$ mit

$$\mathfrak{G}_i \mathfrak{G}_k \subseteqq \mathfrak{G}_{i+k}, \qquad p\,\mathfrak{G}_i \subseteqq \mathfrak{G}_{pi}, \qquad \mathfrak{G}_1 = \mathfrak{G}.$$

Auch die im folgenden dargestellte Theorie der Erzeugung von Unterringen eines LIEschen Ringes läßt sich sinngemäß auf p-LIEsche Ringe übertragen. Änderungen, die sich bei Betrachtung *dieses p-Falles* ergeben, werden an den betreffenden Stellen ohne nähere Begründung angemerkt; die Formelnummern sind dann mit Index p versehen.

In § 4 werden gewisse minimale Basen eines freien LIEschen Ringes konstruiert. Eine Basis dieser Art habe ich 1942 angegeben[6]), eine andere fand M. HALL 1950[7]).

Am Schluß der Arbeit zeigen einige Beispiele, daß bei geeignetem Koeffizientenbereich nicht jeder Unterring eines freien LIEschen Ringes frei erzeugbar ist.

§ 1. Formale Konvergenz

In einer geordneten Gruppe (in der also aus $x \leqq y$, $x' \leqq y'$ auch $x x' \leqq y y'$ folgt) sei $\mathfrak{S}$ der **Kegel** aller Elemente $s \geqq 1$. Mit einem assoziativen

[6]) Vortrag an der Universität Berlin. Hauptgegenstand war der hier dargestellte Beweis des Hauptsatzes. In einem 1944 an der Universität Göttingen gehaltenen Vortrag bewies ich den für gruppentheoretische Anwendungen wichtigen Satz 5. Die in der vorliegenden Arbeit dargestellte Theorie bis einschließlich Satz 9 war der Inhalt einer Vortragsreihe, die ich im Herbst 1953 auf Einladung der Universität Barcelona hielt.

[7]) MARSHALL HALL jr.: A basis for free Lie rings and higher commutators in free groups. Proc. Amer. Math. Soc. 1, 575—581 (1950).

Koeffizientenring P mit Einselement sei dann $\mathfrak{R}$ der Ring derjenigen formalen Summen

$$a = \sum \alpha_s s \qquad (s \in \mathfrak{S},\ \alpha_s \in \mathrm{P}),$$

bei dem zu jedem t für fast alle $s \leq t$ $\alpha_s = 0$ ist (d.h. bis auf endlich viele Ausnahmen). Die Multiplikation in $\mathfrak{R}$ sei erklärt durch

$$a b = \sum \alpha_s s \cdot \sum \beta_{s'} s' = \sum_{ss'=t} \left(\sum \alpha_s \beta_{s'}\right) t .$$

$\mathfrak{R}_t$ bezeichne das Ideal aller $a \in \mathfrak{R}$ mit $\alpha_s = 0$ für alle $s \leq t$.

In $\mathfrak{R}$ werde nun eine Topologie eingeführt, indem der von den Idealen $\mathfrak{R}_t$ erzeugte Filter als Umgebungsfilter der 0 gewählt wird. Diese Topologie werde die *Topologie der formalen Konvergenz* genannt. Der so erklärte topologische Ring $\mathfrak{R}$ ist *Hausdorffsch* wegen $\bigcap_t \mathfrak{R}_t = 0$. Ferner ist er *vollständig*, denn in einem CAUCHY-Filter gehören die Approximationsmengen der Feinheit $\mathfrak{R}_t$ sämtlich derselben Restklasse $\sum_{s \leq t} \alpha_s s \bmod \mathfrak{R}_t$ an. Sie geben also Anlaß zur Konstruktion eines Limeselementes $\sum \alpha_s s$ aus $\mathfrak{R}$, weil die Koeffizienten α_s eines Elementes a aus $\mathfrak{R}$ für $s \leq t$ bereits durch $a \bmod \mathfrak{R}_t$ bestimmt sind. — $\mathfrak{R}_t$ läßt sich übrigens charakterisieren als abgeschlossenes Ideal in $\mathfrak{R}$, das möglichst viele Elemente aus $\mathfrak{S}$, aber nicht t enthält.

In diesem Ring $\mathfrak{R}$ gelten folgende einfache Regeln über Summierbarkeit und Multiplizierbarkeit:

1. $A = \sum \pm a_i$ ist genau dann summierbar (i aus einer Menge I),

$B = \prod (1 + a_i)$ ist genau dann multiplizierbar (i aus einer Kette I, d.h. I total geordnet),

$C = \sum^{(<)} a_{i_1} \ldots a_{i_n}$ ist genau dann summierbar (n variabel ≥ 0; $i_1 < \cdots < i_n$ aus einer Kette I),

wenn für jedes t nur endlich viele $a_i \not\equiv 0 \bmod \mathfrak{R}_t$ sind, und in diesem Falle ist $B = C$.

2. Sind $\sum a_i$ und $\sum b_k$ (i aus Menge I, k aus Menge K) summierbar, so gilt

$$\left(\sum a_i\right)\left(\sum b_k\right) = \sum a_i b_k$$

mit summierbarer rechter Seite. Entsprechendes gilt auch für endlich viele Faktoren.

3. $\mathfrak{R}$ besteht genau aus den Werten der summierbaren Summen $\sum \alpha_s s$, unter denen also die endlichen Summen einen dichten Teilring von $\mathfrak{R}$ bilden.

Im folgenden sei $\mathfrak{S}$ **wohlgeordnet**[5]), d.h. jede nicht leere Teilmenge von $\mathfrak{S}$ enthalte mindestens ein minimales Element (*Minimalbedingung*). $\mathfrak{R}_1$ bezeichnet das Ideal der Summen $\sum \alpha_s s$ mit $s > 1$. Ferner sei $\mathfrak{a}_n$ die Menge aller Produkte aus n Faktoren, die einer Menge $\mathfrak{a}$ entnommen sind.

Hilfssatz. *Für jede endliche Teilmenge* $\mathfrak{a} \in \mathfrak{R}_1$ *gilt* $\lim_{n \to \infty} \mathfrak{a}_n = 0$.

Hiernach sind Potenzreihen $\sum a_i z^i$ mit $z \in \mathfrak{R}_1$ stets summierbar.

Beweis. Für vorgelegtes t kommen in den formalen Reihenentwicklungen $\sum \alpha_s s$ der endlich vielen $a \in \mathfrak{a}$ insgesamt nur endlich viele s mit $1 < s \leq t$ wirklich vor. Für jedes dieser s sei $t s^{-m_s}$ das kleinste in $\mathfrak{S}$ liegende Element der Kette $t > t s^{-1} > t s^{-2} > \cdots$. Dann ist $\mathfrak{a}_n \subseteqq \mathfrak{R}_t$ für alle $n > \sum m_s$; denn angenommen, beim Ausrechnen von $a_1 \ldots a_n \in \mathfrak{a}_n$ käme wirklich ein Monom $s_1 \ldots s_n \leq t$ vor, so erhielte man, da einer seiner Faktoren s mehr als m_s mal auftritt, $s^{m_s+1} \leq s_1 \ldots s_n \leq t$, im Widerspruch zur Definition von m_s.

Satz 1. *Aus der Summierbarkeit von* $A = \sum a_i$ $(i \in I)$ *mit* $a_i \in \mathfrak{R}_1$ *folgt im Sinne der Summierbarkeit bzw. Multiplizierbarkeit*

$$(1-A)^{-1} = \sum_{n=0}^{\infty} A^n = \sum a_{i_1} \ldots a_{i_n} \qquad (n \text{ variabel } \geqq 0;\ i_\nu \text{ aus Menge } I)$$

$$\left(\prod (1-a_i)\right)^{-1} = \prod (1-a_i)^{-1} = \sum\nolimits^{(\leq)} a_{i_1} \ldots a_{i_n}$$

$$(n \text{ variabel};\ i_1 \leq \cdots \leq i_n \text{ aus Kette } I)$$

und umgekehrt.

Beweis. $\mathfrak{a}$ sei die endliche Menge der $a_i \not\equiv 0 \bmod \mathfrak{R}_t$. Nach dem Hilfssatz ist für genügend großes n $\mathfrak{a}_n \subseteqq \mathfrak{R}_t$. Das besagt die Summierbarkeit der Summe rechts oben, woraus man die der anderen Summen durch Zusammenfassen oder Weglassen erhält. Die Gleichungen des Satzes brauchen nur mod $\mathfrak{R}_t$ bewiesen zu werden und sind dann selbstverständlich. —

Unter formalen Summen und Produkten seien immer die hier behandelten summierbaren Summen und multiplizierbaren Produkte verstanden.

Wenn der Koeffizientenring P alle rationalen Zahlen enthält, so hat man die üblichen Beziehungen zwischen den Potenzreihen e^z, $\log(1+z)$, $(1+z)^a$ für $z \in \mathfrak{R}_1$, $a \in \mathfrak{R}$ unter der Voraussetzung $az = za$.

Beim Studium der *freien* LIE*schen Ringe* kommt man bei *vertauschbarem* $\mathfrak{S}$ und rationalem Körper P auf formale Identitäten der Gestalt

(1) $$1 - \sum_s \varepsilon_s s = \prod_s (1-s)^{\beta_s} \qquad (s > 1 \text{ aus } \mathfrak{S};\ \varepsilon_s, \beta_s \in \mathsf{P}),$$

durch welche die ε_s *von den* β_s *und umgekehrt „rekursiv" abhängen.* Dabei sind mit den β_s auch die ε_s ganze Zahlen und umgekehrt. In den Anwendungen sind die ε_s und β_s natürliche Zahlen (Ränge).

Der negative Logarithmus von (1) ist

(2) $$\sum_h h^{-1} \Big(\sum_s \varepsilon_s s\Big)^h = \sum_{s,d} \beta_s d^{-1} s^d \qquad (h, d = 1, 2, \ldots).$$

Vergleich der Koeffizienten γ_t von t liefert

(3) $$\gamma_t = \sum_{\substack{h, t_\nu \\ \Pi t_\nu = t}} h^{-1} \varepsilon_{t_1} \ldots \varepsilon_{t_h} = \sum_{\substack{d, s \\ s^d = t}} d^{-1} \beta_s.$$

In $\mathfrak{S}$ heiße eine zyklische Halbgruppe $\{t_0^n\}$ $(n \geqq 0)$ **rein abgeschlossen,** wenn aus $s^d \in \{t_0^n\}$, $d \geqq 1$, immer $s \in \{t_0^n\}$ folgt. Nach (3) gilt in diesem Fall

(4) $$n\gamma(t_0^n) = \sum_{d|n} \frac{n}{d} \beta(t_0^{n/d}) \qquad (\gamma(s) = \gamma_s \text{ usw.}).$$

Durch MOEBIUSsche Umkehrung ergibt das

$$(5)\qquad \beta(t_0^n) = \sum_{d\mid n} \frac{\mu(d)}{d}\,\gamma(t_0^{n/d}),$$

und das ist nach (3) explizit durch die ε_s ausdrückbar.

Hat $\mathfrak{S}$ *unabhängige vertauschbare Erzeugende* s_i, so liegt jedes Element t in einer rein abgeschlossenen zyklischen Halbgruppe. Man findet so für $t = t_0^n$

$$(6)\qquad \beta_t = \sum \frac{\mu(d)}{h\,d}\,\varepsilon_{t_1}\cdots\varepsilon_{t_h},$$

summiert über alle Lösungen von $\prod t_\nu^d = t$. Sind nur für die Erzeugenden s_i die $\varepsilon_{s_i} \neq 0$, so ist

$$(7)\qquad \beta(s_1^{n_1}\cdots s_r^{n_r}) = \frac{1}{n}\sum_{d\mid n_i} \frac{\mu(d)\,\frac{n}{d}!}{\frac{n_1}{d}!\cdots\frac{n_r}{d}!}\,\varepsilon_{s_1}^{n_1/d}\cdots\varepsilon_{s_r}^{n_r/d} \qquad (n = \sum n_i)$$

und insbesondere

$$(8)\qquad \beta(s_1^n) = \frac{1}{n}\sum_{d\mid n} \mu(d)\,\varepsilon_{s_1}^{n/d}.$$

Für *p-LIE-Ringe* lauten die entsprechenden Formeln:

$$(1p)\qquad 1 - \sum_s \varepsilon_s s = \prod_s \left(\frac{1-s}{1-s^p}\right)^{\beta_s} \qquad (s > 1 \text{ aus } \mathfrak{S};\ \varepsilon_s, \beta_s \in \mathsf{P}),$$

$$(2p)\qquad \sum_h h^{-1}\Big(\sum_s \varepsilon_s s\Big)^h = \sum_{s,d} \beta_s d^{-1}(s^d - s^{pd}) \qquad (h, d = 1, 2, \ldots),$$

$$(3p)\qquad \gamma_t = \sum_{\substack{h,\,t_\nu\\ \Pi t_\nu = t}} h^{-1}\varepsilon_{t_1}\cdots\varepsilon_{t_h} = \sum_{\substack{d,\,s\\ s^d = t}} d^{-1}\beta_s - \sum_{\substack{d,\,s\\ s^{pd} = t}} d^{-1}\beta_s,$$

$$(4p)\qquad n\,\gamma(t_0^n) = \sum_{d\mid n} \frac{n}{d}\,\beta(t_0^{n/d}) - \sum_{pd\mid n} \frac{n}{d}\,\beta(t_0^{n/pd}).$$

Die übrigen Formeln $(5p), \ldots, (8p)$ *erhält man durch die Ersetzung*

$$\mu(d) \to \mu_p(d) = \mu(d_0)\,\varphi(p^h) \qquad (d = d_0 p^h,\ p \nmid d_0).$$

φ ist hierbei die EULERsche Funktion. — Der Schluß $(4p) \Rightarrow (5p)$ läßt sich durch eine etwas umständliche Induktion führen.

§ 2. Relationen für Erzeugende eines Lieschen Ringes und eines Unterringes

1. $\mathfrak{L}$ sei ein LIEscher Ring, in dem die Multiplikation mit $a \circ b$ bezeichnet werde, und $\mathfrak{U}$ ein Unterring von $\mathfrak{L}$, beide mit einem kommutativen Koeffizientenring Γ mit Einselement. Dabei sei $\mathfrak{L}$ durch eine Menge X von Erzeugenden x mit gewissen Relationen gegeben. *Unter gewissen einschränkenden Voraussetzungen I und II, die jedenfalls erfüllbar sind, wenn Γ ein Körper ist, soll für eine geeignete Erzeugung Y von $\mathfrak{U}$ ein System definierender Relationen angegeben werden.*

2. Bei fester Abbildung $x \to |x| > 1$ in den *wohlgeordneten*[5]) *kommutativen Kegel* $\mathfrak{S}$ einer geordneten Gruppe bezeichne $\mathfrak{L}_s$ bzw. $\mathfrak{L}_{(s)}$ den von allen LIEschen Produkten

$$x_1 \circ \cdots \circ x_n \text{ (beliebige Klammerung, Faktorenzahl } \geqq 1, \; x_\nu \in X)$$

mit $|x_1| \ldots |x_n| \leqq s$ bzw. mit $|x_1| \ldots |x_n| = s$ aufgespannten Γ-Modul. Es ist

$$\mathfrak{L}_s \circ \mathfrak{L}_t \subseteqq \mathfrak{L}_{st}, \qquad \mathfrak{L}_{(s)} \circ \mathfrak{L}_{(t)} \subseteqq \mathfrak{L}_{(st)}.$$

Für den homogenen Fall, daß $\mathfrak{L}$ direkte Summe aller $\mathfrak{L}_{(s)}$ ist, definieren wir für später: Die Elemente und Untermoduln von $\mathfrak{L}_{(s)}$ heißen homogen vom Betrag s. Ein Unterring von $\mathfrak{L}$ heißt *homogen*, wenn er *direkte* Summe homogener Moduln beliebiger Beträge ist (ein homogener Unterring braucht also kein homogener Modul zu sein). So ist z.B. $\mathfrak{L}$ selbst ein homogener Ring, wenn seine Erzeugung X frei ist. Analog wird eine Basis *homogen* genannt, wenn sie aus lauter homogenen Elementen beliebiger Beträge besteht. Für das weitere wird zunächst keine Homogenität vorausgesetzt.

Voraussetzung I. *$\mathfrak{L}$ habe eine Basis B, die Basen für $\mathfrak{U}$ und jedes $\mathfrak{L}_s$ enthält.* (Als Basis wird stets eine freie Γ-Modulbasis verstanden.)

Durchschnittsbildung liefert dann eine Basis für $\mathfrak{U} \cap \mathfrak{L}_s$. Wir denken uns B irgendwie **total geordnet.** Für die spätere Definition von $d_{ik}(a)$ sei dabei jedes Element aus $B \cap \mathfrak{U}$ größer als die Elemente im Komplement von $B \cap \mathfrak{U}$.

3. $\tilde{\mathfrak{L}}$ sei die nach der Theorie von BIRKHOFF-WITT existierende *universelle assoziative Hülle* von $\mathfrak{L}$ mit adjungiertem Einselement, in der also die Kommutatorrelationen

$$a a' = a' a + a \circ a' \qquad (a, a', a \circ a' \in \mathfrak{L})$$

erfüllt sind. Das „Korrekturglied" $a \circ a'$ denke man sich für das folgende linear durch die Basis B von $\mathfrak{L}$ ausgedrückt. Nach der erwähnten Theorie bilden die geordneten Monome $b_1 \ldots b_n$ mit $b_1 \leqq \cdots \leqq b_n$ ($b_i \in B$, $n \geqq 0$) eine Basis von $\tilde{\mathfrak{L}}$. Im p-Fall sind nur die Monome $b_1 \ldots b_n$ mit $b_1 \leqq \cdots \leqq b_n$ zu betrachten, bei denen nirgends p gleiche Faktoren auftreten. In beiden Fällen werden **diese Bedingungen für die Basismonome** $b_1 \ldots b_n$ im folgenden einheitlich mit

$$\mathfrak{o}(b_1, \ldots, b_n)$$

bezeichnet. Die übrigen $\prod b_i$ lassen sich dadurch linear auf diese Basis reduzieren, indem die obigen Kommutatorrelationen sukzessive auf verkehrt nebeneinanderstehende b_i angewandt werden, wobei im p-Fall noch die Ersetzung von b_i^p durch die entsprechende Linearkombination aus B als weitere Reduktion hinzukommt. Dies Verfahren werde kurz als **Ordnungsprozeß** bezeichnet. Aussagen, die im folgenden mit dem Ordnungsprozeß verbunden sind, lassen sich stets einfach durch Induktion nach der Anzahl der Schritte beweisen, jedoch lassen wir Einzelausführungen zugunsten größerer Übersichtlichkeit beiseite und begnügen uns hier mit diesem allgemeinen Hinweis.

In $\tilde{\mathfrak{L}}$ bezeichne X_s bzw. $X_{(s)}$ den von allen assoziativen Produkten

$$x_1 \ldots x_n \qquad (n \geq 0,\ x_\nu \in X)$$

mit $|x_1| \ldots |x_n| \leq s$ bzw. $|x_1| \ldots |x_n| = s$ aufgespannten Γ-Modul. Es ist dann wieder

$$X_s X_t \subseteqq X_{st}, \qquad X_{(s)} X_{(t)} \subseteqq X_{(st)}.$$

Falls $\tilde{\mathfrak{L}}$ homogen ist, heißen die Elemente von $X_{(s)}$ wieder homogen vom Betrage s, analog wie vorhin. $\tilde{\mathfrak{L}}$ ist dann ein homogener Ring. Allgemein heiße s eine *Schranke* für die Elemente von X_s. Nur die Elemente aus Γ haben die Schranke 1. Weiter sei B_s bzw. B_s° der von allen Produkten $b_1 \ldots b_n$ aufgespannte Γ-Modul, für welche $b_\nu \in B \cap X_{s_\nu}$ und $s_1 \ldots s_n \leq s$ ist, bzw. außerdem noch $\mathfrak{o}(b_1, \ldots, b_n)$ gilt.

Indem man nun unter Berücksichtigung der Voraussetzung I die $x \in X$ durch die $b \in B$ linear ausdrückt und umgekehrt die b geeignet als assoziative Polynome in den x schreibt, sieht man, daß $X_s = B_s$ ist. Darüber hinaus ist $B_s = B_s^{\circ}$, da sich der *Ordnungsprozeß* von B_s innerhalb X_s durchführen läßt. Da ferner die Basis B von $\mathfrak{L}$ in der Basis $\tilde{B}$ von $\tilde{\mathfrak{L}}$ enthalten ist, folgt

$$\mathfrak{L} \cap X_s = \mathfrak{L} \cap B_s^{\circ} = \mathfrak{L}_s.$$

Ausreichend und sogar einfacher wäre es gewesen, von vornherein die Voraussetzung I durch Ersetzung von $\mathfrak{L}_s$ durch $\mathfrak{L} \cap X_s$ abzuschwächen. Aber dann hätte die Voraussetzung nicht direkt $\mathfrak{L}$, sondern $\tilde{\mathfrak{L}}$ betroffen.

4. Im folgenden sei $\mathfrak{U}_s = \mathfrak{U} \cap X_s$ und

(1) $$\mathfrak{V}_s = \mathfrak{U} \cap \sum_{\substack{t_\nu < s \\ \prod t_\nu \leq s}} \mathfrak{U}_{t_1} \ldots \mathfrak{U}_{t_n} \qquad (t_\nu < s \text{ ist wesentlich!}).$$

Beachtet man nun wieder, daß die Basis B von $\mathfrak{L}$ in der Basis $\tilde{B}$ von $\tilde{\mathfrak{L}}$ enthalten ist, so kann man

(2) $$\mathfrak{V}_s = \sum_{t<s} \mathfrak{U}_t + \sum_{t<s} \mathfrak{U}_t \circ \mathfrak{U}_{t^{-1}s},$$

(2p) $$\mathfrak{V}_s = \sum_{t<s} \mathfrak{U}_t + \sum_{t<s} \mathfrak{U}_t \circ \mathfrak{U}_{t^{-1}s} + \sum_{t^p \leq s} \mathfrak{U}_t^p$$

zeigen: In der Tat kann durch Anwendung des erwähnten *Ordnungsprozesses* auf (1) die Faktorenzahl auf $n \leq 2$ reduziert werden. $n = 1$ liefert dann die erste Summe von (2), während für $n = 2$ eine nochmalige Reduktion auf die zweite Summe in (2) führt.

Voraussetzung II. *Für jedes $s \in \mathfrak{S}$ hat $\mathfrak{U}_s/\mathfrak{V}_s$ eine Basis, deren allgemeines Element mit y_s bezeichnet sei.*

Aus (2) folgt durch Induktion (weil $\mathfrak{S}$ ja wohlgeordnet war), daß der Γ-Modul $\mathfrak{U}_s$ von den LIEschen Produkten $y_{s_1} \circ \cdots \circ y_{s_n}$ beliebiger Klammerung mit $\prod s_\nu \leq s$ erzeugt wird. Insbesondere wird der LIEsche Unterring $\mathfrak{U}$ von der Menge Y aller $y_s, y_t, \ldots$ erzeugt. — $\tilde{\mathfrak{U}}$ bezeichne nun die assoziative Hülle von $\mathfrak{U}$ mit Einselement. Aus dem eben Bewiesenen oder aus (1) folgt, daß $\tilde{\mathfrak{U}} \cap X_s = \tilde{\mathfrak{U}} \cap B_s^0$ von den assoziativen Produkten $y_{s_1} \dots y_{s_n}$ mit $\prod s_\nu \leq s$ erzeugt wird. Dies werde symbolisch durch $\tilde{\mathfrak{U}} \cap X_s = Y_s$ ausgedrückt.

5. Die gesuchten Relationen zwischen den $y \in Y$ werden nun gewonnen mit Hilfe einer bestimmten Darstellung $D(a)$ von $\tilde{\mathfrak{L}}$. Hierzu sei $\{c_k\}$ die Familie aller geordneten Potenzprodukte der in B steckenden Basis von $\mathfrak{L}/\mathfrak{U}$. Das leere Produkt sei dabei $c_0 = 1$. Indem man $a\,c_k$ durch die Basis $\tilde{B}$ ausdrückt, erhält man vermöge

(3) $$a\,c_k = \sum c_i\, d_{ik}(a)$$

eine Darstellung von $\tilde{\mathfrak{L}}$ durch zeilenfinite Matrizen $(d_{ik}(a))$ mit Koeffizienten aus $\tilde{\mathfrak{U}}$. Insbesondere ist

(4) $$d_{i0}(\tilde{u}) = \delta_{i0} \cdot \tilde{u} \qquad (\tilde{u} \in \tilde{\mathfrak{U}};\ \delta_{00} = 1, \text{ sonst } \delta_{i0} = 0).$$

Für $a \in \mathfrak{L}$ treten bei Anwendung des *Ordnungsprozesses* auf $a\,c_k$ *bei jedem Schritt*, wie sich durch Induktion ergibt, nur solche Glieder $\lambda b_1 \dots b_n$ ($n \geq 1$, $b_\nu \in B$) auf, die nach Streichung höchstens *eines* der b_ν die Gestalt λc_j haben. Dementsprechend sieht also die rechte Seite von (3) aus. Daher ist

(5) $$d_{ik}(\mathfrak{L}) \subseteqq \Gamma + \mathfrak{U} \quad \textit{und} \quad d_{0k}(\mathfrak{L}) \subseteqq \mathfrak{U}.$$

Mit $s(a)$ und $t(a)$ seien allgemein Schranken von $a \in \tilde{\mathfrak{L}}$ bezeichnet, mit der Abkürzung

(6) $$s_k = s(c_k) \quad \text{und} \quad t_i = t(c_i).$$

Mit willkürlichen Schranken $s(a)$, s_k liegt $a\,c_k$ in X_r, $r = s(a) \cdot s_k$. Wegen $X_r = B_r^0$ ist $a\,c_k$ Linearkombination aus Monomen $b_1 \dots b_n$, für welche das Produkt passender Schranken $\leq r$ ist. So erhält man für jedes Glied von (3) mit $d_{ik}(a) \neq 0$:

(7) $$s(a) \cdot s_k \geq t_i \cdot t(d_{ik}(a)).$$

Hierbei sind, wie gesagt, die Schranken $s(a)$, s_k willkürlich und die Schranken t_i und $t(d_{ik}(a))$ dazu passend zu wählen. Dabei kann $t_0 = t(1) = 1$ genommen werden. Da $\mathfrak{S}$ in einer geordneten Gruppe liegt, folgt aus (7) für $a = x$

(8) $$1 \leq t(d_{ik}(x)) \leq t_i^{-1} |x|\, s_k \qquad d_{ik}(x) \in Y_{t_i^{-1}|x|\, s_k} \qquad (t_i^{-1}|x|\, s_k \geq 1).$$

6. Jedes $d_{ik}(x) \in Y_{t_i^{-1}|x|\, s_k}$ läßt sich entsprechend als assoziatives Polynom in den y ausdrücken. Unter den verschiedenen Möglichkeiten, dies zu tun, sei eine ausgewählt, allerdings in Abhängigkeit von der Schranke $t_i |x|\, s_k$. Nun lassen sich für jedes Glied der rechten Seite von

(9) $$d_{i0}\left(\sum \lambda\, x_1 \dots x_n\right) = \sum \lambda\, d_{ik}(x_1) \dots d_{jl}(x_{n-1})\, d_{l0}(x_n)$$

die willkürlichen Schranken $\mathfrak{s}$ vom rechten Faktor anfangend nacheinander so normieren, daß $s(x_\nu) = |x_\nu|$ und s_k jeweils gleich dem im vorhergehenden

Schritt in Übereinstimmung mit (7) bestimmten t_h ist:

$$s_0 = 1\,, \quad s_l = t_l\,, \quad s_j = t_j\,, \ldots . \tag{10}$$

Damit ist jedem Polynom $f = \sum \lambda x_1 \ldots x_n$ in wohlbestimmter Weise ein Polynom $d_{i0}(f)$ in den Unbestimmten y zugeordnet.

Unter den Voraussetzungen I und II gilt nun der

Hauptsatz. *Das von der Gesamtheit aller Relationen $r(x) = 0$ induzierte System von Relationen $d_{i0}(r) = 0$ in den y erzeugt alle assoziativen Relationen in den y. Sind insbesondere die x freie Erzeugende von $\mathfrak{L}$, so sind die y freie Erzeugende von $\mathfrak{U}$. Im Falle eines Körpers als Koeffizientenbereich Γ ist jeder Unterring eines freien* LIE*schen Ringes wieder frei.*

Beweis. $\mathfrak{R}$ sei das durch die Relationen $d_{i0}(r) = 0$ definierte Ideal in dem von den Unbestimmten y_s erzeugten Ring. Die Restklasse von y_s mod $\mathfrak{R}$ sei mit y_s' bezeichnet. Entsprechend läßt sich mit Hilfe von (9) für $f \in \tilde{\mathfrak{L}}$ eine Restklasse $d_{i0}'(f)$ mod $\mathfrak{R}$ nach Konstruktion von $\mathfrak{R}$ *eindeutig* bilden. Da nun für die y' nur Relationen gelten, die für die y sicher erfüllt sind, hat man eine kanonische homomorphe Abbildung mit $y' \to y$. Der Hauptsatz ist bewiesen, wenn wir zeigen können, daß die Anwendung von d_{00}' die Umkehrung dieser Abbildung bewirkt.

Es sei T der Gültigkeitsbereich von

$$d_{i0}'(y_t) = \delta_{i0} \cdot y_t' \qquad (t \in T)\,. \tag{11}$$

Indem man $d_{i0}'(f)$ als erste Spalte einer Darstellungsmatrix auffaßt, die in ihren übrigen Teilen allerdings mehrdeutig ist, folgt, daß d_{00}' jedes Polynom in $y_t (t \in T)$ homomorph auf das entsprechende Polynom in y_t' abbildet. Zur Vollendung des Beweises genügt es daher

$$d_{i0}'(y_s) = \delta_{i0}\, y_s' \tag{12}$$

für beliebiges s durch Induktion zu bestätigen. Angenommen also, T enthalte alle Indizes $t < s$. Nun sei

$$y_s = \sum \lambda x_1 \ldots x_n \quad \text{mit} \quad |x_1| \ldots |x_n| \leq s\,. \tag{13}$$

In der nach (4) und (9) bestehenden Relation in den y

$$d_{i0}(y_s) = \sum \lambda\, d_{ik}(x_1) \ldots d_{jl}(x_{n-1})\, d_{l0}(x_n) = \delta_{i0}\, y_s \tag{14}$$

ist das Produkt der zugehörigen normierten Schranken

$$[t_i^{-1} |x_1|\, t_k] \ldots [t_j^{-1} |x_{n-1}|\, t_l]\, [t_l^{-1} |x_n|] \leq t_i^{-1} s \leq s\,. \tag{15}$$

Hier ist jede Schranke $[\;] \leq s$. Der Fall $[\;] = s$ kann bei jedem Monom höchstens einmal auftreten, die anderen Schranken $[\;]$ sind dann gleich 1 und die zugehörigen $d_{\varkappa\beta}(x) \in \Gamma$, ferner ist dann rechts $t_i = 1$, also $i = 0$. Da dann die linke Schranke $[|x_1|\, t_k] > 1$ ist, ist *sie* es mit dem Wert s.

Hiernach kommen in der Relation (14) nur die y_t mit $t \leq s$ vor, dabei die Basiselemente von $\mathfrak{U}_s/\mathfrak{V}_s$ höchstens linear. Aber gerade auf Grund der Basiseigenschaft heben sich die letzteren in der Relation identisch fort. Also ist (14) in Wirklichkeit nur eine Relation zwischen y_t mit $t < s$ und geht daher durch Anwendung von d'_{00} in (12) über. Damit ist der Hauptsatz bewiesen. Nach der Diskussion von $[\ ] = s$ folgt außerdem nach (14) mit $i = 0$ unter Beachtung von (5) der

Satz 2. $\mathfrak{U}_s/\mathfrak{V}_s$ *wird linear aufgespannt von den* $d_{0k}(x)$ *mit* $|x|\ t_k = s$.

Hier tritt das Problem auf, eine Basis B von $\mathfrak{L}$ zu finden, die so beschaffen ist, daß die von Null verschiedenen $d_{0k}(x)$ linear unabhängig sind, *so daß man deren Gesamtheit als die Erzeugung* Y *von* $\mathfrak{U}$ *nehmen kann,* von der im Hauptsatz die Rede ist. Eine solche Basis B heiße im folgenden eine **ökonomische** *Basis bezüglich* $\mathfrak{U}$. Die Frage nach der Existenz einer ökonomischen Basis wird in Satz 10 behandelt.

7. Für den Fall, daß Γ ein Körper ist, nehme man einen *total wohlgeordneten* Kegel, z.B. den (unendlichen) zyklischen Kegel $\{\xi^n\}$ und etwa $|x| = \xi$ (d.h. additiv: den Kegel der natürlichen Zahlen und Grad $x = 1$). Eine Basis B der in Voraussetzung I beschriebenen Art läßt sich dann so bilden, daß man eine nach Beträgen geordnete Basis von $\mathfrak{U}$ zu einer nach Beträgen geordneten Basis von $\mathfrak{L}$ ergänzt. Die Möglichkeit dieser Basiskonstruktion läßt sich leicht aus der angenommenen totalen Wohlordnung von $\mathfrak{S}$ beweisen. Auch in anderen Fällen ist es oft vorteilhaft, den Kegel $\mathfrak{S}$ und die Abbildung $x \to |x|$ passend zu wählen.

Eine Vereinfachung im Beweis tritt ein, wenn jedes c_k nur *eine* minimale Schranke hat (z.B. wenn $\mathfrak{S}$ total wohlgeordnet ist). Dann kann von vornherein $s_k = t_k =$ dieser minimalen Schranke gesetzt werden. Dadurch wird es möglich, allgemein $d_{jk}(\sum \lambda x_1 \ldots x_n)$ eindeutig als Polynom in den y zu erklären. Ebenso wie der Hauptsatz wird dann folgender Satz bewiesen:

Satz 3. *Das von einem definierenden System von Relationen* $r_\alpha(x) = 0$ *induzierte System der Komponenten der Matrixrelationen* $r_\alpha(d_{ik}(x)) = 0$ *erzeugt alle assoziativen Relationen in den* y.

8. Berechnung von $d_{0k}(a)$ $(a \in \mathfrak{L})$ bei spezieller Basis B zur Anwendung von Satz 2.

Voraussetzung III. *Die in Voraussetzung I angenommene Basis B sei so beschaffen, daß für jedes* $b_1 \notin \mathfrak{U}$ *die Menge der* $b \geq b_1$ *linear einen Unterring von* $\mathfrak{L}$ *aufspannt* $(b_1, b \in B)$.

Dies trifft z.B. zu, wenn alle Elemente der Basis homogen und die $b_\beta \in \mathfrak{L}/\mathfrak{U}$ nach aufsteigenden Beträgen geordnet sind (wobei also die Abbildung $b_\rho \to |b_\beta|$ isoton ist). In diesem Falle sind die $|b_\beta|$ natürlich total wohlgeordnet.

Es sei hier hervorgehoben, daß an den Voraussetzungen I und III das Wichtigste die Aussagen über die Relativbasis von $\mathfrak{L}/\mathfrak{U}$ sind. Auf die Basis von $\mathfrak{U}$ könnte man in vielen Fällen verzichten.

Im Fall $c_k = b_1 \ldots b_r$ werde die deutlichere **Bezeichnung** eingeführt:

$$d_{0k}(a) = a \bullet b_1 \ldots b_r \qquad (a \in \mathfrak{L}). \tag{16}$$

Ferner bedeute

$$\sum_{\nu} \lambda_\nu b_\nu * b_\mu = \sum_{b_\nu > b_\mu} \lambda_\nu b_\nu \circ b_\mu. \tag{17}$$

Satz 4. *Unter der Voraussetzung III hat man für die rekursive Darstellung der* $d_{0k}(a)$:

$$\sum \lambda_\nu b_\nu \bullet 1 = \sum_{b_\nu \in \mathfrak{U}} \lambda_\nu b_\nu, \tag{18}$$

$$d_{0k}(b) = b \bullet b_1 \ldots b_r = (b * b_1) \bullet b_2 \ldots b_r \qquad (b \in B,\ r > 0), \tag{19}$$

(19p) *dazu noch im p-Fall* $b \bullet b_1 \ldots b_r = b^p \bullet b_p \ldots b_r$ *falls* $b = b_1 = \cdots = b_{p-1}$.

Insbesondere gilt die explizite Formel

$$d_{0k}(a) = a \bullet b_1 \ldots b_r = \big(((a * b_1) * \cdots) * b_r\big) \bullet 1, \tag{20}$$

(20p) *(im p-Fall modifiziert sich allerdings die rechte Seite, wenn unter den b_ν $p-1$ gleiche vorkommen).*

Beweis. (19) ist trivial für $b \leq b_1$. Für $b > b_1$ ist

$$b\, b_1 b_2 \ldots b_r = (b * b_1)\, b_2 \ldots b_r + b_1\, b\, b_2 \ldots b_r$$

und hier ist zu zeigen, daß $b_1 b b_2 \ldots b_r$ keinen Beitrag zu $d_{0k}(a)$ liefert. Das folgt daraus, daß bei jedem Schritt des Ordnungsprozesses, wie man durch Induktion sieht, immer b_1 erster Faktor und alle übrigen Faktoren $\geq b_1$ sind (im p-Fall ist die Zahl der zu b_1 gleichen Faktoren $\leq p-1$). Trivial ist auch (18); (20) folgt aus (18) und (19).

§ 3. Unterringe eines freien Lieschen Ringes mit einem Hauptidealring Γ als Koeffizientenbereich

Es werde folgende Voraussetzung gemacht:

Voraussetzung IV. *$\mathfrak{L}$ sei der mit der Erzeugung X freie* LIE*sche Ring mit einem kommutativen Hauptidealring Γ als Koeffizientenbereich. Die zugrunde gelegte Abbildung $x \to |x| > 1$ in den wohlgeordneten*[5]) *kommutativen Kegel $\mathfrak{S}$ einer geordneten Gruppe sei so beschaffen, daß für jedes $s \in \mathfrak{S}$ nur endlich viele x einen Betrag $|x| \leq s$ haben, mit anderen Worten, $\sum |x|$ sei formal summierbar.*

Die Summierbarkeit läßt sich immer erreichen, z.B. indem man die x eineindeutig auf assoziative und kommutative Unbestimmte ξ bezieht und den Kegel der aus den ξ gebildeten Monome, geordnet im Sinne der Teilbarkeit, zugrunde legt. Dieser Kegel heiße der zugehörige **monomiale** Kegel.

Aus der Summierbarkeit von $\sum |x|$ folgt

$$(1 - \sum |x|)^{-1} = \sum \alpha_s\, s \tag{1}$$

mit formal summierbarer rechter Seite, in der die natürliche Zahl α_s, ihrem Bildungsgesetz entsprechend, den Rang von $X_{(s)}$ angibt, die formale Summierbarkeit also einfach die *Endlichkeit des Ranges* von $X_s = \sum_{t \leq s} X_{(t)}$ bedeutet.

Hilfssatz. *Die Voraussetzung II ist eine Folge der Voraussetzungen I und IV.*

Beweis. $\mathfrak{Y}_t$ sei der von den Elementen y_t in Voraussetzung II erzeugte Untermodul von $\mathfrak{U}_t$. Für $t < s$ sei bereits $\mathfrak{U}_t = \mathfrak{V}_t \dotplus \mathfrak{Y}_t$ gezeigt. Da Γ ein Hauptidealring ist, genügt es wegen der Endlichkeit des Ranges von X_s, in dem $\mathfrak{U}_s$ liegt, die Torsionslosigkeit von $\mathfrak{U}_s/\mathfrak{V}_s$ zu beweisen. Dazu sei für ein beliebiges Primelement $\pi \in \Gamma$ und für $u \in \mathfrak{U}_s$

(2) $$\pi u = f(y_t) \in \mathfrak{V}_s \qquad (t < s).$$

Es werde nun die Abbildung $\mathfrak{L} \to \mathfrak{L}/\pi\mathfrak{L}$ vorgenommen. Der neue Koeffizientenbereich Γ/π ist ein Körper. Bei dieser Abbildung bleibt jede direkte Zerlegung $\mathfrak{L} = \sum \mathfrak{M}_\nu$ direkt, also bleibt B aus Voraussetzung I eine Basis mit gleicher Eigenschaft. Folglich bleibt $\mathfrak{U}_\sigma = \mathfrak{U} \frown \mathfrak{L}_\sigma$ bestehen, und nach (2) § 2 behält $\mathfrak{V}_\sigma$ seine alte Bedeutung. Da die $\mathfrak{U}_\sigma$ direkte Summanden von $\mathfrak{L}$ sind, bleibt $\mathfrak{U}_t = \mathfrak{V}_t \dotplus \mathfrak{Y}_t$ für $t < s$ auch nach der Abbildung bestehen. Da Γ/π ein Körper ist, gilt die Voraussetzung II sicher nach der Abbildung, insbesondere bestehen dann nach dem Hauptsatz für die y_t mit $t < s$ keinerlei Relationen. Das bedeutet aber, daß in (2) $\pi u = f(y_t) = \pi g(y_t)$ ist, und, weil $\mathfrak{L}$ torsionslos ist, $u = g(y_t) \in \mathfrak{V}_s$, wie zu zeigen war.

Unter der Voraussetzung IV gilt der für die Anwendungen in der Gruppentheorie wichtige Satz:

Satz 5. *Jeder homogene Unterring* $\mathfrak{U}$ *eines freien* LIE*schen Ringes* $\mathfrak{L}$ *mit torsionslosem Faktormodul* $\mathfrak{L}/\mathfrak{U}$ *läßt sich durch homogene Elemente y frei erzeugen. Die Voraussetzung IV überträgt sich von* $\mathfrak{L}$ *auf* $\mathfrak{U}$ *hinsichtlich* $y \to |y|$.

Beweis. Zur Anwendung des Hauptsatzes ist nach dem eben bewiesenen Hilfssatz nur noch die Voraussetzung I nachzuprüfen.

$\mathfrak{L}_{(s)}$ und $\mathfrak{U}_{(s)} = \mathfrak{U} \frown X_{(s)}$ haben als Untermoduln des freien Γ-Moduls $X_{(s)}$ Basen bezüglich Γ. Als torsionsloser Faktormodul des endlichen Γ-Moduls $\mathfrak{L}_{(s)}$ hat auch $\mathfrak{L}_{(s)}/\mathfrak{U}_{(s)}$ eine Γ-Basis. Die Vereinigung B der Γ-Basen aller $\mathfrak{U}_{(s)}$ und $\mathfrak{L}_{(s)}/\mathfrak{U}_{(s)}$ ist dann eine homogene Basis, die die Voraussetzung I erfüllt. Zugleich sieht man, daß $\mathfrak{U}$ eine freie homogene Erzeugung Y hat. $\sum |y|$ hat schließlich nach (1) die summierbare Majorante $\sum \alpha_s s$.

Unter der Voraussetzung IV gilt der für numerische Rangberechnungen grundlegende

Satz 6. *Zwischen den freien Erzeugenden X und einer homogenen Basis B von* $\mathfrak{L}$ *besteht die formale Relation*

(3) $$(1 - \sum |x|)^m = \prod (1 - |b|)^m \qquad (x \in X,\ b \in B,\ m = \pm 1),$$

(3p) $$(1 - \sum |x|)^m = \prod \left(\frac{1 - |b|}{1 - |b|^p}\right)^m \qquad (x \in X,\ b \in B,\ m = \pm 1).$$

Mit anderen Worten: Für einen freien LIE*schen Ring gilt unter der Voraussetzung IV*

$$1 - \sum \varepsilon_s s = \prod (1-s)^{\beta_s}, \tag{4}$$

$$1 - \sum \varepsilon_s s = \prod \left(\frac{1-s}{1-s^p}\right)^{\beta_s}, \tag{4p}$$

wo ε_s *die Anzahl der freien Erzeugenden* x *vom Betrage* s *und* β_s *die Anzahl der homogenen Basiselemente* b *vom Betrage* s *bezeichnet.*

Wie schon in § 1 gesagt, sind durch (4) *die* ε_s *von den* β_s *und umgekehrt „rekursiv" abhängig.*

Beweis von Satz 6. Von $\tilde{\mathfrak{L}}$ kennen wir folgende zwei homogene Basen: 1. Alle Potenzprodukte der x, und 2. die geordneten Potenzprodukte der b. Daher ist

$$\sum |x_1| \ldots |x_n| = \sum{}^{(\mathfrak{o})} |b_1| \ldots |b_n| \qquad [n \text{ variabel } \geqq 0;\ \mathfrak{o}(b_1, \ldots, b_n)]. \tag{5}$$

Die Summierbarkeit der linken Seite folgt dabei nach Satz 1 aus derjenigen von $\sum |x|$. Nach demselben Satz ist (5) gleichwertig mit (3).

Hat $\mathfrak{L}$ ε Erzeugende und wird $|x| = \xi \in \{\xi^n\}$ zugrunde gelegt, so findet man nach § 1 (8) für den Rang des in x homogenen Moduls $\mathfrak{L}_{(n)}$ (der Index wird hier additiv geschrieben) die Formel

$$\psi_n(\varepsilon) = \frac{1}{n} \sum_{d|n} \mu(d)\, \varepsilon^{n/d}, \tag{6}$$

die ich 1937 bewiesen habe[8]). Im p-Fall gilt nach § 1 (8p) die entsprechende Rangformel

$$\psi_n(\varepsilon) = \frac{1}{n} \sum_{d|n} \mu(d_0)\, \varphi(p^h)\, \varepsilon^{n/d} \qquad (d = d_0 p^h,\ p \nmid d_0) \tag{6p}$$

mit der EULERschen Funktion $\varphi(p^h)$.

Aus Satz 6 erhält man, ebenfalls unter Voraussetzung IV:

Satz 7. *Ein Unterring* $\mathfrak{U}$ *eines freien* LIE*schen Ringes* $\mathfrak{L}$, *der von Moduln* $\mathfrak{L}_{(t)}$, $t \in T \leqq \mathfrak{S}$, *erzeugt wird, ist stets frei.*

Beweis. Nach Satz 5 ist nur zu zeigen, daß $\mathfrak{L}/\mathfrak{U}$ torsionsfrei ist. Wegen der Homogenität von $\mathfrak{L}$ genügt es, dies für alle $\mathfrak{L}_{(s)}/\mathfrak{U}_{(s)}$ $(s \in \mathfrak{S})$ zu beweisen. — K sei der Quotientenkörper von Γ und π bezeichne die Primelemente von Γ. Ferner seien $K\mathfrak{L}$ und $\mathfrak{L}/\pi\mathfrak{L}$ die freien LIEschen Ringe, die man aus $\mathfrak{L}$ erhält, indem man statt Γ die Körper K bzw. Γ/π als Koeffizientenbereich wählt. Für die Ränge von $K\mathfrak{L}_{(s)}$ bzw. $\mathfrak{L}_{(s)}/\pi\mathfrak{L}_{(s)}$ gelten dann Relationen der Form (4), jedesmal mit denselben $\varepsilon_s(\mathfrak{L})$, also stimmen diese Ränge überein. Ferner sind nach dem Hauptsatz auch $K\mathfrak{U}$ bzw. $\mathfrak{U}/\mathfrak{U} \cap \pi\mathfrak{L}$ frei, so daß für diese ebenfalls Bedingungen der Gestalt (4) gelten. Aus der Voraussetzung des Satzes und § 2, (2) folgt, daß in jedem dieser Fälle entweder $\varepsilon_s = 0$ oder β_s

[8]) WITT, E.: Treue Darstellung LIEscher Ringe. J. reine u. angew. Math. **177**, 152—160 (1937).

bekannt ist, nämlich gleich $\beta_s(\mathfrak{L})$. Da sich hieraus die übrigen ε_s und β_s jedesmal durch dieselbe Formel (4) bestimmen, haben alle ε_s und β_s für $K\mathfrak{U}$ und $\mathfrak{U}/\mathfrak{U}\cap\pi\mathfrak{L}$ dieselben Werte.

Wegen Voraussetzung IV sind nun die $\mathfrak{L}_{(s)}$ endliche Γ-Moduln. Man kann hier also den Hauptsatz für abelsche Gruppen mit endlich vielen Erzeugenden anwenden. Danach hätte $\mathfrak{L}_{(s)}/\mathfrak{U}_{(s)}$ genau dann Torsion, wenn bei passendem $\pi\in\Gamma$ der Rang von $\frac{\mathfrak{L}_{(s)}/\pi\mathfrak{L}_{(s)}}{\mathfrak{U}_{(s)}/\pi\mathfrak{U}_{(s)}}$ größer wäre als der von $K\mathfrak{L}_{(s)}/K\mathfrak{U}_{(s)}$. Dies kann aber nicht eintreten, denn diese Ränge sind nach dem eben Gesagten jedesmal gleich der Differenz zwischen den Rängen von $K\mathfrak{L}_{(s)}$ und $K\mathfrak{U}_{(s)}$, also ist $\mathfrak{L}_{(s)}/\mathfrak{U}_{(s)}$ torsionsfrei, und das sollte gezeigt werden.

Als Anwendung hiervon läßt sich z. B. der Rang β_{i+k} von $\mathfrak{L}_{(i)}\circ\mathfrak{L}_{(k)}$ explizit berechnen $(i\leq k)$:

(7) $$\beta_{i+k}=\gamma_{i+k}(\psi_i(\varepsilon))+\psi_i(\varepsilon)\cdot(\psi_k(\varepsilon)-\gamma_k(\psi_i(\varepsilon))),$$

wobei stets $\gamma_\nu=\psi_{\nu/i}$ bedeute und letzteres für echt gebrochene Indizes als Null erklärt wird. (7) läßt sich folgendermaßen zeigen:

Der von $\mathfrak{L}_{(i)}$ und $\mathfrak{L}_{(k)}$ erzeugte Unterring $\mathfrak{U}$ ist nach Satz 7 frei und hat im Falle $i<k$, den wir zunächst betrachten, $\varepsilon_{(i)}+\varepsilon_{(k)}$ freie Erzeugende, wenn $\varepsilon_{(i)}$, $\varepsilon_{(k)}$ den Rang von $\mathfrak{B}_{(i)}$ bzw. $\mathfrak{B}_{(k)}$ bedeuten. In $\beta_{i+k}=\gamma_{i+k}(\varepsilon_{(i)})+\varepsilon_{(i)}\varepsilon_{(k)}$ ist $\varepsilon_{(i)}=\psi_i(\varepsilon)$ wegen $\mathfrak{B}_{(i)}=\mathfrak{L}_{(i)}$, und $\varepsilon_{(k)}$ ergibt sich aus der Rangformel $\psi_k(\varepsilon)-\varepsilon_{(k)}=\gamma_k(\varepsilon_{(i)})$ für $\mathfrak{L}_{(k)}/\mathfrak{B}_{(k)}$. Durch Einsetzung folgt jetzt (7). Für $i=k$ ist analog $\beta_{2i}=\gamma_{2i}(\varepsilon_{(i)})=\gamma_{2i}(\psi_i(\varepsilon))$, und wegen $\gamma_i(\psi_i(\varepsilon))=\psi_i(\varepsilon)$ gilt wieder (7).

Für den Fall $i<k$ läßt sich dies übrigens auch ohne Eingehen auf den LIEschen Ring $\mathfrak{L}$ selbst, allein aus der Beziehung (4), erhalten. Man hat für $\mathfrak{U}$

$$1-\varepsilon_{(i)}\xi^i-\varepsilon_{(k)}\xi^k=(1-\xi^i)^{\beta_i(\mathfrak{L})}(1-\xi^k)^{\beta_k(\mathfrak{L})}\prod_{n\neq i,k}(1-\xi^n)^{\beta_n(\mathfrak{U})}$$

und, daneben, für $\mathfrak{L}_{(i)}$

$$1-\varepsilon_{(i)}\xi^i=\prod(1-\xi^\nu)^{\gamma_\nu(\varepsilon_{(i)})}.$$

Durch Division erhält man dann

$$1-\frac{\varepsilon_{(k)}\xi^k}{1-\varepsilon_{(i)}\xi^i}=(1-\xi^k)^{\beta_k(\mathfrak{L})-\gamma_k(\varepsilon_{(i)})}\prod_{n\neq i,k}(1-\xi^n)^{\beta_n(\mathfrak{U})-\gamma_n(\varepsilon_{(i)})}.$$

[Der erste Faktor rechts fällt wegen $\beta_i(\mathfrak{L})=\varepsilon_{(i)}=\gamma_i(\varepsilon_{(i)})$ fort.] Durch Vergleich der Koeffizienten von ξ^k und ξ^{i+k} erhält man dann

$$\varepsilon_{(k)}=\beta_k(\mathfrak{L})-\gamma_k(\varepsilon_{(i)}) \quad \text{und} \quad \varepsilon_{(i)}\varepsilon_{(k)}=\beta_{i+k}(\mathfrak{U})-\gamma_{i+k}(\varepsilon_{(i)}),$$

was für $\beta_{i+k}=\beta_{i+k}(\mathfrak{U})$ dasselbe wie oben liefert. Eine völlig analoge Rechnung läßt sich im p-Fall mit Hilfe der Formel (4p) durchführen. —

Üblicherweise versteht man unter der absteigenden Zentralreihe von $\mathfrak{L}$ die Folge

(8) $$\mathfrak{L}^k=\sum_{m\geq k}\mathfrak{L}_{(m)}.$$

Als Anwendung von Satz 6 werde folgende Aufgabe gelöst:

Aufgabe. *Unter Voraussetzung IV sollen die Rangzahlen $\beta_s(\mathfrak{L}^k)$ aus den Rangzahlen $\beta_s(\mathfrak{L})$ numerisch bestimmt werden, ohne dabei im LIEschen Ring zu rechnen.*

Aus (4) mit $\beta_s = \beta_s(\mathfrak{L})$ bekommt man zunächst die Anzahl ε_s der freien Erzeugenden x von $\mathfrak{L}$ vom Betrage s. Da $\mathfrak{L}^k/\mathfrak{L}^{k+1}$ isomorph ist zum Modul aller in den x homogenen LIEschen Polynome vom Grade k, lautet (4) für die neue Abbildung $x \to |x| \cdot \xi$ in das direkte Produkt $\mathfrak{S} \times \{\xi^n\}$ von $\mathfrak{S}$ mit dem (unendlichen) zyklischen Kegel $\{\xi^n\}$

(9) $$1 - \sum \varepsilon_s s \xi = \prod_{s,k} (1 - s\xi^k)^{\beta_s(\mathfrak{L}^k) - \beta_s(\mathfrak{L}^{k+1})},$$

(9p) $$1 - \sum \varepsilon_s s \xi = \prod_{s,k} \left(\frac{1 - s\xi^k}{1 - s^p \xi^{pk}}\right)^{\beta_s(\mathfrak{L}^k) - \beta_s(\mathfrak{L}^{k+1})}.$$

Hiermit lassen sich aus den ε_s die Differenzen $\beta_s(\mathfrak{L}^k) - \beta_s(\mathfrak{L}^{k+1})$ berechnen, und aus ihnen, ausgehend von $\beta_s(\mathfrak{L})$, rekursiv die gewünschten $\beta_s(\mathfrak{L}^k)$.

Von gewissen Teilbasen von $\mathfrak{L}$ kann man unter Umständen a priori feststellen, daß zwischen ihren Elementen keine LIEschen Relationen möglich sind. Unter Voraussetzung IV gilt

Satz 8. *Ist innerhalb einer Teilmenge S des Kegels $\mathfrak{S}$ kein Element als Produkt darstellbar, so ist die Menge $Y = \bigcup B_{(s)}$ von Basen $B_{(s)}$ der homogenen Moduln $X_{(s)}$ $(s \in S)$ frei, d.h. der von Y erzeugte Unterring $\mathfrak{U}$ hat Y als freie Erzeugung.*

Beweis. $\mathfrak{U}$ ist ein homogener Ring, bestehend aus den homogenen Moduln $\mathfrak{U}_{(t)}$ mit $t = \prod s_\mu$, $s_\mu \in S$. Nun kann im Beweis des Hauptsatzes für einen homogenen Unterring $\mathfrak{U}$ mit gleicher Wirkung $\mathfrak{U}_s$ durch $\mathfrak{U}_{(s)}$, und $\mathfrak{V}_s$ durch

$$\mathfrak{V}_{(s)} = \mathfrak{V}_s \cap \mathfrak{U}_{(s)} = \mathfrak{U} \cap \sum_{\substack{t_\nu < s \\ \Pi t_\nu = s}} \mathfrak{U}_{(t_1)} \cdots \mathfrak{U}_{(t_n)}$$

ersetzt werden. S hat nun die Eigenschaft, daß $\mathfrak{V}_{(s)} = 0$ ist, daher kann in der Voraussetzung II als Basis von $\mathfrak{U}_s/\mathfrak{V}_s$ gerade $B_{(s)}$ genommen werden, und die Vereinigung dieser Basen ist dann nach dem Hauptsatz frei.

Erweiterung von Satz 8. Ersetzt man in einer homogenen freien Menge Y jedes Element y vom Betrag s durch ein

$$y^* = y + \sum y_i \quad \text{mit} \quad |y_i| < s$$

[bzw. durchgehend $|y_i| > s$], so entsteht wieder eine freie Menge.

Beweis. Angenommen $r(u)$ sei ein LIEsches Polynom mit $r(y^*) = 0$. Ist $r_0(u)$ der homogene Bestandteil höchsten [bzw. niedrigsten] Grades von $r(u)$, so müßte auch $r_0(y) = 0$ sein, obwohl Y frei angenommen war.

In ähnlicher Weise kommt man zu folgendem

Satz 9. *Zwischen zwei linear unabhängigen Elementen a und b eines freien LIEschen Ringes $\mathfrak{L}$ gibt es überhaupt keine Relationen.*

Dagegen kann es bei drei Elementen natürlich Relationen geben, z.B. zwischen $a, b, a \circ b$.

Im p-Fall ist Satz 9 in der vorliegenden Fassung falsch, da ja zwischen a und a^p eine Relation besteht. Statt dessen läßt sich hier sagen, daß *es für 1 Element* $a \neq 0$ *keine Relationen gibt,* wie man in $\tilde{\mathfrak{L}}$ sieht.

Beweis. a und b werden bereits aus einer endlichen Teilmenge $X_0 \subseteqq X$ erzeugt. Für den Beweis genügt es, $X = X_0$ anzunehmen. Es werde $|x| = \xi$ im zyklischen Kegel $\mathfrak{S} = \{\xi^n\}$ festgesetzt. Durch eine geeignete umkehrbare lineare Transformation kann man nun erreichen, daß die homogenen Leitglieder a_n und b_m der höchsten Grade n und m linear unabhängig sind. Es genügt nach dem obigen Beweis, zu zeigen, daß $Y = \{a_n, b_m\}$ frei ist. Dies wird fast ebenso wie Satz 8 bewiesen, nur wird man hier $\mathfrak{B}_{(\xi^n)} = \mathfrak{B}_{(\xi^m)} = 0$ direkt begründen.

Die geeignete Umkehrung von Satz 6 ergibt ein Kriterium dafür, daß ein LIEscher Ring frei ist: $\mathfrak{L}$ sei ein von einer Familie $\{x_\iota\}$, $\iota \in I$, erzeugter homogener LIEscher Ring mit einem kommutativen Hauptidealring Γ als Koeffizientenbereich. Die zugrunde gelegte Abbildung $x_\iota \to |x_\iota|$ in den wohlgeordneten Kegel $\mathfrak{S}$ einer geordneten Gruppe sei so beschaffen, daß $\sum |x_\iota| = \sum \varepsilon_s s$ formal summierbar ist. β_s sei der Rang von $\mathfrak{L}_{(s)}$ modulo seiner Torsion.

Kriterium. $\{x_\iota\}$ *ist genau dann eine freie Erzeugung von* $\mathfrak{L}$, *falls*

(10)
$$\prod (1-s)^{\beta_s} = 1 - \sum \varepsilon_s s,$$

(10p)
$$\prod \left(\frac{1-s}{1-s^p}\right)^{\beta_s} = 1 - \sum \varepsilon_s s.$$

Beweis. $\bar{\mathfrak{L}}$ sei der aus lauter verschiedenen Unbestimmten $\bar{x}_\iota$ erzeugte freie LIEsche Ring ($\iota \in I$). Es werde $|\bar{x}_\iota| = |x_\iota|$ gesetzt. Hierdurch wird $\bar{\mathfrak{L}}$ ein homogener Modul. Nach Satz 6 folgt aus (10), daß β_s zugleich der Rang des freien Γ-Moduls $\bar{\mathfrak{L}}_{(s)}$ ist. Daher muß $\bar{\mathfrak{L}}_{(s)}$ isomorph zu seinem Faktormodul $\mathfrak{L}_{(s)}$ sein. Aus der Homogenität von $\mathfrak{L}$ folgt jetzt, daß $\bar{x}_\iota \to x_\iota$ einen Isomorphismus erzeugt.

Explizite Angabe einer freien Erzeugung eines Unterringes $\mathfrak{U}$ unter gewissen Bedingungen. Für die b_i einer Basis B von $\mathfrak{L}$ bedeute

(11)
$$\mathfrak{u}(b_1, \ldots, b_n) \qquad (n \geqq 0),$$

daß die früher erklärte Relation $\mathfrak{o}(b_1, \ldots, b_n)$ und außerdem $b_i \notin \mathfrak{U}$ besteht.

Satz 10. $\mathfrak{U}$ *sei bezüglich der Erzeugung* X *ein homogener Unterring des* LIE*schen Ringes* $\mathfrak{L}$ *mit der Basis* B. *Außer den Voraussetzungen I bis IV werde* $X \subseteqq B$ *angenommen. Dann wird* $\mathfrak{U}$ *von den Elementen*

(12)
$$y = d_{0k}(x) = x \bullet b_1 \ldots b_n \quad \begin{cases} \text{mit} & \mathfrak{u}(b_1, \ldots, b_n) \\ \text{aber nicht} & \mathfrak{u}(x, b_1, \ldots, b_n) \end{cases}$$

frei erzeugt.

Satz 10 besagt genau, daß B eine ökonomische Basis von $\mathfrak{L}$ bezüglich $\mathfrak{U}$ ist. In Verbindung mit Satz 4 ergeben sich in speziellen Fällen fertige Formeln für eine Erzeugung von $\mathfrak{U}$.

Beweis von Satz 10: Nach Satz 2 wird $\mathfrak{U}$ von diesen $d_{0k}(x)$ erzeugt, da im Fall $\mathfrak{u}(x, b_1, \ldots, b_n)$ $d_{0k}(x) = 0$ ist. In der folgenden Abzählung ist zu beachten, daß aus $\mathfrak{u}(x, b_1, \ldots, b_n)$ auch $\mathfrak{u}(b_1, \ldots, b_n)$ folgt. Durchläuft e die Menge $E = B - B \cap \mathfrak{U}$, so hat man

$$(13)\quad \begin{cases} \sum |y| - 1 = \sum |x| \prod (1-|e|)^{-1} - \prod (1-|e|)^{-1} \\ \qquad = (\sum |x| - 1) \prod (1-|e|)^{-1} = - \prod (1-|b|) \prod (1-|e|)^{-1}, \end{cases}$$

$$(13p)\quad \begin{cases} \sum |y| - 1 = \sum |x| \prod \frac{1-|e|^p}{1-|e|} - \prod \frac{1-|e|^p}{1-|e|} \\ \qquad = (\sum |x| - 1) \prod \frac{1-|e|^p}{1-|e|} = - \prod (1-|b|) \prod \frac{1-|e|^p}{1-|e|} \end{cases}$$

und damit ist das Kriterium (10) für die Familie $\{y\}$ erfüllt, q. e. d.

Besteht speziell die Erzeugung X aus k und E aus $\varkappa$ Elementen und ist immer $|x| = \xi \in \mathfrak{S}$ (ξ fest), so erhält man aus (13) eine explizite Formel für die Anzahl der Erzeugenden y von $\mathfrak{U}$, die den Grad $n \neq 0$ in den Erzeugenden x von $\mathfrak{L}$ haben, durch den Koeffizienten von ξ^n in

$$(14)\qquad \sum |y| - 1 = \frac{k\xi - 1}{(1-\xi)^\varkappa} = \sum_{n=0}^{\infty} \left(n \frac{k-1}{\varkappa - 1} - 1\right) \binom{n+\varkappa-2}{n} \xi^n,$$

$$(14p)\qquad \sum |y| - 1 = (k\xi - 1) \left(\frac{1-\xi^p}{1-\xi}\right)^\varkappa \qquad \text{(ein Polynom)}.$$

Besonderes Interesse verdient der Fall $\mathfrak{U} = \mathfrak{L}' = \mathfrak{L}^2$. Hierfür ist $E = X$ (im endlichen Fall $\varkappa = k$), und die Erzeugung Y von $\mathfrak{L}'$, die zugleich Basis von $\mathfrak{L}'/\mathfrak{L}''$ ist, besteht nach den Sätzen 10 und 4 genau aus allen Produkten

$$(15)\qquad ((x_\alpha \circ x_\beta) \circ \cdots) \circ x_\gamma \quad \text{mit} \quad x_\alpha > x_\beta,\ \mathfrak{o}(x_\beta, \ldots, x_\gamma),$$

die mindestens zwei Faktoren enthalten. Im p-Fall kommen noch die Produkte

$$((x^p \circ x_\beta) \circ \cdots) \circ x_\gamma \quad \text{mit} \quad x > x_\beta,\ \mathfrak{o}(x_\beta, \ldots, x_\gamma)$$

hinzu.

Wiederholt man diesen Schritt $\mathfrak{L} \to \mathfrak{L}'$ auf $\mathfrak{L}' \to \mathfrak{L}''$, $\mathfrak{L}'' \to \mathfrak{L}'''$, usw., so kommt man zu einer Basis B_K von $\mathfrak{L}$, die nur aus Monomen besteht.

§ 4. d-Basen

$\mathfrak{L}$ sei ein freier LIEscher Ring mit der Erzeugung X und $x \to |x|$ die Abbildung in den zugehörigen monomialen Kegel. Für einen homogenen Unterring $\mathfrak{M}$ bezeichne $|\mathfrak{M}|$ die Gesamtheit der in $\mathfrak{M}$ auftretenden Beträge.

Vorgelegt sei eine absteigende Kette $\mathfrak{U}_n$ $(\mathfrak{U}_0 = \mathfrak{L})$ von Unterringen von $\mathfrak{L}$ mit den Eigenschaften:

α) $\mathfrak{L}/\mathfrak{U}_n$ ist torsionslos.

β) Für jede in X homogene freie Erzeugung X_n von $\mathfrak{U}_n$ ist $\mathfrak{U}_{n+1}$ homogen bezüglich des durch X_n bestimmten monomialen Kegels $\mathfrak{S}_n$.

γ) $\lim |\mathfrak{U}_n| = 0$ (bezüglich $\mathfrak{S}$).

$\mathfrak{L}_{(m)}$ bezeichne den Modul aller homogenen Elemente vom Grad m in X. Die wichtigsten Beispiele für solche Folgen $\mathfrak{U}_n$ sind

(Z) die absteigende Zentralreihe $\mathfrak{L}^n = \sum_{m \geq n} \mathfrak{L}_{(m)}$ $(n = 1, 2, \ldots)$,

(K) die Kommutatorreihe $\mathfrak{L}, \mathfrak{L}^2, (\mathfrak{L}^2)^2, \ldots$.

Es werde hier nur die Gültigkeit der Bedingung β) im Falle (Z) nachgewiesen, da die übrigen Bedingungen für (Z) und (K) ganz offensichtlich erfüllt sind. Man konstruiere eine in X_n homogene Basis A von $\mathfrak{L}^n$, die dann nach Voraussetzung auch in X homogen ist. A enthält daher eine Basis B für den in X homogenen Modul $\mathfrak{L}^{n+1}$, und da A in X_n homogen ist, gilt dasselbe auch für $\mathfrak{L}^{n+1}$.

Satz 11. *Unter den oben genannten Voraussetzungen besitzt $\mathfrak{L}$ eine der Kette $\mathfrak{U}_n$ angepaßte d-Basis B, d.h.*

1. *B enthält eine Basis von $\mathfrak{U}_n$, deren irgendwie totalgeordnetes Komplement mit E_n bezeichnet sei,*

2. *in der durch E_n vermittelten Darstellung $d_{ik}^{\mathfrak{L}\to\mathfrak{U}_n}$ von $\mathfrak{L}$ durch Matrizen mit Koeffizienten aus $\mathfrak{U}_n$ ist*

$$X_n = \bigcup_k d_{0k}^{\mathfrak{L}\to\mathfrak{U}_n}(X)^* \subseteqq B$$

*eine freie homogene Erzeugung von $\mathfrak{U}_n$, wobei * Weglassung aller Nullen bedeute.*

Die sich aus der Kommutatorreihe ergebende d-Basis B_K habe ich 1942 in einem Vortrag an der Universität Berlin auf dem Wege über die Darstellung d_{ik} behandelt. Auf direktem Wege (ohne die Darstellung d_{ik}) ist PH. HALL 1950 auf die d-Basis B_Z gekommen, die sich hier aus der absteigenden Zentralreihe ergibt.

Beweis. In folgender Weise werden rekursiv totalgeordnete, in X homogene Relativbasen E_n von $\mathfrak{L}/\mathfrak{U}_n$ konstruiert ($E_0 = \emptyset$) derart, daß X_n eine freie homogene Erzeugung von $\mathfrak{U}_n$ ist. Hat man E_n schon konstruiert, so ist nach β) $\mathfrak{U}_{n+1}$ bezüglich des durch X_n bestimmten monomialen Kegels homogen. Ist A_τ eine Basis des homogenen Moduls $\mathfrak{U}_{n+1(\tau)}$ $(\tau \in \mathfrak{S}_n)$ und C_τ eine Basis des torsionslosen Moduls $\mathfrak{U}_{n(\tau)}/\mathfrak{U}_{n+1(\tau)}$, wobei in A_τ und C_τ *nach Möglichkeit* Elemente von X_n aufzunehmen sind, so ist $B_n = \bigcup_\tau (A_\tau \cup C_\tau)$ eine bezüglich $\mathfrak{S}_n$ homogene Basis von $\mathfrak{U}_n$, die X_n und eine Basis von $\mathfrak{U}_{n+1}$ enthält. Nun ist $E_{n+1} = E_n \cup \bigcup C_\tau$ sicher eine bezüglich $\mathfrak{S}$ homogene Basis von $\mathfrak{L}/\mathfrak{U}_{n+1}$, für welche nach Satz 10 X_{n+1} eine freie homogene Erzeugung von $\mathfrak{U}_{n+1}$ ist. Damit sind die E_n mit den gewünschten Eigenschaften konstruiert.

Jetzt werde gezeigt, daß $B = \bigcup E_n$ eine homogene Basis von $\mathfrak{L}$ ist. Für gegebenes $\sigma \in \mathfrak{S}$ gibt es nach γ) ein n derart, daß $|\mathfrak{U}_n|$ keine Beträge $\leq \sigma$ enthält. Daher enthält E_n eine Basis von $\mathfrak{L}_{(s)}$. Da ferner die E_n eine aufsteigende Kette bilden, folgt die lineare Unabhängigkeit von B. Ferner liegt $B - E_n$ nach Konstruktion in $\mathfrak{U}_n$ und muß daher eine Basis von $\mathfrak{U}_n$ sein.

Nun werde $X_n \subseteqq \cup E_n$ nachgewiesen. Aus dem Transitivitätssatz für die Darstellungen d_{ik} folgt

$$X_{n+1} = d_{0k}^{\mathfrak{U}_n \to \mathfrak{U}_{n+1}}(X_n).$$

Dabei ist

$$d_{0k}^{\mathfrak{U}_n \to \mathfrak{U}_{n+1}}(X_n \cap \mathfrak{U}_{n+1}) = X_n \cap \mathfrak{U}_{n+1},$$

folglich

$$X_n \cap \mathfrak{U}_{n+1} \subseteqq X_{n+1}, \quad \text{und auch} \quad X_n \cap \mathfrak{U}_m \subseteqq X_m \qquad (m \geqq n).$$

Wegen γ) gilt nun $\bigcap \mathfrak{U}_n = 0$, daher liegt ein $x \in X_n$ in einem letzten $\mathfrak{U}_m$ $(m \geqq n)$ und muß demnach zu E_{m+1} gehören. Damit ist Satz 11 bewiesen. –

Von jetzt ab sei $\mathfrak{L}$ als *gewöhnlicher* LIEscher Ring vorausgesetzt, d.h. es liege nicht der p-Fall vor. Außerdem werde angenommen, daß stets $\mathfrak{U}_n^2 \subseteqq \mathfrak{U}_{n+1}$ erfüllt ist, wie z.B. bei den Folgen (Z) und (K). Dann lassen sich aus dem eben Bewiesenen noch einige Folgerungen ziehen. – In der totalen Ordnung der betrachteten d-Basis B sei stets $E_n < E_{n+1}$. Nun gilt:

Satz 12. *Jedes Element einer der Kette $\mathfrak{U}_n$ angepaßten totalgeordneten d-Basis von $\mathfrak{L}$ ist eindeutig ein „kanonisches Produkt"*

$$p_r = \big(((x \circ b_1) \circ \cdots) \circ b_{r-1}\big) \circ b_r \qquad (r = 0, 1, \ldots;\ p_0 = x \in X)$$

mit $b_1 \leqq \cdots \leqq b_r$ *und* $p_0 > b_1, \ldots, p_{r-1} > b_r$ (in B), *und umgekehrt gehört* p_r *unter diesen Bedingungen zu* B.

Eine totalgeordnete Basis B von $\mathfrak{L}$ mit dieser Eigenschaft werde **kanonisch** genannt.

Der *Beweis* von Satz 12 läßt sich auf mannigfache Weise durch Induktion führen oder indem man sich auf den engen Zusammenhang der Bildung p_r mit dem Prozeß $X \to X_n$ bezieht. Wir wählen folgende Beweisanordnung.

1. Es werde $r > 0$ und $b_r \in E_n$ angenommen und die Umkehrung durch Induktion nach n bewiesen. Von den $b_1, \ldots, b_r$ mögen genau ϱ Elemente in E_0 liegen. Für $\varrho = 0$ ist $b_1 \in \mathfrak{U}_1$, also $x \in \mathfrak{U}_1$ wegen der Bedingung $x > b_1$. Allgemein ist nach Satz 4, (20)

$$y = \big((x \circ b_1) \circ \cdots\big) \circ b_\varrho \in X_1$$

und nach Induktionsvoraussetzung bezüglich $\mathfrak{U}_1/\mathfrak{U}_{n+1}$ ist

$$z = \big((y \circ b_{\varrho+1}) \circ \cdots\big) \circ b_r \in B.$$

2. Es werde $z \in X_{n+1}$ $(n \geqq 0)$ angenommen und die eindeutige Zerlegbarkeit in ein kanonisches Produkt durch Induktion nach n bewiesen. Nach Induktionsvoraussetzung gibt es bezüglich $\mathfrak{U}_1/\mathfrak{U}_{n+1}$ eine eindeutige kanonische Zerlegung

$$z = \big((y \circ b_{\varrho+1}) \circ \cdots\big) \circ b_r \quad \text{mit} \quad y \in X_1,$$

und darin gestattet y bezüglich $\mathfrak{U}_0/\mathfrak{U}_1$, wie früher gezeigt wurde, eine eindeutige kanonische Zerlegung

$$y = \big((x \circ b_1) \circ \cdots\big) \circ b_\varrho.$$

Die hier auftretende Aufspaltung in zwei Schritte läßt sich nicht vermeiden, wie unter 1. gezeigt wurde. Daraus folgt die Eindeutigkeit von $z = p_r$.

In derselben Weise erhält man sofort durch Induktion den

Zusatz. $b_r \in E^n$ *ist gleichbedeutend* mit $p_r \in X^{n+1}$, $p_r \notin X^n$.

Eine einfache Umformung der Definition der kanonischen Basis B führt zu folgender Kennzeichnung von *arithmetischem Charakter*, die hier ohne Beweis angefügt werde.

Satz 13. *Eine totalgeordnete Basis B von $\mathfrak{L}$ ist genau dann kanonisch, wenn folgende drei Bedingungen zugleich erfüllt sind:*

1. *B enthält die freie Erzeugung X von $\mathfrak{L}$ und besteht nur aus Monomen in X.*

2. *Jedes Element aus $B - X$ ist innerhalb B eindeutig zerlegbar in $a \circ b$ mit $a > b$.*

3. *$a \circ b$ mit $a, b \in B$, $a > b$, gehört genau dann zu B, falls $a \in X$ oder*

$$a = a_1 \circ a_2, \quad a_1 > a_2 \leq b, \quad a_i \in B.$$

§ 5. Beispiele

$\mathfrak{L}$ sei der von x, y erzeugte freie Liesche Ring über dem Koeffizientenbereich Γ der ganzen Zahlen. p sei eine Primzahl.

1. $\mathfrak{U} = \Gamma(px, py)$ ist frei, obwohl $\mathfrak{L}/\mathfrak{U}$ Torsion hat. Die Freiheit folgt aus der durch $x \to px$, $y \to py$ erzeugten Isomorphie.

2. $\mathfrak{U} = \Gamma(px, py, px \circ y)$ ist nicht frei, da $px \circ y$ im Faktorkommutatorring $\mathfrak{U}/\mathfrak{U}'$ die Ordnung p hat.

3. $\mathfrak{U} = \Gamma(x, py, y + x \circ y)$ ist nicht frei, obwohl $\mathfrak{U}/\mathfrak{U}'$ keine Torsion hat. Dies soll bewiesen werden. Wegen

$$p \cdot (y + x \circ y) = py + x \circ py \equiv py \bmod \mathfrak{U}'$$

wird $\mathfrak{U}/\mathfrak{U}'$ linear von x, $y + x \circ y$ erzeugt und ist daher torsionslos.

Angenommen, $\mathfrak{U}$ wäre ein freier Unterring. Dann müßte $\mathfrak{U}$ von zwei Elementen A, B erzeugt werden, weil rational gerechnet $\mathfrak{U}$ mit $\mathfrak{L}$ zusammenfällt. Durch etwaige unimodulare Ersetzung von A, B läßt sich erreichen, daß deren Leitglieder (homogene Glieder höchsten Grades) linear unabhängig sind. Nun sieht man, daß A und B vom Grad 1 sind, denn sonst wäre nicht x und py in $\Gamma(A, B)$ enthalten. Da $y + x \circ y$ nicht der additiven Gruppe (x, py) angehört, gilt die Modulrelation

$$(x, y) \supseteqq (A, B) \supset (x, py).$$

Nun ist $(x, y)/(x, py)$ einfach, folglich $(A, B) = (x, y)$, $\mathfrak{U} = \mathfrak{L}$, was aber sicher mod $p\mathfrak{L}$ falsch ist.

Hamburg, Mathematisches Seminar der Universität

(Eingegangen am 26. März 1955)

Druck der Universitätsdruckerei H. Stürtz AG., Würzburg

30.

Über eine Klasse von Algebren mit lauter endlich erzeugbaren Unteralgebren

Mitt. Math. Ges. Hamburg X (1976) 311

Über einem Körper K sei A eine Algebra mit einer Basis e_i $(i \in I \subset \mathbb{Z})$ mit $e_i e_j \in K e_{i+j}$, und jedes e_i annulliere beiderseits nur endlich viele e_k, z.B. der Polynomring mit $e_i = x^i$ oder bei Charakteristik p der von mir 1935 gefundene Liering [1], definiert durch $e_i e_j = (i-j)e_{i+j}$. In üblicher Weise werde der Grad von $\sum \alpha_i e_i$ als größtes i mit $\alpha_i \neq 0$ erklärt, der Grad von 0 sei 0.

Folgender Satz, im Falle der Bedingung $e_i e_j \neq 0$ für $i \neq j$ von Amayo stammend, soll hier neu bewiesen werden, erst für $I = \mathbb{N}$, dann für $I = \mathbb{Z}$:

Jede Unteralgebra $U \subset A$ ist endlich erzeugbar.

In U bilden die Elemente vom Grade ≤ 0 eine endlich erzeugte Unteralgebra V (im Fall $I = \mathbb{Z}$ führt die Transformation $e_i' = -e_i$ auf den Fall $I = \mathbb{N}$ zurück). Sei jetzt $U \neq V$, D_j die Menge aller in U vorkommenden Grade $> j$, $m = \min D_0$, $\bar{d} = d + m\mathbb{Z}$.

Nach Voraussetzung ist $e_m e_s$ oder $e_s e_m \neq 0$ für alle $s >$ passendem $p \geq m$. Es sei

$$R = \{\min(\bar{d} \cap D_p) \mid d \in D_p\}, \quad \text{also } |R| \leq m \,.$$

Nun wird U von V und Vertretern u_i, u_r zu Graden $0 < i \leq p$, $r \in R$ erzeugt, denn diese u_i bilden zusammen mit Elementen $u_m^n \cdot u_r$ (die Faktoren u_m passend links oder rechts angebracht, $n \in \mathbb{N}, r \in R$) in der Tat eine lineare Basis des Moduls U/V.

Bemerkung. Für $I = \mathbb{Z}^2$ gilt obiger Satz nicht mehr, z.B. ist $\langle 1, x^n y \mid n \in \mathbb{N} \rangle \subset K[x,y]$ nicht endlich erzeugbar.

Literatur

[1] *Ho-jui Chang*, Über Wittsche Lie-Ringe, Hamb. Abh. **14** (1941) 151–184.

[2] *Hans Zassenhaus*, Über Lie'sche Ringe mit Primzahlcharakteristik, Hamb. Abh. **13** (1940) S. 3, 2. Fußnote.

Eingegangen am 3.7.1975

Editor's Remark: Witt's Lie algebra [1] played an important role in the classification of finite dimensional simple Lie algebras with positive characteristic, cf. H. Strade's survey article in Jber. d. Dt. Math. Verein. **95** (1993) 28–46. For generalizations of Witt's Lie algebra we refer e.g. to the book: Amayo/Stewart, Infinite-dimensional Lie algebras, Noordhoff 1974.

31.

Über Normalteiler, deren Ordnung prim ist zum Index

Unveröffentlicht 1937

Bekanntlich läßt sich in diesem Falle die Faktorgruppe durch eine Untergruppe $\mathfrak{U}$ repräsentieren: $\mathfrak{G} = \mathfrak{A}\mathfrak{U}$, $\mathfrak{A} \triangleleft \mathfrak{G}$, $(|\mathfrak{A}|, |\mathfrak{U}|) = 1$.

Vermutung $\kappa(\mathfrak{G})$: *Aus* $|\mathfrak{U}_1| = |\mathfrak{U}|$ *folgt* $\mathfrak{U}_1^x = \mathfrak{U}$. *Es genügt,* $x \in \mathfrak{A}$ *zu nehmen.*

Wenn $\mathfrak{A}$ einen echten $\mathfrak{G}$-Normalteiler $\mathfrak{a}$ enthält, folgt $\kappa(\mathfrak{G})$ durch Induktion: $\mathfrak{U}_1^x \subseteq \mathfrak{a}\mathfrak{U} < G$, $\mathfrak{U}_1^{yx} = \mathfrak{U}$.

Es sei $\mathfrak{U}_1 = \{a_u u\}$, mit der Gruppeneigenschaft $a_{uv} = a_u a_v^u$.

$\kappa(\mathfrak{G})$ bedeutet $a_u u = u^x = x^{1-u} u$, d.h. $a_u = x^{1-u}$. Da $\{a_u\}\mathfrak{U}$ eine $\mathfrak{U}_1$ enthaltende *Gruppe* ist, darf $\{a_u\} = \mathfrak{A}$ angenommen werden. Wenn $\mathfrak{U}$ einen echten Normalteiler $\mathfrak{W}$ enthält, kann nach Induktion $\mathfrak{U}_1^y \supseteq \mathfrak{W}$ angenommen werden, sogar $\mathfrak{U}_1 \supseteq \mathfrak{W}$, d.h. $a_w = 1$ für $w \in \mathfrak{W}$, folglich

$$a_{uw} = a_u, \quad a_v^w = a_{wv} = a_v, \quad a^w = a\,.$$

Daher folgt $\kappa(\mathfrak{G})$ durch Lösen von $a_u = x^{1-u}$ für $u \in \mathfrak{U}/\mathfrak{W}$.

$\mathfrak{C}$ sei echte *charakteristische* Untergruppe in $\mathfrak{A}$. *Charakteristisch bedeute hier:* Für $\alpha \in \operatorname{Aut}\mathfrak{A}$ ist $\mathfrak{C}^\alpha = \mathfrak{C}^a$, $a \in \mathfrak{A}$. Beispielsweise sind Sylowgruppen, ihre Normalisatoren oder Zentren charakteristische Gruppen. (Der Begriff charakteristisch ist transitiv. $\mathfrak{C}$ und $N\mathfrak{C}$ sind auch in $\mathfrak{G}$ charakteristisch.) Sei $\mathfrak{C}^u = \mathfrak{C}^a$, $ua^{-1} \in N\mathfrak{C} \Rightarrow \mathfrak{U} \subseteq \mathfrak{A}N\mathfrak{C} = \mathfrak{G}$, $\mathfrak{U} \simeq N\mathfrak{C}/\mathfrak{A} \cap N\mathfrak{C}$, $\mathfrak{U} \simeq \mathfrak{U}_2 \subseteq N\mathfrak{C}$.

Behauptung: $\kappa(\mathfrak{G})$ *ist gleichwertig mit* $\mathfrak{U} \subseteq N\mathfrak{C}^x$.

Beweis: 1) $\kappa(\mathfrak{G}) \Rightarrow \mathfrak{U} = \mathfrak{U}_2^x \subseteq N\mathfrak{C}^x$,

2) ohne Einschränkung sei $\mathfrak{U}, \mathfrak{U}_1 \subseteq N\mathfrak{C}$. Nach Induktion folgt $\kappa(N\mathfrak{C})$, denn entweder ist $\mathfrak{C} \triangleleft \mathfrak{G}$ oder $N\mathfrak{C} \subset \mathfrak{G}$.

Beim Transformieren mit $\mathfrak{U}$ mögen $K_\mathfrak{C}$ von den Konjugierten von $\mathfrak{C}$ fest bleiben. $\kappa(\mathfrak{G})$ ist mit $K_\mathfrak{C} \neq 0$ gleichwertig.

Analog würde der Nachweis genügen, daß beim Transformieren mit $\mathfrak{U}$ ein charakteristisches Element festbleibt; die Reduktion führt auf den Fall, daß $\mathfrak{A}$ abelsch ist.

Angenommen, $\mathfrak{A}$ sei echtes direktes Produkt konjugierter Normalteiler $\mathfrak{a}^v$ $(v \in V \ni 1)$. θ sei die entsprechende Projektion $\mathfrak{A} \to \mathfrak{a}$, dann ist θ^v die Projektion $\mathfrak{A} \to \mathfrak{a}^v$ und $\sum \theta^v = 1$. Beim Transformieren mit $\mathfrak{U}$ sei $\mathfrak{W}$ die Fixgruppe von $\mathfrak{a}$, es ist $\mathfrak{W} \neq \mathfrak{U}$, daher kann $a_w = 1$ angenommen werden $(w \in \mathfrak{W})$. Es folgt $a_{uw} = a_u$, $a_{vw}^{\theta^{vw}} = a_v^{\theta^v}$, d.h. diese Bildung hängt nicht vom Repräsentantensystem ab. Die Gleichungen $a_u x^u = x$ haben nun die Lösung $x = \prod_v a_v^{\theta^v}$, hierzu betrachte man die rechten Seiten in

$$a_u = \prod_v a_u^{\theta^v} = \prod_v a_u^{\theta^{uv}}\,,$$

$$x^u = \prod_v a_v^{u\theta^v} = \prod_v (a_v^u)^{\theta^{uv}},$$
$$x = \prod_v a_v^{\theta^v} = \prod_v a_{uv}^{\theta^{uv}}.$$

Damit ist die Reduktion durchgeführt auf einfaches $\mathfrak{U}$, einfaches $\mathfrak{A}$. Falls $\mathfrak{U}$ trivial einfach ist, ist $\kappa(\mathfrak{G})$ ein Sylowsatz. $\mathfrak{U}$ *ist also nicht trivial einfach*, wirkt aber wirklich auf $\mathfrak{A}$, sonst wäre $\mathfrak{A}\mathfrak{U}$ direktes Produkt, d.h. $\mathfrak{U} \subseteq \text{Aut}\,\mathfrak{A}$, daher ist $\mathfrak{A}$ *auch nicht trivial einfach.*

Editor's Remark

Conjecture $\kappa(\mathfrak{G})$ is the so-called Schur-Zassenhaus theorem. Schur proved that the factor group $\mathfrak{G}/\mathfrak{A}$ is represented by a subgroup $\mathfrak{U}$; and Zassenhaus proved $\kappa(\mathfrak{G})$ under the assumption that one of the groups $\mathfrak{A}$ or $\mathfrak{G}/\mathfrak{A}$ is solvable. This assumption is true by the Feit-Thompson theorem (Pacific J. Math. 13, 1963, 775–1029) since one of the groups $\mathfrak{A}$ or $\mathfrak{G}/\mathfrak{A}$ necessarily has odd order.

In his book on the theory of groups, Zassenhaus noticed that E. Witt reduced $\kappa(\mathfrak{G})$ to the case when $\mathfrak{A}$ is simple and the centralizer of $\mathfrak{A}$ in $\mathfrak{G}$ is e (cf. 1st edition 1937, p. 126, and 2nd edition 1958, p. 163). In fact, Witt showed in the above paper that $\kappa(\mathfrak{G})$ follows from the Schreier conjecture which says that the group of outer automorphisms of a finite simple group is solvable and which follows from the classification of finite simple groups.

In the thirties, Witt found several simplifications of proofs in group theory. For example, Zassenhaus wrote in the preface to the first edition of his book that the proof of the Jordan-Hölder-Schreier theorem, as well as the proofs in Chapter IV, §§ 1 and 6 (on the Sylow theorem and Hamiltonian groups) owe their final form to suggestions of E. Witt.

A. Speiser mentioned in the preface to the third edition of his book on group theory (Springer-Verlag 1937) that he is indebted to K. Witt for valuable help, having in mind E. Witt, of course. On p. 202 Speiser presented Witt's simplified proof of the following Frobenius theorem: Let G be a transitive permutation group in which only the identity e fixes more than one letter, and let H be a subgroup fixing a letter. Then the subset of G consisting of e together with those elements which fix no letters forms a normal subgroup N of G of order $(G : H)$. The subgroup N usually is called the *Frobenius kernel* of G.

In 1937 Witt found that the Frobenius kernel is nilpotent if it is solvable. He gave a very simple proof of this fact published by H. Wielandt in his joint paper with B. Huppert on permutation groups, cf. Arch. Math. IX, 1958 p. 21f. On p. 21 Wielandt noticed that in the fifties Witt's 1937 result was rediscovered several times. It was a sensation when in 1959 J. G. Thompson showed in his thesis that the Frobenius kernel is always nilpotent, cf. e.g. J. G. Thompson: Normal p-complements for finite groups, J. Algebra 1 (1964) 43-46.

32.

Die 5-fachen transitiven Gruppen von Mathieu

Abh. Math. Sem. Univ. Hamburg *12* (1938) 256–264

Im Jahre 1861 entdeckte MATHIEU zwei 5-fach transitive Permutationsgruppen M_{12} und M_{24} in 12 bzw. 24 Ziffern. Obwohl seitdem viele Arbeiten über mehrfach transitive Gruppen geschrieben wurden, hat man doch bis heute keine weiteren Gruppen dieser Art gefunden.

Die Gruppe M_{24} tritt in *natürlicher* Weise bei folgender Aufgabe auf:

Aus 24 Personen sollen $\dfrac{24\cdot 23\cdot 22\cdot 21\cdot 20}{8\cdot\ 7\cdot\ 6\cdot\ 5\cdot\ 4}$ *Vereine gebildet werden. Jeder Verein soll aus acht Mitgliedern bestehen. Fünf beliebige Personen sollen jeweils einem einzigen Verein angehören.*

Diese Aufgabe wird hier gelöst werden, und in der anschließenden kombinatorischen Arbeit werden wir zeigen, daß es im wesentlichen nur diese eine Lösung gibt.

Die Gruppe M_{24} *besteht genau aus denjenigen Personenvertauschungen des Systems* $\mathfrak{S}(5, 8, 24)$, *bei welchen Vereine in Vereine übergehen.*

Entsprechend tritt M_{12} *als Automorphismengruppe des einzigen Systems* $\mathfrak{S}(5, 6, 12)$ *auf.*

Die Mathieuschen Gruppen sind auch aus einem anderen Grunde bemerkenswert, sie und einige ihrer Untergruppen sind nämlich einfach.

Man erhält so *fünf einfache Permutationsgruppen*

$$M_{11},\ M_{12},\ M_{22},\ M_{23},\ M_{24},$$

die sich in keine der bekannten Serien einfacher Gruppen einordnen lassen.

Die Gruppe M_{12} wurde ausführlich von MATHIEU behandelt (Liouville's Journal 6). Die Gruppe M_{24} wird dort von ihm nur erwähnt: « Je possède une fonction cinq fois transitif de 24 quantités qui a $\dfrac{1\cdot 2\cdot 3\cdot 4\cdots 18\cdot 19}{16\times 3}$ valeurs ...». Der Gruppe M_{24} hat man das Leben sehr schwer gemacht. 1873 schrieb MATHIEU eine besondere Arbeit darüber, sie scheint jedoch nicht sehr überzeugend gewesen zu sein, denn 1874 versuchte JORDAN darzulegen, daß eine solche Gruppe gar nicht existieren kann. Einen neuen Versuch in dieser Richtung machte MILLER 1898. Zwei Jahre später bewies MILLER die Einfachheit dieser schon totgesagten Gruppe, wobei er allerdings eine Lücke in seiner vorhergehenden Arbeit feststellen mußte. Seither wurde die Existenz der Mathieuschen Gruppen nur von SÉGUIER nachgewiesen, doch sind seine ungeheuren Rechnungen kaum nachzuprüfen.

Der Existenznachweis für diese Gruppen wird hier im Rahmen einer allgemeinen Theorie verhältnismäßig einfach ausfallen. In seinem Traité des Substitutions behandelt CAMILLE JORDAN das Problem der transitiven Erweiterung: Eine transitive Gruppe soll nach Hinzunahme einer neuen Ziffer so erweitert werden, daß die Ausgangsgruppe gerade aus denjenigen Permutationen besteht, welche die neue Ziffer festlassen. Hier wird gezeigt werden, daß die Bedingungen für die Möglichkeit einer transitiven Erweiterung viel einfacher ausfallen, wenn die Ausgangsgruppe bereits 2-fach transitiv ist.

Schließlich werden wir noch einige merkwürdige Eigenschaften der Gruppen M_{24} und M_{12} herleiten, welche schon FROBENIUS ohne Beweis mitgeteilt hat.

Literatur.

FROBENIUS, Über die Charaktere der mehrfach transitiven Gruppen. Sitzungsber. Berl. Akad. (1904), S. 769—771.

JORDAN, Traité der Substitutions, p. 30—33. — [Liouville's Journal (1874).]

MATHIEU, Liouville's Journal **6** (1861), S. 274, und (1873).

MILLER, Bull. Soc. Math. Fr. **28** (1900), p. 266. — [Mess. Math. (1898).]

SÉGUIER, Groupes des Substitutions, p. 150—159.

WITT, Über Steinersche Systeme. Dieser Band, S. 265—275.

ZASSENHAUS, Über transitive Erweiterungen gewisser Gruppen aus Automorphismen endlicher Geometrien. Math. Ann. **111** (1935), S. 748.

1. Analyse mehrfach transitiver Gruppen.

$\mathfrak{G}_t$ sei eine t-fach transitive Permutationsgruppe in den Ziffern

$$p_1, \cdots, p_\tau, \qquad q_1, q_2, \cdots, q_t \qquad (t \geqq 2).$$

Diejenigen Permutationen von $\mathfrak{G}_t$, welche die Ziffern $q_{i+1}, \cdots, q_t$ festlassen, bilden eine i-fach transitive Untergruppe $\mathfrak{G}_i$ in den Ziffern $p_1, \cdots, p_\tau,\ q_1, \cdots, q_i\ (i \geqq 1)$.

Diejenigen Permutationen von $\mathfrak{G}_t$, welche alle Ziffern q festlassen, bilden eine möglicherweise intransitive Untergruppe $\mathfrak{H}$ in den Ziffern p.

Für $i \geqq 2$ enthält $\mathfrak{G}_i$ eine Permutation

$$(1) \qquad S_i = P_i \cdot (q_{i-1} \mid q_i) \qquad (i = 2, 3, \cdots, t),$$

worin P_i nur die Ziffern p vertauscht. S_i ist mit $\mathfrak{H}$ vertauschbar und mod $\mathfrak{H}$ eindeutig bestimmt. Abgesehen von S_2 ist S_i auch noch mit $\mathfrak{G}_1$ vertauschbar.

Es bestehen die Relationen

$$(2) \qquad (S_i S_j)^{m_{ij}} \equiv 1 \bmod \mathfrak{H} \text{ mit } m_{ij} = \begin{cases} 1 \text{ für } i = j, \\ 3 \quad „ \quad i - j = \pm 1, \\ 2 \text{ sonst.} \qquad (i, j = 2, 3, \cdots, t). \end{cases}$$

Es ist endlich

(3) $$\mathfrak{G}_i = \mathfrak{G}_{i-1} + \mathfrak{G}_{i-1} S_i \mathfrak{G}_{i-1} \qquad (i = 2, 3, \cdots, t),$$

denn rechts steht eine Summe von Nebengruppen mod $\mathfrak{G}_{i-1}$, welche die Ziffer q_i in alle Ziffern $p_1, \cdots, p_\tau, \; q_1, \cdots, q_i$ überführt.

2. Konstruktion mehrfach transitiver Gruppen.

Gegeben sei eine 2-fach transitive Gruppe $\mathfrak{G}_2$ in den Ziffern

$$p_1, \cdots, p_\tau, \qquad q_1, q_2.$$

In bisheriger Bezeichnung sei $\mathfrak{H}$, $\mathfrak{G}_1$ und $S_2 = P_2 \cdot (q_1 \mid q_2)$ aus $\mathfrak{G}_2$ erklärt.

Satz 1. *Nach Hinzunahme neuer Ziffern*

$$q_3, \cdots, q_t$$

und neuer Permutationen

$$S_j = P_j \cdot (q_{j-1} \mid q_j) \qquad (j = 3, \cdots, t; \; P_j q_\nu = q_\nu)$$

wird, ausgehend von $\mathfrak{G}_2$, *rekursiv durch*

$$\mathfrak{G}_j = \mathfrak{G}_{j-1} + \mathfrak{G}_{j-1} S_j \mathfrak{G}_{j-1} \qquad (j = 3, \cdots, t)$$

eine t-fach transitive Gruppe $\mathfrak{G}_t$ *definiert, sobald die folgenden Bedingungen erfüllt sind:*

$$(S_i S_k)^{m_{ik}} \equiv 1 \bmod \mathfrak{H} \qquad (i, k = 2, 3, \cdots, t; \; m_{ik} \text{ wie oben}),$$
$$S_j \mathfrak{G}_1 S_j = \mathfrak{G}_1 \qquad (j = 3, \cdots, t).$$

Die neuen Ziffern werden einzig und allein von der Untergruppe $\mathfrak{G}_2$ *festgelassen.*

Beweis. Für $t = 2$ wird nichts behauptet. Es sei $t > 2$ und der Satz schon bis $t-1$ bewiesen. Die Gruppe $\mathfrak{G}_{t-2}$ wird von $\mathfrak{G}_1, S_2, \cdots, S_{t-2}$ erzeugt, daher ist auf Grund der genannten Bedingungen S_t mit $\mathfrak{G}_{t-2}$ vertauschbar. Nach dem Doppelmodul $(\mathfrak{G}_{t-1}, \mathfrak{G}_{t-1})$ folgt daher

$$\begin{aligned} S_t \mathfrak{G}_{t-1} S_t = S_t (\mathfrak{G}_{t-2} + \mathfrak{G}_{t-2} S_{t-1} \mathfrak{G}_{t-2}) S_t &\equiv 1 + S_t S_{t-1} S_t \\ &\equiv 1 + S_{t-1} S_t S_{t-1} \equiv 1 + S_t. \end{aligned}$$

Hieraus folgt für den Komplex

$$\mathfrak{G}_t = \mathfrak{G}_{t-1} + \mathfrak{G}_{t-1} S_t \mathfrak{G}_{t-1}$$

durch direktes Ausmultiplizieren $\mathfrak{G}_t \mathfrak{G}_t \leqq \mathfrak{G}_t$, also ist $\mathfrak{G}_t$ eine Gruppe. Kein Element von $\mathfrak{G}_{t-1} S_t \mathfrak{G}_{t-1}$ läßt die Ziffer q_t fest, q_t wird also nur von $\mathfrak{G}_{t-1}$ festgelassen. Nach Induktion läßt nur $\mathfrak{G}_2$ alle neuen Ziffern fest. $\mathfrak{G}_{t-1}$ ist $t-1$-fach transitiv, also ist $\mathfrak{G}_t$ t-fach transitiv. Damit ist alles gezeigt.

Die Bedingungen $S_j \mathfrak{G}_1 S_j = \mathfrak{G}_1$ können auch durch $P_j \mathfrak{G}_1 P_j^{-1} = \mathfrak{G}_1$ ersetzt werden. Wir geben einen praktischen Hinweis zur Aufstellung solcher Permutationen P:

Satz 2. *$\mathfrak{G}$ sei eine transitive Gruppe, $\mathfrak{H}$ diejenige Untergruppe, welche die Ziffer q festläßt. Vermöge*

$$G^\sigma = PGP^{-1} \quad \text{bzw.} \quad P \cdot Gq = G^\sigma q \qquad (G \text{ aus } \mathfrak{G})$$

entsprechen sich gegenseitig:

1. *eine mit $\mathfrak{G}$ vertauschbare Permutation P, welche die Ziffer q festläßt,*
2. *ein Automorphismus σ von $\mathfrak{G}$, welcher die Untergruppe $\mathfrak{H}$ festläßt.*

Beweis. Es sei P gegeben. Durch $G^\sigma = PGP^{-1}$ wird ein Automorphismus σ von $\mathfrak{G}$ bestimmt. Aus $\mathfrak{H}^\sigma q = P\mathfrak{H}P^{-1}q = q$ folgt $\mathfrak{H}^\sigma = \mathfrak{H}$. Ferner gilt $G^\sigma q = PGP^{-1}q = P \cdot Gq$.

Umgekehrt sei σ gegeben. Die Ziffern Gq und $G^\sigma q$ hängen nur von der Nebengruppe $G\mathfrak{H}$ ab, daher wird durch $P \cdot Gq = G^\sigma q$ eine Permutation P eindeutig festgelegt. Es folgt $Pq = q$. Mit beliebigen Permutationen G und G_1 aus $\mathfrak{G}$ gilt

$$PG \cdot G_1 q = G^\sigma G_1^\sigma q = G^\sigma P \cdot G_1 q,$$

also $PG = G^\sigma P$ und $P\mathfrak{G}P^{-1} = \mathfrak{G}$. Damit ist der Satz bewiesen.

3. Über den Normalisator gewisser Untergruppen.

$\mathfrak{G}$ sei eine t-fach transitive Permutationsgruppe vom Grade n. Die Untergruppe $\mathfrak{H}$ bestehe aus allen Permutationen $\mathfrak{G}$, welche die Ziffern $1, \cdots, t$ festlassen.

$\mathfrak{U}$ sei eine Untergruppe von $\mathfrak{H}$ mit der Eigenschaft: Die in $\mathfrak{H}$ gelegenen zu $\mathfrak{U}$ konjugierten Untergruppen sollen schon innerhalb $\mathfrak{H}$ konjugiert sein. Dies trifft z. B. immer zu für $\mathfrak{U} = \mathfrak{H}$ oder für eine Sylowgruppe von $\mathfrak{H}$.

Satz 3. *Der Normalisator $N\mathfrak{U}$ von $\mathfrak{U}$ hat einen t-fach transitiven Konstituenten $\mathfrak{K}$ in denjenigen m Ziffern, welche von der Untergruppe $\mathfrak{U}$ festgelassen werden.*

Wenn $\mathfrak{U}$ außerdem Normalteiler von $\mathfrak{H}$ und $m > t$ ist, so fasse man jeweils diejenigen m Ziffern, welche von einer zu $\mathfrak{U}$ konjugierten Untergruppe festgelassen werden, zu einem Verein zusammen. Dadurch entsteht ein System $\mathfrak{S}(t, m, n)$ im Sinne der eingangs gestellten Aufgabe: t beliebige Ziffern gehören jedesmal einem einzigen Verein an.

Beweis. $\mathfrak{U}$ lasse genau die Ziffern $1, \cdots, m$ fest ($m \geqq t$). Diese Ziffern werden von $N\mathfrak{U}$ nur unter sich vertauscht. Die Permutation G aus $\mathfrak{G}$ führe $1, \cdots, t$ in beliebige Ziffern $1', \cdots, t'$ aus der Reihe $1, \cdots, m$ über. $\mathfrak{U}^{G^{-1}}$ läßt sicher die Ziffern $1, \cdots, t$ fest, liegt also in $\mathfrak{H}$. Nach

Voraussetzung ist $\mathfrak{U}^{G^{-1}} = \mathfrak{U}^H$ mit einem passenden Element H aus $\mathfrak{H}$. GH liegt in $N\mathfrak{U}$ und führt ebenfalls $1, \cdots, t$ in $1', \cdots, t'$ über. Damit ist bewiesen, daß $N\mathfrak{U}$ t-fach transitiv in den Ziffern $1, \cdots, m$ ist.

Die weitere Behauptung ergibt sich daraus, daß zufolge der Annahme eine zu $\mathfrak{H}$ konjugierte Untergruppe nur eine einzige zu $\mathfrak{U}$ konjugierte Untergruppe enthält.

4. Aufstellung der Gruppen M_{24} und M_{12}.

Zum Galoisfeld K_4 von vier Elementen $0, 1, \varrho, \varrho^2$ $(1 + \varrho + \varrho^2 = 0)$ gehört eine Ebene projektive Geometrie von 21 Punkten (x, y, z).

Satz 4. *Die folgenden Permutationen in den 21 Punkten* (x, y, z) *und drei weiteren Ziffern* I, II, III

$$\begin{array}{lll}
(a_{ik}) = (x_1, x_2, x_3 \to \sum a_{1k} x_k, & \sum a_{2k} x_k, & \sum a_{3k} x_k), \quad |a_{ik}| = 1 \\
S_3 = (x, y, z \to x^2 + yz, & y^2, & z^2) \cdot (1, 0, 0 \mid \mathrm{I}) \\
S_4 = (x, y, z \to x^2, & y^2, & \varrho z^2) \cdot (\mathrm{I} \mid \mathrm{II}) \\
S_5 = (x, y, z \to x^2, & y^2, & z^2) \cdot (\mathrm{II} \mid \mathrm{III})
\end{array}$$

erzeugen eine 5-fach transitive Gruppe M_{24} *von der Ordnung*

$$48 \cdot 20 \cdot 21 \cdot 22 \cdot 23 \cdot 24.$$

Beweis. Im Anschluß an die vorangehenden Überlegungen setzen wir

$$q_1, q_2, q_3, q_4, q_5 = (0, 1, 0), (1, 0, 0), \mathrm{I}, \mathrm{II}, \mathrm{III} \text{ und } S_2 = (x, y, z \to y, x, z).$$

Die Gruppe $\mathfrak{G}_2$ aller projektiven Transformationen mit Determinante 1 ist 2-fach transitiv in den 21 Punkten (x, y, z). $\mathfrak{G}_2$ hat die Ordnung $48 \cdot 20 \cdot 21$. Die 13 Bedingungen von Satz 1 lassen sich ohne große Schwierigkeit nachprüfen.

Auf denselben Prinzipien beruht folgende Erzeugungsart der Gruppe M_{12}:

Die Variable x durchlaufe ∞ und die Zahlen $0, 1, \alpha, \cdots, \alpha^7$ des Galoisfeldes K_9 $(\alpha^2 + \alpha = 1)$. V und W seien weitere Ziffern.

Satz 5. *Die folgenden Substitutionen*

$$\alpha^i x^{3^i}, \quad 1 - x, \quad x^{-1}, \quad (\alpha^2 x + \alpha x^3) \cdot (\infty, V), \quad x^3 \cdot (V, W)$$

erzeugen eine 5-fach transitive Gruppe M_{12} *von der Ordnung* $8 \cdot 9 \cdot 10 \cdot 11 \cdot 12$.

Satz 6. *Die fünf folgenden Permutationsgruppen sind sämtlich einfach:*

Gruppe	Grad	Transitivität	Ordnung
M_{11}	11	4	$8\cdot 9\cdot 10\cdot 11$
M_{12}	12	5	$8\cdot 9\cdot 10\cdot 11\cdot 12$
M_{22}	22	3	$48\cdot 20\cdot 21\cdot 22$
M_{23}	23	4	$48\cdot 20\cdot 21\cdot 22\cdot 23$
M_{24}	24	5	$48\cdot 20\cdot 21\cdot 22\cdot 23\cdot 24$

Beweis. $\mathfrak{N} \neq 1$ sei ein Normalteiler von $M_{11} = \mathfrak{G}_4$. Da $\mathfrak{N}$ transitiv ist, liegen alle Sylowgruppen S_{11} zur Primzahl 11 in $\mathfrak{N}$. Eine S_{11} ist kein Normalteiler von $\mathfrak{N}$, sonst wäre S_{11} ein regulärer Normalteiler von $\mathfrak{G}_4$, und $\mathfrak{G}_3$ würde die von 1 verschiedenen Elemente von S_{11} 3-fach transitiv untereinander transformieren, was nicht geht. Da ferner $\mathfrak{G}_1$ aus lauter geraden Permutationen besteht, ist auch $\mathfrak{G}_4$ gerade, daher kann der Normalisator einer S_{11} sowohl in $\mathfrak{N}$ als auch in $\mathfrak{G}_4$ gebildet nur die Ordnung $5\cdot 11$ haben, woraus $\mathfrak{N} = \mathfrak{G}_4$ folgt.

Die projektive Gruppe $M_{21} = \mathfrak{G}_2$ ist bekanntlich einfach.

Der Beweis für die Einfachheit der übrigen Gruppen verläuft einheitlich folgendermaßen:

$\mathfrak{A}$ sei ein echter Normalteiler von $M_n = \mathfrak{G}_i$. Für $M_{n-1} = \mathfrak{G}_{i-1}$ sei die Einfachheit schon erkannt, daraus folgt $\mathfrak{A} \cap \mathfrak{G}_{i-1} = 1$. $\mathfrak{A}$ ist also regulär, und $\mathfrak{G}_{i-1}$ transformiert die von 1 verschiedenen Elemente von $\mathfrak{A}$ $i-1$-fach transitiv unter sich, was nicht geht.

Nach dieser Methode läßt sich übrigens, ausgehend von der einfachen Gruppe $\frac{1}{2}5!$, am besten die Einfachheit der alternierenden Gruppen nachweisen.

Bemerkung. Durch Betrachtung der $\mathfrak{H}$ festlassenden Automorphismen von $\mathfrak{G}_1$ (Satz 2) folgt, daß die Gruppe $\mathfrak{G}_5 = M_{12}, M_{24}$ die einzig mögliche transitive Erweiterungsgruppe der Ausgangsgruppe $\mathfrak{G}_2$ ist und weiter, daß sich $\mathfrak{G}_5$ nicht zu einer $\mathfrak{G}_6$ transitiv erweitern läßt.

5. Weitere Eigenschaften der Mathieuschen Gruppen.

Wir setzen in M_{24}

$$\mathfrak{H} = \begin{pmatrix} 1 & 0 & \alpha \\ 0 & \gamma & \beta \\ 0 & 0 & \gamma^{-1} \end{pmatrix}, \quad \mathfrak{U} = \begin{pmatrix} 1 & 0 & \alpha \\ 0 & 1 & \beta \\ 0 & 0 & 1 \end{pmatrix}, \quad \mathfrak{V} = \begin{pmatrix} 1 & 0 & 0 \\ 0 & \gamma & 0 \\ 0 & 0 & \gamma^{-1} \end{pmatrix}.$$

$\mathfrak{H}$ besteht aus den Permutationen, welche $(0, 1, 0)$, $(1, 0, 0)$, I, II, III festlassen. Die Ordnung ist $2^4\cdot 3$.

Die 2-Sylowgruppe $\mathfrak{U}$ ist Normalteiler von $\mathfrak{H}$ und läßt im ganzen acht Ziffern fest, die übrigen 16 Ziffern vertauscht $\mathfrak{U}$ regulär. $\mathfrak{U}$ ist abelsch vom Typ (2, 2, 2, 2). Die 3-Sylowgruppe $\mathfrak{B}$ von $\mathfrak{H}$ läßt sechs Ziffern fest. Daraus folgt die nützliche Bemerkung:

In M_{24} läßt nur die identische Permutation mehr als acht Ziffern fest.

Aus unserem Satz 3 ergeben sich jetzt eine Reihe von Anwendungen:

Satz 7. *Durch M_{24} wird ein System $\mathfrak{S}(5, 8, 24)$ festgelegt. Umgekehrt ist M_{24} Automorphismengruppe dieses Systems.*

Beweis. Zur Bildung des Systems $\mathfrak{S}(5, 8, 24)$ nehmen wir den Normalteiler $\mathfrak{U}$ von $\mathfrak{H}$. M_{24} läßt sicher dies System fest. Daß das System keine weiteren Automorphismen besitzt, ergibt sich folgendermaßen: Diejenigen Automorphismen des Systems, welche die Ziffern I, II, III unter sich vertauschen, sind gleichzeitig Automorphismen der projektiven Geometrie $\mathfrak{S}(2, 5, 21)$, und deren Automorphismengruppe von der Ordnung $48 \cdot 20 \cdot 21 \cdot 3!$ wird durch die Untergruppe NM_{21} von M_{24} realisiert.

Aus dem ersten Teil unseres Satzes 3 ergibt sich ein einfacher Beweis für die bekannte Tatsache:

Satz 8. *Die Automorphismengruppe $\mathfrak{L}$ der abelschen Gruppe (2, 2, 2, 2) ist isomorph zur alternierenden Gruppe $\mathfrak{A}_8$.*

Beweis. $\mathfrak{L}$ hat die Ordnung

$$(2^4-1)(2^4-2)(2^4-2^2)(2^4-2^3) = \tfrac{1}{2}8!.$$

In M_{24} hat $N\mathfrak{U}$ einen 5-fach transitiven Konstituenten $\mathfrak{K}$ in acht Ziffern, es kann sich daher nur um die alternierende oder um die symmetrische Gruppe in acht Ziffern handeln. $\mathfrak{K}$ kann als Untergruppe von $\mathfrak{L}$ angesehen werden. Daraus folgt Satz 8.

Satz 9. *Werden die 24 Ziffern von M_{24} auf passende Weise in zwei Gebiete von je zwölf Ziffern zerlegt, so bilden diejenigen Permutationen von M_{24}, welche die Ziffern dieser Gebiete nur unter sich vertauschen, eine zur Gruppe M_{12} isomorphe Gruppe. Ein Vergleich der beiden Konstituenten liefert einen äußeren Automorphismus der Ordnung 2 von M_{12}. Dieser Automorphismus führt die 4-fach transitive Untergruppe M_{11} in elf Ziffern von der Ordnung $8 \cdot 9 \cdot 10 \cdot 11$ über in eine 3-fach transitive Gruppe m_{12} in zwölf Ziffern von der Ordnung $6 \cdot 10 \cdot 11 \cdot 12$.*

Beweis. Die projektive Gruppe M_{21} setzen wir als bekannt voraus. In M_{21} sei $\mathfrak{a}$ eine 3-Sylowgruppe und $\mathfrak{g}_2$ ihr Normalisator. $\mathfrak{g}_2$ hat einen 2-fach transitiven Konstituenten in neun Ziffern, welche mit $1, \cdots, 9$ bezeichnet seien. In M_{21} gibt es keine weiteren Permutationen, welche diese neun Ziffern unter sich vertauschen. (In den übrigen zwölf Ziffern ist $\mathfrak{g}_2$ transitiv.) $\mathfrak{g}_1$ sei diejenige Untergruppe von $\mathfrak{g}_2$, welche die Ziffer 1 festläßt. $\mathfrak{g}_1$ läßt auch wirklich nur diese eine Ziffer fest. $\mathfrak{a}$ ist übrigens abelsch vom Typus (3, 3), $\mathfrak{g}_1$ ist isomorph zur Quaternionengruppe. Nach Aufzählung dieser Tatsachen ziehen wir jetzt unsere Schlüsse:

Wir betrachten diese Gruppen jetzt innerhalb M_{24} und wenden Satz 3 an. $N\mathfrak{g}_2$ vertauscht I, II, III symmetrisch und permutiert die Ziffern $1, \cdots, 9$ nur unter sich. $N\mathfrak{g}_1$ enthält eine Untergruppe $\mathfrak{b}$ vom Index 2, welche I, II, III, 1 alternierend vertauscht und die Ziffern $2, \cdots, 9$ nur unter sich permutiert. $N\mathfrak{g}_2$ und $\mathfrak{b}$ erzeugen zusammen eine 5-fach transitive Gruppe $\mathfrak{g}_5$ in den Ziffern I, II, III, $1, \cdots, 9$. M_{24} enthält keine weiteren Permutationen, welche diese zwölf Ziffern untereinander vertauschen. Als transitive Erweiterung von $\mathfrak{g}_2$ ist $\mathfrak{g}_5 \cong M_{12}$.

$\mathfrak{c}$ sei eine 11-Sylowgruppe von $\mathfrak{g}_5$. Nach Satz 3 enthält $N\mathfrak{c}$ ein Element e der Ordnung 2. e läßt die Einteilung in zwei Gebiete aus je zwölf Ziffern ungeändert, und zwar vertauscht e die beiden Gebiete. e liegt in $N\mathfrak{g}_5$. Weil die Gruppe $\mathfrak{g}_2$ von der Ordnung $8 \cdot 9$ einen transitiven Konstituenten in zwölf Ziffern besitzt, gibt es genau sechs Permutationen, welche eine Ziffer des einen und drei Ziffern des anderen Gebietes festlassen. Daraus folgt ohne weiteres unsere Behauptung $M_{11}^e = m_{12}$. Transformation mit e bewirkt also einen äußeren Automorphismus der Ordnung 2 von M_{12}. W. z. b. w.

Satz 10. *Werden die zwölf Ziffern von M_{12} auf passende Weise in zwei Gebiete von je sechs Ziffern zerlegt, so bilden diejenigen Permutationen von M_{12}, welche die Ziffern dieser Gebiete nur unter sich vertauschen, eine zur symmetrischen Gruppe $\mathfrak{S}_6$ isomorphe Gruppe. Ein Vergleich der beiden Konstituenten liefert einen äußeren Automorphismus der Ordnung 2 von $\mathfrak{S}_6$. Dieser Automorphismus führt die symmetrische Untergruppe $\mathfrak{S}_5$ über in die 3-fach transitive Gruppe L_6 in sechs Ziffern.*

Beweis. $\mathfrak{S}_5$ sei die Gruppe, welche die ersten fünf Ziffern symmetrisch vertauscht. a sei ein Element der Ordnung 3 aus $\mathfrak{S}_5$, es ist vom Typ $(3)\,(1)^3\,(3)^2$. Daher wird die Zerlegung in Transitivitätsgebiete von $\mathfrak{S}_5$ durch $(5)\,(1)\,(6)$ angezeigt. Da in der Gruppe M_9, welche drei Ziffern festläßt, alle Elemente der Ordnung 3 untereinander konjugiert sind, können wir Satz 3 anwenden: $N(a)$ hat die Zerlegung $(3)^2\,(3)^2$ oder $(3)^2\,(6)$. Auf alle Fälle erzeugen $\mathfrak{S}_5$ und $N(a)$ zusammen eine symmetrische Gruppe $\mathfrak{S}_6$ in sechs Ziffern. Von einer 5-Sylowgruppe von $\mathfrak{S}_6$ ausgehend, können wir jetzt ähnlich wie in Beweis des vorigen Satzes schließen, daß es ein Element e der Ordnung 2 gibt, welches die beiden Gebiete von $\mathfrak{S}_6$ vertauscht. Da $\mathfrak{S}_5$ nur eine Ziffer des einen Gebietes festläßt, verursacht e einen äußeren Automorphismus von $\mathfrak{S}_6$. W. z. b. w.

Die Gruppe $\mathfrak{S}_6$ hängt übrigens nur von der Gruppe $\mathfrak{S}_5$ ab, nicht etwa von der Wahl von a. Aus dieser Bemerkung ergibt sich der erste Teil des folgenden Satzes:

Satz 11: *Durch M_{12} wird ein System $\mathfrak{S}\,(5, 6, 12)$ festgelegt. Umgekehrt ist M_{12} Automorphismengruppe dieses Systems.*

Beweis der Umkehrung. Diejenigen Automorphismen des Systems, welche die ersten drei Ziffern unter sich vertauschen, sind gleichzeitig Automorphismen der euklidischen Geometrie $\mathfrak{S}(2, 3, 9)$, und deren Automorphismengruppe von der Ordnung $8 \cdot 9 \cdot 3!$ wird durch die Untergruppe NM_9 von M_{12} realisiert.

6. Beziehungen zu den linearen Gruppen L_{24} und L_{12}.

Mit L_{24} bzw. L_{12} bezeichnen wir die Gruppe der Substitutionen

$$\frac{ax+b}{cx+d} \bmod 23 \text{ bzw. } 11 \qquad (ad - bc \equiv 1).$$

Satz 12. *M_{24} enthält abstrakt L_{24}, und M_{12} enthält L_{12}.*

Beweis. In M_{24} sei A ein Element der Ordnung 23. A läßt eine Ziffer fest, die mit ∞ bezeichnet werde. 0 sei eine weitere Ziffer, wir setzen $i = A^i 0$. Nach dem Satz von BURNSIDE hat $N(A)$ die Ordnung $11 \cdot 23$. B sei ein Element aus $N(A)$ von der Ordnung 11, welches 0 festläßt. Nach Satz 3 gibt es in $N(B)$ ein Element C der Ordnung 2, welches ∞ und 0 vertauscht. $\varrho \neq 1$ sei ein passender quadratischer Rest mod 23. Dann permutiert A, B, C die Ziffern gemäß $x+1$, ϱx, $-x^{-1}$.

Der entsprechende Schluß läßt sich auch für M_{12} führen, indem 23,11 durch 11,5 ersetzt wird. W. z. b. w.

SÉGUIER ist bei seiner Darstellung der Gruppen M_{24} und M_{12} umgekehrt von den Gruppen L_{24} und L_{12} ausgegangen, indem er die mit (B) vertauschbare Permutation

(2, 8, 6, 9, 16) (3, 4, 18, 13, 12) (7, 22, 11, 10, 17) (14, 15, 20, 21, 19) zu L_{24}
bzw. (3, 9, 4, 5) (2, 10, 8, 6) zu L_{12}

adjungierte und daraus rechnerisch die Eigenschaften der Mathieuschen Gruppen bewies. Wir wollen darauf nicht näher eingehen, es sei nur noch ohne Beweis mitgeteilt, wie sich auf dieser Grundlage die Systeme (5, 8, 24) und (5, 6, 12) darstellen lassen. Die Vereine gehen durch Anwendung von L_{24} bzw. L_{12} aus einem einzigen Verein hervor, nämlich etwa aus

$$(\infty, 0, 1, 2, 3, 5, 14, 17) \quad \text{bzw.} \quad (\infty, 0, 1, 2, 3, 5).$$

Göttingen, den 7. Januar 1938.

33.

Über Steinersche Systeme

Abh. Math. Sem. Univ. Hamburg *12* (1938) 265–275

Aus n Personen sollen $\dfrac{n(n-1)\cdots(n-l+1)}{m(m-1)\cdots(m-l+1)}$ *Vereine gebildet werden. Jeder Verein soll aus m Mitgliedern bestehen. l beliebige Personen sollen jeweils einem einzigen Verein angehören.*

Eine Lösung dieser Aufgabe wollen wir ein *Steinersches System* $\mathfrak{S}(l, m, n)$ nennen, da STEINER einmal eine ähnliche Aufgabe gestellt hat.

Zu welchen Zahlen l, m, n ein Steinersches System existiert, ist noch unbekannt. Selbst bei einigermaßen kleinen Zahlen treten große kombinatorische Schwierigkeiten auf. Mir ist es z. B. nicht gelungen, zu entscheiden, ob es Systeme $\mathfrak{S}(3, 4, 14)$ und $\mathfrak{S}(2, 4, 25)$ gibt oder nicht.

Noch schwieriger ist die Frage nach der *Anzahl der verschiedenen Typen Steinerscher Systeme.* In folgenden Fällen läßt sich diese Anzahl angeben:

l	2	3	2	3	4	5	2	2	2	3	4	2	3	4	5	2	2	2	2
m	3	4	3	4	5	6	3	4	4	5	6	5	6	7	8	5	6	6	7
n	7	8	9	10	11	12	13	13	16	17	18	21	22	23	24	25	31	36	43
Typen	1	1	1	1	1	1	2	1	1	1	0	1	1	1	1	1	1	0	0

Für $l = 2$ waren die Typenanzahlen schon durch andere Untersuchungen bekannt. — Bei dieser Gelegenheit möchten wir auf zwei Vermutungen hinweisen:

Ein System $\mathfrak{S}(2, q, q^2)$ existiert vermutlich nur dann, wenn q eine Primzahlpotenz ist. Für den Fall einer Primzahl q gibt es wahrscheinlich nur ein einziges solches System. Diese Vermutungen sind, wie wir zeigen werden, gleichbedeutend mit den entsprechenden Vermutungen über $\mathfrak{S}(2, q+1, q^2+q+1)$.

Unter der *Gruppe* eines Systems $\mathfrak{S}(l, m, n)$ verstehen wir die Gruppe derjenigen Personenvertauschungen, bei welchen Vereine in Vereine übergehen. Die gruppentheoretisch interessantesten Systeme sind die beiden Systeme

$$\mathfrak{S}(5, 6, 12) \quad \text{und} \quad \mathfrak{S}(5, 8, 24).$$

Ihre Gruppen sind die von MATHIEU entdeckten 5-fach transitiven Permutationsgruppen M_{12} und M_{24} mit den Ordnungen

$$8 \cdot 9 \cdot 10 \cdot 11 \cdot 12 \quad \text{bzw.} \quad 48 \cdot 20 \cdot 21 \cdot 22 \cdot 23 \cdot 24,$$

welche wir in der vorigen Arbeit ausführlich behandelt haben. Es kommt uns in dieser Arbeit vor allem darauf an, die Einzigkeit dieser beiden Systeme nachzuweisen (Satz 5).

Außerdem wollen wir hier eine Übersicht über die bisher bekannten Steinerschen Systeme geben.

Literatur.

MOORE, Tactical Memoranda, Am. J. **18** (1896), p. 268—275.

NETTO, Lehrbuch der Kombinatorik (2. Aufl., 1927), Cap. 10, S. 202. — Im Anhang: Noten von SKOLEM, S. 321—334.

WITT, Die 5-fach transitiven Gruppen von Mathieu. Dieser Band, S. 256—264.

Weitere Literatur ist angegeben bei

AHRENS, Mathematische Unterhaltungen und Spiele II (2. Aufl., 1918). Fußnoten S. 99, 100. Ferner im Index S. 419 (TARRY).

I. Allgemeines über Steinersche Systeme.

Um eine bequemere geometrische Sprechweise zu haben, wollen wir statt Personen Punkte (Elemente) sagen, statt Vereine auch Geraden (Ebenen, Kreise).

(1) *In einem System* $\mathfrak{S}(l, m, n)$ *bilden die Geraden durch* k *feste Punkte* Q_i $(k < l)$ *nach Entfernung dieser Punkte ein System* $\mathfrak{S}(l-k, m-k, n-k)$. l, m, n müssen daher so beschaffen sein, daß die Brüche

$$\frac{(n-k)\cdots(n-l+1)}{(m-k)\cdots(m-l+1)} \qquad (k = 0, \cdots, l-1)$$

ganzzahlig ausfallen.

Z.B. kann ein System $\mathfrak{S}(3, 4, n)$ oder ein Tripelsystem $\mathfrak{S}(2, 3, n-1)$ höchstens für $n \equiv 2, 4 \bmod 6$ existieren.

Die trivialen Systeme $\mathfrak{S}(1, m, n)$ und $\mathfrak{S}(l, n, n)$ wollen wir jetzt im allgemeinen ausschließen.

(2) *Für ein System* $\mathfrak{S}(2+h, m+h, n+h)$ *ist* $h \leqq \binom{n-3m+3}{m-2}$.

Beweis. Die Punkte dieses Systems seien $P_1, \cdots, P_n, Q_1, \cdots, Q_h$. Gemäß (1) wird ein System $\mathfrak{S}(2, m, n)$ in den Punkten $P_1, \cdots, P_n$ induziert, ebenso h Systeme $\mathfrak{S}_i(3, m+1, n+1)$ in den Punkten $P_1, \cdots, P_n, Q_i$. Für die Anzahl Ω derjenigen Kombinationen zu $m+1$ Punkten des Systems $\mathfrak{S}(2, m, n)$, welche mit jeder Geraden höchstens zwei Punkte gemeinsam haben, gilt die Abschätzung

$$\Omega \leqq \frac{n\ (n-1)\ (n-m)}{(m+1)\ m\ (m-1)} \binom{n-3m+3}{m-2}.$$

Die $h \cdot \dfrac{n(n-1)\ (n-m)}{(m+1)\ m\ (m-1)}$ Geraden der Systeme $\mathfrak{S}_i(3, m+1, n+1)$, die nicht durch den Punkt Q_i gehen, bilden solche Kombinationen. Daraus folgt (2).

(3) *Für ein System* $\mathfrak{S}(2, m, n)$ *ist* $m \leq \frac{n-1}{m-1}$.

Beweis. Q sei ein Punkt, der nicht auf der Geraden $(P_1, \cdots, P_m)$ liegt. Durch Q gehen $\frac{n-1}{m-1}$ Geraden, darunter die m verschiedenen Verbindungsgeraden QP_i. — Z. B. folgt aus (3):

Es gibt keine Systeme $\mathfrak{S}(2, 6, 16)$, $\mathfrak{S}(2, 6, 21)$, $\mathfrak{S}(3, 7, 22)$.

Zwei Geraden sollen *parallel* heißen, wenn sie entweder punktfremd oder identisch sind.

(4) *Die Systeme* $\mathfrak{P}(q) = \mathfrak{S}(2, q+1, q^2+q+1)$, *die wir ebene projektive Geometrien nennen wollen, sind dadurch ausgezeichnet, daß sich immer zwei Geraden in einem Punkt schneiden. Die Systeme* $\mathfrak{E}(q) = \mathfrak{S}(2, q, q^2)$, *die wir ebene euklidische Geometrien nennen wollen, sind dadurch ausgezeichnet, daß es durch einen Punkt zu einer Geraden immer genau eine Parallele gibt.*

Beweis. Für das System $\mathfrak{P}(m-1) = \mathfrak{S}(2, m, m^2-m+1)$ gilt in (3) das Gleichheitszeichen. Daraus folgt die behauptete Eigenschaft und umgekehrt. Für das System $\mathfrak{E}(m) = \mathfrak{S}(2, m, m^2)$ gilt $m = \frac{n-1}{m-1} - 1$, daraus folgt die behauptete Eigenschaft und umgekehrt.

Ist in $\mathfrak{E}(q)$ die Gerade $\mathfrak{g}_1$ mit den Geraden $\mathfrak{g}_2$ und $\mathfrak{g}_3$ parallel, so muß auch $\mathfrak{g}_2$ und $\mathfrak{g}_3$ parallel sein, sonst gäbe es nämlich durch den Schnittpunkt von $\mathfrak{g}_2$ und $\mathfrak{g}_3$ zwei Parallele zu $\mathfrak{g}_1$. $\mathfrak{E}(q)$ enthält $q+1$ Scharen von je q parallelen Geraden. Daraus ergibt sich der übliche Zusammenhang zwischen projektiver und euklidischer ebener Geometrie:

(5) *Werden in* $\mathfrak{P}(q)$ *die Punkte einer Geraden entfernt, so entsteht ein System* $\mathfrak{E}(q)$. *Umgekehrt ergibt sich aus* $\mathfrak{E}(q)$ *durch Hinzunahme von* $q+1$ *neuen Punkten* „der unendlich fernen Geraden" *in eindeutiger Weise ein System* $\mathfrak{P}(q)$.

II. Methoden zur Herstellung Steinerscher Systeme.

Es wird nur in wenigen Fällen gelingen, die „endlich vielen Schritte" kombinatorisch zu überwältigen, die nötig sind, um über die Existenz eines Systems $\mathfrak{S}(l, m, n)$ zu entscheiden. Deshalb wird es zweckmäßig sein, einige Konstruktionsmethoden anzugeben.

Eine gruppentheoretische Methode übernehmen wir aus unserer vorangehenden Arbeit (Satz 3):

(6) $\mathfrak{G}$ *sei eine l-fach transitive Permutationsgruppe in n Ziffern.* $\mathfrak{H}$ *sei die Untergruppe, welche die Ziffern* $1, \cdots, l$ *festläßt.* $\mathfrak{U}$ *sei eine Untergruppe von* $\mathfrak{H}$, *welche mit keiner anderen Untergruppe von* $\mathfrak{H}$ *isomorph*

ist. Werden diejenigen m Ziffern, die von einer zu $\mathfrak{U}$ *bezüglich* $\mathfrak{G}$ *konjugierten Untergruppe festgelassen werden, jedesmal zu einem Verein zusammengefaßt, so entsteht ein Steinersches System* $\mathfrak{S}(l, m, n)$. (Die Gruppe dieses Systems enthält natürlich $\mathfrak{G}$ als Untergruppe.)

Die folgenden Methoden setzen die Kenntnis eines oder mehrerer Steinerscher Systeme voraus.

(7) *Mit Hilfe der Systeme* $\mathfrak{E}(q)$, $\mathfrak{S}(2, q, n)$ *und* $\mathfrak{S}(2, q, \nu)$ *läßt sich ein System* $\mathfrak{S}(2, q, n\nu)$ *herstellen.* (Dabei darf auch $\nu = q$ sein.) (Moore.)

Beweis. Die Punkte von $\mathfrak{S}(2, q, n)$ seien mit a_i bezeichnet, diejenigen von $\mathfrak{S}(2, q, \nu)$ mit α_j. Zu zwei Geraden $(a_1, \cdots, a_q)$ und $(\alpha_1, \cdots, \alpha_q)$ werde ein System $\mathfrak{E}^{a_1, \cdots, a_q}_{\alpha_1, \cdots, \alpha_q}(q)$ gebildet. In diesem System seien die Geraden einer Parallelschar mit $a_1, \cdots, a_q$ bezeichnet, die Geraden einer anderen Parallelschar mit $\alpha_1, \cdots, \alpha_q$ und die Schnittpunkte mit $\begin{pmatrix} a \\ \alpha \end{pmatrix}$. Die Punkte und Geraden von sämtlichen Systemen $\mathfrak{E}$ definieren zusammengenommen ein System $\mathfrak{S}(2, q, n\nu)$. Dabei sind gleichbezeichnete Punkte zu identifizieren.

(8) *Mit Hilfe der Systeme* $\mathfrak{P}(q)$ *und* $\mathfrak{S}(2, q+1, n)$ *läßt sich ein System* $\mathfrak{S}(2, q+1, qn+1)$ *herstellen.* (Skolem.)

Beweis. Zu einer Geraden $(a_0, \cdots, a_q)$ aus $\mathfrak{S}(2, q+1, n)$ werde ein System $\mathfrak{P}_{a_0, \cdots, a_q}(q)$ gebildet. In diesem System seien die Geraden durch einen bestimmten Punkt 0 mit $a_0, \cdots, a_q$ bezeichnet. Die Punkte der Geraden a_i seien mit $0, a_i^1, \cdots, a_i^q$ bezeichnet. Punkte und Geraden von sämtlichen Systemen $\mathfrak{P}$ definieren zusammengenommen ein System $\mathfrak{S}(2, q+1, qn+1)$. Dabei sind gleichbezeichnete Punkte zu identifizieren.

(9) *Mit Hilfe der Systeme* $\mathfrak{S}(3, 4, n)$ *und* $\mathfrak{S}(3, 4, \nu)$ *läßt sich ein System* $\mathfrak{S}(3, 4, n\nu)$ *herstellen.*

Beweis. Die Punkte von $\mathfrak{S}(3, 4, n)$ sollen mit lateinischen, diejenigen von $\mathfrak{S}(3, 4, \nu)$ mit griechischen Buchstaben bezeichnet werden. Als Punkte von $\mathfrak{S}(3, 4, n\nu)$ werden alle Paare $\begin{pmatrix} a \\ \alpha \end{pmatrix}$ genommen. Mit Hilfe zweier Geraden (a, b, c, d) und $(\alpha, \beta, \gamma, \delta)$ sollen jeweils folgende Zusammenstellungen als Geraden des zu konstruierenden Systems $\mathfrak{S}(3, 4, n\nu)$ gerechnet werden:

$$\begin{pmatrix} a\,b\,c\,d \\ \alpha\,\alpha\,\alpha\,\alpha \end{pmatrix}, \quad \begin{pmatrix} a\,b\,c\,d \\ \alpha\,\alpha\,\beta\,\beta \end{pmatrix}, \quad \begin{pmatrix} a\,a\,b\,b \\ \alpha\,\beta\,\alpha\,\beta \end{pmatrix}, \quad \begin{pmatrix} a\,a\,a\,a \\ \alpha\,\beta\,\gamma\,\delta \end{pmatrix}, \quad \begin{pmatrix} a\,a\,b\,b \\ \alpha\,\beta\,\gamma\,\delta \end{pmatrix}, \quad \begin{pmatrix} a\,b\,c\,d \\ \alpha\,\beta\,\gamma\,\delta \end{pmatrix}.$$

(10) *Ausgehend von* $\mathfrak{S}(3, 4, n)$ *läßt sich ein System* $\mathfrak{S}(3, 4, 2n)$ *herstellen.*

Beweis. α, β seien verschiedene Restklassen mod 2. Mit Hilfe einer Geraden (a, b, c, d) von $\mathfrak{S}(3, 4, n)$ sollen ähnlich wie eben immer folgende Zusammenstellungen als Geraden des zu konstruierenden Systems

$\mathfrak{S}(3, 4, 2n)$ gerechnet werden:

$$\begin{pmatrix} a & b & c & d \\ \alpha & \alpha & \alpha & \alpha \end{pmatrix}, \quad \begin{pmatrix} a & b & c & d \\ \alpha & \alpha & \beta & \beta \end{pmatrix}, \quad \begin{pmatrix} a & a & b & b \\ \alpha & \beta & \alpha & \beta \end{pmatrix}.$$

III. Angabe bekannter Systeme.

q bezeichne in diesem Abschnitt eine Primzahlpotenz. K_q sei das Galoisfeld von q Elementen.

Es sind folgende Steinersche Systeme bekannt:

A. $\mathfrak{S}(3, q+1, q^f+1)$ Punkte und Kreise der Kugel,
B. $\mathfrak{S}(2, q, q^f)$ „ „ Geraden der euklidischen Geometrie,
C. $\mathfrak{S}\left(2, q+1, \frac{q^f-1}{q-1}\right)$ „ „ „ „ projektiven „
D. $\mathfrak{S}(2, \frac{1}{2} 2^f, \frac{1}{2}(4^f - 2^f))$ „ „ „ „ hyperbolischen „
E. $\mathfrak{S}(3, 4, 2^f)$ „ „ Ebenen „ euklidischen „
F. $\mathfrak{S}(4, 5, 11)$ Mathieusche Gruppe: M_{11},
$\mathfrak{S}(5, 6, 12)$ „ „ M_{12},
$\mathfrak{S}(3, 6, 22)$ „ „ M_{22},
$\mathfrak{S}(4, 7, 23)$ „ „ M_{23},
$\mathfrak{S}(5, 8, 24)$ „ „ M_{24},
G. $\mathfrak{S}(2, 3, n)$ für $n \equiv 1, 3 \bmod 6$: Tripelsysteme,
H. $\mathfrak{S}(2, 4, 3q+1)$ „ $q \equiv 1 \bmod 4$: Moore.
I. $\mathfrak{S}(3, 4, 26)$: F. Fitting,
$\mathfrak{S}(3, 4, 34)$: F. Fitting.

Aus diesen Systemen lassen sich gemäß (7) bis (10) weitere Systeme konstruieren.

Erläuterungen.

A: Die Gruppe $\mathfrak{G}$ der Substitutionen

$$\frac{a x^{q^i} + b}{c x^{q^i} + d}, \qquad ad - bc \neq 0, \qquad (a, b, c, d \text{ aus } K_{q^f})$$

permutiert die Elemente K_{q^f} einschließlich des Symbols ∞. $\mathfrak{G}$ ist dreifach transitiv in diesen q^f+1 Elementen. Die Untergruppe $\mathfrak{H}$, die $\infty, 0, 1$ festläßt, besteht aus den Substitutionen x^{q^i}. Wir wenden (6) an mit $\mathfrak{U} = \mathfrak{H}$. $\mathfrak{U}$ läßt ∞ und die Zahlen von K_q fest (∞, K_q und ∞, K_{q^f} heiße „reeller Kreis“ bzw. „Kugel“ in Analogie zum reellen Kreis der komplexen Zahlenkugel).

B: Ergibt sich aus A gemäß (1). B stellt die f-dimensionale euklidische Geometrie mit Koeffizienten aus K_q dar.

C: Stellt die $f-1$-dimensionale projektive Geometrie mit Koeffizienten aus K_q dar.

D: Aus $\mathfrak{S}(3, 2^f+1, 4^f+1)$ entsteht das System D, indem als Elemente jeweils ein Paar verschiedener konjugierter Zahlen genommen werden ($a \neq a^{2^f}$), und als Vereine diejenigen Kreise, die beim Automorphismus 2^f in sich übergehen, ausgenommen der reelle Kreis ∞, K_{2^f}. Da diese invarianten Kreise immer genau einen Punkt mit dem reellen Kreis ∞, K_{2^f} gemeinsam haben, besteht jeder Verein aus $\frac{1}{2} 2^f$ Elementen.

E: Als Punkte werden die Zahlen von K_{2^f} genommen, als Vereine jedesmal vier Zahlen mit $a+b+c+d=0$.

F: Wurde in der vorangehenden Arbeit konstruiert.

$$\mathfrak{S}(5, 6, 12) \quad \text{und} \quad \mathfrak{S}(5, 8, 24)$$

entsteht aus

$$(\infty, 0, 1, 2, 3, 5) \quad \text{bzw.} \quad (\infty, 0, 1, 2, 3, 5, 14, 17)$$

durch Anwendung der Substitutionen

$$\frac{ax+b}{cx+d}, \qquad ad-dc \equiv 1 \quad \text{mod } 11 \text{ bzw. } 23.$$

G: *Tripelsysteme* $\Delta_n = \mathfrak{S}(2, 3, n)$ existieren für jedes $n \equiv 1, 3$ mod 6. Auf Beweise wollen wir nicht näher eingehen, da die schon von anderer Seite ausführlich behandelt worden sind. Es gibt nur ein Δ_7 und nur ein Δ_9. *Für 13 Elemente gibt es genau zwei verschiedene Typen* Δ'_{13} *und* Δ''_{13}. Δ'_{13} besteht aus den Tripeln $(a, a+1, a+4)$, $(a, a+2, a+8)$ mod 13. Werden in den Tripeln (1, 2, 5), (2, 3, 6), (5, 6, 9), (1, 3, 9) die Ziffern 3 und 5 vertauscht, so entsteht Δ''_{13}. Die Gruppe von Δ'_{13} wird von den Substitutionen $x+1$, $3x$ mod 13 erzeugt, sie hat die Ordnung 39. Die Gruppe von Δ''_{13} wird erzeugt von $3x$ und (1, 4) (3, 10) (5, 6) (7, 11) (9, 12), sie hat die Ordnung 6.

Moore hat bewiesen, daß es für $n \geqq 13$ mindestens zwei verschiedene Typen Δ_n gibt. Wahrscheinlich wächst die Anzahl der Typen mit n sehr stark an.

H: Als Punkte werden $\binom{\infty}{\infty}$ und die Paare $\binom{a}{\alpha}$ genommen. (a aus K_q, α aus K_3.) g sei eine primitive Wurzel und i eine vierte Einheitswurzel von K_q. Die Vereine werden gegeben durch

$$\begin{pmatrix}\infty, & a, & a\ \ , & a \\ \infty, & \alpha, & \alpha+1, & \alpha-1\end{pmatrix}, \begin{pmatrix} a+g^\nu, & a-g^\nu, & a+ig^\nu, & a-ig^\nu \\ \alpha\ \ , & \alpha\ \ , & \alpha+1\ \ , & \alpha+1\end{pmatrix} \left(0 \leqq \nu < \frac{q-1}{4}\right).$$

I: Siehe F. Fitting, Nieuw Archief voor Wiskunde (2), XI (1915), p. 140—148.

IV. Typenbestimmungen für einige Zahlen l, m, n.

In einem System $\mathfrak{E}(q) = \mathfrak{S}(2, q, q^2)$ seien die Geraden einer (senkrechten) Parallelenschar mit $1, \cdots, q$ numeriert, die Geraden einer anderen (waagrechten) Parallelenschar entsprechend. Die q^2 Punkte werden durch Koordinaten $\begin{pmatrix} x \\ y \end{pmatrix}$ dargestellt. Die Punkte der Geraden, die weder senkrecht noch waagrecht liegen, werden in Koordinaten durch

$$\begin{pmatrix} 1 & 2 \cdots & q \\ a_1 & a_2 \cdots & a_q \end{pmatrix}$$

gegeben, wo $a_1, \cdots, a_q$ gewisse Permutationen von $1, \cdots, q$ darstellen. Werden diese Permutationen in eine Matrix $M(q)$ von q Spalten und $q(q-1)$ Zeilen eingetragen, so hat diese Matrix folgende Eigenschaften:

1. In jeder Zeile steht eine Permutation der Zahlen $1, \cdots, q$.
2. Zwei Zeilen haben höchstens einmal an derselben Stelle eine gemeinsame Zahl.

Umgekehrt kann offenbar durch eine solche Matrix ein System $\mathfrak{E}(q)$ definiert werden. Dabei kommt es nicht auf Zeilen- und Spaltenvertauschungen an, außerdem dürfen die verwendeten Zahlen durch andere Zeichen ersetzt werden.

Satz 1. *Es gibt jeweils nur eine einzige Geometrie*

$$\mathfrak{E}(2),\ \mathfrak{E}(3),\ \mathfrak{E}(4),\ \mathfrak{E}(5) \quad \textit{und} \quad \mathfrak{P}(2),\ \mathfrak{P}(3),\ \mathfrak{P}(4),\ \mathfrak{P}(5).$$

Beweis. In $M(2)$ und $M(3)$ müssen $2!$ bzw. $3!$ Permutationen stehen, also überhaupt alle. Daraus folgt die Eindeutigkeit von $\mathfrak{E}(2)$ und $\mathfrak{E}(3)$.

Die erste Zeile von $M(4)$ laute $(1, 2, 3, 4)$. Zwei weitere Zeilen müssen mit dieser die erste Ziffer gemeinsam haben, diese lauten also $(1, 3, 4, 2)$ und $(1, 4, 2, 3)$. Wird derselbe Schluß für die anderen Ziffern und neuen Zeilen fortgesetzt angewendet, so ergeben sich alle zwölf Zeilen von $M(4)$ zwangsläufig. Damit ist die Eindeutigkeit von $\mathfrak{E}(4)$ bewiesen.

Nach denselben Prinzipien kommt man zur Eindeutigkeit von $\mathfrak{E}(5)$, nur ist die Untersuchung kombinatorisch weitläufiger, und darauf wollen wir uns hier nicht einlassen.

Nach (5) überträgt sich die Eindeutigkeit von $\mathfrak{E}(q)$ auf $\mathfrak{P}(q)$.

Satz 2. *Es gibt nur ein einziges System* $\mathfrak{S}(3, 4, 8)$.

Beweis. P sei ein Punkt eines Systems $\mathfrak{S}(3, 4, 8)$. Sieben Vereine $(P, \alpha_i, \beta_i, \gamma_i)$ enthalten den Punkt P. $(\alpha_i, \beta_i, \gamma_i)$ bilden gemäß (1) die Geraden einer Geometrie $\mathfrak{S}(2, 3, 7) = \mathfrak{P}(2)$. Die übrigen sieben Vereine (a_i, b_i, c_i, d_i) stellen Kombinationen zu vier Punkten von $\mathfrak{P}(2)$ dar, für welche niemals drei Punkte auf einer Geraden liegen, und zwar sind es alle möglichen Kombinationen dieser Art. Da es nur ein einziges System $\mathfrak{P}(2)$ gibt, ist zwangsläufig die Struktur des Systems $\mathfrak{S}(3, 4, 8)$ eindeutig festgelegt.

Zum Beweis der Sätze 3, 4, 5 machen wir folgende

Vorbemerkungen:

($\mathfrak{E}$) Es gibt nur eine ebene euklidische Geometrie $\mathfrak{E}(3)$, deren Punkte durch Koordinaten x, y mod 3 bestimmt seien. $\mathfrak{a}_1, \mathfrak{a}_2, \mathfrak{a}_3$ seien drei Punkte, die nicht auf einer Geraden liegen. Es gibt genau drei Kombinationen $(\mathfrak{a}_1, \mathfrak{a}_2, \mathfrak{a}_3, \mathfrak{x})$, für welche niemals drei Punkte auf einer Geraden liegen, nämlich:

$$(\mathfrak{a}_\lambda, \mathfrak{a}_\mu, \mathfrak{a}_\nu, \mathfrak{a}_\lambda + \mathfrak{a}_\mu - \mathfrak{a}_\nu), \qquad (\lambda, \mu, \nu = \text{Permutation von } 1, 2, 3).$$

Durch die Gruppe $\mathfrak{G}$ von $\mathfrak{E}(3)$ lassen sich diese drei Kombinationen offenbar symmetrisch vertauschen. Außerdem kann $\mathfrak{a}_1, \mathfrak{a}_2, \mathfrak{a}_3, \mathfrak{a}_1 + \mathfrak{a}_2 - \mathfrak{a}_3$ in 10, 20, 01, 02 übergeführt werden. In dieser Form ist ersichtlich, daß sich die Punkte derselben Kombinationen durch $\mathfrak{G}$ transitiv vertauschen lassen.

($\mathfrak{P}$) Es gibt nur eine ebene projektive Geometrie $\mathfrak{P}(4)$, deren Punkte durch homogene Koordinaten x, y, z aus dem Galoisfeld K_4 von vier Elementen $0, 1, \varrho, \varrho^2$ $(1 + \varrho + \varrho^2 = 0)$ bezeichnet seien. $\mathfrak{a}, \mathfrak{b}, \mathfrak{c}$ seien drei Punkte, die nicht auf einer Geraden liegen. Es gibt genau drei Kombinationen $(\mathfrak{a}, \mathfrak{b}, \mathfrak{c}, \mathfrak{x}, \mathfrak{y}, \mathfrak{z})$, für welche niemals drei Punkte auf einer Geraden liegen, diese lauten in Vektor-Schreibweise:

$$(\mathfrak{a}, \mathfrak{b}, \mathfrak{c}_i, \quad \mathfrak{a} + \mathfrak{b} + \mathfrak{c}_i, \quad \mathfrak{a} + \varrho\mathfrak{b} + \varrho^2\mathfrak{c}_i, \quad \mathfrak{a} + \varrho^2\mathfrak{b} + \varrho\mathfrak{c}_i) \quad (\mathfrak{c}_i = \varrho^i\mathfrak{c}).$$

Durch die Gruppe $\mathfrak{G}$ von $\mathfrak{P}(4)$ können $\mathfrak{a}, \mathfrak{b}, \mathfrak{c}$ in 100, 010 und 001 übergeführt werden. Offenbar lassen sich diese Kombinationen durch $\mathfrak{G}$ symmetrisch vertauschen.

Weitere Bezeichnungen:

$\mathfrak{S}_l$ bezeichne je nachdem ein System $\mathfrak{S}(l, l+1, l+5)$ bzw. $\mathfrak{S}(l, l+3, l+19)$.

$(P_1, \cdots, P_k)$ bezeichne einen Verein, der $P_1, \cdots, P_k$ enthält.

$(P_1, \cdots, P_k)_Q$ bezeichne einen Verein, der zwar $P_1, \cdots, P_k$ enthält, dagegen nicht den Punkt Q.

Satz 3. *Es gibt nur ein einziges System* $\mathfrak{S}(3, 4, 10)$.

Beweis. In einem System $\mathfrak{S}_3$ bestimmen diejenigen Vereine (P, A, B, C), die einen festen Punkt P enthalten, ein System $\mathfrak{S}_2 = \mathfrak{E}(3)$ mit den Geraden (A, B, C). Die Punkte von $\mathfrak{S}_3$ seien dementsprechend mit P und x, y bezeichnet. Wir können die Bezeichnung so wählen, daß etwa $(00, 10, 01, 11) = \mathfrak{V}_P$ einen Verein darstellt.

($\mathfrak{Z}$) Wir wollen jetzt zeigen, daß mit allen Vereinen (P) und einem Verein $\mathfrak{V}_P$ schon alle übrigen Vereine zwangsläufig festgelegt sind.

Diejenigen Vereine von $\mathfrak{S}_3$, die 00 enthalten, bestimmen ebenfalls eine zu $\mathfrak{E}(3)$ isomorphe Geometrie $\overline{\mathfrak{E}}(3)$. Die Abbildung kann so gewählt werden, daß $\overline{P}, \overline{00}, \overline{10}, \overline{01} = 00, P, 10, 01$ ist. Wenn beide Zeilen in $\begin{pmatrix} P & \mathfrak{a} & \mathfrak{b} & \mathfrak{c} \\ 00 & \overline{\mathfrak{a}} & \overline{\mathfrak{b}} & \mathfrak{x} \end{pmatrix}$ Vereine darstellen, so ist $\overline{\mathfrak{c}} = \mathfrak{x}$. Nach diesem Schluß ergeben sich der Reihe nach $\overline{20}, \overline{02}, \overline{22}, \overline{11}, \overline{12}, \overline{21}$ zwangsläufig durch:

$$\begin{pmatrix} P & 00 & 10 & 20 \\ 00 & P & 10 & 20 \end{pmatrix}, \quad \begin{pmatrix} P & 00 & 01 & 02 \\ 00 & P & 01 & 02 \end{pmatrix}, \quad \begin{pmatrix} P & 10 & 01 & 22 \\ 00 & 10 & 01 & 11 \end{pmatrix},$$

$$\begin{pmatrix} P & 00 & 22 & 11 \\ 00 & P & 11 & 22 \end{pmatrix}, \quad \begin{pmatrix} P & 01 & 20 & 12 \\ 00 & 01 & 20 & \mathfrak{x} \end{pmatrix},$$

dabei ist $\mathfrak{x} \neq 12$, sonst würde das Tripel (10, 20, 12) zwei verschiedenen Vereinen angehören. Es bleibt also nur noch die Möglichkeit $\overline{12} = 21$ und $\overline{21} = 12$.

Damit sind zunächst alle Vereine, die 00 enthalten, festgelegt. $\mathfrak{a}$ sei ein beliebiger Punkt von $\mathfrak{E}(3)$. Es gibt einen Verein $(P, \mathfrak{a})_{00}$ Nach demselben Schluß wie eben folgt, daß alle Vereine, die $\mathfrak{a}$ enthalten, festgelegt sind. Damit sind überhaupt alle Vereine festgelegt, und die Eindeutigkeit von $\mathfrak{S}_3$ ist bewiesen.

Satz 4. *Es gibt nur ein einziges System* $\mathfrak{S}(3, 6, 22)$.

Beweis. In einem System $\mathfrak{S}_3$ bestimmen diejenigen Vereine $(P) = (P, A, B, C, D, E)$, die einen festen Punkt P enthalten, ein System $\mathfrak{S}_2 = \mathfrak{P}(4)$ mit den Geraden (A, B, C, D, E). Die Punkte von $\mathfrak{S}_3$ seien dementsprechend mit P und x, y, z bezeichnet. Wir können die Bezeichnung so wählen, daß etwa

$$(100, 010, 001, 111, 1\varrho\varrho^2, 1\varrho^2\varrho) = \mathfrak{B}_P$$

einen Verein darstellt.

(3) Wir wollen jetzt zeigen, daß mit allen Vereinen (P) und einem Verein $\mathfrak{B}_P$ schon alle Vereine zwangsläufig festgelegt sind.

$\mathfrak{a}, \mathfrak{b}, \mathfrak{c}$ seien drei linear unabhängige Punkte. Der Verein $(\mathfrak{a}, \mathfrak{b}, \mathfrak{c})$ sei schon zwangsläufig festgelegt. Bei passender Bezeichnung der Punkte $\mathfrak{a}, \mathfrak{b}, \mathfrak{c}$ wird

$$(\mathfrak{a}, \mathfrak{b}, \mathfrak{c}) = (\mathfrak{a}, \mathfrak{b}, \mathfrak{c}, \mathfrak{a}+\mathfrak{b}+\mathfrak{c}, \mathfrak{a}+\varrho\mathfrak{b}+\varrho^2\mathfrak{c}, \mathfrak{a}+\varrho^2\mathfrak{b}+\varrho\mathfrak{c}).$$

Dieser Verein darf mit dem folgenden Verein

$$(\mathfrak{a}+\mathfrak{b}, \mathfrak{b}, \mathfrak{c}) = (\mathfrak{a}+\mathfrak{b}, \mathfrak{b}, \mathfrak{c}, \mathfrak{a}+\varrho^i\mathfrak{c}, \mathfrak{a}+\varrho^2\mathfrak{b}+\varrho^{2+i}\mathfrak{c}, \mathfrak{a}+\varrho\mathfrak{b}+\varrho^{1+i}\mathfrak{c})$$

höchstens zwei Punkte gemeinsam haben, daher ist $\varrho^i = 1$, d. h. auch $(\mathfrak{a}+\mathfrak{b}, \mathfrak{b}, \mathfrak{c})$ ist zwangsläufig festgelegt. Selbstverständlich ist ferner

$$(\mathfrak{a}, \mathfrak{b}, \mathfrak{c}) = (\mathfrak{b}, \mathfrak{a}, \mathfrak{c}) = (\mathfrak{a}, \mathfrak{c}, \mathfrak{b}) = (\varrho\mathfrak{a}, \mathfrak{b}, \mathfrak{c}).$$

Durch fortgesetzte Anwendung dieser Basistransformationen kommt man, ausgehend von 100, 010, 001, zu beliebigen drei linear unabhängigen Punkten von $\mathfrak{P}(4)$, für welche also demnach der zugehörige Verein ebenfalls festgelegt ist. Damit sind überhaupt alle Vereine festgelegt, und die Eindeutigkeit von $\mathfrak{S}_3$ ist bewiesen.

Satz 5. *Es gibt jeweils nur ein einziges System*

$$\mathfrak{S}(4, 5, 11), \quad \mathfrak{S}(5, 6, 12), \quad \mathfrak{S}(4, 7, 23), \quad \mathfrak{S}(5, 8, 24).$$

Beweis. In $\mathfrak{S}_4$ bestimmen alle Vereine (P_1, P_2) eine Geometrie $\mathfrak{S}_2$. Die Punkte $\mathfrak{a}, \mathfrak{b}, \cdots$ von $\mathfrak{S}_2$ können wir so bezeichnen, daß etwa

$$(P_2, 00, 10, 01, 11) \qquad (P_2, 100, 010, 001, 111, 1\varrho\varrho^2, 1\varrho^2\varrho)$$
$$(P_1, 00, 10, 01, 21) \qquad (P_1, 100, 010, 001, 11\varrho, 1\varrho 1, 1\varrho^2\varrho^2)$$

zwei Vereine von $\mathfrak{S}_4$ darstellen. Nach dem Schluß (3) beim Beweis der Sätze 3 und 4 folgt, daß damit alle Vereine (P_i) festliegen. Speziell liegen alle Vereine $(P_1\,\mathfrak{a})$ und sicher ein Verein $(P_2, \mathfrak{a})_{P_1}$ fest, nach (3) folgt daraus wieder die Eindeutigkeit aller Vereine $(\mathfrak{a})$ und damit aller Vereine überhaupt. Die Eindeutigkeit von $\mathfrak{S}_4$ ist hiermit bewiesen.

In $\mathfrak{S}_5$ bestimmen alle Vereine (P_1, P_2, P_3) eine Geometrie $\mathfrak{S}_2$. Die Punkte $\mathfrak{a}, \mathfrak{b}, \cdots$ von $\mathfrak{S}_2$ können wir so bezeichnen, daß etwa

$$(P_2, P_3, 00, 10, 01, 11) \qquad (P_2, P_3, 100, 010, 001, 111, 1\varrho\varrho^2, 1\varrho^2\varrho)$$
$$(P_3, P_1, 00, 10, 01, 21) \qquad (P_3, P_1, 100, 010, 001, 11\varrho, 1\varrho 1, 1\varrho^2\varrho^2)$$
$$(P_1, P_2, 00, 10, 01, 12) \qquad (P_1, P_2, 100, 010, 001, 11\varrho^2, 1\varrho\varrho, 1\varrho^2 1)$$

drei Vereine von $\mathfrak{S}_5$ darstellen. Nach dem Schluß (3) liegen damit alle Vereine (P_i, P_j) fest. Speziell liegen alle Vereine $(P_i, P_j, \mathfrak{a})$ und sicher ein Verein $(P_i, P_k, \mathfrak{a})_{P_j}$ fest, nach (3) folgt daraus die Eindeutigkeit aller Vereine $(P_i, \mathfrak{a})$. Speziell sind alle Vereine $(P_i, \mathfrak{a}, \mathfrak{b})$ und sicher ein Verein $(P_j, \mathfrak{a}, \mathfrak{b})_{P_i}$ eindeutig bestimmt, also nach (3) alle Vereine $(\mathfrak{a}, \mathfrak{b})$ und damit überhaupt alle Vereine. Die Eindeutigkeit von $\mathfrak{S}_5$ ist damit bewiesen.

Satz 6. *Es gibt nur ein einziges System* $\mathfrak{S}(3, 5, 17)$. *Dagegen ist* $\mathfrak{S}(4, 6, 18)$ *unmöglich.*

Der Beweis dieses Satzes beruht im wesentlichen auf denselben Grundlagen, wie sie im Beweis der vorangehenden Sätze angewandt wurden. Da aber die Durchführung größere kombinatorische Rechnungen erfordert, verzichten wir hier auf eine Wiedergabe des Beweises.

Satz 7. *Geometrien* $\mathfrak{E}(6)$ *und* $\mathfrak{P}(6)$ *sind unmöglich.*

Beweis. G. Tarry hat bewiesen, daß folgende *Aufgabe von* EULER *unlösbar* ist.

36 Offiziere gehören sechs verschiedenen Regimentern und sechs verschiedenen Chargen an, und zwar in der Weise, daß jedes Regiment durch jede der sechs Chargen einmal vertreten ist. Die 36 Offiziere sollen nun in Reihen von je sechs so aufgestellt werden, daß Offiziere gleicher Charge oder gleichen Regiments weder in derselben Horizontalreihe noch in derselben Vertikalreihe vorkommen.

Angenommen, es gäbe eine Geometrie $\mathfrak{E}(6)$. In dieser seien vier Scharen paralleler Geraden ausgezeichnet. Deuten wir die 6^2 Punkte als Offiziere und setzen wir fest, daß die verschiedenen Geraden der einzelnen Scharen jeweils die verschiedenen Regimenter, Chargen, Horizontal- und Vertikalreihen darstellen sollen, so würde eine Lösung der Eulerschen Aufgabe vorliegen.

Nach (5) ist mit $\mathfrak{E}(6)$ auch $\mathfrak{P}(6)$ unmöglich.

Göttingen, den 30. Januar 1938.

Ernst Witt's Work on the Mathieu Groups and on Steiner Systems

Peter M. Neumann

The two papers 'Die 5-fach transitiven Gruppen von Mathieu' and 'Über Steinersche Systeme' published in the Hamburg *Abhandlungen* in 1938 have been widely read and deservedly influential. It is the purpose of this essay to explain their context and importance.

The Mathieu Groups. In 1861 Émile Mathieu published the outcome of a systematic search for multiply transitive permutation groups. The language that he used was that of Cauchy and his contemporaries. Although it is rather different from modern usage it can be translated quite straightforwardly into twentieth century terms, and I shall take the liberty of doing that without further comment. One of his main techniques was that of transitive extension. Given a permutation group G on a set Ω of size n, a transitive extension of G is a transitive permutation group H on a set Ω_1 of size $n+1$. This set Ω_1 is obtained by adjunction of one point, α say, to Ω and H is to be such that G is the one-point stabiliser H_α. Mathieu analysed what is necessary for a transitive extension to exist and used the idea with remarkable success. In particular, he gave details ([1861], pp. 270–274) of the construction of the group now known as M_{12} by iterated transitive extension from the appropriate doubly transitive group of degree 9. (The intermediate steps are the groups M_{10} and M_{11}.) In a short paragraph which concludes that section of the paper he announced briefly that he had also found a five-fold transitive permutation group of degree 24 and of order 24.23.22.21.20.16.3.

This announcement appears to have fallen on deaf ears. In a delightful paper [1873] published twelve years later Mathieu upbraided his colleagues for not having sought to verify the existence of the group, and gave his own construction. He focussed first on transitive permutation groups G of prime degree p such that $p = 2q+1$ where q is also prime (and $q \geqslant 3$). The first few of the relevant prime numbers p are 7, 11, 23, 47, 59. Identifying the set Ω on which G acts with $\mathbb{Z}_p$ one may assume that G contains the p-cycle a, where $a : z \mapsto z+1$. If G does not consist just of affine transformations $z \mapsto uz+v$ (with $u \neq 0$) then it also contains the element b of order q such that $b : z \mapsto u_0 z$, where u_0 is a fixed q^{th} root of 1 in $\mathbb{Z}_p$, and it contains a permutation d which normalises the cyclic subgroup $\langle b \rangle$. The point is that there are relatively few possibilities for d, substantially fewer than $q(q-1)$ in fact (see Neumann [1977], Vortrag 11 for a fuller explanation). It is therefore viable to seek the groups G by examining in turn all the possibilities for d and considering the group $\langle a, d \rangle$ that they generate. Frequently this will be the alternating group $\mathrm{Alt}(p)$. If there are insoluble transitive proper subgroups of Alt(p), however, then some choices of d must give rise at least to those groups G in which $\langle a, b\rangle$ is maximal, and perhaps to others also. And this is how Mathieu found M_{23}. Transitive extension then gave him the group we now call M_{24}.

Mathieu himself did not take the theory of transitive extension very far (see [1861], pp. 247–252), although later passages of the paper, where he dealt in detail with many applications, make it clear that he knew rather more than he took the trouble to formulate in general terms. Camille Jordan, however, took it somewhat further and gave in his *Traité des substitutions* necessary and sufficient conditions for a transitive extension to exist (see [1870], §45, pp. 30–33). One of the contributions of Witt's paper 'Die 5-fach transitiven Gruppen von Mathieu' is the observation that if the group G is at least doubly transitive then Jordan's conditions for the existence of a transitive extension (to an at least triply transitive group H) may be usefully simplified. Witt used his version of the conditions to obtain M_{12} from a doubly transitive group of degree 9 in much the same way as Mathieu did (although his explanations are far briefer partly because his methods are more efficient, partly because the necessary calculations are left to the reader), and to obtain M_{24} by iterated transitive extensions from the doubly transitive group PSL(3, 4) acting on the 21 points of the projective plane PG(2, 4) rather than by a single transitive extension from M_{23}. He then went on to prove simplicity of the Mathieu groups, to show that M_{24} is the automorphism group of a certain Steiner system $S(5, 8, 24)$ (see below for more discussion of this point), to treat certain important subgroups of M_{24} and in particular the relationship between M_{24} and M_{12}, to use this relationship to show that M_{12} is the automorphism group of a Steiner system $S(5, 6, 12)$, and finally to show that M_{24} contains PSL(2, 23) as a subgroup and that M_{12} contains PSL(2, 11).

There are two curious points about this otherwise impressive paper. The first is the remark (p. 256):

> Der Gruppe M_{24} hat man das Leben sehr schwer gemacht. 1873 schrieb MATHIEU eine besondere Arbeit darüber, sie scheint jedoch nicht sehr überzeugend gewesen zu sein, denn 1874 versuchte JORDAN darzulegen, daß eine solche Gruppe gar nicht existieren kann. Einen neuen Versuch in dieser Richtung machte MILLER 1898. Zwei Jahre später bewies MILLER die Einfachheit dieser schon totgesagten Gruppe, ...

> [People have made life hard for the group M_{24}. In 1873 MATHIEU wrote a special article about it, which, however, appears not to have been very convincing because in 1874 JORDAN attempted to demonstrate that no such group could exist. MILLER made a new attempt in this direction in 1898. Two years later MILLER proved the simplicity of this group which had already been pronounced dead, ...]

The reference to Jordan is almost certainly transmission of an error originating with Miller. Contrary to what Witt wrote and Miller had previously suggested, Jordan made it quite clear in [1874][1] that he fully accepted Mathieu's work:

> Cette méthode, appliquée par l'auteur [Émile Mathieu] aux nombres 11 et 23, l'a conduit, par une voie aussi simple que directe, à la découverte de deux groupes cinq fois transitifs, des degrés 12 et 24.

> [This method, applied by the author to the numbers 11 and 23, has led him, by a path which is as simple as it is direct, to the discovery of two five-fold transitive groups, of degrees 12 and 24.]

What Jordan claimed (correctly) was the non-existence of analogues of the groups M_{11}, M_{23} for the degrees 47 and 59. Moreover, far from seeking to overturn Mathieu's work, Jordan based his own calculations on the former's elegant method. His calculations were later confirmed and extended by others up to degree 4079 (for a survey of this work see Neumann [1977], Vortrag 11).

Miller's error appears to have come from a misreading of Jordan [1874]. Discussing M_{24} in [1898] Miller wrote 'It soon appeared that such a function [group] does not exist' and supported this with a footnote reference to Jordan [1874]. The abstract of Miller's paper written by Lampe for *Jahrbuch über die Fortschritte der Mathematik* perpetuated the mistake. Of all the people involved, author, editor, referee (if any), reviewer, readers, no-one at that time appears to have asked for Mathieu's supposed error to be identified, or even to have checked Jordan's paper.

Presumably Witt made the mistake of trusting Miller, either directly or perhaps through Lampe's abstract. In any event, like others, he appears to have failed to check the primary source. Nevertheless, he was aware that Miller's disbelief in M_{24} had been withdrawn in [1900], and that de Séguier had given a construction (essentially Mathieu's, but obscured by idiosyncratic notation and exposition) in his book [1912, pp. 147–169]. It is therefore mildly surprising that he describes the group as having had a hard life, especially since he refers to the splendidly efficient paper by Frobenius [1904] publishing the calculation of its character table.

The second curious point about the paper is that Witt's Steiner systems $S(5,6,12)$ and $S(5,8,24)$, of which M_{12} and M_{24} are the respective automorphism groups, were not new at the time. Surprisingly, Witt overlooked the fact that Carmichael had written an account of them which was published in [1931] and reprinted in §115 of his well-known book [1937]. His approach is substantially different from Carmichael's. Witt starts from the groups (which, as I have said, he had constructed Mathieu's way using transitive extensions) and shows, by considering the fixed-point-sets of certain p-subgroups and proving an elegant result now known as Witt's Lemma in permutation group theory, that they give rise to Steiner systems. Carmichael

---

[1] Although in Witt's bibliography (p. 257), against the name of Jordan one finds '[Liouville's Journal (1874)]', this is surely a slip of the pen. Jordan's two papers in that volume treat subjects far removed from the Mathieu groups. It should be read as '[Comptes Rendus (1874)]'.

starts by deriving $S(5,8,12)$ from the group $\mathrm{PSL}(2,11)$ and $S(5,8,24)$ from $\mathrm{PSL}(2,23)$ in a pleasantly explicit way, and observes (but without proofs) that their automorphism groups are the relevant Mathieu groups and that information about subgroups is then easy to obtain. It seems very likely, therefore, that Witt's work was independent of Carmichael's. But had Witt known of Carmichael's work some years earlier and then forgotten it? Or was this pure coincidence? Or was this line of thinking 'in the air'—should we be seeking an 'Urquelle'? The only reference common to both works is Skolem's appendix to Netto [1927] (in particular p. 325*ff*), but this is unlikely to have provided the motivation or inspiration: the nearest it comes is an explicit listing of the blocks of the Steiner system $S(4,5,11)$, albeit without any explanation, and without any connection to group theory.

What was new in Witt's paper was his lemma on permutation groups and his derivation of the Steiner systems (*pace* the above discussion). A significant proportion of the material was not really new at the time: his treatment of transitive extensions was new but was only a small extension of what had appeared already in Jordan's *Traité*; the existence and simplicity of the Mathieu groups were already known; much of the material on their subgroups was known. Nevertheless, the whole paper is suffused with originality. It pulls together the threads of previous work, it summarises, systematises and extends what was known about the Mathieu groups, and it is beautifully organised and economically written. That, presumably, is why it became the standard reference on the Mathieu groups until the work of Conway and his school (see [1985] and references quoted there).

Steiner Systems. By a Steiner system $S(l,m,n)$ is meant a collection of m-sets of an n-set Ω such that every l-set of Ω lies in precisely one of these m-sets. Witt used words like Vereine, Geraden, Ebenen, Kreise for the designated m-sets but we usually call them blocks. In his terminology a system $S(2,q+1,q^2+q+1)$ is a plane projective geometry and a system $S(2,q,q^2)$ is a plane euclidean geometry: nowadays we prefer to call these a projective plane and an affine plane (of order q) respectively. He formulated the famous and still open conjectures

(1) that an affine plane $S(2,q,q^2)$ exists if and only if q is a prime-power (and a projective plane $S(2,q+1,q^2+q+1)$ exists if and only if q is a prime-power);

(2) that if q is prime then there should be (up to isomorphism) only one affine plane $S(2,q,q^2)$ (and only one projective plane $S(2,q+1,q^2+q+1)$).

He gave methods for constructing Steiner systems – for example, he pointed out how a system $S(3,4,n_1n_2)$ could be constructed from given systems $S(3,4,n_1)$ and $S(3,4,n_2)$. He catalogued the then known systems. And in the final part of the paper he proved the uniqueness of certain systems, in particular the systems $S(3,4,10)$, $S(4,5,11)$, $S(5,6,12)$, $S(3,6,22)$, $S(4,7,23)$ and $S(5,8,24)$ associated with the Mathieu groups.

Steiner systems continued to occupy Witt long after his publication on the subject. He appears to have been particularly fascinated by systems with blocks of size 4, that is, quadruple systems $S(2,4,n)$ and $S(3,4,n)$. Near the beginning of the 1938 paper he wrote that he had not succeeded in deciding whether or not systems $S(3,4,14)$ and $S(2,4,25)$ exist (although according to the review by Schönhart [1942] such systems were already in the literature). In his Nachlaß there is a copy of a letter (20 January 1956) addressed to Herrn Joachim Wohlfahrt in Tübingen, who had sent him an example of a system $S(3,4,14)$. Witt said that he had required much computation to find its automorphism group but had then been led to two infinite systems $S(3,4,q+1)$ for prime-powers $q \equiv 7 \pmod{12}$ and $S(3,4,2p)$ for primes $p \equiv 7 \pmod{12}$. He mentioned the natural conjecture that systems $S(3,4,2n)$ should exist whenever n is not divisible by 3; he also indicated that a Herr Dähne had computed an example of a system $S(2,4,25)$ already some years before (but it is not clear to what he is referring—I can find no publication). Later, in the 1970s, he wrote computer programs to study Steiner systems and, in particular, to classify the systems $S(3,4,14)$.

In the meantime, however, these questions had been taken up by other mathematicians. A decisive paper by Hanani [1960] contains the solution of one of the main problems that had preoccupied Witt (hinted at in his 1938 paper, and formulated explicitly in the 1956 letter to Wohlfahrt): a proof of the existence of Steiner quadruple systems $S(3,4,n)$ whenever $n \equiv 2$ or $n \equiv 4 \pmod 6$. And the classification of the systems $S(3,4,14)$ had been published by Mendelsohn and Hung in [1972]. Surveys and bibliographies, such as those by Lindner and Rosa [1978], Doyen and Rosa [1973], [1978], [1980], Hartman and Phelps [1992], show what an active subject the study of Steiner systems had become during Witt's later years.

Witt's own contribution is confined to his 1938 paper. But what a lovely paper that is. It is similar in character to the companion work on the Mathieu groups: it summarises, systematises and extends what was at that time known about Steiner systems. Although it contains much that was then new it contains nothing that was so novel as to constitute what might have been a major breakthrough in its subject. Nevertheless, like the Mathieu groups paper it made a major impact. Both articles derived their influence not merely from their mathematical content but from the economy, force and beautiful clarity of their exposition. They are rare illustrations of the value of style.

Acknowledgements: I am grateful to Elizabeth Billington, Peter Cameron, Charlie Colbourn and Cheryl Praeger for help with references. Particularly warm thanks are due to Ina Kersten who supplied motivation and most of the source material, and who has patiently drawn my attention to a number of relevant facts and references.

References

R. D. Carmichael [**1931**]: Tactical configurations of rank two, Amer. J. Math., 53 (1931), 217–240.

Robert D. Carmichael [**1937**]: Introduction to the theory of groups of finite order. Ginn and Co., Boston, 1937.

J. H. Conway, R. T. Curtis, S. P. Norton, R. A. Parker and R. A. Wilson [**1985**]: Atlas of finite groups. Clarendon Press, Oxford, 1985.

Jean Doyen and Alexander Rosa [**1973**]: A bibliography and survey of Steiner systems, Un. Mat. Ital. (4), 7 (1973), 392–419.

Jean Doyen and Alexander Rosa [**1978**]: An extended bibliography and survey of Steiner systems, Procs. seventh Manitoba Conf. Num. Maths. and Comp., Congress. Numer., XX, Utilitas Math., Winnipeg, 1978, pp. 297–361.

Jean Doyen and Alexander Rosa [**1980**]: An updated bibliography and survey of Steiner systems, Ann. Discrete Math., 7 (1980), 317–349.

G. Frobenius [**1904**]: Über die Charaktere der mehrfach transitiven Gruppen, Sitzungsber. Preuß. Akad. Wiss. Berlin (1904), 558–571 = Gesammelte Abhandlungen (ed. J.-P. Serre), Springer-Verlag, Berlin 1968, Vol. III, pp. 335–348.

Haim Hanani [**1960**]: On quadruple systems, Canadian J. Math. 12 (1960), 145-157.

Alan Hartman and Kevin T. Phelps [**1992**]: 'Steiner quadruple systems' in Contemporary Design Theory. (Jeffrey H. Dinitz and Douglas R. Stinson Eds) John Wiley and Sons, New York, 1992, pp. 205–240.

Camille Jordan [**1870**]: Traité des substitutions et des équations algébriques. Gauthier-Villars, Paris, 1870.

Camille Jordan [**1874**]: Sur deux points de la théorie des substitutions, C. R. Acad. Sci. Paris, 74 (1874), 1149–1151 = Œuvres, I (Edited by J. Dieudonné), Gauthier-Villars, Paris 1961, pp. 453–455.

Charles C. Lindner and Alexander Rosa [**1978**]: Steiner quadruple systems—a survey, Discrete Math., 22 (1978), 147–181.

Émile Mathieu [**1861**]: Mémoire sur l'étude des fonctions de plusieurs quantités, sur la manière de les former et sur les substitutions qui les laissent invariables, J. de Math. Pures et Appl. (Liouville's J.) (Ser. 2), 6 (1861), 241–323.

Émile Mathieu [**1873**]: Sur la fonction cinq fois transitive de 24 quantités, J. de Math. Pures et Appl. (Liouville's J.) (Ser. 2), 18 (1873), 25–46.

N. S. Mendelsohn and Stephen H. Y. Hung [**1972**]: On the Steiner systems $S(3,4,14)$ and $S(4,5,15)$, Utilitas Math., 1 (1972), 5–95.

G. A. Miller [**1898**]: On the supposed five fold transitive function of 24 elements and $19! \div 48$ values, Messenger of Math., 27 (1898), 187–190.

G. A. Miller [**1900**]: Sur plusieurs groupes simples, Bull. Soc. Math. France, 28 (1900), 266–267.

Eugen Netto [**1927**]: Lehrbuch der Combinatorik (Second Edition, with notes by Viggo Brun and Th. Skolem). Teubner, Leipzig, 1927

Peter M. Neumann [**1977**]: Permutationsgruppen von Primzahlgrad und verwandte Themen. Vorlesungen aus dem Math. Inst. Giessen, 5. Universität Giessen, 1977.

E. Schönhart [**1942**]: Review of Witt's paper 'Über Steinersche Systeme', Jahrbuch ü. d. Fortschritte d. Math., 64.2: Jahrgang 1938 (1942), 937–938.

J.-A. de Séguier [**1912**]: Éléments de la théorie des groupes de substitutions. Gauthier-Villars, Paris, 1912.

ΠMN: Queen's College, Oxford, OX1 4AW

34.

Zum Problem der 36 Offiziere

Jber. DMV *48* (1938) 66–67

Von Leonhard Euler wurde folgende Aufgabe gestellt:

36 Offiziere gehören 6 verschiedenen Regimentern und 6 verschiedenen Chargen an, und zwar in der Weise, daß jedes Regiment durch jede der 6 Chargen einmal vertreten ist. Die 36 Offiziere sollen nun in Reihen von je 6 so aufgestellt werden, daß Offiziere gleicher Charge oder gleichen Regiments weder in derselben Horizontalreihe noch in derselben Vertikalreihe vorkommen.

Die *Unlösbarkeit* dieser Aufgabe wurde von Euler vermutet, und später von Th. Clausen bewiesen. Der einzige bisher veröffentlichte Beweis für die Unlösbarkeit stammt von A. Tarry.[1])

Das Problem für n^2 Offiziere ist für $n \not\equiv 2\,(4)$ stets lösbar: Die Lösungen lassen sich durch n^2 vierstellige Zahlen angeben, wobei die Stellen sich auf Zeile, Spalte, Regiment und Charge beziehen.

Ist $n = p^f \neq 2$, so liefert das Galoisfeld $G\mathfrak{F}(p^f)$ eine Lösung

$$a,\, b,\, a + b,\, ra + b \qquad (r \neq 0, 1).$$

Aus einer Lösung a, b, c, d für n_1 und einer Lösung $\alpha, \beta, \gamma, \delta$ für n_2 läßt sich die Lösung $(a, \alpha), (b, \beta), (c, \gamma), (d, \delta)$ für $n_1 \cdot n_2$ erzeugen.

Einen Beweis für die Unlösbarkeit für den Fall $n \equiv 2\,(4)$ versuchte P. Wernicke zu geben (Jahresbericht der D. M. V. 19 [1910] 264). Es soll hier klargestellt werden, daß jener Beweis *fehlerhaft* ist. Um eine Induktion durchzuführen, wird dort behauptet: Für $N \equiv 4\,(8)$ lassen sich keine N gleichen oder verschiedenen vierstelligen dyadischen Zahlen angeben, in der Weise, daß jedes Ziffernpaar an jedem Stellenpaar gleich oft vertreten ist. Hier ist ein Gegenbeispiel: 0000, 0000, 0011, 0101, 0110, 0111, 1001, 1010, 1011, 1100, 1101, 1110.

Es sei noch auf ein ähnliches Problem hingewiesen, das mit der Aufstellung ebener Euklidischer Geometrien in n^2 Punkten gleichwertig ist:

Man schreibe mittels n Ziffern n^2 verschiedene $(n + 1)$-stellige Zahlen auf, in denen an jedem Stellenpaare jedes Ziffernpaar erscheint.

P. Wernicke behauptet leichthin, für $n = p$ sei

$$a,\, b,\, b + a,\, b + 2a, \ldots, b - a \bmod p$$

die *einzige* Lösung, abgesehen von Permutationen der Ziffern, wie sie auf der einzelnen Stelle zur Verwendung kommen, und der Stellen selbst. Für $n = 2, 3, 5$ habe ich die Richtigkeit durch Probieren bestätigt.

P. Wernicke behauptet ferner, in Verallgemeinerung seines fehlerhaften Beweises, daß dies Problem für $n \neq p^f$ unlösbar sei.

Für $n = p^f$ liefert das Galoisfeld eine Lösung, es kann aber noch andere wesentlich verschiedene Lösungen geben, z. B. sicher für $n = p^{2f}\,(p \neq 2)$.

Es ist erwünscht, für $n = p$ die Einzigkeit und für $n \neq p^f$ die Unmöglichkeit zu beweisen.

---

1) Literaturangaben bei Ahrens, Mathematische Unterhaltungen und Spiele II (2. Aufl. Leipzig 1918), S. 55 und 419.

(Eingegangen am 18. 12. 1937.)

Editor's Remark

A *Latin square* of order n is an $n \times n$ matrix with entries being integers between 0 and $n-1$ such that in every row, no entry is repeated, and in every column, no entry is repeated. Two Latin squares (μ_{ij}) and (m_{ij}) of order n are said to be *orthogonal* provided the n^2 ordered pairs $\mu_{ij}\, m_{ij}$ for $i, j = 1, \ldots, n$ are distinct. The $n \times n$ matrix $(\mu_{ij}\, m_{ij})$, where (μ_{ij}) and (m_{ij}) are orthogonal Latin squares of order n, is often called a *Graeco-Latin square* of order n, because EULER used Greek letters for one square and Latin letters for the other.

The problem of the n^2 officers is equivalent to the construction of two orthogonal Latin squares of order n. In 1782, Euler conjectured that there does not exist a pair of orthogonal Latin squares of order congruent to 2 modulo 4. Much later in 1959, Bose, Shrikhande, and Parker disproved Euler's famous conjecture by constructing some Graeco-Latin squares of order 22 and 10. In 1960, they showed that Euler's conjecture is false for all orders n of the form $n = 4k+2$ except for $n = 2$ or 6 by providing a constructive method of obtaining Graeco-Latin squares of all these orders. Thus Wernecke's method necessarily is wrong. The latter fact had already been observed by H. F. MacNeish in the Jahresbericht der Deutschen Mathematiker-Vereinigung 30 (1921) p. 151f.

The second problem that Witt mentioned in the above paper is equivalent to the construction of $n-1$ mutually orthogonal Latin squares of order n. It seems to be still open whether this is impossible for $n \neq p^f$. For references and further reading we refer to J. Dénes & A. D. Keedwell, Latin Squares, New Developments in the Theory and Applications, North-Holland 1991, and D. Jungnickel, Maximal set of mutually orthogonal Latin squares, 129–153, London Math. Soc. Lecture Not. 233, Cambrigde Univ. Press, 1996.

In Witt's unpublished works there were several notes and letters indicating that he dealt with Latin squares in the beginning of the sixties (cf. for example the following abstract on the construction of finite planes). His notes included the following Graeco-Latin square of order 10:

$$\begin{pmatrix}
00 & 96 & 53 & 68 & 35 & 24 & 47 & 19 & 72 & 81 \\
46 & 11 & 79 & 80 & 57 & 63 & 94 & 02 & 25 & 38 \\
59 & 43 & 22 & 76 & 91 & 08 & 15 & 84 & 30 & 67 \\
64 & 29 & 86 & 33 & 12 & 71 & 50 & 48 & 97 & 05 \\
75 & 58 & 07 & 21 & 44 & 90 & 82 & 36 & 69 & 13 \\
83 & 62 & 98 & 17 & 06 & 55 & 39 & 20 & 41 & 74 \\
31 & 70 & 45 & 09 & 28 & 87 & 66 & 93 & 14 & 52 \\
18 & 04 & 61 & 95 & 89 & 32 & 23 & 77 & 56 & 40 \\
92 & 37 & 10 & 54 & 73 & 49 & 01 & 65 & 88 & 26 \\
27 & 85 & 34 & 42 & 60 & 16 & 78 & 51 & 03 & 99
\end{pmatrix}$$

35.

Konstruktion endlicher Ebenen

Internat. Math. Nachr. *72* 1962 (50-51)

Auszug eines Vortrages vor der Österreichischen Mathematischen Gesellschaft am 22. März 1962:

Einleitend wurde über die Konstruktion von Ebenen nach MENON berichtet, bei denen durch zwei verschiedene Punkte immer h Geraden gehen und bei der jede Gerade aus n Punkten besteht, speziell für $n = 2^r$. BURAU hat neuerdings gezeigt, daß es für $h = 2$, $n = 16$ genau drei Ebenen gibt.

Weiterhin wurden Fächer betrachtet. Das sind Ebenen, bei denen durch zwei verschiedene Punkte immer genau eine Gerade geht und die ein Büschel von m Hauptgeraden aus $n + 1$ Punkten enthalten; eine Gerade heißt dabei Hauptgerade, wenn sie von allen anderen Geraden geschnitten wird. Die Fächer entsprechen Verallgemeinerungen der von EULER eingeführten, sogenannten lateinisch-griechischen Quadrate. Für $m = 4$ bewiesen PARKER, BOSE and SHRIKHANDE eine Existenz von Fächern für alle $n \neq 2, 6$. Als neues Resultat wird angekündigt, daß sich für $m = 7$ die Existenz für alle $n > 62$, für $m = 8$ für alle $n > 500$ nachweisen läßt.

36.

Über die Kommutatorgruppe kompakter Gruppen

Rend. Mat. e Appl. (5), *14* (1955) 125–129

Zum Gedächtnis an Fabio Conforto

Für einen beliebigen Körper K bezeichne A_K die maximal abelsche Erweiterung. Es sei K/k ein endlicher relativ-galoisscher Körper und $G_{K,k}$ die nach Krull topologisierte Galoisgruppe von A_K/k. Dem Teilkörper A_k entspricht dann bei dem bekannten Galoiszusammenhang die abgeschlossene Hülle $\overline{G'_{K,k}}$ der Kommutatorgruppe $G'_{K,k}$ von $G_{K,k}$. Diese Gruppe spielt in der Arbeit von A. Weil, Sur la theorie du corps de classes (1), eine wichtige Rolle. Inzwischen hat W. Jehne in seiner Dissertation (2)

$$\overline{G'_{K,k}} = G'_{K,k}$$

nachgewiesen unter der bei Weil auftretenden Voraussetzung, dass K ein endlicher Zahlkörper ist (bzw. bei geringer Modifikation der Definition von $G_{K,k}$ auch falls K ein Funktionenkörper einer Variablen über einem Galoisfeld ist).

Hier soll gezeigt werden, dass diese Voraussetzung ganz entbehrlich ist, da allgemein die *Kommutatorgruppe G' einer kompakten topologischen Gruppe G mit einer abelschen Untergruppe H von endichem Index immer abgeschlossen ist.* Dies folgt unmittelbar aus Satz 1 *und* 2. Anschliessend wird gezeigt, dass die Kommutatorgruppe

(1) A. Weil, *Sur la theorie du corps de classes* J. of Math. Soc. Japan 3. 1-35 (1951).

(2) W. Jehne, *Zur modernen Klassenkörpertheorie*, Diss. Hamburg (1954).

G' einer kompakten Gruppe G nicht notwendig abgeschlossen ist. Dabei kann G sogar als Krull'sche Galoisgruppe passender Körpererweiterungen gewählt werden.

1. Es werde $x \circ y = x\,y\,x^{-1}\,y^{-1} = y^x\,y^{-1}$ gesetzt.

SATZ 1. *Ist in einer kompakten topologischen Gruppe G jedes Element der Kommutatorgruppe G' als Produkt einer beschränkten Anzahl s von Kommutatoren ausdrückbar, so ist G' abgeschlossen.*

Beweis. G' ist stetiges Bild des kompakten Produktraumes G^{2s} bezüglich der Abbildung

$$(x_1\,y_1\,,\ldots,x_s\,,y_s) \rightarrow \prod_i (x_i \circ y_i)$$

SATZ 2. *In einer Gruppe G mit abelscher Untergruppe H von endlichem Index lässt sich jedes Element der Kommutatorgruppe G' als Produkt einer beschränkten Anzahl von Kommutatoren ausdrücken.*

Beweis. Der Kern A der endlichen Permutationsdarstellung von G zur Fixgruppe H ist ein abelscher Normalteiler von endlichem Index n. Da $xax^{-1}\,a^{-1}$ in $a \in A$ multiplikativ ist und von x nur mod A abhängt, ist

$$G \circ A = \prod_{x \in G/A} A^{x-1}$$

elementweise Produkt von $n-1$ Kommutatoren. Daher darf weiterhin $G \circ A = 1$, d. h. A im Zentrum von G angenommen werden. Damit ist die Behauptung zurückgeführt auf

SATZ 3. *Bei einer Gruppe G mit nur endlich vielen inneren Automorphismen ist die Kommutatorgruppe G' endlich*

Beweis. $\Gamma = G \circ A$ habe endliche Ordnung, und A liege im Zentrum von G.

Es sei

$$G = \bigcup_\sigma A\,u_\sigma \quad \text{mit } u_\sigma\,u_\tau = a_{\sigma,\tau}\,u_{\sigma,\tau} \qquad (\sigma\,,\tau \in \Gamma)\,.$$

G' wird von den $u_\sigma \circ u_\tau$ erzeugt. Nach dem Hauptsatz über abelsche Gruppen mit *endlich vielen Erzeugenden* hat die von den $a_{\sigma,\tau}$ erzeugte Untergruppe B nur *endliche* Torsion. Diese Torsion darf zum Beweis gleich 1 gesetzt werden. B lässt sich nun als freie abelsche Gruppe in eine abelsche Gruppe C einbetten, in der $c^{\frac{1}{n}}$ multiplikativ erklärt ist. Nach Schreier (3) werde

$$G_1 = \bigcup_\sigma C\, u_\sigma \text{ mit } u_\sigma \circ C = 1$$

konstruiert. Aus den sich aus $u_\varrho (u_\sigma u_\tau) = (u_\varrho u_\sigma) u_\tau$ ergebenden Gleichungen

$$a_{\sigma,\tau}\, a_{\varrho,\sigma\tau} = a_{\varrho,\sigma}\, a_{\varrho\sigma,\tau}$$

folgt nach Multiplikation über $\tau \in \Gamma$, dass die Elemente

$$v_\sigma = \prod_{\tau\in\Gamma} a_{\sigma,\tau}^{-\frac{1}{n}}\, u_\sigma$$

eine mit Γ isomorphe Untergruppe von G_1 bilden. Daher ist

$$G' = G_1' \cong (\Gamma \times C)' = \Gamma' \qquad \text{endlich,} \qquad \text{w. z. b. w.}$$

Als Masszahl für die Abweichung der Multiplikation einer Gruppe von der Kommutativität kann man

1. die Ordnung der Kommutatorgruppe G'

2. den Index des Zentrums Z (= Anzahl der inneren Automorphismen) ansehen. Daher ist es naheligend, nach der Umkehrung von Satz 3 zu fragen. Das Beispiel der folgenden Gruppe G zeigt, dass die genaue Umkehrung falsch ist. G sei gegeben durch abzählbar viele Erzeugende u_i $(i \geq 0)$ mit den definierenden Relationen

$$u_i^2 = 1\,,\; u_0\, u_i = u_i\, u_0\,,\; u_i\, u_k = u_0\, u_k\, u_i \; (0 < i < k)\,.$$

In G ist nämlich $G' = Z = (u_0)$ von der Ordnung 2.

Aber es gilt von Satz 3 die partielle Umkehrung:

Wenn die Kommutatorgruppe G' einer Grnppe G endlich ist und kein Zentrum hat, so besitzt G nur endlich viele innere Automorphismen.

Beweis. Die Klasse eines Elementes y wird beschrieben durch $(x \circ y)\, y$, enthält also nur endlich viele Elemente, d. h. der Normalisator $Z(y)$ von y hat endlichen Index. Daher hat der Zentralisator $Z(Y)$ einer endlichen Menge Y als Durchschnitt endlich vieler $Z(y)$

(3) Siehe H. ZASSENHAUS, *Gruppentheorie* Teubner, Leipzig und Berlin (1937).

ebenfalls endlichen Index. Nun liegt $(Z(G'))'$ im Zentrum von G', ist also nach Voraussetzung gleich 1. Daher ist $Z(G')$ abelscher Normalteiler von G. R sei ein Repräsentantensystem von $G/Z(G')$. Dann hat $Z(G' \cup R)$ wieder endlichen Index in G und ist Zentrum von G enthalten.

2. Ein einfaches Beispiel einer kompakten Gruppe G mit nicht-abgeschlossener Kommutatorgruppe G' ist das Tychonoff-Produkt (4) $G = \prod_r G_r$ von endlichen Gruppen $G_r\ (r = 1, 2, \ldots,)$, falls jedes G_r ein Element $a_r \in G_r$ enthält, das nicht Produkt von r Kommutatoren ist, denn dann ist

$$a = \Pi\, a_r \in \overline{G'} - G'$$

d. h. a ist zwar selbst sicher nicht als Produkt einer endlichen Anzahl von Kommutatoren ausdrückbar, jedoch liegt in jeder Umgebung von a ein Teilprodukt endlich vieler a_r (die übrigen Komponenten gleich 1 gedacht) und daher ein Produkt endlich vieler Kommutatoren.

Für G_r kann folgende Gruppe genommen werden: $x_1, \ldots, x_n$ seien assoziative Unbestimmte über einem Galoisfeld von p Elementen. Dabei sei $n \geq 4r + 2$ fixiert. Die Polynome

$$1 + \sum_i \alpha_i x_i + \sum_{i,k} \alpha_{ik} x_i x_k$$

bilden modulo Gliedern höheren Grades eine Gruppe G_r der Ordnung p^{n+n^2}. Ein einzelner Kommutator hat die Gestalt $1 + \sum_{i,k} \alpha_i \beta_k (x_i x_k - x_k x_i)$, daher gibt es in G_r höchstens p^{2nr} Produkte von r Kommutatoren. G_r' enthält aber mehr Elemente, nämlich die $p^{\binom{n}{2}}$ Elemente $1 + \sum_{i,k} \gamma_{ik}(x_i x_k - x_k x_i)$. und das war zu zeigen.

G_r/G_r^* bezeichne die maximale abelsche Faktorgruppe vom Exponenten p.

k sei ein fester Grundkörper der Charakteristik p, über dem es abelsche Körper vom Exponenten p von beliebig hohem Grade gibt. Wie ich früher gezeigt habe (5), gibt es dann allgemein zu

(4) Siehe N. Bourbaki, *Topologie generale*, Chap. I-II, Act. sci. et ind. 1142, Hermann et Cie, Paris (1951).

(5) E. Witt, *Konstruktion von galoisschen Körpern der Charakteristik p zu vorgegebenener Gruppe der Ordnung pf*, Crelles J. 174, 237-245 (1936).

vorgeschriebener p-Gruppe G_r immer einen galoisschen Körper $K_r/\bar{k}$, dabei kann der maximale abelsche Teilkörper K_r^*/k vom Exponenten p vom Grad $(G_r : G_r^*)$ noch willkürlich vorgegeben werden. Aus der Tatsache, dass zwei nicht fremde galoissche p-Körper immer einen gemeinsamen zyklischen Körper p-ten Grades enthalten, ergibt sich der Satz, dass $K' = \prod_r K_r$ genau dann freies Kompositum galoisscher p-Körper K_r ist, wenn dies für $\prod_r K_r^*$ zutrifft. Bei der Auswahl der K_r^* werde dafür Sorge getragen, dass $\prod_r K_r^*$ ein freies Kompositum ist. Dann ist, wie gesagt, auch $K = \prod_r K_r$ freies Kompositum. Die galoissche Gruppe G von K/k stimmt, jedenfalls von der Topologie abgesehen, überein mit dem Tychonoff-Produkt $\prod_r G_r$. Nun sind die offenen 1-Umgebungen in $\prod_r G_r$ auch in der Krullschen Topologie offen, d. h. die identische Abbildung von G auf $\prod_r G_r$ ist eine stetige eineindeutige Abbildung eines kompakten Raumes auf einen separierten Raum, also ein Homöomorphismus:

Die galoissche Gruppe von K/k mit der Krullschen Topologie ist also gerade das Tychonoff-Produkt $\prod_r G_r$.

Auf ähnliche Weise lässt sich zeigen, dass ein freies Kompositum $\prod_i K_i$ beliebiger galoisscher Körper K_i mit den Gruppen G_i das Tychonoff-Produkt $\prod_i G_i$ als galoissche Gruppe hat.

[*Entrata in Redazione il 25-VI-1954*]

37.

Eine Identität zwischen Modulformen zweiten Grades

Abh. Math. Sem. Univ. Hamburg *14* (1941) 323–337

Es bezeichne $\varrho(n, g)$ die Anzahl der linear unabhängigen Modulformen n-ten Grades vom Gewicht g. ($n = 1, 2, 3, \cdots$ und $g = 2, 4, 6, \cdots$).
Bekanntlich ist

$$(1) \qquad \varrho(1, g) = \begin{cases} \left[\frac{g}{12}\right] & \text{für } g \equiv 2 \bmod 12, \\ \left[\frac{g}{12}\right] + 1 & \text{sonst.} \end{cases}$$

Siegel hat kürzlich gezeigt, daß allgemein eine Abschätzung

$$(2) \qquad \varrho(n, g) < C_n g^n$$

mit einer geeigneten, nur von n abhängigen Zahl C_n besteht. Nach derselben Beweismethode soll hier

$$(3) \qquad \varrho(2, 2) = 0, \quad \varrho(2, 4) = 1, \quad \varrho(2, 6) \leqq 2 \text{ und } \varrho(2, 8) \leqq 3$$

bewiesen werden.

Aus (1) hat man unter anderem folgende Identität hergeleitet:

$$(4) \qquad \left(\sum (az - b)^{-4}\right)^2 = \sum (az - b)^{-8},$$

worin über alle teilerfremden a, b mit positivem a zu summieren ist.

Es wird sich herausstellen, daß eine analoge Identität auch zwischen Modulformen zweiten Grades besteht, nämlich

$$(5) \qquad \left(\sum |\mathfrak{A}\mathfrak{Z} - \mathfrak{B}|^{-4}\right)^2 = \sum |\mathfrak{A}\mathfrak{Z} - \mathfrak{B}|^{-8},$$

in welcher $\mathfrak{A}$, $\mathfrak{B}$ ein volles System von Repräsentanten der verschiedenen Klassen zweireihiger teilerfremder symmetrischer Matrizenpaare durchläuft und $\mathfrak{Z}$ eine zweireihige symmetrische Matrix mit positivem Imaginärteil bedeutet.

Die hier aufgeführten Resultate hängen zusammen mit der Theorie der positiven geraden quadratischen Formen in m Variablen mit Determinante 1. Diese Formen bilden ein Geschlecht, welches mit Γ_m bezeichnet werde. h_m sei die Anzahl der Klassen aus Γ_m. Eine Form $\mathfrak{S}_8$ aus Γ_8 hat zuerst Minkowski angegeben. Durch Bildung der direkten

Summen $\mathfrak{S}_8 + \mathfrak{S}_8 + \cdots$ ergibt sich hieraus die Existenz von Γ_m für jedes $m \equiv 0 \bmod 8$. Übrigens ist für die Existenz von Γ_m die Bedingung $8 \mid m$ auch notwendig, wie sich etwa aus der Reziprozitätsformel für Gaußsche Summen ergibt. Nach MORDELL ist $h_8 = 1$. Ich werde hier beweisen, daß $h_{16} = 2$ ist. Dabei werde ich die beiden Klassen explizit angeben. SCHOENEBERG bewies kürzlich in einer Arbeit über Modulformen, daß es außer $\mathfrak{S}_8 + \mathfrak{S}_8 + \mathfrak{S}_8$ noch eine weitere Klasse in Γ_{24} geben muß. Bei dem Versuch, eine Form aus einer solchen Klasse wirklich anzugeben, fand ich mehr als 10 verschiedene Klassen in Γ_{24}. Die Bestimmung von h_{24} scheint nicht ganz leicht zu sein.

Es bezeichne $\mathfrak{S} = (s_{ik})$ eine quadratische Form aus Γ_m ($m = 8$ oder 16). Die beiden Modulformen ersten Grades vom Gewicht $\frac{m}{2}$

$$(6) \qquad \sum_{c_i=-\infty}^{\infty} e^{\pi i z \sum\limits_{i,k}^{m} s_{ik} c_i c_k} \quad \text{und} \quad 1 + 30\, m \sum_{a=1}^{\infty} \sum_{d \mid a} d^{\frac{m}{2}-1} e^{2\pi i a z}$$

müssen wegen $\varrho\left(1, \frac{m}{2}\right) = 1$ übereinstimmen. Durch Koeffizientenvergleich ergibt sich, daß $\mathfrak{S}$ aus Γ_8 oder Γ_{16} die natürliche Zahl $2a \neq 0$

$$(7) \qquad A(\mathfrak{S}, 2a) = 30\, m \sum_{d \mid a} d^{\frac{m}{2}-1}$$

mal darstellt.

Merkwürdig und interessant ist hierbei, daß hier zwei Formen $\mathfrak{S}_{16}$ und $\mathfrak{S}_8 + \mathfrak{S}_8$ auftreten, welche nicht ineinander transformierbar sind, trotzdem aber jede Zahl gleich oft darstellen. Diese Tatsache, die auf analytischem Wege so einfach einzusehen ist, ist algebraisch noch völlig undurchsichtig. Die Zahl 2 wird z. B. von jeder der beiden Formen 480 mal dargestellt, d. h. in den zugehörigen Gittern gibt es jeweils 480 Vektoren der Länge $\sqrt{2}$. Werden diese Vektoren auf ihre gegenseitige Lage hin näher untersucht, so ergibt sich bei dem zu $\mathfrak{S}_8 + \mathfrak{S}_8$ gehörigen Gitter, daß sie in zwei zueinander senkrecht stehende Teilscharen von je 240 Vektoren zerfallen, während in dem zu $\mathfrak{S}_{16}$ gehörigen Gitter eine solche Zerlegung in senkrechte Teilscharen unmöglich ist. Bei der so verschiedenen Lage dieser Vektoren in den beiden Gittern erscheint ihre gleiche Anzahl als bloßer Zufall.

Darüber hinaus wird sich ergeben, daß auch alle zweireihigen Matrizen durch die beiden Formen $\mathfrak{S}_{16}$ und $\mathfrak{S}_8 + \mathfrak{S}_8$ gleich oft dargestellt werden. Das besagt geometrisch, daß jedes zweidimensionale Teilgitter in den zu $\mathfrak{S}_{16}$ und $\mathfrak{S}_8 + \mathfrak{S}_8$ gehörigen Gittern gleich oft vorkommt. Beim Beweis wird $\varrho(2, 8) \leq 3$ verwendet.

Vielleicht werden auch alle dreireihigen Matrizen durch die Formen $\mathfrak{S}_{16}$ und $\mathfrak{S}_8 + \mathfrak{S}_8$ gleich oft dargestellt. Diese Frage konnte ich wegen der auftretenden ungeheuren Rechnung nicht entscheiden. Für $n = 4$ wird jedenfalls die doppelte Einheitsmatrix $2\mathfrak{E}$ nicht mehr gleich oft dargestellt.

Literaturverzeichnis.

[1] H. BRAUN, Zur Theorie der Modulformen n-ten Grades. Math. Ann. **115** (1938), S. 507.

[2] — Konvergenz verallgemeinerter Eisensteinscher Reihen. Math. Ztschr. **44** (1938), S. 387.

[3] B. SCHOENEBERG, Das Verhalten von mehrfachen Thetareihen bei Modulsubstitutionen. Math. Ann. **116** (1939), S. 511.

[4] C. L. SIEGEL, Über die analytische Theorie der quadratischen Formen, I. Ann. of Math. **36** (1935), S. 527.

[5] — Einführung in die Theorie der Modulfunktionen n-ten Grades. Math. Ann. **116** (1939), S. 617.

[6] — Einheiten quadratischer Formen. Hbg. Abh. **13** (1940), S. 209.

[7] E. WITT, Spiegelungsgruppen und Aufzählung halbeinfacher Liescher Ringe. Dieser Band, S. 289.

1.

$\varphi(\mathfrak{Z})$ sei eine Modulform n-ten Grades vom Gewicht $g > 0$. Es gilt

(8) $$\varphi(\mathfrak{Z}) = \sum a_{\mathfrak{T}}\, e^{2\pi i \mathfrak{T}\mathfrak{Z}},$$

(9) $$a_{\mathfrak{T}} = e^{2\pi \mathfrak{T}\mathfrak{V}} \int \varphi(\mathfrak{U} + i\mathfrak{V})\, e^{-2\pi i \mathfrak{T}\mathfrak{U}}\, d\mathfrak{U},$$

wobei über alle halbganzen $\mathfrak{T} \geqq 0$ summiert wird, und wobei sich das Integral mit $d\mathfrak{U} = \prod_{i \leqq k} du_{ik}$ über das Gebiet $\pm u_{ik} \leqq \frac{1}{2}$ erstreckt. *Von den Matrizen im Exponenten* ist hier und weiterhin *die Spur zu nehmen.*

Der ursprüngliche Beweis folgenden Satzes soll hier etwas abgeändert dargestellt werden:

Satz 1 von SIEGEL. *Sind in der Reihe* (8) *die Koeffizienten* $a_{\mathfrak{T}} = 0$ *für* $|\mathfrak{T}| \leqq (c_1 g)^n$, *so verschwindet die Modulform* $\varphi(\mathfrak{Z})$ *identisch.*

Dabei sollen $c_1, c_2, \cdots$ geeignete, nur von n abhängige positive Zahlen bedeuten.

Es bezeichne $\mathfrak{T}$ im folgenden eine n-reihige symmetrische definite Matrix ($\mathfrak{T} \geqq 0$). Es gilt

(10) $$|\mathfrak{T}| \leqq t_1 \cdots t_n \qquad (t_i = t_{ii}).$$

M sei der MINKOWSKIsche Reduktionsbereich für n-reihige definite quadratische Formen. Für $\mathfrak{Y}$ aus M ist

(11) $$\pm 2\, y_{ik} \leqq y_i \leqq y_k \qquad (i < k,\ y_i = y_{ii}),$$

$$\prod y_i \leqq c_2^n \, |\mathfrak{Y}|, \tag{12}$$

$$\sum t_i y_i \leqq c_3 \operatorname{Sp} \mathfrak{T}\mathfrak{Y}. \tag{13}$$

F sei der SIEGELsche Fundamentalbereich für die Modulgruppe n-ten Grades. Für $\mathfrak{Z} = \mathfrak{X} + i\mathfrak{Y}$ aus F ist

$$y_k \geqq c_4^{-1} \qquad (c_4^{-1} = \sqrt{\tfrac{3}{4}}), \tag{14}$$

$$|\mathfrak{Y}| \geqq (c_2 c_4)^{-n}, \tag{15}$$

$$\operatorname{Sp} \mathfrak{T} \leqq c_4 \sum t_i y_i, \tag{16}$$

$$\pm x_{ik} \leqq \tfrac{1}{2} \text{ und } \pm y_{ik} \leqq y_n \leqq c_2^n \, |\mathfrak{Y}| \, (y_1 \cdots y_{n-1})^{-1} \leqq c_2^n \, c_4^{n-1} \, |\mathfrak{Y}|. \tag{17}$$

Die vorliegenden Ungleichungen sind den Arbeiten [5], [6] von SIEGEL entnommen.

α sei eine beliebige positive Zahl; α_1, α_2 seien nur von α und n abhängige passende positive Zahlen. Ferner setzen wir zur Abkürzung

$$\frac{n(n+1)}{2} = N \quad \text{und} \quad n\, T^{\frac{1}{n}} \, |\mathfrak{Y}|^{\frac{1}{n}} = R.$$

Hilfssatz 1. *Für $\mathfrak{Z} = \mathfrak{X} + i\mathfrak{Y}$ aus F gilt*

$$\sum_{|\mathfrak{T}| > T} e^{-\alpha \sum t_i y_i} < \alpha_1 R^N e^{-\alpha R}. \tag{18}$$

Die Summation beziehe sich dabei auf alle halbganzen $\mathfrak{T} \geqq 0$ mit $|\mathfrak{T}| > T$. ($T > 3^{-n}$.)

Beweis. Für eine Zahl $t \equiv R \bmod 1$ bezeichne $A(t)$ die Anzahl der Summanden mit $t - 1 \leqq t_i y_i < t$, $B(t)$ die Anzahl der Summanden mit $\operatorname{Sp} \mathfrak{T} < t$.

Es ist $B(t) < (4t+1)^N$, dies folgt aus $t_{ik}^2 < t_i t_k \leqq t^2$.

$\mathfrak{T}$ liefere einen der $A(t)$ Summanden. Dann ist nach (16) $\operatorname{Sp} \mathfrak{T} < c_4 t$, und nach (10) gilt:

$$\frac{R}{n} = T^{\frac{1}{n}} |\mathfrak{Y}|^{\frac{1}{n}} < |\mathfrak{T}|^{\frac{1}{n}} |\mathfrak{Y}|^{\frac{1}{n}} \leqq \prod (t_i y_i)^{\frac{1}{n}} \leqq \frac{1}{n} \sum t_i y_i < \frac{t}{n}.$$

Für $t \leqq R$ ist also $A(t) = 0$, und für $t > R$ ist $A(t) \leqq B(c_4 t) < c_5 t^N$. Daher ist

$$\sum_{|\mathfrak{T}| > T} e^{-\alpha \sum t_i y_i} < \sum_{t = R+1}^{\infty} c_5 t^N e^{-\alpha(t-1)}.$$

Nach (15) ist $R > \dfrac{n}{3 c_2 c_4} > 0$. (18) braucht also nur für $R \geqq \dfrac{N}{\alpha} + 1$

bewiesen werden. In diesem Falle ist die letzte Summe kleiner als

$$c_5\, e^{\alpha} \int_R^{\infty} t^N e^{-\alpha t}\, dt = c_5\, e^{-\alpha}\, \frac{N!\, e^{-\alpha R}}{\alpha^{N+1}} \sum_{\nu=0}^{N} \frac{(\alpha R)^\nu}{\nu!} < \alpha_2\, R^N e^{-\alpha R}.$$

Damit ist (18) bewiesen.

Hilfssatz 2. *In der Entwicklung* (8) *für die Modulform* $\varphi(\mathfrak{Z})$ *seien die Koeffizienten*

$$a_{\mathfrak{T}} = 0 \quad \textit{für} \quad |\mathfrak{T}| \leqq T, \qquad (T > 3^{-n}).$$

Wandert $\mathfrak{Z}$ *in* F *ins Unendliche, so strebt* $e^{\beta R}\varphi(\mathfrak{Z})$ *gegen Null. Dabei sei* β *eine feste, unterhalb* $2\pi c_3^{-1}$ *liegende Zahl.*

Beweis. Die Glieder der konvergenten Reihe

$$\varphi(i\gamma\mathfrak{E}) = \sum a_{\mathfrak{T}}\, e^{-2\pi\gamma\mathfrak{T}} \qquad (\gamma > 0)$$

seien alle kleiner als γ_1. Dann ist nach (16)

(19) $$|a_{\mathfrak{T}}| \leqq \gamma_1\, e^{2\pi\gamma\mathfrak{T}} \leqq \gamma_1\, e^{2\pi\gamma c_4 \sum t_i y_i}.$$

Es werde $\alpha = 2\pi(c_3^{-1} - \gamma c_4)$ gesetzt und γ so klein gewählt, daß $\alpha > \beta$ wird. Nach (8), (19) und (18) ist

(20) $$|\varphi(\mathfrak{Z})| \leqq |a_{\mathfrak{T}}|\, e^{-2\pi\mathfrak{T}\mathfrak{Y}} \leqq \sum_{|\mathfrak{T}|>T} \gamma_1\, e^{-\alpha\sum t_i y_i} < \gamma_1\, \alpha_1\, R^N e^{-\alpha R}.$$

Geht nun $\mathfrak{Z}$ in F ins Unendliche, so strebt wegen $T > 3^{-n}$ und wegen (17) ebenfalls $R = n\, T^{\frac{1}{n}}\, |\mathfrak{Y}|^{\frac{1}{n}}$ gegen ∞. Aus (20) folgt jetzt Hilfssatz 2.

Erst recht strebt $|\mathfrak{Y}|^{\frac{g}{2}}\varphi(\mathfrak{Z})$ gegen Null, wenn $\mathfrak{Z}$ in F ins Unendliche wandert. Der absolute Betrag dieser Funktion hat daher in einem (endlichen) Punkte $\mathfrak{Z}_0$ von F ein Maximum M. Nun ist dieser absolute Betrag bei allen Modulsubstitutionen invariant. Es gilt also sogar für alle $\mathfrak{Z}$ mit positivem Imaginärteil $\mathfrak{Y}$

(21) $$|\varphi(\mathfrak{Z})| \leqq M\, |\mathfrak{Y}|^{-\frac{g}{2}},$$

insbesondere besteht Gleichheit für $\mathfrak{Z} = \mathfrak{Z}_0$.

Beweis des SIEGELschen Satzes.

Wird $\varphi(\mathfrak{Z}_0)$ gemäß (8) entwickelt und darin $a_{\mathfrak{T}}$ durch (9) ersetzt mit $\mathfrak{B} = (1 - \vartheta)\,\mathfrak{Y}_0$ $(0 < \vartheta < 1)$, und wird schließlich zur Abschätzung

(21) beachtet, so entsteht die Ungleichung

$$(22) \qquad M = |\mathfrak{Y}_0|^{\frac{g}{2}} |\varphi(\mathfrak{Z}_0)| \leqq M(1-\vartheta)^{-\frac{ng}{2}} \sum_{|\mathfrak{T}|>T} e^{-2\pi\vartheta\mathfrak{T}\mathfrak{Y}_0}.$$

Nach (13) und (14) ist $\mathrm{Sp}\,\mathfrak{T}\mathfrak{Y}_0 \geqq (c_3 c_4)^{-1} \sum t_i$. Mit $\vartheta = \frac{1}{2}$ ist dann nach dem ersten Hilfssatz

$$\sum_{|\mathfrak{T}|>T} e^{-\pi\mathfrak{T}\mathfrak{Y}_0} \leqq \sum_{|\mathfrak{T}|>T} e^{-\pi(c_3c_4)^{-1}\sum t_i} < 2^{c_6 - c_7^{-1} T^{\frac{1}{n}}}$$

Für

$$(23) \qquad T^{\frac{1}{n}} = \left(c_6 + \frac{n}{2}\right) c_7\, g$$

ist nun auf der rechten Seite der Ungleichung (22) der Faktor von M kleiner als 1. Es folgt $M = 0$ und nach (21) auch $\varphi(\mathfrak{Z}) = 0$. Dies war gerade zu zeigen.

2.

Die in der Einleitung angegebenen Schranken für $\varrho(2, g)$ ergeben sich aus

Satz 2. *Es sei* $\varphi(\mathfrak{Z})$ *eine Modulform zweiten Grades vom Gewicht* $g = 2, 4, 6, 8$. *In der Entwicklung* (8) *seien die Koeffizienten*

$$(24) \qquad a\begin{pmatrix}0 & 0\\ 0 & 0\end{pmatrix} = 0 \text{ für } g \geqq 4; \qquad a\begin{pmatrix}1 & 0\\ 0 & 1\end{pmatrix} = 0 \text{ für } g \geqq 6;$$

$$a\begin{pmatrix}1 & 0\\ 0 & 2\end{pmatrix} = 0 \text{ für } g = 8.$$

Dann ist $\varphi(\mathfrak{Z}) = 0$. $(a(t_{ik}) = a_{\mathfrak{T}}.)$

Beweis. Es ist $\varrho(1, g) \leqq 1$. Deshalb besteht nach Satz B (Anhang) eine Zerlegung

$$(25) \qquad \varphi\begin{pmatrix}z_1 & 0\\ 0 & z_2\end{pmatrix} = \psi(z_1)\,\psi(z_2),$$

wobei

$$\psi(z) = \sum_{t=0}^{\infty} b_t\, e^{2\pi i t z}$$

eine geeignete Modulform ersten Grades vom Gewicht g bedeutet. Durch Koeffizientenvergleich in (25) (siehe (8)) folgt

$$(26) \qquad \sum_{t_{12}} a\begin{pmatrix}t_1 & t_{12}\\ t_{12} & t_2\end{pmatrix} = b_{t_1} \cdot b_{t_2},$$

worin über alle halbganzen t_{12} mit $t_{12}^2 \leqq t_1 t_2$ zu summieren ist. Die Matrizen $\mathfrak{T}$ dürfen hier durch äquivalente Matrizen ersetzt werden. So findet man speziell die Relationen

$$(27)\qquad \begin{aligned} &a\begin{pmatrix}0&0\\0&t\end{pmatrix} = b_0 b_t, \qquad a\begin{pmatrix}1&0\\0&1\end{pmatrix} + 2\cdot a\begin{pmatrix}1&\frac{1}{2}\\\frac{1}{2}&1\end{pmatrix} = b_1^2,\\ &a\begin{pmatrix}1&0\\0&2\end{pmatrix} + 2\cdot a\begin{pmatrix}1&\frac{1}{2}\\\frac{1}{2}&2\end{pmatrix} + 2\cdot a\begin{pmatrix}1&0\\0&1\end{pmatrix} = b_1 b_2.\end{aligned}$$

Für $g = 2$ ist $\psi(z) = 0$ wegen $\varrho(1, 2) = 0$. Für $g \geqq 4$ folgt aus (27) und (24) $b_0^2 = a\begin{pmatrix}0&0\\0&0\end{pmatrix} = 0$. Hieraus folgt für $g = 4, 6, 8$ bekanntlich ebenfalls $\psi(z) = 0$. Für $g = 2, 4, 6, 8$ sind also alle $b_t = 0$. Nach (27) und (24) gilt daher weiterhin

$$(28)\qquad a\begin{pmatrix}0&0\\0&t\end{pmatrix} = 0 \text{ für } g \geqq 2; \qquad a\begin{pmatrix}1&\frac{1}{2}\\\frac{1}{2}&1\end{pmatrix} = 0 \text{ für } g \geqq 6;$$

$$a\begin{pmatrix}1&\frac{1}{2}\\\frac{1}{2}&2\end{pmatrix} = 0 \text{ für } g = 8.$$

Es sei

$$T = \tfrac{1}{2},\ \tfrac{1}{2},\ 1,\ 2 \text{ in den Fällen } g = 2,\ 4,\ 6,\ 8.$$

Jedes definite halbganze $\mathfrak{T}$ mit $|\mathfrak{T}| \leqq 2$ ist bekanntlich mit einer der Matrizen in (24) oder (28) äquivalent. Daher sind in der Entwicklung (8) für alle $\mathfrak{T}$ mit $|\mathfrak{T}| \leqq T$ die Koeffizienten $a_{\mathfrak{T}} = 0$. Es soll jetzt der Beweis des Siegelschen Satzes übertragen werden. Dazu muß in (22) die Summe

$$S = \sum_{|\mathfrak{T}| > T} e^{-2\pi \vartheta \mathfrak{T} \mathfrak{Y}}$$

feiner als bisher abgeschätzt werden. Wir setzen

$$\vartheta = \frac{2 \log 5}{\pi \sqrt{3}} = 0{,}591 \cdots < \tfrac{3}{5};$$

$$f(\mathfrak{T}) = \begin{cases} 2\,(t_1 + t_2 - t_{12}), & \text{wenn } t_{12} \geqq 0,\\ 2\,(t_1 + t_2), & \text{wenn } t_{12} < 0.\end{cases}$$

Eine elementare Abschätzung (für $\mathfrak{Z} = \mathfrak{X} + i\mathfrak{Y}$ im Siegelschen Fundamentalbereich) ergibt dann

$$e^{-2\pi\vartheta\mathfrak{T}\mathfrak{Y}} \leqq 5^{-f(\mathfrak{T})} \leqq 5^{-1-\operatorname{Sp}\mathfrak{T}} \qquad (\mathfrak{T} > 0),$$

$$S \leqq \sum_{\operatorname{Sp}\mathfrak{T} > 6} 5^{-1-\operatorname{Sp}\mathfrak{T}} + \sum_{\substack{\operatorname{Sp}\mathfrak{T} \leqq 6\\ f(\mathfrak{T}) > 6}} 5^{-f(\mathfrak{T})} + \sum_{\substack{f(\mathfrak{T}) \leqq 6\\ |\mathfrak{T}| > T}} 5^{-f(\mathfrak{T})} = S_1 + S_2 + S_3.$$

Die Summen S_ν werden nun einzeln abgeschätzt. Die Anzahl der halbganzen positiven $\mathfrak{T}$ mit $\operatorname{Sp}\mathfrak{T} = t$ ist höchstens $2t^2 - 3t + 1$.

Also ist

$$S_1 \leqq \sum_{t=7}^{\infty} (2\,t^2 - 3\,t + 1) \cdot 5^{-1-t} = \frac{113}{4 \cdot 5^7} < 6 \cdot 5^{-6}.$$

Bezüglich S_2 und S_3 mache man sich eine kleine Tabelle aller halbganzen positiven $\mathfrak{T}$ mit Sp $\mathfrak{T} \leqq 6$ und ermittele die genaue Anzahl der $\mathfrak{T}$ mit $f(\mathfrak{T}) = t$ durch direktes Abzählen. So findet man

$$S_2 = 10 \cdot 5^{-7} + 21 \cdot 5^{-8} + 9 \cdot 5^{-9} + 23 \cdot 5^{-10} + 5 \cdot 5^{-11} + 28 \cdot 5^{-12} < 3 \cdot 5^{-6};$$

$$S_3 = \begin{cases} 5^{-3} + 4 \cdot 5^{-4} + 5 \cdot 5^{-5} + 11 \cdot 5^{-6} < 11 \cdot 5^{-4} & \text{für } T = \frac{1}{2}, \\ 3 \cdot 5^{-5} + 9 \cdot 5^{-6} = 24 \cdot 5^{-6} & \text{für } T = 1, \\ 5^{-6} = 5^{-6} & \text{für } T = 2. \end{cases}$$

In jedem Fall ist also

$$S \leqq S_1 + S_2 + S_3 < (2/5)^g < (1 - \vartheta)^g.$$

In (22) ist deshalb wieder $M = 0$, und wegen (21) folgt schließlich $\varphi(\mathfrak{Z}) = 0$. Q. e. d.

3.

Mit Ξ_m bezeichnen wir das Gitter aus allen Vektoren $\mathfrak{x} = (\xi_1, \cdots, \xi_m)$ mit

(29) $$\xi_i \equiv 0\,(\tfrac{1}{2}), \qquad \xi_i \equiv \xi_k\,(1), \qquad \sum \xi_i \equiv 0\,(2) \qquad (8\,|\,m).$$

Wie man leicht bestätigt, ist

$$\mathfrak{x}^2 = \sum \xi_i^2 \equiv 0\,(2).$$

Weiter folgt aus $2\,\mathfrak{x}\mathfrak{y} = (\mathfrak{x} + \mathfrak{y})^2 - (\mathfrak{x} - \mathfrak{y})^2$, daß jedes innere Produkt $\mathfrak{x}\mathfrak{y}$ ganz ist. Ist also $\mathfrak{u}_1, \cdots, \mathfrak{u}_m$ irgendeine Gitterbasis von Ξ_m, so ist

$$\sum (x_i\,\mathfrak{u}_i)^2 = \sum s_{ik}\,x_i\,x_k$$

eine positiv definite *gerade* quadratische Form. Ihre Matrix werde mit $\mathfrak{S}_m$ bezeichnet. An Hand der Bedingungen (29) ergibt sich für den Index von Ξ_m in dem Gitter aller Vektoren mit halbganzen Koordinaten ξ_i der Wert 2^m und daraus folgt $|\mathfrak{S}_m| = 1$. Somit gehört $\mathfrak{S}_m$ zum Geschlecht Γ_m aller positiv definiten geraden quadratischen Formen mit Determinante 1.

Es soll nun die Ordnung g_m der Gruppe G_m aller linearen Transformationen des Gitters Ξ_m in sich bestimmt werden. Wir betrachten die Gittervektoren $\mathfrak{a}$ mit $\mathfrak{a}^2 = 2$. Durch $\sigma_\mathfrak{a}\,\mathfrak{x} = \mathfrak{x} - (\mathfrak{x}\mathfrak{a})\,\mathfrak{a}$ wird eine Spiegelung $\sigma_\mathfrak{a}$ des Gitters definiert. H_m sei die von allen Spiegelungen $\sigma_\mathfrak{a}$ erzeugte Gruppe. $\bar{H}_m$ bestehe aus allen linearen Transformationen, welche das Vektordiagramm aller Vektoren $\mathfrak{a}$ in sich überführen. Es gilt

$H_m \leqq G_m \leqq \overline{H}_m$. Bedeuten $\mathfrak{e}_i$ Einheitsvektoren, so lassen sich die Vektoren $\mathfrak{a}$ von Ξ_m folgendermaßen angeben:

E_8^* für $m = 8$: $\pm \mathfrak{e}_i \pm \mathfrak{e}_k \; (i \neq k)$, $\frac{1}{2} \sum \varepsilon_i \mathfrak{e}_i \qquad (\varepsilon_i = \pm 1, \; \prod \varepsilon_i = 1)$;
B_m^* für $m > 8$: $\pm \mathfrak{e}_i \pm \mathfrak{e}_k \; (i \neq k)$.

Diese Vektordiagramme und ihre Gruppen sind in der vorangehenden Arbeit näher diskutiert worden. Es wurde dort gezeigt, daß $H_8 = \overline{H}_8$ ist mit der Ordnung $192 \cdot 10!$ Ebenso wurde dort gezeigt, daß $\overline{H}_m$, $[H_m]$ $(m > 8)$ von allen Koordinatenvertauschungen und von den Vorzeichenänderungen [in gerader Anzahl] erzeugt wird. Da nun die alleinige Änderung des Vorzeichens von ξ_1 offenbar das Gitter Ξ_m nicht in sich überführt, so ist $G_m = H_m \, (m > 8)$. Also ist

$$g_8 = 192 \cdot 10! \text{ und } g_m = 2^{m-1}\, m! \qquad (m > 8).$$

Die Gruppe des zusammengesetzten 16dimensionalen Gitters $\Xi_8 + \Xi_8$ hat die Ordnung $2 g_8^2$. Die Betrachtung dės zugehörigen Vektordiagramms $E_8^* + E_8^*$ zeigt nämlich, daß die Summanden Ξ_8 durch einen Gitterautomorphismus höchstens vertauscht werden können.

Satz 3. *Es ist $h_8 = 1$ und $h_{16} = 2$. Die Klassen der Geschlechter Γ_8 und Γ_{16} werden durch $\mathfrak{S}_8$, $\mathfrak{S}_{16}$ und die direkte Summe $\mathfrak{S}_8 + \mathfrak{S}_8$ repräsentiert.*

Beweis. Nach der MINKOWSKIschen Formel für das Maß eines Geschlechtes quadratischer Formen ergeben sich in den Fällen Γ_8 und Γ_{16} genau die Werte g_8^{-1} und $g_{16}^{-1} + \frac{1}{2} g_8^{-2}$.

Ein zweiter Beweis ergibt sich folgendermaßen: Nach (7) hat jedes zu Γ_m $(m = 8{,}16)$ gehörige Gitter Ξ genau $30\,m$ Vektoren $\mathfrak{a}$ mit $\mathfrak{a}^2 = 2$. Dieses Vektordiagramm gehört zu einer endlichen Spiegelungsgruppe. Nun folgt aus der vorangehenden Arbeit, daß für $m \leqq 16$ alle Vektordiagramme höchstens $30\,m$ Vektoren enthalten, und daß diese Höchstzahl nur für E_8^*, B_{16}^* und $E_8^* + E_8^*$ erreicht wird, abgesehen von Diagrammen mit irrationalen Vektorprodukten. Sucht man ein gerades Gitter mit Fundamentalmasche 1, welches das Vektordiagramm E_8^*, B_{16}^* bzw. $E_8^* + E_8^*$ enthält, so kommt man zwangsläufig auf die Gitter Ξ_8, Ξ_{16}, $\Xi_8 + \Xi_8$. Auf diesem Wege bin ich auch ursprünglich zu den Gittern Ξ_m gekommen.

4.

In diesem Abschnitt werden die Koeffizienten der verallgemeinerten EISENSTEINschen Reihe (siehe SIEGEL [4], S. 594 und 595)

$$(30) \qquad F(\mathfrak{S}, \mathfrak{Z}) = \sum H(\mathfrak{S}, \mathfrak{A}, \mathfrak{B})\, |\mathfrak{A}\mathfrak{Z} - \mathfrak{B}|^{-\frac{m}{2}}$$

für $\mathfrak{S}$ aus dem Geschlecht Γ_m ausgerechnet. Anschließend wird dann die in der Einleitung besprochene Identität (5) bewiesen.

Wir führen folgende Bezeichnung für eine GAUSSsche Summe ein:

$$g(\mathfrak{R}) = q^{-n} \sum_{x \bmod q} e^{2\pi i \mathfrak{x}' \mathfrak{R} \mathfrak{x}}, \tag{31}$$

wo q den Nenner der rationalen quadratischen Form $\mathfrak{x}' \mathfrak{R} \mathfrak{x}$ in n Variabeln bedeutet. Ohne den Wert von $g(\mathfrak{R})$ zu ändern, darf q durch ein Vielfaches ersetzt werden. Ebenso darf $\mathfrak{R}$ mit einer mod q unimodularen Matrix transformiert werden. Es gilt ferner

$$g\begin{pmatrix} \mathfrak{R}_1 & 0 \\ 0 & \mathfrak{R}_2 \end{pmatrix} = g(\mathfrak{R}_1) \cdot g(\mathfrak{R}_2). \tag{32}$$

Es soll nun $g(\mathfrak{S} \times \frac{1}{2} \mathfrak{R})$ berechnet werden. Es sei $\mathfrak{U}_1 \mathfrak{R} \mathfrak{U}_2$ eine Diagonalmatrix, deren Diagonalelemente die reduzierten Brüche b_i/a_i seien ($\mathfrak{U}_i$ unimodular, $a_i > 0$). Wir dürfen ohne Änderung der GAUSSschen Summe die in Γ_m gelegene Matrix $\mathfrak{S}$ durch die mod $\prod a_i$ äquivalente m-reihige Matrix $\begin{pmatrix} 0 & \mathfrak{E} \\ \mathfrak{E} & 0 \end{pmatrix}$ ersetzen. Nun ist das direkte Produkt $\begin{pmatrix} 0 & \mathfrak{E} \\ \mathfrak{E} & 0 \end{pmatrix} \times \frac{1}{2} \mathfrak{R}$ der direkten Summe von $\frac{m}{2}$ Matrizen $\frac{1}{2}\begin{pmatrix} 0 & \mathfrak{R} \\ \mathfrak{R} & 0 \end{pmatrix}$ äquivalent. Bei diesen Matrizen darf noch $\mathfrak{R}$ durch $\mathfrak{U}_1 \mathfrak{R} \mathfrak{U}_2$ ersetzt werden. So folgt

$$g(\mathfrak{S} \times \tfrac{1}{2} \mathfrak{R}) = \prod_i g\begin{pmatrix} 0 & \frac{b_i}{2a_i} \\ \frac{b_i}{2a_i} & 0 \end{pmatrix}^{\frac{m}{2}} = \prod_i a_i^{-\frac{m}{2}}, \tag{33}$$

denn es ist

$$g\begin{pmatrix} 0 & \frac{b}{2a} \\ \frac{b}{2a} & 0 \end{pmatrix} = a^{-2} \sum_{x, y \bmod a} e^{2\pi i \frac{b}{a} xy} = a^{-1}.$$

Es sei wie bei SIEGEL $\mathfrak{A}, \mathfrak{B}$ ein positives teilerfremdes symmetrisches n-reihiges Matrizenpaar und

$$\mathfrak{A} = \mathfrak{U}_3 \begin{pmatrix} \mathfrak{A}_1 & 0 \\ 0 & 0 \end{pmatrix} \mathfrak{U}', \qquad \mathfrak{B} = \mathfrak{U}_4 \begin{pmatrix} \mathfrak{B}_1 & 0 \\ 0 & \mathfrak{E} \end{pmatrix} \mathfrak{U}^{-1},$$

($\mathfrak{A}_1, \mathfrak{B}_1$ r-reihig, $|\mathfrak{A}_1| > 0$, $\mathfrak{U}_i$ unimodular und $|\mathfrak{U}| = 1$).

Wird dann $\mathfrak{R} = \mathfrak{A}_1^{-1} \mathfrak{B}_1$ gesetzt, so folgt aus den anschließenden Bemerkungen von SIEGEL, daß $|\mathfrak{A}_1| = \prod a_i$ ist. Nun ist in etwas abgeänderter Bezeichnung nach S. 595

$$H(\mathfrak{S}, \mathfrak{A}, \mathfrak{B}) = i^{\frac{mr}{2}} |\mathfrak{S}|^{-\frac{r}{2}} |\mathfrak{A}_1|^{\frac{m}{2}} g(\mathfrak{S} \times \tfrac{1}{2} \mathfrak{R}) \quad (\text{bzw.} = 0).$$

Also ist für $\mathfrak{S}$ aus Γ_m nach (33) stets $H(\mathfrak{S}, \mathfrak{A}, \mathfrak{B}) = 1$. Damit ist gezeigt:

Satz 4. *Die Geschlechtsinvariante lautet für Γ_m*

$$F(\mathfrak{S}, \mathfrak{Z}) = \sum |\mathfrak{A}\mathfrak{Z} - \mathfrak{B}|^{-\frac{m}{2}}. \tag{34}$$

Nach H. Braun konvergiert diese Reihe für $\frac{m}{2} > n+1$.

Es sei nun $m = 8$ oder 16 und $n = 2$. Nach Satz D (Anhang) ist

$$f(\mathfrak{S}, \mathfrak{Z}) = \sum_{\mathfrak{C}} e^{\pi i \mathfrak{C}' \mathfrak{S} \mathfrak{C} \mathfrak{Z}} = \sum_{\mathfrak{T}} A(\mathfrak{S}, 2\mathfrak{T})\, e^{2\pi i \mathfrak{T}\mathfrak{Z}} \tag{35}$$

für $\mathfrak{S}$ aus dem Geschlecht Γ_m eine Modulform zweiten Grades vom Gewicht $\frac{m}{2}$. Durch direkte Abzählung der Darstellungsanzahlen (vgl. (37)) folgt für $\mathfrak{T} = \begin{pmatrix}0&0\\0&0\end{pmatrix}, \begin{pmatrix}1&0\\0&1\end{pmatrix}, \begin{pmatrix}1&0\\0&2\end{pmatrix}$:

$$A(\mathfrak{S}_{16}, 2\mathfrak{T}) = A(\mathfrak{S}_8 + \mathfrak{S}_8, 2\mathfrak{T}) = 1,\ 480 \cdot 366,\ 480 \cdot 33156.$$

Nach Satz 2 ist deshalb

$$f(\mathfrak{S}_{16}, \mathfrak{Z}) - f(\mathfrak{S}_8 + \mathfrak{S}_8, \mathfrak{Z}) = 0. \tag{36}$$

Diese Gleichung bedeutet eine Aussage für Darstellungsanzahlen:

Satz 5. *Die Matrizen $\mathfrak{S}_{16}$ und $\mathfrak{S}_8 + \mathfrak{S}_8$ stellen jede zweireihige Matrix gleich oft dar.*

Bei der erwähnten direkten Abzählung wird mit Vorteil benutzt, daß im Gitter Ξ die Vektoren $\mathfrak{a}$ mit $\mathfrak{a}^2 = 2$ durch Gitterautomorphismen transitiv vertauscht werden können. Für einen festen Vektor $\mathfrak{a}^*$ unter diesen sei Ξ^* das Teilgitter aller auf $\mathfrak{a}^*$ senkrecht stehender Vektoren und $\mathfrak{S}^*$ eine zugehörige quadratische Form, dann ist

$$A\left(\mathfrak{S}, \begin{pmatrix}2&0\\0&t\end{pmatrix}\right) = 30\, m\, A(\mathfrak{S}^*, t). \tag{37}$$

Aus Satz 5 folgt hieraus weiter, daß die 15reihigen Formen $\mathfrak{S}_{16}^*$ und $(\mathfrak{S}_8 + \mathfrak{S}_8)^*$ jede Zahl t gleich oft darstellen. Diese Formen sind nicht äquivalent, da ihre Vektordiagramme verschieden sind.

Zum Schluß kommen wir zum Beweis von

Satz 6. *Es besteht die Identität*

$$\sum |\mathfrak{A}\mathfrak{Z} - \mathfrak{B}|^{-8} = \left(\sum |\mathfrak{A}\mathfrak{Z} - \mathfrak{B}|^{-4}\right)^2, \tag{5}$$

in welcher $\mathfrak{A}$, $\mathfrak{B}$ ein volles System von Repräsentanten der verschiedenen Klassen zweireihiger teilerfremder symmetrischer Matrizen durchläuft und $\mathfrak{Z}$ eine zweireihige symmetrische Matrix mit positivem Imaginärteil bedeutet.

Wird die SIEGELsche Theorie der quadratischen Formen auf die Geschlechter Γ_8 und Γ_{16} angewendet, so ist nach Satz 3:

$$F(\mathfrak{S}_8, \mathfrak{Z}) = f(\mathfrak{S}_8, \mathfrak{Z}),$$
$$F(\mathfrak{S}_{16}, \mathfrak{Z}) = a \cdot f(\mathfrak{S}_{16}, \mathfrak{Z}) + b \cdot f(\mathfrak{S}_8 + \mathfrak{S}_8, \mathfrak{Z}) \qquad (a+b=1).$$

Nach (36) und einer elementaren Umformung folgt dann

$$F(\mathfrak{S}_{16}, \mathfrak{Z}) = f(\mathfrak{S}_8 + \mathfrak{S}_8, \mathfrak{Z}) = f(\mathfrak{S}_8, \mathfrak{Z})^2 = F(\mathfrak{S}_8, \mathfrak{Z})^2.$$

Wegen Satz 4 ist damit die Identität (5) bewiesen.

Anhang.

Satz A. *$F(x, y)$ sei für jedes feste x eine Linearkombination der Funktionen $g_\mu(y)$ ($\mu = 1, \cdots, m$) und für jedes feste y eine Linearkombination der Funktionen $f_\lambda(x)$ ($\lambda = 1, \cdots, l$). Dann ist*

$$F(x, y) = \sum a_{\lambda\mu} f_\lambda(x)\, g_\mu(y).$$

(Dabei seien x, y Elemente der Mengen X, Y; und F, f_λ, g_μ Funktionen mit Werten aus einem Körper K).

Beweis. Es darf angenommen werden, daß $g_\mu(y)$ linear unabhängige Funktionen sind. Faßt man $g_\mu(y)$ als rechteckige Matrix mit μ als Zeilen- und y als Spaltenindex auf, so gibt es m unabhängige Spalten numero y_ν ($\nu = 1, \cdots, m$), d. h. die Teilmatrix $g_\mu(y_\nu)$ hat eine Inverse $h_{\mu\nu}$. Nach der ersten Voraussetzung ist nun

$$F(x, y) = \sum b_\mu(x)\, g_\mu(y). \tag{38}$$

Durch Eintragung von $y = y_\nu$ entsteht ein Gleichungssystem für $b_\mu(x)$. Dessen Auflösung lautet $b_\mu(x) = \sum h_{\nu\mu} F(x, y_\nu)$. Nach der zweiten Voraussetzung folgt hieraus $b_\mu(x) = \sum a_{\lambda\mu} f_\lambda(x)$. Wird dies in (38) eingetragen, so entsteht gerade die Behauptung.

Durch Induktion ergibt sich leicht ein analoger Satz über $F(x_1, \cdots, x_r)$.

Eine Anwendung von Satz A ist

Satz B. *Für jede Modulform n-ten Grades $\varphi(\mathfrak{Z})$ vom Gewicht g gilt eine Zerlegung*

$$\varphi\begin{pmatrix}\mathfrak{Z}_1 & 0\\ 0 & \mathfrak{Z}_2\end{pmatrix} = \sum a_{\lambda\mu}\, \chi_\lambda(\mathfrak{Z}_1)\, \psi_\mu(\mathfrak{Z}_2)$$

in Modulformen $\chi_\lambda(\mathfrak{Z}_1)$, $\psi_\mu(\mathfrak{Z}_2)$ vom Grade n_1 bzw. n_2 und vom Gewicht g. ($n_1 + n_2 = n$.)

Es seien $\mathfrak{S}$ symmetrische und $\mathfrak{U}$ unimodulare n-reihige ganzzahlige Matrizen und $\mathfrak{E}$ die Einheitsmatrix.

Satz C. *Die Matrizen*

$$S = \begin{pmatrix} \mathfrak{E} & \mathfrak{S} \\ 0 & \mathfrak{E} \end{pmatrix}, \quad U = \begin{pmatrix} \mathfrak{U}' & 0 \\ 0 & \mathfrak{U}^{-1} \end{pmatrix}, \quad J = \begin{pmatrix} 0 & \mathfrak{E} \\ -\mathfrak{E} & 0 \end{pmatrix}$$

erzeugen die volle n-dimensionale Modulgruppe.

Die n-dimensionale Modulgruppe (oder Komplexgruppe) besteht aus allen $2n$-reihigen ganzzahligen Matrizen M mit

$$M'JM = J. \tag{39}$$

S, U, J gehören jedenfalls zur Modulgruppe.

Beweis des Satzes. Wir unterwerfen einen $2n$-reihigen ganzzahligen Spaltenvektor $\mathfrak{x}^*$ allen möglichen aus S, U, J zusammengesetzten Transformationen T. Unter allen transformierten Spalten $T\mathfrak{x}^*$ sei für $\mathfrak{x}$ das Produkt $P = GGT(x_1, \cdots, x_n) \cdot GGT(x_{n+1}, \cdots, x_{2n})$ möglichst klein, (GGT = größter gemeinsamer Teiler). Wegen der Möglichkeit, mit J zu transformieren, darf $GGT(x_1, \cdots, x_n) \geqq GGT(x_{n+1}, \cdots, x_{2n})$ angenommen werden. Durch Transformation mit U kann $x_{n+2} = \cdots = x_{2n} = 0$ erreicht werden. Wäre $x_{n+1} \neq 0$, so ließe sich $x_1, \cdots, x_n \bmod x_{n+1}$ reduzieren vermöge einer geeigneten Transformation S (Euklidischer Algorithmus!). Dabei würde aber P verkleinert werden. Also ist $x_{n+1} = 0$. Durch eine passende Transformation U kann weiter $x_2 = \cdots = x_n = 0$ gemacht werden. Damit ist gezeigt: $\mathfrak{x}^*$ läßt sich durch fortgesetztes Transformieren mit S, U, J in eine Spalte $\mathfrak{x}$ überführen, in welcher höchstens der erste Koeffizient $\neq 0$ ist.

$\mathfrak{e}_i$ sei die i-te Spalte der Einheitsmatrix E. M^* seien diejenigen Matrizen der Modulgruppe, welche $\mathfrak{e}_1, \mathfrak{e}_{n+1}$ als 1-te bzw. $n+1$-te Spalte haben. Wegen (39) ist dann auch die 1-te bzw. $n+1$-te Zeile $= \mathfrak{e}_1', \mathfrak{e}_{n+1}'$. Diese Matrizen M^* bilden eine $n-1$-dimensionale Modulgruppe für die Indizes $2, \cdots, n, n+2, \cdots, 2n$.

Es sei $\mathfrak{S}_1$ eine n-reihige Diagonalmatrix mit $0, 1, \cdots, 1$ in der Diagonale, ferner sei $S_1 = \begin{pmatrix} \mathfrak{E} & \mathfrak{S}_1 \\ 0 & \mathfrak{E} \end{pmatrix}$. Dann ist

$$J^* = (JS_1)^3 J$$

die J entsprechende Matrix unter den Matrizen M^*. S^*, U^* seien die Matrizen der Durchschnitte $S \cap M^*$, $U \cap M^*$. Es darf durch Induktion als bewiesen gelten, daß M^* durch S^*, U^*, J^* erzeugt wird. M^* läßt sich also auch durch S, U, J erzeugen.

Es sei M irgendeine ganzzahlige Matrix mit $M'JM = J$. Um zu zeigen, daß sich M durch die Matrizen S, U, J erzeugen läßt, dürfen wir M noch mit Produkten aus ihnen multiplizieren. $\mathfrak{x}, \mathfrak{y}$ sei die 1-te bzw. $n+1$-te Spalte von M. Wegen $\mathfrak{x}' J \mathfrak{y} = 1$ ist der GGT der Elemente von $\mathfrak{x}$ gleich 1, also darf nach dem oben Gezeigten $\mathfrak{x} = \mathfrak{e}_1$ angenommen werden. Weitere Transformationen M^* und S lassen dann $\mathfrak{x}$ ungeändert. Durch eine geeignete Transformation M^* läßt sich nach dem oben Bewiesenen (für $n-1$ statt n)

$$y_3 = \cdots = y_n = y_{n+2} = \cdots = y_{2n} = 0$$

erreichen. Wegen $\mathfrak{x}' J \mathfrak{y} = 1$ ist $y_{n+1} = 1$, daher kann jetzt durch eine passende Transformation S noch $y_1 = y_2 = 0$ gemacht werden. Es darf also $\mathfrak{x} = \mathfrak{e}_1$, $\mathfrak{y} = \mathfrak{e}_{n+1}$, d. h. $M = M^*$ angenommen werden. Nun ist klar, daß sich M durch Matrizen S, U, J erzeugen läßt, und der Satz ist hiermit bewiesen.

Als Anwendung von Satz C ergibt sich

Satz D. *Es sei $\mathfrak{Q}$ eine feste m-reihige gerade positive symmetrische Matrix mit Determinante* 1. *$\mathfrak{Z}$ sei eine m-reihige symmetrische Matrix mit positivem Imaginärteil. $\mathfrak{C}$ durchlaufe alle ganzzahligen Matrizen von m Zeilen und n Spalten. Dann ist die Reihe*

$$f(\mathfrak{Z}) = \sum e^{\pi i \mathfrak{C}' \mathfrak{Q} \mathfrak{C} \mathfrak{Z}}$$

eine Modulform n-ten Grades vom Gewicht $\frac{m}{2}$. $(8 \mid m.)$

Beweis. Es muß die Invarianz von

$$\varphi(\mathfrak{V}, \mathfrak{W}) = |\mathfrak{W}|^{-\frac{m}{2}} f(\mathfrak{V}\mathfrak{W}^{-1})$$

bei allen Modultransformationen M nachgewiesen werden. Es genügt aber, den Nachweis nur für die in Satz C angegebenen Modultransformationen zu führen. Die Invarianz von $\varphi(\mathfrak{V}, \mathfrak{W})$ bei der Modultransformation M ist gleichbedeutend mit dem Verhalten

$$f(\mathfrak{Z}) = |\mathfrak{C}\mathfrak{Z} + \mathfrak{D}|^{\frac{m}{2}} f(\mathfrak{Z}_1)$$

bei der Modulsubstitution

$$\mathfrak{Z}_1 = (\mathfrak{A}\mathfrak{Z} + \mathfrak{B})(\mathfrak{C}\mathfrak{Z} + \mathfrak{D})^{-1}. \tag{40}$$

Die Substitutionen $\mathfrak{Z} + \mathfrak{S}$ und $\mathfrak{U}' \mathfrak{Z} \mathfrak{U}$ lassen offenbar $f(\mathfrak{Z})$ ungeändert. Das gewünschte Verhalten bei der Substitution $-\mathfrak{Z}^{-1}$ ergibt sich aus der Heckeschen ϑ-Transformationsformel für das direkte Produkt $\mathfrak{Q} \times \mathfrak{Z}$.

Es soll hier noch angemerkt werden, daß *ein zu Satz C analoger Satz allgemein für Matrizen aus einem beliebigen kommutativen Ring mit Euklidischem Algorithmus besteht,* wie sich ohne weiteres aus der Beweisführung des Satzes ergibt. Einen trivialen euklidischen Algorithmus gibt es nun in jedem Körper. *Satz C gilt demnach auch, wenn etwa von reellen statt von ganzzahligen Matrizen die Rede ist.* Auf Grund dieser Bemerkung läßt sich beweisen, daß

$$|\mathfrak{Y}|^{-n-1} \prod_{\alpha \leqq \beta} (d x_{\alpha\beta}\, d y_{\alpha\beta}) \qquad (\mathfrak{Z} = \mathfrak{X} + i\mathfrak{Y}) \tag{41}$$

ein alternierender Differentialausdruck ist, der bei allen reellen Modulsubstitutionen (40) invariant bleibt. Der Beweis soll aber hier unterdrückt werden, da es einen anderen, direkten und von Satz C unabhängigen Beweis für die behauptete Invarianz gibt und weil von dieser Invarianz in der vorliegenden Arbeit doch nirgends Gebrauch gemacht wird.

Hamburg, den 29. Januar 1940.

Editor's Remark

J.-I. Igusa (Amer. J. Math. 89, 1967) and M. Kneser (Math. Ann. 168, 1967) gave a positive answer to Witt's question, whether each ternary form is equally often represented.

H. V. Niemeier (J. Number Theory 5, 1973) succeeded in counting all classes in Γ_{24}. He showed $h_{24} = 24$. Witt already had seen that one has $h_{24} > 10$ as the reader can realize from p. 324 of his paper above.

In his colloquium talk "Gitter und Mathieu-Gruppen" in Hamburg on January 27, 1970, Witt said that in 1938, he had found nine lattices in Γ_{24} and that later on January 28, 1940, while studying the Steiner system $S(5,8,24)$, he had found two additional lattices M and Λ in Γ_{24}. He continued saying that he then had given up the tedious investigation of Γ_{24} because of the surprisingly low contribution $|\mathrm{Aut}(\Lambda)|^{-1} < 10^{-18}$ to the Minkowski density and that he had consented himself with a short note on page 324 in his 1941 paper.

The lattice M can be deduced from the well-known Golay code; this code was found in 1949 by Golay. The lattice Λ is the famous lattice which Leech found in 1967; this is the only lattice in Γ_{24}, that has no roots (i.e. that has no elements of norm 2). For Witt, it certainly was very frustrating that he had not published his earlier discoveries, especially since the group $\mathrm{Aut}\Lambda$ yielded three new simple sporadic groups which nowadays are called $\mathrm{Co}_1, \mathrm{Co}_2$ and Co_3 according to Conway. A good reference is the book: J. H. Conway, N. J. A. Sloane, Sphere Packings, Lattices and Groups, Springer-Verlag 1988.

The reader will find on the next page what Witt wrote in the colloquium book in Bielefeld where he gave a talk on lattices in 1972, two years after his Hamburg talk.

28.1.1972: Über einige unimodularen Gitter.

Sei $K = GF(q)$, $q = 4ab-1$, χ der quadratische Charakter von $\dot{K}$, ergänzt durch $\chi(\infty) = -\chi(0) = 1$, $H = (\chi(\alpha+\beta))$ die von Gilman-Paley gefundene Hadamard-Matrix. Die Bilinearform $\begin{pmatrix} aI & \frac{1}{2}H \\ \frac{1}{2}H & bI \end{pmatrix}$ definiert mod dem Radikal einen $4ab$-dim. $\mathbb{Z}$-Modul $\mathfrak{O}+\mathfrak{L}$ der Diskr. $\frac{1}{4}$, der genau drei mit $(0,a,b)$, $(a,0,b)$, $(a,b,0)$ bezeichnete unimodulare Gitter (mit den Paritäten $b, a+b+1, a$) besitzt, entsprechend den Bedingungen Σx_α, $\Sigma(x_\alpha+y_\alpha)$, $\Sigma y_\alpha \equiv 0 \bmod 2$ für die Koeffizienten. Die Gitter mit ihren Gruppen

$M = (2,3,0)$, $M' = (0,2,3)$, $\Lambda = (2,0,3)$

feiern heute ihren 32ten Geburtstag!

M und Λ waren No. 10 und 11 meiner Untersuchung Hamb. Abh. 14 S. 324, ich fand sie am 28.1.1940 durch Studium des Steiner-Systems $S(5,8,24)$ und bestimmte die Gruppenordnungen: $G(M) = 2^{24}M_{24}$, $G(M') = 2^{12}M_{24}$, $G(\Lambda) : 2^{12}M_{24} = 3^4 5^2(2^{12}-1)$, usw. Λ wurde 1967 von Leech wiederentdeckt, $G(\Lambda)$ von Conway untersucht. –

Satz. Aus $a, b, c > 1$, $23 \neq q = 4ab-1 \geq a^2c^2 - 3ac + 4$, $\mathfrak{z} \in \mathfrak{O}+\mathfrak{L}$, $\mathfrak{z} \notin \mathfrak{O}$ folgt $(\mathfrak{z},\mathfrak{z}) > c$. $(\mathfrak{O},\mathfrak{L}$ s. oben$)$

(Interessante Beispiele abgekürzt notiert:
$q=167$, $(0,3,14) \geq 6$, $(3,0,14) \geq 6$; $q=719$, $(4,0,45) \geq 8$; $q=1499$, $(4,0,75) \geq 9$; $q=1559$ $(5,0,78) \geq 10$, $(0,5,78) \geq 10$)

Für $a=2$ oder $b=2$ sind die drei erwähnten Gitter $(0,a,b)$, $(a,0,b)$, $(a,b,0)$ monomial, wenn $ab \neq 6$, d.h. ihre linearen Automorphismengruppen sind monomial. Dies folgt nach gesonderter Diskussion über $(2,0,4)$ und $(0,2,4)$ aus dem Satz.

$(3,b,0)$ ist stets monomial, $(3,0,b)$ und $(0,3,b)$ für $q > 251$.

Parallele zum Reziprozitätsgesetz für $\left(\frac{a}{b}\right)$, insbesondere im Fall $(3,0,4)$.

Ernst Witt

38.

Die algebraische Struktur des Gruppenringes einer endlichen Gruppe über einem Zahlkörper

J. reine angew. Math. *190* (1952) 231–245

$K\mathfrak{G}$ sei der Gruppenring einer endlichen Gruppe $\mathfrak{G}$ über einem algebraischen Zahlkörper K. Jedem absolut irreduziblen Charakter χ von $\mathfrak{G}$ ist eindeutig ein einfacher Bestandteil $\mathfrak{A}$ der Wedderburnschen Zerlegung von $K\mathfrak{G}$ zugeordnet durch $\chi(\mathfrak{A}) \neq 0$.

Ein minimales Linksideal $\mathfrak{L}$ von $\mathfrak{A}$ vermittelt eine irreduzible Darstellung von $\mathfrak{A}$ durch Matrizen aus K, die bei Erweiterung zum algebraisch abgeschlossenen Körper Ω in der Weise zerfällt, daß die vorkommenden Summanden alle mit derselben Vielfachheit $[\mathfrak{A}]$ auftreten. Dies hat I. Schur bereits im Jahre 1906 bewiesen, und er hat im Anschluß daran das Problem gestellt, aus der Gruppentafel von $\mathfrak{G}$ und den Werten des Charakters χ den *Index* $[\mathfrak{A}]$ zu bestimmen.

In dieser Hinsicht haben G. Frobenius und I. Schur über dem Körper der reellen Zahlen gezeigt, daß $[\mathfrak{A}]$ der reduzierte Nenner ist von

$$\frac{1}{4}(1 : \mathfrak{G}) \sum_a \left(\chi^2(a) - \chi(a^2)\right) \qquad (a \in \mathfrak{G})$$

(das ist der halbe Rang des Moduls invarianter schiefsymmetrischer Bilinearformen für die zu χ gehörige absolut irreduzible Darstellung).

In dieser Arbeit wird allgemeiner die Aufgabe gelöst, das von H. Hasse angegebene volle Invariantensystem von $\mathfrak{A}$ aus der Gruppentafel von $\mathfrak{G}$ und den Werten des Charakters χ zu bestimmen. Insbesondere bekommt man so auch den Schurschen Index $[\mathfrak{A}]$.

Über den Inhalt der drei Kapitel ist in großen Zügen folgendes zu sagen:

I. Wesentliches Hilfsmittel ist ein Induktionssatz von R. Brauer, nach dem jeder Charakter χ durch Induktion aus einreihigen Untergruppencharakteren ganzzahlig linear kombiniert werden kann. In der hier vorangehenden Arbeit von P. Roquette wurde der Beweis dieses Satzes durch das p-adische Studium des Charakterenringes wesentlich vereinfacht. Diese Arbeit, die ich noch vor ihrer Drucklegung einsehen durfte, war der direkte Anlaß für die vorliegende Untersuchung. Es erweist sich hier als notwendig, den Induktionssatz von R. Brauer allgemeiner auf Darstellungen durch Matrizen aus einem Schiefkörper $\mathfrak{S}$ zu übertragen und entsprechend zu formulieren (Satz 7). So muß die ganze Charakterentheorie noch einmal in dieser Allgemeinheit entwickelt werden, wobei sich trotz der Komplikation einige weitere Vereinfachungen ergeben. Die engen Beziehungen zur Theorie von R. Brauer über den modularen Gruppenring werden hierbei kurz gestreift.

II. Den absolut irreduziblen Untergruppencharakteren χ, ψ, deren Werte in K liegen mögen, seien wie oben die Algebren $\mathfrak{A}$ und $\mathfrak{B}$ zugeordnet. χ komme im induzierten Charakter $\dot{\psi}$ genau (χ, ψ)-mal vor. Wenn in $\mathfrak{G}$ die Regel $x^g = 1$ gilt, darf für die Untersuchung angenommen werden, daß der Grad $\left(K\left(\sqrt[g]{1}\right):K\right)$ eine Potenz einer Primzahl p ist. Satz 8 lautet dann: Aus $p \nmid (\chi, \psi)$ folgt die Algebrenähnlichkeit $\mathfrak{A} \sim \mathfrak{B}$. Zu vorgegebenem Charakter χ trifft dies nun nach Satz 9 immer für mindestens einen *elementaren* Charakter ψ zu, dessen Untergruppe $\mathfrak{H}$ im Normalisator einer zyklischen Untergruppe liegt und dessen Darstellung metabelsch ist.

III. Damit ist die Struktur von $\mathfrak{A}$ auf die Struktur der *elementaren* Algebra $\mathfrak{B}$ zurückgeführt, deren q-adische Hasse-Invariante unter Benutzung meiner Verlagerungstheorie für Algebren direkt aus der Gruppentafel von $\mathfrak{H}$ numerisch bestimmt wird. Satz 12 besagt, daß diese Invariante Null ist, wenn K die q-ten Einheitswurzeln enthält (bzw. $\sqrt{-1}$ für $q = 2$).

Literaturverzeichnis.

R. Brauer, On the representation of a group of order g in the field of the g-th roots of unity. Am. Journ. of Math. **67** (1945), 461—471. Dort weitere Literaturangaben.

R. Brauer, On Artin's L-series with general group characters. Ann. of Math. **48** (1947).

R. Brauer, Applications of induced characters. Am. Journ. of Math. **69** (1947).

C. Chevalley, La theorie du symbole de restes normiques. Crelles Journal **169** (1932), 140—157.

G. Frobenius und I. Schur, Über die reellen Darstellungen der endlichen Gruppen. Sitz.Ber. Preuß. Akad. d. Wiss. 1906, 186—208.

P. Roquette, Arithmetische Untersuchung des Charakterringes einer endlichen Gruppe. Crelles Journal **190** (1952), 148—168.

I. Schur, Arithmetische Untersuchungen über endliche Gruppen linearer Substitutionen. Sitz.Ber. Preuß. Akad. d. Wiss. 1906, 164—184.

H. Zassenhaus, Über endliche Fastkörper. Satz 10, Abh. Math. Sem. Hamburg **11** (1936), S. 207.

Für die Darstellungstheorie und die Algebrentheorie, die in dieser Arbeit vorausgesetzt werden, vgl.

M. Deuring, Algebren. Berlin 1935.

B. L. van der Waerden, Moderne Algebra II, 2. Aufl. Berlin 1940.

I.

Darstellungen durch Matrizen aus einem Schiefkörper und ihre Charaktere.

$\mathfrak{S}$ sei ein Schiefkörper endlichen Ranges $(\mathfrak{S}: K)$ über dem Körper K. Wir betrachten Darstellungen $a \to A$ einer endlichen Gruppe $\mathfrak{G}$ mit der Regel $x^g = 1$ durch Matrizen aus $\mathfrak{S}$. Da jeder $\mathfrak{S}$-Rechtsmodul zugleich ein K-Modul ist, liefert jede Darstellung $\mathfrak{D}/\mathfrak{S}$ zugleich eine Darstellung $\mathfrak{D}/K$ von einem $(\mathfrak{S}: K)$-mal so großen Grade.

1. Induzierte Darstellungen. Ist $\mathfrak{m}$ ein Darstellungsmodul der Untergruppe $\mathfrak{H}$ von $\mathfrak{G}$, also $\mathfrak{H}\mathfrak{m} = \mathfrak{m} = \mathfrak{m}\mathfrak{S}$, so erhält man den sogenannten induzierten Darstellungsmodul von

$$\mathfrak{G} = \bigcup_{\nu} r_\nu \mathfrak{H}$$

als direkte Modulsumme

$$\mathfrak{M} = \cdot\sum_{\nu} r_\nu \mathfrak{m},$$

in der die Einwirkung von $\mathfrak{G}$ auf natürliche Weise erklärt wird. Änderung der Repräsentanten r_ν liefert äquivalente Darstellungen. Für das Induzieren von Darstellungen bei Untergruppen $\mathfrak{G}_1 \leq \mathfrak{G}_2 \leq \mathfrak{G}_3$ gilt das Transitivgesetz. Eine Darstellung, die nur von sich selber induziert wird, heißt *primitiv*. Jede Darstellung wird von mindestens einer primitiven Untergruppendarstellung induziert.

2. Verallgemeinerung eines Satzes von Blichfeldt. Dieser besagt, daß sich jede Darstellung einer p-Gruppe durch Matrizen aus $R\left(\sqrt[g]{1}\right)$ auf monomiale Gestalt transformieren läßt (R = Körper der rationalen Zahlen).

Satz 1. *Die Faktoren einer Hauptreihe von* $\mathfrak{G}$ *seien bis auf einen letzten abelschen Normalteiler* $\mathfrak{G}_1$ *alle zyklisch. Dann ist jede irreduzible Darstellung* $\mathfrak{D}/\mathfrak{S}$ *von* $\mathfrak{G}$ *durch Matrizen aus* $\mathfrak{S}$ *die Induzierte einer metabelschen Darstellung* $\mathfrak{d}/\mathfrak{S}$ *einer Untergruppe* $\mathfrak{H}$ *von* $\mathfrak{G}$.

Beweis. $\mathfrak{D}/\mathfrak{S}$ werde induziert von der primitiven Untergruppendarstellung $\mathfrak{d}/\mathfrak{S}$, die dann ebenfalls irreduzibel ist. $\mathfrak{d}/\mathfrak{S}$ kann als treue Darstellung der Faktorgruppe $\mathfrak{h}$ einer Untergruppe $\mathfrak{H}$ von $\mathfrak{G}$ aufgefaßt werden. Die vorausgesetzte Eigenschaft von $\mathfrak{G}$ überträgt sich nun auf $\mathfrak{h}$, dabei sei $\mathfrak{h}_1$ der $\mathfrak{G}_1$ entsprechende abelsche Normalteiler. Die Behauptung lautet jetzt $\mathfrak{h}'' = 1$.

$\mathfrak{h}_2$ sei ein zunächst beliebiger Normalteiler von $\mathfrak{h}$, $\mathfrak{w}$ das Radikal von $K\mathfrak{h}_2$ und $K\mathfrak{h}_2/\mathfrak{w} = \cdot \sum \mathfrak{a}_\nu$ die Wedderburnsche Zerlegung in einfache Ringe. (Wenn K die Charakteristik $p_K = 0$ hat, ist bekanntlich $\mathfrak{w} = 0$.)

$\mathfrak{m}$ sei der irreduzible Darstellungsmodul von $\mathfrak{d}/\mathfrak{S}$. Wir behaupten: $\mathfrak{w}\mathfrak{m} = 0$.

Zunächst ist $\mathfrak{w}\mathfrak{m}$ ein $\mathfrak{h}$-Modul: $x\mathfrak{w}\mathfrak{m} = x\mathfrak{w}x^{-1}\cdot x\mathfrak{m} = \mathfrak{w}\mathfrak{m}$. Im Falle $\mathfrak{w}\mathfrak{m} \neq 0$ ergibt sich nun der Widerspruch $\mathfrak{w}\mathfrak{m} = \mathfrak{m} = \mathfrak{w}^N\mathfrak{m} = 0$.

$\mathfrak{h}$ permutiert die von Null verschiedenen Summanden der direkten Zerlegung

$$\mathfrak{m} = K\mathfrak{h}_2\mathfrak{m} = \cdot \sum \mathfrak{a}_\nu\mathfrak{m}$$

wegen $x\mathfrak{a}_\nu\mathfrak{m} = x\mathfrak{a}_\nu x^{-1}\;x\mathfrak{m} = \mathfrak{a}_\mu\mathfrak{m}$, und zwar transitiv, weil $\mathfrak{m}$ irreduzibel ist. Das bedeutet, die Darstellung $\mathfrak{d}/\mathfrak{S}$ wird von der Darstellung der Fixgruppe $\mathfrak{h}^*$ von $\mathfrak{a}_1\mathfrak{m}$ induziert ($\mathfrak{a}_1\mathfrak{m} \neq 0$ vorausgesetzt). Weil nun $\mathfrak{d}/\mathfrak{S}$ primitiv vorausgesetzt war, ist $\mathfrak{h}^* = \mathfrak{h}$ und $\mathfrak{m} = \mathfrak{a}_1\mathfrak{m}$. Da sich $\mathfrak{a}_1$ in $K\mathfrak{h}_2$-operatorisomorphe minimale Linksideale zerlegen läßt, folgt weiter, daß die eingeschränkte Darstellung $\mathfrak{d}(\mathfrak{h}_2)/K$ direkte Summe ist von gewissen äquivalenten irreduziblen treuen Darstellungen $\mathfrak{d}_2/K$.

Jetzt wollen wir noch voraussetzen, daß $\mathfrak{h}_2$ ein $\mathfrak{h}_1$ enthaltender möglichst großer abelscher Normalteiler von $\mathfrak{h}$ ist. Da eine abelsche irreduzible Darstellung $\mathfrak{d}_2/K$ immer zyklisch ist, folgt $\mathfrak{h}_2 = (b)$. Für den Normalisator gilt $Nb = (b)$, denn sonst enthielte eine durch Nb gelegte Hauptreihe von $\mathfrak{h}/(b)$ infolge der vorausgesetzten Hauptreiheneigenschaft einen zyklischen Faktor $\mathfrak{h}_3/(b)$; $\mathfrak{h}_3$ wäre dann abelsch, also $\mathfrak{h}_2 = (b)$ nicht maximal abelsch. Schließlich ist nun $\mathfrak{h}/(b)$ als Gruppe von Automorphismen einer zyklischen Gruppe abelsch, also $\mathfrak{h}$ metabelsch, q. e. d.

Für später merken wir noch an:

1. Wenn $\mathfrak{G}/\mathfrak{G}_1$ eine p-Gruppe ist, so trifft dies auch zu für $\mathfrak{h}/\mathfrak{h}_1$, also auch für $\mathfrak{h}/(b)$.

2. In der oben eingeführten Darstellung $\mathfrak{d}_2/K$ von (b) werde b durch die Matrix B dargestellt, die der in K irruduziblen Gleichung $f(B) = 0$ genüge. Dieselbe Gleichung gilt dann auch in der Darstellung $\mathfrak{d}/\mathfrak{S}$.

Für die Konstruktion von treuen primitiven irreduziblen Darstellungen ist nun von besonderer Bedeutung, daß der Quotientenring

$$K\mathfrak{h}/f(b)$$

als verschränktes Produkt des

$$\text{Körpers } K(b)/f(b) \text{ mit der Gruppe } \mathfrak{h}/(b)$$

einfach ist. Diesen Quotientenring werden wir wegen seiner verhältnismäßig einfachen Struktur *elementar* nennen.

3. Im algebraisch abgeschlossenen Körper Ω sei $f(\beta) = 0$. Durch $b^\lambda \to \beta^\lambda$ wird eine einreihige Darstellung von (b) definiert. Sie induziert in $\mathfrak{h}$ eine absolut irreduzible Darstellung, denn ihr Grad ist gleich der Gruppenordnung von $\mathfrak{h}/(b)$.

4. Es liege der Fall $\mathfrak{S} = K$ vor, und K enthalte die g-ten Einheitswurzeln. Dann ist $\mathfrak{d}_2/K$ einreihig, also b in der Darstellung $\mathfrak{d}$ Vielfaches der Einheitsmatrix. Folglich ist $\mathfrak{h} = Nb = (b)$ zyklisch, also die primitive irreduzible Darstellung $\mathfrak{d}/K$ ebenfalls einreihig.

In diesem Fall reduziert sich Satz 1 im wesentlichen auf den Satz von Blichfeld.

3. Charaktere. Wir fassen vor allem den Fall ins Auge, daß der Körper K die Charakteristik $p_K = 0$ hat, deuten aber in Klammern [ ] die Modifikationen an, die im Fall $p_K \neq 0$ nötig sind.

Unter dem Charakter $\chi(a)$ einer Darstellung $\mathfrak{D}/\mathfrak{S}$ durch Matrizen aus dem Schiefkörper $\mathfrak{S}/K$ verstehen wir die Matrizenspur der zugeordneten Darstellung $\mathfrak{D}/K$. Dabei werde K stets als Zentrum von $\mathfrak{S}$ vorausgesetzt.

Der folgende bekannte Satz rechtfertigt den Namen Charakter:

Satz 2. *Durch den Charakter $\chi(a)$ einer Darstellung $\mathfrak{D}/\mathfrak{S}$ sind die Anzahlen n_ν äquivalenter irreduzibler Konstituenten von $\mathfrak{D}/\mathfrak{S}$ eindeutig bestimmt.*

Beweis. $\mathfrak{S}^{-1}$ sei ein zu $\mathfrak{S}$ invers-isomorpher Schiefkörper. $n_\nu \in K$ ist dann gleich der in $\mathfrak{D}/K$ gebildeten Spur eines Elements a_ν aus dem Ring $\mathfrak{a}_\nu$ der Wedderburnschen Zerlegung

$$K\mathfrak{G} \times \mathfrak{S}^{-1}/\text{Radikal} = \cdot \sum \mathfrak{a}_\nu,$$

wenn a_ν in der irreduziblen Darstellung von $\mathfrak{a}_\nu/K$ die Spur 1 hat.

[Im Fall $p_K \neq 0$ fordern wir zusätzlich $\mathfrak{S} = K$. Dann können wir wieder schließen, daß $\mathfrak{a}_\nu$ ein Element mit der Spur 1 enthält; denn $\mathfrak{a}_\nu$ ist dann ein voller Matrizenring über einer separablen Körpererweiterung von K, nach dem Satz von Wedderburn, wonach ein Schiefkörper aus endlich vielen Elementen stets kommutativ ist, angewandt auf die Wedderburnsche Zerlegung des Gruppenringes/Radikal über dem Primkörper.

Der obige Beweis liefert die Anzahlen n_ν nur mod p_K. Dies genügt für viele Fälle.

Um aber n_ν selbst zu bekommen, ersetze man nach R. Brauer die Wurzeln der Darstellungsmatrix A/K erst durch mod $\mathfrak{p}_K$ kongruente Einheitswurzeln aus $R(\sqrt[g]{1})$, als deren Summe der Brauersche Charakter $\chi(a)$ erklärt wird. Hier gilt also nur $\chi(a) \equiv$ Spur A mod $\mathfrak{p}_K$. Dabei ist $\mathfrak{p}_K$ ein fester Primidealteiler von p_K in $R(\sqrt[g]{1})$.

Jetzt ist n_ν durch $\chi(a)$ rekursiv in bezug auf den Grad $\chi(1)$ festgelegt: Falls ein $n_\nu \not\equiv 0$ ist, streiche man einmal den Konstituenten $\mathfrak{D}_\nu$; sind dagegen alle $n_\nu \equiv 0$, so gehe man zu einer Darstellung mit den proportionalen Anzahlen $n_\nu : p_K$ über.

Man verliert nichts, wenn man nach R. Brauer den Definitionsbereich der Charaktere auf p_K-reguläre Elemente einschränkt (d. h. in deren Ordnung p_K nicht aufgeht). Denn für eine geeignete Potenz P von p_K ist a^P p_K-regulär und $\chi(a) = \chi(a^P)$, wie sich aus dem Verhalten der Darstellungswurzeln ergibt.]

$X_{\mathfrak{S}}^{\mathfrak{G}}$ bedeute die Gesamtheit aller Charaktere und ihrer Differenzen von Darstellungen $\mathfrak{D}/\mathfrak{S}$. Hierin bilden die *irreduziblen* Charaktere χ_ν eine *linear unabhängige* Basis, denn eine Relation ließe sich auf die Form $\sum n_\nu \chi_\nu = \sum n'_\nu \chi_\nu$ mit $n_\nu, n'_\nu \geqq 0$ bringen, und nach Satz 2 würde $n_\nu = n'_\nu$ folgen.

Das direkte Produkt eines K-Moduls mit einem $\mathfrak{S}$-Rechtsmodul läßt sich wieder als $\mathfrak{S}$-Rechtsmodul erklären. Daraus folgt

$$X_K^{\mathfrak{G}} \cdot X_{\mathfrak{S}}^{\mathfrak{G}} = X_{\mathfrak{S}}^{\mathfrak{G}}.$$

Insbesondere ist $X_K^{\mathfrak{G}}$ ein Ring mit Einselement.

Ist ψ der Charakter einer Darstellung $\mathfrak{d}/\mathfrak{S}$ der Untergruppe $\mathfrak{H}$, so werde mit $\dot{\psi}$ der Charakter der induzierten Darstellung bezeichnet. Wenn man ψ Null setzt für Argumente außerhalb $\mathfrak{H}$, ergibt sich aus der Spurdefinition des Charakters und $\mathfrak{G} = \bigcup_\nu r_\nu \mathfrak{H}$ unmittelbar

$$\dot{\psi}(a) = \sum_{r_\nu} \psi(r_\nu a r_\nu^{-1}) = (1 : \mathfrak{H}) \sum_{x \in \mathfrak{G}} \psi(x a x^{-1}),$$

$$(\chi\psi)^{\cdot} = \chi\dot{\psi}.$$

[Für die Brauerschen Charaktere ($p_K \neq 0$) muß der Definitionsbereich generell auf p_K-reguläre Elemente eingeschränkt werden (vgl. $g = p_K = 2$). Dann bleibt die linksstehende Formel für $\dot{\psi}(a)$ richtig, erfordert aber einen besonderen Beweis, in welchem die Formelbeiträge entsprechend der Zerlegung der Permutation $r_\nu \mathfrak{H} \to a r_\nu \mathfrak{H}$ in Zyklen mit geeigneten Vertretern $(r, ar, \ldots, a^{n-1} r)$ studiert werden.]

4. $\mathfrak{p}$-adische Erweiterung. Die Untersuchung des Charaktermoduls $X_{\mathfrak{S}}^{\mathfrak{G}}$ wird uns volle Übersicht über die möglichen Darstellungen $\mathfrak{D}/\mathfrak{S}$ liefern. Durch Erweiterung des Koeffizientenbereiches erhalten wir den erweiterten Charaktermodul $k_{\mathfrak{p}}^{o} X_{\mathfrak{S}}^{\mathfrak{G}}$, der leichter zu behandeln ist, und deshalb von Roquette eingeführt wurde. Dabei sei

$k_{\mathfrak{p}}$ ein $\mathfrak{p}$-adischer Körper, der $K(\sqrt[g]{1})$ enthält,

$k_{\mathfrak{p}}^{o}$ der Ring der ganzen $\mathfrak{p}$-adischen Zahlen,

p die Charakteristik des Restklassenkörpers $k_{\mathfrak{p}}^{o}$ mod $\mathfrak{p}$.

5. Oberklassen. Wir zerlegen den Exponenten g, für den $x^g = 1$ für alle Gruppenelemente x vorausgesetzt war, teilerfremd in $g = p^t \cdot g_1$.

$\mathfrak{J}$ sei die Menge aller Zahlen $i, j, \ldots$, die beim Potenzieren der g_1-ten Einheitswurzeln Automorphismen von $K(\sqrt[g_1]{1})/K$ hervorrufen, die also die Elemente von K festlassen.

In Abhängigkeit von K und der Primzahl p erklären wir jetzt eine Einteilung der Gruppe $\mathfrak{G}$ in Oberklassen. Darunter wollen wir bezüglich der Operationen $a \to x a x^{-1}$ und $a \to a^i$ abgeschlossene Minimalmengen verstehen ($x \in \mathfrak{G}$, $i \in \mathfrak{J}$).

In jeder Oberklasse findet man p-reguläre Elemente a^i, in deren Ordnung p also nicht aufgeht, indem man $i = y p^t \equiv 1 \bmod g_1$ wählt.

Die Bedeutung des Begriffes Oberklasse geht aus folgendem Satz hervor.

Satz 3. *Auf einer Oberklasse ist jeder Charakter* mod p *konstant. Es gibt immer Charaktere aus* $k_{\mathfrak{p}}^{o} X_K^{\mathfrak{G}}$, *die auf den Oberklassen vorgeschriebene Werte* mod p *annehmen.*

Beweis. Zur ersten Hälfte von Satz 3 bemerken wir, daß für eine geeignete Potenz P von p^t die Darstellungswurzeln von a und a^P mod $\mathfrak{p}$ für jedes a übereinstimmen. Die Wurzeln der p-regulären Elemente a^P und a^{Pi} genügen für $i \in \mathfrak{J}$ derselben charakteristischen Gleichung a. So folgt

$$\chi(a) \equiv \chi(a^P) = \chi(a^{Pi}) \equiv \chi(a^i) \bmod \mathfrak{p}.$$

Zum Beweis der zweiten Hälfte des Satzes 3 müssen wir weiter ausholen. Wir erwähnen jetzt noch eine direkte Folgerung aus Satz 3 für den Fall, daß alle p_K-regulären Elemente auch p-regulär sind.

Satz 4. *In den Fällen $p \nmid g$ oder $p = p_K \neq 0$ ist auf einer Oberklasse jeder Charakter schlechthin konstant: $\mathfrak{G}$ hat ebenso viele Oberklassen wie irreduzible Darstellungen in K.*

Beweis. Die Wurzeln der p_K-regulären Elemente b, b^i $(i \in \mathfrak{J})$, die also zugleich p-regulär sind, genügen bei irgendeiner Darstellung wieder derselben charakteristischen Gleichung, folglich ist $\chi(b) = \chi(b^i)$.

Für $p \nmid g$ ist $\mathfrak{J}$ von p unabhängig, also auch die Einteilung von $\mathfrak{G}$ in Oberklassen. Nach Satz 2 sind die k verschiedenen irreduziblen Charaktere χ_ν/K linear unabhängig. Aus det $\chi_\nu(a_\mu) \neq 0$ folgt det $\chi_\nu(a_\mu) \not\equiv 0$ mod $\mathfrak{p}$ zu passendem $p \nmid g$. Also sind die χ_ν ebenfalls mod $\mathfrak{p}$ linear unabhängig, und ein Blick auf Satz 3 zeigt $k =$ Anzahl der Oberklassen.

Für $p = p_K \neq 0$ zeigt der Beweis von Satz 2, daß die k irreduziblen Charaktere χ_ν mod p_K genommen linear unabhängig sind, also auch mod p, und Satz 3 gibt wieder $k =$ Anzahl der Oberklassen.

[In diesem Fall $p = p_K \neq 0$ kann man die Sätze 3 und 4 auch mit Spurcharakteren aussprechen und beweisen, kommt also ganz ohne Brauersche Charaktere aus.]

6. Die Untergruppe $(c)\mathfrak{P}$. $\mathfrak{C}$ sei die Menge der Potenzen c^i eines p- und p_K-regulären Elementes c der Ordnung n $(i \in \mathfrak{J})$.

$\mathfrak{P}$ sei eine p-Sylowgruppe des Normalisators $N\mathfrak{C}$.

$(c)\mathfrak{P}$ ist dann eine Untergruppe von $N\mathfrak{C}$ mit (c) als charakteristischer Untergruppe.

Hilfssatz. *Jede Darstellung $\mathfrak{d}/K$ der zyklischen Gruppe (c) läßt sich auf $(c)\mathfrak{P}$ fortsetzen.*

Beweis. Der Kern der Darstellung ist ein Normalteiler von $(c)\mathfrak{P}$, daher darf $\mathfrak{d}$ treu und irreduzibel gedacht werden. Es sei daran erinnert, daß das zerfallende verschränkte Produkt von $K(\sqrt[n]{1})/K$ mit seiner galoisschen Gruppe isomorph einem vollen Matrizenring über K ist. Nun wird $\mathfrak{d}$ durch eine Zuordnung $c \to \sqrt[n]{1}$ im verschränkten Produkt realisiert. Die gewünschte Fortsetzung von $\mathfrak{d}$ bekommt man jetzt, indem man $\mathfrak{P}$ auf die Untergruppe der Galoisgruppe von entsprechender Wirkung abbildet.

ξ sei ein absolut irreduzibler Charakter von (c). Dann ist $\eta = \sum \xi^j$, summiert über die verschiedenen ξ^j mit $j \in \mathfrak{J}$, der Charakter einer irreduziblen Darstellung $\mathfrak{d}/K$ von (c).

Die charakteristische Funktion $\omega_\mathfrak{C}$ von $\mathfrak{C}$, die also auf $\mathfrak{C}$ den Wert 1 und sonst den Wert 0 hat, läßt sich aus den η mit Koeffizienten aus $k_\mathfrak{p}^0$ linear kombinieren, denn es ist $n^{-1} \in k_\mathfrak{p}^0$ und, summiert über $c^i \in \mathfrak{C}$ und alle ξ,

$$n\omega_\mathfrak{C} = \sum \xi(c^{-i})\,\xi = \sum \xi^j(c^{-i})\,\xi^j = \sum \xi(c^{-i'})\,\xi^j,$$

wonach also ξ und ξ^j $(j \in \mathfrak{J})$ denselben Koeffizienten aus $k_\mathfrak{p}^0$ haben.

ω sei die nach dem Hilfssatz in $k_\mathfrak{p}^0 X_K^{(c)\mathfrak{P}}$ vorhandene Fortsetzung von $\omega_\mathfrak{C}$ auf $(c)\mathfrak{P}$. Zum vollständigen Beweis von Satz 3 berechnen wir jetzt die Induzierte $\bar{\omega}(a)$ mod $\mathfrak{p}$. Nach der schon bewiesenen Hälfte des Satzes genügt es, a als p-regulär anzunehmen. $a^x = xax^{-1}$ ist dann ebenfalls p-regulär.

Aus $\omega(a^x) \neq 0$ folgt nun der Reihe nach

$$a^x \in (c)\mathfrak{P}, \quad a^x \in (c), \quad \omega_\mathfrak{C}(a^x) \neq 0, \quad a^{ix} \in \mathfrak{C} \qquad \text{für } i \in \mathfrak{J}.$$

Im Falle $a = c$ folgt also $x \in N\mathfrak{C}$. Umgekehrt ergibt sich hieraus $\omega(c^x) = 1$. Damit haben wir das Ergebnis

$$\dot{\omega}(a) = (1 : (c)\mathfrak{P}) \sum_{x \in \mathfrak{G}} \omega(xax^{-1}) = \begin{cases} N\mathfrak{C} : (c)\mathfrak{P} \not\equiv 0 & \text{für } a = c, \\ 0 & \text{für } a \neq x^{-1}c^i x. \end{cases}$$

$\dot{\omega}$, das nach Konstruktion in $k_\mathfrak{p}^o X_K^\mathfrak{G}$ liegt, ist also nur auf der c enthaltenden Oberklasse $\not\equiv 0 \bmod \mathfrak{p}$.

Charaktere mit gewünschten Werten mod $\mathfrak{p}$ erhält man nun leicht durch lineare Kombination solcher $\dot{\omega}$. Damit ist Satz 3 vollständig bewiesen.

7. Gewinnung vorgelegter Charaktere durch Induzieren aus den Untergruppen $(c)\mathfrak{P}$. Mit Hilfe der Eulerschen Funktion $\varphi(\mathfrak{p}^\nu)$ führen wir für $\alpha \in k_\mathfrak{p}^o$ den folgenden Grenzwert ein:

$$\alpha^\dagger = \lim_{\nu \to \infty} \alpha^{\varphi(\mathfrak{p}^\nu)-1} = \begin{cases} \alpha^{-1} & \text{für } \alpha \not\equiv 0 \bmod \mathfrak{p} \\ 0 & \text{sonst.} \end{cases}$$

Es ist also, je nachdem, $\alpha^\dagger \alpha = 1$ oder 0.

Nach der Methode der Basisergänzung erkennt man, daß $k_\mathfrak{p}^o X_K^\mathfrak{G}$ topologisch abgeschlossen ist in der naheliegenden Topologie des Moduls $k_\mathfrak{p} F$ aller Funktionen auf der Gruppe $\mathfrak{G}$ mit Werten aus dem $\mathfrak{p}$-adischen Körper $k_\mathfrak{p}$.

Daher liegt mit χ auch $\chi^\dagger$ im Ring $k_\mathfrak{p}^o X_K^\mathfrak{G}$.

$\dot{\omega}^\dagger \dot{\omega}$ ist die charakteristische Funktion der Oberklasse von c und liegt in $k_\mathfrak{p}^o X_K^\mathfrak{G}$. Es ist $\sum \dot{\omega}^\dagger \dot{\omega} = 1$, wenn über alle Oberklassen summiert wird.

Satz 5. $k_\mathfrak{p}^o X_\mathfrak{S}^\mathfrak{G} = \sum_c k_\mathfrak{p}^o \dot{X}_\mathfrak{S}^{(c)\mathfrak{P}}$.

Dies folgt aus $\chi = \chi \sum \dot{\omega}^\dagger \dot{\omega} = \sum (\chi \dot{\omega}^\dagger \omega)^\cdot$.

Satz 6. $X_\mathfrak{S}^\mathfrak{G} = \sum \dot{X}_\mathfrak{S}^{(c)\mathfrak{P}}$.

Beweis. Die beiden Seiten seien mit X, Y bezeichnet. Wegen $Y \leq X \leq k_\mathfrak{p}^o Y$ haben X und Y denselben rationalen Rang. Drückt man nun $\chi \in X$ rational durch eine ganzzahlige Basis von Y aus, so treten keine wirklichen Nenner auf, denn $X < k_\mathfrak{p}^o Y$ gilt für jedes $\mathfrak{p}$. Daher ist auch umgekehrt $X \leq Y$.

Durch Anwendung von Satz 1 auf $(c)\mathfrak{P}$ mit (c) als abelschem Normalteiler ergibt sich jetzt aus Satz 6 der folgende Satz, der auch für die wirkliche Berechnung der Charaktere nützlich ist:

Satz 7. *Jeder Charakter $\chi_\mathfrak{S}^\mathfrak{G}$ läßt sich ganzzahlig linear aus induzierten Charakteren $\dot{\psi}_\mathfrak{S}^\mathfrak{H}$ von irreduziblen metabelschen Untergruppendarstellungen $\mathfrak{d}/\mathfrak{S}$ kombinieren.*

Nach den Anmerkungen zum Beweis von Satz 1 können wir dabei über die Gruppe $\mathfrak{h}$ der Matrizen aus $\mathfrak{d}$ noch voraussetzen:

1) $\mathfrak{h}$ enthält einen zyklischen Normalteiler (b) mit $Nb = (b)$.

2) $\mathfrak{h}/(b)$ ist eine abelsche p-Gruppe.

Im Falle $\mathfrak{S} = K = R\left(\sqrt[g]{1}\right)$ ist d einreihig, also absolut irreduzibel. Bezeichnet Ω den algebraischen Abschluß von K, so ist also

$$X_\Omega^\mathfrak{G} = \{\dot{\psi}_\Omega^\mathfrak{H}\} = \{\dot{\psi}_K^\mathfrak{H}\} = X_K^\mathfrak{G}.$$

Aus der Bedeutung dieser Moduln folgen jetzt unmittelbar die lange vermuteten, aber erst von R. Brauer im Jahre 1945 bzw. 1947 bewiesenen Sätze:

A) *Jeder absolut irreduzible Charakter läßt sich ganzzahlig linear aus induzierten Charakteren von einreihigen Untergruppendarstellungen kombinieren.*

B) *In* $R(\sqrt[g]{1})$ *zerfällt jede Darstellung in absolut irreduzible Darstellungen.*

C) *Der Gruppenring* $R(\sqrt[g]{1})\mathfrak{G}$ *ist direkte Summe voller Matrizenringe über* $R(\sqrt[g]{1})$.

D) *Die L-Reihen von Artin sind meromorphe Funktionen.*

II.

Bestimmung der Struktur des Gruppenringes $K\mathfrak{G}$.

Von jetzt an sei K ein Körper der Charakteristik $p_K = 0$ und Ω ein algebraisch abgeschlossener Körper.

Vorgelegt sei ein absolut irreduzibler Charakter χ der endlichen Gruppe $\mathfrak{G}$, für welche die Regel $x^g = 1$ erfüllt sei.

$\mathfrak{A}$ bezeichne den durch $\chi(\mathfrak{A}) \neq 0$ gekennzeichneten einfachen Summanden der Wedderburnschen Zerlegung des Gruppenringes $K\mathfrak{G}$.

Das Ziel ist die Bestimmung der Struktur von $\mathfrak{A}$ durch die Werte von χ.

8. Der von den Werten des Charakters χ erzeugte Körper Z. Als Teilkörper von $K(\sqrt[g]{1})$ ist Z/K galoissch und der Grad gleich der Anzahl n der zu χ konjugierten Charaktere $\chi_1, \ldots, \chi_n$.

Das Einselement e von $\mathfrak{A}$ ist die Summe der n untereinander konjugierten absolut irreduziblen Zentrumsidempotenten

$$e_\nu = (1 : \mathfrak{G}) \sum_a \chi_\nu(a^{-1})\, a \qquad (a \in \mathfrak{G}).$$

$\mathfrak{Z}$ bezeichne das Zentrum von $\mathfrak{A}$. Es ist dann $Z\mathfrak{Z}$ das Zentrum von $Z\mathfrak{A}$. Nun ergibt sich folgende Schlußkette:

$$e_\nu = e_\nu e \in Z\mathfrak{G}\mathfrak{A} = Z\mathfrak{A},$$

$$e_\nu \in Z\mathfrak{Z},\ Z\mathfrak{Z} = \cdot\sum_1^n e_\nu Z,$$

$$(\mathfrak{Z} : K) = (Z\mathfrak{Z} : Z) = n = (Z : K),$$

$$e_\nu \mathfrak{Z} = e_\nu Z,\ \mathfrak{Z} \cong Z,$$

$$Z\mathfrak{A} = \cdot\sum_1^n e_\nu Z\mathfrak{A} = \cdot\sum_1^n e_\nu \mathfrak{Z}\mathfrak{A} = \cdot\sum_1^n e_\nu \mathfrak{A},$$

zusammengefaßt als

Hilfssatz. *Z ist isomorph dem Zentrum von $\mathfrak{A}$, und $Z\mathfrak{A}$ ist eine direkte Summe von lauter zu $\mathfrak{A}$ isomorphen Summanden.*

9. Der Schursche Index $[\mathfrak{A}]$. Er ist dadurch definiert, daß jedes minimale Linksideal von $\mathfrak{A}$ in $(\mathfrak{Z} : K) \cdot [\mathfrak{A}]$ absolut irreduzible Linksideale zerfällt. Für die weitere Untersuchung sei

$\mathfrak{S}$ ein willkürlicher Schiefkörper endlichen Ranges mit K als Zentrum,

$\mathfrak{S}^{-1}$ ein zu $\mathfrak{S}$ invers isomorpher Schiefkörper.

Ein minimales Linksideal $\mathfrak{L}$ von $\mathfrak{A}\mathfrak{S}^{-1}$ kann bekanntlich als $\mathfrak{S}$-Rechtsmodul angesehen werden und vermittelt so eine irreduzible Darstellung $\mathfrak{D}/\mathfrak{S}$, die den Charakter $\chi_\mathfrak{S}$ habe.

So ist also einem absolut irreduziblen Charakter χ ein irreduzibler Charakter $\chi_\mathfrak{S}$ eindeutig zugeordnet.

Umgekehrt ist natürlich durch $\chi_\mathfrak{S}$ nur die Schar $\chi_1, \ldots, \chi_n$ der zu χ konjugierten Charaktere bestimmt, deren Summe mit sp χ bezeichnet werde.

9. Die Zerlegungsformel. Sie lautet

$$\chi_{\mathfrak{Z}} = [\mathfrak{A}\mathfrak{S}^{-1}] \cdot [\mathfrak{S}] \cdot \operatorname{sp} \chi$$

und wird erhalten, indem wir folgende mit dem algebraisch abgeschlossenen Körper Ω erweiterten Ringe in irreduzible Linksideale zerlegen:

$\mathfrak{A}_\Omega = \sum \mathfrak{l}$ (hierin treten $(\mathfrak{Z} : K)$ konjugierte Typen $\mathfrak{l}_i$ auf),
$\mathfrak{S}_\Omega^{-1} = \sum \mathfrak{s}$ $((\mathfrak{s} : \Omega) = [\mathfrak{S}])$,
$(\mathfrak{A}\mathfrak{S}^{-1})_\Omega = \sum \mathfrak{l}\mathfrak{s}$ ($\mathfrak{l}\mathfrak{s}$ ist irreduzibel).

Das minimale Linksideal $\mathfrak{L}$ von $\mathfrak{A}\mathfrak{S}^{-1}$ zerfällt nun bis auf Operatorisomorphie in $(\mathfrak{Z} : K) \cdot [\mathfrak{A}\mathfrak{S}^{-1}]$ Summanden $\mathfrak{l}\mathfrak{s}$ und jeder von ihnen in $[\mathfrak{S}]$ Summanden $\mathfrak{l}$. Dabei treten $(\mathfrak{Z} : K)$ konjugierte Typen $\mathfrak{l}_i$ auf:

$$\mathfrak{L}_\Omega \cong [\mathfrak{A}\mathfrak{S}^{-1}] \cdot [\mathfrak{S}] \cdot \sum \mathfrak{l}_i,$$

und hieraus resultiert die Zerlegungsformel.

10. Beziehungen zwischen den Charakteren zweier Untergruppen $\mathfrak{F}$ und $\mathfrak{H}$. Der in φ, ψ symmetrische bilineare Ausdruck

$$(\varphi, \psi) = (1 : \mathfrak{F})(1 : \mathfrak{H}) \sum_{u,x} \varphi(u^{-1}) \psi(u^x)$$

gibt allgemein für einen absolut irreduziblen Charakter φ einer Untergruppe $\mathfrak{F}$ an, wie oft φ im induzierten Charakter $\dot{\psi}$ des Charakters ψ der Untergruppe $\mathfrak{H}$ vorkommt. (Die Symmetrie folgt aus der Transformation $u^x = v^{-1}$, $x^{-1} = y$.)

Allgemeiner bedeute

$$(\varphi_{\mathfrak{S}}, \psi_{\mathfrak{S}}, \mathfrak{S}) \qquad (\varphi_{\mathfrak{S}} \text{ irreduzibel})$$

die Anzahl, mit der $\varphi_{\mathfrak{S}}$ in $\dot{\psi}_{\mathfrak{S}}$ vorkommt.

Trivialerweise ist diese Anzahl linear in $\psi_{\mathfrak{S}}$ und ändert sich nicht beim Übergang $\psi_{\mathfrak{S}} \to \dot{\psi}_{\mathfrak{S}}$.

Es seien jetzt φ, ψ absolut irreduzibel und $\varphi_{\mathfrak{S}}$, $\psi_{\mathfrak{S}}$ die zugehörigen irreduziblen Charaktere, ferner seien $\mathfrak{A}$, $\mathfrak{B}$ die durch $\varphi(\mathfrak{A}) \neq 0$, $\psi(\mathfrak{B}) \neq 0$ gekennzeichneten einfachen Summanden der Wedderburnschen Zerlegung von $K\mathfrak{F}$, $K\mathfrak{H}$. Aus

$$\dot{\psi}_{\mathfrak{S}} = (\varphi_{\mathfrak{S}}, \psi_{\mathfrak{S}}, \mathfrak{S})\, \varphi_{\mathfrak{S}} + \cdots$$

ergibt sich durch Anwendung der Zerlegungsformel

$$[\mathfrak{B}\mathfrak{S}^{-1}]\, [\mathfrak{S}] \operatorname{sp} \dot{\psi} = (\varphi_{\mathfrak{S}}, \psi_{\mathfrak{S}}, \mathfrak{S}) \cdot [\mathfrak{A}\mathfrak{S}^{-1}]\, [\mathfrak{S}]\, \varphi + \cdots$$

und hieraus die **Umrechnungsformel**

$$(\varphi_{\mathfrak{S}}, \psi_{\mathfrak{S}}, \mathfrak{S}) = \frac{[\mathfrak{B}\mathfrak{S}^{-1}]}{[\mathfrak{A}\mathfrak{S}^{-1}]} (\varphi, \operatorname{sp} \psi) \qquad (\varphi_{\mathfrak{S}}, \psi_{\mathfrak{S}} \text{ abs. irred.}).$$

In ihr ist die rechte Seite unempfindlich bei Vergrößerung von $\mathfrak{G}$. Aus dieser Formel fließt der folgende Satz.

Satz 8. *Liegen die Werte der absolut irreduziblen Untergruppencharaktere φ, ψ in K und geht die Primzahl p nicht in (φ, ψ) auf, so sind die p-Bestandteile der zugeordneten Algebren $\mathfrak{A}$, $\mathfrak{B}$ einander ähnlich.*

Beweis. Da die Werte von φ, ψ in K liegen, ist nach dem Hilfssatz K das Zentrum von $\mathfrak{A}$ und $\mathfrak{B}$. Wir setzen $\mathfrak{S} \sim \mathfrak{B}$, also $[\mathfrak{B}\mathfrak{S}^{-1}] = 1$. Da die linke Seite der Umrechnungsformel ganz ist, folgt $p \nmid [\mathfrak{A}\mathfrak{B}^{-1}]$ und daraus die Behauptung.

Die Umkehrung von Satz 8 ist natürlich im allgemeinen falsch. Beispielsweise sind für eine symmetrische Gruppe $\mathfrak{G}$ die verschiedenen einfachen Summanden von $K\mathfrak{G}$ einander ähnlich, obwohl $(\varphi, \psi) = 0$ ist und die Charaktere rationale Werte haben.

Weiterhin sei $\mathfrak{F} = \mathfrak{G}$ und $\varphi = \chi$. Bei der

Strukturuntersuchung von $\mathfrak{A}$ mit $\chi(\mathfrak{A}) \neq 0$

dürfen wir nach dem letzten Hilfssatz ohne Nachteil für die Allgemeinheit die Erweiterung mit Z schon vollzogen denken, d. h. wir dürfen weiterhin die einander gleichwertigen Voraussetzungen machen:

1. Die Werte des Charakters χ liegen in K.
2. K ist das Zentrum von $\mathfrak{A}$.
3. $(\mathfrak{A} : K) = \chi(1)^2$.

Wir schlagen jetzt folgenden Weg ein. Da eine Algebrenklasse Produkt ihrer p-Bestandteile ist, und da eine p-reguläre Erweiterung von K (d. h. eine Erweiterung mit zu p teilerfremden Grad) niemals den p-Bestandteil zerstört, dürfen wir annehmen, daß $\left(K\left(\sqrt[g]{1}\right) : K\right)$ eine p-Potenz ist.

11. Elementare Algebren und Charaktere. Eine einfache Algebra $\mathfrak{B}$ von dem schon früher betrachteten Typ

$$\mathfrak{B} = K\mathfrak{h}/f(b)$$

wollen wir *elementar* nennen. Dabei ist $\mathfrak{h}$ die Faktorgruppe einer Untergruppe $\mathfrak{H}$ von $\mathfrak{G}$, wobei $\mathfrak{H}$ im Normalisator einer p-regulären zyklischen Gruppe (c) gelegen ist. (b) ist ein zyklischer Normalteiler von $\mathfrak{h}$ mit $Nb = (b)$ und $f(x)$ ein in K irreduzibler Faktor von $x^{((b):1)} - 1$.

Den $\mathfrak{B}$ entsprechenden Charakter $\psi_{\mathfrak{S}}^{\mathfrak{g}}$ bzw. dessen absolut irreduzible Bestandteile ψ wollen wir ebenfalls elementar nennen.

Satz 9. *Der Grad* $\left(K\left(\sqrt[g]{1}\right) : K\right)$ *sei eine p-Potenz. Dann gibt es zu einem absolut irreduziblen Charakter χ von $\mathfrak{G}$ mit Werten aus K einen* e l e m e n t a r e n *absolut irreduziblen Untergruppencharakter ψ mit Werten aus K mit*

$$(\psi, \chi) = (1 : \mathfrak{H}) \sum_{h \in \mathfrak{H}} \psi(h^{-1})\, \chi(h) \not\equiv 0 \mod p.$$

Die zugeordneten Algebren $\mathfrak{A}$ und $\mathfrak{B}$ sind dann ähnlich.

$\psi(h)$ ist bereits auf der Faktorgruppe $\mathfrak{h}$ definiert. Nach der Bemerkung 3. zum Beweis von Satz 1 ist $\psi(h) = 0$ für $h \notin (b)$. Dies ist für praktische Rechnungen von Vorteil.

Übrigens darf in Satz 9 für ψ noch verlangt werden, daß $\mathfrak{h}/(b)$ eine p-Gruppe ist für die vorliegende Primzahl p.

Beweis. Für eines der elementaren $\psi_{\mathfrak{S}}^{\mathfrak{g}}$ von Satz 7 muß

$$(\chi_{\mathfrak{S}}, \psi_{\mathfrak{S}}, \mathfrak{S}) \not\equiv 0 \mod p$$

sein, sonst ließe sich $\chi_{\mathfrak{S}}$ nicht aus den $\dot{\psi}_{\mathfrak{S}}$ ganzzahlig linear kombinieren. ψ sei ein absolut irreduzibler Bestandteil von $\psi_{\mathfrak{S}}$. Die Anzahl der zu ψ konjugierten Charaktere ist eine Potenz p^{μ}. Da die Werte von χ in K liegen, folgt aus der Umrechnungsformel mit $\mathfrak{S} \sim \mathfrak{A}$

$$[\mathfrak{B}\mathfrak{A}^{-1}] \cdot p^{\mu} \cdot (\chi, \psi) \not\equiv 0 \mod p.$$

$\mu = 0$ besagt, die Werte von ψ liegen in K.

Die zugeordneten Algebren $\mathfrak{A}$ und $\mathfrak{B}$ sind p-Algebren ähnlich, denn der Körper $K\left(\sqrt[g]{1}\right)$ vom p-Potenzgrad ist nach R. Brauer Zerfällungskörper für $\mathfrak{A}$ und $\mathfrak{B}$. Aus $(\chi, \psi) \not\equiv 0$ folgt jetzt nach Satz 8 die Ähnlichkeit $\mathfrak{A} \sim \mathfrak{B}$, w. z. b. w.

Daß $\mathfrak{h}/(b)$ als p-Gruppe vorausgesetzt werden darf, ergibt sich durch Zurückgehen auf Satz 5.

Ein anderer Weg zur Strukturbestimmung von $\mathfrak{A}$, ohne K p-regulär zu erweitern, ist folgender. Der größte gemeinsame Teiler von $(\chi_{\mathfrak{S}}, \psi_{\mathfrak{S}}, \mathfrak{S})$, über alle $\psi_{\mathfrak{S}}$ aus Satz 7 genommen, ist 1, sonst ließe sich $\chi_{\mathfrak{S}}$ nicht aus den $\psi_{\mathfrak{S}}$ ganzzahlig linear kombinieren. Nach der Umrechnungsformel ist daher entsprechend

$$[\mathfrak{A}\mathfrak{S}^{-1}] = \underset{\psi}{GGT}[\mathfrak{B}\mathfrak{S}^{-1}] \cdot (\chi, \mathrm{sp}\,\psi),$$

und hierdurch ist $[\mathfrak{A}\mathfrak{S}^{-1}]$ zurückgeführt auf die *elementaren* $[\mathfrak{B}\mathfrak{S}^{-1}]$. Ihre noch ausstehende Berechnung, die wir für einen Zahlkörper durchführen werden, bedeutet eine *implizite* Strukturangabe von $\mathfrak{A}$, denn

$$[\mathfrak{A}\mathfrak{S}^{-1}] = 1 \text{ ist gleichwertig mit } \mathfrak{A} \sim \mathfrak{S},$$

und im zutreffenden Fall ist dann $\mathfrak{A}$ ein $\frac{\chi(1)}{[\mathfrak{S}]}$-reihiger voller Matrizenring mit $\mathfrak{S}$ als Koeffizientenkörper.

12. Algebren über einem Zahlkörper. Eine normale Algebra $\mathfrak{A}$ über einem Zahlkörper ist nach Hasse eindeutig durch ihre sämtlichen $\mathfrak{q}$-adischen Erweiterungen $\mathfrak{A}_{\mathfrak{q}}$ festgelegt. Der Schursche Index $[\mathfrak{A}]$ ist das kleinste gemeinsame Vielfache der Schurschen Indizes $[\mathfrak{A}_{\mathfrak{q}}]$.

Wir dürfen daher von jetzt ab einen $\mathfrak{q}$-adischen Körper als Grundkörper voraussetzen.

Nach Hasse ist eine normale Algebra $\mathfrak{A}$ durch ihre Invariante $J(\mathfrak{A})$, eine rationale Zahl mod 1, festgelegt. Dem Produkt der Algebren entspricht die Summe der Invarianten. Bei Grundkörpererweiterung multipliziert sich die Invariante mit dem Erweiterungsgrad. Der Schursche Index ist der Nenner der in gekürzter Form geschriebenen Invarianten.

z sei der Rang des Zentrums $\mathfrak{Z}/K$ der elementaren Algebra

$$\mathfrak{B} = K\mathfrak{h}/f(b).$$

Dann ist

$$[\mathfrak{B}\mathfrak{S}^{-1}] = \text{reduzierter Nenner von } \big(J(\mathfrak{B}) - zJ(\mathfrak{S})\big).$$

Jetzt müssen wir nur noch die Invariante der elementaren Algebra $\mathfrak{B}$ berechnen. Wir stellen uns folgende allgemeinere Aufgabe:

III.

Explizite Berechnung der Invariante *J* einer Kreisalgebra.

Unter einer $\mathfrak{q}$-adischen *Kreisalgebra* $\mathfrak{B}$ verstehen wir hier ein assoziatives verschränktes Produkt

$$\mathfrak{B} = (\beta(S, T), L/Z) = \sum_S L U_S$$

unter nachstehenden Voraussetzungen:

1) L ist ein *Kreiskörper* über dem q-adischen Körper R_q, $(\mathfrak{q}/q)$,

2) der Zwischenkörper Z ist das Zentrum von $\mathfrak{B}$,

3) $\beta(S, T)$ ist ein Faktorensystem aus *Einheitswurzeln* β,

4) das verschränkte Produkt $\mathfrak{B}$ ist erklärt durch die Regeln

$$U_S \lambda = \lambda^S U_S \qquad (\lambda \in L)$$
$$U_S U_T = \beta(S, T)\, U_{ST},$$

5) S, T sind Automorphismen von L/Z.

Wenn man für jede endliche Gruppe die einfachen Bestandteile des Gruppenringes charakterisieren will, so muß man dazu insbesondere imstande sein für die hier vorliegende, von den β und U_S erzeugte endliche Gruppe. Die oben gestellte Aufgabe ist also nur scheinbar allgemeinerer Natur.

13. Verlagerung der Algebra von Z auf R_q. Die Zuordnung von Galois sei gegeben durch

$$\begin{array}{ccccc} R_q & \text{———} & Z & \text{———} & L \\ \Lambda & \text{———} & \Delta & \text{———} & 1. \end{array}$$

Mit σ werde ein festgewählter Vertreter der Nebengruppe $\Delta\sigma$ bezeichnet. Nun betrachten wir das neue verschränkte Produkt

$$\mathfrak{a} = (\alpha_{\sigma,\tau}, L/R_q) = \sum_{\sigma \in \Lambda} L u_\sigma$$

mit dem Faktorensystem aus den Einheitswurzeln

$$\alpha_{\sigma,\tau} = \prod_{v} \beta(v\sigma\overline{v\sigma}^{-1}, \overline{v\sigma}\,\tau\,\overline{v\sigma\tau}^{-1})^{v^{-1}},$$

worin v ein Vertretersystem von Λ mod Δ durchlaufe.

Aus dem Assoziativgesetz

$$\beta(S, T)^R\, \beta(R, ST) = \beta(R, S)\, \beta(RS, T)$$

folgt rechnerisch das entsprechende Assoziativgesetz

$$\alpha_{\sigma,\tau}^{\varrho}\, \alpha_{\varrho,\sigma\tau} = \alpha_{\varrho,\sigma}\, \alpha_{\varrho\sigma,\tau}.$$

Wir nennen nun $\mathfrak{a}$ die **Verlagerung** des verschränkten Produktes $\mathfrak{B}$.

Von den Eigenschaften des Verlagerungsprozesses, die in einer besonderen Arbeit hergeleitet werden sollen, interessiert hier nur die Tatsache

$$J(\mathfrak{B}) = J(\mathfrak{a}).$$

Es ist nun vorteilhafter, $\mathfrak{a}$ weiter zu untersuchen.

14. Formeln für die Invariante J. Über dem q-adischen Körper R_q ist der Kreiskörper L direktes Produkt eines rein verzweigten Körpers $V = R_q\left(\sqrt[q^\nu]{1}\right)$ mit einem unverzweigten zyklischen Körper W. Mit $\mathfrak{Q}$ bezeichnen wir die Gruppe der q^ν-ten Einheitswurzeln, und mit $\mathfrak{W}$ die Gruppe der Einheitswurzeln aus W. Dann ist $\mathfrak{Q}\mathfrak{W}$ die Gruppe der Einheitswurzeln aus L.

Die Galoissche Zuordnung sei gegeben durch

$$R_q \begin{array}{c} \nearrow V \searrow \\ \searrow W \nearrow \end{array} VW = L, \qquad \Lambda \begin{array}{c} \nearrow (\varphi) \searrow \\ \searrow \Gamma \nearrow \end{array} 1.$$

Hierbei sei φ der Frobenius-Automorphismus von VW/V, der also im Restklassenkörper die Wirkung $\alpha^\varphi \equiv \alpha^q \bmod \mathfrak{q}$ hat.

Im Fall $L = W$ ist $J = 0$, da bei unverzweigtem zyklischen Zerfällungskörper ein Faktorensystem aus Einheiten immer zerfällt.

Weiterhin setzen wir L als verzweigt voraus.

Wir verwenden die naheliegende Abkürzung

$$\alpha_{\Gamma,\sigma} = \prod_{\varrho \in \Gamma} \alpha_{\varrho,\sigma}.$$

Mit $[s]$ bezeichnen wir den Automorphismus von L/W, der die q^ν-ten Einheitswurzeln in die s-te Potenz erhebt, $(s, q) = 1$. Statt $u_{[s]}$ und $\alpha_{[s],[t]}$ wollen wir aber einfach u_s und $\alpha_{s,t}$ schreiben.

Die Berechnung von J gestaltet sich nun unterschiedlich, je nachdem V zyklisch ist oder nicht.

Satz 10. *Für* $q \neq 2$, $h = q^{\nu-1}$ *und* $(s, q) = 1$ *gilt im Restklassenkörper*

(10) $$\alpha_{s,\varphi}^h \, \alpha_{\varphi,s}^{-h} \, \alpha_{\Gamma,s} \equiv s^m \bmod \mathfrak{q}.$$

Hieraus erhält man die Invariante

$$J = -\frac{m}{q-1} \bmod 1.$$

Satz 11. *Für* $q = 2$ *setze man*

$$u_{-1}^2 = \alpha, \quad u_\varphi u_5 = \beta u_5 u_\varphi, \quad u_\varphi u_{-1} = \gamma u_{-1} u_\varphi.$$

Dann gilt mit $w = (\mathfrak{W} : 1)$

(11) $$(\alpha\beta\gamma^2)^w = (-1)^m.$$

Hieraus erhält man die Invariante

$$J = \frac{m}{2} \bmod 1.$$

Beweise. Sie erfolgen für beide Sätze zusammen und setzen sich aus mehreren Schritten zusammen.

A) Die linken Seiten von (10) mod $\mathfrak{q}$ bzw. von (11) sind invariant bei den Transformationen

$$u'_\sigma = \beta_\sigma u_\sigma, \qquad \beta_\sigma \in \mathfrak{O}\mathfrak{W}$$
$$\alpha'_{\sigma,\tau} = \alpha_{\sigma,\tau} \beta_\sigma \beta_\tau^\sigma \beta_{\sigma\tau}^{-1}.$$

Für (10) folgt die Invarianz aus

$$\beta_\sigma^{[s]} \equiv \beta_\sigma, \; \beta_\sigma^\varphi = \beta_\sigma^q \bmod \mathfrak{q}, \; h(q-1) = (\Gamma : 1).$$

Bei (11) darf wegen des Exponenten w sogleich $\beta_\sigma \in \mathfrak{O}$ angenommen werden mit

$$\beta_\sigma^\varphi = \beta_\sigma, \; \beta_\sigma^{[s]} = \beta_\sigma^s,$$

und dann sind sogar α und $\beta\gamma^2$ invariant.

B) Wir dürfen annehmen, daß die $\alpha_{\sigma,\tau}$ sämtlich $(q-1)$-te Potenzen sind (bzw. 4. Potenzen, falls $q = 2$). Um dies zu erreichen, brauchen wir nur alle $\sqrt[q-1]{\alpha_{\sigma,\tau}}$ bzw. $\sqrt[4]{\alpha_{\sigma,\tau}}$ zu $L = VW$ zu adjungieren und das Faktorensystem $\alpha_{\sigma,\tau}$ sinngemäß beizubehalten. Dabei wird nur W vergrößert (bzw. nur V, falls $q = 2$). In den Aussagen der Sätze 10 und 11 tritt hierbei keine Änderung ein.

C) Fall $\alpha_{\sigma,\tau} \in \mathfrak{W}$. Nach B) dürfen wir

$$u_s u_\varphi = \beta_s^{q-1} u_\varphi u_s, \qquad \beta_s \in \mathfrak{W}$$

annehmen. Das bedeutet wegen $\beta_s^\varphi = \beta_s^q$ die Vertauschbarkeit von $\beta_s u_s$ mit u_φ, also

$$(\alpha_{\sigma,\tau}, L) = (\alpha'_{s,t}\, V)\,(\alpha'', W, \varphi) \sim (\alpha'_{s,t}, V).$$

Für $q = 2$ zerfällt $(\alpha'_{s,t}, V)$ wegen $\mathfrak{W} \cap V = 1$, im Einklang mit Satz 11.

Für $q \neq 2$ ist $V = R_q\left(\sqrt[q^\nu]{1}\right)$ zyklisch. Zur Bestätigung von Satz 10 müssen wir zeigen, daß

$$(\alpha'_{s,t}, V) = \left(a^m, R_q\left(\sqrt[q^\nu]{1}\right)/R_q, \zeta \to \zeta^{a+q}\right)$$

$$\text{für } q \neq 2, \ \nu > 0, \ a = \text{primitive } \sqrt[q-1]{1}, \ \zeta \in \mathfrak{Q}$$

die Invariante $J = -\frac{m}{q-1}$ hat.

Ohne Änderung der Invariante dürfen wir wegen $a = a^q$ nach einem Satz über zyklische verschränkte Produkte $\nu = 1$ setzen. Nun darf a multiplikativ um $(q-1)$-te Potenzen $\neq 0$ aus R_q abgeändert werden, also beliebig mod q wegen der q-adischen Konvergenz der Binomialreihe $(1+x)^{\frac{1}{q-1}}$ für $q \mid x$. Nach dem Satz von Dirichlet von der arithmetischen Progression kann a durch eine Primzahl $p > 0$ ersetzt werden, die also eine primitive Wurzel mod q ist.

Wir betrachten nun über dem Körper R der rationalen Zahlen das zyklische verschränkte Produkt

$$\left(p^m, R\left(\sqrt[q]{1}\right)/R, \zeta \to \zeta^p\right),$$

das an allen Stellen außer p und q zerfällt. An der Stelle p ist $\zeta \to \zeta^p$ der Frobenius-Automorphismus, also ist die hier auftretende Invariante nach der von Hasse gegebenen Definition $= \frac{m}{q-1}$. Da die Summe aller Invarianten $= 0$ mod 1 ist (Monodromiesatz), ist an der Stelle q die gesuchte Invariante $J = -\frac{m}{q-1}$. Damit ist der Fall $\alpha_{\sigma,\tau} \in \mathfrak{W}$ erledigt.

D) Fall $\alpha_{\sigma,\tau} \in \mathfrak{Q}$ und q ungerade. Für Satz 10 muß $J = 0$ gezeigt werden.

Für eine primitive Wurzel r mod q^ν ist $\mathfrak{Q}^{r-1} = \mathfrak{Q}$. Setzen wir daher

$$u_\varphi u_r = \beta^{r-1} u_r u_\varphi,$$

so besagt das, βu_φ ist mit u_r vertauschbar, also ist wieder

$$(\alpha_{\sigma,\tau}, L) = (\alpha'_{s,t}, V) \cdot (\alpha'', W, \varphi) \sim (\alpha'_{s,t}, V).$$

Nun ist $(\alpha'_{s,t}, V)$ für $\alpha'_{s,t} \in \mathfrak{Q}$ die Erweiterung einer Algebra über dem rationalen Körper R, deren Diskriminante eine Potenz von q ist. Die Stellen q und ∞ haben also dieselbe Invariante J, und zwar $J = 0$, denn reell erweitert zerfällt die Algebra, da $2 \nmid (\mathfrak{Q}:1)$.

E) Fall $\alpha_{\sigma,\tau} \in \mathfrak{Q}$ und $q = 2$. Nach B) dürfen wir

$$u_\sigma u_5 = \beta_\sigma^4 u_5 u_\sigma \qquad (\beta_\sigma \in \mathfrak{Q}, \ \beta_5 = 1)$$

annehmen, d. h. $\beta_\sigma u_\sigma$ ist mit u_5 vertauschbar. Nach A) dürfen wir sogleich annehmen, daß alle u_σ, folglich auch alle $\alpha_{\sigma,\tau}$, die sich ja hierdurch ausdrücken lassen, mit u_5 vertauschbar sind. Daher ist $\alpha_{\sigma,\tau}^{\frac{5-1}{2}} = 1$. In Satz 11 ist jetzt $\beta = 1$.

Ist nun $\gamma = i^\mu$, $(i = \sqrt{-1})$, so erweist sich

$$u'_\varphi = (1-i)^\mu u_\varphi$$

als mit u_{-1} vertauschbar, außerdem natürlich mit u_5 und den Elementen von V. Mit $f = (W : R_2)$ ist daher

$$(\alpha_{\sigma,\tau}, VW) = (\alpha_{s,t}, V) \cdot \left((1-i)^{\mu f}, W, \varphi\right).$$

Hier muß $(1-i)^{\mu f}$ in R_2 liegen, also ist μf gerade.

Der rechte Faktor hat definitionsgemäß die Invariante $\frac{\mu}{2}$, zerfällt also genau für $\gamma^2 = 1$.

Der linke Faktor kann ähnlich wie in D) als 2-adische Erweiterung einer Algebra über dem rationalen Körper R betrachtet werden, deren Diskriminante eine Potenz von 2 ist, die folglich an den Stellen 2 und ∞ dieselbe Invariante hat. Diese Algebra zerfällt daher genau für $\alpha = \alpha_{-1,\,-1} = 1$.

F) Die multiplikative Zusammenfassung der Fälle C), D), E) vollendet den Beweis der Sätze 10 und 11.

In vielen Fällen ist der folgende Satz von Nutzen:

Satz 12. *Eine* $\mathfrak{q}$*-adische Kreisalgebra zerfällt, wenn ihr Zentrum die* q*-ten Einheitswurzeln bzw. für* $q = 2$ *die vierten Einheitswurzeln enthält* $(\mathfrak{q} \mid q)$.

Beweis. Man schließt im Prinzip wie vorhin, allerdings mit wesentlichen Erleichterungen. An die Stelle des rationalen Körpers R tritt hier der Körper

$$\bar{R} = R\left(\sqrt[q]{1}\right) \text{ bzw. } R\left(\sqrt[4]{1}\right).$$

Wir bilden zunächst die Verlagerung nach $\bar{R}_{\mathfrak{q}}$. Hierüber ist wieder $L = VW$, und V und W sind zyklisch mit den erzeugenden Automorphismen $[r]$, φ. Dabei kann $r = 5$ für $q = 2$ genommen werden. Im übrigen halten wir uns an dieselben Bezeichnungen wie vorhin.

Wir dürfen wie vorhin in B) annehmen, daß das Faktorensystem $\alpha_{\sigma,\tau}$ aus $(q-1)$-ten bzw. 4. Potenzen besteht. In den Fällen C), D), E) folgt wieder genau so, daß u_r mit u_φ vertauschbar gedacht werden darf, also

$$(\alpha_{\sigma,\tau}, L) = (\alpha'_{s,t}, V) \cdot (\alpha'', W, \varphi) \sim (\alpha'_{s,t}, V).$$

Für $\alpha'_{s,t} \in \mathfrak{W}$ zerfällt die rechte Seite, da $(\mathfrak{W} : 1)$ und $(V : \bar{R}_{\mathfrak{q}})$ teilerfremd sind.

Für $\alpha'_{s,t} \in \mathfrak{Q}$ kann die rechte Seite als Erweiterung einer Algebra über $\bar{R}$ angesehen werden, deren Diskriminante eine Potenz von $\mathfrak{q}$ ist. Auch diesmal zerfällt die rechte Seite, und zwar nach dem Monodromiesatz im total imaginären Körper $\bar{R}$.

Eingegangen 10. Oktober 1951.

Anmerkungen von Peter Roquette

Wenn ich mich recht erinnere, so war es im Sommersemester 1951. Im Mathematischen Seminar der Hamburgischen Universität hatten *Helmut Hasse*, der kürzlich aus Berlin nach Hamburg berufen war, und *Ernst Witt* ein zahlentheoretisches Seminar angekündigt. Teilnehmer des Seminars waren einerseits einige Schüler von Hasse, die mit ihm von Berlin nach Hamburg gewechselt waren, und andererseits Hamburger Studenten aus dem Kreis um Witt.

Ich erhielt in jenem Seminar die Aufgabe, über meine Berliner Diplomarbeit zu berichten; dort hatte ich einen neuen und, wie mir schien, vereinfachten Beweis des "Satzes über induzierte Charaktere" von *Richard Brauer* vorgelegt.

Bereits eine Woche nach meinem Bericht meldete sich Witt im Seminar zu Wort. Seinen Vortrag stellte er als Ergänzung und Verallgemeinerung meines Berichtes dar; in Wahrheit aber handelte es sich um neue, eigene Resultate: umfassend und, wie es bei den Wittschen Arbeiten oft der Fall ist, in gewisser Weise abschließend.

Nach Inhalt und Diktion war der damalige Vortrag im wesentlichen identisch mit der später in Band 190 des Crelleschen Journals erschienenen Arbeit. Es hat offenbar kaum eine Überarbeitung nach dem Vortrag gegeben; Witt hatte seine Ideen, wie es scheint, innerhalb einer einzigen Woche entwickelt und in endgültige Form gebracht.

Der Brauersche Satz über induzierte Charaktere gehört heute zum Standardrepertoire der Gruppentheorie. Damals jedoch war er neu, und das besondere Interesse an diesem Satz rührte daher, daß er als Hilfsmittel für die Lösung einer Reihe von offenen gruppentheoretischen und zahlentheoretischen Fragestellungen verwendbar war. Die Wittsche Arbeit enthält zunächst eine Verallgemeinerung des Brauerschen Induktionssatzes auf einen beliebigen Grundkörper K der Charakteristik 0, nicht notwendig Zerfällungskörper der Gruppe.[1] Die Arbeit zeichnet sich jedoch insgesamt dadurch aus, daß sie nicht bei dem verallgemeinerten Induktionssatz stehen bleibt, sondern diesen als Hilfsmittel benutzt um lang anstehende, grundsätzliche Probleme der Darstellungstheorie zu behandeln, welche in ihrer Bedeutung wohl

[1] In dem bekannten Buch von Curtis-Reiner über Darstellungstheorie wird dieser Induktionssatz als "*Witt-Berman theorem*" bezeichnet. Die Bezugnahme auf Berman rührt daher, daß Berman – zunächst offenbar in Unkenntnis der Wittschen Arbeit – einige Jahre später einen Teil der Wittschen Resultate wiederentdeckt hat.

über die ursprünglichen, von Richard Brauer damals zunächst angegebenen Anwendungen[2] hinausgehen.

Es handelt sich bei Witt um die Bestimmung des Schurschen Index eines irreduziblen Charakters χ aus der Gruppentafel und den Charakterwerten. Diese Aufgabe war bereits 1906 von *Issai Schur* gestellt worden. Im Laufe der Entwicklung der Algebrentheorie in den zwanziger Jahren konnte diese Aufgabe präzisiert werden: statt des Schurschen Index sollte das *vollständige System der lokalen Hasseschen Invarianten* der zu χ gehörigen einfachen Algebra $\mathfrak{A}_\chi$ bestimmt werden; der Schursche Index ist der gemeinsame Nenner dieser Invarianten.

Witt löst das Schursche Problem in dieser präzisierten und endgültigen Form. Er gibt ein Rechenverfahren an, das die vollständige Berechnung aller Hasseschen Invarianten von $\mathfrak{A}_\chi$ gestattet. Nimmt man alle irreduziblen Charaktere χ der Gruppe $\mathfrak{G}$ zusammen, so läuft dies auf die *Bestimmung der Struktur des Gruppenringes* $K\mathfrak{G}$ zurück – so wie das im Titel der Arbeit klar ausgesprochen wird.

Hierin – und nicht allein in der Verallgemeinerung des Brauerschen Induktionssatzes auf beliebige Grundkörper – liegt meines Erachtens der Schwerpunkt der Wittschen Arbeit.

Aus historischen Gründen bemerkenswert ist, daß Witt zur Berechnung der lokalen Invarianten die *Verlagerungstheorie* der Algebren verwendet, um die Invariantenberechnung auf den Fall des rationalen Zahlkörpers als Grundkörper zurückzuführen. Er benutzt den Satz, daß sich die lokalen Invarianten einer Algebra bei der Verlagerung nicht ändern, und verweist dazu auf eine zukünftige Arbeit, in welcher er die Eigenschaften des Verlagerungsprozesses allgemein herleiten wolle. Jene angekündigte Arbeit ist jedoch niemals erschienen, wahrscheinlich deshalb, weil die Verlagerungstheorie inzwischen im Rahmen der allgemeinen Kohomologietheorie standardmäßig behandelt wurde. In einer Notiz, die in Witts Nachlaß gefunden wurde, gibt er dazu an, daß er die Verlagerung von Algebren bereits 1936 in seiner Göttinger Arbeitsgemeinschaft behandelt und dabei auch bereits auf die Verallgemeinerung für höhere Faktorsysteme hingewiesen habe.

Im Nachlaß von Helmut Hasse sind inzwischen vierseitige Aufzeichnungen vom 16. 2. 1936 über Witts Verlagerungstheorie gefunden worden. Sie haben den Titel "Norm einer Algebra. Nach Witt." (cf. Niedersächsische Staats- und Universitätsbibliothek Göttingen, Cod.Ns. H. Hasse 15:86). Ein Hinweis darauf, daß Witt höhere Faktorensysteme schon 1936 gekannt hat, findet sich in den Gesammelten Abhandlungen von Teichmüller, Springer-Verlag, S. 551.

---

[2] Dies waren *erstens* der Nachweis der Meromorphie der Artinschen L-Funktionen, und *zweitens* der Beweis, daß jede absolut-irreduzible Darstellung einer endlichen Gruppe $\mathfrak{G}$ vom Exponenten n bereits über dem Körper der n-ten Einheitswurzeln möglich ist.

Witt selbst ist in späteren Arbeiten nicht mehr auf Strukturfragen des Gruppenringes zurückgekommen. Eine Reihe anderer Autoren hat sich jedoch mit der Weiterentwicklung und Ausarbeitung der Wittschen Arbeit beschäftigt, unter verschiedenen Blickwinkeln. Die vollständigsten Literaturangaben findet man wohl in dem bereits erwähnten Buch von Curtis und Reiner. Hier möchte ich mich auf die folgenden beiden Bemerkungen beschränken.

(1) *Bestimmung der Schurgruppe eines Körpers.* Die Schurgruppe von K ist definiert als diejenige Untergruppe der Brauergruppe, die erzeugt wird von den einfachen, zentralen Bestandteilen der Gruppenalgebren $K\mathfrak{G}$ endlicher Gruppen $\mathfrak{G}$ über K. Die Schurgruppe eines lokalen oder globalen Zahlkörpers läßt sich explizit angeben – aufgrund der Resultate von Witt. Eine Zusammenfassung findet sich zum Beispiel in den Springer Lecture Notes von T. Yamada "The Schur subgroup of the Brauer group". (Dort wird übrigens von dem "Brauer-Witt theorem" gesprochen.)

(2) *Universelle Formeln für induzierte Charaktere.* In der Wittschen Arbeit nicht behandelt wird die Frage, ob es universell gültige, kanonische Formeln gibt, die die Charaktere einer Gruppe in ganzzahliger Form durch induzierte Charaktere auszudrücken gestatten. Dies ist zwar nicht zur expliziten Berechnung der Schurschen Indizes bzw. der Hasseschen Invarianten von Bedeutung – dazu ist der von Witt angegebene Algorithmus besser geeignet –, aber für eine Reihe von zahlentheoretischen Anwendungen (Gaußsche Summen, Wurzelzahlen) ist es wichtig, fertige Formeln für den Brauer-Wittschen Induktionssatz zur Verfügung zu haben. Wir verweisen hier auf die Arbeiten von *R. Boltje* (Astérique 181-182, 1990) und *Boltje-Snaith-Symonds* (J. Algebra 148, 1992) sowie die dort angegebene Literatur.

English Abstract of Peter Roquette's Remarks

Bärbel Deninger

In the summer term of 1951, Ernst Witt and Helmut Hasse organized a seminar on number theory at the University of Hamburg. In one lecture Peter Roquette explained a new, simplified proof of the "theorem on induced characters", which was the main contribution of his diploma thesis. One week later, Witt reacted with what he modestly claimed to be an addition to and a generalization of Roquette's talk. What he presented, however, were genuinely new results which he later published in volume 190 of Crelle's Journal.

The Brauer theorem on induced characters was new at the time. Witt's paper gives a generalization of Brauer's induction theorem to an arbitrary ground field K of characteristic zero, which is not necessarily a splitting field for the group. In the well-known book by Curtis-Reiner on representation theory, this induction theorem is called the *"Witt-Berman-theorem"*. Berman is referred to because – initially without knowing of Witt's paper – he rediscovered parts of Witt's results some years later.

According to Roquette, what is remarkable about Witt's paper is not only the generalized induction theorem, but its application to a fundamental problem in representation theory, which had been on the agenda for a long time and goes beyond the original applications given by Brauer: Witt determines the Schur index of an irreducible character χ from the group table and the character values. This was a problem posed by Issai Schur in 1906. In fact, Witt presents an algorithm allowing the complete computation of all Hasse invariants of the simple algebra $\mathfrak{A}_\chi$ which is determined by χ. If one combines all irreducible characters χ of the group $\mathfrak{G}$, this leads to the determination of the structure of the group ring $K\mathfrak{G}$.

A historically interesting fact might be that Witt uses the *transfer theory* of algebras to reduce the computation of their local invariants to the case of the rational number field as ground field. He uses the theorem that local invariants of an algebra do not change under transfer, referring to a future paper, in which he intends to develop the properties of the transfer process more generally. This paper, however, was never published, probably because of the fact that in the mean time transfer theory had become a routine matter in general cohomology theory. In a note that was found in Witt's unpublished works, he writes that he had dealt with the transfer of algebras in his seminar in Göttingen as early as in 1936 where he had also indicated the generalization to higher dimensional factor sets.

39.

Ein kombinatorischer Satz der Elementargeometrie

Math. Nachr. *6* (1952) 261–262

(Eingegangen am 21. 9. 1951.)

Im ersten Kapitel des lesenswerten Büchleins „Drei Perlen der Zahlentheorie" bringt der Verfasser A. J. CHINTSCHIN[1]) einen Beweis von M. A. LUKOMSKAJA[2]) zu folgendem Satz von VAN DER WAERDEN[3]):

Bei beliebiger Einteilung eines genügend großen Abschnittes natürlicher Zahlen in höchstens k Klassen befindet sich in mindestens einer Klasse eine arithmetische Progression vorgeschriebener Länge l[4]).

Chintschin beschließt das Kapitel mit den Worten: „Es ist übrigens nicht ausgeschlossen, daß der Satz von van der Waerden einen noch einfacheren Beweis zuläßt, und alles Suchen in dieser Richtung kann nur begrüßt werden." Dies war die Veranlassung, nach einer neuen Beweisanordnung zu suchen, die dann gleich zu einer allgemeineren Fassung des Problems führte.

1. Für eine vorgelegte natürliche Zahl k und für eine Ausgangsfigur $\mathfrak{E}_l$ aus endlich vielen verschiedenen komplexen Zahlen $e_1, \ldots, e_l$ $(e_1 = 0)$ mit ihren homothetischen Bildern

$$\mathfrak{E}_l' = \lambda \mathfrak{E}_l + a \qquad (\lambda = 1, 2, \ldots; \ a \text{ beliebig})$$

gilt folgender

Satz: *Bei beliebiger Einteilung einer geeigneten endlichen Menge $\mathfrak{X}$ von komplexen Zahlen in höchsten k Klassen enthält mindestens eine Klasse eine zu $\mathfrak{E}_l$ homothetische Figur $\mathfrak{E}_l'$.*

Dabei wird $\mathfrak{X}$ für genügend großes N aus allen Linearkombinationen

$$x = \sum x_h e_h \qquad \left(\sum x_h = N; \ x_h = 0, 1, \ldots\right)$$

bestehen. (Beispielsweise reicht im Falle $l = 3$, $k = 2$ die Zahl $N = 4$ aus, wie eine direkte Diskussion unter Ausnutzung aller Symmetrien ergibt.)

Statt für komplexe Zahlen läßt sich der Satz auch in irgendeinem Modul der Charakteristik 0 aussprechen.

---

[1]) A. J. CHINTSCHIN, Drei Perlen der Zahlentheorie. Herausgegeben vom Forschungsinstitut für Mathematik der Deutschen Akademie der Wissenschaften zu Berlin. Berlin 1951, S. 9—14.

[2]) Nachträglich sehe ich, daß es sich inhaltlich um eine Wiedergabe des ursprünglichen Beweises (vgl. Fußnote 3) handelt, allerdings mit viel komplizierterer Bezeichnungsweise.

[3]) B. L. VAN DER WAERDEN, Beweis einer Baudetschen Vermutung. Nieuw Arch. Wiskunde, 2. Reeks **15** (1928), 212—216.

[4]) Die Vermutung, daß die Verallgemeinerung von $k = 2$ auf beliebiges k für die Induktion vorteilhaft sein könnte, stammt von Herrn E. ARTIN.

2. Die Klassen denken wir uns durch verschiedene Farben gekennzeichnet und behaupten dann entsprechend das Vorkommen einer einfarbigen Figur $\mathfrak{E}_l'$ in $\mathfrak{X}$. Zur Erleichterung des Beweises sollen die Endpunkte e_1'', e_l'' einer in $\mathfrak{X}$ gelegenen, zu $\mathfrak{E}_l$ homothetischen Figur $\mathfrak{E}_l''$ *verbunden* heißen, wenn wenigstens die aus $e_1'', \ldots, e_{l-1}''$ bestehende Teilfigur $\mathfrak{E}_{l-1}''$ einfarbig ist. Dabei ist die Farbe $f(e_l'')$ ganz gleichgültig. Nun gilt folgender

Hilfssatz: *Eine geeignete endliche Menge $\mathfrak{X} = \mathfrak{X}(l, k, n)$ von komplexen Zahlen enthält bei beliebiger Färbung $f(x)$ in höchstens k Farben eine Folge von paarweise verbundenen Zahlen $a_1, \ldots, a_n$ $(l, n \geqq 2)$.*

Hier stellt also jedes Paar a_i, a_j $(i < j)$ die Endpunkte einer in $\mathfrak{X}$ gelegenen fast einfarbigen Figur $a_i + \lambda_{ij}\mathfrak{E}_l$ dar mit höchstens einem Farbfehler bei a_j [1]).

3. Beweis des Hilfssatzes durch doppelte Induktion.

Zur Durchführung des Schlusses $n \to n + 1$ denken wir schon

$$\mathfrak{X} = \mathfrak{X}(l, k, n) \quad \text{und} \quad \mathfrak{Y} = \mathfrak{Y}(l, K, 2)$$

konstruiert für festes l, n und alle k, K. Wir setzen jetzt

$$K = \text{Anzahl der Färbungsmöglichkeiten von } \mathfrak{X} \text{ in höchstens } k \text{ Farben}$$

und betrachten die aus allen Summen $x + y$ bestehende Menge $\mathfrak{X} + \mathfrak{Y}$, die wir uns irgendwie in höchstens k Farben gefärbt vorstellen wollen.

Nach Induktionsannahme über $\mathfrak{Y}$ gibt es unter den Parallelmengen $\mathfrak{X} + y$, die bezüglich ihrer Farbenverteilung höchstens K verschiedenen Typen angehören, ein in dieser Hinsicht verbundenes Paar $\mathfrak{A}$, $\mathfrak{A} + \mu e_l$, also mit

$$f(a) = f(a + \mu e_h) \qquad (a \text{ beliebig aus } \mathfrak{A},\ h < l).$$

Nach Induktionsannahme über $\mathfrak{X}$ enthält die Parallelmenge $\mathfrak{A}$ hinsichtlich ihrer Färbung eine Folge $a_1, \ldots, a_n$ von paarweise verbundenen Zahlen. Setzen wir insbesondere $a_n = a_i + \lambda_i e_l$ (ausnahmsweise $\lambda_n = 0$), so folgt

$$f(a_i) = f(a_i + \lambda_i e_h) = f(a_i + \lambda_i e_h + \mu e_h) \qquad (h < l).$$

Hiernach ist auch die mit $a_i + \lambda_i e_l + \mu e_l = a_n + \mu e_l$ verlängerte Folge

$$a_1, a_2, \ldots, a_n, a_n + \mu e_l$$

bezüglich der Färbung von $\mathfrak{X} + \mathfrak{Y}$ paarweise verbunden.

Ausgehend von $\mathfrak{X}(l, k, 2)$ für alle k läßt sich also $\mathfrak{X}(l, k, n)$ konstruieren. Im Falle $n = k + 1$ gibt es hier nach dem Schubfachprinzip in einer Folge von paarweise verbundenen Zahlen $a_1, \ldots, a_{k+1}$ mindestens 2 Zahlen gleicher Farbe; die dann Anfang und Ende eines wirklich einfarbigen Bildes $\mathfrak{E}_l'$ von $\mathfrak{E}_l$ sind.

Für den Schluß $l \to l + 1$, den wir mit $\mathfrak{X}(2, k, 2) = \mathfrak{E}_2$ beginnen lassen, setzen wir $\mathfrak{X}(l + 1, k, 2)$ gleich der Vereinigungsmenge derjenigen homothetischen Bilder $\mathfrak{E}_{l+1}^*$ von $\mathfrak{E}_{l+1}$, für welche die Teilfigur $\mathfrak{E}_l^*$ in $\mathfrak{X}(l, k, k + 1)$ liegt.

Damit ist dann der Hilfssatz und mit $\mathfrak{X} = \mathfrak{X}(l, k, k + 1)$ auch der Satz bewiesen.

---

[1]) Zur besseren Anschaulichkeit kann man sich eine in einem Hofe $\mathfrak{X}$ aufgespannte Leine vorstellen, an der an Klammern a_i ähnlich geformte Wäschestücke $\mathfrak{E}_l''$ hängen, von denen jedes Stück für sich bis auf einen etwaigen Farbfehler am rechten Ende e_l'' einfarbig ist. Allerdings trägt dabei jede Klammer $n - 1$ Wäschestücke.

40.

Über freie Ringe und ihre Unterringe

Math. Z. *58* (1953) 113-114

O. SCHREIER hat 1927 den Satz bewiesen[1]):

In einer freien Gruppe sind alle Untergruppen wieder frei.

Es entsteht die Frage, ob es andere freie Strukturen mit ähnlicher Eigenschaft gibt. (Unter Struktur wird hier eine Algebra im Sinne von BIRKHOFF mit Regeln verstanden.) Ein bekanntes Beispiel bieten die freien abelschen Gruppen:

Jede Untergruppe $\mathfrak{B}$ *einer freien abelschen Gruppe* $\mathfrak{A}$ *ist wieder frei.*

Beweis. $\{a_\nu\}$ sei eine wohlgeordnete linear unabhängige Basis von $\mathfrak{A}$. δ_ν bezeichnet den größten gemeinsamen Teiler der Koeffizienten λ_ν derjenigen Elemente aus $\mathfrak{B}$, die die Gestalt $\sum\limits_{\iota \leq \nu} \lambda_\iota a_\iota$ haben. Falls $\delta_\nu \neq 0$ ist, sei b_ν eines dieser Elemente mit $\lambda_\nu = \delta_\nu$. Diese b_ν sind dann linear unabhängig und erzeugen, wie sich durch transfinite Induktion ergibt, die Untergruppe $\mathfrak{B}$. (Während im allgemeinen der Wohlordnungssatz vorteilhaft durch den Satz von ZORN ersetzt werden kann, liegt im vorliegenden Beweise ein Fall vor, bei dem der Wohlordnungssatz selbst in natürlicher Weise zur Geltung kommt.)

Ein einfaches Beispiel sind auch die *Moduln über einem Schiefkörper*. Nach dem Satz von HAMEL besitzen sie immer eine linear unabhängige Basis (wie sofort aus dem Satz von ZORN folgt), daher sind alle Moduln, also auch alle Untermoduln frei.

Dagegen zeigt sich, daß sich die *freien assoziativen Ringe* $\mathfrak{A}$ *andersartig* verhalten. Wir können uns auf eine Erzeugende x beschränken. $\mathfrak{A}$ besteht dann aus allen Polynomen $f(x)$ ohne konstantes Glied. Zunächst sieht man: $\mathfrak{A}$ enthält keinen freien Unterring mit zwei Erzeugenden f, g. Denn $f^\alpha g^\beta$ $(\alpha, \beta = 1, \ldots, m)$ wären sonst m^2 linear unabhängige Polynome vom Grade $\leq m \cdot \text{Grad}\, f\, g$, und das ist für genügend großes m sicher falsch. Nun ergibt sich: Der von x^2, x^3 erzeugte Unterring $\mathfrak{B}$ ist nicht frei. Denn $\mathfrak{B}$ hätte dann nur eine Erzeugende f vom Grade $n \geq 2$, und wegen $x^2 = \varphi(f)$, $x^3 = \psi(f)$ wäre n gemeinsamer Teiler von 2 und 3, was nicht geht.

Es gibt dagegen *nichtassoziative Ringe*, für welche sich der Satz von SCHREIER übertragen läßt. Verstehen wir unter einem *Ring* eine additive Gruppe G, in der nur eine beiderseits distributive Multiplikation erklärt ist,

---

[1]) SCHREIER, O.: Die Untergruppen der freien Gruppen. Abh. Math. Sem. Univ. Hamburg **5**, 161—183 (1927).

so läßt sich der folgende Satz aussprechen, dessen direkter Beweis das Ziel dieser Arbeit ist[2]):

Satz. *In einem freien Ring ist jeder Unterring wieder frei.*

Bemerkung. Verstehen wir analog unter einem *Multiring* eine additive Gruppe G, in der noch eine multilineare Verknüpfung $(x_1, x_2, \ldots, x_n)$ erklärt ist, so läßt sich der Beweis des vorangehenden Satzes ohne Mühe hierauf erweitern: *In einem freien Multiring ist jeder Untermultiring wieder frei.* In einer weiteren Arbeit soll der tieferliegende und wegen seiner Anwendung auf die Gruppentheorie und die kombinatorische Topologie wichtigere Satz bewiesen werden:

In einem freien LIE*schen Ring ist jeder Unterring wieder frei*[3]).

$\mathfrak{A}$ sei ein von den Elementen x_ι erzeugter freier Ring, $\mathfrak{B}$ ein Unterring (mit einem Körper K als Koeffizientenbereich). $\mathfrak{A}_n$ bezeichne den Modul der Elemente von $\mathfrak{A}$ vom Grad $\leqq n$ in den x_ι, und es sei $\mathfrak{B}_n = \mathfrak{A}_n \cap \mathfrak{B}$.

Um zu beweisen, daß $\mathfrak{B}$ ein freier Ring ist, sollen rekursiv Mengen B_n, C_n linear unabhängiger Elemente gebildet werden mit

$$C_n = B_n \cup \bigcup_1^{n-1} C_\nu C_{n-\nu}$$

in der Weise, daß C_n linear $\mathfrak{B}_n/\mathfrak{B}_{n-1}$ erzeugt. Ist bereits C_ν für alle $\nu < n$ gebildet, so kann C_ν zu einer linear unabhängigen Basis A_ν von $\mathfrak{A}_\nu/\mathfrak{A}_{\nu-1}$ ergänzt werden. Da $\mathfrak{A}$ ein freier Ring ist, ist die Menge

$$\bigcup_1^{n-1} A_\nu A_{n-\nu} \bmod \mathfrak{A}_{n-1}$$

linear unabhängig. Folglich erst recht die Menge

$$\bigcup_1^{n-1} C_\nu C_{n-\nu} \bmod \mathfrak{B}_{n-1},$$

und diese Menge kann dann mittels B_n zu einer linear unabhängigen Basis C_n von $\mathfrak{B}_n/\mathfrak{B}_{n-1}$ ergänzt werden.

Die Elemente aus B_μ denken wir uns mit dem Gewicht μ versehen und berechnen entsprechend das Gewicht für Monome aus $\bigcup_1^\infty B_\mu$. Durch Induktion nach n folgt, daß C_n genau aus den verschiedenen derartigen Monomen vom Gewicht n besteht. Nun ist aber $\bigcup_1^\infty C_n$ eine linear unabhängige Basis von $\mathfrak{B}$, also ist $\bigcup_1^\infty B_\mu$ ein System freier Erzeugender von $\mathfrak{B}$, q. e. d.

---

[2]) Diesen Satz hat A. KUROSH auf andere Weise bewiesen, nämlich zunächst für Ringe mit einer Erzeugenden, in denen dann freie Unterringe mit abzählbar vielen Erzeugenden nachgewiesen werden; das genügt. Vgl. KUROSH, A.: Nonassociative free algebras and free product of algebras. Mat. Sbornik, N. Ser. **20** (**62**), 239—262 (1947) (russisch mit engl. Zusammenfassung).

[3]) Diesen Satz habe ich 1937 vermutet, aber erst 1940 beweisen können. 1942 habe ich darüber in Berlin und 1944 in Göttingen vorgetragen.

Hamburg, Mathematisches Seminar der Universität.

(Eingegangen am 16. Oktober 1952.)

41.

Zur Theorie der Schrägverbände

Akad. Wiss. Lit. Mainz, Abh. math.-naturw. Kl. *1953*, Nr. 5, 225–232
(mit Pascual Jordan)

Der eine von uns (JORDAN) hat in zwei früheren Noten[1] den Begriff der nichtkommutativen Verbände („Schrägverbände"; „skew-lattices") als neuen Gegenstand mathematischer Untersuchung eingeführt. Während in der ersten Note noch nicht gezeigt werden konnte, daß Verknüpfungsbereiche der fraglichen, durch bestimmte Axiome definierten Gattung wirklich in größerer, interessante Fälle enthaltender Mannigfaltigkeit existieren, wurden in der zweiten Note zwei Konstruktionen angegeben, die bereits eine beträchtliche Mannigfaltigkeit von Beispielen liefern. Ausgangspunkt der hier mitzuteilenden weiteren Überlegungen ist eine vom anderen Verfasser (WITT) gefundene erweiterte Konstruktion, welche die beiden früheren als spezielle Fälle in sich enthält.

§ 1. Die allgemeine Definition des Schrägverbandes lautet so, daß es sich um einen Verknüpfungsbereich mit zwei assoziativen Verknüpfungen handelt, für welche wir jetzt die Zeichen $_\wedge$, $_\vee$ gebrauchen wollen. Diese sollen dem Axiom

$$(a_\wedge b)_\vee a = a_\wedge (b_\vee a) = a \tag{I}$$

gehorchen, aus dem sich die Folgerung $a_\wedge a = a_\vee a = a$ ergibt.

Engere Gattungen von Schrägverbänden sind durch zusätzliche andere Axiome gekennzeichnet. Als sinngemäße nichtkommutative Verallgemeinerung der DEDEKINDschen Verbände ist die Gattung derjenigen Schrägverbände anzusehen, welche folgende Axiome mit erfüllt:

$$[(c_\wedge b)_\vee a]_\wedge (b_\vee c) = (c_\wedge b)_\vee [a_\wedge (b_\vee c)]; \tag{II}$$

$$(b_\wedge a)_\vee a = a_\wedge (a_\vee b) = a. \tag{III}$$

Diese beiden Axiome sind unabhängig voneinander: Unsere Konstruktionen liefern Beispiele nicht nur für Erfüllung beider Axiome (II), (III), sondern auch für Erfüllung nur des einen oder nur des anderen. Alle

[1] Arch. Math. 2, 56 (1949). Abh. Akad. Wiss. Lit. (Mainz) 1953, S. 61.

(3)

betrachteten Beispiele erfüllen jedoch die schwächeren Beziehungen

$$\begin{cases} a_\wedge b_\wedge a = a_\wedge b; \\ a_\vee b_\vee a = b_\vee a; \end{cases} \tag{III'}$$

die sich bei Erfüllung von (III) als Folgerung ergeben.

Die erwähnten Axiome, also auch ihre Folgerungen, zeigen eine Dual-Reziprozität: Sie gehen in sich über, wenn man die Zeichen $_\wedge$, $_\vee$ miteinander vertauscht und gleichzeitig die jeweils durch ein solches Zeichen verbundenen Elemente vertauscht.

Alle Axiome werden insbesondere durch folgendes Beispiel erfüllt:

$$a_\wedge b = b_\vee a = a. \tag{1}$$

Einen solchen Schrägverband nennen wir ein Nest.

§ 2. Wir beschreiben die neue Konstruktion. Gegeben sei ein Verband $\mathfrak{A}$, und in ihm seien jedem Element a zwei Elemente $f(a) = fa$ und $F(a) = Fa$ zugeordnet. Dabei sollen die Funktionen f, F folgende Eigenschaften haben:

$$ffa = fa \subseteqq a \subseteqq Fa = FFa; \tag{α}$$

$$\begin{aligned} f(a \cup b) &= fa \cup fb, \\ F(a \cap b) &= Fa \cap Fb. \end{aligned} \tag{β}$$

Diese Annahmen haben übrigens „Isotonie" der Funktionen f, F zur Folge:

$$\left.\begin{matrix} fa \subseteqq fb \\ Fa \subseteqq Fb \end{matrix}\right\} \text{ sobald } a \subseteqq b. \tag{2}$$

Denn für $a \subseteqq b$ wird

$$fb = f(b \cup a) = fb \cup fa,$$

und entsprechend für F.

Besonders wichtig ist der Fall, daß ferner auch noch

$$fFa \subseteqq a \subseteqq Ffa \tag{γ}$$

ist; jedoch gründen sich die jetzt zu besprechenden Behauptungen großenteils auf (α), (β) allein.

Wir definieren jetzt für die Elemente von $\mathfrak{A}$ neue Verknüpfungen $_\wedge$, $_\vee$ durch:

$$\begin{cases} a_\vee b = fa \cup b; \\ b_\wedge a = b \cap Fa. \end{cases} \tag{3}$$

(4)

Dann ist festzustellen:

A. In bezug auf die Verknüpfungen (2) bilden die Elemente von $\mathfrak{A}$ einen Schrägverband $\mathfrak{W}$, welcher auch das Axiom (III′) erfüllt.

B. Erfüllung des Axioms (III) ergibt sich genau dann, wenn (γ) erfüllt ist.

C. Ist $\mathfrak{A}$ ein DEDEKINDscher Verband, so erfüllt $\mathfrak{W}$ auch (II).

Zum Beweis sind nur einfache Bestätigungen nötig, welche man abkürzen kann durch die Bemerkung, daß die Konstruktion ebenfalls dem obigen Dualitätsprinzip genügt, in dem Sinne, daß auch die Funktionen f und F sowie die Zeichen $\frown$, $\smile$ zu vertauschen sind. Danach genügt es, die Assoziativität zu bestätigen in der Form $(a_\vee b)_\vee c = a_\vee (b_\vee c) = fa \smile fb \smile c$; auch braucht von (I) und (III′) nur je eine Gleichung bestätigt zu werden:

$$a_\wedge (b_\vee a) = a \frown F(b_\vee a) \begin{cases} \subseteqq a \\ \supseteqq a \frown (b_\vee a) = a \frown (fb \smile a) = a; \end{cases}$$

$$a_\wedge b_\wedge a = a \frown F(b_\wedge a) = a \frown F(b \frown Fa) = a \frown Fb \frown Fa = a \frown Fb = a_\wedge b.$$

Entsprechend ergibt sich die Bestätigung von B. aus

$$(b_\wedge a)_\vee a = f(b_\wedge a) \smile a = f(b \frown Fa) \smile a;$$

setzt man insbesondere $b = Fa$, so ist $fFa \subseteqq a$ notwendig, damit das betrachtete Element gleich a wird. Andererseits ist $fFa \subseteqq a$ wegen (2) hinreichend für (III).

Endlich ist C. zu bestätigen: Wir haben

$$[(c_\wedge b)_\vee a]_\wedge (b_\vee c) = [f(c_\wedge b) \smile a] \frown F(b_\vee c);$$

$$(c_\wedge b)_\vee [a_\wedge (b_\vee c)] = f(c_\wedge b) \smile [a \frown F(b_\vee c)].$$

Die Gleichheit dieser beiden Elemente im Falle eines DEDEKINDschen Verbandes $\mathfrak{A}$ ist gezeigt, sobald die Ungleichung

$$f(c_\wedge b) = f(c \frown Fb) \subseteqq F(b_\vee c) = F(fb \smile c)$$

bewiesen ist; diese folgt aber sofort:

$$f(c \frown Fb) \subseteqq c \frown Fb \subseteqq c \subseteqq fb \smile c \subseteqq F(fb \smile c).$$

Damit sind die drei Aussagen A), B), C), bewiesen.

Beispielsweise sei $\mathfrak{A}$ ein Verband mit einem untersten Element 0 und einem höchsten 1, also $0 \subseteqq a \subseteqq 1$ für alle a aus $\mathfrak{A}$. Wir erfüllen (α), (β), (γ) durch

$$fa = 0; \quad Fa = 1. \tag{4}$$

Nach (3) haben wir dann

$$\begin{cases} a_\vee b = b; \\ b_\wedge a = b; \end{cases} \tag{5}$$

es ergibt sich also ein Nest.

§ 3. Es sei $\mathfrak{X}$ eine Menge von Elementen $x_1, x_2, \ldots$, wobei für gewisse Paare in beliebiger Weise eine der beiden Beziehungen $x_1 < x_2$ oder $x_2 < x_1$ festgesetzt ist. Es sei ferner jedem x ein Element $a(x)$ eines gewissen Verbandes $\mathfrak{V}$ zugeordnet, und zwar isoton, also

$$a(x) \subseteqq a(y) \text{ für } x < y. \tag{6}$$

Diese Funktionen $a(x)$ bilden einen Verband $\mathfrak{A}$, wenn wir definieren:

$$\begin{aligned} (a \cup b)(x) &= a(x) \cup b(x); \\ (a \cap b)(x) &= a(x) \cap b(x). \end{aligned} \tag{7}$$

Ferner seien $\varphi(x)$, $\Phi(x)$ zwei isotone Abbildungen von $\mathfrak{X}$ auf sich, mit der Eigenschaft

$$\varphi(\varphi(x)) = \varphi(x) \leqq x \leqq \Phi(x) = \Phi(\Phi(x)). \tag{8}$$

Mit ihrer Hilfe definieren wir im Verband $\mathfrak{A}$ Funktionen f und F:

$$(fa)(x) = a(\varphi(x)); \qquad (Fa)(x) = a(\Phi(x)). \tag{9}$$

Diese Definition erfüllt unmittelbar (β), und auf Grund von (9) auch (α). Ferner wird (γ) erfüllt, sofern auch

$$\Phi(\varphi(x)) \leqq x \leqq \varphi(\Phi(x)) \tag{10}$$

ist, was wir hier jedoch nicht immer voraussetzen wollen.

Hiermit ist ein Verfahren beschrieben, Funktionen f, F der in § 2 vorausgesetzten Art zu bilden, wodurch nach § 2 entsprechende Schrägverbände definiert sind.

Beispielsweise kann die Zahlenmenge $\mathfrak{X} = \{1, 2\}$ mit $1 < 2$ genommen werden, und

$$\varphi(x) = 1; \qquad \Phi(x) = 2. \tag{11}$$

Dabei ist allerdings (10) nicht erfüllt. Wir haben dann Elemente

$$a = (a_1, a_2) \tag{12}$$

mit

$$a_1 \subseteqq a_2; \tag{13}$$

die a_k sind Elemente des Verbandes $\mathfrak{V}$.

Nach (9) wird

$$\begin{cases} f(a_1, a_2) = (a_1, a_1); \\ F(a_1, a_2) = (a_2, a_2); \end{cases} \tag{14}$$

so daß (3) jetzt bedeutet:

$$\begin{cases} (a_1, a_2)_\vee (b_1, b_2) = (a_1 \cup b_1, a_1 \cup b_2); \\ (a_1, a_2)_\wedge (b_1, b_2) = (a_1 \cap b_2, a_2 \cap b_2). \end{cases} \tag{15}$$

Das ist die früher a. a. O. gegebene „Konstruktion I"; auch ihre damals erwähnte Verallgemeinerung auf n statt 2 Elemente a_k ist in der jetzt hier erläuterten allgemeineren Konstruktion mit enthalten.

Andererseits sei jetzt $\mathfrak{X} = \{1, 2, 3\}$, und

$$\begin{cases} \varphi(x) = \begin{cases} 1 \text{ für } x < 3 \\ 3 \text{ für } x = 3; \end{cases} \\ \Phi(x) = \begin{cases} 1 \text{ für } x = 1, \\ 3 \text{ für } x > 1. \end{cases} \end{cases} \tag{16}$$

Diese Funktionen erfüllen auch (10). Es wird diesmal

$$\begin{cases} f(a_1, a_2, a_3) = (a_1, a_1, a_3), \\ F(a_1, a_2, a_3) = (a_1, a_3, a_3); \end{cases} \tag{17}$$

und nach (3) somit:

$$\begin{cases} (a_1, a_2, a_3)_\vee (b_1, b_2, b_3) = (a_1 \cup b_1, a_1 \cup b_2, a_3 \cup b_3), \\ (a_1, a_2, a_3)_\wedge (b_1, b_2, b_3) = (a_1 \cap b_1, a_2 \cap b_3, a_3 \cap b_3). \end{cases} \tag{18}$$

Das ist die a. a. O. angegebene „Konstruktion II".

Beipsiele allgemeinerer Erfüllung der Forderung (8) sind:

$$\begin{cases} \mathfrak{X} = \{1, 2, \ldots, n\}; \\ \varphi(x) = \begin{cases} 1 \text{ für } x < i \\ i \text{ für } x \geqq i; \end{cases} \\ \Phi(x) = \begin{cases} j \text{ für } x \leqq j, \\ n \text{ für } x > j. \end{cases} \end{cases} \tag{19}$$

Dabei sind i, j zwei beliebige feste Zahlen mit $1 \leqq i$, $j \leqq n$. Die „Konstruktion I" in allgemeinster Gestalt entspricht dem Fall $i = 1$, $j = n$. Die „Konstruktion II" dem Fall $i = n = 3$, $j = 1$.

Erfüllung von (10), und damit auch von (III), ergibt sich aus (19) offenbar nur in den Fällen $j = 1$, $i = n$. Also haben wir mit $n = 4, 5, \ldots$

(7)

jetzt auch neue Beispiele der Erfüllung von (III) gefunden. Für $n = 2$ kommen wir jedoch zu dem trivialen Fall $fa = Fa = a$.

§ 4. Die obigen Überlegungen haben gezeigt, daß es eine große Mannigfaltigkeit solcher Schrägverbände gibt, welche neben (I) auch (II) und (III) erfüllen. Ein solcher sei kurz als ein D-Schrägverband oder eine Verflechtung bezeichnet. Wir wollen jetzt einige sie betreffende Gesetzmäßigkeiten allein aus den Axiomen ableiten.

In einem kommutativen Verband kann zwischen zwei Elementen a, b die Beziehung des Enthaltenseins von a in b bestehen. Wie schon a. a. O. hervorgehoben, haben wir in allgemeinen Schrägverbänden vier verschiedene Formen des Enthaltenseins von a in b zu unterscheiden, definiert durch je eine der folgenden Gleichungen:

$$b_\vee a = b; \tag{20}$$

$$a_\wedge b = a; \tag{21}$$

$$b_\wedge a = a; \tag{22}$$

$$a_\vee b = b. \tag{23}$$

Wir bezeichnen (20), (22) als starkes und (21), (23) als schwaches, ferner (22), (23) als vorderes und (20), (21) als hinteres Enthaltensein von a in b. Also in übersichtlicher Zusammenstellung:

	vorderes	hinteres
starkes	$b_\wedge a = a$	$b_\vee a = b$
schwaches	$a_\vee b = b$	$a_\wedge b = a$

Wegen der Assoziativität der Verknüpfungen $_\wedge$, $_\vee$ sind alle vier Formen des Enthaltenseins transitiv; wegen der Idempotenz $a_\wedge a = a_\vee a = a$ sind sie auch reflexiv. Wegen des Axioms (I) folgt aus starkem vorderen (hinteren) Enthaltensein auch schwaches vorderes (hinteres) Enthaltensein.

Bekanntlich hat Öre die Theorie der Verbände ganz auf den Begriff des Enthaltenseins gegründet. Es wäre eine reizvolle Frage, ob auch die Theorie der Schrägverbände aus den hier vorliegenden verwickelteren Beziehungen des Enthaltenseins heraus entwickelt werden könnte. Doch soll diese Frage jetzt nicht verfolgt werden.

Durch (III′) wird bedingt, daß jede der beiden Formen schwachen Enthaltenseins von a in b als Folge eintritt, sobald irgendein starkes Enthaltensein von a in b vorliegt. Aus (III) folgt schärfer, daß vorderes und hinteres schwaches Enthaltensein gleichbedeutend sind: Wir haben es also in Verflechtungen (oder D-Schrägverbänden) mit zwei verschiedenen Formen starken Enthaltenseins und einer Form schwachen Enthaltenseins zu tun.

In jedem Schrägverband gehört zu jeder Form des Enthaltenseins eine entsprechende Klasseneinteilung der Elemente, derart, daß a, b, als äquivalent gelten, wenn a in b, und b in a enthalten ist. Man sieht leicht: Bei Gültigkeit von (III) bedeutet jede der beiden Formen starker Äquivalenz (dem starken Enthaltensein entsprechend) die Gleichheit.

Man kann die besprochenen Ordnungsbeziehungen auch in einer anderen Weise definieren, welche, wenn zunächst von (I) noch abgesehen und lediglich die Assoziativität der Verknüpfungen beachtet wird, zu vier weiteren Ordnungsbeziehungen führt, so daß insgesamt acht reflexive und transitive Beziehungen zu betrachten sind.

Wir fordern nämlich statt $b_\wedge a = a$ lediglich die Lösbarkeit der Gleichung $b_\wedge x = a$; entsprechend kann auch den drei anderen in (20) bis (23) gegebenen Definitionen des Enthaltenseins eine andere Definition durch Lösbarkeit einer Gleichung gegenübergestellt werden. Jedoch bewirkt das aus (I) folgende Idempotenzgesetz, daß die durch Lösbarkeit definierten Ordnungsbeziehungen nicht nur durch die oben definierten jeweils bedingt werden, sondern auch mit diesen identisch sind: Aus $b_\wedge x = a$ folgt ja $b_\wedge a = b_\wedge b_\wedge x = a$.

Wir erwähnen noch folgenden aus der Transitivität der Ordnungsbeziehungen folgenden Satz:

Bilden die Elemente a, b und a, c je ein Nest, so bilden auch a, b, c ein Nest.

Denn nach der Definition (1) bedeutet ja die Nest-Eigenschaft des Elementepaares a, b das vordere und hintere schwache Enthaltensein von b in a, und von a in b.

Wir beziehen nun auch das Axiom (II) heran. Indem wir es anwenden auf $c = b$, erhalten wir

$$(c_\vee a)_\wedge c = c_\vee (a_\wedge c). \tag{24}$$

Indem wir in (II) statt b einsetzen $c_\wedge b$, bekommen wir nach (I):

$$[(c_\wedge b)_\vee a]_\wedge c = (c_\wedge b)_\vee (a_\wedge c). \tag{25}$$

Also gilt auch die duale Beziehung

$$c_\vee [a_\wedge (b_\vee c)] = (c_\vee a)_\wedge (b_\vee c). \tag{26}$$

(9)

Diese Feststellungen sind von (III) und auch von (III') unabhängig. Mit Heranziehung von (III) bekommen wir ferner aus (25), (26) die Beziehungen

$$\begin{aligned}(a_\vee b)_\wedge (b_\vee a) &= a_\vee b;\\ (a_\wedge b)_\vee (b_\wedge a) &= b_\wedge a,\end{aligned} \tag{27}$$

aus denen wir in Verbindung mit (III') ablesen:

Für gegebene Elemente a, b bilden $a_\wedge b$ und $b_\wedge a$ ein Nest. Ebenso $a_\vee b$ und $b_\vee a$[1].

§ 5. Anhangsweise sei noch bemerkt, daß man nach folgendem Schema Beispiele solcher Schrägverbände erhält, welche zwar nicht notwendigerweise (III), wohl aber (I), (II) und auch die aus (II) durch Vertauschung der Zeichen $_\wedge$, $_\vee$ hervorgehende andere Relation erfüllen. Man nehme nämlich ein beliebiges System von Elementen zwischen denen eine assoziative Verknüpfung $a_\vee b$ defniert ist, welche das Idempotenzgesetz $a_\vee a = a$ erfüllt. (Die Struktur solcher Systeme ist inzwischen von Herrn BÖGE aufgeklärt worden.) Wenn man dann die Definition $a_\wedge b = a$ hinzufügt, so hat man das Verlangte.

Ist zusätzlich die Beziehung $a_\vee b_\vee a = b_\vee a$ erfüllt, so gilt in dem konstruierten Schrägverband auch (III').

Im allgemeinen, nämlich außer dann, wenn es sich um ein Nest handelt, verletzt das soeben erläuterte Beispiel eines Schrägverbandes übrigens nicht nur das Axiom (III), sondern auch die schwächere Forderung

$$(b_\wedge a)_\vee a = a_\wedge (a_\vee b). \tag{III''}$$

Es ergibt sich daher folgende weitere Frage, deren Beantwortung wir noch offenlassen müssen: Gibt es Schrägverbände, welche (III) nicht erfüllen, wohl aber (III'')? Eine Herleitung von (III) aus (I) und (III'') ist uns bislang nicht ersichtlich. Jedoch ist festzustellen, daß innerhalb der Konstruktion von § 2 tatsächlich (III) eine Folge von (III'') ist, weil (γ) aus (III'') folgt.

[1] Anmerkung nach Abschluß des Manuskriptes; Herr BÖGE, der unsere Untersuchung fortsetzt, konnte zeigen, daß dieser Satz auch unabhängig von (II) gilt und ein Spezialfall eines allgemeineren Satzes ist.

42.

Beziehungen zwischen Klassengruppen von Zahlkörpern

Unveröffentlicht 1961

$\mathfrak{o}G$ sei der Gruppenring einer endlichen Gruppe G über einem Dedekindschen Ring $\mathfrak{o}$ mit einem Zahlkörper k als Quotientenkörper. Dabei werde vorausgesetzt, daß die Gruppenordnung g Einheit in $\mathfrak{o}$ ist. Es soll ein Spektralsatz für geeignete $\mathfrak{o}G$–Moduln H bewiesen werden, der für jedes Idempotent ε in $\mathfrak{o}G$ eine direkte $\mathfrak{o}$–Modulzerlegung von εH liefert[1] (z.B. $\varepsilon =$ Mittelwert $\bar{U}$ für Untergruppen $U \subset G$ oder $\varepsilon = \bar{U} - \bar{V}$ für $U \subset V$).[2] Speziell erhält man: $\mathbb{N}$–lineare Relationen zwischen den ε veranlassen analoge direkte Summenrelationen zwischen den εH. Wenn G abelsch ist, kann dieser Satz ganz elementar für jeden $\mathfrak{o}G$-Modul H nachgewiesen werden.

Insbesondere bekommt man für $k = \mathbb{Q}$ direkte Summenrelationen zwischen additiv geschriebenen Idealklassengruppen von Zwischenkörpern einer Galoisschen Zahlkörperweiterung F_1/F_G mit der Gruppe G. Für den zu g primen "groben" Bestandteil H_U der Idealklassengruppe des Fixkörpers F_U zur Untergruppe U gilt nämlich $H_U = \bar{U}H_1$. Jede Relation $\sum a_U\bar{U} = \sum b_U\bar{U}$ mit natürlichen Koeffizienten ist Anlass einer Relation $\bigoplus a_U{\cdot}H_U \simeq \bigoplus b_U{\cdot}H_U$ (in der Schreibweise $2 \cdot H = H \oplus H$ usw.).

Zwischen den $\bar{U}$ treten im wesentlichen dieselben Relationen auf, wie für "induzierte" Charaktere Ψ_U der Permutationsdarstellungen G/U, die nach Artin entsprechende multiplikative Relationen für die ζ–Funktionen der Körper F_U liefern. Artin bemerkte, daß im Ikosaederkörper immer $\zeta_{20} \mid \zeta_{30}$ gilt (die Indizes sind Körpergrade). Entsprechend gilt hier, daß H_{20} direkter Summand ist von H_{30}. Ebenso kann die Feststellung von Gaßmann, daß ein Körper zur symmetrischen Gruppe G von 6 Ziffern über dem Körper der rationalen Zahlen $\mathbb{Q}$ nichtkonjugierte Körper vom Grade 180 mit gleicher ζ–Funktion besitzt, ergänzt werden durch die Bemerkung, daß auch ihre groben Idealklassengruppen isomorph sind.

Im Fall eines abelschen Körpers F_1/F_G kann man, ähnlich wie bei den ζ–Funktionen, $L_V \subset H_V$ in der Weise bestimmen, daß H_U direkte Summe aller L_V der zyklischen Teilkörper F_V/F_G ist (d.h. G/V zyklisch, $V \supset U$). Wenn G eine abelsche p-Gruppe ist, erhält man insbesondere

$$H_1 \simeq \bigoplus_{V,W} H_V/H_W \oplus H_G \quad (G/V \,\text{zyklisch}, \, W \supset V, \; (W:V) = p)\,.$$

Diese Zerlegung wurde bisher nur für eine elementar-abelsche p-Gruppe G bemerkt, aber auch nur für $H_G = 1$ von Nehrkorn, bzw. mod H_G von Kuroda.

---

[1] Anm. d. Hrg.: Im Original-Manuskript wird ein allgemeinerer Satz angekündigt, vgl. Editor's Remark auf S. 368.

[2] Anm. d. Hrg.: Es ist $\bar{U} = u^{-1} \sum_{x \in U} x$, wobei u die Ordnung von U bezeichnet.

Ursprung dieser Untersuchungen ist der Dirichletsche Satz über die Klassenzahlen $h(\sqrt{m}, \sqrt{-m})$ des biquadratischen Körpers $\mathbb{Q}(\sqrt{m}, \sqrt{-m})$:

$$h(\sqrt{m}, \sqrt{-m}) = c \cdot h(\sqrt{m}) \cdot h(\sqrt{-m}) \cdot h(\sqrt{-1})$$

mit $c = 1$ oder $\frac{1}{2}$ und $h(\sqrt{-1}) = 1$. (Nach Hilbert ist genau dann $c = 1$, wenn 2 im reellen Körper $\mathbb{Q}(\sqrt{m})$ Quadrat eines Hauptideals ist.) Von Herglotz wurde der Satz auf $\mathbb{Q}(\sqrt{m_1}, \ldots, \sqrt{m_r})$ verallgemeinert.

Die Sätze über die Zerlegung von H_U sind im übrigen nicht auf absolute Idealklassengruppen beschränkt, man kann sie auf alle endlich erzeugbaren groben G-Moduln und auf alle groben G-Torsionsmoduln anwenden, und falls G abelsch ist, überhaupt auf alle groben G-Moduln H.

Ein Satz über Zentrums-Idempotente

Satz. *In einem Ring Ω der Charakteristik* 0 *mit Einselement sei $\sum \varepsilon_\mu = \sum \varepsilon_\nu$ für Zentrums-Idempotente ε. Für jeden Ω-Modul H gilt dann die Ω-Isomorphie $\bigoplus \varepsilon_\mu H \simeq \bigoplus \varepsilon_\nu H$.*

1. Beweis. $\varepsilon' = 1 - \varepsilon$ gesetzt, erhält man durch Ausmultiplizieren über die vorkommenden ε ein System orthogonaler Idempotente e_i mit $1 = \prod(\varepsilon+\varepsilon') = \sum e_i$. Aus der orthogonalen Zerlegung $\varepsilon_\mu = \sum_i e_i\, \varepsilon_\mu$ folgt $\bigoplus_\mu \varepsilon_\mu H = \bigoplus_{i,\mu} e_i\, \varepsilon_\mu\, H$. Daher genügt der Nachweis von $\bigoplus_\mu e_i\, \varepsilon_\mu\, H \simeq \bigoplus_\nu\, e_i\, \varepsilon_\nu\, H$. Dies ist aber trivial, weil in $\sum_\mu e_i\, \varepsilon_\mu = \sum_\nu e_i\, \varepsilon_\nu$ alle von 0 verschiedenen Summanden gleich e_i sind, links und rechts gleich oft.

2. Beweis. Mit denselben e_i wie oben ist $\Omega = \bigoplus e_i \Omega$, $\quad H = \bigoplus e_i H$, und es genügt die Behauptung *nach* Multiplikation mit e_i zu beweisen, die aber dann, wie gesagt, trivial wird.

Relationen zwischen Idempotenten in einem Gruppenring $\mathfrak{o}G$

(1) $$\bar{V} = \bar{W} + (\bar{V} - \bar{W}) \quad \text{(orthogonal)}, \quad \text{falls} \quad V \subset W$$

(2) $$\bar{U} = \sum_{V \supset U} \varepsilon_V \quad \text{mit} \quad \varepsilon_V = \bar{V} \prod_{(W:V)=\text{Primzahl}} (\bar{V} - \bar{W}), \quad \text{falls } G \text{ abelsch}$$

Beweis durch Anwendung absolut irreduzibler Darstellungen $\sigma \to \chi(\sigma)$ mit Kern K. Da $\bar{U}, \varepsilon_V$ Idempotente sind, ist ihr Bild gleich 1 oder 0, und weil $\chi(\bar{U}) = 1 \iff U \subset K$, genügt es zu zeigen: $\chi(\varepsilon_V) = 1 \iff V = K$. Dies ist für $\Longleftarrow$ trivial. Für $\Longrightarrow$ folgt zuerst $V \subset K$. Wäre $V \neq K$, so gäbe es $W \subset K$ mit $(W : V) =$ Primzahl, und $\chi(\varepsilon_V)$ wäre 0.

Bemerkungen: $\varepsilon_G = \bar{G}$; für $\bar{V} \neq \bar{G}$ kann der Faktor $\bar{V}$ gestrichen werden, weil $\bar{V}\bar{W} = \bar{W}$. Es gilt: $\varepsilon_V \neq 0 \iff$ passendes $\chi(\varepsilon_V) = 1 \iff G/V$ zyklisch.

Im Falle einer *abelschen p-Gruppe G* ist speziell

(3) $$\bar{U} = \bar{G} + \sum_{V,W} (\bar{V} - \bar{W}) \quad \text{mit} \quad \underbrace{G - W \overset{p}{-} V}_{\text{zyklisch}} - U.$$

Anwendung auf die groben Idealklassengruppen H_U der Teilkörper F_U einer abelschen Zahlkörpererweiterung F_1/F_G

$H_U = \bar{U}H \qquad (H = H_1 \text{ gesetzt})$ gilt auch für nicht-abelsche Galois–Erweiterungen

(1H) $H_V \simeq H_W \oplus (\bar{V} - \bar{W})H \simeq H_W \oplus H_V/H_W$ "

(2H) $H_U \simeq \bigoplus_{V \supset U} L_V \qquad (L_V = \varepsilon_V H)$ gilt *nicht* immer für Galois–Erweiterungen.

Für eine *abelsche p-Gruppe* gilt

(3H) $$H_U \simeq H_G \oplus \bigoplus_{V,W} H_V/H_W \quad \text{mit} \quad \underbrace{G - W \overset{p}{-} V}_{\text{zyklisch}} - U.$$

(3H) war bisher nur für *elementar-abelsche p-Gruppen* bekannt (hier ist $W = G$):

Typ(2,2)	Dirichlet 1842, Hilbert 1894	für $F_1 = \mathbb{Q}(\sqrt{m}, \sqrt{-m})$
Typ(2,...,2)	Herglotz 1922	für $F_G = \mathbb{Q}$
Typ($p, ..., p$)	Nehrkorn 1933	für $H_G = 1$
	und Kuroda 1950	mod H_G.

Beweis einer Spektralformel

Sei $\mathfrak{o}$ ein Dedekindring mit Quotientenkörper k, sei G eine endliche Gruppe, deren Ordnung g in $\mathfrak{o}$ invertierbar ist, und seien $A_1, \ldots, A_m$ die einfachen Komponenten von kG. Es bezeichne s_i die reduzierte Spur von A_i über dem Zentrum $\mathrm{Z}(A_i)$, und es sei H ein $\mathfrak{o}G$–Modul mit $\mathfrak{o}$-Torsion. Mit der Schreibweise $2L = L \oplus L$ usw. beweisen wir die folgende

Spektralformel: *Für jedes Idempotent $\varepsilon \in \mathfrak{o}G$ gibt es eine $\mathfrak{o}$–Modulzerlegung $\varepsilon H \simeq \bigoplus_{i=1}^{m} s_i(\varepsilon) L_i$ mit $\mathfrak{o}$–Moduln L_i, die nur von H und nicht von ε abhängen.*

Beweis. Die Diskriminante von $\mathfrak{o}G$ ist gleich $\pm g^g$, also eine Einheit. Ist e_i das Einselement von A_i und $\mathcal{O}_i = e_i \mathfrak{o}G$, so folgt $\mathfrak{o}G \simeq \bigoplus_{i=1}^m \mathcal{O}_i$, und es genügt, statt $\mathfrak{o}G$ einen Wedderburnschen Summanden $\mathcal{O}_i = \mathcal{O}$ zu betrachten. Sei also $s_i = s$ die reduzierte Spur von $A_i = A$ über dem Zentrum K. Es ist K/k eine unverzweigte Galoissche Erweiterung $\subseteq k(\mathcal{O})$. Ohne Einschränkung können wir H durch seinen $\mathfrak{p}$-primären Bestandteil ersetzen für ein Primideal $\mathfrak{p}$ in $\mathfrak{o}$. Ist R der ganze Abschluß von $\mathfrak{o}$ in K und $\mathfrak{P}$ ein Primideal in R, so ist die $\mathfrak{P}$–adische Komplettierung $R_{\mathfrak{P}}$ der Ganzheitsring in $K_{\mathfrak{P}}$, und es gilt $H = \bigoplus_{\mathfrak{P}|\mathfrak{p}} H^{\mathfrak{P}}$ mit $H^{\mathfrak{P}} = R_{\mathfrak{P}} H$.

Für die $\mathfrak{P}$-adische Erweiterung $\mathcal{O}_{\mathfrak{P}}$ von $\mathcal{O}$ gilt nach Hasse $\mathcal{O}_{\mathfrak{P}} \simeq \mathrm{M}_n(R_{\mathfrak{P}})$, da K/k unverzweigt ist. Schreiben wir $\mathrm{M}_n(R_{\mathfrak{P}}) = \mathrm{End}_{R_{\mathfrak{P}}} F$ mit einem freien $R_{\mathfrak{P}}$-Modul F, so sind εF und $(1-\varepsilon)F$ freie Untermoduln von F, da $R_{\mathfrak{P}}$ nach Hensel ein Hauptidealring ist. Wählen wir nun eine Basis von $F = \varepsilon F \oplus (1-\varepsilon)F$ durch Kombination einer Basis von εF und einer Basis von $(1-\varepsilon)F$, so wird ε bezüglich dieser Basis durch eine Diagonalmatrix $\mathrm{diag}(1,\ldots,1,0,\ldots,0)$ beschrieben. Es folgt $\varepsilon \sim \sum_{\nu=1}^{s(\varepsilon)} \varepsilon_\nu$ mit $\varepsilon_\nu = \mathrm{diag}(0,\ldots,1,\ldots,0)$, wobei 1 an der ν-ten Stelle steht (und $\varepsilon \sim d$ bedeutet, daß es eine in $\mathrm{M}_n(R_{\mathfrak{P}})$ invertierbare Matrix u gibt mit $u\varepsilon u^{-1} = d$). Da $\varepsilon_\nu \sim \varepsilon_1$ für alle ν gilt, folgt $\varepsilon H^{\mathfrak{P}} \simeq s(\varepsilon)\,\varepsilon_1 H^{\mathfrak{P}}$. Hiermit erhalten wir $\varepsilon H \simeq s(\varepsilon)L$ mit $L = \bigoplus_{\mathfrak{P}|\mathfrak{p}} \varepsilon_1 H^{\mathfrak{P}}$, und die Spektralformel ist bewiesen.

Folgesatz: *Sei* $\mathfrak{m}$ *der von allen Elementen* $\xi\eta - \eta\xi$ *mit* $\xi, \eta \in G$ *erzeugte* $\mathfrak{o}$*-Untermodul von* $\mathfrak{o}G$*, und seien* $\varepsilon_\mu, \varepsilon_\nu$ *Idempotente in* $\mathfrak{o}G$*. Dann gilt:*
$\sum \varepsilon_\mu \equiv \sum \varepsilon_\nu \bmod \mathfrak{m} \implies \bigoplus \varepsilon_\mu H \simeq \bigoplus \varepsilon_\nu H.$

Denn $\bigoplus \varepsilon_\mu H \simeq \bigoplus_{\mu,i} s_i(\varepsilon_\mu)L_i = \bigoplus_i s_i(\sum_\mu \varepsilon_\mu)L_i$, dies ist invariant bei $\mu \to \nu$.

Der Folgesatz gilt nicht in jedem Ring Ω: Es sei $H = \Omega$ durch $1 = 0 + xy - yx$ definiert, aber es ist $1H \not\simeq 0H$.

Literatur

Artin E.: Über die Zetafunktion gewisser algebraischer Zahlkörper. Math. Ann. 89 (1923) 147–156.

Artin E.: Über eine neue Art von L–Reihen. Hamb. Abh. 3 (1923) 89–108.

Artin E.: Zur Theorie der L–Reihen mit allgemeinen Gruppencharakteren. Hamb. Abh. 8 (1930) 292–306.

Artin E.: Die gruppentheoretische Struktur der Diskriminanten algebraischer Zahlkörper. Crelle 164 (1931) 1–11.

Brauer R.: Beziehungen zwischen Klassenzahlen von Teilkörpern eines Galoisschen Körpers. Math. Nachr. 4 (1951) 158–174.

Dirchlet G. L.: Recherches sur les formes quadratiques à coefficients et à indeterminées complexes. Crelle 24 (1842) 370.

Fröhlich A.: On the class groups of relatively abelian fields. Quart. J. Math. Oxford Ser. 3 (1952) 98–106.

Gaßmann F.: Bemerkungen zur vorstehenden Arbeit von Hurwitz. Math. Z. 25 (1926) 665–675.

Hasse H.: Über p-adische Schiefkörper und ihre Bedeutung für die Arithmetik hyperkomplexer Systeme. Math. Ann. **104** (1931) 495-534.

Herglotz G.: Über einen Dirichlet'schen Satz. Math. Z. 12 (1922) 255-261.

Kuroda S.: Über die Klassenzahlen algebraischer Zahlkörper. Nagoya Math. Journal **1** (1950) 1-10.

Nehrkorn H.: Über absolute Idealklassengruppen und Einheiten in algebraischen Zahlkörpern. Hbg. Abh. 9 (1933) 318–334.

Wielandt H.: Beziehungen zwischen den Fixpunktzahlen von Automorphismengruppen einer endlichen Gruppe. Math. Z. 73 (1960) 146–158.

Beispiel 1. Sei $G = S_6$ die symmetrische Gruppe in 6 Ziffern. Die beiden Untergruppen $U = \{1, u_1, u_2, u_3\}$ mit $u_1 = (0,1)(2,3)$, $u_2 = (0,2)(1,3)$, $u_3 = (0,3)(1,2)$, und $V = \{1, v_1, v_2, v_3\}$ mit $v_1 = u_1$, $v_2 = (0,1)(4,5)$, $v_3 = (2,3)(4,5)$ sind nicht konjugiert. Nach Gaßmann haben aber die zugehörigen Fixkörper vom Grad 180 über $\mathbb{Q}$ gleiche ζ-Funktionen $\zeta_U = \zeta_V$. Nach dem Folgesatz gilt hier analog für die groben Idealklassengruppen $H_U \simeq H_V$.

Beispiel 2. Sei $G = A_5$ die Ikosaedergruppe. Dann hat G vier $\mathbb{Q}$-irreduzible Charaktere $\chi_1, \chi_4, \chi_5, \chi_6$ vom Grad 1, 4, 5 bzw. 6.

Es sei C_j die Menge der Elemente der Ordnung j in G für $j = 1, 2, 3, 5$. Dann sind C_1, C_2 und C_3 Konjugationsklassen, und C_5 zerfällt in zwei Konjugationsklassen mit je 12 Elementen (vgl. Speiser, Gruppentheorie, §7, 3. Auflage).

Es bezeichne U_i eine Untergruppe der Ordnung i von G.

In der folgenden Tabelle, die man mit Hilfe von §§5, 59 des Buches von Speiser ermitteln kann, wird die Anzahl der Elemente von U_i in C_j angegeben, sowie die Werte der Charaktere χ_i auf den Elementen von C_j:

	U_1	U_2	U_3	U_4	U_5	U_6	U_{10}	U_{12}	U_{60}	χ_1	χ_4	χ_5	χ_6
C_1	1	1	1	1	1	1	1	1	1	1	4	5	6
C_2	0	1	0	3	0	3	5	3	15	1	0	1	−2
C_3	0	0	2	0	0	2	0	8	20	1	1	−1	0
C_5	0	0	0	0	4	0	4	0	24	1	−1	0	1

Hieraus ergeben sich die folgenden Werte für $s_j(\bar{U}_i)$:

	$\bar{U}_1$	$\bar{U}_2$	$\bar{U}_3$	$\bar{U}_4$	$\bar{U}_5$	$\bar{U}_6$	$\bar{U}_{10}$	$\bar{U}_{12}$	$\bar{U}_{60} = \bar{G}$
s_1	1	1	1	1	1	1	1	1	1
s_4	4	2	2	1	0	1	0	1	0
s_5	5	3	1	2	1	1	1	0	0
s_6	3	1	1	0	1	0	0	0	0

Sei H die grobe Idealklassengruppe eines galoisschen Körpers $K/\mathbb{Q}$ mit Gruppe G. Dann gibt es Moduln L_4, L_5, L_6 so, daß gemäß der Spektralformel für alle Untergruppen $U \subset V$ von G gilt

$$(\bar{U} - \bar{V})H \simeq \bigoplus_{i=4}^{6} s_i(\bar{U} - \bar{V})L_i \, .$$

Die Moduln L_i lassen sich leicht berechnen. Setzt man $\varepsilon_4 = \bar{U}_{12} - \bar{G}$, $\varepsilon_5 = \bar{U}_6 - \bar{U}_{12}$ und $\varepsilon_6 = (\bar{U}_5 - \bar{U}_{10})$, so ist $s_j(\varepsilon_i) = \delta_{ji}$. Dies und die Spektralformel implizieren dann $L_i = \bigoplus_j s_j(\varepsilon_i)L_j \simeq \varepsilon_i H$.

Sei H_U die grobe Idealklassengrupe des Fixkörpers zur Untergruppe U von G, und sei $s_i(\bar{U} - \bar{V}) = a_i$ für $i = 4, 5, 6$ und $U \subset V$. Dann ergibt sich aus $(1H)$ und der Formel $(\bar{U} - \bar{V})H \simeq \bigoplus_{i=4}^{6} s_i(\bar{U} - \bar{V})L_i$ in multiplikativer Schreibweise für die Relativklassengruppen:

$$H_U / H_V \simeq (\bar{U} - \bar{V})H \simeq L_4^{a_4} L_5^{a_5} L_6^{a_6}.$$

Setzen wir $A = L_4$, $B = L_5$ und $C = L_6$ und bezeichnen mit K_i den Fixkörper zur Gruppe U_i, so erhalten wir mit Hilfe der Tabelle für $s_j(\bar{U}_i)$ das Diagramm auf S. 367. Darin treten die gleichen L–Faktoren auf wie bei Artin [Hamb. Abh. 3, S. 107f] für die Quotienten von Zetafunktionen ζ_i/ζ. Dabei ist ζ die Zetafunktion des Grundkörpers. Zu beachten ist, daß bei Artin die Indizes i die Körpergrade bezeichnen und also i durch $\frac{60}{i}$ zu ersetzen ist, um die Analogie zu sehen, auch steht bei Artin $L_3^{(1)} L_3^{(2)}$ anstelle von L_6. Der Funktion ζ entspricht hier $\bar{G}H$, und ζ_K entspricht hier H.

Beispiel 3. Mit den Voraussetzungen und Bezeichnungen aus Beispiel 2 sei H_i die grobe Idealklassengruppe von K_i. Nach dem nebenstehenden Diagramm gilt in additiver Schreibweise

$$H_2 / H_{60} \simeq 2A \oplus 3B \oplus C$$

und

$$H_3 / H_{60} \simeq 2A \oplus B \oplus C.$$

Mit $(1H)$ folgt hieraus, daß H_3 ein direkter Summand von H_2 ist, und dies steht in Analogie zu der Beobachtung von Artin [Math. Ann. 89, S. 156], daß ζ_{20} ein Teiler von ζ_{30} ist.

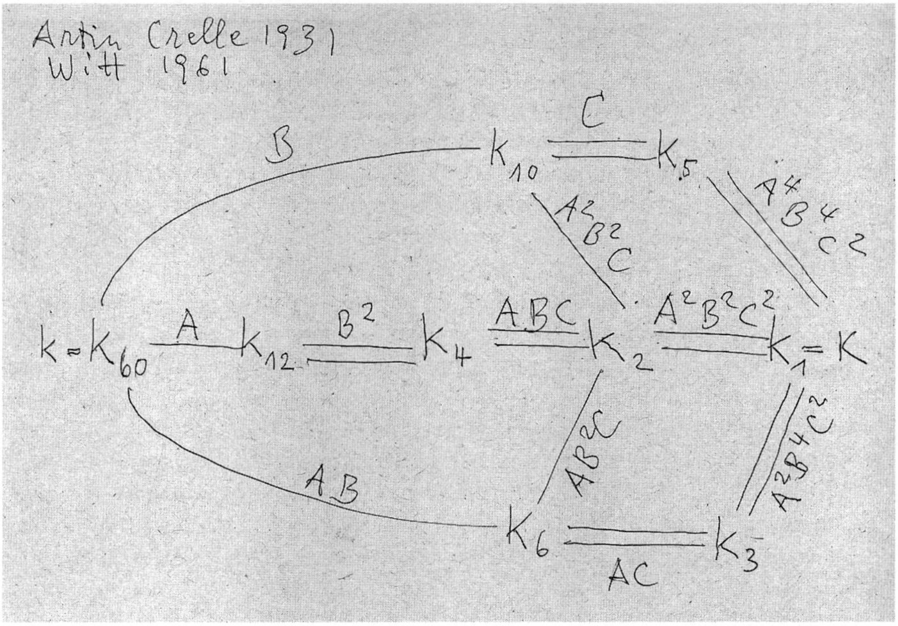
Artin Crelle 1931
Witt 1961
B
C
K_{10}
K_5
$A^4 B^4 C^2$
$A^2 B^2 C$
$k = K_{60}$
A
K_{12}
B^2
K_4
ABC
K_2
$A^2 B^2 C^2$
$K_1 = K$
AB^2C
$A^2 B^4 C^2$
AB
K_6
K_3
AC

Editor's remark.

Witt's manuscript on relations between class groups of number fields was typed in Princeton during his stay in the academic year 1960/61. The spectral formula in this manuscript was more general than the one given here, since it yielded a suitable $\mathfrak{o}$–module decomposition of $\mathfrak{A}H$ for an arbitrary right ideal $\mathfrak{A}$ in $\mathfrak{o}G$. However, the notations were not clear and the proof, using elementary divisor theory, was very sketchy, but provided a complete proof for the special case $\mathfrak{A} = \varepsilon\,\mathfrak{o}G$ considered above. This case appeared as an application in the original manuscript. The second part of the manuscript beginning with "Beweis einer Spektralformel" seemed to be preliminary. Thus – apart from the fact that we have omitted a more general formulation of the spectral formula – we have filled in some explanatory details to make the original sketchy argument more understandable. The three examples, as well as some notations, are taken from handwritten notes of Witt, some of them dated March 14, 1961. Here we have also added some explanatory details. The diagram is the original one. Good references for theorems used in the proof of the spectral formula are Hasse's paper (see reference on p. 364) and Reiner's book "Maximal Orders", Academic Press 1975.

Two number fields having identical ζ–functions are called *arithmetically equivalent.* The first example of a pair of nonisomorphic arithmetically equivalent fields was given by Gaßmann (cf. Beispiel 1, p. 365). R. Perlis constructed more examples of pairs of nonisomorphic arithmetically equivalent fields, and in reference to Beispiel 1, Perlis proved in complete generality that the coarse ideal class groups of two arithmetically equivalent fields are isomorphic (J. Number Theory 9 (1977) 342–360, and 10 (1978) 489–509).

Nehrkorn's result on coarse ideal class groups for abelian extensions was proved for arbitrary Galois extensions by C. D. Walter in 1979 (Acta Arithmetica 35, Th. 2.1, p. 35).

The most important result on relations between the p-parts of class groups for which p does divide the order of the Galois group, was given by Brauer (see reference on p. 364). Using zeta-functions of number fields Brauer shows that the class numbers, regulators and roots of unity satify relations currently known as "Brauer's class number relations." In particular, this implies that arithmetically equivalent fields have the same product of class number and regulator. B. de Smit and R. Perlis showed recently that such fields need not have the same class number ("Zeta functions do not determine class numbers", Bull. Amer. Math. Soc. (N.S.) 31 (1994), no. 2, 213–215).

43.

Über die Divergenz gewisser ζ-Reihen.

Unveröffentlicht 1969

Bei dem Versuch, die klassischen ζ-Funktionen von Dedekind für beliebige kommutative Ringe (oder für noch allgemeinere Strukturen) zu definieren, wird man

$$\text{entweder} \quad \zeta(s) = \prod (1 - \mathrm{N}\mathfrak{p}^{-s})^{-1} \quad \text{oder} \quad \zeta_1(s) = \sum \mathrm{N}\mathfrak{a}^{-s}$$

zu Grunde legen. $\mathfrak{p}$ durchläuft dabei alle Primideale, $\mathfrak{a}$ alle Ideale von $\mathfrak{o}$, und $\mathrm{N}\mathfrak{a}$ ist die Anzahl der Restklassen.

$\zeta(s)$ wurde im wesentlichen von A. Weil eingeführt. Über grundlegende Eigenschaften siehe z.B. Dwork, Serre, Tate [D, S, T].

$\zeta_1(s)$ wurde von E. Kähler [K] betrachtet.

$\mathfrak{o}$ sei im Folgenden ein lokaler Ring mit maximalem Ideal $\mathfrak{p} = \sum_{i=1}^{d} x_i\,\mathfrak{o}$. $(\mathfrak{a} : \mathfrak{b})$ bedeute die Länge einer Kompositionsreihe zwischen $\mathfrak{a}$ und $\mathfrak{b}$. Reguläre $\mathfrak{o}$ sind charakterisiert durch

$$(\mathfrak{o} : \mathfrak{p}^{n+1}) = \binom{n+d}{d}, \quad (\mathfrak{p}^n : \mathfrak{p}^{n+1}) = \binom{n+d-1}{d-1}.$$

Für nicht reguläre $\mathfrak{o}$ gilt hier $\leq$. Es gilt der nicht ganz einfach zu beweisende

Satz: *Im Falle $\bigcap \mathfrak{p}^n = 0$ ist $\mathfrak{o}$ Faktorring eines regulären lokalen Ringes mit gleichem d und gleichem $\mathfrak{o}/\mathfrak{p}$.*

Weiterhin interessiert nur der Fall, daß $\mathfrak{o}/\mathfrak{p}$ ein Galoisfeld von q Elementen ist.

Für solche lokalen Ringe hat Kähler vermutet, daß $\zeta_1(s)$ für $s > d-1$ konvergiert. Dies wurde von Lustig [L] für $d \leqslant 2$ bestätigt.

Berndt bewies [B]: Ist $\mathfrak{o}$ *nicht* regulär und $d = 3$, so konvergiert $\zeta_1(s)$ für genügend große s; insbesondere für $s > m$, falls $x_3^m \in x_1\mathfrak{o} + x_2\mathfrak{o}$.

Hier liegen schon die Grenzen für die Richtigkeit der Vermutung.

Um dies zu sehen, sei $\zeta_2(s)$ die Teilsumme von $\zeta_1(s)$, die sich über diejenigen Ideale $\mathfrak{a}$ erstreckt, die bei passendem n zwischen $\mathfrak{p}^n$ und $\mathfrak{p}^{n+1}$ liegen.

Satz. *Wenn $\zeta_2(s)$ für ein $s > 0$ konvergiert, so strebt*

$$4s_n = 4s(\mathfrak{o} : \mathfrak{p}^{n+1}) - (\mathfrak{p}^n : \mathfrak{p}^{n+1})^2 \to \infty .$$

Beweis. Wir setzen $(\mathfrak{p}^n : \mathfrak{p}^{n+1}) = 2r+\varepsilon$ $(\varepsilon = 0$ oder $1)$. Das ist die Dimension des $\mathfrak{o}/\mathfrak{p}$ -Vektorraumes $\mathfrak{p}^n/\mathfrak{p}^{n+1}$. Seine r-dimensionalen Teilräume liefern z Ideale zwischen $\mathfrak{p}^n$ und $\mathfrak{p}^{n+1}$. Bekanntlich ist

$$z = \prod_{i=0}^{r-1} \frac{q^{r+\varepsilon} - q^i}{q^r - q^i} \geq \prod q^{r+\varepsilon} = q^{r(r+\varepsilon)}$$

$(r(r+\varepsilon)$ ist die Dimension der zugehörigen Graßmann-Mannigfaltigkeit). Entsprechend ist der Beitrag dieser Ideale zu $q \cdot \zeta_2(s)$ mindestens q^{-s_n}. Wenn also $\zeta_2(s)$ konvergiert, strebt $s_n \to \infty$.

Folgerung. *$\zeta_2(s)$ divergiert für jedes $s > 0$, falls $(\mathfrak{p}^n : \mathfrak{p}^{n+1})n^{-d/2} \to \infty$, insbesondere falls $\mathfrak{o}$ regulär und $d \geq 3$ ist.*

Beispiel. *Wird in einem regulären Ring $x_j^{m_j} = 0$ gesetzt $(j \geq 3)$, so divergiert $\zeta_2(s)$ im Faktorring $\mathfrak{o}$ für $s < \frac{m}{2}$, $m = \prod_{j=3}^{d} m_j$.*

Man überzeugt sich leicht, daß die Monome $\prod x_i^{\nu_i}$ mit $\sum \nu_i = n$, $\nu_j < m_j$, eine $\mathfrak{o}/\mathfrak{p}$ -Basis von $\mathfrak{p}^n/\mathfrak{p}^{n+1}$ bilden. Indem man die $\nu_j < m_j$ verschiedentlich fixiert (auf m Weisen), folgt für $n \geq \sum_{j=3}^{d}(m_j - 1)$

$$(\mathfrak{p}^n : \mathfrak{p}^{n+1}) = mn + c_1$$

$$(\mathfrak{o} : \mathfrak{p}^{n+1}) = m\frac{n^2}{2} + c_2 n + c_3$$

$$s_n \to -\infty \quad \text{falls} \quad s < \tfrac{m}{2} \, .$$

Auf demselben Prinzip beruht folgender

Satz. *$\mathfrak{o}$ sei ein Ring, der durch Nullsetzen einer Menge von Monomen eines regulären lokalen Ringes entstanden ist. In $\mathfrak{o}$ seien "Zielgeraden" aus Monomen definiert: $x_1^t x_2^t x_3^{\beta_3} \ldots\ldots x_d^{\beta_d}$ mit laufenden t und sonst festen β_i analog für andere Paare als $(1,2)$. Wenn m der Zielgeraden 0 nicht treffen, so divergiert $\zeta_2(s)$ (wie zur Strafe) für $s < \frac{m}{2}$. Ist z.B. $x_1 x_2 x_3$ nicht nilpotent, so trifft keine der Zielgeraden $x_1^t x_2^t x_3^{\beta_3}$, und $\zeta_2(s)$ divergiert für alle s.*

Literatur

[K] E. Kähler: Geometria arithmetica. Ann. di Matematica XLV (1958)

[L] G. Lustig: Über die Zetafunktionen einer arithmetischen Mannigfaltigkeit. Math. Nachr. **14** (1955) 309-330

[B] R. Berndt: Über die Konvergenz der Zetareihe eines Stellenrings. Dissertation Hamburg 1969

[D] B. M. Dwork: Analytic Theory of the Zeta Function of Algebraic Varieties. P. 18-32 in "Arithmetical Algebraic Geometry" Proc. of a Conf. Held at Purdue University Ed. by O.F.G. Schilling. Harper & Row, New York 1965

[S] J-P. Serre: Zeta and L Functions. P. 82-92 in idem

[T] J. T. Tate: Algebraic Cycles and Poles of Zeta Functions. P. 93-110 in idem

44.

Rekursionsformel für Volumina sphärischer Polyeder

Arch. Math. *1* (1949) 317–318

Auf einer N-dimensionalen Kugel vom Volumen $\int dv = 1$ seien n Halbkugeln H_ν gegeben. h_ν sei die charakteristische Funktion von H_ν, also $h_\nu = 1$ auf H_ν und $h_\nu = 0$ außerhalb H_ν. Zwischen den Größen

$$\binom{n}{r} S_r = \sum_{\nu_1 < \ldots < \nu_r} \int h_{\nu_1} \ldots h_{\nu_r} dv$$

ergibt sich durch Spiegelung am Kugelmittelpunkt die allgemeine Relation

$$S_n = \int h_1 \ldots h_n \, dv = \int (1 - h_1) \ldots (1 - h_n) \, dv = \sum_r (-1)^r \binom{n}{r} S_r \,. \tag{1}$$

Ihr entnimmt man, daß für ungerades n das Volumen des Durchschnittes der Halbkugeln $H_1 \ldots H_n$ durch analoge Volumina von Durchschnitten von weniger Halbkugeln ausgedrückt werden kann. Speziell kann so das Volumen eines sphärischen Simplexes ungerader Seitenanzahl reduziert werden auf Volumina niederdimensionaler Simplexe.

Die nach (1) zu erwartende allgemeine Reduktionsformel

$$S_n = \sum_{i \text{ ger}} a_{ni} S_i \tag{2}$$

möge explizit bestimmt werden. Hierbei ist

$$\text{für gerades } n: \quad a_{ni} = \delta_{ni} \tag{3}$$

gedacht. Wegen (1) ist

$$a_{ni} = \sum_r (-1)^r \binom{n}{r} a_{ri} \,. \tag{4}$$

Für die Potenzreihen

$$f_i(x) = \sum_n a_{ni} \frac{x^n}{n!} \quad \text{mit geradem i}$$

besagt (3) und (4):

$$f_i(x) + f_i(-x) = \frac{2\,x^i}{i!}$$

$$f_i(x) = e^x \cdot f_i(-x) \,,$$

also ist

$$f_i(-x) = \frac{2\,x^i}{i!} \cdot \frac{1}{e^x + 1} \,.$$

Die a_{ni} (mit geradem i) können vermöge

$$\frac{1}{2} i!\, x^{1-i} f_i(-x) = \frac{x}{e^x+1} = \frac{x}{e^x-1} - \frac{2x}{e^{2x}-1} = \sum_k (1-2^k) B_k \frac{x^k}{k!}$$

durch BERNOULLIsche Zahlen ausgedrückt werden. Bezeichnet man noch kurzerhand mit $H_\alpha H_\beta \ldots H_\gamma$ das Volumen des entsprechenden Durchschnittes von Halbkugeln, so kommt man schließlich zur *Reduktionsformel*

$$H_1 \ldots H_n = \sum_{\substack{k \text{ ger} \\ \nu_1 < \cdots < \nu_{n-k+1}}} 2 \cdot (2^k - 1) \frac{B_k}{k} H_{\nu_1} \ldots H_{\nu_{n-k+1}}$$

für ungerades n.

(Eingegangen am 25. 10. 1948)

Anm. d. Hrsg. Vgl. auch L. Schläfli, Theorie der vielfachen Kontinuität, Denkschrift der Schweizer Naturforsch. Ges. 38 (1901), § 24, Formel(1); in: Ludwig Schläfli, Gesammelte Math. Abh., Bd 1. S. 240.

45.

Sobre el Teorema de Zorn

Rev. Mat. Hisp.-Amer. (4) *10* (1950) 82–85

Sea $\mathcal{E}$ un conjunto ordenado (parcialmente) por una relación que simbolizaremos con $\leqslant$ y que satisface a los tres axiomas.

I. De $x \leqslant y$, $y \leqslant z$ se sigue que $x \leqslant z$.
II. » $x \leqslant y$, $y \leqslant x$ » » $x = y$
III. $x \leqslant x$.

CONCEPTOS Y DEFINICIONES.

1.ª Dos elementos a, $b \in \mathcal{E}$ se dirán *comparables* cuando o bien $a \leqslant b$ o bien $b \leqslant a$.

2.ª Un elemento a de $\mathcal{E}$ se denominará *central* cuando sea comparable con todos los elementos x de $\mathcal{E}$.

3.ª Diremos que un subconjunto $A \subseteq \mathcal{E}$ es *completamente ordenado* si los elementos de A son comparables entre sí.

4.ª Se dirá que $\mathcal{E}$ es *inductivamente ordenado* cuando cada subconjunto $A \subseteq \mathcal{E}$ completamente ordenado tiene su extremo inferior o *cota minimal,* la cual representaremos con la notación $g(A)$.

Sea una función de x, que representaremos por x', tal que

$$x' \geqslant x.$$

TEOREMA.—Si $\mathcal{E}$ es un conjunto inductivamente ordenado y dada la función x' de x tal que $x' \geqslant x$, hay un elemento x_0 de $\mathcal{E}$ tal que

$$x'_0 = x_0.$$

(*) Lección explicada por el Prof. E. WITT en el Aula del Instituto Jorge Juan, de Matemáticas, y redactada por R. Crespo Pereira, becario del Instituto.

Demostración :

5.ª Un conjunto de elementos de $\mathcal{E}$ se dirá que forman una *cadena* K cuando

$$\begin{array}{llll} \text{si} & a \in K & \text{se sigue que} & a' \in K \text{ y} \\ \text{si} & A \subseteq K & \text{» »} & g(A) \subseteq K, \end{array}$$

cuando exista $g(A)$.

Ejemplo : $K = \mathcal{E}$ es una cadena.

Es inmediato probar que la intersección de cadenas de $\mathcal{E}$ es una cadena. Con mayor razón la intersección de todas las cadenas Δ es también una cadena.

En lo que sigue basta considerar sólo elementos y subconjuntos de Δ, ya que por ser Δ una cadena los procesos a' y $g(A)$ no permiten salir de Δ y los elementos exteriores a Δ no tendrán ningún interés para nuestro trabajo.

6.ª Se dice que $a \in \Delta$ es *normal* cuando posee la siguiente propiedad :

$$\text{si } x < a \text{ esto implica } x' \leqslant a.$$

Sea a un elemento normal de Δ. Consideremos el conjunto Δ_1 de los elementos b de Δ que poseen la propiedad de que

$$\text{o bien } b \leqslant a \text{ o bien } b \geqslant a'.$$

Lema 1. Δ_1 es una cadena.

Tenemos que demostrar que si $b \in \Delta_1$ se sigue $b' \in \Delta_1$:

De	$b < a$	$b = a$	$b \geqslant a'$
se sigue	$b' \leqslant a$	$b' = a'$	$b' \geqslant b \geqslant a'$.
(por ser a normal).			

Luego $b' \leqslant a$ o bien $b' \geqslant a'$, y $b' \in \Delta$ porque b pertenece a la cadena Δ.

Además hemos de probar que si $B \subseteq \Delta_1$, $g(B)$ ha de estar contenida en Δ_1 cuando exista $g(B)$:

De	$B \leqslant a$(*)	$b \geqslant a'$ para un cierto $b \in B$.
se sigue	$g(B) \leqslant a$	$g(B) \geqslant b \geqslant a'$.

(*) Esto significa que todos los elementos de B son $\leqslant a$.

Por lo tanto, $g(B) \leqslant a$ o bien $g(B) \geqslant a'$ cuando exista $g(B)$.

Por definición de Δ_1 se sigue que $\Delta_1 \subseteq \Delta$ y
» » Δ » » $\Delta \subseteq \Delta_1$.

Luego

$$\Delta_1 = \Delta.$$

Como consecuencia todos los elementos de Δ son comparables con los elementos normales a. Es decir, los elementos normales a son centrales.

Lema 2. Los elementos normales de Δ forman también una cadena Δ_2.

Tenemos que demostrar que si a es normal también lo es a':
Sea $x < a'$. Por ser $x \in \Delta_1$, esto implica $x \subseteq a$.

De	$x < a$	$x = a$
se sigue	$x' \leqslant a \leqslant a'$	$x' = a'$

Ahora demostraremos que si A es un conjunto de elementos normales, $g(A)$ será también un elemento normal:
Sea $x < g(A)$.

De	$x \geqslant A$	$x < a$ para un cierto $a \in A$
resulta	$x \geqslant g(A)$ (Contradicción.)	$x' \leqslant a \leqslant g(A)$.

La misma consideración de antes muestra que

$$\Delta_2 = \Delta.$$

Es decir, todos los elementos de Δ son normales; como vimos también son centrales, luego Δ es completamente ordenado. Pero como $\mathcal{E}$ es inductivamente ordenado existe la cota minimal

$$g(\Delta) = x_0.$$

Como $x'_0 \in \Delta$, $x'_0 \geqslant x_0$ y x_0 es la cota minimal:

$$x'_0 = x_0, \qquad \text{q. e. d.}$$

Con ayuda de este teorema podremos demostrar el siguiente:

TEOREMA DE ZORN.—*Dado un conjunto* $\mathfrak{E}$ *inductivamente ordenado existen siempre elementos maximales.*

Supongamos que no haya un elemento maximal.

Entonces, según el axioma de elección de Zermelo, para cada a se podrá hallar un elemento a' tal que

$$a' > a.$$

Ahora bien, la propiedad de ser $a' > a$ que tiene la función a' es contraria a nuestro teorema anteriormente demostrado.

46.

Beweisstudien zum Satz von M. Zorn

Math. Nachr. *4* (1951) 434–438

Herrn Erhard Schmidt zum 75. Geburtstag gewidmet.

(Eingegangen am 13. 11. 1950.)

Der Satz von M. Zorn, der die bisher üblichen transfiniten Induktionsschlüsse (sogenannte Wohlordnungsschlüsse) durch erheblich kürzere Schlußweisen zu ersetzen gestattet[1]), ist von verschiedenen Seiten[2]) direkt aus dem Auswahlaxiom bewiesen worden.

Ich habe mich bemüht, diese Beweise, die auf die beiden Beweise des Wohlordnungssatzes von E. Zermelo[3]) zurückgehen, in solche Gestalt zu bringen, daß die Beweisprinzipien besser hervortreten. Dabei ergibt sich ein neuer einfacher Zugang zu einer von H. Kneser stammenden Erweiterung des Satzes von Zorn.

Bei dieser Gelegenheit sei an die Entstehungsgeschichte des Auswahlaxioms erinnert. Zermelo schreibt selbst darüber[4]):

„Der betreffende Beweis [daß jede Menge wohlgeordnet werden kann] ist aus Unterhaltungen entstanden, die ich in der vorigen Woche [11.—18. Sept. 1904] mit Herrn Erhard Schmidt geführt habe ...

Die Idee, durch Berufung auf dieses Prinzip eine beliebige Belegung [Auswahlfunktion] γ der Wohlordnung zugrunde zu legen, verdanke ich Herrn Erhard Schmidt. Meine Durchführung des Beweises beruht dann auf der Verschmelzung der verschiedenen möglichen ‚γ-Mengen', d. h. der durch das Ordnungsprinzip sich ergebenden wohlgeordneten Abschnitte.

Minden i. Hann., den 24. September 1904."

---

1) M. Zorn, A remark on method in transfinite algebra. Bull. Amer. math. Soc. **41** (1935), 667—670. — N. Bourbaki, Éléments de mathématique. Actual. sci. industr.

2) H. Kneser, Eine direkte Ableitung des Zornschen Lemmas aus dem Auswahlaxiom. Math. Z., Berlin **53** (1950), 110—113. — A. Weil [portugiesisch]. — E. Witt, Sobre el teorema de Zorn. Rev. mat. Hisp.-Amer., IV. S. **10** (1950), 3—6.

3) E. Zermelo, Beweis, daß jede Menge wohlgeordnet werden kann. Math. Ann. **59** (1904), 514—516. — E. Zermelo, Neuer Beweis für die Möglichkeit einer Wohlordnung. Math. Ann. **65** (1908), 107—111.

4) E. Zermelo, Math. Ann. **59** (1904), 514—516. — Einfügungen [] von mir.

1. *Begriffe und Bezeichnungen.* $\mathfrak{a} \longrightarrow \mathfrak{b},\ \mathfrak{c} \xrightarrow{\ :\ } \mathfrak{d}$ bedeute: Wenn die Aussage[1]) $\mathfrak{a}$ gilt, so folgen logisch (evtl. indirekt) die Aussagen $\mathfrak{b}$ und $\mathfrak{c}$, und aus $\mathfrak{b}$ und $\mathfrak{c}$ zusammen folgt unter Anwendung des *Auswahlaxioms* die Aussage $\mathfrak{d}$.

E sei eine *Ordnung*[2]), d. h. es gelte für $x, y, z \in E$

1. $x \leqq x$;
2. $x \leqq y,\ y \leqq z \longrightarrow x \leqq z$;
3. $x \leqq y,\ y \leqq x \longrightarrow x = y$.

$a \mathfrak{v} b$ bedeute: Es gilt $a \leqq b$ oder $b \leqq a$ (Vergleichbarkeit).

$A \leqq B$ und $A \mathfrak{v} B$ sei für Teilmengen stets *elementweise* gemeint.

s heißt (obere) *Schranke* von A, wenn $A \leqq s$. Wenn es eine kleinste obere Schranke von A gibt, wird sie (obere) *Grenze* genannt und mit gA bezeichnet.

E heißt *Kette*[3]), wenn $E \mathfrak{v} E$ (auch lineare Ordnung genannt). Kennzeichnend ist, daß jedes Elementenpaar (oder auch jede nicht leere endliche Teilmenge) ein erstes Element hat.

m heißt *maximales* Element in E, wenn $x \geqq m \longrightarrow x = m$.

2. Wir beschäftigen uns mit folgenden Aussagen[1]) über E:

$\mathfrak{K}$) Jede Kette $K \subseteqq E$ hat eine obere Grenze gK.

$\mathfrak{W}$) Jede Wohlordnung $W \subseteqq E$ hat eine obere Schranke sW.

$\mathfrak{F}$) Jede Funktion fx von E in sich mit $fx \geqq x$ hat mindestens einen Fixpunkt[4]).

$\mathfrak{M}$) In E gibt es ein maximales Element.

Indirekt folgt sofort

$$\mathfrak{F} \xrightarrow{\ :\ } \mathfrak{M},$$

denn wenn E kein maximales Element hätte, könnte man $fx > x$ auswählen, und f hätte dann keinen Fixpunkt.

Der Satz von Zorn *lautet* $\mathfrak{K} \xrightarrow{\ :\ } \mathfrak{M}$: *In einer kettenbegrenzten Ordnung gibt es ein maximales Element.*

Dazu brauchen wir nur noch $\mathfrak{K} \longrightarrow \mathfrak{F}$ nachzuweisen[5]). In E sei also jede Kette begrenzt, und es sei eine Funktion mit $fx \geqq x$ gegeben. Gesucht ist ein Fixpunkt.

$A \subseteqq E$ heiße f-g-Menge, wenn die Bildung f und g nicht aus A hinausführt (also wenn für $a \in A$ und begrenztes $A_1 \subseteqq A$ immer $fa,\ gA_1 \in A$ ist; Beispiel: $A = E$).

Der *Durchschnitt* D aller f-g-Mengen ist wieder eine solche. Die weitere Untersuchung verläuft ganz *innerhalb* D, von den Elementen außerhalb ist nicht mehr die Rede. So betrachtet, ist jetzt jede f-g-Menge gleich D.

---

[1]) Eine Aussage gilt hier entweder als richtig oder als falsch.

[2]) Bezeichnung von N. Bourbaki. Früher sagte man: teilweise geordnet.

[3]) Bezeichnung von G. D. Birkhoff. Früher sagte man schlechthin: geordnet.

[4]) Gleichwertig damit ist: In E gibt es keine Funktion mit $fx > x$.

[5]) Erweitert man den Ordnungsbegriff, indem man die Forderung $x \leqq y,\ y \leqq x \longrightarrow x = y$ fallen läßt, und bedeutet $\mathfrak{F}$ die Aussage in [4]), so gilt immer noch $\mathfrak{K} \xrightarrow{\ :\ } \mathfrak{F}$ und $\mathfrak{W} \xrightarrow{\ :\ } \mathfrak{F}$. Aber bisher ist es mir weder gelungen, $\mathfrak{K} \longrightarrow \mathfrak{F}$ zu beweisen, noch aus ($\mathfrak{W} \longrightarrow \mathfrak{F}$) das Auswahlaxiom herzuleiten.

C bestehe aus allen „normalen“ c mit der Eigenschaft

$$x < c \longrightarrow fx \leqq c.$$

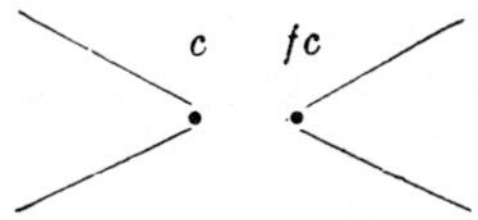

Zum Beweis von $D_c = D$.

Für normales c erweist sich nun

$$D_c = [x \leqq c] + [fc \leqq x]$$

mühelos als f-g-Menge, folglich ist

$$D_c = D, \quad c\,\mathfrak{b}\,D_c, \quad C\,\mathfrak{b}\,D.$$

Aber auch die Kette C ist eine f-g-Menge[1]), denn für normales c, begrenzte $C_1 \subseteqq C$ und passendes $c_1 \in C_1$ hat man

(1) $\quad x < fc \longrightarrow x \leqq c \longrightarrow fx \leqq fc,$

(2) $\quad x < gC_1,\ x\,\mathfrak{b}\,C_1 \longrightarrow x < c_1 \longrightarrow fx \leqq c_1 \leqq gC_1.$

Nach Voraussetzung $\mathfrak{K}$ hat die Kette C eine obere Grenze gC. Diese ist nun ein Fixpunkt von f wegen[2])

$$fgC \in C \leqq gC \leqq fgC,$$

was zu beweisen war[3]).

3. $A \trianglelefteq B$ bedeute $A < B - A$ $(A \subseteqq B)$. Wir sagen auch, A sei *Anfangsteil*[4]) von B. Es handelt sich um eine Ordnungsrelation. Es gilt

$$A_i \trianglelefteq B \longrightarrow A_i < B - \bigcup A_k \longrightarrow \bigcup A_i \trianglelefteq B,$$

die Vereinigung von Anfangsteilen ist also wieder Anfangsteil.

Wir beweisen jetzt einen Hilfssatz, den wir aber erst später in **5.** benötigen: *Ist A echter Anfangsteil in der Vereinigung B einer $(\trianglelefteq)$-Kette (G_i), so ist A auch echter Anfangsteil von einem der B_i*[5]).

Beweis: Es sei $A < b$ und $b \in B_i$. Wäre $a \notin B_i$, so hätte man $a \in B_k \underset{\neq}{\not\subseteq} B_i$, also wäre $B_i \trianglelefteq B_k$, $b < a$, Widerspruch. Also ist $A \subseteqq B_i - b$.

4. Wir betrachten jetzt das hinsichtlich $\trianglelefteq$ geordnete System E^* der wohlgeordneten Teilmengen von E.

Die Vereinigung W einer $(\trianglelefteq)$-Kette (W_i) von Wohlordnungen $W_i \subseteqq E$ ist wieder wohlgeordnet[6]).

---

[1]) Also ist $C = D$. Jetzt könnte man beweisen, daß D wohlgeordnet ist, indem man zeigt, daß diejenigen c' mit wohlgeordnetem Abschnitt $[x \leqq c']$ wieder eine f-g-Menge C' bilden, unter Verwendung der Schlußweise (2). Damit hat man die Möglichkeit, an Stelle von $\mathfrak{K}$ nur vorauszusetzen, daß jede Wohlordnung W begrenzt ist.

[2]) Die entscheidende Tatsache ist $fgC \in C$, nicht dagegen, daß C eine f-g-Menge ist. Daher braucht man (2) nur für $c = gC$ und (1) nur für $C_1 = C$ herzuleiten.

[3]) Dieser Beweis lehnt sich an den zweiten Beweis des Wohlordnungssatzes von Zermelo an. Einzelne typische Beweisschlüsse sind schon von Cantor und Dedekind ausdrücklich erwähnt worden, wie mir Herr Erhard Schmidt freundlich mitteilte.

[4]) A heißt *Anfangsstück* von E, wenn $x \leqq a \in A \longrightarrow x \in A$. Jedes Anfangsteil ist ein Anfangsstück, aber nicht immer umgekehrt. Für Anfangsstücke würde der nachfolgende Hilfssatz nicht immer gelten.

[5]) Dies entspricht der Schlußweise (2) in **2.** und soll sie später ersetzen.

[6]) Analog gilt: Die Vereinigung K von Ketten K_i ist wieder eine Kette, wenn nur jedes Paar K_i, K_j in einer weiteren Kette enthalten ist, insbesondere also, wenn (K_i) eine Kette ist bezüglich $\subseteqq$ oder $\trianglelefteq$. Man kann daraus ähnliche Schlüsse ziehen wie im Text, diesmal ohne den Begriff der Wohlordnung zu verwenden.

Zum Beweis sei A eine nicht leere Teilmenge von W. Nun ist $A = \bigcup (W_i \cap A)$ wieder Vereinigung einer $(\trianglelefteq)$-Kette von Wohlordnungen, hat also ein erstes Element.

Hiernach gilt die *Aussage* $\mathfrak{K}^*$: In E^* ist jede Kette begrenzt.

Nun ergibt sich der neue Beweis des

Satzes $\mathfrak{W} \overset{:}{\longrightarrow} \mathfrak{M}$ *von* H. Kneser: *Wenn in E jede Wohlordnung W eine Schranke sW hat, so gibt es in E ein maximales Element.*

Es genügt, $\mathfrak{W} \longrightarrow \mathfrak{F}$ indirekt zu beweisen. In E sei also jede Wohlordnung W durch sW beschränkt. Gäbe es nun eine Funktion mit $fx > x$, so würde die Funktion

$$f^* W = W + fsW \quad \rhd \quad W$$

gegen den in **2.** bewiesenen Satz $\mathfrak{K}^* \longrightarrow \mathfrak{F}^*$ verstoßen[1]).

5. Will man $\mathfrak{W} \longrightarrow \mathfrak{F}$ beweisen, ohne auf $\mathfrak{K} \longrightarrow \mathfrak{F}$ zurückzugreifen, so kann man das in folgender Weise tun[1]).

Hilfssatz. In einer Ordnung E mit den Eigenschaften

1) Jede Wohlordnung $W \subseteqq E$ ist begrenzt[2]),

2) Jedes beschränkte $A \subseteqq E$ ist begrenzt,

3) $x < gA \longrightarrow x <$ passendem $a \in A$

gibt es *keine* Funktion mit den Eigenschaften

4) $fx > x$,

5) $x < fy \longrightarrow x \leqq y$.

Beweis. Angenommen, f erfüllt doch 4) und 5).

5) und 3) hat zur Folge, daß die Menge C aller „normalen" Elemente c mit der Eigenschaft

$$x < c \longrightarrow fx \leqq c$$

eine f-g-Menge ist.

Wir zeigen jetzt, daß C wohlgeordnet ist; dazu sei C_1 eine nicht leere Teilmenge[3]) von C. B bestehe aus allen b mit $b \leqq C_1$. Nach 2) hat B eine obere Grenze gB. Aus $gB < C_1$ würde $fgB \leqq C_1$ und daraus der Widerspruch $gB < fgB \in B$ folgen. Daher ist gB das erste Element von C_1.

Nun hat C nach 1) eine obere Grenze gC, und das führt zum Widerspruch $gC < fgC \in C$. Damit ist der Hilfssatz bewiesen.

Wir wollen jetzt $\mathfrak{W} \longrightarrow \mathfrak{F}$ indirekt beweisen. Angenommen, in E sei jede Wohlordnung W durch sW beschränkt und man habe eine Funktion mit $fx > x$.

---

[1]) Eine analoge Schlußweise führt zum *Wohlordnungssatz*, daß sich jede Menge E wohlordnen läßt. Jeder Teilmenge $A \subset E$ sei ein Element $\gamma A \in E - A$ zugeordnet. Angenommen, E läßt sich nicht wohlordnen. Wenn eine Teilmenge A eine Wohlordnung $\tilde{A}$ besitzt, so werde durch Hintansetzung von γA eine neue Wohlordnung

$$f^* \tilde{A} = \tilde{A} + \gamma A \rhd \tilde{A}$$

erklärt. Das würde wieder gegen den Satz $\mathfrak{K}^* \longrightarrow \mathfrak{F}^*$ verstoßen.

[2]) Man kann ebensogut fordern, jede Kette sei begrenzt.

[3]) Es genügt, zu zeigen, daß C eine Kette ist. Dazu nehme man ein C_1 aus zwei Elementen.

Wir wenden jetzt unseren langen Hilfssatz auf die in **4.** eingeführte Menge E^* mit der aus $fx > x$ abgeleiteten Funktion $f^* W$ an. Aus den in **3.** und **4.** gemachten Feststellungen folgt dann, daß die dem Hilfssatz entsprechenden Eigenschaften 1*) bis 5*) alle erfüllt sind[1]), während der Hilfssatz ein solches f^* ja gerade leugnet. Mit diesem Widerspruch ist der Beweis erbracht[2]).

6. Die in **4.** angewandte Schlußweise beruht auf einer einfachen *Übertragungsmethode*: Ist bezüglich zweier Ordnungen A und B für alle $b > b_0(a)$ eine „*Adjunktion*" $a + b > a$ erklärt (a, $a + b \in A$; b, $b_0(a) \in B$), so gilt

$$\mathfrak{F}_A \longrightarrow \mathfrak{F}_B .$$

Beweis indirekt. Wäre $f_B b > b$ für alle b, so folgte

$$f_A a = a + f_B b_0(a) > a$$

für alle a.

Wir zeigen jetzt noch, daß durch Iteration dieser Methode nichts Neues entsteht. Denn hat man für drei Ordnungen A, B, C

$$a + b > a \quad \text{für alle} \quad b > b_0(a)$$

und

$$b + c > b \quad \text{für alle} \quad c > c_0(b),$$

so folgt

$$a + \bigl(b_0(a) + c\bigr) > a \quad \text{für alle} \quad c > c_0\bigl(b_0(a)\bigr),$$

und hier erkläre man einfach die linke Seite als Adjunktion $a + c$.

---

[1]) Wesentlich ist dabei, daß $f^* W$ durch Adjunktion eines Elementes zu W entsteht.

[2]) Dieser Beweis ist durch Abwandlung des Beweises von H. Kneser entstanden, der sich seinerseits an den ersten Beweis des Wohlordnungssatzes von Zermelo anlehnt. Man sieht jetzt deutlich, daß die Beweisprinzipien in **2.** und **5.** im Grunde dieselben sind, nur die Reihenfolge ergibt einen Unterschied in der Beweisführung.

47.

Algunas cuestiones de matemática intuicionista

Conferencias de Matemática II,
Publ. del Instituto de Matemáticas "Jorge Juan", Madrid 1951

El objeto de este trabajo es mostrar las consecuencias que resultan de la hipótesis de la constructividad en la matemática y que desembocan en el intuicionismo de L. E. BROUWER. Tal método constructivo, sin embargo, tiene ventajas que se logran gracias a la pérdida de muchos teoremas conocidos en la parte «formalista» de la matemática. Agregamos nuevos ejemplos a los ya dados por BROUWER. Sería erróneo pensar que el intuicionismo consista en establecer proposiciones negativas. Su verdadero contenido es, naturalmente, sus afirmaciones positivas, pero de ellas no hablaremos aquí.

Consideremos los números de la forma $^{n}\left[2^{2^{\cdot^{\cdot^{\cdot^{2}}}}}\right. + 1$. Vamos a definir una sucesión de números e_n mediante la siguiente ley:

$$e_n \begin{cases} =0, & \text{si son primos todos los números } ^{\nu}\left[2^{2^{\cdot^{\cdot^{\cdot^{2}}}}}\right. + 1 \text{ para } \nu \leq n. \\ =1, & \text{en el caso contrario.} \end{cases}$$

La sucesión $\{e_n\}$ es monótona y acotada. De acuerdo con el teorema de Bolzano-Weierstrass dicha sucesión es convergente. Por tanto, para cada entero positivo k habrá N_k, tal que

$$|e_n - e_m| < \frac{1}{k} \quad \text{para} \quad n, m \geqslant N_k$$

Supongamos $k = 2$ y $m = N_2$ fijo. Entonces será

$$|e_n - e_m| < \frac{1}{2} \text{ para todo } n \geqslant m.$$

(*) Este trabajo ha sido redactado en castellano por el Prof. Witt en colaboración con R. Crespo Pereira, becario del Instituto «Jorge Juan», de Matemáticas.

Pero esta desigualdad y la definición de $\{e_n\}$ implican

$$e_n = e_m \quad \text{para} \quad n \geqslant m.$$

Ahora sólo caben dos casos:

1.° $e_m = 0$. En este caso $e_n = 0$, para todo n.

2.° $e_m = 1$. Esto implica que hay un número de la forma

$$^{\nu}\left[2^{2^{\cdot^{\cdot^{\cdot^{2}}}}} + 1 \qquad [1]$$

que no es primo para $\nu \leqslant m = N_2$.

Sea P el problema de averiguar si son primos todos los números de la forma [1].

El teorema de Bolzano-Weierstrass nos asegura la existencia de N_2 y, por tanto, resuelve el problema P.

Es de notar, sin embargo, que en las demostraciones de este teorema conocidas hasta el presente, se utiliza el axioma lógico del tercio excluso y la solución del problema P depende de este axioma.

¿Será posible demostrar el teorema de Bolzano-Weierstrass sin el axioma del tercio excluso?

Tal posibilidad nos parece *increíble* basándonos en el siguiente axioma de carácter no puramente matemático y que. en lo que sigue, denominaremos *provisional.*

Axioma provisional. Hay en cada día problemas análogos al problema P, que hasta ese momento no han encontrado solución constructiva.

Mediante este axioma provisional se deduce inmediatamente que es imposible demostrar el teorema de Bolzano-Weierstrass sin apoyarse en axiomas distintos de los de Peano.

En efecto, supongamos demostrado el mencionado teorema sin usar axiomas, salvo los de Peano, y, por tanto, sin el axioma del tercio excluso. Entonces quedaría resuelto el problema P y todos los análogos, lo cual contradice el axioma provisional.

Sirviéndonos de la sucesión $\{e_n\}$ anteriormente definida y admitido el axioma lógico del tertium non datur podemos considerar la función constante

$$f(x) = N_2$$

Esta función, aunque es continua, no existe en sentido intuicionista en virtud del axioma provisional.

Vemos así que *el concepto de una función depende de los axiomas utilizados para definirla.*

En lo que sigue excluiremos el axioma del tercio excluso. La matemática intuicionista quedará caracterizada por esta exclusión. Suprimido tal axioma habrán de hacerse las demostraciones de una manera directa o constructiva.

Sea $\{e_n\}$ la sucesión precedente y hagamos

$$a_n \begin{cases} = \dfrac{\sigma_n}{n} & \text{si} \quad e_n = 0, \\ = a_{n-1} & \text{si} \quad e_n = 1, \end{cases}$$

siendo $\sigma_n = \pm 1$, de acuerdo con una ley definida para todo n.

Ejemplo de $\{\sigma_n\}$: $\quad \sigma_n = (-1)^n$.

$\{e_n\}$ y $\{\sigma_n\}$ están definidas. Luego para todo k entero y positivo será

$$|a_n - a_m| \leqslant \frac{2}{k} \quad \text{si} \quad n, m \geqslant k,$$

ya que o $a_n = a_m$, o $|a_n|$, $|a_m| \leqslant \dfrac{1}{k}$ si n, $m \geqslant k$.

La sucesión $\{a_n\}$ es convergente y en esta demostración de la convergencia no se ha utilizado el teorema de Bolzano-Weierstrass.

Sea $\{a_n\} = \alpha$, es decir

$$\lim a_n = \alpha \qquad [2]$$

Pueden plantearse ahora tres problemas:

1*a*. ¿Es $\alpha = 0$?

2*a*. ¿Es $\alpha > 0$?

3*a*. ¿Es $\alpha < 0$?

No se conoce hasta ahora solución de ninguno de los tres problemas, es decir, falta una demostración de que $\alpha = 0$, o $\alpha > 0$, o $\alpha < 0$.

Tampoco se puede afirmar que

$$«\{ \text{o } \alpha = 0, \text{ o } \alpha > 0, \text{ o } \alpha < 0 \}»$$

pues esto supone la solución de uno de los tres problemas.

a_n depende de σ_n. Luego la igualdad [2] deberá escribirse más exactamente así:

$$\lim a_n = \alpha_\sigma \qquad [3]$$

donde $\sigma = \{\sigma_n\}$.

Si una sucesión $\{a_n\}$ es convergente y converge hacia α, también es convergente la sucesión $\{a_n^2\}$, la cual tiende a α^2.

Según esto se tendrá

$$\lim a_n^2 = \alpha_\sigma^2 = \beta \qquad [4]$$

igualdad cierta para toda sucesión $\{\sigma_n\} = \sigma$. Como a_n^2 no depende de σ, tampoco β depende de σ.

Estos números α_σ sirven para evidenciar la diferencia existente entre el punto de vista intuicionista y la matemática formalista. Damos a continuación algunos ejemplos de cómo resultan afectadas algunas teorías clásicas por estos números α.

1. *No se puede decir que toda matriz tenga una característica.*

Basta considerar la matriz

$$(\alpha)$$

No sabemos hasta ahora si (α) tiene la característica 0 o si tiene la característica 1. Esto implica que no se puede hablar de la característica de (α).

2. *La función* $[x]$ (parte entera de x) *carece de sentido intuicionísticamente*, al menos en algunos puntos.

Cuando $\alpha > 0$ entonces $[\alpha] = 0$.
Cuando $\alpha < 0$ entonces $[\alpha] = -1$.
Cuando $\alpha = 0$ entonces $[\alpha] = 0$.

Pero no hay demostración de que ocurra uno de los tres casos.

3. Sea la función

$$f(z) = \frac{\alpha}{1 - z} + \frac{1}{2 - z}$$

No se sabe hasta ahora si $f(z)$ tiene el radio de convergencia 1 o el radio de convergencia 2. De aquí que no se puede hablar del radio de convergencia para ciertas series.

4. La función $y=2x^2-x^4$ tiene dos máximos iguales. Consideremos ahora la función

$$f(x)=\alpha x+2x^2-x^4$$

Cuando $\alpha>0$ entonces hay un máximo para un $x>0$.
Cuando $\alpha<0$ entonces hay un máximo para un $x<0$.
Cuando $\alpha=0$ entonces hay *dos* máximos para $x=\pm 1$.

Sin embargo, se carece de demostración de que ocurra uno de los tres casos.

5. Sea la ecuación cuadrática

$$\xi^2=\beta \qquad [5]$$

en donde β es el número definido por la ecuación [4].

No hay hasta ahora una demostración que establezca que la [5] admita sólo dos raíces; es decir, que se ignora si se reducirá solamente a dos clases la cantidad de los números α_σ correspondientes a las leyes que definan $\{\sigma_n\}$.

Por ser

$$\alpha_\sigma^2=\beta,$$
$$\alpha_{\sigma'}^2=\beta,$$

se deduce entonces que

$$(\alpha_\sigma-\alpha_{\sigma'})(\alpha_\sigma+\alpha_{\sigma'})=0.$$

No hay hasta ahora una demostración de que uno de los factores del producto anterior sea nulo.

A la vista de las consecuencias implicadas por la existencia de estos números α hay personas que les consideran «artificiosos» y piensan que pueden suprimirse sin ningún perjuicio ni inconveniente. Vamos a mostrar, sin embargo, que tal opinión trae consigo la supresión de números reales en cada intervalo por muy pequeña que sea su amplitud.

Para esto consideraremos las tres hipótesis siguientes:

1*a*. Se puede decidir si un número dado es o no «artificioso».

$2a$. Los números no «artificiosos» forman un cuerpo.

$3a$. El número 1 no es «artificioso».

Se ve inmediatamente mediante $2a$ y $3a$ que los números racionales no son «artificiosos».

Sea α «artificioso» y r un número racional.

Entonces

$$r+\alpha$$

es «artificioso».

En efecto, según $1a$, se puede decidir si $r+\alpha$ es o no «artificioso».

Supongamos, en contra de nuestra tesis, que $r+\alpha$ no fuese «artificioso». Entonces

$$(r+\alpha)-r=\alpha$$

según $2a$, no sería «artificioso». Pero esto contradice nuestra hipótesis de que $r+\alpha$ no fuese «artificioso».

Por consiguiente, si α es «artificioso» y r un número racional cualquiera, $r+\alpha$ es «artificioso».

De aquí se sigue que si suprimiéramos los números «artificiosos» *habría que suprimir números en cada intervalo del eje real.*

Ahora bien sin los números α, la teoría de los números reales no sólo se haría más difícil : *resultaría imposible,* mientras no hubiese una definición de los números que habría que excluir o en su defecto, de los que quedarían.

Las anteriores reflexiones muestran fundamentalmente dos cosas :

1.ª La noción de convergencia de una sucesión depende de los axiomas aceptados.

2.ª El concepto de función está íntimamente ligado a los axiomas utilizados en su definición.

También se desprende la conveniencia de plantear los problemas de la matemática desde el punto de vista intuicionista.

48.

Über die Konstruktion von Fundamentalbereichen

Ann. Mat. Pura Appl. *36* (1954) 215–221

F. CONFORTO hat in seinen Vorlesungen über Abelsche Modulfunktionen im Anschluss an die bekannten Untersuchungen von C. L. SIEGEL das Problem gestellt, für gewisse arithmetisch interessante diskrete Untergruppen der reellen symplektischen Gruppe **G** einen Fundamentalbereich im Siegelschen Halbraum **Z** zu konstruieren. Diesem Problem ist auch das III. Kapitel seines soeben erschienenen Buches ([2]) gewidmet. Dort bleibt aber noch die wesentliche Frage offen, ob für den dort angegebenen Bereich R^* die nicht auf den Begrenzungsflächen liegenden Punkte auch wirklich innere Punkte von R^* sind, ja, ob es überhaupt innere Punkte gibt. Wie mir CONFORTO mündlich mitteilte, gelang es ihm inzwischen, diese Frage positiv zu beantworten ([3a]).

Hier soll das Problem von einem allgemeinen Standpunkt aus behandelt werden. Die Lösung betrifft überhaupt alle diskreten Untergruppen **H** der reellen symplektischen Gruppe **G**.

1. Wir machen folgende *Voraussetzungen:*

I) **Z** sei ein Riemannscher Raum, im dem zwischen je zwei Punkten z_1 und z_2 stets genau eine Geodätische vorhanden ist. Der geodätische Abstand werde mit $\rho(z_1, z_2)$ bezeichnet. **Z** sei ferner lokal euklidisch.

II) **Z** gestatte eine topologische Gruppe von **G** Bewegungen.

III) Für jeden festen Punkt $z_0 \in \mathbf{Z}$ habe die Abbildung $a \to az_0$ von **G** in **Z** eine kompakte Umkehrung (d. h die Menge der $a \in \mathbf{G}$, für welche az_0 in ein beliebig vorgegebenes Kompaktum $\mathbf{K} \subseteq \mathbf{Z}$ fällt, soll immer kompakt sein).

Aus I) folgt mit einer einfachen infinitesimal-geometrischen Uberlegung: *Die Mittelfläche* Φ *zu zwei verschiedenen Punkten* z_1 *und* z_2, *definiert durch*

$$\varphi(z) = \rho(z, z_1) - \rho(z, z_2) = 0,$$

besitzt in jedem ihrer Punkte z *eine Tangentialebene* ([3]).

([1]) Istituto di Alta Matematica, Città Universitaria.

([2]) F. CONFORTO, *Funzioni abeliane modulari*, (Roma, 1953).

([3]) Unter Flächen, Ebenen werden hier stets Gebilde der zweithöchsten Dimension verstanden.

([3a]) *Zusatz bei der Korrektur:* Herr CONFORTO wird darüber im zweiten Band seines Buches ([2]) berichten. Ihm verdanke ich weiter die nachträgliche Mitteilung, dass SIEGEL schon 1943 in Amer. Journal bewiesen hat, dass jede diskrete Untergruppe der symplektischen Gruppe einen Fundamentalbereich besitzt. Auch der vorliegende allgemeinere Satz wird mit klassischen Hilfsmitteln bewiesen, die auf POINCARÉ und F. KLEIN zurückgehen.

Wenn zunächst z die Geodätische zwischen z_1 und z_2 halbiert, ist das klar. Anderenfalls bezeichne F_ν das von z_ν ausgehende Feld von Geodätischen, das insbesondere die Geodätische γ_ν durch z enthält. c_ν sei der Punkt von γ_ν, der von z den Abstand ds hat, und T_ν sei das transversale Flächenelement bezüglich F_ν durch c_ν. Der Schnitt von T_1 und T_2, für variables ds betrachtet, durchläuft dann das gesuchte Tangentialelement von z.

Als *Grenzfall* ist die Fläche aus denjenigen Geodätischen anzusehen, die ein gegebenes Flächenelement des Punktes z_0 passieren. Auch diese Fläche besitzt in jedem ihrer Punkte z stets eine Tangentialebene.

Unter den genannten Voraussetzungen I, II, III lässt sich dann der Satz herleiten:

SATZ. - *Zu einer beliebigen diskreten Untergruppe* **H** *von* **G** *besitzt* **Z** *immer einen Fundamentalbereich* **F** *mit folgenden Eigenschaften:*

a) *Jeder Punkt aus* **Z** *ist mit genau einem inneren Punkt von* **F** *oder mit höchstens endlich vielen Randpunkten von* **F** *äquivalent bezüglich* **H**. *Die Untergruppe* **H** *ist abzählbar (endlich oder unendlich).*

b) **F** *wird durch abzählbar viele Ungleichungen* $\varphi_\nu \geq 0$ *definiert. Durch die Gleichungen* $\varphi_\nu = 0$ *sind gewisse Mittelflächen* Φ_ν *definiert (endlich viele Grenzfälle eingeschlossen).*

c) **F** *besitzt innere Punkte, sie sind durch* $\varphi_\nu > 0$ *gekennzeichnet.*

d) *Jedes Kompaktum* **K** *in* **Z** *wird nur von endlich vielen der Mittelflächen getroffen.*

e) *Jedes Kompaktum* **K** *in* **Z** *wird nur von endlich vielen der zu* **F** *äquivalenten Bereiche* h^{-1}**F** *getroffen.*

Hierzu beweisen wir zunächst folgenden Hilfssatz:

In der m-dimensionalen sphärischen Geometrie besitzt eine endliche Transformationsgruppe **h** *einen Fundamentalbereich* **f**, *der für* $m > 0$ *von endlich vielen Ebenen begrenzt wird.*

Beweis. Der Fall $m = 0$ betrifft lediglich eine Permutationsgruppe eines Punktepaares. Es sei $m > 0$ und der Hilfssatz schon bis zur Dimension $m - 1$ bewiesen. z_0 sei ein beliebig fest gewählter Punkt der m-dimensionalen Sphäre und $\mathbf{h}_0$ seine Fixgruppe innerhalb **h**. Im Bereich der von z_0 ausgehenden Lininelemente fester Länge gibt es nun nach Induktionsvoraussetzung einen Fundamentalbereich $\mathbf{f}_0$ bezüglich $\mathbf{h}_0$. **f** bedeute jetzt die Menge derjenigen Punkte z, für welche

α) $\rho(z, z_0) \leq \rho(z, hz_0)$ für alle $h \in \mathbf{h} - \mathbf{h}_0$

β) ein geodätischer Bogen zz_0 in $\mathbf{f}_0$ mündet.

Der so gebildeten Menge **f** lassen sich dann mit Hilfe der Induktionsvoraussetzung über $\mathbf{f}_0$ die wesentlichen Eigenschaften eines Fundamentalbereiches nachweisen.

Der Satz selbst wird nun folgendermassen bewiesen. z_0 sei ein beliebig fest gewählter Punkt aus **Z**. In der Voraussetzung III werde für **K** die Kugel $\rho(z, z_0) \leq r$ genommen. Diejenigen $h \varepsilon \mathbf{H}$ mit $\rho(hz, z_0) \leq r$ bilden also eine diskrete kompakte, d. h. eine *endliche* Menge $\mathbf{H}_r$. Für $r = 0$ folgt, dass die in **H** gebildete Fixgruppe $\mathbf{H}_0$ von z_0 endlich ist. Indem r die natürlichen Zahlen durchläuft, folgt, dass **H** abzählbar ist.

Im Bereich der von z_0 ausgehenden Linienelemente fester Länge gibt es nun nach dem Hilfssatz einen Fundamentalbereich $\mathbf{F}_0$ bezüglich $\mathbf{H}_0$. **E** bedeute jetzt ähnlich wie vorhin die Menge derjenigen Punkte z, für welche zugleich

α) $\rho(z, z_0) \leq \rho(z, hz_0)$ für alle $h \varepsilon \mathbf{H} - \mathbf{H}_0$

β) der geodätische Bogen zz_0 in $\mathbf{F}_0$ mündet.

Hiernach hat **F** sicher die Eigenschaft b).

Für ein gegebenes Kompaktum **K** bezeichne jetzt r das Maximum der stetigen Funktion $\rho(z, z_0)$.

Wird **K** von Mittelflächen $\varphi(z, z_0) = \varphi(z, hz_0)$ getroffen, so folgt $\rho(z_0, hz_0) \leq 2r$, also $h \varepsilon \mathbf{H}_{2r}$. Damit ist d) bewiesen.

Wir behaupten: Aus $\mathbf{K} \cap h^{-1}\mathbf{F} \neq \phi$ folgt $h \varepsilon \mathbf{H}_{2r}$. In der Tat, mit $z_h \varepsilon \mathbf{F} \cap h\mathbf{K}$ folgt $\rho(z_h, z_0) \leq \rho(z_h, hz_0) = \rho(h^{-1}z_h, z_0) \leq r$ und $\rho(z_0, hz_0) \leq 2r$, also $h \varepsilon \mathbf{H}_{2r}$. Damit ist c) bewiesen.

Für den Spezialfall, dass **K** ein Punkt z^* ist, folgt, dass z^* nur mit den endlich vielen Punkten $z_h \varepsilon \mathbf{F}$ äquivalent ist $(h \varepsilon \mathbf{H}_{2r})$. Das ist eine Teilaussage von a).

Ein Punkt $z \varepsilon \mathbf{F}$ liegt nach d) nur auf endlich vielen, sagen wir N Flächen Φ_μ. Eine kompakte Umgebung $\mathbf{K}_z$ von z wird nur von endlich vielen *weiteren* Flächen $\Phi_{\mu'}$ getroffen. Daher gibt es in $\mathbf{K}_z$ eine offene Kugelumgebung $\mathbf{L}_z$ von z, die zu diesen neuen Flächen $\Phi_{\mu'}$ fremd ist.

Im Fall $N = 0$ ist daher z ein innerer Punkt von **F**, und umgekehrt. Da ein solcher Punkt z näher an z_0 als an allen anderen äquivalenten Punkten hz_0 liegt, und da der geodätische Bogen zz_0 im Innern von $\mathbf{F}_0$ mündet, ist klar, dass z mit keinem anderen Punkt von **F** äquivalent sein kann. Damit ist a) bewiesen.

Zum Nachweis von inneren Punkten von **F** sei γ_0 eine im Innern des Winkelraums $\mathbf{F}_0$ ausgehende Geodätische. $\gamma_0 \cap \mathbf{L}_{z_0} - z_0$ besteht dann aus lauter inneren Punkten von **F**. Damit ist schliesslich auch c) bewiesen.

Ersetzt man den Ausgangspunkt z_0 durch einen inneren Punkt z_0' von **F**, so erhält man einen neuen Fundamentalbereich **F**′, der jetzt nur von echten Mittelflächen begerenzt wird, da die Fixgruppe von z_0' die Ordnung 1 hat.

Besonderes Interesse verdient der Fall, dass jede von $\mathbf{F}_0$ ausgehende Geodätische γ schliesslich den Fundamentalbereich **F** verlässt. Mittels d) lässt sich dann ein letzter zu **F** gehöriger Punkt $z_\gamma \varepsilon \gamma$ feststellen. $\rho(z_\gamma, z_0)$ erweist sich nun als stetige Funktion auf der kompakten Menge $\mathbf{F}_0$ und hat daher ein Maximum r. **F** liegt daher in der kompakten Kugel $\rho(z, z_0) \leq r$ und wird nach d) nur von *endlich vielen Flächen* Φ_μ *begrenzt*. Es folgt weiter, dass **F** selbst *kompakt* ist. Umgekehrt lässt sich hieraus wieder der Schluss ziehen, dass jede von $\mathbf{F}_0$ ausgehende Geodätische γ schliesslich **F** verlässt.

Ein *Erzeugendensystem* **A** der Gruppe **H** kann folgendermassen erhalten werden: Die den Fundamentalbereich **F** treffenden Mittelflächen Φ_ν seien durch

$$\rho(z, z_0) = \rho(z, h_\nu z_0)$$

beschrieben. Diese h_ν erzeugen dann zusammen mit der Fixgruppe $\mathbf{H}_0$ von z_0 die ganze Gruppe **H**. Man erkennt das durch die Betrachtung von Ketten aus äquivalenten Fundamentalbereichen

$$\mathbf{F},\ a_1\mathbf{F},\ a_1a_2\mathbf{F}, \ldots,\ a_1a_2 \ldots a_p\mathbf{F}, \qquad (a_\mu \in \mathbf{A})$$

wobei die Bedingung $a_\mu \in \mathbf{A}$ gerade bedeutet, dass hier je zwei hintereinander stehende Bereiche sich berühren. Dabei ist zu bemerken, dass es immer Ketten mit beliebig vorgeschriebenem Endglied $h\mathbf{F}$ gibt.

2. **G** sei nun eine Liesche Gruppe, die transitiv auf den Riemannschen Raum **Z** einwirkt. $\mathbf{G}_0$ sei die in **G** abgeschlossene Fixgruppe des Punktes $z_0 \in \mathbf{Z}$ und Γ_0 die Wirkung von $\mathbf{G}_0$ auf die von z_0 ausgehenden Linienelemente, Γ_0 aufgefasst als Untergruppe der Gruppe Γ aller orthogonalen Transformationen dieser Linienelemente.

Nach der vorhin genannten Voraussetzung III ist $\mathbf{G}_0$ als Urbild von z_0 kompakt und damit ist auch das stetige Bild Γ_0 von $\mathbf{G}_0$ kompakt.

Umgekehrt soll jetzt gezeigt werden:

III) *ist erfüllt, wenn* Γ_0 *kompakt ist, und wenn ausserdem*

$$\dim \mathbf{G} = \dim \Gamma_0 + \dim \mathbf{Z}. \tag{1}$$

Beweis. Für die natürlichen eineindeutigen und stetigen Abbildungen

$$\mathbf{G}/\mathbf{G}_0 \to \mathbf{Z} \quad \text{und} \quad \mathbf{G}_0 \to \Gamma_0 \tag{2}$$

gilt

$$\dim \mathbf{G} - \dim \mathbf{G}_0 \leq \dim \mathbf{Z} \quad \text{und} \quad \dim \mathbf{G}_0 \leq \dim \Gamma_0. \tag{3}$$

Wegen (1) stehen hier Gleichheitszeichen, also sind die Abbildungen (2) topologisch, und wir können $\mathbf{G}/\mathbf{G}_0 = \mathbf{Z}$ und $\mathbf{G}_0 = \Gamma_0$ setzen.

Nun ist **G** bezüglich der Projektion

$$p: \qquad \mathbf{G} \to \mathbf{Z} = \mathbf{G}/\mathbf{G}_0$$

ein gefaserter Raum [4] mit $\mathbf{G}_0$ als kompakter Faser. Für jeden Punkt $z_i \in \mathbf{Z}$ gibt es also eine passende Umgebung $\mathbf{V}_i$, deren Urbild $p^{-1}\mathbf{V}_i$ dem Cartesischen Produkt $\mathbf{V}_i \times \mathbf{G}_0$ homöomorph ist. Ein beliebiges Kompaktum $\mathbf{K} \subseteq \mathbf{Z}$ ist dann Vereinigung endlich vieler Kompakte $\mathbf{K}_i \subseteq \mathbf{V}_i$, deren Urbilder $p^{-1}\mathbf{K}_i$ homö-

---

(4) NORMAN STEENROD, *The topology of fibre bundles.* (Princeton, 1951), p. 31 und 33 oben.

omorph $\mathbf{K}_i \times \mathbf{G}_0$, also nach TYCHONOFF kompakt sind. Daher ist auch $p^{-1}\mathbf{K}$ kompakt, wie zu zeigen war ([5]).

Ein *Beispiel* bietet die Symmetriegruppe $\mathbf{G}$ der n-dimensionalen einfach zusammenhängenden Geometrie $\mathbf{Z}$ konstanter negativer Krümmung. Hier ist $\Gamma_0 = \Gamma$ wegen der bekannten « freien Beweglichkeit des Vektorkörpers ».

Ein anderes *Beispiel* ist die $2p$-reihige reelle symplektische Gruppe $\mathbf{G}$, angewandt auf den « Siegelschen Halbraum $\mathbf{Z}$ ». Dies Beispiel soll im folgenden Abschnitt noch einmal auf eine andere Weise ausführlicher behandelt werden.

Jede der von CONFORTO betrachteten Untergruppen $\mathbf{H}$ der symplektischen Gruppe $\mathbf{G}$ ist mit einer ganzzahligen Matrizengruppe äquivalent und damit *diskret*. Daher hat $\mathbf{Z}$ nach dem oben Bewiesenen bezüglich $\mathbf{H}$ einen Fundamentalbereich $\mathbf{F}$ mit den angegebenen Eigenschaften.

3. Unter $\mathbf{G}$ werde die reelle symplektische Gruppe derjenigen $2p$-reihigen Matrizen $\begin{pmatrix} A & B \\ C & D \end{pmatrix}$ mod ± 1 verstanden, welche die schiefsymmetrische Matrix $\begin{pmatrix} 0 & E \\ -E & 0 \end{pmatrix}$ in sich transformieren. Die Zugehörigkeitsbedingungen lauten

$$A'C = C'A, \qquad B'D = D'B \tag{1}$$

$$A'D - C'B = E. \tag{2}$$

Dabei bedeute A' die zu A transponierte Matrix und E die p-reihige Einheitsmatrix.

Uuter $\mathbf{Z}$ werde der « Siegelsche Halbraum » verstanden, bestehend aus allen komplexen p-reihigen symmetrischen Matrizen $Z = X + iY$ mit positiven Imaginärteil Y. Die kleinste positive Wurzel von Y werde mit η bezeichnet, sie hängt stetig von Z ab.

$\mathbf{G}$ lässt sich nach SIEGEL isomorph und transitiv darstellen durch die Transformationen

$$Z \rightarrow (AZ + B)(CZ + D)^{-1}.$$

Die Transitivität ergibt sich dabei sofort durch Anwendung der symplektischen Produktmatrix $\begin{pmatrix} E & X \\ 0 & E \end{pmatrix}\begin{pmatrix} P' & 0 \\ 0 & P^{-1} \end{pmatrix}$ auf $Z = iE$, das Resultat ist $X + iP'P$, also ein allgemeiner Punkt von $\mathbf{Z}$.

MAAS und SIEGEL haben nun unabhängig voneinander gezeigt, dass die

$$\text{Spur } (Y^{-1}dZY^{-1}d\bar{Z})$$

([5]) Eine andere Schlussweise: Nach I ist $\mathbf{Z}$ homöomorph einem euklidischen Raum daher ist $\mathbf{G}$ homöomorph $\mathbf{Z} \times \mathbf{G}_0$ (vgl. ([4]), S. 53, Coroll.), also ist $p^{-1}\mathbf{K}$ homöomorph $\mathbf{K} \times \mathbf{G}_0$ und kompakt.

eine gegen **G** invariante positive hermitesche Differentialform ist. Einsetzung von $dZ = dX + idY$ macht sie zur invarianten quadratischen Form und **Z** wird dadurch zu einem Riemannschen Raum. MAASS und SIEGEL haben weiter nachgewiesen, dass zu je zwei Punkten von **Z** stets genau eine Geodätische gehört. Es sind also die vorhin aufgeführten Voraussetzungen I und II erfüllt. Aber auch III ist erfüllt, wie jetzt gezeigt werden soll.

Wegen der Transitivität von **G** in **Z** genügt es, iE als Ausgangspunkt zu nehmen. Die Aufgabe ist nun, für ein gegebenes Kompaktum $\mathbf{K} \subseteq \mathbf{Z}$ nachzuweisen, dass die Menge **M** der Matrizen $\begin{pmatrix} A & B \\ C & D \end{pmatrix} \varepsilon\, \mathbf{G}$ mit

$$(3) \qquad (Ai + B)(Ci + D)^{-1} = X + iY \,\varepsilon\, \mathbf{K}$$

selbst kompakt ist. Als Urbild einer abgeschlossenen Menge ist **M** jedenfalls abgeschlossen. Aus (3) folgt nach Rechtsmultiplikation mit $Ci + D$ und Vergleich

$$(4) \qquad A = XC + YD, \qquad B = XD - YC.$$

Wird dies in (2) eingesetzt und $X = X'$, $Y = Y'$ beachtet, so folgt

$$(5) \qquad C'YC + D'YD = E.$$

η_0 sei nun das auf **K** vorhandene Minimum von η, der kleinsten positiven Wurzel von Y. Die Quadratsummen der ν-ten Spalten C_ν, D_ν der Matrizen C, D sind nun durch η_0^{-1} nach oben beschränkt:

$$\eta_0(C_\nu' C_\nu + D_\nu' D_\nu) \leq C_\nu' Y C_\nu + D_\nu' Y D_\nu = 1.$$

Die Koeffizienten der Matrix $Ci + D$ sind also beschränkt, da dies auch für $X + iY \,\varepsilon\, \mathbf{K}$ zutrifft, ist wegen (3) auch $Ai + B$ beschränkt.

Damit ist die Kompaktheit von **M** nachgewiesen.

4. Folgende Ausführungen sollen unter anderem das gegenseitige Verhalten der von CONFORTO untersuchten Gruppen und ihrer Fundamentalbereiche beleuchten.

In einem reellen Vektorraum **R** sei irgendwie ein bilineares Skalarprodukt erklärt.

$\Gamma_1, \ldots, \Gamma_s$ seien endlich viele kommensurable r-dimensionale Gitter in **R**, d. h. sie seien bezüglich rationaler Transformationen untereinander äquivalent. Für geeignete natürliche Zahlen $a_{\mu\nu} \neq 0$ ist dann

$$(6) \qquad a_{\mu\nu}\Gamma_\nu \subseteq \Gamma_\mu \subseteq a_{\nu\mu}^{-1}\Gamma_\nu\,.$$

D sei der Durchschnitt der Automorphismengruppen der Gitter Γ_μ. Wir behaupten:

Die Indizes $j_\nu = (\mathbf{H}_\nu : \mathbf{D})$ *sind endlich.*

Beweis. $\mathbf{H}_\nu$ lässt das linke und rechte Gitter in $\mathfrak{G}$ als Ganzes fest, deren Faktorgruppe die endliche Ordnung $a_{\mu\nu}^r a_{\nu\mu}^r$ hat. Es gibt also a priori nur endlich viele Zwischengitter. $\mathbf{H}_\nu$ führe Γ_μ in $b_{\nu\mu}$ verschiedene Gitter über. $\mathbf{h}_\nu$ sei der grösste Normalteiler in $\mathbf{H}_\nu$, der in allen so entstehenden Permutationsgruppen die Ruhe bewirkt. Aus $\mathbf{h}_\nu \Gamma_\mu = \Gamma_\mu$ folgt jetzt $\mathbf{h}_\nu \subseteq \mathbf{H}_\mu$, $\mathbf{h}_\nu \subseteq \mathbf{D}$ und die Endlichkeit von j_ν aus

$$j_\nu = (\mathbf{H}_\nu : \mathbf{D}) \mid (\mathbf{H}_\nu : \mathbf{h}_\nu) \mid \prod_\mu (b_{\nu\mu}!).$$

Wenn nun diese Gruppen $\mathbf{H}_\nu$ als diskrete Untergruppen der Gruppe $\mathbf{G}$ auftreten, so sind die Volumina V_ν der zugehörigen Fundamentalbereiche $\mathbf{F}_\nu$ kommensurabel:

$$j_1 V_1 = \dots = j_s V_s.$$

Ebenso folgt, dass die Fundamentalbereiche $\mathbf{F}_\nu$ entweder alle kompakt oder alle nichtkompakt sind.

49.

Über die Kommutativität endlicher Schiefkörper

Abh. Math. Sem. Univ. Hamburg *8* (1931) 413

Es gilt für das Kreisteilungspolynom: $|\Phi_n(x)|$ ist das Produkt aller Entfernungen des Punktes x von allen primitiven n^{ten} Einheitswurzeln in der Gaußschen Ebene. Für $q = 2, 3, \cdots$ ist daher $|\Phi_n(q)| \geqq q-1$; das Gleichheitszeichen gilt nur für $n = 1$.

Diese geometrische Herleitung kann man auch leicht durch eine arithmetische ersetzen.

Postulate: Eine endliche Additionsgruppe sei gegeben. Außer der Null sollen alle Elemente eine rechts- und linksdistributive Multiplikationsgruppe bilden.

Bekanntlich folgt hieraus die Kommutativität der Additionsgruppe. WEDDERBURN bewies zuerst den schönen Satz, daß auch die Multiplikationsgruppe abelsch sei. Drei weitere Beweise stammen von WEDDERBURN, DICKSON und ARTIN[1]). Hier wird der Nachweis denkbar einfach ausfallen.

Aus $V\Xi = \Xi V$ und $W\Xi = \Xi W$ folgt $(V-W)\Xi = \Xi(V-W)$. Je nachdem, ob Ξ „ein bestimmtes" oder „jedes" Element bedeutet, schließt man: Der Normalisator von Ξ bzw. das Zentrum bildet mit der Null einen Schiefkörper, der die Elemente $V, W, \cdots$ enthält. Ist das Zentrum Unterkörper in einem Schiefkörper (wie dieses beim Normalisator und bei dem ganzen Schiefkörper zutrifft), so gibt es eine Basis, von der alle übrigen Elemente linear bezüglich des Zentrums abhängen. (Die Null wird dem Sinn gemäß mitgerechnet.)

Die Folge ist: Hat das Zentrum (ohne Null) $q-1$ Elemente, so ist die Ordnung der Multiplikationsgruppe $q^n - 1$; eine Klasse konjugierter Elemente umfaßt $\frac{q^n-1}{q^d-1}$ Elemente. Also gilt

$$(q^n-1) = (q-1) + \sum_{d<n} \frac{q^n-1}{q^d-1}.$$

$q-1$ muß hierbei durch $|\Phi_n(q)|$ teilbar sein, denn alle anderen Glieder sind es. Dazu ist notwendig, daß $n = 1$ ist, d. h., daß das abelsche Zentrum mit der ganzen Multiplikationsgruppe zusammenfällt, Q. E. D.

---

[1]) J. H. MACLAGAN WEDDERBURN, A theorem on finite algebras. Transact. of the Am. Math. Soc., Bd. 6, S. 349. — DICKSON, On finite algebras. Gött. Nachr., 1905, S. 379. — ARTIN, Über einen Satz von Herrn J. H. M. Wedderburn. Abh. aus dem Math. Seminar der Hamb. Univ., Bd. 5, S. 245.

50.

Der Satz von v. Staudt-Clausen

(nach Notizen mit unbekannter Handschrift)

Nach dem Satz von v. Staudt-Clausen ist der Nenner der n-ten Bernoulli-Zahl B_n gleich dem Produkt derjenigen Primzahlen p, für die $p-1$ die Zahl n teilt. Hierbei ist $n = 2k$ gerade, $B_0 = 1$, $B_1 = -1/2$ und $B_{2k+1} = 0$.

Satz von v. Staudt-Clausen. $B_{2k} + \sum_{(p-1)|2k} 1/p \in \mathbb{Z}$.

Beweis (Witt). Für $\nu > 1$ ist

$$\sum_{x=0}^{p^\nu-1} x^n = \sum_{x=0}^{p^{\nu-1}-1} \Big[x^n+(p^{\nu-1}+x)^n+(2p^{\nu-1}+x)^n+\ldots+((p-1)p^{\nu-1}+x)^n\Big]$$

$$\equiv p \sum_{x=0}^{p^{\nu-1}-1} x^n + n\,p^{\nu-1} \sum_{x=0}^{p^{\nu-1}-1} x^{n-1} \underbrace{(1+2+\ldots+(p-1))}_{(p-1)p/2} \mod p^\nu$$

$$\equiv p \sum_{x=0}^{p^{\nu-1}-1} x^n \quad \mod p^\nu, \text{ falls } n \text{ gerade.}$$

Hieraus folgt: $\mathbb{Z} \ni \frac{1}{p^{\nu-1}} \sum_{x=0}^{p^\nu-1} x^n \equiv \sum_{x=0}^{p-1} x^n \mod p.$

Andererseits ist $\sum_{x=0}^{p^\nu-1} x^n = \frac{1}{n+1}\Big((p^\nu+B)^{n+1} - B^{n+1}\Big)$ in symbolischer Schreibweise, also

$$\text{(1)} \qquad \frac{1}{p^{\nu-1}} \sum_{x=0}^{p^\nu-1} x^n = p\,B_n + \frac{p}{n+1} \sum_{i=1}^{n} \binom{n+1}{i+1} p^{i\nu} B_{n-i}\,.$$

Für genügend großes ν folgt nun

$$p\,B_n \equiv \sum_{x=0}^{p-1} x^n \equiv \begin{cases} -1 \mod p, & \text{falls } (p-1)|n \\ \;\;0 \mod p & \text{sonst.} \end{cases}$$

Anm. d. Hrg.: Aus (1) ergibt sich eine Darstellung von B_n als p-adischer Mittelwert: $B_n = \lim_{\nu\to\infty} \frac{1}{p^\nu} \sum_{x=0}^{p^\nu-1} x^n$.

In einem Brief an W. Jehne schrieb Witt am 3. September 1971: "Angeregt durch zwei fastperiodische Arbeiten von Maak in den Hamburger Abhandlungen 11 untersuchte ich 1936 Limiten p-adischer Mittelwertbildungen ("Integrale") über speziellen Mengenfolgen insbesondere mit den Mengen $\{0,\ldots,q-1\}$ für eine p-adische Nullfolge $\{q\}$, wofür dann die Potenzen x^n "fastperiodisch" sind mit leicht berechenbarem Mittelwert B_n, und ich fand den natürlichen Zugang zum Satz von v. Staudt-Clausen (zitiert in Hasse, S. 16) [Sulla generalizzazione di Leopoldt dei numeri di Bernoulli e sua applicazione alla divisibilità del numero delle classi nei corpi numerici abeliani, Rend. Mat. 21 (1962), 9-27]. In der damaligen Arbeitsgemeinschaft in Göttingen wies ich auch auf verallgemeinerte Sätze hin mit $\chi(x)x^n$ statt x^n, deren Mittelbildungen heute als Leopoldt-Zahlen bekannt sind."

51.
Primzahlsatz

Primzahlsatz.

Hilfssatz. *Zu* $\varepsilon>0$ *gibt es eine gerade reelle Funktion* $G\geq 0$ *mit*

$$\int G\,du = 1\ , \qquad e^{-\varepsilon} < \int_{-\varepsilon}^{\varepsilon} G\,du < 1\ ,$$

für welche $g=\hat{G}$ *stetig ist mit cp Träger.*

Beweis. b,c passend, $\varphi(u)=c$ falls $|u|\leq b$, $\varphi=0$ sonst;
$g=\varphi*\varphi$, $G=\hat{\varphi}^2$.

$A = \{$nat. Linearkomb. der $p\in P\}$, P = Familie $\subset \mathbb{R}$, $p_1=\operatorname{Min} P > 0$.
$P(x)$ = Anzahl der $p\leq x$, $p\in P$. Analog $A(x)$.
$h,\ n = 1,2,3,\dots$; $s=\sigma+it$; $x,\ y>0$; $\alpha>0<\beta<1$ passend.

Voraussetzung. $\int e^{-\beta x}|B(x)|dx < \infty$ für $B(x) = A(x)-\alpha e^x$.

Beispiel: $P = \{\log N\mathfrak{p}\}$ ~~für Funktionenkörper mit q Konstanten bzw. q=e~~ für Zahlkörper n-ten Grades, ~~β=ε bzw.~~ $\beta = 1-\frac{1}{n}+\varepsilon$.

Def. $\zeta(s)-\frac{\alpha s}{s-1} := s\int e^{-sx}B(x)dx$
ist für $\sigma>\beta$ regulär (Weierstraß); für $\sigma>1$ folgt

$$\zeta(s) = s\int e^{-sx}A(x)dx = \sum e^{-sa} = \prod\frac{1}{1-e^{-ps}} = \exp\sum h^{-1}e^{-hps} \neq 0\ ,$$

und wegen $\sum_{|k|<n} (n-|k|)z^k = \left|\sum_{l=0}^{n-1} z^l\right|^2$ für $|z|=1$, $z=e^{-ihpt}$:

$$\prod_{|k|<n}\zeta(\sigma+kit)^{n-|k|} = \exp\sum h^{-1}e^{-hp\sigma}\left|\sum_{l=0}^{n-1}e^{ilhpt}\right|^2 \geq 1\ .$$

Satz. $\zeta(1+it) \neq 0$. Beweis. Aus $\zeta(\sigma+it) \to 0$ für $\sigma \to 1+0$
würde mit $n=3$ folgen $1 \leq |\zeta(\sigma)^3\zeta(\sigma+it)^4\zeta(\sigma+2it)^2| \to 0$, Wid.

Primzahlsatz. $F(x) = e^{-x}\sum_{hp\leq x} p \to 1$ und $P(x) \sim x^{-1}e^x$ $(x\to\infty)$

Beweis. Zunächst wird $(F*G)(x) \to 1$ gezeigt.

$$f(s) = \frac{-\zeta'(s+1)}{(s+1)\zeta(s+1)} = \int e^{-sy}F(y)dy$$

$$\begin{array}{lcccccc}
 & J = \int_{\text{endl}} e^{ixt}\{f(s)-\frac{1}{s}\}g(t)dt & = & \int_{y>0} e^{-\sigma y}\{F(y)-1\}G(x-y)dy & & & \\
\sigma\to+0) & \Big\downarrow \text{glm. stetig} & & \Big\downarrow & & \searrow & \\
 & \int_{\text{endl}} e^{ixt}\{f(it)-\frac{1}{it}\}g(t)dt & = & \int F(x-u)G(u)du & - & \int_{-\infty}^{x} G(u)du & \\
x\to\infty) & \Big\downarrow \text{Riemann} & & \text{also}\ \Big\downarrow & & \Big\downarrow & \\
 & 0 & & 1 & & -1 &
\end{array}$$

Nun folgt $F(x)\to 1$ wegen der Isotonie von $e^xF(x)$ so :

$$\begin{array}{ccccc}
e^{2\varepsilon}F(x+\varepsilon) & & & & e^{\varepsilon} \\
 & \searrow & & \nearrow\ \int F(x-u)G(u)du\ \searrow & \text{für}\ x>x_0(\varepsilon) \\
 & & \int_{-\varepsilon}^{\varepsilon}F(x-u)G(u)du & \Delta\leq M(1-e^{-\varepsilon})\ \text{falls}\ F\leq M & e^{-\varepsilon} \\
 & \nearrow & & & \\
e^{-3\varepsilon}F(x-\varepsilon) & & & &
\end{array}$$

Schließlich ergibt sich der Primzahlsatz:

$$1 \leftarrow F(x) \leq xe^{-x}P(x) \leq \frac{1}{p_1x}F(x-2\log x) + \frac{x}{x-2\log x}F(x) \to 0+1$$

Remarks by Horst Leptin

The previous page, taken from Witt's unpublished works, contains a complete proof of the classical prime number theorem

$$\lim_{x \to \infty} \frac{\pi(x) \log x}{x} = 1 .$$

It cannot be overlooked that Witt had the ambition to present one of the most magnificent intellectual achievements — not only in mathematics — on one single page completely. And he succeeded, as far as I can see, in finding one of the shortest and simplest proof of the theorem. In the sixties and seventies Witt occasionally gave copies of the page published here to students and colleagues. In 1980 D. J. Newman published a perhaps even shorter proof in Amer. Math. Monthly 87, 693-696. This is also based on a simple kind of Tauberian theorem and uses in an ingenious way only the residue theorem.[1]

Just as with all "non-elementary" proofs of the prime number theorem, Witt's proof is based on the properties of the ζ–function. However, here one uses only the regularity of $\zeta(z) - \frac{z}{z-1}$ in $\operatorname{Re} z > \beta$ for some $\beta \in (0,1)$ and the fact that ζ has no zeros on $\operatorname{Re}(z) = 1$. A main reason for the simplicity of Witt's proof might be that, instead of using the sets Π of the prime numbers and $\mathbb{N}_+$ of the positive natural numbers, the sets P und A of their logarithms are taken as starting point. Witt even allows real isotonic sequences $P = \{p_j\}_1^\infty$, $0 < p_1$, and takes for A the semi subgroup of $\mathbb{R}^+$ generated by P. This generalization was considered by A. Beurling already in 1937 in Acta Math. 68. It is clear in this general case that further restrictions on the set P need to be made to get reasonable results. Witt explicitly gives only one: define $P(x) = \#\{p \in P; p \leq x\}$, and $A(x)$ analogously. There exist positive real α and β with $\beta < 1$ such that

$$\int_0^\infty e^{-\beta x} |A(x) - \alpha e^x| \, dx < \infty . \tag{1}$$

However, later in the proof one finds an additional condition (" if $F \leq M$"), and I do not see how it could possibly follow from (1). In the classical case $P =$ logarithms of the prime numbers, F is the function

$$F(x) = e^{-x} \psi(e^x) \tag{2}$$

with Chebyshev ψ–function $\psi(x) = \sum_p \left[\frac{\log x}{\log p}\right] \log p$. Hence, the condition in this instance follows from the elementary, but non-trivial estimate $x^{-1}\psi(x) \leq$

[1] I am grateful to W. Narkiewicz for bringing this paper to my attention.

$4 \log 2$, for all $x \geq 1$ (see e.g. W. Schwarz, Einführung in die Methoden und Ergebnisse der Primzahltheorie, p. 43).

In the following, we wish to restrict ourselves to the case of natural prime numbers. We then have $P = \{\log 2, \log 3, \log 5, \dots\}$, $A = \{\log n; n \in \mathbb{N}_+\}$, $P(x) = \pi(e^x)$ and $A(x) = [e^x]$, as well as $\alpha = 1$, and (1) holds for every $\beta \in (0,1)$. The following considerations hold with Witt's definitions

$$F(x) = e^{-x} \sum_{p \in P} \left[\frac{x}{p}\right] p, \qquad \zeta(z) = \frac{\alpha z}{z-1} + z \int_0^\infty e^{-zx}(A(x) - \alpha e^x)\, dx$$

for $Re\, z > \beta$ and $f(z) = \frac{-1}{z+1} \frac{\zeta'(z+1)}{\zeta(z+1)}$. They also hold in the general case. Due to the equivalence of the functions $x^{-1}\psi(x)$ and $x^{-1}\pi(x)\log x$ (see e.g. A.E. Ingham, The Distribution of Prime Numbers, S. 13, Theorem 3) one has to show $\lim\limits_{x \to \infty} F(x) = 1$. For this one can proceed by a Tauberian-type argument: for fixed $\varepsilon > 0$ we choose a symmetric, continuous, positive function g with compact support $T \subset \mathbb{R}$ and with positive Fourier transform $G = \hat{g}$, such that $\int G\, dx = 1$ and

$$e^{-\varepsilon} < \int_{-\varepsilon}^{\varepsilon} G(y)\, dy < 1 \tag{3}$$

e.g., $g(x) = \frac{1}{2\pi} \max\left(1 - \frac{|x|}{\lambda}, 0\right)$ for sufficiently large λ. Then the convolution $F \star G$ is such that

$$\lim_{x \to \infty} (F \star G)(x) = 1\,.$$

For this reason, the function $H_\sigma \in L^1(\mathbb{R})$ for $\sigma > 0$ is defined by

$$H_\sigma(y) = \begin{cases} e^{-\sigma y}(F(y) - 1), & y > 0 \\ 0, & y \leq 0\,, \end{cases}$$

and the function Φ_σ by

$$\Phi_\sigma(t) = f(\sigma + it) - \frac{1}{\sigma + it} = f(z) - \frac{1}{z}\,,$$

where $z = \sigma + it$ and f is defined as above. Now one may show as usual, that $f(\sigma + it) = \int_0^\infty e^{-\sigma y} F(y) e^{-ity}\, dy$, and this implies $\Phi_\sigma = \widehat{H}_\sigma$ because for $\sigma > 0$, all functions involved are in $L^1 \cap L^2(\mathbb{R})$ for $\sigma > 0$. The Plancherel theorem now yields (with the inner product $(u|v) = \int u(x)\overline{v(x)}\, dx$ on $L^2(\mathbb{R})$) :

$$H_\sigma \star G(x) = (\tau_x H_\sigma | G) = (e_x \widehat{H}_\sigma | \widehat{G}) \tag{4}$$

with the translation operator τ_x and $e_x(y) = e^{ixy}$. Explicitly, (4) means:

$$\int_T e^{ixt} \left\{ f(\sigma + it) - \frac{1}{\sigma + it} \right\} g(t)\, dt = \int_0^\infty e^{-\sigma y}(F(y) - 1)G(x - y)\, dy\,,$$

for all $\sigma > 0$. The left-side integrand is in $(\sigma, t) \in [0,1] \times T$ uniformly continuous; if x is fixed, the right one is for $\sigma \geq 0$ in y uniformly integrable, hence, for $\sigma \to +0$ one obtains

$$\int_T e^{ixt}\left\{f(it) - \frac{1}{it}\right\} g(t)\,dt = \int_{x \geq y} (F(y) - 1)G(x-y)\,dy$$
$$= (F \star G)(x) - \int_{-\infty}^{x} G(y)\,dy\,.$$

Thus, for $x \to \infty$, the assertion $\lim_{x\to\infty} (F \star G)(x) = 1$ follows from Riemann-Lebesgue.

The function $x \to e^x F(x)$ is isotonic. For $y \in \mathbb{R}$ with $|y| < \varepsilon$ this implies

$$e^{x-\varepsilon}F(x-\varepsilon) \leq e^{x-y}F(x-y) \leq e^{x+\varepsilon}F(x+\varepsilon)$$

and further

$$e^{-2\varepsilon}F(x-\varepsilon) \leq F(x-y) \leq e^{2\varepsilon}F(x+\varepsilon)\,.$$

From this and from (3) one obtains

$$e^{-3\varepsilon}F(x-\varepsilon) \leq e^{-2\varepsilon}F(x-\varepsilon)\int_{-\varepsilon}^{\varepsilon} G(y)\,dy \leq \int_{-\varepsilon}^{\varepsilon} F(x-y)G(y)\,dy$$
$$\leq e^{2\varepsilon}F(x+\varepsilon)\,. \tag{5}$$

Now we use the condition $F(x) \leq M$ for all x. Since $\int_{|y|\geq\varepsilon} G(y)\,dy \leq 1 - e^{-\varepsilon}$, it follows that

$$0 \leq F \star G(x) - \int_{-\varepsilon}^{\varepsilon} F(x-y)G(y)\,dy$$
$$= \int_{|y|\geq\varepsilon} F(x-y)G(y)\,dy \leq M(1-e^{-\varepsilon})\,. \tag{6}$$

Together, the inequalities (5) and (6) yield

$$F(x-\varepsilon) \leq e^{3\varepsilon}\left(F \star G(x) + M(1-e^{-\varepsilon})\right)\,,$$
$$F(x+\varepsilon) \geq e^{-2\varepsilon}\left(F \star G(x) - M(1-e^{-\varepsilon})\right)\,.$$

As $\lim F \star G(x) = 1$, these inequalities imply $\lim F(x) = 1$, i.e., the prime number theorem.

The last line of the page is an inequality, from which we conclude the following implication: $\lim F(x) = 1$ implies $\lim_{x\to\infty} xe^{-x}P(x) = 1$, i.e. $\lim_{x\to\infty} \frac{\pi(x)\log x}{x} = 1$ for $\pi(x) = P(\log x)$, $x \geq 1$. We have already mentioned the elementary nature of the equivalence of both convergences. For the right-hand side of the inequality (the left-hand side is almost trivial) Witt sketched the following proof on an additional handwritten sheet of paper:

From $P(y) \le \sum \left[\frac{y}{p}\right] \frac{p}{p_1} = \frac{1}{p_1} e^y F(y)$, it follows that for $y = x - 2\log x$ we have

$$xe^{-x} P(x - 2\log x) \le \frac{1}{p_1 x} F(x - 2\log x) \,. \tag{7}$$

Moreover, for $0 < y < x$ we derive from

$$y(P(x) - P(y)) = \sum_{\frac{y}{p} < 1 \le [\frac{x}{p}]} \frac{y}{p} \cdot p \le \sum \left[\frac{x}{p}\right] p = e^x F(x)$$

for $y = x - 2\log x$:

$$xe^{-x}(P(x) - P(x - 2\log x)) \le \frac{x}{x - 2\log x} \cdot F(x) \,. \tag{8}$$

Addition of (7) und (8) then gives

$$xe^{-x} P(x) \le \frac{1}{p_1 x} F(x - 2\log x) + \frac{x}{x - 2\log x} F(x) \,,$$

which is the right-hand side of the inequality.

52.

Ein Identitätssatz für Polynome

Mitt. Math. Ges. Hamburg *VIII*, Teil 2, (1940) 188–189

In der Theorie der Kongruenzzetafunktionen wird nach Hasse folgender Satz gebraucht:

Satz: Es sei

$$f_n(z) = \prod_{i=1}^{m} (1-\alpha_i{}^n z) \text{ und } g_n(z) = \prod_{i=1}^{m} (1-\beta_i{}^n z)$$

($|\alpha_i|$ und $|\beta_i| < 1$). Aus

$$f_n(1) = g_n(1), \qquad (n = 1, 2, \ldots)$$

folgt dann

$$f_1(z) = g_1(z).$$

Dieser Satz wurde von Rohrbach[1]) algebraisch bewiesen. Ein anderer, funktionentheoretischer Beweis ergibt sich unmittelbar mit $F(z) = \log \dfrac{f_1(z)}{g_1(z)}$ aus folgendem

Hilfssatz: Es sei $F(z)$ für $|z| \leqq r$ regulär ($r \geqq 1$) und $F(0) = 0$. Dann besteht für $|z| \leqq r$ die absolut und gleichmäßig konvergente Reihenentwicklung

$$F(z) = \sum_{n=1}^{\infty} a_n \Psi_n(z) \tag{1}$$

mit

$$a_n = \frac{1}{n} \sum_{\nu=1}^{n} F(e^{\frac{2\pi i \nu}{n}}), \tag{2}$$

$$\Psi_n(z) = \sum_{d|n} \mu(d) z^{\frac{n}{d}}. \tag{3}$$

Hier bedeutet $\mu(d)$ die bekannte Möbiussche Funktion.

Beweis des Hilfssatzes: Es sei

$$F(z) = \sum_{m=1}^{\infty} c_m z^m, \quad (|z| \leqq r). \tag{4}$$

---

[1]) Rohrbach, Ein Identitätssatz für Polynome. Crelle 177 (1937), S. 55. Dort wird die Voraussetzung sogar nur für $n \leqq 4^m$ gebraucht.

Dann folgt nach (2):

$$a_n = \sum_{\delta=1}^{\infty} c_{\delta n}. \tag{5}$$

Hiernach und wegen der bekannten Relation

$$\sum_{d|k} \mu(d) = \begin{cases} 1 & \text{für } k = 1 \\ 0 & \text{sonst} \end{cases}$$

gilt formal folgende Umformung:

$$F(z) = \sum_{m=1}^{\infty} c_m z^m = \sum_{d,\delta,m=1}^{\infty} c_{\delta d m}\, \mu(d) z^m \tag{6}$$

$$= \sum_{\delta,n=1}^{\infty} c_{\delta n} \sum_{d|n} \mu(d)\, z^{\frac{n}{d}} = \sum_{n=1}^{\infty} a_n \Psi_n(z).$$

Diese Umformung ist sicher erlaubt, wenn die Reihe

$$\sum_{\delta,d,m=1}^{\infty} c_{\delta d m} \mu(d) z^m \tag{7}$$

absolut konvergiert.

Mit einem passenden $R > r$ konvergiert die Reihe (4) auch noch für $|z| \leq R$. In diesem Bereich sei M das Maximum von $F(z)$. Dann gilt nach Cauchy

$$|c_m| \leq M R^{-m}.$$

Ferner ist $|\mu(d)| \leq 1$. Daher hat die Reihe (7) gleichmäßig für $|z| \leq r$ folgende Majorante:

$$\sum_{n=1}^{\infty} n^2 |c_n| \leq M \sum_{n=1}^{\infty} n^2 \left(\frac{r}{R}\right)^n.$$

Mit dieser Feststellung ist (6) und damit unser Hilfssatz bewiesen.

53.

Über einen Satz von Ostrowski

Arch. Math. *3* (1952) 334

Nach OSTROWSKI ist ein archimedisch bewerteter vollständiger Körper K entweder isomorph zum Körper R aller reellen Zahlen oder zum Körper $R(i)$ aller komplexen Zahlen.

Beim Beweis wird davon ausgegangen, daß K als archimedisch bewerteter Körper die Charakteristik 0 hat, also den Primkörper der rationalen Zahlen enthält. Wegen der Vollständigkeit enthält K dann abstrakt auch alle reellen Zahlen.

Von hier aus kann auf verschiedene Weise weitergeschlossen werden. Der ursprüngliche Beweis erfolgte mehr rechnerisch. Ein anderer Weg verläuft nach MAZUR und LORCH folgendermaßen:

Die Bewertung des Körpers K wird fortgesetzt zur Bewertung des Körpers $K(i)$, die dann wieder vollständig ist. In Erweiterung der klassischen Funktionentheorie werden nun „*ganze analytische*" Funktionen der komplexen Variablen z mit Werten aus $K(i)$ betrachtet, die z. B. definiert werden können durch Potenzreihenentwicklungen an jeder Stelle z_0. Für solche „*analytischen*" Funktionen gilt dann wieder der Satz von LIOUVILLE. Gäbe es nun ein Element a von $K(i)$, das nicht in $R(i)$ liegt, so würde die Funktion $(z-a)^{-1}$ dem Satz von LIOUVILLE widersprechen.

Hier soll eine dritte Schlußweise mitgeteilt werden. Im Falle $K \neq R, R(i)$ ist der Rang $[K : R] > 2$ und daher der Bereich $(x \neq 0)$ einfach zusammenhängend. Die Differentialgleichung $x^{-1}\,dx = dy$ vermittelt daher eine globale Isomorphie zwischen der multiplikativen Gruppe $(x \neq 0)$ und der additiven Gruppe (y). Das geht aber nicht, denn die multiplikative Gruppe enthält das Element -1 der Ordnung 2, während die additive Gruppe ja die Charakteristik 0 hat.

Literaturverzeichnis

E. HILLE, Functional Analysis and Semi-Groups (Amer. Math. Soc. Coll. Publ. XXXI). New York 1948. S. 474—475.

E. R. LORCH, The theory of analytic functions in normal abelian vector rings. Trans. Amer. Math. Soc. **54**, 414—425 (1943).

A. OSTROWSKI, Über einige Lösungen der Funktionalgleichung $\varphi(x) \cdot \varphi(y) = \varphi(xy)$. Acta math. **41**, 271—284 (1918).

S. MAZUR, Sur les anneaux linéaires. C. r. Acad. Sci., Paris **207**, 1025—1027 (1938).

Eingegangen am 16. 10. 1952

54.

Über den Auswahlsatz von Blaschke

Abh. Math. Sem. Univ. Hamburg *19* (1955) 77

In Verehrung seinem Kollegen WILHELM BLASCHKE zur Emeritierung gewidmet von ERNST WITT in Hamburg

Ein *kompakter* topologischer Raum e läßt sich bekanntlich als vollständiger totalbeschränkter uniformer Raum mit symmetrischen abgeschlossenen Näherelationen ε auffassen, es gibt also für jedes solche ε eine endliche ε-Überdeckung von e. Bis auf die Beschreibung des uniformen Raumes durch Näherelationen schließen wir uns in dieser Note an die Bezeichnungen von BOURBAKI an.

Hier soll ausgeführt werden, *daß sich die Menge E aller nicht leeren Teilmengen a des kompakten Raumes e nach dem Verfahren von* BLASCHKE *so uniformisieren läßt, daß der durch Separierung hervorgehende Raum E_1 kompakt ist. Es wird dabei E_1 isomorph sein zum Raum E_2 aller nicht leeren abgeschlossenen Teilmengen von e.*

Es bezeichne a^ε die Menge derjenigen Punkte aus e, in deren ε-Nähe Punkte von a vorkommen. E werde nun dadurch uniformisiert, daß zu jeder ε-Nähe in e eine $\tilde{\varepsilon}$-Nähe in E folgendermaßen erklärt wird:

$a \tilde{\varepsilon} b$ bedeute „$a \subseteq b^\varepsilon$ und $b \subseteq a^\varepsilon$“.

Zunächst ist E_2 ein HAUSDORFFscher Raum, d.h. aus $\bar{a}\, \tilde{\varepsilon}\, \bar{b}$ für alle $\tilde{\varepsilon}$ folgt $\bar{a} = \bar{b}$, denn sonst wäre etwa $\alpha \in \bar{a}$, $\alpha \notin \bar{b}$, $\alpha^\varepsilon \cap \bar{b} = \emptyset$ für passendes ε, also $\bar{a} \nsubseteq \bar{b}^\varepsilon$ gegen die Annahme über $\tilde{\varepsilon}$.

Die Isomorphie von E_1 mit E_2 folgt nun aus $a\, \tilde{\varepsilon}\, \bar{a}$ für alle $\tilde{\varepsilon}$.

Eine endliche ε-Überdeckung $e = \cup c_i$ gibt Anlaß zu einer endlichen $\tilde{\varepsilon}$-Überdeckung $E = \cup C_{i_1 \ldots i_r}$, wobei $C_{i_1 \ldots i_r}$ aus denjenigen $a, b, \ldots$ bestehen möge, die nur $c_{i_1}, \ldots, c_{i_r}$ treffen, aber nicht die übrigen c_i. Jedes $\alpha \in a$ liegt nämlich in einem der c_{i_μ}, das auch von b getroffen wird, daher ist $\alpha \in b^\varepsilon$, $a \subseteq b^\varepsilon$, und analog $b \subseteq a^\varepsilon$. E ist also totalbeschränkt, folglich ist nach bekannter Schlußweise jeder Ultrafilter ein CAUCHYfilter.

Zum Nachweis, daß E_1 kompakt ist, genügt es zu zeigen, daß ein beliebiger Ultrafilter $\mathfrak{A}$ von E_2 in E konvergiert. Für eine beliebige Auswahlfunktion $f(a) \in a$ entsteht der Ultrafilter $f(\mathfrak{A})$ im kompakten Raume e, der dort gegen β_f konvergieren möge.

b sei die Menge aller β_f. Es wird jetzt behauptet, daß $\mathfrak{A}$ in E gegen b konvergiert, d.h. $A\, \tilde{\varepsilon}\, b$ für passendes $A \in \mathfrak{A}$.

g sei eine spezielle Auswahlfunktion mit $g(a) \in a - b^\varepsilon$ falls $a \nsubseteq b^\varepsilon$, und weiter sei A eine $\tilde{\varepsilon}$-Menge aus $\mathfrak{A}$ mit $g(A) \subseteq \beta_g^\varepsilon$. Für beliebige a, a' aus A ist dann

einerseits $g(a)\, \varepsilon\, b^\varepsilon$, also nach Definition von g $a \subseteq b^\varepsilon$,

andererseits $f(a') \in a' \subseteq a^\varepsilon$, $\beta_f \in a^\varepsilon$, also $b \subseteq a^\varepsilon$, q. e. d.

Zusatz bei der Korrektur: Herr BANASCHEWSKI teilte mir inzwischen freundlicherweise mit, daß dies Verfahren von BLASCHKE Gegenstand von drei Aufgaben in N. BOURBAKI, Topologie générale ist (Kap. II, § 2, Aufg. 7; § 4, Aufg. 4, 5).

55.

Homöomorphie einiger Tychonoffprodukte

Lecture Notes Pure Appl. Math. *12* (1975) 199–200

$\mathcal{B}$ bezeichne die Klasse der topologischen Räume, die kompakt, total unzusammenhängend und metrisch sind und mindestens zwei Punkte haben. $\mathcal{B}$ enthält nur einen perfekten Raum

$$C = \{0,1\}^{\mathbb{N}} \simeq \left\{ \sum_i^{\infty} \varepsilon_i 3^{-i} \in \mathbb{R} \,|\, \varepsilon_i = 0,1 \right\} ,$$

das sogenannte Cantorsche Diskontinuum [Willard, General Topology (1970), 210–219)]. Insbesondere ist jedes abzählbar unendliche Produkt $\prod B_i \simeq C$, $(B_i \in \mathcal{B})$, und man hat Injektionen $B_i \to C$. Aut C ist transitiv (man interpretiere C als Gruppe), aber sogar m-fach transitiv, denn $\operatorname{Aut} C$ vertauscht m Punkte von C $(m < \infty)$ symmetrisch, wie man durch Vertauschung von disjunkten offen-abgeschlossenen Umgebungen $(\simeq C)$ dieser Punkte erkennt.

Jede unendliche hausdorffsche kompakte Gruppe G mit einer abzählbaren Kette offener Untergruppen U_i als Umgebungsbasis der 1, $(U_1 = G)$, ist homöomorph C, denn U_i/U_{i+1} ist endlich, und topologisch ist $G \simeq \prod U_i/U_{i+1} \simeq C$.

K_p sei ein p-adischer Körper mit endlichem Restklassenkörper, o der Ring ganzer Zahlen, p das Primideal, $\overline{K}_p = p \cup \frac{1}{o} = K_p \cup \infty$.

Beispiele für $G \simeq C$: (1) Die additiven Gruppen von p und o mit der Basis p^i, (2) die Einheitengruppe U mit der Basis $1+p^i$, (3) eine unendliche Galoisgruppe von L/K, wenn K in L nur abzählbar viele endliche Erweiterungen besitzt (das trifft zu, wenn K absolut algebraisch ist oder für $K = K_p$). Ferner ist topologisch

$$\overline{K}_p \simeq C \cup C \simeq C \,, \quad K_p \simeq \dot{C} \,,$$

dabei entstehe $\dot{C}$ aus C durch Punktieren, d.h. durch Entfernen eines beliebigen Punktes.

Die verschiedenen p-adischen Körper K_p unterscheiden sich also topologisch überhaupt nicht. Die Frage nach der Möglichkeit homöomorpher K_p, die mir kürzlich S. Thomeier gestellt hat, war Anlass zu dieser Note.

Bevor ich das inhaltsreiche Buch von Willard zu Rate zog, fand ich einen direkten Beweis von $K_p \simeq \dot{C}$ durch explizite Angabe der folgenden Homöomorphie

$$f : B = \prod B_i = \prod \{0,1,\ldots,n_i\} \to C \,, \; (n_i > 0, \, i \in \mathbb{N}) \,,$$

$$f(b) = \prod \left(1^{b_i}\ 0^{\delta(b_i<n_i)}\right) ,$$

hierbei sei $\delta(\xi) = 1$, wenn ξ zutrifft, sonst $= 0$. Zum Beispiel bedeutet $\delta(i = k)$ das Kroneckersymbol.

Beweis der Homöomorphie: $c_1 \ldots c_n$ hängt nur von $b_1 \ldots b_n$ ab, daher ist f gleichmäßig stetig. $f^{-1}(x)$ setzt sich entsprechend $B = \{\prod (1^{q_k}0) \prod 1\}$ zusammen: $q_1 = n_1 + \ldots + n_{s-1} + r$, $(0 \leq r < n_s,\ s \geq 1)$, ergibt $b_i = n_i$ für $i < s$, $b_s = r$. Daher ist f bijektiv. B ist kompakt und C hausdorffsch. Bekanntlich folgt jetzt $f : B \simeq C$.

Am Rande erwähnt sei auch folgende Homöomorphie

$$\prod A_i = \prod \{i, \ldots, \infty\} \to C, \quad a \mapsto c :$$

Man setze $n = 0$, durchlaufe die Paare (i, k) mit $k \leq i$ lexikographisch und setze nach jedem Schritt $n .= n + \delta(a_k \geq i)$, insbesondere $n .= n + 1$, falls $k = i$, und $c_n\ \delta(a_k \geq i) = \delta(a_k = i)$.

56.

Über die Ordnungen endlicher Neokörper

Kolloquiumsvortrag am 4.1.1977 in Hamburg

Bekanntlich ist die Anzahl N der Elemente eines endlichen Quasikörpers (Fastkörper mit Loop statt multiplikativer Gruppe) eine Primzahlpotenz.– Hier werden endliche Neokörper K betrachtet (Fastkörper mit kommutativem Loop statt additiver Gruppe), jedoch mit "halbassoziativer" Regel $a + (b + c) = 0 \iff (a + b) + c = 0$, äquivalent zur bekannten "inverse Property" $(a + b) - b = a$. Es sei $1 + \varepsilon = 0$, $G = K \setminus 0$, $G : 1 = n = N - 1$. Für gerades n ist ε einziges Element der Ordnung 2.— Beispiele: In G mit der Regel $x^3 = 1$ setze man $1 + 1 = 0$, $x^2 + x + 1 = 0$ ($\forall x \neq 1$). Weitere Beispiele bei Frobeniusgruppen ungerader Ordnung.

Satz. *Die möglichen N sind genau beschrieben durch* $6 \nmid N$, $N \not\equiv 15, 21(24)$. *Für jedes solche N gibt es Neokörper K mit zyklischer Gruppe G, $N = 10$ ausgenommen.*

*Beweis*andeutung: Für ungerades n ist "K = Neokörper" äquivalent mit translativem Steinersystem $S(2, 3, G)$ vermöge $a + b + c = 0$. Insofern ist $6 \nmid N$ bekannt. Für $N \equiv 15, 21(24)$ gibt es nach Burnside eine Untergruppe H vom Index 2. Immer 3 äquivalente Gleichungen $a + b + 1 = 0$ enthalten zusammen 0 oder 4 Elemente aus $\Delta = G \setminus H \setminus \varepsilon$, obwohl $|\Delta| \not\equiv 0(4)$.

Jetzt müssen noch Beispiele von Neokörpern K mit *zyklischer* Gruppe $G = \langle e \mid e^n = 1 \rangle$ für alle $n \neq 9$ mit $n = 6m+r$, $r \in \{-3, 0, 1, 2, 4\}$, $n \not\equiv 14, 20(24)$ angegeben werden. Weiter unten wird $f \in [-m, m]!$ mit $f(-x) = f(x) - x$ angegeben, $f^*(x) = -f(-x)$ hat dieselbe Eigenschaft. K wird nun 1. durch die obligaten Relationen

$$1 + 1 = 0 \quad \text{falls} \quad 2 \nmid r, \qquad 1 + e^{n/2} = 0 \quad \text{falls} \quad 2 \mid r,$$
$$1 + 1 + 1 = 0 \quad \text{falls} \quad r = 2, \qquad 1 + e^{n/3} + e^{2n/3} = 0 \quad \text{falls} \quad 3 \mid r,$$

2. durch weitere Relationen definiert:

$$e^{f(x)} + e^{f(-x)} + e^{-2m-\mathrm{sig}(r)} = 0 \quad \text{für } x = 1, \ldots, m - 1,$$

einschließlich $x = 0$ falls $4 \mid r$, und $x = m$ falls $r > 0$. Damit sich diese Relationen nicht stören, werden Bedingungen gestellt:

Falls $r = -3$: $f(-m) = -m \ \wedge \ f(0) > m - 2 \ \wedge \ m \neq 2$,
falls $r = 0$: $f(m) = m$ (eventuell mit f^* statt f)
(oder, falls $m \equiv 0, 1(4) : -f(-m) = f(0) = m$),
falls $r = 1$: $f(0) > m - 2$
falls $r = 2$: $f(0) = m \ \wedge \ m \equiv 0, 1(4)$

falls $r = 4$: keine Bedingung. –

Beispielsweise kann f^{-1} durch folgende Wertfolgen definiert werden (sog. Mobile), in denen jeder Wert $x \neq 0$ zweimal vorkommt, das links stehende x jedoch durch $-x$ zu ersetzen ist:

$m < 4$: 1 1 0, 2 0 2 1 1, 3 1 1 2 0 2
$m = 40$: 40′22 1′1 18′2 39 2′18 22′40 37′3 20 39 3′27 20 0
$m = 41$: 41′23 1′1 19′3 21 40 3′19 23′41 21 38′2 40 2′38 0
$m = 42$: 42′24 1′1 20′2 41 2′20 24′42 39′3 22 41 3′39 0 22
$m = 43$: 43′23 1′1 19′3 42′40 3′19 23′43 38′4 21 40′42 4′38 21 2′2

(Bezeichnung x-adisch; $9, 8, 7 = x - 1, 2, 3$; $'$ = bis, Schrittweite 2)

Für $4/r$ geht's noch einfacher: $m'm \quad (m-1)'(m-1)$.

Nachtrag: Für $N = 35, 65$ gibt es mehr als 18 bezw. 573480 nicht isomorphe K mit zyklischer Gruppe G. Es wäre zu hoffen, daß vielleicht einige davon brauchbar sind zur Konstruktion projektiver Ebenen.

Anm. d. Hrg.: Diese Note über die Ordnungen endlicher Neokörper ist dem Kolloquiumsbuch des Mathematischen Seminars der Universität Hamburg entnommen. Die Tabelle oben hat Witt mit dem Computer erstellt und den Computerausdruck zwischen seine handschriftlichen Eintragungen geklebt.

57.

Erinnerungen an Gabriel Dirac in Hamburg

Ann. of Discr. Math. *41* (1989) 497–498

Dedicated to the memory of G. A. Dirac

Personal recollections about Gabriel Dirac in Hamburg 1959–1962.

Gabriel Dirac war 1959–1962 wissenschaftlicher Assistent bei Professor Schmetterer am neugegründeten Institut für Stochastik, damals ein Teil des Mathematischen Seminars. Ich besorgte Dirac ein schönes Arbeitszimmer in der obersten Etage, mit einer großen Plattform vor dem Fenster. Das Seminar war kurz vorher umgezogen, und ich war gerade dabei, meine Unterlagen zu ordnen und alte Briefe zu sortieren, da besuchte mich Herr Dirac in meinem Arbeitszimmer. Ich zeigte ihm einen Brief vom Februar 1945, eine Denunziation einer Frau Eiermann über Alexander Aigner (jetzt Professor in Graz) und mich über regimefeindliche Äußerungen, die wir "in einer Zeit, da Kinder zu Helden werden" gemacht hätten, ein Schreiben, das Professor Franz zum Glück abgefangen hatte. Als Dirac dies gelesen hatte, taute er auf und wir waren von da an gute Freunde. Als er später einmal hörte, daß ich in Princeton während des Eichmann-Prozesses schlecht behandelt wurde, entschuldigte er sich dafür!

In den nächsten Sommerferien überraschte mich Gabor mit einer Post aus Hammerfest in Norwegen. Er hatte sich vorgenommen, Europa genau kennenzulernen, und er habe jetzt mit dem nördlichsten Punkt angefangen. Beigefügt war ein Brieföffner aus Rentierknochen.

Als mein Assistent Leptin, unser "Präsident" der Arbeitsgemeinschaft (Kolloquium) nach Heidelberg berufen wurde, schlug ich Gabriel für diesen Posten vor. Er kam jeden Dienstag nachmittags zwei Stunden vor der Sitzung an, um persönlich mit 6 eigenen Tauchsiedern und verschiedenen Töpfen heißes Teewasser zu machen, er wollte es allen Teilnehmern gemütlich machen. Unsere Freundschaft war mehr persönlicher Art, wir trafen uns häufig zum Mittagessen oder zum Kinobesuch (er schätzte z. B. sehr "Der General" mit Buster Keaton).

Im Herbst 1959 überkam Gabor eine plötzliche Begeisterung für Modellfliegerei. Er nahm mich mit zu einer Werkstatt der Zigarettenfabrik Reemtsma, in der Jugendliche in ihrer Freizeit Miniflugmotore bastelten. Fast alle kannte er beim Vornamen. Etwas später nahm er mich mit zu einem Modellflugtag. Es war sehr spannend, besonders als ein großes schönes Flugexemplar sich immer höher schraubte und dann unkontrolliert über einem Wald für immer verschwand.

Ich traf Gabor häufig mit Alexander Gazdagh, seinem ungarischen Freund. Dieser war (für meine Begriffe) ein Finanzgenie, wußte über alle Aktienkurse Bescheid, und ich stellte später fest, daß er Gabor damit angesteckt hatte. Später kam bei Gabor noch das Kunstinteresse hinzu, bzw. eine erstaunliche Mischung von Kunst und Finanzen.

Um ein geerbtes Fernrohr auszuprobieren, für das sich Artin[1] sehr interessierte, bat ich Gabor, uns durch sein Zimmer auf das flache Dach des Mathematischen Seminars zu lassen. Und so standen wir eines Nachts zu dritt auf dem Dach und Artin zeigte und erklärte uns den Andromedanebel.

1962 fuhren wir beide zur Tagung nach Halle und dort sahen wir uns gemeinsam den Film "Soldat Schweik" an — Gabor lachte so gerne.

Bald darauf mußten wir in Hamburg Abschied nehmen, er hatte eine Stelle an der Universität Ilmenau gefunden. Ich brachte ihn mit seinem Gepäck zum Flughafen, wo schon seine Frau auf ihn wartete.

1963 waren wir beide in Canada, er in St. John's und ich in Hamilton, und ich konnte erreichen, daß er zu einem Vortrag eingeladen wurde. Von da aus fuhr ich ihn mit dem Auto nach Buffalo, er sagte mir, wie ich mich an der Grenze verhalten sollte, denn er hatte keinen Paß. Aber alles ging gut. Später lud er mich wiederholt ein nach Aarhus.

In einem Brief von Gabor vom 10. Dezember 1980 schreibt er u. a.: Wir hörten im Radio, daß Hamburg -16^oC hatte, und da dachte ich an Dich und an Alexander, das war sicherlich unangenehm, und ich hoffe, daß solches nicht wieder geschieht! – –

Solche Fürsorge eines fernen Freundes ist wohltuend!

[1]Emil Artin (1898–1962) war 1925–1937 und ab 1958 Professor in Hamburg, 1938–1946 in Bloomington und 1946–1957 in Princeton. Er reformierte 1926 die Klassenkörpertheorie mit seinem Reziprozitätsgesetz.

Titles of Talks

Ernst Witt has given many talks. The titles below are taken from letters, announcements, Proceedings, and manuscripts which were found in his unpublished works.

• *Rationale Transformationen von quadratischen Formen.* September 1935, DMV-Tagung in Tübingen/Stuttgart.

• *p-adische Körper und zyklische p-Körper.* September 1936, DMV-Tagung in Salzbrunn.

• *Spiegelungsgruppen und Lie'sche Vektorfiguren.* 19. Mai 1937, Gruppentagung in Hamburg.

• *Treue Darstellung Liescher Ringe in assoziativen Ringen.* 21. Mai 1937, Gruppentagung in Hamburg.

• *Automorphismen der Cayleyzahlen und Liesche Ringe.* 28. Juni 1939, Vortragswoche über Gruppentheorie in Göttingen.

• *Determinantentheorie und Graßmanns alternierende Zahlen.* 22. Juni 1940, vor der Math. Gesellschaft in Hamburg.

• *Über die Unterringe der freien Lieschen Ringe.* 16. Februar 1943 in Berlin, 17. Juni 1944 in Göttingen.

• *Verlagerung von Algebren.* Januar 1948 in Münster.

• *Über intuitionistische Analysis.* 19. März 1949, vor der Math. Gesellschaft in Hamburg.

• *Über Gaußsche Flächentheorie.* 6. April 1949 in Berlin.

• *Starrheit der Eikörper.* 7. April 1949 in Berlin.

• *Finiter Beweis des Primzahlsatzes.* 8. April 1949 in Berlin.

• *Intuitionistische Konstruktion der Wurzeln einer analytischen Funktion.* September 1949, DMV-Tagung in Köln.

• *Struktursätze von Wedderburn.* Oktober 1950, DMV-Tagung in Erlangen.

• *Axiome der Algebra.* November 1950 in Berlin.

• *Über quadratische Formen in Körpern.* 13. Januar 1951 in Berlin zum 75. Geburtstag von Erhard Schmidt.

• *Über Intuitionismus und Formalismus in der Mathematik.* 1951 vor der Mathematisch-Physikalischen Fachgesellschaft des Naturwissenschaftlichen Vereins in Bremen.

• *Aufbau der Analysis in finiter Art.* 1951 in Mainz.

• *Ein kombinatorischer Satz aus der Elementargeometrie (die "erste Perle" der Zahlentheorie).* September 1951, DMV-Tagung in Berlin.

- *Der Begriff des Filters als verallgemeinerte Folge.* September 1952, DMV-Tagung in München.
- *Teoria algebraica delle forme quadratiche.* 1952/53 in Rom.
- Talks on Lie Rings 1953 in Barcelona.
- Vorträge über Wittvektoren. 22./23. März 1954 in Rostock.
- *Verlagerung von Gruppen und Hauptidealsatz.* 1954, ICM Amsterdam.
- *p-adische Algebren und Differentiale.* 20. Mai 1955 in Münster.
- *Über Steinersche Systeme.* März 1956 in Ilmenau.
- *Beschreibung von p-Algebren durch Pfaffsche Formen über p-Vektoren.* 26. Juli 1956 in München.
- *Intuitionistischer Aufbau der Analysis.* 27. Oktober und 30. November 1956 vor der Math. Gesellschaft in Hamburg.
- *Transitivité dans les espaces unitaires.* Dezember 1956, Colloque d'Algèbre Supérieure, Bruxelles.
- *Filtertheorie in der Analysis.* 11. Januar 1957, 15. Februar 1957 vor der Math. Gesellschaft in Hamburg.
- *Untersuchung über einige Gruppen, die in der Algebra auftreten.* 21. Februar 1957 in Göttingen.
- *Über die Relationen zwischen p-Algebren.* 5. Juli 1957 in Bonn.
- *Über metrische Räume und orthogonale Gruppen.* August 1957, Internationales Kolloquium über Gruppentheorie in Tübingen.
- *p-Algebren und Pfaffsche Formen.* 18. April 1958 in Istanbul, 6. März 1959 in Halle.
- *Über den Strukturbegriff in der Algebra.* 17. Oktober 1958 vor der Math. Gesellschaft in Hamburg.
- Talks on non-commutative algebra, in particular Galois theory, 1958 in Istanbul.
- *Über einen Satz von Ostrowski und Gelfand.* 5. Januar 1960 in Hamburg.
- *Exponentialfunktion, Logarithmus und die Sonderstellung der reellen und komplexen Zahlen in der Mathematik.* 2. Mai 1960 in Berlin.
- *Beziehungen zwischen Idealklassengruppen der Teilkörper einer Galoisschen Erweiterung.* 13. Juni 1961 in Hamburg.
- *Über lateinische Quadrate.* September 1961, DMV-Tagung in Halle.
- *Konstruktion galoisscher Körper vom Grad p^f bei Charakteristik p,* 1961 in Halle.
- *Konstruktion endlicher Ebenen.* 22. März 1962 vor der ÖMG in Wien 1962.
- *Representations by boundary integrals.* Oktober 1962 in Instanbul.
- *Vektorkalkül und Endomorphismen von 1-Potenzreihen.* 23. Juni 1964 in Hamburg.

- *Relations between class groups of algebraic number fields.* November 29, 1963 in Hamilton, February 27, 1964 in Kingston, April 3, 1964 in Minneapolis, April 22, 1965 in Los Angeles.
- *Relationen zwischen Θ-Reihen und Zahlengittern.* 24. Januar 1967 in Hamburg.
- *Über quadratische Formen in Körpern.* 10. November 1967 in Köln, 28. November 1967 in Hamburg, 1968 in Bonn und Heidelberg.
- *Gitter und Mathieu-Gruppen.* 27. Januar 1970 in Hamburg.
- *Über einige unimodulare Gitter.* 28. Januar 1972 in Bielefeld, 28. April 1972 in Hannover.
- *Über die Sätze von Artin-Springer und Knebusch.* 1973 in Barcelona auf Spanisch.
- *Eine Θ-Transformationsformel bei Charakteristik p.* 18. Juni 1976 in Köln, 24. Juni 1976 in Gießen.
- *Über die Ordnungen endlicher Neokörper.* 4. Januar 1977 in Hamburg, 10. Juni 1977 in Bonn.

Book Reviews by Ernst Witt

I would like to thank very much the "Verein Deutscher Ingenieure (VDI)", helping in the preparation of the following list of book reviews. This list might be incomplete as well as the above list of talks.

Zentralblatt für Mathematik

H. Hasse: Invariante Kennzeichnung relativ-abelscher Körper mit vorgegebener Galoisgruppe über einem Teilkörper des Grundkörpers, Abh. Deutsch. Akad. Wiss., Berlin, math.-naturw. Kl. **1947**, Nr. 8, 56 Seiten (1949). Zbl. **33** (1950) 158.

T. Estermann: Introduction to modern prime number theory, Cambridge Tracts in Mathematics and Mathematical Physics, No. 41, Cambridge: At the University Press 1952, 74 pages. Zbl. **49** (1954) 31.

M. Eichler: Quadratische Formen und Orthogonale Gruppen, Springer Verlag 1952, XII und 220 Seiten. Zbl. **49** (1954) 311.

N. Bourbaki: Éléments de mathématique. XIII. 1. part.: Les structures fondamentales de l'analyse. Livre VI: Intégration. Chap. I: Inégalités de convexité. Chap. III: Mesures sur les espaces localement compacts. Chap. IV: Prolongement d'une mesure espaces L^p, Hermann, Paris 1952, 237 pages. Zbl. **49** (1954) 317-318.

M. Berger, A. Blanchard, F. Bruhat, P. Cartier et *J-P. Serre:* Théorie des algèbres de Lie. Topologie des groupes de Lie. Ecole Normale Supérieure, Séminaire "Sophus Lie", l'année 1954/55, Paris: Secrétariat mathématique 1955, [Hectograph]. Zbl. **68**, 21.

P. M. Cohn: Lie groups, Cambridge Tracts in Mathematics and Mathematical Physics, No. 46, Cambridge: At the University Press 1957, 164 pages. Zbl. **84**, Abstr. 3201.

VDI–Zeitschrift

G. Aumann: Reelle Funktionen, Springer-Verlag 1954, 424 S. VDI–Zeitschrift **97** (1955) Nr. 6, S. 183.

G. Nöbeling: Grundlagen der analytischen Topologie, Berlin, Springer-Verlag, 1954, 221 S. VDI–Zeitschrift **98** (1956) Nr. 7, S. 296.

W. Lietzmann: Anschauliche Topologie, Oldenbourg-Verlag, 1955, 171 S. VDI–Zeitschrift **98** (1956) Nr. 8, S. 358.

T. Rado, P.V. Reicheldörfer: Continuous transformations in analysis. With an introduction to algebraic topology. Springer-Verlag 1955, 449 Seiten. VDI–Zeitschrift **98** (1956) Nr. 21, S. 1262.

N. Coburn: Vector and tensor analysis, New York, Macmillan, 1955, 341 S. VDI–Schriftenreihe: Forschung auf dem Gebiete des Ingenieurwesens 1957.

P. Samuel: Méthodes d'algèbre abstraite en géométrie algébrique, Springer-Verlag 1955. VDI–Schriftenreihe: Forschung auf dem Gebiete des Ingenieurwesens 1957.

Canadian Mathematical Bulletin

S. Helgason: Differential Geometry and Symmetric Spaces, Academic Press 1962, XIV + 486 pages. Canadian Math. Bull. **7** (1964) 631.

H. Cramer: Random Variables and Probability Distributations, 2nd edition, Cambridge Tracts No. 36, Cambridge University Press 1962, 119 pages. Canadian Math. Bull. **7** (1964) 634.

K. Gödel: On formally undecidable propositions of Principia Mathematica and related systems, translated by B. Meltzer, with introduction by R. B. Braithwaite, Clarke, Irving & Co. Ltd. Toronto 1962, 72 pages. Canadian Math. Bull. **7** (1964) 637.

Jahresbericht der DMV

H.-R. Halder, W. Heise: Einführung in die Kombinatorik, München – Wien: Carl Hanser Verlag 1976, XII und 304 Seiten. Jber. DMV, Heft 2, 1981.

Contributors to this Volume

Prof. Dr. S. Böge, Mathematisches Institut, Im Neuenheimer Feld 288, D-69120 Heidelberg

Dr. B. Deninger, Nünningweg 52, D-48161 Münster

Prof. Dr. C. Deninger, Mathematisches Institut, Einsteinstr. 62, D-48149 Münster

Prof. Dr. G. Harder, Mathematisches Institut, Beringstraße 6, D–53115 Bonn

Prof. Dr. H. Leptin, Fakultät für Mathematik, Postfach 10 01 31, D-33501 Bielefeld

Prof. Dr. F. Lorenz, Mathematisches Insitut, Einsteinstr. 62, D-48149 Münster

Prof. Dr. Π. M. Neumann, Queen's Coll., OX1 4AW Oxford, England

Prof. Dr. U. Rehmann, Fakultät für Mathematik, Postfach 10 01 31, D-33501 Bielefeld

Prof. Dr. P. Roquette, Mathematisches Institut, Im Neuenheimer Feld 288, D-69120 Heidelberg

Prof. Dr. C. Scheiderer, Fachbereich Mathematik, D-93040 Regensburg

Prof. Dr. R. Schulze-Pillot, FB 9 Mathematik, Postfach 15 11 50, D-66041 Saarbrücken

Prof. Dr. G. Tamme, Fachbereich Mathematik, D-93040 Regensburg

Prof. Dr. T. Zink, Fakultät für Mathematik, Postfach 10 01 31, D-33501 Bielefeld

Acknowledgements

The editor and publisher wish to thank the following for permission to reprint the papers in this volume as listed below.

Akademie der Wissenschaften in Göttingen: p. 1

Mathematisches Seminar der Universität Hamburg: p. 164

Fakultät für Mathematik, Universität Bielefeld: p. 329

The numbers following each source correspond to the numbering of the articles:

Akademie-Verlag GmbH: 39, 46

Birkhäuser Verlag: 44, 53

n.v. Ceuterick s.a.: 4

Collectanea Mathematica, Universitat de Barcelona: 26

Consejo Superior de Investigaciones Cientificas, Madrid: 47

Elsevier Science Publishers B.V.: 57

Franz Steiner Verlag: 41

Marcel Dekker, Inc.: 55

Mathematische Gesellschaft in Hamburg: 30, 52.

Mathematisches Seminar der Universität Hamburg: 16, 22, 27, 32, 33, 37, 49, 54, 56

Österreichische Mathematische Gesellschaft: 35

Real Sociedad Matemática Española: 45

Springer-Verlag: 8, 9, 14, 29, 40

Verlag B. G. Teubner: 16, 27, 32, 33, 34, 37, 49,

Università 'La Sapienza' of Rome: 36

Walter de Gruyter & Co: 1, 2, 3, 10, 12, 13, 15, 19, 20, 21, 23, 25, 28, 38

Wiskundig Genootschap: 17

Zanichelli editore, Annali M.P.A.: 48

Papers by Ernst Witt

Hamb. Abh. := Abh. Math. Sem. Univ. Hamburg; Crelle := J. reine angew. Math.

The numbers following the dots refer to page numbers in this volume.